Reinigungsverfahren für Grubenwasser

Christian Wolkersdorfer

Reinigungsverfahren für Grubenwasser

Springer Spektrum

Christian Wolkersdorfer
South African Research Chair for Acid Mine Drainage Treatment, Tshwane University of Technology (TUT)
Pretoria, Südafrika

Finnish Distinguished Professor for Mine Water Management, LUT University
Mikkeli, Finnland

ISBN 978-3-662-61720-5 ISBN 978-3-662-61721-2 (eBook)
https://doi.org/10.1007/978-3-662-61721-2

Die Deutsche Nationalbibliothek verzeichnet diese Publikation in der Deutschen Nationalbibliografie; detaillierte bibliografische Daten sind im Internet über http://dnb.d-nb.de abrufbar.

Planung/Lektorat: Stephanie Preuß
Springer Spektrum ist ein Imprint der eingetragenen Gesellschaft Springer-Verlag GmbH, DE und ist ein Teil von Springer Nature.
Die Anschrift der Gesellschaft ist: Heidelberger Platz 3, 14197 Berlin, Germany

Dieses Buch widme ich meinem im April 2018
leider zu früh verstorbenen Freund
Prof. Dr. Paul Younger.

Nur jene, die riskieren, zu weit zu gehen, können möglicherweise herausfinden, wie weit man gehen kann.

Thomas Stearns Eliot

Den hab ich lieb, der Unmögliches begehrt.

Johann Wolfgang von Goethe
Faust II

„Aber ich will mich nicht unter Verrückte begeben", bemerkte Alice.
„Oh, das ist nicht zu vermeiden", sagte die Katze, „wir sind hier alle verrückt. Ich bin verrückt. Du bist verrückt."
„Woher weißt du, daß ich verrückt bin?", fragte Alice.
„Du musst es sein", sagte die Katze, „sonst wärst du nicht hier hergekommen."

Lewis Carroll
Alice im Wunderland (Neuübersetzung von Nadine Erler)

Hier bin ich mir bewusst, weit hinter dem Möglichen zurückgeblieben zu sein. Einfach darum, weil meine Kraft zur Bewältigung der Aufgabe zu gering ist. Mögen andere kommen und es besser machen.

Ludwig Wittgenstein
Tractatus Logico-Philosophicus

Hinweise des Autors

Rechtlicher Hinweis Ein Großteil der genannten Verfahren zur Grubenwasserreinigung ist patentrechtlich geschützt. Aus dem Fehlen eines Hinweises auf das Patent sollte nicht geschlossen werden, dass sich das Verfahren von jedermann frei verwenden ließe. Dies gilt auch für eingetragene Markennamen, die nicht in jedem Fall gekennzeichnet sind. Im Zweifelsfalle sollten die internationale Datenbank des Europäischen Patentamts, die Internetsuchseiten von Google Patents oder gegebenenfalls ein Patentanwalt (in der Regel die teuerste Variante) zu Rate gezogen werden. Weiterhin fühlt sich der Autor nicht dafür verantwortlich, wenn eine Anlage nicht funktioniert, obwohl sie auf der Basis der Informationen in diesem Buch errichtet wurde. Es obliegt jedem Entwickler einer Grubenwasserreinigungsanlage, zusätzlich die angeführte Literatur oder einen Experten zu befragen. Sollte eine Anlage, die in diesem Buch erwähnt ist, hingegen einwandfrei funktionieren, nehme ich die Lorbeeren dafür gerne entgegen.

Firmennamen Jegliche Verwendung von Handels-, Firmen- oder Produktnamen dient nur beschreibenden Zwecken und impliziert nicht meine oder die Billigung des Herausgebers. Ich unterhalte zu keiner der aufgeführten Firmen wirtschaftliche Beziehungen oder habe irgendwelche Produkte oder Leistungen kostenfrei erhalten, um sie speziell hier vorzustellen.

Hinweis zum Gender-Mainstreaming Ich habe auf eine durchgängige Nennung der weiblichen und männlichen Form verzichtet, um den Text für meine LeserInnen leichter lesbar zu machen. Selbstverständlich beziehen sich sämtliche Beispiele, Erläuterungen oder Fehlerpotenziale in der Regel auf alle drei Geschlechter.

Texte und Abbildungen aus früheren Publikationen In wenigen Fällen habe ich Sätze oder Abbildungen aus meinen früheren Publikationen entnommen, ohne diese im Einzelnen zu kennzeichnen. Wo immer es sprachlich möglich war, habe ich die Texte aber deutlich umgearbeitet. Alle diese Publikationen sind im Literaturverzeichnis aufgeführt. Der Text dieser Publikation basiert auf einem Gutachten für das LfULG (Sächsisches Landesamt für Umwelt, Landwirtschaft und Geologie) in Dresden/Sachsen. Seiner Publikation bei Springer Nature wurde mit Az.: 46(13)-1331/142/27, B 559 im Mai 2014 zugestimmt.

Vorwort

Über die Reinigung von Grubenwasser gibt es eine Vielzahl an Literatur, und jedes Jahr kommt mehr hinzu, da die Probleme, die mit verunreinigtem Grubenwasser in Zusammenhang stehen, weltweit bekannt sind. Während wir bei der Vergrößerung des Œuvres eines Künstlers in der Regel einen Zugewinn sehen, ist dies bei der stetig wachsenden Anzahl von Fachpublikationen über Grubenwasser und Wasserreinigungsmethoden nur bedingt ein Vorteil. Daher stellt sich zu Recht die Frage: Warum noch ein Buch? Diese lässt sich einfach beantworten: weil es bisher kein umfangreiches und zusammenfassendes Buch in deutscher Sprache gibt. Eine kurze Zusammenfassung hat der viel zu früh verstorbene Kollege Wolfgang Helms verfasst (Helms 1995). In jüngerer Zeit haben einen auf Tagebaue fokussierten Überblick Wilfried Uhlmann und Mitarbeiter gegeben (Uhlmann et al. 2001, S. 33–58 – leider werden weder SENES Consultants Limited 1994 noch Lorax Environmental 2003 zitiert). Bilek (2012) hat eine auf die Lausitz fokussierte Zusammenfassung erstellt.

Wie die Gerichtsurteile zu den Metallbergbauen Rammelsberg und Meggen zeigen, stellt die Reinigung von kontaminiertem Grubenwasser eine sehr langfristige Aufgabe, nicht aber eine „Ewigkeitshaftung“ dar (7. Senat des Bundesverwaltungsgerichts 2014; Anonymus 1995). Die Frage, „wie lange ist sehr langfristig“, kann jedoch noch nicht abschließend beurteilt werden (Beckmann 2006; Spieth 2015; Wolfers und Ademmer 2010). Ich verzichte hier bewusst auf eine Diskussion des Themas, da ob dessen Komplexität selbst zehn Seiten die Fragestellung nicht in all ihren Aspekten beleuchten könnten (und an die Frage, wie lange die „Ewigkeit“ sei, wage ich mich erst gar nicht heran, aber ich würde sagen so um die 25 bis 50 Jahre). Unabhängig davon ist es unerlässlich, die vielfältigen Möglichkeiten zur Reinigung von Grubenwasser zu kennen, um eine solche Anlage den jeweiligen Schadstofffrachten und rechtlichen Rahmenbedingungen anpassen zu können. Dies ist nur möglich, wenn wird das zusammengefasste Œuvre der Kolleginnen und Kollegen kennen, die sich mit Grubenwasserreinigung befassen. Und dies zu erschließen, soll dieses Buch helfen. Gerne hätte ich ein Kochbuch oder ein *Circa instans* verfasst, mit dem der Praktiker in die Lage versetzt wird, eine Anlage zu planen – Sie wissen schon, so mit DIN und Verfahrensskizzen und Faustformeln, um eine Anlage planen und bemessen zu können. Bei der Recherche wurde mir jedoch schnell klar, dass dies einer völlig anderen Herangehensweise bedurft hätte. Vielmehr kam es mir darauf an, die Literatur zusammenzufassen, sodass es möglich ist, anhand dieser eine Planung durchzuführen. Das Werk ist folglich leider ein wenig theorielastig geworden, weshalb ich um Ihre Nachsicht bitte.

Da sich die Technologie der Grubenwasserreinigung in den zurückliegenden Jahrzehnten in einigen Bereichen grundlegend verändert hat, hätte das vorliegende Werk noch umfassender und detaillierter werden können (sollte Ihre Publikation hier fehlen, ist dies keine Absicht, sondern einfach der großen Anzahl an Publikationen zum Thema geschuldet). Auch das Portfolio der zu entfernenden Schadstoffe nimmt stetig zu, da sie als problematisch für die Umwelt erkannt werden. Ein Beispiel sind die ubiquitär auftretenden PCBs, die in Deutschland in den vergangenen Jahren als besonderer Problemstoff in Grubenwasser erkannt wurden (Schabronath 2018), in den Vereinigten Staaten von Amerika allerdings schon seit Ende der 1980er-Jahre als solche wahrgenommen werden (Bench 2000). Ich habe mich jedoch dazu entschieden, nur die Grundzüge der einzelnen Verfahren darzulegen, um dann auf die internationale Literatur zu verweisen. Dies mag für denjenigen, der Englisch nur unzureichend beherrscht, wenig befriedigend sein, aber ich habe in der deutschen Version oftmals auf die Problembereiche hingewiesen, die erfahrungsgemäß beim Anlagenbau auftreten können. Bei der Übersetzung von englischen Textabschnitten habe ich den Inhalt in leicht lesbares und verständliches Deutsch übertragen – im Einzelfall mag es durchaus andere Übersetzungsmöglichkeiten geben. Die Textlänge der einzelnen Verfahren sagt nichts über deren Bedeutung aus. Es heißt lediglich, dass es über die eine Methode mehr zu schreiben gab als über die andere. Einige der Informationen zu Fallbeispielen, die ich hier gebe, haben mir Kollegen und Kolleginnen im Sinne der Chatham-House-Regel anvertraut. Ihnen allen danke ich dafür, dass sie ihre Daten unter dieser Prämisse mit mir geteilt haben.

Zielgruppen für dieses Buch sind alle, die sich mit einer einfachen, verständlichen Sprache mit den Techniken der Grubenwasserreinigung vertraut machen möchten und die nicht unbedingt über eine umfassende chemisch-physikalische Ausbildung verfügen. Im Speziellen habe ich dabei an Bergbauingenieure, Ingenieure, Geologen, Geoökologen, Biologen, Behördenvertreter, Umweltaktivisten, Studenten, Sanierungsbetriebe und Journalisten gedacht. Ein grundlegendes Verständnis für die chemischen, physikalischen sowie biologischen Vorgänge, die um uns herum ablaufen oder im Zusammenhang mit Wasser oder Grubenwasserreinigung wichtig sind, setzte ich allerdings voraus. Durch das umfassende Literaturverzeichnis mit über 900 Einträgen sollte es Ihnen jederzeit möglich sein, sich ergänzende Informationen anzueignen.

Aber auch Sie, die Sie im täglichen Geschäft Monitoring betreiben sollen, sind angesprochen. Schließlich richtet sich das Buch an Ingenieurbüros, die Grubenwasserreinigungsanlagen (GWRA – auch Wasserbehandlungsanlage oder Wasseraufbereitungsanlage WBA) planen und sich einen Überblick über die Techniken verschaffen wollen, bevor sie sich in die internationale Literatur vertiefen. Alle Details finden sich in der Literatur. Ich habe außerdem aus meiner 30-jährigen Erfahrung im Bergbauumfeld

Beispiele eingefügt, die sich im Wesentlichen auf „Fallstricke" konzentrieren: Was kann falsch gemacht werden? Einige dieser Beispiele könnten als Kritik am bestehenden Wissenschaftssystem verstanden werden, in dem oftmals nur noch die Quantität der Publikationen von Relevanz ist – nicht mehr deren Qualität.

Seit etlichen Jahren gibt es mit dem GARD-Guide (*G*lobal *A*cid *R*ock *D*rainage) eine relativ umfangreiche englischsprachige Anleitung, wie man verunreinigtes Grubenwasser verhindern oder behandeln kann (Verburg et al. 2009). Auch dort lassen sich viele Details zu den hier vorgestellten Verfahren nachschlagen. International wird der GARD-Guide mitunter für seine „Industrienähe" kritisiert – aber genau unter dem Aspekt entstand die Anleitung: Aufzeigen erprobter Methoden zur Vermeidung oder Reinigung kontaminierten Grubenwassers. Membranverfahren nehmen dort daher gerade einmal einen Umfang von weniger als 500 Wörtern ein, sodass ich diese Lücken hier geschlossen habe.

Eine Lücke in *diesem* Buch ist die Biometallurgie, die heute auch als Geobiotechnologie in die Literatur Eingang findet. Sie scheint derzeit eine Wiedergeburt zu erfahren, obgleich viele Grundzüge bereits in den 1970er- bis 1990er-Jahren erarbeitet wurden (Lundgren und Silver 1980; Paños 1999). Ohne Zweifel kommt den biometallurgischen Verfahren eine große Bedeutung zu (Rohwerder et al. 2003), und sie wird in den nächsten Dekaden erheblich zunehmen, wenn es gelingt, Grubenwasser und Bergbauabfälle vom Abfall zum Rohstoff zu wandeln. Es gibt jedoch noch keine großtechnische Anlage, die Grubenwasser reinigt und unter dem Stichwort Biometallurgie die Metalle als Rohstoff zur Verfügung stellt. Ähnliches gilt für das Stichwort „Circular Economy" – leider sind wir noch nicht so weit, dass wir jegliche Wertstoffe aus dem Grubenwasser oder den Reststoffen der Grubenwasserreinigung dem Rohstoffkreislauf zuführen könnten. Daher werden Sie in diesem Buch nichts Weiteres zu diesem Thema finden, obgleich ich darauf bezogen nicht mit der Meinung von Fritz Haber übereinstimme, der über die Goldgewinnung aus Meerwasser schrieb: „Ich habe es aufgegeben, nach dieser zweifelhaften Stecknadel in einem Heuhaufen zu suchen" (Haber 1927, S. 314).

Möglicherweise erlebt der Bergbau auf Nichtenergierohstoffe in Deutschland eine Renaissance, auch wenn derzeit viele der noch vor wenigen Jahren erfolgversprechenden Projekte eingestellt sind. Dies würde eine Neuorientierung bei der Grubenwasserreinigungstechnologie erfordern, denn die Anforderungen an eine saubere Umwelt sind heute ungleich höher als zu den Zeiten, da es in Deutschland Hunderte von Bergwerken gab. Genannt seien hier nur die Vorkommen von Seltenerdmetallen in Delitzsch (Storkwitz: Seltenerden Storkwitz A.G. 2013, S. 23), Kupfer in der Lausitz (Seidler 2012), Flussspat (Niederschlag: Rauner 2011) oder Zinn im Erzgebirge (Projekt Tellerhäuser der Saxore Bergbau GmbH auf Zinn, Zink, Silber, Indium und Eisen: Sebastian 2013, S. 151), die gegenwärtig oder vor einiger Zeit erkundet wurden. Eine moderne und leistungsstarke Technologie zur Reinigung der Grubenwässer wird an diesen und allen anderen Standorten dazu beitragen, die Akzeptanz des Bergbaus in der Bevölkerung zu stärken. Aber auch eine offene Informationspolitik, sinnvolle Wortwahl und Transparenz tragen erheblich dazu bei, das Verständnis für die Vorgänge im Bergbau und im Zusammenhang mit Grubenwasser zu stärken. Vielleicht würden dadurch Blogs,

Pressemitteilungen oder Webseiten an Sprengkraft verlieren, die den Bergbausektor kritisieren oder gar Verschwörungen vermuten.

Mit dem Ende des Steinkohlenbergbaus in Deutschland im Dezember 2018 (Fischer 2016; Tönjes 2016) schob sich das Thema Grubenwasserreinigung in den Vordergrund der Diskussionen um Ewigkeitsaufgaben. Es wird eine geraume Zeit dauern, bis die natürlich ablaufende Flutung der Gruben vollendet sein wird (Baglikow 2012; Terwelp 2013) und wir wissen, mit welcher Qualität das Grubenwasser dann in die Ökosphäre gelangt. Daher ist in diesem Buch vorerst nichts weiter zu diesem Thema zu finden. Publikationen dazu sind von verschiedenen Seiten in Vorbereitung.

Geben wir uns abschließend jedoch nicht der Illusion hin, dass es uns eines Tages gelingen würde, auf die Behandlung von Grubenwasser zu verzichten. „Drainage happens …" pflegte Walter Ficklin (*1937–†1993) zu sagen, und George Vranesh nannte es gar „den gemeinsamen Feind" (Vranesh 1979). Weder wird es hinreichend gute In-situ-Verfahren geben, noch wird der Bergbau eines Tages eingestellt werden. Auch das Ausweichen auf ISL- (In-situ Leaching) oder ISR- (In-situ Recovery) Verfahren wird das Problem verunreinigten Grubenwassers nicht gänzlich lösen. Keiner von uns, egal wie wir dem Bergbaugewerbe gegenüber eingestellt sind, wird darauf verzichten wollen, im täglichen Leben das eine oder andere Metall zu verwenden oder einen Rohstoff einzusetzen. Schon die Steinzeitmenschen haben Rohstoffe gewonnen und „weltweit" gehandelt (Holgate 1991; Shepherd 1993), wenngleich die dadurch bedingten Umweltprobleme – so sie vorhanden sind – vergleichsweise gering ausfielen, was jedoch an der Größe der „Betriebe" liegt. Ein Ende des Bergbaues würde es nur dann geben, wenn wir uns auf das Niveau von Anthropoidea herablassen würden. Da das vermutlich nur wenige wollen, müssen wir versuchen, die Probleme proaktiv anzugehen, und frühestmöglich Verfahren einsetzen, aus denen sich ein verantwortungsvoller Umgang mit der Natur ableiten lässt. Zumindest die großen Konzerne haben in der Regel das Geld und aufmerksame Aktionäre, um die verursachten Umweltprobleme weitgehend zu beseitigen – dem weltweiten Kleinbergbau, der kaum wahrgenommen wird (Abb. 1), fehlen hingegen oftmals die Informationen und die finanziellen Mittel, um Grubenwasser zu vermeiden oder zu reinigen. Solange Gold von Garimpeiros abgebaut wird oder seltene Metalle über den Umweg China aus dem Kongo kommen (Stichwort Coltan), wo sie von Kindern und Frauen abgebaut werden, und allen die finanziellen Mittel zur Wasseraufbereitung fehlen – solange müssen wir mit dem Problem Grubenwasser umgehen.

Conrad Matschoss, der Herausgeber der Agricola-Übersetzung aus dem Jahr 1928, hat in seinem Vorwort über Georgius Agricola Folgendes geschrieben (Agricola 1928 [1557], S. IX):

„Agricola hat es als den Zweck seiner Schriften hingestellt, die Jugend zur Erforschung der Natur anzuspornen. Leidenschaftlich und mit ganzer Seele habe er sich dem Studium der Natur gewidmet, und die Wissenschaft habe er höher gestellt als Reichtum, Glücksgüter und Ehrenstellen. Diesen Geist leidenschaftlicher Hingabe an die Wissenschaft brauchen wir für die Fortentwicklung der Menschheit nötiger als je."

Abb. 1 Kleinbergbau auf Gold in Panompa bei Phichin in Thailand. Zwei Arbeiter installieren eine Pumpe zum Sümpfen ihres Abbaues. (© REUTERS/Damir Sagolj)

Ich hoffe, dass dieses Buch, ganz im Sinne von Agricola, dazu beiträgt, die Grubenwasserreinigung im deutschsprachigen Raum zu verbessern (wenn Ihnen ein Begriff nicht geläufig ist, werfen Sie einen Blick in das Glossarium im Anhang). Darüber hinaus wünsche ich mir, dass es den einen oder anderen Leser dazu anregt, diese oder jene Methode zu „exportieren" oder zu optimieren. Wenn dies geschieht, sehe ich mein Ziel als erreicht an.

Im südafrikanischen Sommer (Pretoria),
im mitteleuropäischen Winter (Tirol) und
in südatlantischer Schwüle (St. Helena)
2020

Christian Wolkersdorfer

Danksagung

Zunächst bedanke ich mich bei Christin Jahns, die mich in mehreren Telefonanrufen nach Österreich davon überzeugt hat, dieses Buch zur Grubenwasserreinigung zu schreiben. Danke vor allem dem LfULG in Dresden/Sachsen und Frank Sander, die durch die Finanzierung einer Studie im Rahmen des deutsch-tschechischen EU-Projekts VODAMIN die Idee zu diesem Buch lieferten. Ohne sie wäre es nicht so weit gekommen.

Danke an meinen Kollegen Wu Qiang von der chinesischen Bergbauuniversität in Xuzhou, der mir eine Empfehlung chinesischer Literatur zum Thema gegeben hat – 谢谢你们的帮助。Bob Hedin hat mir großzügig Fotos seiner Pigmente, Jeff Skousen seiner passiven Reinigungsanlagen, Kathy Karakatsanis das Prinzipbild zur Grubenwasserreinigungsanlage in eMalahleni sowie an der Optimum-Kohlengrube und Eberhard Janneck seines Schwertmannits überlassen. Charles Cravotta III stellte selbstlos Tabellen und Abbildungen zur Verfügung und Naďa Rapantova sowie Jiří Wlosok übersetzten die englische Zusammenfassung ins Tschechische. Irina Levchuk hat mir geholfen, einen russischen Text zu verstehen, und Olga Oleksiienko hat darüber nachgedacht, wie wir in das ukrainisch-russische Kriegsgebiet kommen könnten, ohne bei der Besichtigung einer Grubenwasserreinigungsanlage Schaden zu nehmen (wir haben es letztendlich bleiben lassen). Evan T. Williams II und Gary Antol Sr. haben einen Samstagvormittag damit verbracht, das Thompson Bohrloch der Zeche Vesta № 5 in Pennsylvania zu lokalisieren (Danke, Herr Zuckerberg). Dank an alle, die mir auf meine E-Mail-Anfragen geantwortet haben oder die mir erlaubt haben, ein Foto zu verwenden, das von ihnen stammt, so wie Martin Jochman, oder auf dem sie zu sehen sind. Besonders den Bearbeitern, die sich mit dem F-LLX-Prozess befassen, möchte ich danken. Bei keiner Technologie habe ich so viele E-Mails geschrieben wie bei dieser, um an Informationen zu gelangen. Daher Danke an Todd Beers, Dave Cercone und John McArdle, die mir ihr Material zugeschickt haben – Thanks so much for your generousity. Alle Fotos ohne Urheberhinweise sind von mir selbst.

Danke an Stephanie Preuß, Sebastian Müller und Martina Mechler vom Springer-Verlag, die geduldig auf das finale Manuskript gewartet haben, und danke der Lektorin Tatjana Strasser, die mit großem Einfühlungsvermögen die Knitter im Text ausgebügelt hat.

Vor allem richte ich meinen Dank an alle meine Freunde, Kollegen, Studenten und Studentinnen, Chefs, Mitarbeiter und Mitarbeiterinnen in Clausthal, Freiberg, München, auf der Kap-Breton-Insel in Kanada, in Finnland und in Südafrika, die mich in den vergangenen drei Dekaden begleiteten. Ohne ihre unermüdliche Unterstützung und ohne die Fehler, die sie mit mir gemeinsam begangen haben, hätte es dieses Werk nicht geben können.

Ich danke allen meinen Freunden bei der International Mine Water Association, die mir Fragen beantworteten, die ich nicht selbst beantworten konnte. Allen voran Bob Kleinmann, der mich ermutigt hat, als es gar nicht mehr weiter gehen wollte! Aber auch unsere ehemaligen Präsidenten Adrian Brown und John Waterhouse und den Kassierern Lee Atkinson, Jennifer Geroni und Alison Turner – die, anders als mein Freund Henk Coetzee, dem ich viele Einblicke in die südafrikanischen Verhältnisse verdanke und dem nachgesagt wird, perfekt Deutsch zu verstehen, vermutlich nie in der Lage sein werden, dieses deutschsprachige Werk zu lesen.

Dank an Ines, die mir im Sommer 2012 vier Tage lang eine völlig neue Sichtweise auf Grubenwasser ermöglicht hat. Danke an Kathleen und Mike sowie an alle Mitarbeiter der Rösterei Momo in Freiberg/Sachsen, die einen erheblichen Anteil daran haben, dass dieses Buch fertig werden konnte. Ohne Euren Kaffee, Tee und Kuchen wäre manches Kapitel nicht so gelungen ausgefallen! Danke an die Einwohner von Jamestown auf St. Helena, die mich eine Woche bei sich aufgenommen haben, allen voran Toni, Ivy und Nim sowie Jane von Anne's Place. Ich danke Kay Florence, die mich eine Zeitlang durch ihr Vertrauen ermutigt hat, dieses Buch nicht aus den Augen zu verlieren und die mir gestattete, Abbildungen zu verwenden, die ich für ihre Dissertation angefertigt hatte. Ngiyabonga meinem Hünchenfarmer und Postdoc Themba Oranso Mahlangu, der sich der Mühe unterzogen hat, alle fehlenden DOIs zu ergänzen. Kiitos auch an Riko Bergroth, aus Muurla, der mir geduldig zugehört hat, als wir unser erstes transportables VFR in Finnland errichtet haben. Ich danke Anne Weber, die mir eine Liste von Namen der Restlöcher in der Lausitz zur Verfügung stellte. Danke an all jene, die sich der Mühe unterzogen haben, diesen Text besser zu machen, allen voran Bernd Schreiber, Kathrin Kranz und Elke v. Hünefeld-Mugova, aber vor allem den Fachkollegen Georg Wieber, Frank Wisotzky, Michael Paul, Thomas Walter, Broder Merkel, Esther Takaluoma, Petra Schneider, Oliver Totsche, Felix Bilek, Uwe Grünewald und dem Franken Roland Haseneder. Einige Eurer Kommentare konnte ich fast wörtlich in den Text einfließen lassen – die Verantwortung für noch verbliebene Fehler verbleibt selbstredend bei mir.

Ich hoffe, es wird uns eines Tages gelingen, gemeinsam ein Verfahren zur Marktreife zu bringen, um die Grubenwasserreinigung eine Stufe höher zu tragen – und wenn nicht, dann hatten wir wenigstens Freude am Experimentieren.

Zuletzt danke ich aber vor allem Ulrike, Karoline und Franziska. Auch wenn Ihr es nicht immer gespürt haben solltet – Ihr wart mir stets die Motivation bei allen meinen Projekten.

Zusammenfassung | Abstract | Shrnutí

Deutsche Zusammenfassung

Anlass dieser Zusammenstellung von Reinigungsverfahren für Grubenwasser war das Deutsch-Tschechische Gemeinschaftsprojekt VODAMIN. Dieses hatte sich zum Ziel gesetzt, die Auswirkungen der Bergbauaktivitäten auf die Wasserqualität von Grund- und Oberflächenwässern zu untersuchen. Innerhalb des Arbeitspaketes 4 sollten Reinigungsverfahren für Grubenwasser vorgestellt und wenn möglich bewertet werden. Ziel dieser Publikation ist daher, auf eine Reihe von Verfahrensweisen zur Beurteilung von Grubenwasser einzugehen. Es werden die derzeit bekannten Methoden und Systeme zur Reinigung von Grubenwasser vorgestellt. Zunächst wird in einem Überblick dargelegt, was Grubenwasser ist, wie es klassifiziert werden kann und wie eine korrekte Probenahme zu erfolgen hat. Danach folgt eine Zusammenstellung der bekannten Methoden zur Reinigung von Grubenwasser, basierend auf der international üblichen Einteilung in aktive und passive Verfahren, (kontrollierte) natürliche Selbstreinigung sowie In-situ-Maßnahmen. Am Ende findet sich eine Darstellung von alternativen Nutzungsmöglichkeiten für aufgelassene Bergwerke, die auf das Grubenwasser abzielt. Eingestreute, glossenartige Beiträge beleuchten mögliche Fallstricke der Probenahme oder des Managements.

Dazu wurden etwa 3000 Publikationen zum Thema Grubenwasserreinigung sorgfältig studiert und darauf basierend eine Zusammenstellung aller wichtigen, derzeit bekannten Verfahren gegeben. Ein umfassendes Literaturverzeichnis mit über 900 Einträgen erlaubt es dem Leser, weitergehende Informationen einzuholen. Da der Zugang zu Literatur individuell verschieden ist, gibt es zu jedem Verfahren stets mehrere Zitate, sodass in jedem Fall wenigstens eine Publikation zum Nachlesen gefunden werden sollte.

Bislang ist es nur eingeschränkt möglich, anhand der Wasseranalyse eine exakte Bemessung des Reinigungssystems zu planen. Daher sind vor einer Vollinstallation oftmals Laborversuche und Pilotanlagen notwendig, um die optimale Anlagenkonfiguration zu ermitteln. Künftige Forschungen und Entwicklungen sollten daher auf ein optimiertes Prozessverständnis abzielen, um dem Ziel einer integrierten Grubenwasserreinigung näherzukommen. Dazu könnte auch das „Internet of Mine Water" beitragen (siehe Abschn. 1.1), in dem alle relevanten Komponenten des Grubenwassermanagements zusammengefasst sind.

Zur Planung einer Grubenwasserreinigungsanlage ist eine zuverlässige und korrekte Probenahme mit Volumenströmen und Vor-Ort-Parametern unerlässlich. Obwohl es keine allgemein anerkannte Verfahrensweise gibt, haben sich Firmenstandards eingespielt, die weitgehend auf nationalen oder internationalen Standards beruhen. Einige Parameter sind grundsätzlich bei jeder Probenahme zu ermitteln, wohingegen andere nach Bedarf ermittelt werden können.

Insgesamt werden zwölf Gruppen von aktiven Reinigungsverfahren vorgestellt, die derzeit angewendet werden oder in fortgeschrittenen Entwicklungsstadien sind. Darunter befinden sich die Neutralisation, elektrochemische Verfahren, Membrananwendungen und einige bislang weniger bekannte Methoden. Auf spezielle Varianten, die meist aus patentrechtlichen Gründen zum Einsatz kommen, sich aber nur minimal von anderen Verfahren unterscheiden, wird dabei nicht eingegangen. Von den passiven Verfahren werden elf vorgestellt. Dabei handelt es sich beispielsweise um Carbonatkanäle, konstruierte Feuchtgebiete, permeable reaktive Wände und reduzierende Alkalinitätssysteme. Verfahren, die bislang nur an einem oder zwei Standorten zum Einsatz kamen oder sich in einem sehr frühen Entwicklungsstadium befinden, bleiben dabei weitgehend unberücksichtigt. Drei alternative Methoden, die ein erhebliches Entwicklungspotenzial aufweisen, leiten über zu In-situ-Maßnahmen in Tagebauen und Untertagebergwerken. Zu den alternativen Methoden zählen (kontrollierte) natürliche Selbstreinigung, Änderung der Abbaubedingungen oder die im Anfangsstadium stehenden biometallurgischen Verfahren. Von den In-situ-Methoden werden die unterschiedlichen In-lake-Verfahren sowie die Rückspülung von Reststoffen näher beschrieben.

Abschließend folgt eine Zusammenstellung von alternativen Nutzungsmöglichkeiten. Diese sind aufgeteilt in Nutzung der aufgelassenen Bergwerke selbst und Nutzung der Reststoffe, die bei der Grubenwasserreinigung anfallen.

English Abstract (Short version)

This publication highlights several procedures for the assessment of mine water and presents the currently known methods and systems for the treatment of mine water. In the first part, an overview about mine water, its classification and proper sampling will be given. This is followed by a compilation of the known methods for mine water treatment, based on the international classification into active and passive methods, natural attenuation and *in-situ* methods. At the end, a presentation of alternative uses for abandoned mines is given, focusing on mine water. Interspersed, apostil-like contributions enlighten potential pitfalls of sampling or management.

Mine water is seen as one of the world's largest waste streams by volume, but not all of them are contaminated. Thousands of kilometers of water courses, extensive areas in nature reserves and countless aquifers are contaminated by acid or (semi-)metal-containing mine water or are potentially at risk. To minimize negative effects on the ecosphere and anthroposphere, it is essential to treat contaminated mine water such that the environmental impact is kept to a minimum or even completely prevented. Therefore, wherever funds are available to treat mine water to an acceptable water quality, plants or systems are built to do so.

So far, planning a treatment system simply based on a chemical water analysis is limited. Therefore, laboratory experiments and pilot plants need to be conducted before a full installation to determine the optimal system configuration. Future research and development should therefore aim for an optimized understanding of the processes involved to achieve objectives of an integrated approach to mine water purification. In addition, the "Internet of Mine Water" could contribute to reaching this goal, because all relevant components of the mine water management can be considered.

To plan a mine water treatment plant, a reliable sampling protocol is essential. As there is no universally accepted protocol, many companies developed standards, which are largely based on national or international guidelines. In principle, some parameters must be determined at each sampling time, whereas others can be determined as needed. Within the book, the most common parameters are identified, and a correct sampling and measurement of the on-site-parameters will be given.

A total of twelve varieties of active treatment methods that are currently used or are in an advanced stage of development will be described. Included are neutralization, electrochemical processes, membrane applications and some less well-known methods. Specific variants which differ only slightly from other methods, and are mostly usage restricted because of patents, will not be described. Of the passive methods, eleven will be presented. Of those are limestone channels, constructed wetlands, permeable reactive walls and reducing and alkalinity producing systems. Procedures that were previously only tested at one or two sites or that are in a very early stage of development, will not be described. Three alternative methods that have substantial development potential are described before the *in-situ* measures within open pit and underground mines. Among the alternative methods are natural attenuation, modification of mining methods or biometallurgical processes which are currently in early stage of development. Of the *in-situ* methods, the different in-lake processes and the re-injection of residues from water treatment plants will be described.

Finally, a compilation of alternative uses of mines and mine water follows. These are divided into the usage of abandoned mines themselves and the use of the residual materials of mine water treatment.

Česká Resumé (Shrnutí)

Předložená publikace uvádí řadu postupů pro hodnocení důlních vod a představuje dosud známé metody a systémy čištění důlních vod. V první části je uveden obecný přehled znalostí o důlních vodách, jejich klasifikaci a vhodných způsobech vzorkování. Následuje souhrn známých metod čištění důlních vod, rozdělený na základě mezinárodní klasifikace na aktivní a pasivní metody, přirozenou atenuaci a *in-situ* metody. Na závěr jsou představeny alternativní způsoby využití uzavřených důlních děl se zaměřením na využití důlních vod. Text je navíc doplněn o příklady zdůrazňující potenciální nástrahy způsobů vzorkování a správy.

Svým objemem jsou důlní vody považovány za jeden z největších zdrojů vod přímo souvisejících s antropogenní činností, ne vždy jsou však kontaminovány. I přesto jsou nečištěnými kyselými důlními vodami či důlními vodami s obsahem kovů kontaminovány či potenciálně ohroženy tisíce kilometrů vodních toků, rozsáhlá území v přírodních rezervacích a nespočet aquiferů. Pro minimalizaci negativních dopadů na ekosféru a antroposféru je proto nezbytné čistit důlní vody tak, aby byl dopad na životní prostředí minimální nebo žádný. Z tohoto důvodu jsou důlní vody čištěny na přijatelnou kvalitu všude tam, kde jsou dostupné finanční prostředky.

Možnosti plánování systému čištění vod, který je navržen pouze na základě výsledků chemické analýzy vod, jsou zatím omezeny. Před plným provozem systému je potřeba nejdříve provádět laboratorní experimenty a následně využít testování pilotních technologií a určit tak optimální konfiguraci celého systému. Budoucí výzkum a vývoj by proto měl být zaměřen na komplexní pochopení dílčích procesů za účelem zřízení integrovaného systému čištění důlních vod. K dosažení tohoto cíle by mohl přispět i „Internet of Mine Water", prostřednictvím kterého mohou být vzaty v úvahu všechny složky procesu hospodaření s důlními vodami.

Pro navržení systému čištění důlních vod je nezbytná správná metodika vzorkování. Protože neexistuje žádná všeobecně uznávaná metodika, vyvinula řada firem normy, jež jsou z velké části založeny na národních nebo mezinárodních směrnicích. Během vzorkování musí být některé parametry stanovovány při každém odběru, zatímco jiné mohou být stanoveny podle potřeby. Publikace shrnuje nejběžněji stanovované parametry a správnou metodiku vzorkování a měření parametrů *on-site*.

Je zde popsáno celkem dvanáct druhů aktivních metod čištění, jež jsou v současné době používány, nebo jsou v pokročilé fázi vývoje. Zahrnuty jsou neutralizace, elektrochemické procesy, membránové aplikace i některé méně známé metody. Specifické druhy metod, které se jen nepatrně liší od jiných a jejichž využití je většinou omezeno kvůli patentové ochraně, nejsou zahrnuty. Z pasivních metod je zde popsáno jedenáct druhů. Patří k nim vápencové drenáže, umělé mokřady, propustné reaktivní bariéry a redukční a alkalické systémy. Metody, jež byly testovány pouze na jednom nebo dvou místech, nebo jsou zatím v rané fázi vývoje, nejsou popsány. Dále jsou uvedeny tři alternativní metody se značným rozvojovým potenciálem. Mezi alternativní metody patří přirozená atenuace, modifikace těžebních metod nebo biometalurgické procesy, které jsou v současné době v rané fázi vývoje. Navazuje výčet *in-situ* metod využitelných pro povrchové a hlubinné doly. *Z in-situ* metod jsou charakterizovány různé *„in-lake"* procesy a zpětná injektáž reziduí z procesu čištění vod.

V závěru jsou uvedeny způsoby alternativního využití důlních děl. Ty jsou rozděleny jednak na využití samotných uzavřených důlních děl, jednak na využití zbytkových materiálů z procesu čištění důlních vod.

Inhaltsverzeichnis

1 Einleitung . . . 1
1.1 Glosse – oder Erfahrungen nach über sieben Jahren Recherche . . . 1
1.2 Begriffsklärungen . . . 8
1.2.1 Probleme bei der Definition von Begriffen . . . 8
1.2.2 Aktive Grubenwasserreinigung . . . 14
1.2.3 Basenkapazität (k_B; Acidität; Azidität; m-Wert) . . . 14
1.2.4 Bergwerk . . . 16
1.2.5 Bioreaktor . . . 16
1.2.6 Circular Economy . . . 17
1.2.7 Entwässerungsstollen, Erbstollen, Wasserlösungsstollen . . . 17
1.2.8 First Flush (Erstspülung) . . . 18
1.2.9 Grubenflutung . . . 21
1.2.10 Grubenwasser (Schachtwasser, Stollenwasser) . . . 22
1.2.11 Konstruiertes Feuchtgebiet . . . 24
1.2.12 Koagulation und Flockung . . . 25
1.2.13 Netto-acidisches oder netto-alkalisches Grubenwasser . . . 25
1.2.14 Passive Grubenwasserreinigung . . . 26
1.2.15 Pflanzenkläranlage . . . 27
1.2.16 Phytoremediation (Phytosanierung) . . . 27
1.2.17 pH-Wert . . . 28
1.2.18 Säurekapazität (k_S; Alkalität; Alkalinität; p-Wert) . . . 30
1.2.19 Sauerwasser . . . 30
1.2.20 Sorption, Adsorption, Kopräzipitation, Oberflächenkomplexierung und andere derartige Reaktionen . . . 31
1.2.21 Schwermetall . . . 34
1.2.22 Unedles Metall . . . 34
1.3 Entstehung von Grubenwasser und Puffermechanismen . . . 34
1.4 Klassifikationen und Klassifizierung von Grubenwasser . . . 42

2 Voruntersuchungen 49
2.1 Einleitende Hinweise 49
2.2 Probenahme von Grubenwasser 55
2.2.1 Checklisten und Hinweise 55
2.2.2 Hinweis zum Arbeitsschutz 58
2.2.3 Verfahren der Probenahme 60
2.2.4 Qualitätskontrolle 65
2.2.5 Messgeräte und Probenahme 67
2.2.6 Bezeichnung der Proben 69
2.2.7 Gelöste und gesamte Konzentrationen oder auch Filtration 70
2.2.8 Dokumentation 74
2.3 Essenzielle Vor-Ort-Parameter 75
2.3.1 Einleitender Hinweis 75
2.3.2 Elektrische Leitfähigkeit (Spezifische Leitfähigkeit) 78
2.3.3 Basenkapazität (k_B; Acidität) 81
2.3.4 Säurekapazität (k_S; Alkalität; Alkalinität) 82
2.3.5 Durchfluss und Frachten 83
2.3.6 pH-Wert 91
2.3.7 Eisenkonzentration 94
2.3.8 Mangankonzentration 96
2.3.9 Aluminiumkonzentration 96
2.3.10 Redoxspannung (E_h) 96
2.3.11 Sauerstoffsättigung 100
2.4 Wasseranalytik 100
2.5 Untersuchungen zur Kalkzugabe oder Säulenversuche 101
2.6 Aktive oder passive Grubenwasserreinigung? 103
2.7 Die endlose Grubenwasserreinigung 106
2.8 Pourbaix-Diagramme (Stabilitätsdiagramme, Prädominanzdiagramme) 107

3 Aktive Methoden zur Behandlung von Grubenwasser 111
3.1 Einleitung 111
3.2 Neutralisationsverfahren 113
3.2.1 Prinzipien und geschichtliche Entwicklung 113
3.2.2 Dünnschlammverfahren (LDS) 123
3.2.3 Dickschlammverfahren (HDS) 125
3.2.4 In der Schachtel lebt sich's leichter 128
3.3 Elektrochemische Verfahren 131
3.3.1 Elektrokoagulation 131
3.3.2 Elektrosorption (Kondensatorische Deionisierung) 136
3.3.3 Elektrodialyse/Membranelektrolyse 137

3.4 Membranverfahren 138
3.4.1 Einleitung 138
3.4.2 Mikrofiltration 144
3.4.3 Ultrafiltration 144
3.4.4 Nanofiltration 144
3.4.5 Umkehrosmose (Reverse Osmosis, RO) 146
3.4.6 SPARRO-Prozess (Slurry Precipitation And Recycle Reverse Osmosis) 149
3.4.7 Vorwärtsosmose (Forward Osmosis, FO) 150
3.5 Fällungsverfahren für seltenere Schadstoffe 152
3.6 Ettringit-Ausfällung 153
3.6.1 SAVMIN™-Verfahren 153
3.6.2 Andere Verfahren 156
3.7 Schwertmannit-Verfahren 156
3.8 Bioreaktoren (Fermenter) 157
3.9 Ionenaustauscher 160
3.10 Sorption 164
3.11 Erweiterte Oxidation 167
3.12 Flotations-Flüssig-Flüssig-Extrahierung (F-LLX: Flotation Liquid-Liquid Extraction; VEP: Vale Extraction Process; Hydro Flex Technology) 169
3.13 Eutektische Gefrierkristallisation 171

4 Passive Methoden zur Behandlung von Grubenwasser 175
4.1 Hinweis 175
4.2 Was ist passive Grubenwasserreinigung? 179
4.3 Carbonatkanäle und -gerinne 184
4.3.1 Einteilung der Kanäle und Gerinne 184
4.3.2 Anoxischer Carbonatkanal (Anoxic Limestone Drain, ALD) 184
4.3.3 Oxischer Carbonatkanal (Oxic Limestone Drain, OLD) 187
4.3.4 Offene Carbonatgerinne (Open Limestone Channel, OLC) 188
4.4 Konstruierte Feuchtgebiete 190
4.4.1 Zum Geleit (das wollte ich schon immer einmal schreiben) 190
4.4.2 Aerobes konstruiertes Feuchtgebiet *(aerobic wetland, reed bed)* 192
4.4.3 Anaerobes konstruiertes Feuchtgebiet *(anaerobic wetland, compost wetland)* 195

4.5 Reduzierende Alkalinitätssysteme (Reducing and Alkalinity Producing Systems, RAPS; Successive Alkalinity Producing Systems, SAPS; Sulfate Reducing Bioreactor, Vertical Flow Wetlands) . . . 198
4.6 Absetzbecken *(settlement lagoon)* . . . 200
4.7 Permeable reaktive Wände (durchströmte Reinigungswände) . . . 204
4.8 Vertikaldurchflussreaktor (Vertical Flow Reactor, VFR) . . . 206
4.9 Passive Oxidationssysteme (Kaskaden, Trompe) . . . 208
4.10 ARUM-Prozess (Acid Reduction Using Microbiology: mikrobielle Säureerniedrigung) . . . 214

5 Alternative Methoden zum Management von Grubenwasser . . . 217
5.1 Gedanken über alternative Methoden und deren Anwendung im deutschen Sprachraum . . . 217
5.2 Natürliche und kontrollierte natürliche Selbstreinigung . . . 222
5.2.1 Natürliche Selbstreinigung . . . 222
5.2.2 Kontrollierte natürliche Selbstreinigung . . . 223
5.3 Änderung der Abbaumethoden . . . 227
5.4 Biometallurgie, Geobiotechnologie, Biomimetik oder Agrobergbau . . . 228

6 In-situ- und Vor-Ort-Sanierungsmaßnahmen . . . 231
6.1 Vorbemerkung . . . 231
6.2 In-lake-Verfahren . . . 232
6.2.1 Einleitung . . . 232
6.2.2 In-lake-Kalkung . . . 232
6.2.3 Stimulierte Eisen- und Sulfatreduktion in Seen . . . 232
6.2.4 Elektrochemische und elektrobiochemische Behandlung . . . 233
6.3 Chemische Maßnahmen zur Schadstoffreduzierung . . . 236
6.3.1 Behandlung von sauren Seen . . . 236
6.3.2 Chemische Vor-Ort-Maßnahmen . . . 241
6.4 Rückspülung von Schlämmen, Reststoffen oder Kalkmilch . . . 242
6.5 Sanierung verunreinigter Fließgewässer . . . 246
6.6 In-situ-Sanierung von uranhaltigen Gruben- und Sickerwässern . . . 247
6.7 Mischung pyrithaltiger Substrate mit alkalischem Material . . . 249
6.8 Verschluss von Entwässerungs- und Bergwerksstollen . . . 251

7 Restnutzung der Sanierungsobjekte oder Aufbereitungsrückstände . . . 257
7.1 Nutzung der Sanierungsobjekte . . . 257
7.2 Aufbereitungsrückstände als Wertstoffe (Circular Economy) . . . 264

8 Finis 273

Lagniappe – Bonuskapitel 275

Literatur 285

Stichwortverzeichnis 343

Einleitung

1

1.1 Glosse – oder Erfahrungen nach über sieben Jahren Recherche

Bei den Recherchen zu diesem Buch, die im Juni 2012 begannen, fiel mir auf, dass im Zusammenhang mit vielen Verfahren oftmals die Begriffe „innovativ“, „einzigartig“, „erstmals“ oder „kein oder wenig Abfall“ auftauchen. In den dazugehörigen Publikationen oder Endberichten steht dann „erfolgreich gereinigt“. Sobald es jedoch aus dem Labormaßstab in die Pilotanlage oder gar in eine industrielle Anlage übergehen soll, bleiben viele Verfahren in den Kinderschuhen stecken und gelangen nie zur Anwendung. Häufig stellte ich fest, dass ein „innovatives“ Verfahren bereits von anderen Autoren publiziert wurde oder dass patentrechtliche Gründe verhindern, dass ein Verfahren von anderen optimiert werden kann. Ich will mit diesem Buch zeigen, was bereits getan wurde und wo Sie Details zu verschiedenen Reinigungsmethoden nachlesen können (Best Practice aber werde ich weitgehend vermeiden, denn gerade im Grubenwasserbereich wird Copy-and-paste Sie nicht weiterbringen). Versuchen Sie nicht, das Rad neu zu erfinden, sondern nehmen Sie sich – sofern Sie in der Forschung tätig sind – den Schwachpunkt einer Methode und versuchen Sie, diesen zu beheben – James Watt hat auch nicht die Dampfmaschine erfunden, wie viele glauben, sondern lediglich einen Teilaspekt optimiert, den er sogar einer anderen Methode abgeschaut hatte (lesen Sie unter „Fliehkraftregler“ oder „Prozessintensivierung“ nach). Und Johannes Gutenberg hat nicht den Buchdruck erfunden. Versuchen Sie, als Forscher ein James Watt oder ein Johannes Gutenberg der Grubenwasserreinigung zu werden, oder, alternativ, wenn Sie das nicht wollen oder können (wenn Sie unter Zeitdruck stehen, können Sie den folgenden Absatz getrost überspringen):

Schreiben Sie, wenn Sie eine vermeintlich neue Methode entwickelt haben:

C. Wolkersdorfer, *Reinigungsverfahren für Grubenwasser*,
https://doi.org/10.1007/978-3-662-61721-2_1

„Mit dem innovativen, umweltfreundlichen MyTREatmeNT®-Verfahren ist es erstmals gelungen, Grubenwasser kosteneffektiv abzureinigen, wobei das Abfallvolumen auf ein Mindestmaß reduziert wurde und die Kosten vergleichbar mit denen herkömmlicher Methoden sind. Das Grubenwasser der A-Mine konnte im Technikumsversuch erfolgreich bis zu den behördlich vorgegebenen Einleitgrenzwerten gereinigt werden. Nach einer Kosten-Nutzen-Analyse besitzt das neue Verfahren das Potenzial für einen Einsatz im industriellen Maßstab und kann die Reinigungskosten signifikant senken. Weitere Forschung ist nötig, um die optimalen Bedingungen für eine Pilotanlage und die Kommerzialisierung des Verfahrens zu erhalten.“

(Während ich diese Zeilen schreibe, bekomme ich eine E-Mail mit der Bitte, einen Artikel über Arsenentfernung aus Trinkwasser zu begutachten – ich habe das Gefühl, die Autoren haben meinen obigen Satz abgeschrieben.) Setzen Sie statt MyTREatmeNT den Namen Ihres Verfahrens ein, lassen Sie sich den Namen schützen und das Verfahren patentieren, indem Sie ein bereits bestehendes Verfahren geringfügig ändern. Veranlassen Sie eine ausreichende Anzahl an Presseerklärungen, laden Sie Rundfunk und Fernsehen ein, setzen Sie eine Internetseite online und eröffnen Sie ein Facebook-Konto, zu dem Sie alle Ihre Geschäftskollegen einladen. Beantragen Sie ein Forschungsprojekt (nicht unter 250.000 €) gemeinsam mit einer namhaften Forschungseinrichtung oder einem weniger bekannten Industrieunternehmen, und veröffentlichen Sie jedes Jahr wenigstens drei Publikationen, die sich inhaltlich nur unwesentlich voneinander unterscheiden zu brauchen, solange die Titel voneinander verschieden sind. Streuen Sie diese möglichst breit in Zeitschriften mit hohen Impaktfaktoren und lassen Sie sich nach drei Jahren ein neues Projekt einfallen. Passen Sie Ihre Daten an, wie es Ihnen beliebt, lassen Sie unliebsame Werte raus, oder machen Sie einen Tippfehler – den Reviewern fällt es nicht auf, denn sie sind mit Reviews überlastet und finden keine Zeit, Ihre Daten eingehend zu prüfen. Vor allem sollten Sie unverständliche, vielleicht sogar oulipotische Schachtelsätze bilden, die mit Fremdwörtern gespickt sind, damit jeder Sie für hochgebildet hält – oder versuchen Sie doch einmal die sorptive Gewinnung von Unobtainium (Misra 1990). Verwenden Sie viele Substantive und Akronyme (die Sie am besten neu einführen), erfinden Sie ein Wort, das es im Duden noch nicht gibt (z. B. OuEaMiPo), und schon klingt Ihr Verfahren innovativ; staffieren Sie Ihre Texte vor allem mit Gleichungen aus, wobei Sie Differenzialgleichungen den Vorzug geben sollten (ich würde Ihnen ja gerne ein gutes Negativbeispiel geben, aber die Suchmaschine Ihrer Wahl führt Sie, als Gefährten innerhalb der Turing-Galaxis, vermutlich ganz schnell auf die richtige Spur, und ich will niemandem persönlich zu nahe treten). Je breiter Sie dann Ihre Publikationen streuen, je öfter Sie Ihre Ergebnisse wiederkäuen, umso erfolgreicher werden Sie. Schicken Sie sich auf keinen Fall an, sich mit zu vielen unterschiedlichen Themen zu befassen, das würde dem Utilitarismus Ihrer Publikationsweise widersprechen und bekäme Ihrer Karriere und Ihrem Bekanntheitsgrad nur bedingt. Bei meinen Literaturrecherchen für den GARD-Guide blieben von anfänglich 5000 Artikeln nur weniger als 500 übrig, die sich als relevant oder nicht doppelt publiziert erwiesen (www.wolkersdorfer.info/gard/refbase/index.php). Ob Sie dies so interpretieren wollen, dass nur ein Zehntel aller Publikationen erforderlich ist, sei Ihnen überlassen.

Einzig die HDS-Methode scheint mir ein wirklich innovatives Verfahren zu sein, das in der Grubenwasserreinigung oder der industriellen Reinigung von Wässern keinen Vorläufer hatte. Drei Jahre intensive Forschung steckten in dem Verfahren, und der einzige dazu publizierte Artikel genügt nicht einmal den Standards, die an Fachartikel gestellt werden – er besitzt nämlich kein einziges Zitat. Und der Erfinder verzichtet sogar nach einigen Jahren auf seine Patentrechte – vielleicht einer der zahlreichen Gründe, warum sich das Verfahren durchsetzen konnte? Nehmen Sie sich Paul Kostenbader, Wilhelm Röntgen oder gerne auch Jonas Salk als Beispiel, der auf die Frage danach, wer die Patente für die von ihm erfundene Polioimpfung inne habe, antwortete: „Nun ja, die Menschheit würde ich sagen. Es gibt kein Patent. Kann man die Sonne patentieren?" (Oshinsky 2005, S. 211). Wilhelm Röntgen, der sogar den Adelstitel ablehnte, den man ihm angeboten hatte, erklärte gegenüber dem Ingenieur Max Levy von der AEG, „daß er durchaus, der guten Tradition deutscher Professoren entsprechend, der Auffassung sei, daß seine Erfindungen und Entdeckungen der Allgemeinheit gehören und nicht durch Patente, Lizenzverträge u. dgl. einzelner Unternehmungen vorbehalten bleiben dürfen. Er war sich darüber klar, daß er mit dieser Stellungnahme darauf verzichte, geldliche Vorteile aus seiner Erfindung zu ziehen" (Glasser 1995, S. 88, 277).

Schließlich sind mir bei meinen Recherchen Publikationen aufgefallen, die ganz einfach wiederholen, was Kollegen in anderen Ländern schon exakt genauso getan haben. Das ist schon beinahe als unverschämt zu bezeichnen – keine Sorge, wenn Sie das Deutsche hier lesen können, meine ich ganz sicher nicht Sie. Natürlich steht es jedem frei, bereits publizierte Experimente in modifizierter Form oder fallspezifisch zu wiederholen. Wenn allerdings das Experiment im Prinzip nur eine Kopie dessen ist, was in einer anderen Publikation steht, und wenn das dann über mehrere Zeitschriften hinweg nur geringfügig verändert publiziert wird, dann halte ich dieses Verhalten für ethisch ausgesprochen fragwürdig, wenn nicht unkollegial. Vor allem wenn sich erkennen lässt, dass diese Kollegen nahezu alle Experimente einer anderen Arbeitsgruppe scheinbar systematisch wiederholen und publizieren, ohne dabei viel Neues, Eigenes zu produzieren – dann gehen mir schon einmal die Worte aus. So wie jetzt …

Weiterhin war bei meinen Recherchen auffallend, dass Autoren ihre Daten sehr selektiv wiedergeben. Schäfer und Schwarz (2019) haben diese „Publikationsverzerrung" in einem lesenswerten Artikel näher untersucht. Es werden, so mein Eindruck, zu unterschiedlichen Zeiten, teilweise von verschiedenen Autoren mit fast identischem Text, Vorträge gehalten oder Beiträge publiziert, und beim Vergleich der Daten in den Publikationen sind vermeintlich unliebsame Messwerte ausgelassen oder Werte plötzlich falsch abgedruckt, oder es werden keine Fehler bei den Werten angegeben (ein eindrucksvolles Beispiel von fünf miteinander verglichenen Publikationen finden Sie hier: www.wolkersdorfer.info/selektiv). Nennen Sie es, wie Sie wollen, zum Beispiel alternative Fakten. Aus wissenschaftlicher Sicht ist dies kaum verständlich und trägt wenig dazu bei, die Akzeptanz des Bergbaues in den Kreisen zu fördern, die dem

Bergbau bereits kritisch gegenüberstehen. Ich spreche hier nicht von ruppigen Affären, aber es muss unser aller Ziel sein, zuverlässige, belastbare, nachprüfbare und vor allem korrekte Ergebnisse zu präsentieren. Wir müssen dahin kommen, unsere Werte – wie in der Physik, Medizin oder Chemie – mit Fehlerbalken zu versehen oder auf die Fehlergrenzen hinzuweisen. Kaum eine der Publikationen, die ich bearbeitet habe, genügte diesen Anforderungen (und ich nehme meine Publikationen, die in dieser Tradition ohne Fehlerbalken entstanden sind, nicht aus). Wir sollten es uns angewöhnen, Fehler zuzugeben und nicht erfolgreiche Versuche oder Daten zu publizieren.

Es gibt Zeitschriften, die sich ganz speziell auf „verunglückte" Experimente oder Forschungen spezialisiert haben. Die Harvard University (Institute for Quantitative Social Science – IQSS) hat eine Webseite eingerichtet, um neben erfolgreichen Versuchsdaten auch negative Versuchsergebnisse für die Nachwelt zu dokumentieren (www.dataverse.org). Es wäre schön, wenn sich dort auch Arbeiten fänden, die sich auf Grubenwasserreinigung beziehen, sodass wir künftig daraus lernen können (Tab. 1.1). van Emmerik et al. (2018) stellen einen anderen Aspekt dar: Wissenschaftler verzichten

Tab. 1.1 Zeitschriften und Online-Quellen, die negative oder nicht erfolgreiche Ergebnisse von Experimenten publizieren

Titel	ISSN	Fachgebiet
Dataverse Network Project	www.dataverse.org	offen für alle
Journal of Contradicting Results in Science	2278-7194 I Online	offen für alle
Journal of Interesting Negative Results in Natural Language Processing and Machine Learning	1916-7423 I Online	Sprachverarbeitung, maschinelles Lernen
Journal of Negative Results in BioMedicine	1477-5751	Biomedizin
Journal of negative results: ecology & evolutionary biology	1459-4625	Ökologie, Evolution
Journal of pharmaceutical negative results	2229-7723	Pharmazie
Journal of unsolved questions	2192-0745	offen für alle
Nature Precedings	1756-0357	Erscheinen eingestellt
The All Results Journals: Biol	2172-4784	Biologie
The All Results Journals: Chem	2172-4563	Chemie
The All Results Journals: Nano	2444-0035	Nanotechnik
The All Results Journals: Phys	2174-1417	Physik
The journal of irreproducible results – Official organ of the Society for Basic Irreproducible Research	0022-2038	offen für alle, anekdotisch

zunehmend auf Experimente im Gelände, da mit diesen größere „Risiken" verbunden seien, negative Ergebnisse zu erlangen, und der Publikationsprozess sich länger hinzieht. Vielmehr wird lieber modelliert, um zu einem schnelleren Durchsatz von publizierbaren Artikeln zu gelangen (lesen Sie dazu auch den Kommentar in Abschn. 1.2.20). Bei meinen Recherchen habe ich genau dies auch etliche Male gehört: dass Kollegen die Ergebnisse nicht publizieren wollen, weil sie aus ihrer Sicht nicht erfolgreich waren. Aber vielleicht können andere aus diesen Daten lernen. „Pinnacles" der Grubenwasserforschung gewissermaßen.

Wie können Sie zu einem James Watt oder Johannes Gutenberg der Grubenwasserreinigung werden? Indem Sie zunächst einmal lesen, lesen und nochmals lesen. Finden Sie Schwachpunkte in den bestehenden Methoden und konzentrieren Sie sich darauf, diese zu beseitigen (Stichwort „Process Intensification"). Zwei Aspekte stellen auch nach über 50 Jahren intensivster Forschung noch eine ungelöste Herausforderung dar: Was sollen wir mit dem Schlamm aus der Neutralisation anfangen (Ødegaard 2004), und wie können wir die hochkonzentrierten Lösungen der Membranverfahren sowie der Ionenaustauscher weiter verwerten. Das Coal Research Bureau schrieb beispielsweise 1971 – ohne dass sich bis heute auch nur das Geringste geändert hätte: „Derzeit gibt es keine praktische Verwendung für den Schlamm aus der Grubenwasserreinigung von Kohlenbergwerken, noch gibt es eine brauchbare Methode für die Verwertung der Nebenprodukte" (Coal Research Bureau 1971, S. 1). Oder gehören Sie zu den mutigen Phantasten? Dann stellen Sie sich gleich die Frage: Können wir eine Methode entwickeln, die weder Schlamm noch hochsalinare Lösungen zurücklässt? Wiederholen Sie bitte nicht, was andere vor Ihnen getan haben. Daher fordere ich Sie auf:

„An alle, die anders denken: die Rebellen, die Idealisten, die Visionäre, die Querdenker, die, die sich in kein Schema pressen lassen, die, die Dinge anders sehen. Sie beugen sich keinen Regeln, und sie haben keinen Respekt vor dem Status quo. Wir können sie zitieren, ihnen widersprechen, sie bewundern oder ablehnen. Das Einzige, was wir nicht können, ist, sie zu ignorieren, weil sie Dinge verändern, weil sie die Menschheit weiterbringen. Und während einige sie für verrückt halten, sehen wir in ihnen Genies. Denn die, die verrückt genug sind zu denken, sie könnten die Welt verändern, sind die, die es tun."

Und wer hat das gesagt? Steve Jobs und der Computerkonzern Apple in seinen Werbekampagnen zwischen 1997 und 2002 (Isaacson 2011, S. 329). Lesen Sie diesen Text gerade auf einem iPad oder iPhone? Dann wissen Sie jetzt, welchen Weg Sie gehen sollten. Ein Kollege aus den Vereinigten Staaten von Amerika hat in seinem Blog auf den Punkt gebracht, woran es ebenfalls hapert:

„In gleichem Maße wie Bergbau wichtig für die Gesellschaft ist, ist die Branche überraschend langsam dabei, neue Technologien auszuprobieren oder einzusetzen. Techniken und Geräte, die in den frühen 1900er-Jahren entwickelt wurden, sind heute in vielen modernen Bergbauanlagen nach wie vor der Standard. Gleichzeitig kämpfen neuere Technologien wie Bioremediation und elektrochemische Wasseraufbereitung darum, einen Fuß in die Branche zu setzen" (Dallas Kachan am 29. Oktober 2012).

Sollten wir darin den Grund suchen, dass nur wenige neue Methoden der Grubenwasserreinigung den Weg aus dem Pilotmaßstab in den industriellen Maßstab finden? Wenn wir natürlich immer wieder der Forderung gegenüberstehen, in unseren Empfehlungen für Grubenwasserreinigungsanlagen nur Methoden zu berücksichtigen, die in den zurückliegenden *X* Jahren ihre praktische Wirksamkeit gezeigt haben – wie sollen wir denn dann neue Verfahren zur Marktreife bringen? Deutschland hat stets den Mut gezeigt, Neues zu wagen und auszuprobieren – nicht umsonst ist die Anzahl der Patentanmeldungen in unserem Land weltweit führend. Oder einmal anders gefragt: Wer hat das Telefon erfunden? Wenn Ihnen also Watt oder Gutenberg nicht gefallen, dann werden Sie eben ein Reis der Grubenwasserreinigung. Und wenn Sie gerade einem Bergbaubetrieb vorstehen: Haben Sie den Mut eines Artur Fischer und gehen ein Wagnis ein.

Ein Beispiel für eine künftige Entwicklung ist das Internet of Mine Water (IoMW – Grubenwasserinternet; Abb. 1.1). Bereits jetzt wird das Internet of Things als eine der kommenden umwälzenden Technologien für den technologischen Fortschritt angesehen (Carayannis et al. 2018; Losavio et al. 2019; S. R. I. Consulting Business Intelligence 2008). Im IoMW erhalten sämtliche für das Wassermanagement in einem Bergwerk relevanten Komponenten wie Messfühler (Sensoren), Schieber, Probenahmegefäße oder

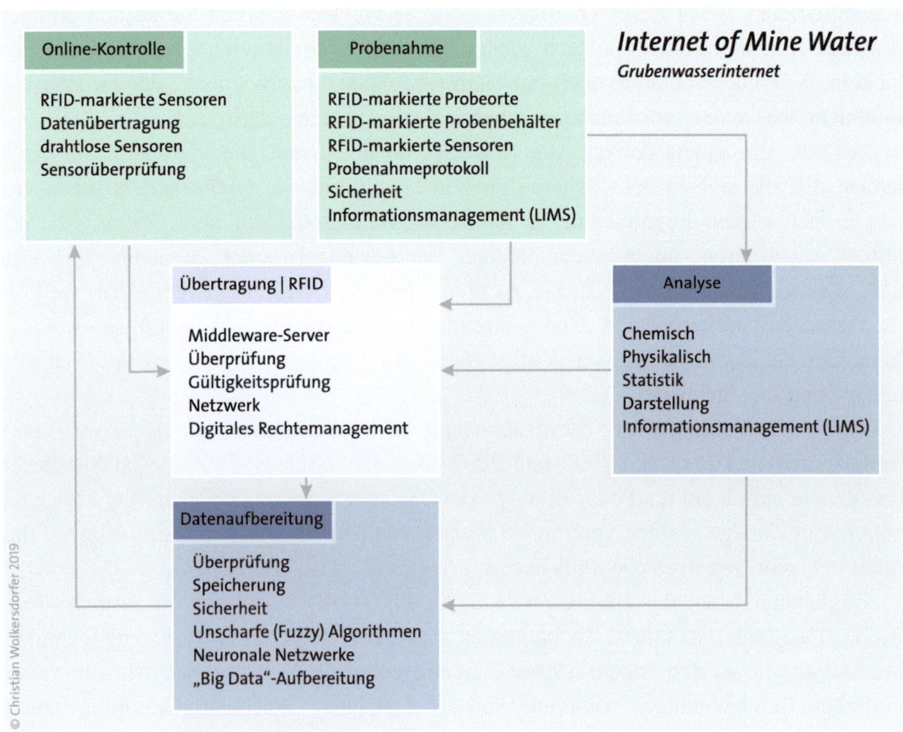

Abb. 1.1 Flussdiagramm für das „Internet of Mine Water". (Aus Wolkersdorfer 2013)

Messstellen mit RFID-Funketiketten. Gemäß der Idee des Internet of Things werden diese Komponenten über das Internet auslesbar, erkennbar, lokalisierbar, adressierbar und kontrollierbar sein (S. R. I. Consulting Business Intelligence 2008, Anhang F). Dabei spielt es keine Rolle, ob die Verbindung der Komponenten zum IoMW drahtlos, über ein Funknetzwerk, RFID-Sensoren oder mittels eines lokalen Netzwerks erfolgt (More und Wolkersdorfer 2020).

Wie dem auch sei – mit all dem Forschermut gewappnet können Sie endlich loslegen, Ihr neues Verfahren zu entwickeln, und uns schließlich Ihren Memplex weitergeben. Zuvor allerdings sollten Sie wenigstens *einige* der zusammenfassenden englischen Publikationen über Grubenwasserreinigungsanlagen gelesen haben, um unnötige Replikationen zu vermeiden (es hat den Anschein, als würde es in anderen Sprachen als Englisch bisher kaum Überblickspublikationen geben):

Hier eine Auswahl zusammenfassender Werke, alphabetisch sortiert:

- Hatch (2014): Study to Identify BATEA for the Management and Control of Effluent Quality from Mines
- Jacobs und Pulles (2007): Best Practice Guideline H4: Water Treatment
- Lorax Environmental (2003): Treatment of Sulphate in Mine Effluents
- Senes Consultants Limited (1994): Acid Mine Drainage – Status of Chemical Treatment and Sludge Management Practices
- Skelly and Loy und Penn Environmental Consultants (1973): Process, Procedures, and Methods to Control Pollution from Mining Activities
- Skousen et al. (1998): Handbook of Technologies for Avoidance and Remediation of Acid Mine Drainage
- Society for Mining Metallurgy and Exploration (1998): Remediation of historical mine sites – technical summaries and bibliography
- The Pennsylvanian Department of Environmental Protection (1998): Coal mine drainage prediction and pollution prevention in Pennsylvania
- U. S. Environmental Protection Agency (1983): Design Manual – Neutralization of Acid Mine Drainage
- U. S. Environmental Protection Agency (2000): Abandoned Mine Site Characterization and Cleanup Handbook
- U. S. Environmental Protection Agency (2014): Reference guide to treatment technologies for mining-influenced water

und in Türkisch:

- Karadeniz (2005): Asit Maden (Kaya) Drenajında Aktif ve Pasif Çözüm Yöntemleri oder in Chinesisch (wo es im Übrigen vier Wörter für Grubenwasser gibt: 矿井水, 矿坑水, 的矿井水 und 矿井水的):

- 梁天成 (2004): 矿井水处理技术及标准规范实用手册。
- 何绪文 und 贾建丽著 (2009): 矿井水处理及资源化的理论与实践。

In diesem Sinne „Glückauf!“, viel Spaß beim Lesen oder Studieren – und lassen Sie uns hier unsere gemeinsame Reise durch die Grubenwasserreinigung beginnen!

1.2 Begriffsklärungen

1.2.1 Probleme bei der Definition von Begriffen

Anders als beispielsweise in der Chemie, der Physik oder der Mathematik gibt es für zahlreiche Begriffe, die im Zusammenhang mit Bergbau und Wasser auftreten, kaum einheitliche Definitionen. Dies mag vor allem damit zusammenhängen, dass Kollegen aus unterschiedlichsten Fachrichtungen zusammenkommen, um über Wasser mit Bergbaubezug zu arbeiten. Genannt seien vor allem Hydrogeologen, Limnologen, Biologen, Chemiker, Botaniker, Bergbauingenieure oder Ingenieure im Allgemeinen – und natürlich Markscheider. Dies ist gut so! Aber all diese Kollegen bringen ihre eigenen, zum Teil historisch gewachsenen Begriffe mit und verwenden sie, wenn es um die Bearbeitung von Wasser im Bergbau geht. Bei der Arbeit am Glossarium des AK Grubenwasser in der FS Hydrogeologie (Burghardt et al. 2017), das derzeit als deutsches Standardwerk für die Definition von relevanten Begriffen mit Grubenwasserbezug angesehen werden kann, oder der Definition für Grubenwasser im Arbeitskreis 4.6 „Altbergbau" der Fachsektion Ingenieurgeologie in der DGGT (2013) zeigte sich, wie schwierig eine eineindeutige Definition von Begriffen mitunter sein kann. Ein weiterer Grund sind „falsche“ Übersetzungen ins Deutsche aus dem Englischen oder Russischen oder – im schlimmsten Fall – durch ungenügende Fremdsprachenkenntnisse und damit verbunden ein fehlendes Verständnis für den Zusammenhang in einem fremdsprachigen Text. Hinzu kommt, und dabei handelt es sich nicht um ein typisch deutsches Phänomen, dass viele Fachkollegen in den Ingenieurbüros nur über einen eingeschränkten Zugang zu Literaturdatenbanken verfügen oder überhaupt kaum Zugang zu internationaler Literatur haben. Dazu ein beliebig gewähltes Beispiel. Die ersten reaktiven Wände für Grubenwasser errichtete die Arbeitsgruppe von David Blowes an der Waterloo University (Blowes et al. 1995; Waybrant et al. 1995). In einer Publikation zu reaktiven Wänden in der Lausitz wird keine dieser relevanten Erstpublikationen zitiert, und es gibt keinen Hinweis auf die seit Jahrzehnten durchgeführten Untersuchungen an den reaktiven Wänden dieser Arbeitsgruppe – von Benner et al. (2002) einmal abgesehen. Dies führt – wie schon gesagt – zu unnötigen Replikationen und dazu, dass – wie das Beispiel Skadodamm/Lausitz zeigt – in die gleichen Fallgruben wie die vorheriger Bearbeiter gefallen wird.

Zusätzlich erstreckt sich der deutsche Sprachraum über wenigstens sechs Länder: Bundesrepublik Deutschland, Österreich, Schweiz, Südtirol (autonome Provinz Bozen), Luxemburg und Liechtenstein – sowie die Gebiete mit deutschen Minderheiten wie Sibirien oder Kasachstan. Deutschkreolisch – „Unserdeutsch“ – hingegen wird vermutlich keinen speziellen Bezug zu Grubenwasser haben. Daraus resultierende Nuancen bei der Verwendung von Begriffen habe ich bei deren Definition nicht berücksichtigt. Auch historisch haben sich Veränderungen beim Gebrauch von Begriffen ergeben – sei es nur, weil es das eine oder andere Gerät oder die eine oder andere Maschine heute nicht mehr gibt.

Ein klassisches Beispiel für einen sinnlosen Begriff mit unscharfer Definition ist das Wort „Schwermetall“. Insgesamt gibt es 40 voneinander verschiedene Definitionen, und in kaum einer Publikation wird korrekt auf eine Definition zurückgegriffen. Allein wenn es um die spezifische Dichte geht, bewegen sich die Definitionen, ab welcher Dichte ein Metall ein Schwermetall sei, zwischen 3,5 und 7 g cm^{-3}. Dies führt dazu, dass es in zahlreichen Publikationen oder Berichten Analysentabellen mit der Überschrift „Schwermetalle“ gibt, in denen dann beispielsweise die Elemente Arsen, Aluminium, Antimon und Schwefel auftreten. Arsen und Antimon jedoch sind Halbmetalle (veraltete Bezeichnung: Semimetalle oder Metalloide), Aluminium mit einer spezifischen Dichte von 2,698 g cm^{-3} kann schwerlich als Schwermetall bezeichnet werden, und Schwefel ist überhaupt kein Metall. Dass gerade Evangelou (1995, S. 97) der Fauxpas passiert und er im Unterkapitel „Heavy Metal Precipitation” das Metall Aluminium diskutiert, sei hier nur am Rande vermerkt. In der Astronomie schließlich werden alle Elemente außer Wasserstoff und Helium als „Schwermetalle“ bezeichnet (Ridpath 2012, S. 302), denn bei den Drücken in einer Sonne liegen praktisch alle Elemente in metallischer Bindung vor. Oftmals verwenden Kollegen den Begriff als „Angstmacher“, um damit auszudrücken, dass Wasser mit Bergbaubezug besonders „giftig“ sei (siehe auch Anonymus 2006). Aus diesem Grund wird das Wort „Schwermetall“ außer an dieser Stelle, im Index und im Literaturverzeichnis nirgends mehr in diesem Buch auftauchen. In der angelsächsischen geowissenschaftlichen Literatur haben sich seit den 1990er-Jahren Begriffe wie beispielsweise „Contaminants of Potential Concern“ (COPEC), „Potenziell Toxisches Element“ (PTE), „Potenziell Toxisches Metall“ (PTM) oder „Metals of Concern“ (MOC) eingebürgert (letzteres bei Langmuir et al. 2005, S. 4), die das Problem jedoch nur bedingt lösen („potentially toxic metal“ scheint erstmals bei Lewis et al. (1972), Sim und Lewin (1975) und Cherian und Goyer (1978) verwendet worden zu sein). In der vorliegenden Publikation wird ausschließlich von Metallen, Halbmetallen oder Nichtmetallen gesprochen, oder im Sinne von Chapman (2012): „‚Heavy metal‘–cacophony, not symphony.“

Die uneinheitliche Verwendung von Begriffen beginnt bereits mit dem Wort „Bergbau“, „Grube“ oder „Zeche“. In ganz offensichtlichen Fällen erschließt sich umgehend, ob ein Abbaubetrieb einen „Bergbau“ darstellt oder nicht. Beispielsweise für ein untertägiges Kohlenbergwerk. Wie aber steht es mit einem Steinbruch, der teilweise untertägig betrieben wird, wie beispielsweise das Eisenbergwerk Wohlverwahrt Nammen, das auf den ersten Blick ein Steinbruch zu sein scheint. In Frankreich zählen alle Steinbrüche als „Bergwerk“, und die „Richtlinie 2006/21/EG des Europäischen Parlaments und des Rates vom 15. März 2006 über die Bewirtschaftung von Abfällen aus der mineralgewinnenden Industrie“ wählt ganz bewusst einen ausgesprochen umfangreichen Begriff, um den uneinheitlichen Definitionen in der EU gerecht zu werden: „mineralgewinnende Industrie“ (European Commission 2006, Artikel 3 Nummer 6). Umgangssprachlich wird die Direktive als „Mining Waste Directive“ bezeichnet, aber einer der Auslöser für die Direktive war ein Steinbruchbetrieb in Skandinavien (Getliffe 2002). Der Begriff war daher zu ändern.

▶ **Tipp**

Ich habe als Titel für dieses Buch „Grubenwasserreinigung“ gewählt. Warum nicht „Grubenwasseraufbereitung“ oder „Grubenwasserbehandlung“? Ganz einfach: weil sich das Wort meines Erachtens schöner sprechen lässt als die beiden anderen Optionen. Aber ist das fachlich korrekt? Eine nichtrepräsentative Umfrage („Was ist der Unterschied zwischen Grubenwasserreinigung und Grubenwasseraufbereitung“) unter KollegInnen hat ergeben: „Reinigung, Aufbereitung, Behandlung, manchmal auch Konditionierung wird bei uns eigentlich synonym verwendet. Da haben wir keine echte Logik dahinter.“ – „Wenn man etwas länger über die Frage nachdenkt, könnte man aber vielleicht meinen, dass ‚Reinigung‘ auch ein passiver Prozess sein könnte (siehe natürliche Selbstreinigung) und ‚Aufbereitung‘ immer aktiv, durch menschliches Handeln eingeleitet. Aber das ist auch nur ein Gedanke, ohne dass ich Referenzen dazu hätte.“ – „‚Abwasserreinigung‘ und ‚Abwasserbehandlung‘ lassen sich synonym verwenden, auch wenn der eine Begriff mehr auf das zu erreichende Ziel und der andere auf die dazu verwendete Technik abzielt.“

Ein Kollege, der mehr auf die Semantik achtet, meint: „Im allgemeinen Sprachgebrauch hört man öfter den undifferenzierten Gebrauch der Begriffe Aufbereitung und Reinigung. Im konkreten Zusammenhang bedeutet ‚aufbereiten‘ jedoch, ‚zur [weiteren] Verwendung vorbereiten, geeignet machen‘, wobei die Wasseraufbereitung sowohl die Entfernung als auch die Zugabe von Stoffen beinhalten kann. Es steht bei dem Begriff der Aufbereitung also immer ein weiterer Verwendungszweck für das aufbereitete Wasser im Vordergrund. Das ist bei Abwasser grundsätzlich anders, bei der Abwasseraufbereitung im engeren Sinn handelt es sich in der Regel um Prozesse, die dem Recycling von Abwasserinhaltsstoffen dienen. In diesem Sinne wäre das von den Inhaltstoffen gereinigte Wasser also eher ein Abfallprodukt, das eingeleitet werden muss und auch kann, als ein Wirtschaftsgut, das einer weiteren Verwendung zugeführt wird. Man könnte sich nun natürlich darüber streiten, inwiefern Abwasser durch die Behandlung nicht tatsächlich aufbereitet wird, weil es ja zumindest in Hinblick auf die Einleitung in

> ein Gewässer vorbereitet wird. Allerdings fehlt im Anschluss die weitere Verwendung des Wassers. Als unverbesserlicher Semantiker plädiere ich daher für die Beibehaltung der Begriffsunterschiede, sonst reden wir irgendwann nur noch von den Dingsbümsen, die wir von den andern Dingsbümsen nicht mehr unterscheiden können, weil die Begriffe ihre Bedeutungsunterschiede verloren haben …"

Gehen wir nun einen Schritt weiter, dann stellt sich die Frage: Was ist „Grubenwasser?". Tatsächlich existiert keine einheitliche Definition für den Begriff, selbst in der internationalen Literatur nicht. Einige Fachkollegen betrachten jegliches Wasser, das in einem Bergbaubetrieb anfällt, als „Grubenwasser" und schließen auch Abwasser aus der Erzaufbereitung mit ein. Die Publikationen in der Fachzeitschrift *Mine Water and the Environment* beinhalten regelmäßig Beiträge, die sich mit Abwasser aus der Erzaufbereitung befassen, da sich der Chemismus in einigen Fällen ganz ähnlich verhält wie der von Grubenwasser *sensu strictu*. Womit wir bei dem Begriff „Abwasser" wären. Wann ist Grubenwasser Abwasser? Oder ist Grubenwasser generell Abwasser (rechtlich gesehen gilt es nicht als Abwasser, aber das sei hier ohne Belang: Wolfers und Ademmer 2010)? Beim Sümpfungswasser von Tagebauen fällt zweifelsohne „Grubenwasser" an, aber die Wasserqualität ist oftmals so gut, dass es sogar als Trinkwasser verwendet werden könnte. Und dann gibt es sogar zahlreiche aufgelassene Metallbergwerke in Deutschland, in denen das auslaufende Grubenwasser in die Trinkwasserversorgung eingespeist wird (pers. Mitt. Thomas Krasmann 2003, Stengel-Rutkowski 1993), oder in einigen Bergwerken wird das Grubenwasser als Heilwasser mit verwendet. Folglich ist nicht jedes Grubenwasser kontaminiert, sodass die oftmals zu beobachtende negative Berichterstattung über Grubenwasser ebenfalls nicht gerechtfertigt ist. Wie die zahlreichen Publikationen über die Klassifizierung von Grubenwässern zeigen, kann man bis heute nicht eindeutig sagen, wann ein Wasser Grubenwasser ist und wann nicht, zumal viele Klassifikationen ausschließlich den anorganischen Chemismus heranziehen, ohne die Genese oder die organischen Wasserinhaltsstoffe zu betrachten. Wie steht es mit saurem Wasser aus einem Steinbruch, wie dem Grauwackesteinbruch Großthiemig in Brandenburg? Grubenwasser oder kein Grubenwasser?

Als Nächstes käme die Frage, was ist saures Grubenwasser oder Sauerwasser? Tatsächlich definieren viele Kollegen saures Grubenwasser als Wasser mit einem pH-Wert unter 7. Der pH-Wert ist jedoch nicht relevant für die Frage danach, wie man ein Grubenwasser zu reinigen hat oder wie kontaminiert es ist. Daher ist – wie beim Begriff Schwermetall – Vorsicht geboten, wenn dieser Begriff verwendet wird. International wird zwischenzeitlich dazu übergegangen, nicht mehr von „Sauerwasser" zu sprechen, sondern allgemein von „Mine Leachate [Bergwerkssickerwasser]" oder „Mining Influenced Water, MIW [Bergbaubeeinflusstes Wasser]", denn nicht nur saures Grubenwasser, sondern auch neutrales oder gar basisches Grubenwasser kann erhebliche ökologische und sozioökonomische Probleme hervorrufen. Beispielhaft sei das mehr oder weniger pH-neutrale Grubenwasser des Bergwerks Niederschlema/Alberoda genannt, das erhebliche Konzentrationen an Arsen, Sulfat und Uran enthielt bzw. noch enthält (Paul et al. 2013). Viele Leute in Südafrika, sogar Fachkollegen, bezeichnen wider besseren Wissens gar jedes Grubenwasser als Acid Mine Drainage.

Nur über eines bin ich mir im Klaren: Es besteht kein Grund, das schöne Wort Grubenwasser durch irgendeinen anderen angelsächsischen Begriff zu ersetzen. Wozu AMD, wenn wir das Wort „Sauerwasser" haben (alternativ saures Grubenwasser), wozu MIW oder ML, wenn es „Grubenwasser" gibt? Eine Publikation wird nicht dadurch besser oder schlechter, dass man schon beim Überfliegen der Zeilen jedes Mal an dem Buchstabenblock AMD hängen bleibt – zumal nicht jedes Grubenwasser AMD ist. Und wenn es dann AMW sein soll, na dann nenne ich es eben basisches Grubenwasser. Leider hat uns die EU-Richtlinie 2006/21/EG ein klein wenig einen Strich durch die Rechnung gemacht, denn dort heißt es „Sickerwasser". Aber die Definition in der Richtlinie ist so weit gefasst, dass es unsinnig wäre, auf das Wort Grubenwasser zu verzichten. Interessanterweise verwendet Agricola – oder besser gesagt sein frühneuhochdeutscher Übersetzer – das Wort Grubenwasser an keiner Stelle in seinem Standardwerk *De re metallica libris XII* (Agricola 1974 [1557]). Überhaupt spielt Wasser, außer wenn es um Wasserkünste geht, nur eine untergeordnete Rolle in seinen Büchern – vermutlich, weil es zum damaligen Zeitpunkt keine zuverlässigen Verfahren gab, um kontaminiertes Grubenwasser zu reinigen – man nahm es meistens als gegeben hin. Um 1590 wurden jedoch am Rammelsberg die Ockersümpfe angelegt, um das stark saure und eisenhaltige Grubenwasser vom Großteil der Eisenfracht zu befreien – gleichwohl war der ursprüngliche Grund dafür die Herstellung von Ocker für die Farbenindustrie (Brauer 2001). Noch 1955 erfuhren die Ockersümpfe eine Erweiterung, um die Sauerwasser besser klären zu können. Hoffen wir allerdings, dass nicht 500 weitere Jahre vergehen müssen, bis wir Grubenwasser als Wertstoff im Griff haben (da wären wird dann doch bei Circular Economy!).

In der nationalen und internationalen Literatur kommt noch hinzu, dass es deutliche regionale Unterschiede bei der Verwendung von englischen Begriffen gib. So heißt der Tagebau einmal *open pit mine* (US-Englisch), ein anderes Mal *open cast mine* (vor allem britisches Englisch und Nichtengländer) oder *surface mine* (Australien). Zusätzlich machen es die Neologismen von Kollegen aus nichtenglischsprachigen Gebieten der Erde mitunter schwierig, Begriffe eindeutig zu definieren. Da kann dann eine Wasserhaltung oder Pumpe schon einmal zu einer „Maschine [werden], die in der Lage ist Wasser aus einem Bergwerk zu befördern, um es trocken zu halten" (aus einer englischen Zusammenfassung eines Artikels in *Mine Water and the Environment*).

Kommen wir nun abschließend zu den Begriffen „aktive" und „passive" Grubenwasserreinigung, dann wird das Chaos nahezu perfekt. Tatsächlich gab und gibt es ausführliche Diskussionen darüber, ob die eine oder andere Reinigungsanlage noch als „passiv" oder als „semipassiv" oder gar als „aktiv" bezeichnet werden soll. Über die

Verbiegungen in manchen Publikationen, die eine aktive Anlage mit linguistischen Spitzfindigkeiten passiv machen – oder umgekehrt –, würden auch Sie herzlich lachen. Bei der Abfassung der vorliegenden Publikation gab es tatsächlich die Überlegung, gänzlich auf diese Klassierung zu verzichten; da sie sich jedoch allgemein eingebürgert hat, habe ich sie schließlich beibehalten. Die folgenden Definitionen werden mit Sicherheit nicht bei jedermann Zustimmung finden; sie können auch nicht als endgültig angesehen werden. Sie erleichtern aber auf jeden Fall das Lesen der vorliegenden Publikation, da sie darin weitgehend einheitlich verwendet werden. Es soll dabei nicht diskutiert werden, ob eine Einteilung in „aktive" und „passive" Methoden sinnvoll ist oder nicht. Die Definition und Einteilung wird international so gehandhabt und ist daher Grundlage des Buchs. Dabei gilt, dass zwar jede „aktive" Methode „aktiv" ist, nicht aber jede „passive" Methode wirklich „passiv", denn nach wie vor sind Wartung und Monitoring nötig. Da es derzeit keine besseren Begriffe gibt, greife ich vorerst auf diese Einteilung zurück.

Begriffe, die hier nicht definiert sind, tauchen bei der Beschreibung der unterschiedlichen Verfahren auf, mit denen sich Grubenwasser in seiner Qualität verbessern lässt, oder im Glossarium. Zum Verständnis werden nur die Begriffe definiert, bei denen es bei Tagungen oder in der deutschsprachigen Literatur mitunter Definitionsprobleme gibt. Vor dem Einstieg in die Begriffsdefinition noch eine Tabelle zu den SI-Einheitenvorsätzen (Präfixe), die gelegentlich Probleme zu bereiten scheinen (Tab. 1.2). Details dazu haben das Bureau International des Poids et Mesures (2019, S. 31, 33 oder auf Englisch: S. 143, 145) publiziert. Bitte beachten Sie, dass das Präfix grundsätzlich *recte*, also nicht kursiv, vor die Einheit gesetzt wird. Hier auch der Hinweis, dass das Einheitszeichen für das Liter ein großes L ist, um es von der Ziffer 1 unterscheiden zu können, die in manchen Zeichensätzen gelegentlich wie ein kleines l aussehen kann.

Tab. 1.2 SI-Einheitenvorsätze (Präfixe). Bitte beachten Sie, dass das Präfix erst ab 10^6 (mega) großgeschrieben wird; alle anderen sind klein – also: kg, nicht Kg (Bureau International des Poids et Mesures 2019, S. 121), denn K steht für die Einheit Kelvin

Faktor	Name	Präfix	Faktor	Name	Präfix
10^1	deca	da	10^{-1}	deci	d
10^2	hecto	h	10^{-2}	centi	c
10^3	kilo	k (nicht K)	10^{-3}	milli	m
10^6	mega	M	10^{-6}	micro	µ (nicht u oder mu)
10^9	giga	G	10^{-9}	nano	n
10^{12}	tera	T	10^{-12}	pico	p
10^{15}	peta	P	10^{-15}	femto	f
10^{18}	exa	E	10^{-18}	atto	a
10^{21}	zetta	Z	10^{-21}	zepto	z
10^{24}	yotta	Y	10^{-24}	yocto	y

1.2.2 Aktive Grubenwasserreinigung

Bei der aktiven Grubenwasserreinigung werden Chemikalien, Elektroenergie oder kinetische Energie eingesetzt, um mittels verschiedenster Vorgänge unerwünschte Stoffe aus dem Grubenwasser zu entfernen oder den pH-Wert nach oben oder unten zu korrigieren. Dazu sind in der Regel umfangreiche technische Einrichtungen nötig, mit deren Hilfe das Wasser in seiner chemischen und physikalischen Beschaffenheit verändert wird. Durch das Monitoring der Wasserbeschaffenheit in Verbindung mit Chemikalienzugabe oder Belüftung lässt sich nahezu jede beliebige Wasserqualität einstellen, die vom Betreiber oder von den Behörden vorgegeben wird. In einem Satz ausgedrückt: Bei der aktiven Grubenwasserreinigung wird die gewünschte Wasserqualität durch stete Zufuhr von Energie und chemischen oder biologischen Reagenzien erreicht.

1.2.3 Basenkapazität (k_B; Acidität; Azidität; m-Wert)

Für die Definition der Basen- und Säurekapazität (Abschn. 1.2.18) in Grubenwässern sowie deren Bestimmung oder Einheit gibt es eine reichliche Anzahl an Publikationen. Die Verwirrung ist – gelinde gesagt – groß, und streng genommen wäre es an der Zeit, sich auf eine einheitliche Handhabung zu einigen. Bei Wasser, in dem die Basen- und Säurekapazität im Wesentlichen durch die Kohlensäure bestimmt ist, sind die Verhältnisse vergleichsweise einfach, und es lässt sich die Definition von Stumm und Morgan (1996, S. 163 ff.) verwenden. Leider halten sich auch nicht alle Autoren an die von Stumm und Morgan (1996, S. 164) vorgegebene Definition der Einheit: „Die Einheit von [Alk] oder [ANC] wird in mol (Mol an Protonen pro Liter) oder in Äquivalenten pro Liter angegeben.“ Die von Stumm und Morgan (1996) vorgeschlagene Einheit „M“ ist gemäß der SI-Definition nicht korrekt, denn es muss korrekterweise „mol L^{-1}“ geschrieben werden, da das Symbol „M“ für „Mega“ beziehungsweise „Mile“ reserviert ist (Bureau International des Poids et Mesures 2019, S. 31, 104 oder auf Englisch: S. 143, 209). Oftmals verwenden Autoren die Einheit mg L^{-1} $CaCO_3$, wobei 50,04 mg L^{-1} $CaCO_3$ einem Millimol pro Liter entsprechen. Es sei hier nicht weiter auf die Gründe dafür eingegangen, aber es ist einfacher mit Mol zu rechnen als mit mg L^{-1}, da ein leichterer Vergleich unterschiedlicher Spezies möglich ist. Details zu den Definitionen geben Kirby und Cravotta (2005a) – die weitgehend $CaCO_3$ eqv. als Einheit verwenden. Der Begriff m-Wert, der vom Umkehrpunkt des Indikators Methylrot kommt, hat nur noch historische Bedeutung und sollte vermieden werden – genauso wie die fehlerbehaftete Titration mit Indikatoren.

Die Basenkapazität eines Grubenwassers ist die Eigenschaft des Wassers, bis zu einem vorherbestimmten pH-Wert mit Basen zu reagieren (Abb. 1.2). Üblicherweise sind die festgelegten pH-Werte 4,3 und 8,2; eine exakte Festlegung ist allerdings nur anhand des Umkehrpunkts der Basentitration möglich und kann vor allem bei $k_{B3,4}$ innerhalb einiger Dezimalpunkte schwanken. Kirby und Cravotta (2005a) schreiben daher

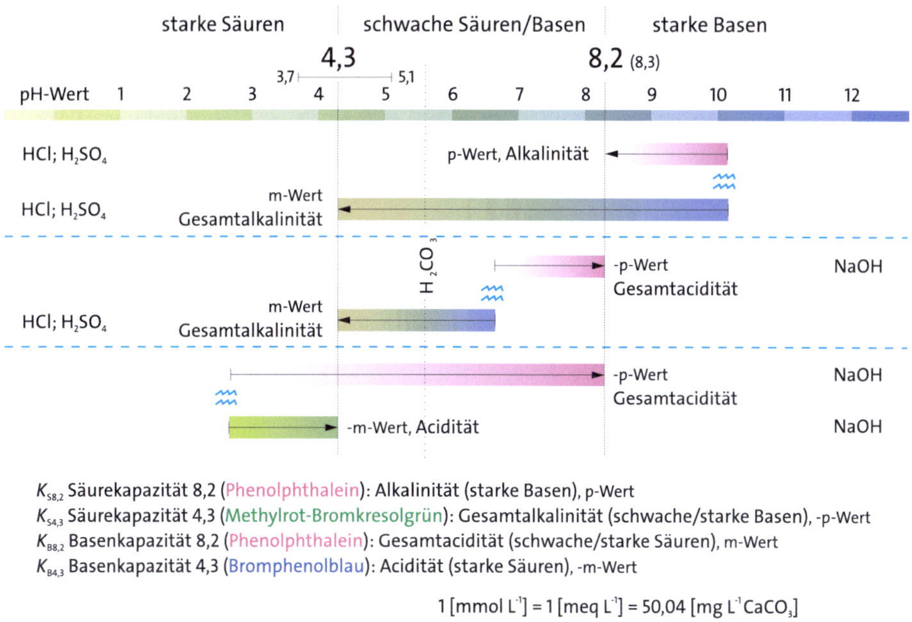

Abb. 1.2 Begriffe und pH-Werte, die im Zusammenhang mit Säuren- und Basenkapazität (k_S, k_B) bei Grubenwässern international und national üblicherweise verwendet werden. Die drei gewellten Symbole stellen jeweils ein Grubenwasser dar, dessen k_B- und k_S-Wert mittels Base (NaOH) oder Säure (HCl, H_2SO_4) bestimmt wird. Der Umkehrpunkt im sauren Bereich kann sich je nach Mineralisation zwischen 3,7 und 5,1 bewegen, wohingegen der im basischen Bereich je nach Vorschrift entweder 8,2 oder 8,3 beträgt. Die Angabe der Konzentration soll in mmol L^{-1} und nicht wie oftmals in mg L^{-1} $CaCO_3$ erfolgen. Nur noch historisch relevant sind der p- und der m-Wert, deren Bezeichnungen vom Farbumschlagspunkt des Phenolphtaleins und Methylrots abgeleitet ist

von einem pH-Wert von ≈4,5. Es wird entsprechend Younger (1997, S. 460) zwischen junger Acidität *(juvenile acidity)* und rudimentärer Acidität *(vestigial acidity)* unterschieden. Junge Acidität entsteht in erster Linie durch die (Di-)Sulfidverwitterung (im weitesten Sinne auch als Pyritverwitterung bezeichnet) im Bereich der sich zeitlich ändernden Wasserstände in einem gefluteten Bergwerk. Sie entsteht auch oberhalb des Grubenwasserspiegels in Bergwerken, die durch Stollen entwässert werden. Hedin et al. (1994a) weisen außerdem darauf hin, dass in manchen Systemen die Metallacidität aus der Verwitterung der Sekundärminerale zur jungen Acidität beiträgt. Rudimentäre Acidität ist die Acidität, die durch die Lösung der lange Zeit der Verwitterung ausgesetzten Sekundärminerale in das Grubenwasser gelangt. Diese Sekundärminerale werden oftmals auch als säuregenerierende Salze bezeichnet (Bayless und Olyphant 1993), und da sie leicht wasserlöslich sind, tragen sie dazu bei, dass ein Grubenwasser nach der Flutung eines Bergwerks den charakteristischen First-Flush-Effekt zeigt („Erstspülung"; Näheres dazu in Abschn. 1.2.8).

Die Acidität bestimmt sich aus der Summe aller sauer reagierenden Komponenten im Grubenwasser, wobei es sich um Metallsäuren (z. B. Hydrolyse von Eisen), anorganische Säuren (z. B. schwefelige Säure) oder organische Säuren (z. B. Tannin) handeln kann. Sie lässt sich durch Titration mit einer Base, in der Regel NaOH (Wisotzky et al. 2018), oder durch näherungsweise Berechnung aus der chemischen Analyse bestimmen.

Vorsicht ist geboten, wenn der Fachbegriff „Acidität“ im Zusammenhang mit Grubenwasser verwendet wird, aber lediglich ein Grubenwasser mit pH-Werten unter 7 gemeint ist. Dies sollte vermieden werden. In einem unveröffentlichten Bericht für die Grube Straßberg/Harz aus dem Jahr 1991 mit dem Titel „Bericht über Laboruntersuchungen zur Senkung der Schwermetallgehalte und der Acidität in Sickerwässern der Grube Straßberg“ (Grüschow 1991) werden zwar pH-Werte gemessen, die Acidität, also Basenkapazität, hingegen an keiner Stelle.

1.2.4 Bergwerk

Unter Bergwerk wird ein Betrieb verstanden, in dem Rohstoffe gewonnen werden oder wurden. Bei den Rohstoffen kann es sich um metallische Rohstoffe (z. B. Kupfer, Eisen), nichtmetallische Rohstoffe (z. B. Flussspat, Graphit, Schwerspat, Salz) oder um Energierohstoffe (z. B. Kohle, Uran) handeln. Bergwerke können untertägig (z. B. Reiche Zeche/Sachsen) oder übertägig (z. B. Inden/Nordrhein-Westfalen) angelegt sein oder eine Kombination aus beiden darstellen (z. B. Wohlverwahrt Nammen/Niedersachsen).

Anlagen zur Erdölgewinnung unterliegen dem deutschen Bergrecht, sind aber, wie Geothermiebohrungen, keine Bergwerke *sensu strictu*. In einigen Fällen kann die chemische Zusammensetzung von Salinaren aus der Erdölförderung oder dem Fracking (*produced water* oder *source water*) jedoch der von salinaren Wässern aus Bergwerken entsprechen, und die Reinigung erfolgt dann analog der von Grubenwasser (Lane 2016; Veil 2013).

1.2.5 Bioreaktor

Da das Wort Bioreaktor so schön ist, wird es gerne und inflationär gebraucht, was ja durchaus verständlich ist. Sei es für Bier aus dem Gärbottich, Bionade aus dem Fermenter, Champignonkompost im anaeroben Feuchtgebiet, Kuhmist im RAPS (Reduktions- und Alkalinitätsproduktionssystem), sulfatreduzierende Reaktoren mit Klärschlamm oder Erythropoetin aus der Biosynthese – stets handelt es sich um Bioreaktoren, in denen die mikrobiell katalysierten Prozesse ablaufen.

Wildeman et al. (1993a, S. 13-1) schlagen vor, konstruierte Feuchtgebiete als „Bioreaktoren mit einem grünen Toupet“ zu bezeichnen, Johnson und Hallberg (2002, S. 337) empfehlen, anaerobe Feuchtgebiete nicht Kompostfeuchtgebiete, sondern Kompost-Bioreaktoren zu nennen (dabei ist es in den meisten Fällen gar kein Kompost, sondern Mist), und Gusek (2002) bezeichnet das, was andere als RAPS benennen, ebenfalls als Bioreaktor; eine Definition, die sich auch bei Rees et al. (2004, S. 9) findet. Dill et al. (1998, S. 338) schreiben dazu: „Möglicherweise am äußersten Ende der Anwendung von Bioreaktoren stehen konstruierte Feuchtgebiete zur Sulfatreduzierung." Bei Eloff et al. (2003, S. 102 ff.) heißt der Bioreaktor gar „hydrogen contact reactor". Auch in dem Buch von Geller et al. (2013, S. 252 ff. beispielsweise) sind Bioreaktoren in der Regel In-situ-Verfahren im See, somit im vorherigen Sinne „passiv". Auf das Problem mit der Nomenklatur weist auch Costello (2003, S. 15) hin.

Am häufigsten wird der Begriff im Zusammenhang mit Grubenwasser für Gefäße verwendet, in denen sich organisches Substrat unter reduzierenden Bedingungen befindet und in dem das Sulfat des Grubenwassers mikrobakteriell katalysiert in Sulfid umgewandelt wird (Drury 1999; Hammack et al. 1994b). In der vorliegenden Publikation sei daher der Begriff wie folgt definiert: Ein Bioreaktor ist ein Behältnis, in dem organisches Substrat unter Beteiligung anaerober Bakterien mit dem Sulfat und den Metallen im Grubenwasser reagiert. Dabei dient das organische Substrat als Protonendonator, und die Bakterien katalysieren den ablaufenden Prozess.

1.2.6 Circular Economy

Bei der Definition des englischen Begriffs Circular Economy handelt es nicht um eine exakte Übertragung des deutschen Begriffs „Kreislaufwirtschaft". Vielmehr versteht man unter Circular Economy (hier ohne Übersetzung, um den Unterschied herauszustellen):

"A circular economy is an alternative to a (make, use, dispose) linear economy. In a circular economy, we keep the value in products and materials for as long as possible and minimise waste. When a product has reached the end of its life, resources are kept within the economy to be used again and again to create further value. In this context, it is essential to understand an economy's ‚societal metabolism', i.e. to quantify the amount of materials flowing in and out of the economy and how they are used, and particularly to see how many materials are recycled and used again as an input" (European Innovation Partnership on Raw Materials 2016).

In diesem Sinne fällt folglich auch die Wiederverwendung von Abfällen aus dem Bergbau für andere Zwecke unter den Begriff Circular Economy (Vidal-Legaz 2017).

1.2.7 Entwässerungsstollen, Erbstollen, Wasserlösungsstollen

In vielen Publikationen werden die Begriffe Entwässerungsstollen bzw. Wasserlösungsstollen und Erbstollen als Synonym verwendet. Da diese jedoch nicht synonym zueinander sind, seien sie in diese Begriffsdefinition mit aufgenommen. Sie folgt, deutlich erweitert und ohne Anführungszeichen, fast wörtlich dem *Glossar Bergmännische Wasserwirtschaft* (Burghardt et al. 2017).

Entwässerungsstollen bzw. Wasserlösungsstollen sind streckenartige, horizontale, von der Tagesoberfläche aus meist leicht ansteigend aufgefahrene untertägige Grubenbaue zur Sicherung eines freien Wasserabflusses aus aktiven oder aufgelassenen Bergwerken („Wasserlösung"). In manchen Bergbaurevieren, z.B. Sachsen, dem Lahngebiet oder in älterer Literatur über den prähistorischen Bergbau um Mitterberg (Salzburg), werden sie auch „Stolln" geschrieben.

Eine besondere Art von Entwässerungsstollen sind Erbstollen, die gelegentlich mit Erbschächten verbunden waren (Scheuchenstuel 1856). Sie dienen der Entwässerung mehrerer oberhalb davon gelegener Bergwerke. Üblicherweise oblag die Erstellung eines Erbstollens einem Erbstöllner, der für seine Leistungen durch Anteile an der Ausbeute entlohnt wurde. Dabei konnte es sich auch um die jeweiligen Landesherren oder die öffentliche Hand handeln (Ließmann 2010, S. 99). Eigentümer eines Erbstollens hatten gewisse finanzielle Rechte gegenüber den Grubenfeldbesitzern, deren Bergwerke sie entwässerten. Das Erbstollenrecht wurde durch Verleihung erworben, wodurch der Erbstöllner das Recht erhielt, von allen Zechen, deren Grubenfelder durch diesen Erbstollen „gelöst" wurden, den neunten Teil ihrer Förderung als Erbstollengebühr (Stollenneuntel) zu vereinnahmen. Als Gegenleistung musste der Erbstöllner den Erbstollen ständig weiter vortreiben, um eine regelmäßige Lösung der angeschlossenen Zechen zu gewährleisten. Dies bedeutete, dass der Erbstollen das Grubenwasser abzuleiten und zur Bewetterung der Gruben den Weg für Frischwetter freizuhalten hatte (Veith 1871).

1.2.8 First Flush (Erstspülung)

Als First Flush (Younger 1997, S. 460), oder Erstspülung, bezeichnet man den schnellen Anstieg der (Schadstoff-)Konzentrationen nach der Flutung eines Bergwerks und deren nachfolgenden Abfall (Abb. 1.3 und 1.4). Sie resultiert im Wesentlichen aus der Lösung leicht löslicher Salze („Sekundärmineral") durch das aufsteigende Grubenwasser im zu flutenden Bergwerk und das von Oben eindringende Grundwasser. Ihre Dauer t_f hängt von der Erniedrigung der Acidität aci_rem ab, die durch Pufferung oder Lösungsvorgänge kontrolliert wird, von der Verwitterungsrate r_w der säurehaltigen (Sekundär-)Minerale, dem Volumen V und den Leitfähigkeiten K der Grubenhohlräume sowie deren hydraulischer Verbindung und der Grundwasserneubildung R_GW. Salopp gesagt wird das Grubengebäude während der Erstspülung „gekärchert", da unerwünschte Stoffe „ausgewaschen" werden. Wie Younger (2000b, S. 61) zeigen konnte, lässt sich die Dauer der Erstspülung wie folgt abschätzen:

$$t_\mathrm{f} = f(aci_\mathrm{rem}, r_\mathrm{w}, V, K, R_\mathrm{GW}) \approx (3{,}95 \pm 1{,}2) \times t_r \tag{2.1}$$

mit t_f Dauer der Erstspülung, a
t_r Zeit, die zur Flutung der Grubenbaue vergangen ist („Wiederanstiegszeit"), a

Dies bedeutet, dass die Erstspülung näherungsweise viermal so lange andauert wie die Zeit, die das Untertagebergwerk zur Flutung brauchte. Ein Ende der Erstspülung bedeutet jedoch nicht, dass danach die potenziellen Schadstoffkonzentrationen so niedrig

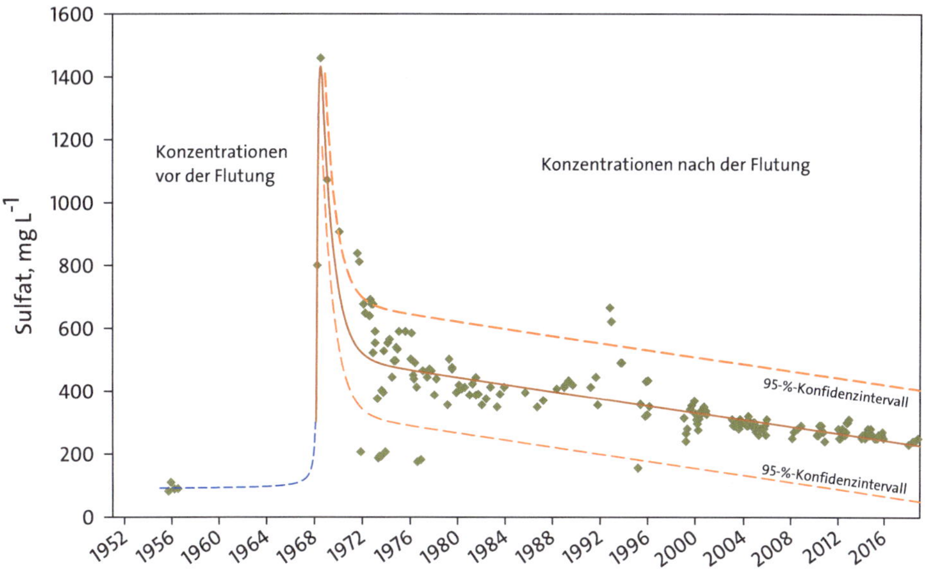

Abb. 1.3 Charakteristisches Szenario der Erstspülung am Beispiel des Rothschönberger Stollens in Sachsen (Verändert aus Wolkersdorfer 2008). Einstellung des Bergbaus im Jahr 1969 (Jobst et al. 1994)

sind, dass eine Einleitung des Grubenwassers in die Vorflut ohne Reinigung möglich wäre. Vielmehr zeigen zahlreiche Einzelfälle, dass auch nach dieser Zeitspanne eine Grubenwasserreinigung nötig sein kann. Gerade dann, wenn ein Großteil des Grubengebäudes oberhalb des Grundwasserspiegels liegt, wie beispielsweise bei der Reichen Zeche in Freiberg/Sachsen oder der Grube Hohe Warte in Gernrode/Harz (Wolkersdorfer 2008), kann sich durch die ständige Nachbildung juveniler Acidität und die damit einhergehende Bildung säurehaltiger Sekundärminerale die Erstspülung über Dekaden hin erstrecken. Nicht alle Wasserinhaltsstoffe folgen dieser Entwicklung, da sie chemisch-thermodynamisch anders reagieren als beispielsweise Eisen oder Sulfat. Dazu gehören unter anderem Arsen, Radium oder Bicarbonat.

Glover (1975, S. 65) beschrieb die Erstspülung wie folgt: „Faustregel ist, dass in jedem Zeitabschnitt, der genauso lang ist wie die vollständige Grubenflutung, die Eisenkonzentration um 50 % fällt." Üblicherweise findet sich dazu in der Literatur die Erklärung, dass die Abnahme der Konzentration einem exponentiellen Verlauf folgen würde. Dies ist natürlich korrekt, es gibt jedoch noch einige andere Funktionen, die exakt den gleichen Verlauf haben, aber aufgrund der Parametrisierung eine bessere Beschreibung der chemisch-physikalischen Vorgänge zuließen. Renton et al. (1988) beispielsweise bevorzugen eine Bateman-Funktion (in Systat Software 2002, ‚First Order Intermediate'), die jedoch anders als der Kurvenverlauf der Erstspülung bei der Konzentration 0 beginnt, dann ansteigt und schließlich wieder abfällt.

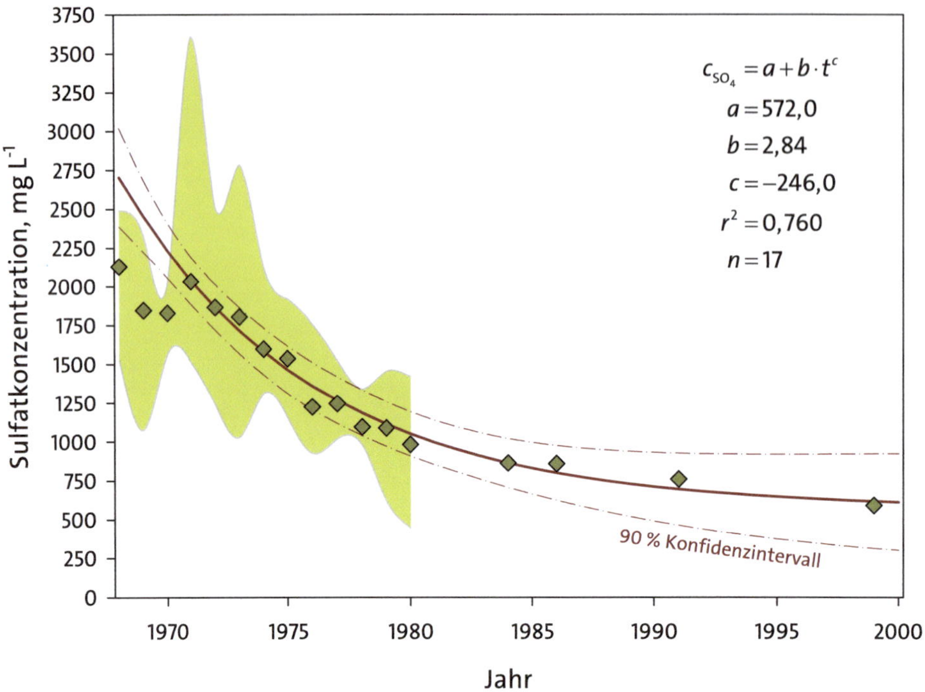

Abb. 1.4 Erstspülung am Buttonwood-Stollen, einem der Hauptaustritte von Grubenwasser im Wyoming-Becken von Ost-Pennsylvania, USA. (Verändert nach Ladwig et al. 1984, und ergänzt mit Daten der USGS Wasserdatenbank. Für die Zeit nach 1980 lagen nur vier Einzelmessung vor, sodass sich keine Minimal- und Maximalflächen darstellen ließen; aus Wolkersdorfer 2008)

Brusseau (1996), Hamm et al. (2008) und Paul et al. (2012) diskutieren das Prinzip des perfekt gemischten Durchflussreaktors (Perfectly Mixed Flow Reactor, PMFR), um den Kurvenverlauf zu beschreiben. In einem perfekt gemischten Durchflussreaktor mischt sich das zufließende Wasser im Aquifer vollständig, wobei die Mischzeit im Vergleich zur mittleren Aufenthaltszeit verhältnismäßig kurz ist. Obwohl das Konzept für geflutete Bergwerke reizvoll ist, müssen die Parameter dieses Prinzips noch besser definiert werden, um Allgemeingültigkeit zu erlangen. Vor allem enthält der PMFR keinen Term für die Neubildung von Schadstoffen (*juvenile acidity sensu* Younger 1997), der für einige Bergwerke relevant ist. Paul et al. (2012) zeigen, dass die Abnahme der Urankonzentration im Bergwerk Schlema mit der theoretischen Verdünnungskurve nahezu perfekt abgebildet werden kann. Für Pöhla oder Königstein hingegen lassen sich die Verläufe nur bedingt damit beschreiben (Paul et al. 2013). Hamm et al. (2008) definierten ein Netzwerk von chemischen Reaktoren, um die Sulfatkonzentration des Bergwerks Saizerais in Lothringen (Frankreich) zu beschreiben. Auch ihnen gelang es, die Kurven verhältnismäßig gut mit dem Modell nachzubilden.

Bislang haben nur wenige Bearbeiter den Kurvenverlauf der Erstspülung exakt betrachtet und mögliche, passende nichtlineare Funktionen diskutiert. Die folgenden potenziellen Gleichungsbeschreibungen, die alle einen ähnlichen Verlauf aufweisen, sind Systat Software (2002, TableCurve2D) entnommen. Möglicherweise führt eine exakte Diskussion dieser den Kurvenverläufen zugrunde liegenden Reaktionen zu einer besseren Beschreibung der Erstspülung.

- First Order Decay A → B: Maximum concentration: *a;* Rate Constant: *b*
- First and Second Order Independent Decay A → B: Maximum concentration: *a*; First Order Rate Constant k_1: *b*; Second Order Rate Constant k_2: *c*
- Simultaneous First and Second Order Decay A → B: Maximum concentration: *a*; Rate Constants: first order k_1 is *b*, second order k_2 is *c*; This model assumes simultaneous first and second order reaction pathways.
- Simple Equilibrium A ↔ B: Maximum concentration: *a*; Rate Constants k_f and k_r: *b* and *c*
- Complex Equilibrium A ↔ B + C: Maximum concentration: *a*; Equilibrium concentration: *b*; Net Rate Constant *k*: *c*
- Two First Order Independent Decay and Formation A → B, A → C: Maximum concentration: *a*; Rate Constants k_1 and k_2: *b* and *c*
- Pulse Cumulative with Power Term: Transition Height: *a*; Transition Center: *b*; Transition Width: Analytic Solution Unknown

1.2.9 Grubenflutung

Unter Grubenflutung sei hier ganz allgemein der Prozess des Grubenwasseranstiegs verstanden. Dieser beinhaltet beides: die passive Flutung (auch Eigenwasseraufgang) durch den natürlichen Grubenwasseranstieg nach Einstellung oder Reduzierung der Wasserhaltung sowie die aktive Flutung (auch Fremdflutung). Bei diesem wird durch die Zuführung von Wässern der Grubenwasseranstieg beschleunigt oder die Wasserqualität verbessert. Eine Flutung kann darüber hinaus gesteuert oder ungesteuert erfolgen, wobei die wesentlichen Elemente der Steuerung das Monitoring und Eingriffsmöglichkeiten in die Prozesse des Grubenwasseranstiegs sind. In der Regel kann aktiv in die Flutung eingegriffen werden, indem entweder Fremdwasser zugeführt wird oder aber Pumpen im Grubengebäude vorgehalten werden, mit denen das Grubenwasser gegebenenfalls abgepumpt werden kann. Neben dem Wasserstand kann eine Fremdflutung auch die Wasserqualität in einem Bergwerk beeinflussen. Begrifflich ist „Flutung“ dem Wort „Grubenwasseranstieg“ der Vorzug zu geben, da er seit Langem in der nationalen und internationalen Literatur eingeführt ist.

Am Ende der Flutung stellt sich ein hydraulisch quasistationärer Zustand ein, der sich in der Regel von dem vor dem Bergbau unterscheidet, da sich die hydraulischen Leitfähigkeiten im Gebirge durch den Abbauvorgang geändert haben. Dies gilt sowohl für Tief- als auch für Tagebaue, wobei ganz besonders Innenkippen eines Tagebaus andere hydraulische Verhältnisse aufweisen als die natürliche Situation vor dem Bergbau. Das Grubenwasser kann entweder über Entwässerungsstollen oder Pumpenstränge in Richtung Vorflut geleitet werden oder über Wegsamkeiten im Gestein dem tieferen hydraulischen Potenzial zufließen. Um den Schadstoffaustrag zu minimieren, wird in der Regel ein möglichst hohes Flutungsniveau anzustreben sein, damit die Sauerstoffzufuhr zu den Primärmineralen und damit deren fortgesetzte Verwitterung so gering wie möglich ausfallen. Gerth et al. (2006, S. 314) fassen das hinter der Grubenflutung stehende Prinzip ausdrucksvoll in einem Satz zusammen: „Der Flutung selbst sind wesentliche Aspekte der Prinziplösungen zur Kontrolle der Schadstofffreisetzung inhärent."

Oftmals sind im Vorfeld einer Grubenflutung Aussagen über potenzielle Flutungszeiten erforderlich. Dies erlaubt es dem Bergwerksbetreiber, die Planung von Grubenwasserreinigungsanlagen vorzubereiten, die Konstruktion von Rückhaltebecken zu planen oder die Einläufe in Vorfluter konstruktiv zu verändern. Wie jedoch Younger und Adams (1999, S. 39 ff.) gezeigt haben, sind diese Vorhersagen sehr fehlerbehaftet und nur in den wenigsten Fällen zuverlässig. Eine zunächst zuverlässiger erscheinende Methode, die den vom Grubenwasserstand abhängigen Wasserdruck in den Prognosen berücksichtigt, erarbeitete Banks (2001) mit dem MIFIM-Modell (Mine Water Filling Model) für ein polnisches Bergwerk. Er prognostizierte vier Szenarien, von denen zwei nach Flutungsende recht gut mit dem tatsächlichen Flutungsverlauf übereinstimmten. Selbstkritisch schreibt er: „Man kann spekulieren, ob der scheinbare Erfolg des erneut angewendeten MIFIM Modells auf eine sorgfältige Modellierung und eine strikt kontrollierte Parameterauswahl zurückzuführen ist. Tatsächlich war die Auswahl der Parameter wahrscheinlich nur ein Glücksfall" (Banks et al. 2010). Westermann et al. (2017) zeigen detailliert, welche Prozesse den Flutungsverlauf beeinflussen, und versuchen eine Klassierung von Flutungsprozessen, um die Prognose künftig verbessern zu können. Zahlreiche Beispiele zur Vorhersage, basierend auf deutschen und internationalen Quellen, sind auch bei Wolkersdorfer (2008, S. 95–100) aufgelistet.

1.2.10 Grubenwasser (Schachtwasser, Stollenwasser)

Grubenwasser (auch Schachtwasser, Stollenwasser) ist alles natürliche Wasser, das im Zusammenhang mit Bergbau- oder Steinbruchbetrieben anfällt und entweder mit dem Grubengebäude oder Tagebau in Kontakt stand oder im Rahmen von Sümpfungsmaßnahmen anfällt. Das Wasser fließt dabei entweder frei aus Stollen (Erb- oder Entwässerungsstollen, siehe Abschn. 1.2.7) an die Tagesoberfläche oder wird mittels geeigneter Pumpen über Schächte oder Bohrlöcher gehoben. Das *Glossar Bergmännische Wasserwirtschaft* (Burghardt et al. 2017) definiert: Grubenwasser ist „alles Wasser, das mit Tief- und Tagebauen in Kontakt steht oder stand".

Der Begriff Grubenwasser ist unabhängig davon zu sehen, welchen pH-Wert das Wasser aufweist oder ob es kontaminiert oder unkontaminiert ist, wobei

„Kontamination" im Rahmen der gültigen legislativen Vorgaben unterschiedliche Bedeutungen haben kann (EU-Wasserrahmenrichtlinie, Wasserhaushaltsgesetz, Grundwasserverordnung, Oberflächenwasserverordnung, Landeswassergesetze). Viele Grubenwässer, die aufgrund ihrer chemischen Zusammensetzung an dem einen Standort zu reinigen sind, könnten bei ähnlicher Zusammensetzung an anderer Stelle durchaus Mineralwasser, Heilwässer oder sogar Trinkwasser sein. Auch unterscheiden sich die Grenzwerte für bestimmte Parameter regional erheblich (pers. Mitt. W. Strosnider 2019). Nach Roschlau und Heintze (1975) setzt sich Grubenwasser aus Niederschlagswasser und Bergwasser zusammen, wobei Letzteres Wasserzutritte in das Grubengebäude aus einem Grundwasserleiter oder wasserführenden Kluft- oder Störungszonen sind. Eine umfassende Definition gibt auch Grothe (1962, S. 273 f.), wobei er auf verschiedene Aspekte der Wasserhaltung und Reinigung von Grubenwasser eingeht.

Im Sinne dieser Definition ist Wasser, das bei der Aufbereitung oder Wäsche des Rohstoffs auftritt, kein Grubenwasser, sondern Abwasser. Sofern dieses Abwasser ähnliche chemische und physikalische Eigenschaften aufweist wie Grubenwasser, können jedoch die gleichen Reinigungsmethoden wie dort angewandt werden.

Gusek und Figueroa (2009, S. 1) schreiben zur Begriffsdefinition:

„Im ersten Band der Serie ‚Grundlagen von metallbergbaubeeinflusstem Wasser' wurde der Begriff ‚Bergbaubeeinflusstes Wasser' (MIW) eingeführt. Dieser Begriff beinhaltet eine breite Palette von möglichen wasserbezogenen Themen, die sich aus den üblichen Wasser-Gesteins-Wechselwirkungen im Bergbau ergeben. Er steht somit im Gegensatz zu den traditionellen Begriffen wie ‚Saures Sickerwasser' (ARD) und ‚Saures Grubenwasser' (AMD). Diese beziehen sich auf spezielle Wechselwirkungen und schließen damit fälschlicherweise einen engen Bereich möglicher chemischer Eigenschaften ein. Einfach ausgedrückt, ist ‚Bergbaubeeinflusstes Wasser' Wasser, das sowohl negativ als auch positiv durch den Bergbau oder metallurgische Prozesse beeinträchtigt ist."

Mining influenced water (McLemore 2008, S. 6 ff.) entspricht daher weitgehend dem deutschen Begriff Grubenwasser, wobei der deutsche Begriff das Abwasser aus metallurgischen Prozessen nicht mit einschließt. In diesem Fall bietet sich der englische Begriff *mining waste water* an.

Immer öfter gibt es Publikationen, die von *mining water* oder *mine waste water* schreiben. Oftmals meinen die Autoren damit jedoch Prozesswasser aus der Bergbauindustrie, aber kein Grubenwasser im Sinne der obigen Definition. Dies führt zunehmend zu Irritationen, da diese Prozesswässer oftmals eine von Grubenwasser verschiedene chemische Zusammensetzung aufweisen und die dort vorgestellten Methoden nur bedingt auf Grubenwasser *s.s.* übertragbar sind. Dennoch wird der Eindruck erzeugt, die Methoden seien ein Ansatz, alle Probleme mit potenziell kontaminiertem Grubenwasser zu lösen. Es gibt sogar Publikationen, in denen Grundwasser als Abwasser bezeichnet wird (Iakovleva und Sillanpää 2013, Abb. 1) – dies ist meines Erachtens nicht förderlich für eine eineindeutige Nomenklatur.

In einigen deutschen Bundesländern besteht die Tendenz, Austritte kontaminierten Grubenwassers als „natürliche Quellen" zu klassieren oder als „herrenlos" zu bezeichnen (z. B. Nordrhein-Westfalen, Bayern, Sachsen). Dies mag aus ökonomischer oder legislativer Sicht eine sinnvolle Vereinfachung darstellen, entspricht aber nicht ganz den Grundsätzen der Wasserrahmenrichtlinie oder der Grundwasserverordnung (korrekt gesagt deren nationale Umsetzung auf Bundes- und Landesebene). Diesen zufolge müssen „Einleitungen in Oberflächengewässer entsprechend dem in diesem Artikel festgelegten kombinierten Ansatz begrenzt werden" (European Commission 2000), wofür beispielsweise in Nordrhein-Westfalen ein Bewirtschaftungsplan und Maßnahmenprogramm erstellt wurde (Rosner et al. 2012). Spieth (2015) stellt allerdings heraus, dass „eine Verschlechterung … nach der bisherigen Auffassung der Europäischen Kommission erst vor[liegt], wenn ein Wechsel der nach der Wasserrahmenrichtlinie bestimmten Zustandsklassen erfolgt. Die insbesondere in der deutschen Literatur vertretene gegenteilige Meinung, wonach bereits bei geringfügigen Abweichungen vom Status quo eine Verschlechterung anzunehmen ist, kann hingegen nicht überzeugen". Werden in der vorliegenden Publikation vorgenannte „natürliche Quellen" als Grubenwasser bezeichnet, so stellt dies nicht notwendigerweise eine Kritik an dieser Vorgehensweise dar, sondern ist lediglich aus wissenschaftlicher oder legislativer Sicht korrekt.

In der „Richtlinie 2006/21/EG des Europäischen Parlaments und des Rates vom 15. März 2006 über die Bewirtschaftung von Abfällen aus der mineralgewinnenden Industrie" (European Commission 2006, Artikel 3 Nummer 14) wird ganz allgemein von „Sickerwasser" gesprochen. Der Vollständigkeit halber sei diese Definition hier aufgeführt: Sickerwasser ist „jede Flüssigkeit, die durch die abgelagerten Abfälle sickert und aus der Abfallentsorgungseinrichtung austritt oder in ihr zurückgehalten wird, einschließlich verschmutzter Drainage, die unbehandelt negative Auswirkungen auf die Umwelt haben kann". Aus vielerlei Gründen werde ich diese Definition nicht verwenden, denn sie entspricht keiner der in der Hydrogeologie, Montanhydrogeologie oder Bodenkunde üblichen Definitionen. Ebenfalls aus praktischen Gründen werde ich auf eine Unterscheidung von Grubenwasser, Sickerwasser oder Grundwasser verzichten, obwohl ich mir bewusst bin, dass dies aus rechtlichen Gründen sehr wohl relevant sein kann. Wasser, das irgendwo im Bergwerk anfällt, sei aus meiner Sicht schlichtweg „Grubenwasser".

1.2.11 Konstruiertes Feuchtgebiet

Es gibt zwei grundsätzlich unterschiedlich arbeitende Arten konstruierter Feuchtgebiete zur Reinigung von Grubenwasser: aerobe und anaerobe konstruierte Feuchtgebiete. Der Begriff „Pflanzenkläranlage" aus der kommunalen Abwasserreinigung (siehe Begriffsdefinition in Abschn. 1.2.15) muss für derartige Anlagen unbedingt gemieden werden, um Verwechslungen zu vermeiden. Netto-acidische Grubenwässer müssen mit anaeroben konstruierten Feuchtgebieten und netto-alkalische Grubenwässer sollten mit aeroben konstruierten Feuchtgebieten gereinigt werden – sofern ein Feuchtgebiet sich als geeignete Option erweist. Aerobe und anaerobe konstruierte Feuchtgebiete basieren auf gänzlich unterschiedlichen Funktionsweisen, sodass sie nicht gegeneinander austauschbar sind. Im Prinzip wäre es so, als würden Sie einen Ottomotor mit Dieselkraftstoff fahren – es funktioniert nicht!

1.2.12 Koagulation und Flockung

Koagulation bezeichnet das Zusammenballen von Kolloiden im Grubenwasser, meist im Zusammenhang mit der Grubenwasserreinigung. Dies führt dazu, dass die Kolloide instabil und größer werden und aus dem Wasser ausfallen. Da die „natürliche" Koagulation ein relativ langsamer Prozess ist, werden bei der Grubenwasserreinigung Flockungshilfsmittel dazugegeben, die zur Ausflockung und schließlich Koagulation der Kolloide führen. Die beiden Begriffe werden oftmals gegeneinander ausgetauscht verwendet (Stumm und Morgan 1996, S. 822), was jedoch speziell in der Grubenwasserreinigung nicht korrekt ist. Energetisch gesehen lassen sich Flocken noch voneinander trennen, wohingegen koagulierte Teilchen so starken Bindungen unterworfen sind, dass sie sich nicht ohne Weiteres voneinander trennen lassen (Atkins 2006, S. 684).

1.2.13 Netto-acidisches oder netto-alkalisches Grubenwasser

Von allen Begriffen im Hinblick auf Grubenwasserreinigungsanlagen dürften die der Netto-Acidität *(net acidity)* und Netto-Alkalinität *(net alkalinity)* die beiden wichtigsten darstellen. Gleichzeitig scheinen sie die am häufigsten missverstandenen zu sein, was möglicherweise an der teilweise komplizierten Darstellung in Hedin et al. (1994a, S. 27, 7) liegen mag, wo diese Begriffe im Zusammenhang mit passiven Grubenwasserreinigungsanlagen eingeführt wurden. Ihre erstmalige Verwendung liegt jedoch zeitlich schon weiter zurück: Agnew und Corbett (1969) für den Begriff Netto-Acidität und McPhilliamy und Green (1973) für Netto-Alkalinität. Aus meiner Sicht ergibt es daher nur wenig Sinn, wenn dieses erfolgreiche Konzept zur Beurteilung der Frage nach der korrekten Reinigungsmethode für Grubenwasser abgelehnt wird.

Ein wenig verwirrend mag zunächst sein, dass die Autoren Hedin et al. (1994a) auf Seite 7 und weiteren Seiten den Begriff Netto-Acidität verwenden, ihn aber erst auf Seite 27 definieren. Dies könnte viele Bearbeiter dazu veranlasst haben, das zugrunde liegende Konzept nur unzureichend zu verstehen. Anders jedenfalls ist nicht zu erklären, warum so viele passive Grubenwasserreinigungsanlagen falsch oder unzureichend konstruiert wurden – sowohl im angelsächsischen Sprachraum, vor allem aber im nicht englischsprachigen Raum.

Hedin et al. (1994a, S. 7) schreiben dazu:

„Wenn Wasser sowohl mineralische Acidität als auch Alkalinität aufweist, ergibt sich aus dem Vergleich der beiden Messwerte, ob das Wasser netto-alkalisch (Alkalinität ist größer als Acidität) oder netto-acidisch (Acidität größer als Alkalinität) ist. Netto-alkalisches Wasser enthält ausreichend Alkalinität, um die mineralische Acidität zu neutralisieren, die durch das gelöste Fe^{2+} und Mangan dargestellt wird."

Um die Netto-Acidität oder Netto-Alkalinität zu errechnen, muss zunächst die Basen- und Säurekapazität (Acidität/Alkalinität) des Grubenwassers ermittelt werden. Dies kann durch Titration oder durch Berechnung geschehen. Dann gelten folgende Beziehungen (vergleichen Sie auch Abschn. 1.2.3 und die Zusammenfassung zu Beginn des Buches):

Netto-Acidisch: Acidität > Alkalinität bzw. Basenkapazität > Säurekapazität

Netto-Alkalisch: Alkalinität > Acidität > bzw. Säurekapazität > Basenkapazität

Beispielsweise hatte das Grubenwasser des ehemaligen Flussspatbergwerks Straßberg/Harz im Jahr 2008 eine Basenkapazität von 11.9 mmol L^{-1} und eine Säurekapazität von 2.1 mmol L^{-1} (Wolkersdorfer und Baierer 2013). Somit errechnet sich:

$$\text{Nettoacidität } = k_B - k_S = (11{,}9 - 2{,}1)\text{ mmol L}^{-1} = 9{,}8\text{ mmol L}^{-1} \qquad (2.2)$$

Das Grubenwasser war zu diesem Zeitpunkt folglich netto-acidisch. Im Jahr 2001 hingegen besaß das Grubenwasser eine Basenkapazität von 1,1 mmol L^{-1} und eine Säurekapazität von 1,9 mmol L^{-1} (Neef 2004, Anlage 6.3). Somit errechnet sich:

$$\text{Nettoacidität } = k_B - k_S = (1{,}1 - 1{,}9)\text{ mmol L}^{-1} = -0{,}8\text{ mmol L}^{-1} \qquad (2.3)$$

Folglich war das Grubenwasser zu diesem Zeitpunkt netto-alkalisch.

Kirby und Cravotta (2005a, S. 1927 f.), aber auch andere Autoren, schlagen teilweise andere Verfahren vor oder lehnen es gar ab (z. B. Evangelou 1995; Lausitzer und Mitteldeutsche Bergbau-Verwaltungsgesellschaft mbH. 2019, S. 6 f., Anlage VII; Schöpke et al. 2001). Das oben Genannte scheint mir zur Beurteilung eines Grubenwassers im Hinblick auf die Grubenwasserreinigung zunächst einmal hinreichend, hat sich in der Praxis bewährt und genügt für die meisten praktischen Anwendungen. Außerdem ist es eine verhältnismäßig einfache Gleichung, in der sich die Parameter in der Regel einfach bestimmen lassen.

1.2.14 Passive Grubenwasserreinigung

Passive Grubenwasserreinigung *sensu stricto* verwendet zur Verbesserung der Wasserqualität ausschließlich „natürliche" Energie wie potenzielle Energie (Höhenunterschied), Sonnenenergie (Wärme, Fotosynthese) oder biologische Energie (Bakterien). In zahlreichen passiven Anlagen werden jedoch zur Aktivierung der Bakterien Nährstoffe hinzugefügt oder mittels Elektroenergie eine Belüftung des Grubenwassers hervorgerufen. In diesen Fällen wird oftmals von semipassiver Grubenwasserreinigung gesprochen. Es gibt auch kombinierte Anlagen, in denen, wie in Ynysarwed (Südwales), nach einer aktiven Grubenwasserreinigung eine passive Anlage geschaltet ist – oder umgekehrt. Passiv bedeutet nicht, dass der Betreiber der Anlage „passiv" zu sein hat – im Gegenteil: Eine passive Grubenwasserreinigungsanlage braucht regelmäßige Kontrolle, Pflege und gegebenenfalls Wartung. Ein System, bei dem der Betreiber „passiv" ist, heißt „natürliche Selbstreinigung" *(natural attenuation)*. In einem Satz: Passive Grubenwasserreinigung erfordert regelmäßige Kontrolle der baulichen Konstruktionen, um die natürlich ablaufenden Prozesse nutzen zu können, die zur Verbesserung der Wasserqualität beitragen.

1.2.15 Pflanzenkläranlage

Bei dem Begriff Pflanzenkläranlage handelt es sich um einen Begriff aus der kommunalen Abwasserreinigung. Er soll, wie oben dargelegt, im Zusammenhang mit Grubenwasser nicht verwendet werden, da eine Pflanzenkläranlage andere Wasserinhaltsstoffe zu reinigen hat als ein konstruiertes Feuchtgebiet für Grubenwasser. Im Aufbau der Anlagen bestehen Ähnlichkeiten, weshalb Vymazal (2011), der vor allem eine technisch-historische Darstellung der Pflanzenkläranlagen gibt, auch *constructed wetlands* für Grubenwasser kurz erwähnt (Vymazal 2011, S. 62, 64 f.).

1.2.16 Phytoremediation (Phytosanierung)

Bei der Phytoremediation kommen Pflanzen zum Einsatz, die potenzielle Schadstoffe aus dem Boden oder dem Wasser aufnehmen und in ihrer Biomasse fixieren (Adams et al. 2000). Dabei handelt es sich im Allgemeinen um passive Maßnahmen, bei denen die Pflanzen unerwünschte Stoffe aus dem jeweiligen Kompartiment entfernen. Auch Anpflanzungen auf Bergwerkshalden, mit dem Ziel, potenzielle Bodenkontaminationen zu entfernen, haben in der Literatur als Phytoremediation Eingang gefunden (Ernst 1996). Studien dazu fanden beispielsweise auf der ehemaligen Gessenhalde zwischen Ronneburg und Gera statt, wo es besonders zur Bioakkumulation von Mangan kam (Phieler et al. 2015). Islam et al. (2016) konnten Blei in Aronstab akkumulieren (ob die Namensgleichheit zwischen dem lateinischen Namen des Aronstabs *Arum* und dem von M. Kalin entwickelten ARUM-Prozess – Acid Reduction Using Microbiology – beabsichtigt war?). Die Phytoremediation unterscheidet sich somit von der Bioremediation, bei der Mikroorganismen die entscheidende Rolle spielen (Davison und Jones 1990). Diese sollen im Wurzelbereich sogar in der Lage sein, PCB abzubauen (Diskussion in Adams et al. 2000), das generell problematisch aus dem Grubenwasser zu entfernen ist. Möglicherweise eine künftige Nutzungsmöglichkeit, obgleich Committee on Intrinsic Remediation et al. (2000) einräumen, dass sowohl die Bio also auch die

Phytoremediation von PCB nur in günstigen Fällen erfolgreich ist, meistens jedoch nicht vollständig abzulaufen scheint.

Im Zusammenhang mit Boden- oder Haldensanierungen sowie bei Absetzteichen ist der Begriff Phytoremediation seit 1991 eingeführt (Adams et al. 2000). Wilfried Ernst, der als einer der ersten über Pflanzen zur Bodensanierung geschrieben hat, sah die Zukunft der Phytosanierung jedoch nur bedingt optimistisch: „Es ist noch ein langer Weg, um von möglichen kleinmaßstäblichen zu tatsächlichen großmaßstäblichen Ansätzen zu gelangen …" (Ernst 1996, S. 166).

1.2.17 pH-Wert

In jedem meiner Seminare oder Kurse zur Hydrochemie von Grubenwasser frage ich die Teilnehmer nach der Definition des pH-Werts und danach, welchen Wertebereich der pH-Wert umfassen kann. Noch nie hat ein/e TeilnehmerIn auf Anhieb die korrekte Antwort gegeben. Wenn Sie einmal das Internet durchsuchen, werden Ihnen mit Sicherheit Aussagen über den Weg laufen, die Sie die Haare raufen oder zu Berge stehen lassen.

Auf die Frage welche Zahlenwerte der pH-Wert umfassen kann (die nichtexistierende „pH-Wert-Skala"), antworten die meisten meiner Kursteilnehmer entweder mit 0 bis 14, mit 1 bis 13 oder 3 bis 10. Jedes dieser Zahlenpaare hat seinen Hintergrund, aber als Antwort auf die Frage sind sie alle falsch, denn es gibt keine festgelegte pH-Wert-Skala. Sofern keine puffernden Minerale vorhanden sind, kann der pH-Wert für Grubenwasser negative pH-Werte annehmen, wie beispielsweise –3,6, in der Iron Mountain Mine in Kalifornien (Nordstrom und Alpers 1995; Nordstrom et al. 2000; Stumm und Morgan 1996). Am anderen Ende der „natürlich" vorkommenden pH-Werte befand sich der See von Velenje in der slowenischen Šaleška dolina, der einen pH-Wert von 11 bis 12 aufwies (Stropnik et al. 1991, S. 217), und in der Region um dem Calumetsee in Chicago, Illinois, mit pH-Werten von bis zu 12,8 (Roadcap et al. 2005). In beiden Fällen ist das Wasser anthropogen beeinflusst (Abb. 1.5).

Räumen wir an dieser Stelle mit allen falschen Vorstellungen auf und schaffen Klarheit:

Beim pH-Wert handelt es sich um eine Funktion der *Wasserstoffionenaktivität*, nämlich deren negativer dekadischer Logarithmus, wie ihn Søren Peter Lauritz Sørensen 1909 definiert und „Wasserstoffionenexponent" genannt hat (Sørensen 1909, S. 159–160; Tillmans 1919, S. 3, hat diesem Konzept des pH-Werts übrigens heftig widersprochen). Die heute korrekte Definition lautet nach Cohen et al. (2008, S. 75) verkürzt:

$$\mathrm{pH} = f\{\mathrm{H}^+\} = -\log\{\mathrm{H}^+\} \tag{2.4}$$

Da die Aktivität dimensionslos ist (Cohen et al. 2008, S. 70), hat folglich auch der pH-Wert keine Dimension. Im Angelsächsischen scheint sich die Unsitte einzubürgern, dem pH-Wert die Dimension „s.u." (*standard units* [Standardeinheiten] oder *sine unitatis*

Abb. 1.5 Stalaktit aus Melanterit oberhalb der Pfütze, in der Alpers und Nordstrom das Grubenwasser mit einem pH-Wert von –3,6 gemessen haben. Das Grubenwasser im Eimer hat einen pH-Wert von −0,7 und eine Temperatur von 35 °C (pers. Mitt. Kirk Nordstrom 2019; Foto: Kirk Nordstrom & Charly Alpers). Maßstab: Kunststoffeimer

[ohne Einheit]) zu geben, was jedoch aus vorgenannten Gründen abzulehnen ist, denn der Logarithmus einer dimensionslosen Zahl kann keine Einheit haben. Üblicherweise wird heute pH anstatt p_H geschrieben (Buck et al. 2002; Jensen 2004). In stark verdünnten Medien, wie Trinkwasser oder Grundwasser, entspricht die Wasserstoffionenkonzentration [H^+] weitgehend der Wasserstoffionenaktivität {H^+}, sodass es meist ohne Bedeutung ist, ob von der Konzentration oder der Aktivität gesprochen wird. Bei höher mineralisierten Lösungen wie Grubenwasser ist dieser Unterschied hingegen wesentlich, was Nordstrom et al. (2000) an einem Extrembeispiel in Kalifornien eingehend darlegen. Im Zusammenhang mit Grubenwasser ist folglich stets von der Aktivität anstatt der Konzentration zu sprechen.

1.2.18 Säurekapazität (k_S; Alkalität; Alkalinität; p-Wert)

Die Säurekapazität ist die Summe aller alkalisch reagierenden Substanzen in einem Grubenwasser. Dabei handelt es sich um alle Ionen im Grubenwasser, die durch die Reaktion des Wassers mit Carbonaten und Silikaten entstehen. Die Säurekapazität wird durch die Titration des Grubenwassers mit einer Säure (HCl oder H_2SO_4) zu den pH-Wert-Endpunkten 4,3 oder 8,2 bestimmt (Abb. 1.2). Sie lässt sich nur innerhalb ganz eng gefasster Grenzen rechnerisch aus der chemischen Analyse ermitteln. Der Begriff p-Wert kommt vom Umkehrpunkt des Indikators Phenolphtalein, hat folglich nur noch historische Bedeutung und sollte (wie die Titration mit Indikatoren) vermieden werden.

Weitere Hinweise sind im ersten Absatz zum Abschnitt Basenkapazität (Abschn. 1.2.3) aufgeführt.

1.2.19 Sauerwasser

Sauerwasser oder saures Grubenwasser ist in diesem Buch Grubenwasser, dessen Basenkapazität größer ist als die Säurekapazität. Es wird dann als netto-acidisches Wasser bezeichnet (Abschn. 1.2.13). Diese Definition ist zunächst einmal unabhängig von der exakten Größe des pH-Werts, der allein keine Aussage darüber zulässt, ob ein Grubenwasser „sauer“ ist oder nicht. Korrekterweise hat daher Wolfgang Helms geschrieben: „Sauerwasser, das heißt Wasser mit einem niedrigen pH-Wert und teilweise hohen Gehalten an Sulfat, Eisen und anderen Metallen, entsteht, wenn Sulfidminerale mit Wasser und Sauerstoff in Berührung kommen“ (Helms 1995, S. 65).

Oftmals wird der Begriff Sauerwasser jedoch fälschlicherweise auf den pH-Wert bezogen, wobei Grubenwasser mit pH-Werten unter 7 als sauer und solches mit pH-Werten über 7 als basisch bezeichnet wird. Im Hinblick auf die Reinigungsverfahren von Grubenwasser ist diese Definition jedoch ungeeignet, denn die Art der Grubenwasserreinigung bestimmt sich vor allem durch die Summe aller alkalisch und die Summe aller sauer reagierenden Komponenten eines Grubenwassers. International hat sich für Grubenwasser mit pH-Werten zwischen etwa 6 und 8 der Begriff „zirkumneutral“ *(circum neutral)* eingebürgert (Nordstrom 2011), der erstmals Mitte der 1980er-Jahre in der Literatur zu Grubenwasser erschien (Cook et al. 1986; Edwards und Stoner 1990;

Hammack und Hedin 1989). Er umfasst in der Regel dasjenige Grubenwasser mit pH-Werten unter 7, dessen Säurekapazität größer als die Basenkapazität ist.

Gemäß der Definition im GARD-Guide (Abschn. 1.2.1) liegt Sauerwasser bei pH-Werten unter 6 vor, wohingegen Grubenwasser mit einem pH-Wert darüber – in Abhängigkeit von der Mineralisation – als neutrales, zirkumneutrales oder salinares Grubenwasser (Sole) bezeichnet wird. Der exakte pH-Wert, unterhalb dessen Grubenwasser stets Sauerwasser ist, liegt bei 5,6, da unterhalb dieses pH-Werts keine relevanten Konzentrationen puffernder Kohlenstoffspezies mehr vorliegen.

1.2.20 Sorption, Adsorption, Kopräzipitation, Oberflächenkomplexierung und andere derartige Reaktionen

Mit den Begriffen Sorption, Adsorption (Oberflächensorption), Absorption (Matrixsorption), Kopräzipitation (Mitfällung) oder (Oberflächen-)Komplexierung bezeichnen die meisten Autoren Reaktionen zwischen verschiedenen Komponenten im Wasser, ohne sich spezifisch auf einen Mechanismus festzulegen (Tab. 1.3). Wie zu erwarten, herrscht folglich in der Literatur auch bei diesen Begriffen ein Chaos (nur ganz wenige Autoren im Bereich Grubenwasser verwenden die Begriffe Chemisorption oder Physisorption – ich werde sie daher hier nicht auch noch einführen). Selbst innerhalb der gleichen Publikation kann es vorkommen, dass die Begriffe uneinheitlich verwendet werden oder

Tab. 1.3 Definition von Begriffen im Zusammenhang mit Oberflächen- und Fällungsreaktionen sowie ausgewählte Literatur. Die Begriffe Oberflächen- und Matrixsorption werden von Merkel und Planer-Friedrich (2002) verwendet

Begriff	Bedeutung	Literatur (Auswahl)
Sorption	Überbegriff für alle Oberflächenreaktionen	McBain (1909); Smith (1999)
Adsorption (Oberflächensorption)	Zweidimensional	Stumm und Morgan (1996); Smith (1999)
Absorption (Matrixsorption)	Dreidimensional	Stumm und Morgan (1996)
Komplexierung	Umhüllung eines Ions durch Moleküle (vgl. Abb. 2.6)	Smith (1999)
Polymerisierung	Aneinanderkettung von Molekülen	Hem (1985)
Kopräzipitation ***s.s./s.l.*** **(Mitfällung)**	Meist Einbau eines Ions in das Kristallgitter (Mischkristall)	Langmuir et al. (2005); Plumlee und Logsdon (1999)
Fällung	Bildung eines zumeist amorphen oder kristallinen Niederschlags	Blowes et al. (2014)

dass der Begriff *coprecipitation* ohne Bindestrich neben *co-precipitation* mit Bindestrich erscheint (Ersterer wird, vor allem im US-Englischen, geringfügig häufiger verwendet als der zweite). Grund für diese uneinheitliche Verwendung ist in vielen Fällen, dass wir oftmals nicht mit Sicherheit wissen, welche Reaktion bei der Sorption und (Mit-)Fällung eines Wasserinhaltsstoffes im Detail ablaufen (Langmuir et al. 2005, S. 26). Es kann sich folglich bei der Mitfällung eines potenziellen Schadstoffs mit dem Eisenhydroxid oder einem anderen Ausfällungsprodukt um einen von mehreren Vorgängen handeln, oder es kann sein, dass mehrere Prozesse gleichzeitig ablaufen. Daher versuchen die Autoren „vage" zu bleiben und legen sich nicht endgültig fest oder sind sich der Unterschiede der verschiedenen Begriffe nicht bewusst. Dies hat bereits James McBain Anfang des 20. Jahrhunderts dazu veranlasst, den Begriff „Sorption" einzuführen: „Der unverbindliche Name ‚Sorption' soll die Summe der Erscheinungen ausdrücken, während ‚Absorption' und ‚Adsorption' auf nachgewiesene Fälle von Lösung und Oberflächenkondensation beschränkt werden sollte" (McBain 1909, S. 219). Eine saubere Begriffstrennung findet sich bei Langmuir et al. (2005), der den Begriff „Kopräzipitation" sehr eng fasst (siehe unten).

Bei den Begriffen gibt es folglich auch in der Grubenwasserliteratur keine einheitliche Verwendungsweise. Alle Begriffe umfassen Reaktionen, bei denen ein Wasserinhaltsstoff (Adsorptiv) an die Oberfläche eines anderen Wasserinhaltsstoffs (meist ein Feststoff: Adsorbens) anhaftet und damit zum Adsorbat wird (Dörfler 2002; und eine hervorragende Darstellung in U. S. Environmental Protection Agency 2007b, S. 28–36), wobei die Reaktionen vom pH-Wert abhängen (Abb. 3.5). Einige moderne Autoren sehen im Sinne von McBain (1909) „Sorption" als den Oberbegriff an (Smith 1999), während andere „Adsorption" als den Oberbegriff zu verwenden scheinen (Stumm und Morgan 1996). Letztere jedoch schreiben, dass Adsorption die Anhaftung an eine zweidimensionale Oberfläche sei, wohingegen Absorption den Einbau in eine dreidimensionale Matrix darstellt (Stumm und Morgan 1996, S. 520), wobei sie das auf Seite 764 wiederum relativieren, indem sie in der Bildunterschrift zu Abbildung 13.2 einmal *adsorption* und dann *absorption* verwenden – mögen wir dies auf einen Flüchtigkeitsfehler zurückführen. Merkel und Planer-Friedrich (2002) erkennen das Problem mit dem „kleinen Unterschied" im b und d und schlagen daher vor, im Deutschen die Begriffe Oberflächensorption und Matrixsorption zu verwenden. Unabhängig vom Begriff laufen an der Oberfläche des Adsorbens sowie an der Grenze Feststoff–Wasser unterschiedliche, pH-Wert-abhängige Reaktionen ab, wobei es sich beispielsweise um elektrochemische Reaktionen, Polymerisierung, oder Oberflächenkomplexierung handeln kann (Hem 1985; Stumm und Morgan 1996). Der genaue Mechanismus ließe sich nur über aufwendige chemisch-physikalische Untersuchungen herausfinden, wie dies beispielsweise Trivedi et al. (2001) für die Sorption von Zink an Eisenoxiden vornahmen. Für die meisten praktischen Anwendungen der Grubenwasserreinigung wird es hinreichend sein, von „Sorption" zu sprechen.

Im Zusammenhang mit „Mitfällung" wird am häufigsten der Begriff „Kopräzipitation" verwendet, wenn dem Bearbeiter der Mechanismus unklar ist. Stumm und Morgan (1996) definieren den Begriff nicht und verwenden ihn in ihrem Standardwerk zur aquatischen Chemie lediglich viermal: stets im Zusammenhang mit molekularem Einbau eines Ions in das Fällungsmittel, womit sie im Einklang mit der Verwendung von Langmuir et al. (2005) stehen. Es mag seine Gründe haben, wieso die beiden Autoren den Begriff umschiffen. Bezeichnen wir diesen Einbau von Ionen als „Kopräzipitation *s.s.*". Ganz anders ist die Situation in Plumlee und Logsdon (1999), einer von vielen verwendeten Publikationen über die Geochemie von Erzvorkommen und Grubenwasser. Je nach Kapitelautor unterscheidet sich die Verwendung des Begriffs erheblich: Einbau ins Kristallgitter des Fällungsmittels oder Sorption an der Oberfläche des Fällungsmittels. In der 7. Auflage des *Oxford Dictionary of Chemistry* (Rennie und Law 2016, S. 145: coprecipitation) steht folgende Definition:

„Das Entfernen eines Stoffes aus der Lösung durch die Verbindung mit dem Niederschlag eines anderen Stoffes. Wenn beispielsweise A und B gelöst sind und der Lösung ein Reagenz zugegeben wird, das zu einem unlöslichen Niederschlag von A führt, dann kann B gegebenenfalls gemeinsam mit A ausgefällt werden, auch wenn B unter den gegebenen Bedingungen löslich ist. Dies kann durch Einschluss oder Absorption erfolgen."

Die Definition umfasst folglich sowohl den Einbau ins Kristallgitter als auch die Sorption an der Oberfläche des Fällungsmittels und deckt sich mit der im *Gold Book* der International Union of Pure and Applied Chemistry (2014). Lassen Sie uns dies als „Kopräzipitation *s.l.*" bezeichnen. Langmuir et al. (2005, S. 26) hingegen verstehen unter Kopräzipitation ausschließlich den Einbau in das Kristallgitter unter Bildung eines Mischkristalls *(solid solution)* mit beispielsweise Metallhydroxiden, Carbonaten, Sulfaten oder Silikatmineralen („Kopräzipitation *s.s.*"). Eine gute Abbildung zur Erklärung von Fällung, Kopräzipitation und Adsorption gibt U. S. Environmental Protection Agency (2007b, S. 29).

Fassen wir Obiges zusammen (vgl. auch Abb. 2.6): Sorption ist ein pH-Wert-abhängiger Wasser-Feststoff-Prozess, bei dem ein vorwiegend in Lösung vorliegender Wasserinhaltsstoff an einen Feststoff im Wasser anhaftet, wobei Adsorption (zweidimensionale Oberflächensorption), Absorption (dreidimensionale Matrixsorption), Polymerisierung (Aneinanderkettung von Molekülen zu einem Polymer) oder Komplexierung die wichtigsten Mechanismen darstellen. Bei den Feststoffen handelt es sich um Kolloide wie Eisenhydroxide, Tonminerale oder organische Substanzen (z. B. Holz). Kopräzipitation *s.s.* bezeichnet die Mitfällung eines Wasserinhaltsstoffs im Kristallgitter von Metallhydroxiden, Carbonaten, Sulfaten oder Silikatmineralen und Kopräzipitation *s.l.* die Mitfällung eines Wasserinhaltsstoffs, der an deren Oberfläche haftet. Viele Metalle und Halbmetalle werden somit aus dem Grubenwasser entweder durch Fällung, Mitfällung (Kopräzipitation) oder Sorption an ausgefällten Aluminium- oder Eisenphasen entfernt (Blowes et al. 2014, S. 183).

1.2.21 Schwermetall

Für den inhaltslosen Begriff Schwermetall *(heavy metal)* gibt es wenigstens 40 verschiedene Definitionen, die stark voneinander abweichen (Abschn. 1.2.1). Die International Union of Pure and Applied Chemistry (Diskussion in Anonymus 2006; Duffus 2002) empfiehlt daher, auf den Begriff völlig zu verzichten. Im *Gold Book* (International Union of Pure and Applied Chemistry 2014), der „Bibel" in der Chemie, taucht er daher nicht auf, und in den Artikeln der Zeitschrift *Mine Water and the Environment* ist er in neueren Publikationen nicht mehr zugelassen. Daher wird der Begriff an dieser Stelle weder definiert, noch wird er in vorliegender Publikation verwendet werden (außer im Zusammenhang mit Musikrichtungen).

1.2.22 Unedles Metall

Bei dem Begriff „unedle Metalle" muss man unterscheiden, ob er im chemischen oder im bergbaulich/ökonomischen Zusammenhang verwendet wird. Während er im chemischen Sinne relativ gut definiert ist, fehlt es an einer eindeutigen Definition im bergbaulichen Bereich – ähnlich wie bei den „Schwermetallen". Ein unedles Metall geht gegenüber einem Edelmetall eher in den Ionenzustand über, ist also reaktionsfähiger als ein Edelmetall. Dabei gibt das unedle Metall Elektronen ab (Hofmann 2013, S. 413). Üblicherweise wird der englische Begriff *base metals* mit „unedle Metalle" ins Deutsche übersetzt. Chemisch gesehen schließt dies jedoch das Kupfer aus, denn es ist ein Edelmetall (Wiberg et al. 2016, S. 1686 f.). Im bergbaulich/ökonomischen Zusammenhang umfasst der Begriff „unedle Metalle" jedoch zumeist das Kupfer und wird hier in diesem Sinne verwendet. Eine bessere Übersetzung für *base metals* wäre folglich „Buntmetalle", aber auch dabei gibt es keine völlige Übereinstimmung. Für diesen Absatz eine Referenz zu einer Definition zu geben erweist sich als schwierig – jede ist anders. Halten wir fest: Unedle Metalle seien in diesem Buch alle Metalle ausgenommen die Edelmetalle (Silber, Gold, Platin, Iridium) und Eisen (Römpp online 2013, Begriff „Buntmetalle" von Piotr R. Scheller).

1.3 Entstehung von Grubenwasser und Puffermechanismen

Zur Entstehung von Grubenwasser, insbesondere saurem Grubenwasser, gibt es Hunderte von Publikationen (Blowes et al. 2014; Jambor et al. 2003; Wolkersdorfer 2008; Younger et al. 2002), und fast jede Publikation über Grubenwasser beginnt erneut mit der Beschreibung der grundlegenden vier Reaktionen, die bei der Entstehung sauren Grubenwassers durch die Oxidation von Pyrit (FeS_2, kubisch), Markasit (FeS_2, orthorhombisch) oder Pyrrhotin ($Fe_{x-1}S_x$) relevant sind. Mit Sicherheit gehören diese Gleichungen zu den am häufigsten zitierten Gleichungen in Publikationen über

Grubenwasser. Dabei können wir uns diesen Platz künftig sparen, indem wir ganz einfach auf die beiden grundlegenden Publikationen dazu verweisen: Singer und Stumm (1970, S. 1121) sowie wiederholt und zusammengefasst in Stumm und Morgan (1996, S. 690 ff.) oder den gesamten Prozess umfassend dargestellt in Wolkersdorfer (2008, S. 10–13). Für den ostdeutschen Bereich hat Bilek (2012, S. 15–20) eine ausführliche Beschreibung verfasst. Belassen wir es also bei Abb. 1.6, die den abiotischen Teil der Reaktionen darstellt und deren Reaktionsgeschwindigkeit durch mikrobielle Katalyse um den Faktor 10^6 erhöht werden kann. Wer sich für die Rolle der Mikroorganismen bei diesem Prozess interessiert, dem sei der Review-Artikel von Rawlings et al. (1999) ans Herz gelegt (darin heißt *Acidithiobacillus thiooxidans* natürlich noch *Thiobacillus thiooxidans*, denn dieser wurde erst im Jahr 2000 umbenannt). Leider, wie in so vielen Fällen, z. B. der Entwicklung der ersten konstruierten Feuchtgebiete, sind grundlegende deutsche Arbeiten zu *Acidithiobacillus* oder *Thiobacillus* in der internationalen und nationalen Literatur nicht bis gar nicht beachtet. Marchlewitz (1959), Marchlewitz und Schwartz (1961) sowie Marchlewitz et al. (1961) haben 16 Grubenwässer auf ihre Mikroorganismenzusammensetzung hin untersucht und erstmals systematisch versucht, die Rolle von Pilzen im Grubenwasser zu klären. Darüber hinaus untersuchten sie das Temperaturverhalten von *Acidithiobacillus* und kamen zu dem Ergebnis, dass alle untersuchten Stämme Temperaturen bis 35 °C problemlos überstehen und ein Teil der Stämme sogar Temperaturen bis 45 °C überlebte.

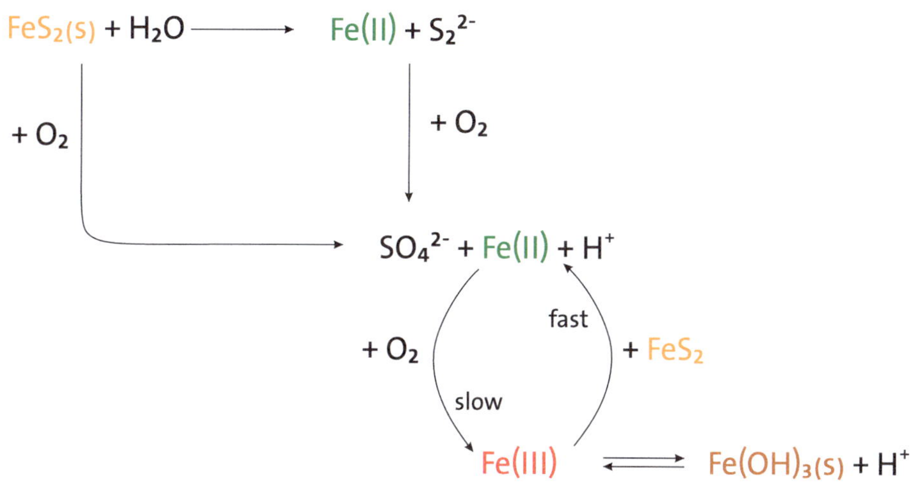

Abb. 1.6 Schematische Darstellung der abiotischen Pyrit- und Markasitoxidation. (Basierend auf Informationen in Kester et al. 1975; Singer und Stumm 1970; Stumm und Morgan 1996) nach einer Idee von Banks (2004)

▶ Nach wie vor erscheinen Fachartikel, Bachelorarbeiten, Berichte, Statuspapiere, Dissertationen und sogar Habilitationsschriften, die *Thiobacillus thiooxidans* die entscheidende Rolle bei der Oxidation von Pyrit zukommen lassen. Ich empfehle jedoch, Kelly und Wood zu lesen, denn diese haben im Jahr 2000 definiert, dass für die Prozesse der Pyritoxidation die Spezies *Acidithiobacillus thiooxidans (säureliebendes eisenoxidierendes Schwefelstäbchenbakterium)* hauptverantwortlich ist: „The type species is *Acidithiobacillus Thiooxidans* (formerly *Thiobacillus thiooxidans*)" (Kelly und Wood 2000, S. 513). Entsprechendes gilt für die Oxidation von Eisen und *Thiobacillus ferrooxidans*. Was ich damit sagen will: Das Lebewesen hat seit dem Jahr 2000 einen neuen Namen, und Sie wollen vermutlich auch nicht, dass man Sie falsch anredet.

Bei der mikrobakteriell katalysierten Oxidation des Disulfidschwefels entsteht Säure (Abb. 1.7), die mit weiteren Metall- und Halbmetallsulfiden reagiert und das Grubenwasser mit einem Elementcocktail anreichert. Ein Teil von diesen Elementen und deren Verbindungen wird als potenziell toxisch für Organismen angesehen. Hier eine Liste der Elemente aufzuführen, die sich im Grubenwasser finden, ist nicht nötig: Ein Blick auf das Periodensystem der Elemente mag genügen, denn es gibt kaum ein Element, das in dem einen oder anderen Bergwerk nicht mit „erhöhter" Konzentration im Grubenwasser zu finden ist (zugegeben: ^{289}Flerovium mit einer Halbwertszeit von 30 Sekunden

Abb. 1.7 Tropfen sauren Grubenwassers mit pH 2 an der Firste eines Stollens im Besucherbergwerk Grube Glasebach in Straßberg/Harz. 2. Sohle, Bereich des Pyritganges (Bildbreite ca. 20 cm)

werden wir kaum dort finden – also sagen wir einmal, alle bis hinauf zum Uran oder Plutonium lassen sich im Grubenwasser nachweisen). Wie oben beschrieben, beträgt der niedrigste bisher gemessene pH-Wert in einem Grubenwasser –3,6 (Nordstrom et al. 2000), wobei die gesamte Metallkonzentration 200 Gramm pro Liter betrug. Sobald puffernde Minerale wie Carbonate, Glimmer oder andere Silikate anwesend sind, sinkt zwar der pH-Wert nicht so stark ab wie ohne puffernde Minerale, aber das Grubenwasser kann dennoch hoch mineralisiert sein und bedarf einer Reinigung. Ein Beispiel ist das Grubenwasser des ehemaligen Uranbergwerks Niederschlema/Alberoda („Schacht 371"), das zwar pH-Werte im zirkumneutralen Bereich aufweist, aber eine für den pH-Wert vergleichsweise hohe Mineralisation besitzt: pH 6,5–8,5, κ 1–4 mS cm^{-1} (Wolkersdorfer 1996, S. 177–178). Schon kleinste Mengen an Pyrit sind in der Lage, das Grubenwasser verhältnismäßig hoch zu mineralisieren. Wisotzky (2003, S. 31–35) fand trotz der geringen Massenkonzentrationen von 0,258 % Pyrit in den Kippensubstraten des Tagebaus Garzweiler Sulfatkonzentrationen von bis zu 4000 mg L^{-1}. Dies mag, verglichen mit anderen Bergbauregionen, ein außerordentlich hoher Wert sein. Dennoch können relativ niedrige Pyritkonzentrationen zu erheblichen Eisenkonzentrationen im Grubenwasser führen (Tab. 1.4).

Saures Grubenwasser kann auch dadurch entstehen, dass Grundwasser durch disulfidhaltigen Boden fließt und die Disulfide oxidiert oder die bereits vorhandenen Oxidationsprodukte transportiert (die Problematik des Begriffs „Boden" ist diskutiert in Hoppe 1996). Dies bedingt eine Erniedrigung des pH-Werts und folglich eine Erhöhung der Ionenkonzentrationen im Grundwasser. Bei den „Böden" kann es sich entweder um natürlichen Boden, um Halden, Aufbereitungsrückstände (Abgänge, Tailings) oder um

Tab. 1.4 Prognose der maximalen Eisenkonzentrationen im Grubenwasser aus neu gefluteten britischen Tiefbauen in Abhängigkeit von der Gesamtschwefelkonzentration der abgebauten Flöze (Younger 2002a) und Vergleich mit gemessenen Werten aus Mpumalanga, Südafrika (pers. Mitt. Altus Huisamen)

Gesamtkonzentration an Disulfid, Masse-%	Beobachteter Bereich der Maximalkonzentrationen im Grubenwasser, mg L^{-1}
< 1	0,01…0,5
1…2	0,5…100
2…3	100…350
3…4	350…1.200
4…5	1.200…1.500

Südafrikanischer Kohlentagebau	Pyritkonzentration, %	Beobachtete Gesamteisenkonzentrationen, mg L^{-1}
Bergwerk A	2	0,0…0,07
Bergwerk C	0,03	0,13
Bergwerk E	6,5	22.570

rückverfüllte Kippen handeln. Im deutschen Sprachraum wird dafür oftmals von „pedogenen Prozessen“ gesprochen (Neumann 1999; Schwertmann 1985), worunter alle Prozesse verstanden werden, die im Boden oder Substrat ablaufen. International werden Diskussionen zu diesem Thema in der Regel unter dem Stichwort *acid soils* geführt (z. B. Hicks et al. 1999). Im Zusammenhang mit Grubenwasser wird international auf den Begriff „pedogen“ bewusst verzichtet, da dieser Begriff „natürlich ablaufend“ nahelegt, was bei Grubenwasser jedoch streng genommen nicht der Fall ist.

Für die Prozesse in den teilweise renaturierten Kippensubstraten, die beispielsweise in der Lausitz ablaufen, hat Neumann (1999, S. 110) festgestellt, dass sich nach über drei Dekaden noch keine Gegebenheiten eingestellt haben, die den natürlichen Verhältnissen entsprechen. Die Autorin geht folglich davon aus, dass die Versauerung und die hohen Sulfatkonzentrationen im Boden für lange Zeit keine Bedingungen erwarten lassen, die den natürlichen Böden der Lausitz entsprechen. Diese Ergebnisse lassen sich ohne Weiteres auf andere Bergbauregionen übertragen, wo es auch lange nachdem der Bergbau zum Erliegen gekommen ist, noch keine präbergbaulichen Verhältnisse gibt (z.B. Olyphant und Harper 1998; Yang et al. 2006).

Ein Extrembeispiel im Zusammenhang mit sauren Grubenwässern ist beispielsweise die Region Rio Tinto im iberischen Pyritgürtel von Spanien (Ariza 1998; Cánovas et al. 2005; Leblanc et al. 2000; Salkield 1987). Dort findet seit Mitte des zweiten Jahrtausends vor Christus Bergbau auf Bunt- und Edelmetalle statt und hat durch Pyritoxidation eine Umwelt geschaffen, die durch saure Gewässer gekennzeichnet ist. Bis zu seiner Mündung in den Rio de Huelva ist der Rio Tinto oder Rio Odiel stark sauer mit pH-Werten zwischen 1,5 und 2,5 (Leblanc et al. 2000, S. 656; Olías et al. 2004; Olias et al. 2017; Sarmiento et al. 2005) und elektrischen Leitfähigkeiten zwischen 757 und 5500 $\mu S\ cm^{-1}$ (Torre et al. 2014, S. 220). Auch das Einzugsgebiet des Cement Creek bei Silverton in Colorado (USA) ist durch historischen Bergbau stark in Mitleidenschaft gezogen und weist niedrige pH-Werte von weniger als 4,5 auf (Kimball et al. 2002). In beiden Regionen wird jedoch die anthropogen verursachte Sauerwasserbildung von einer natürlichen Sauerwasserbildung begleitet, da die vergleichsweise hohe Pyritkonzentration des Muttergesteins natürlicherweise eine Pyritoxidation hervorruft (Abb. 1.8).

▶ Im Einzelfall mag darüber diskutiert werden, inwieweit ein saures und kontaminiertes Grundwasser natürliche oder anthropogene Ursachen hat. Es wäre schön, könnten wir es im Sinne der Bergschadensvermutung (§120 BBergG) halten und davon ausgehen, dass kontaminiertes Grundwasser im Umfeld eines Bergbaubetriebes dem Bergbau zuzurechnen ist. Viele NGOs (z. B. Earthworks) würden dies vermutlich sofort begrüßen. Natürlich ließe sich eine spannende akademische Diskussion darüber führen, welcher Anteil der Kontamination „pedogenen“ oder welcher „anthropogenen“ Ursachen zuzuschreiben ist. Um diese Frage im Detail zu klären, wären aufwendige Isotopenuntersuchungen oder Markierungsversuche sowie numerische

Abb. 1.8 Rot gefärbtes Wasser in einem Teilbereich des Rio Tinto in Spanien. (Foto: Marta Sostre)

Modellierungen nötig wie im Fall des Kentucky-Utah-Tunnels in den Wasatch-Bergen Utahs (Parry et al. 2000). Der dazu nötige Aufwand steht vermutlich in keinem Verhältnis zum Erkenntnisgewinn.

In der Natur gibt es neben den säurebildenden Vorgängen Prozesse, die eine Pufferung der Säure hervorrufen oder auf andere Weise zu einer Verminderung der Schadstofffracht führen. Dieser Vorgang wird zusammenfassend als natürliche Selbstreinigung *(natural attenuation)* bezeichnet (z. B. Bekins et al. 2001; Committee on Intrinsic Remediation et al. 2000, S. 65 ff.) und erscheint in der Literatur über Grubenwasser erstmals 1994 (Kwong und Van Stempvoort 1994, S. 382; Webster et al. 1994, S. 244). Mehr dazu in Abschn. 5.2. Bei der Pufferung werden die säurebildenden Protonen durch Minerale wie Carbonate, Glimmer oder Feldspäte gepuffert, und es kommt zu einer Erhöhung des pH-Werts im Grubenwasser oder im kontaminierten Grundwasser. Weitere Vorgänge sind die Ausfällung von potenziellen Schadstoffen, da deren Löslichkeit überschritten ist. Dies betrifft vor allem Eisen- und Manganverbindungen, wobei es in erster Linie zur Ausfällung von Eisen- oder Manganoxiden oder -hydoxiden kommt (oftmals als Oxihydrate bezeichnet).

Um die Entstehung von kontaminiertem Grubenwasser zu vermeiden, gibt es zahlreiche Publikationen, die aufzuzählen hier eindeutig zu weit führen würde. Eine gute Zusammenfassung bieten wiederum der GARD-Guide (Kap. 6) oder auch Gusek und Figueroa (2009, S. 15–80). Wichtig ist in jedem Fall, dass sich der Bergwerksbetreiber bereits vor Beginn des Abbaus darüber im Klaren ist, dass frühzeitig ergriffene Maßnahmen, die kurzfristig Kosten verursachen, langfristig eine Grubenwasserreinigung preiswerter gestalten können.

Nicht jedes Grubenwasser ist, wie landläufig angenommen wird, kontaminiert. Es gibt zahlreiche Beispiele, in denen unbehandeltes Grubenwasser sogar zur Trinkwasserversorgung (z.B. Grube Ypsilanta bei Dillenburg), als Heilwasser, Aufschlagswasser für Turbinen oder zu Erholungszwecken verwendet wird (Geisenheimer 1913; Razowska-Jaworek et al. 2008; Stengel-Rutkowski 1993; Szilagyl 1985; Wolkersdorfer 2008, S. 270–275). Bereits kleinste Eisenkonzentrationen ab 1 mg L^{-1} sind jedoch in der Lage, in der Vorflut Ockerablagerungen hervorzurufen (Glover 1975, S. 181). Diese sehen nicht nur unschön aus, sie können außerdem dazu beitragen, dass das Gewässer biologisch nicht mehr voll funktionsfähig ist. Ercker von Schreckenfels (1565, S. 11–12) beschreibt dieses Problem sowie die Umweltschäden durch saures Grubenwasser und natürliche Selbstreinigung wie folgt:

„Die beiden Wässer, die aus dem Rammelsberg durch den Stollen fließen, das mit der Kunst aus dem Berg gezogen wird und das was auf das Kunstrad fällt, sind beiläufig so groß, dass es ein Mühlrad treiben kann. Dort, wo es durch den Stollen fließt wird das Holtz gar gelb und hängt sich Fingers dick ein gelber Schlamm an, und setzt sich unten auf dem Grund der Wassersaigen ein gelber Schlamm oder Schlich, an etlichen Enden fast Hand dick welches man Ockergelb nennt, das die Maler zu Farben brauchen, auch in den Apotheken verkauft wird. Dasselbige Wasser fließt aus dem Stollen in ein anderes

Wasser, welches mit einander durch die Stadt Goslar fließt und wird geheißen die Abzucht. Die fließt dann auf ein viertel Weil unterhalb der Stadt Goslar in die Oker, und da die Abzucht in die Oker fließt vergiftet die das Wasser, sodas die Oker in zwei Meilen keinen Fisch trägt. So die Wilden Enten darauf fallen werden sie lahm das sie nicht mehr fliegen können und mögen mit den Händen gegriffen oder gefangen werden. Danach kommen wiederum andere Süßwasserflüsse dazu, die das Wasser der Oker versüßen dass sie wieder Fisch trägt allerlei Art“ (in leserliches Deutsch übertragen, ohne mich zu weit vom Original zu entfernen).

Am Ende des Versauerungsprozesses liegt ein Wasser vor, das mit einer oder mehrerer der folgenden Stoffgruppen angereichert ist oder die folgenden Eigenschaften aufweist (verändert nach Jacobs und Pulles 2007):

- Acidität und niedriger pH-Wert,
- gelöste Metalle und Halbmetalle (z. B. Fe, Mn, Al, As, Cr, Cu, Co, Ni, Zn, Hg, Pb),
- Radionuklide (z. B. U, Ra, Th, Po),
- Trübung und Schwebstoffe,
- Gesamtmineralisation (im Wesentlichen Na, K, Ca, Mg, Cl, SO_4),
- Nährstoffe (Ammonium, Nitrat, Phosphat),
- Sauerstoffbedarf (organische Verunreinigungen),
- Ästhetik (im weiteren Sinne Verockerung).

Ziel der Grubenwasserreinigung ist es, die unerwünschten Stoffe oder Eigenschaften des Grubenwassers so weit zu entfernen bzw. zu ändern, dass es für die gewünschte Zielgruppe oder für die Ableitung in die Vorflut geeignet ist.

Zahlreiche Bearbeiter haben Methoden entwickelt, um Quantität und Qualität von Grubenwasser zu prognostizieren. Diese Methoden reichen von Prognosen vor dem Beginn des Bergbaues bis zu Prognosen nach dem Ende des Bergbaues (Dold 2015, 2017; Renton et al. 1988; Wolkersdorfer 1996, 2008). Wir müssen uns jedoch damit abfinden, dass es bislang keine allgemein anerkannte Methode gibt und eine große Zahl an Prognosen falsch ist (Kuipers und Maest 2006). Dafür sind zum einen fehlende Detailuntersuchungen am Standort verantwortlich, aber auch das hoch nichtlineare Verhalten der chemischen und physikalischen Prozesse – oder um es anders auszudrücken: Die Entwicklung der chemisch-thermodynamisch-hydrodynamischen Prozesse unterliegt einem chaotischen Verhalten und lässt sich daher – wie alle chaotischen Systeme – nicht hinlänglich exakt in die Zukunft projizieren (Wolkersdorfer 2008, S. 195 f., 295). Renton et al. (1988, S. 76) haben das wie folgt zusammengefasst: „In einem Kohlenbergwerk bestehen schlicht zu viele zufällige Prozesse, Variablen und Zusammenhänge, um die Auswirkungen auf die Umwelt mit angemessener Sicherheit beschreiben zu können, wenn man sich ausschließlich wissenschaftlicher Grundlagen, Gleichungen und empirischer Formeln bedient.“

Am einfachsten lässt sich das Problem sauren Grubenwassers umgehen, wenn man den Empfehlungen von Glover (1975, S. 183) folgt:

„Im Grunde ist es einfach, die Bildung von eisenhaltigem Sauerwasser zu unterbinden. Entweder wird die Quelle für das Sickerwasser abgeschnitten, der Kontakt zwischen dem Wasser und den verunreinigenden Oxidationsprodukten wird unterbrochen, oder die Entstehung der Oxidationsprodukte selbst wird verhindert."

In die gleiche Kerbe schlagen Earthworks und Oxfam America (2004, S. 30): „Unterlassen Sie Projekte, bei denen davon auszugehen ist, dass Sauerwasser entsteht." Wenn es so einfach wäre, hätte keine der Tausenden von Publikationen über Grubenwasser ihre Daseinsberechtigung. Kommen wir also zur Klassifizierung verunreinigter Grubenwässer.

1.4 Klassifikationen und Klassifizierung von Grubenwasser

Zur Klassifizierung und folgenden Klassierung von Grubenwasser wurden bereits zahlreiche Klassifikationen vorgeschlagen, die von einem relativ einfach zu messenden Parameter wie dem pH-Wert ausgehen oder eine vollständige chemische Analyse des Grubenwassers voraussetzen. Für die Frage danach, welche Reinigungsmethode ein spezielles Grubenwasser erfordert, spielt eine exakte Klassierung – anders als eine Wasseranalyse – eine untergeordnete Rolle, sodass die bestehenden Klassifikationen für unsere Fragestellung eher von akademischem Charakter sind. Wenn es allerdings darum geht, Unterschiede oder Veränderungen eines Parameters in einer Wasseranalyse darzustellen, sind solche Systematiken von unerlässlichem Wert. Neben den aus der Hydrogeologie bekannten Klassifikationen von Wasser, wie beispielsweise dem Piper-Diagramm (Piper 1944, 1953) oder Durov-Diagramm (Chilingar 1956; Durov 1948; Дуров 1949), werden für Grubenwässer weitere Darstellungen verwendet und unterschiedliche Klassifikationen eingesetzt. Welche Klassifikationen oder welches Diagramm Sie für am besten geeignet halten, müssen Sie im Einzelfall entscheiden, oder Sie geben sich Ihren Vorlieben hin.

Ficklin et al. haben erstmals 1992 und dann erweitert 1999 (Ficklin und Mosier 1999; Ficklin et al. 1992) ein Diagramm vorgestellt, das auf der Abszisse den pH-Wert und auf der Ordinate die Summe der Massenkonzentrationen charakteristischer unedler Metalle aufträgt (Abb. 1.9). Das Diagramm ist geeignet, Unterschiede im Wasser verschiedener Lagerstätten oder Erzvorkommen abzubilden und die Entwicklung oder Differenzierung innerhalb einer Lagerstätte darzustellen (wie Sie dem Glossarium entnehmen können, bin ich mir des Unterschieds zwischen Lagerstätte und Erzvorkommen bewusst – belasse aber immer den Begriff des jeweiligen Bearbeiters). Die Hypothese hinter dem Ficklin-Diagramm besteht darin, dass die Erzparagenese der Lagerstätten ursächlich die hydrogeochemische Zusammensetzung des Grubenwassers bestimmt. Basierend auf einer sehr großen Zahl empirischer Untersuchungen mit Grubenwässern unterschiedlichster Lagerstätten gelang es den Autoren, charakteristische, unedle Metalle herauszuarbeiten, die geeignet sind, die Lagerstätte zu beschreiben: Zn, Cu, Cd, Pb, Co und Ni. Die für Grubenwasser charakteristischen Metalle Fe, Al oder Mn haben sich aufgrund dieser

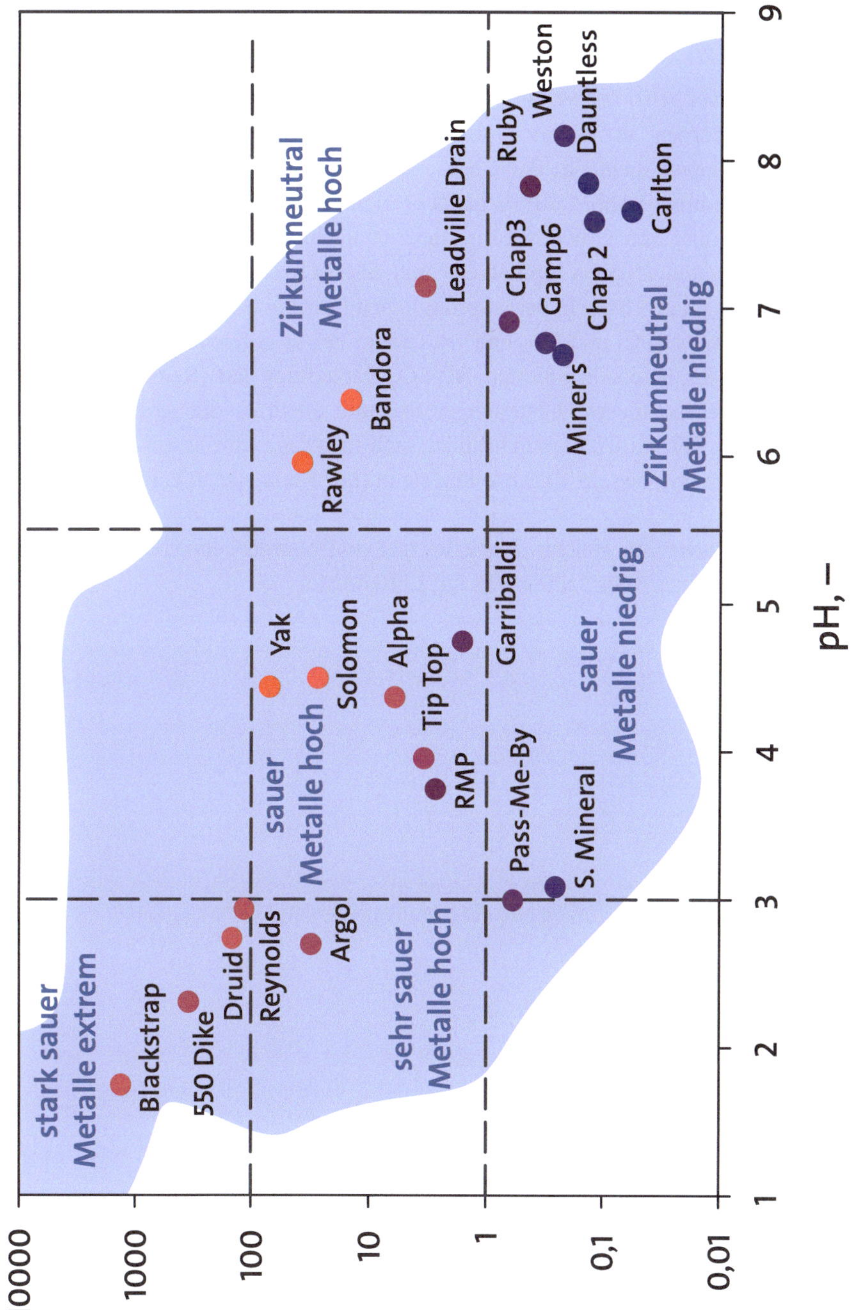

Abb. 1.9 Ficklin-Diagramm mit Grubenwässern aus Colorado/USA (verändert aus Ficklin et al. 1992). Flächig hinterlegt sind *alle* von Ficklin im Umfeld von Bergwerken untersuchten Wässer. „Metalle" steht as Synonym für „Metallkonzentrationen" der Ordinate

Untersuchungen als weniger geeignet herausgestellt, um sie zur Klassierung von Erzvorkommen zu nutzen. Basierend auf den Ergebnissen können bei bekannter Genese der Lagerstätte innerhalb bestimmter Grenzen Aussagen über den zu erwartenden Chemismus der Grubenwässer getroffen werden.

Nicht immer werden in einem Grubenwasser die Spurenelemente analysiert, wohingegen die Hauptelemente in der Regel vollständig vorliegen. Daher bietet das Younger-Rees-Diagramm (Abb. 1.10) gegenüber dem Ficklin-Diagramm einen Vorteil bei der Klassierung von Grubenwasser (Rees et al. 2002; Younger 1995, S. S106, 2007, S. 98): Es benötigt neben der Basen- und Säurekapazität nur die Äquivalentkonzentrationen von Cl und SO_4. In der ursprünglichen Fassung bestand die Abszisse aus der Äquivalentsumme von Cl und SO_4 und wies somit bei sulfatreichen Grubenwässern Ähnlichkeiten mit der unten diskutierten NP-SO_4-Darstellung auf. Rees et al. (2002) erkannten die Schwäche dieser Darstellungsweise und änderten die Abszisse in den relativen Anteil von SO_4 zu Cl. Dadurch bilden sich im Diagramm besser unterscheidbare Gruppierungen von Wässern. Diese teilten sie in fünf Klassen ein (Younger 2007):

I. saure Lösungswässer von Halden, Absetzteichen und oberflächennahen Abbauen in pyrithaltigen Gesteinen oder Sedimenten mit Luftkontakt,

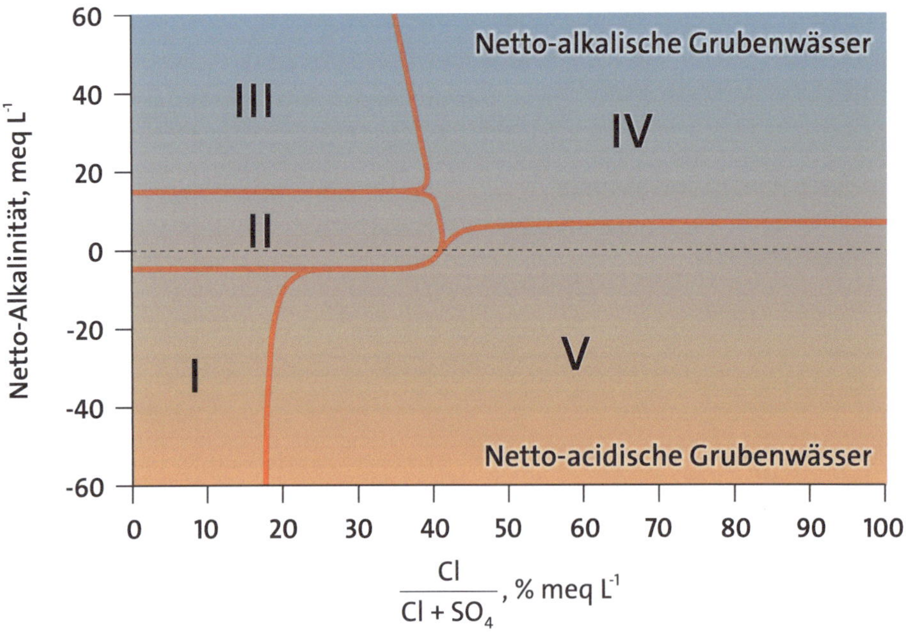

Abb. 1.10 Erweitertes Younger-Rees-Diagramm (Rees et al. 2002; Younger 1995, S. S106, 2007, S. 98). I: saure Lösungswässer von Halden, Absetzteichen und oberflächennahen Abbauen in pyrithaltigen Gesteinen oder Sedimenten mit Luftkontakt; II: überwiegend frische, oberflächennahe eisenhaltige Grubenwässer; III: neutralisierte, ehemals saure Grubenwässer; IV: salinare Grubenwässer, zumeist aus Tiefbohrungen; V: Bereich, in dem nur wenige Grubenwässer zu finden sind

II. überwiegend frische, oberflächennahe eisenhaltige Grubenwässer,
III. neutralisierte, ehemals saure Grubenwässer,
IV. tiefe, salinare Grubenwässer,
V. Bereich, in dem nur wenige Grubenwässer zu finden sind.

Glover (1975, S. 187–190) stellte eine Klassifikation für Grubenwässern vor, die auf der Acidität und den Eisenspezies Fe^{2+} und Fe^{3+} beruht. Sie lässt sich nur dann anwenden, wenn die Speziierung des Eisens bekannt ist. Wie weiter unten beschrieben wird, ist diese oftmals nicht vorhanden, sodass Grubenwässer nur selten nach dieser Methode klassiert werden. Seine fünf Gruppen umfassen:

1. acidisch mit geringer Fe_{tot}-Konzentration,
2. acidisch mit hoher Fe^{3+}-Konzentration,
3. acidisch mit hoher Fe^{2+}-Konzentration,
4. neutral mit hoher Fe^{2+}-Konzentration,
5. Eisenhydroxid in Suspension (kombiniert mit gelöstem Fe^{2+} und Fe^{3+}).

Da die Klassifizierung eine subjektive Komponente enthält und kaum Aussagen zur Genese des Wassers oder der potenziellen hydrochemischen Zusammenhänge erlaubt, hat sich diese Klassifizierung nicht durchgesetzt. Glover (1975) schlägt jedoch zu jedem der fünf Grubenwassertypen eine oder mehrere Reinigungsmöglichkeiten vor, was seine Arbeit interessant macht.

Im Wesentlichen basierend auf dem pH-Wert hat die Federal Water Pollution Control Administration in den Vereinigten Staaten von Amerika eine Klassifikation für Grubenwasser entwickelt (Hill 1968; Scott und Hays 1975). Sie umfasst vier Klassen, die sich durch sechs Parameter voneinander abgrenzen: pH-Wert, Acidität, Fe^{2+}, Fe^{3+}, Aluminium und Sulfat (Tab. 1.5).

Tab. 1.5 Klassierung von Grubenwasser basierend auf dem Vorschlag der Federal Water Pollution Control Administration (Hill 1968; Scott und Hays 1975); Einheiten in mg L^{-1}; pH ohne Einheit und Acidität in mg L^{-1} $CaCO_3$-Äquivalenten

	Klasse 1	Klasse 2	Klasse 3	Klasse 4
Bezeichnung	Saures Grubenwasser	Teilweise oxidiert und/oder neutralisiert	Oxidiert und neutralisiert und/oder alkalisch	Neutralisiert und nicht oxidiert
pH	2…4,5	3,5…6,6	6,5…8,5	6,5…8,5
Acidität	1000…15.000	0…1000	0	0
Fe^{2+}	500…10.000	< 500	0	50…1000
Fe^{3+}	0	< 1000	0	0
Aluminium	< 2000	< 20	0	0
Sulfat	1000…20.000	500…10.000	500…10.000	500…10.000

Eine simple (gleichwohl nicht triviale) Klassifikation für Grubenwasser veröffentlichten Hedin et al. (1994a). Sie ermitteln die Basen- und Säurekapazität eines Grubenwassers, nehmen die Differenz der Kapazitäten und erhalten dadurch die Netto-Alkalinität oder Netto-Acidität des Wassers (Abschn. 1.2.13). Daraus wiederum ergeben sich die beiden Klassen netto-acidisches oder netto-alkalisches Grubenwasser. Trotz – oder gerade wegen – ihrer Einfachheit stellt sie die wichtigste aller Klassifikationen für Grubenwasser im Hinblick auf die passive Grubenwasserreinigung dar.

Puura und D'Alessandro (2005, S. 48) klassifizieren Grubenwasser, indem sie sich am Gesamtabfluss und an der Überschreitung eines vorgegebenen Standards orientieren. Sie führten den *pressure factor* [Belastungsfaktor] ein, der sich aus dem Logarithmus der Überschreitung des Standards und des Abflusses ergibt. Dieser wiederum kann verwendet werden, um das Grubenwasser in Umweltbelastungsklassen zu gruppieren. Im Wesentlichen stellt diese Herangehensweise die Beziehung zwischen der Fracht und einem Standard dar, was insofern von Vorteil ist, als Grubenwässer mit hohen Frachten sich deutlich von denen mit geringeren Frachten unterscheiden lassen.

Schöpke präsentiert seit 1999 wiederholt eine NP-SO_4-Darstellung (Schöpke 1999, S. 31). Da diese sehr speziell auf die sulfatreichen Wässer der Tagebaurestseen in der Lausitz zugeschnitten ist, wurde sie bislang kaum auf Grubenwässer in anderen Regionen übertragen. Außerdem ist NP (Neutralisationpotenzial) oftmals sehr gut mit SO_4 korreliert, sodass sich in der NP-SO_4-Darstellung zwangsläufig lineare Abhängigkeiten ergeben, die zur Klassierung von Grubenwässern nur bedingt geeignet sind. Eine sehr ausführliche Diskussion, wie die NP-SO_4-Darstellung verwendet wird, um Aussagen über die Entwicklung des Grubenwassers zu erlauben, geben Schöpke und Preuß (2012).

Basierend auf den Titrationskurven von Grubenwässern stellten Ott (1988) und später Totsche et al. (2006) eine Methode vor, um Grubenwasser zu klassieren. Sie konnten zeigen, dass sich aus den Titrationskurven und den jeweiligen Pufferbereichen, die während der Titration durchlaufen werden, Metallkonzentrationen des Grubenwassers abschätzen lassen. Da sich die Titrationskurven sehr gut reproduzieren lassen und ihr Kurvenverlauf für den Wasserchemismus charakteristisch ist, konnten Letztere eine Klassifikation für Tagebaurestseen in der Lausitz entwerfen. Diese beschränkt sich im Wesentlichen auf die Gruppen „Schwefelwasserstoff gepuffert", „Eisen gepuffert" und „Aluminium gepuffert". Aus meiner Sicht hat diese Klassifikation ein erhebliches Potenzial, und sie sollte an verschiedensten Standorten weltweit auf ihre Allgemeingültigkeit hin untersucht werden. Es müsste vor allem ein Werkzeug entwickelt werden, um den Kurvenverlauf numerisch zu beschreiben und um einen automatisierten Vergleich und eine automatisierte Klassierung zu ermöglichen. Einen ersten Versuch dazu haben van der Walt und Wolkersdorfer (2018) unternommen, wobei sich zeigte, dass eine automatische Vorgehensweise komplizierter ist, als ursprünglich gedacht.

Um die Wassergüte von Wasser aus Wasserwerken mit der von Grubenwasser vergleichen zu können, führte Rottmann (1969) eine Klassifikation nach der Gütezahl ein. Auslöser für seine Untersuchung ist der mögliche „Ersatz von Trinkwasser aus öffentlichen Lieferungen durch Grubenwasser" (S. 166) im Zusammenhang mit Notständen (Wassersicherstellungsgesetz vom 24. August 1965 i. d. F. vom 12. August 2005). Rottmanns Gütezahl stellt einen Summenparameter dar, der sich aus den Massenkonzentrationen von Chlorid, Sulfat, Gesamthärte (°dH) und der Abweichung des pH-Werts von 7 errechnet. Darauf basierend klassifiziert er die Grubenwässer des Ruhr-, Aachener und Saar-Reviers und vergleicht deren Gütezahlen mit denen von publizierten Trinkwässern des Jahres 1959, ohne sich dabei an den damaligen Grenzwerten für die verwendeten Parameter zu orientieren. Er lässt von den etwa 1800 Trinkwässern der Wasserwerke lediglich solche mit Gütezahlen oberhalb von 500 unberücksichtigt und geht davon aus, dass auch Grubenwässer mit maximalen Gütezahlen von 500 und nach Aufbereitung als Trinkwasser geeignet seien. Die Einführung dieser Gütezahl stellt insofern eine Redundanz dar, als sich die gleiche Aussage auch mit der elektrischen Leitfähigkeit oder der Gesamtmineralisation gewinnen lässt. Meine Vergleichsrechnung mit Wasseranalysen eines Bergwerks und Grundwasseranalysen ergab eine lineare Abhängigkeit der Gütezahl von diesen beiden Parametern mit einem Korrelationskoeffizienten von 0,9…1,0.

Eine kurzweilige pH-Wert-Bestimmung, die zumindest für eine schnelle Überprüfung von Messwerten im Gelände geeignet ist, stellte Younger (2010) vor. Er beschreibt, wie die Farbe von Grubenwasser zusammen mit der Kenntnis über die lokalen geologischen Verhältnisse dafür verwendet werden kann, den pH-Wert eines Grubenwassers abzuschätzen (Tab. 1.6). Diese Vorgehensweise ist nicht neu, denn jeder Bearbeiter von Grubenwasser dürfte im Laufe der Zeit seine eigene, interne pH-Wert-Skala entwickelt haben.

Tab. 1.6 Visuelle pH-Meter-Skala. Farbangaben basieren auf der Munsell-Skala. (Nach Younger 2010)

pH	Beschreibung/Erklärung des Erscheinungsbildes	Farbe
2	Klares, intensiv rot gefärbtes Wasser (10R 3/6) aufgrund hoher Konzentrationen (>500 mg L^{-1}) an gelöstem Fe^{3+}	
2,5	Im Wesentlichen klares Wasser (gelegentlich mit schwacher blaugrüner Tönung aufgrund hoher Konzentrationen an gelöstem Fe^{2+}) mit Ranken von grün bis dunkelgrünlichgelben (10Y 6/6) acidophilen Mikroorganismen, die an der Gewässersohle anhaften	
2,5	Klares Wasser mit hohem gelöstem Fe^{3+} (>500 mg L^{-1}), das eine intensive rote Farbe (10R 4/8) aufweist	
3	Gelblich-weiße (10YR 8/2) Ausfällungen, in der Regel aus Eisenhydroxysulfaten oder aus Mischungen von orangen Eisenhydroxyden mit weißen Ausfällungen aus Aluminiumhydroxid	
4	Weiße (N) Patina und Schaum aus Aluminiumhydroxid/hydroxysulfat. Diese Aluminiumausfällungen sind in der Regel ab einem pH-Wert um 4,5 unlöslich	
5	Klares Wasser über dicken Ausfällungen von gelbem (2.5Y 8/8) Ocker (hauptsächlich röntgenamorphe Fe^{3+}-Hydroxide), der sich bei hohen Konzentrationen an gelöstem Fe^{2+} (≈400 mg L^{-1}) durch oberflächenkatalysierte Oxidation bildet. Oberhalb des Wasserspiegels trocknet der Ocker dunkelrot (10R 3/4)	
6	Klares Wasser über mäßigen Ausfällungen von hellrotem (2.5YR 6/8) Ocker, der sich bei moderaten Konzentrationen an gelöstem Fe^{2+} (≈40 mg L^{-1}) durch oberflächenkatalysierte Oxidation bildet. Oberhalb der Wasseroberfläche trocknet der Ocker dunkel rotbraun (2.5YR 3/4)	
7	Blass rötlich gelbe (7.5YR 7/5) Ockerpatina auf den Steinen, die sich durch oberflächenkatalysierte Oxidation bei niedrigen Konzentrationen an gelöstem Fe^{2+} bildet (≈5 mg L^{-1})	

Voruntersuchungen 2

2.1 Einleitende Hinweise

Um eine optimale Grubenwasserreinigungsanlage zu planen, sind eine Reihe von Voruntersuchungen nötig. Ohne diese wird eine Anlage, wie immer sie geartet sein mag, in den meisten Fällen versagen. In der Regel wird das Planungsziel eine Anlage sein, die für das gegebene Grubenwasser notwendig ist, aber in den seltensten Fällen was technologisch machbar wäre – sosehr ich mir Letzteres gelegentlich wünschen würde. Darüber hinaus sollte die Verfahrensauswahl das Ergebnis eines mehrstufigen Planungsprozesses sein, in dem überdies Prüfungen auf Alternativen stattfinden. Am Ende spielt auch die Handschrift des Planers in das endgültige Konzept mit hinein, der letzten Endes für die Funktionalität der fertiggestellten Anlage geradezustehen hat.

Unabhängig von der gewählten Methode sind die folgenden Grundsätze bei der Planung einer Anlage einzuhalten:

- Effektivität zur Erreichung des Sanierungsziels, im Besonderen der Ablaufwerte,
- Kosten,
- Betriebs- und Arbeitssicherheit,
- Referenzen des Einsatzes unter vergleichbaren Randbedingungen,
- sekundäre Umweltauswirkungen,
- sozioökonomische Aspekte,
- Nachhaltigkeitsaspekte,
- Verfügbarkeit von Betriebsmitteln,
- rechtliche Vorgaben.

Eine oftmals gewählte Vorgehensweise, auch wenn sie nicht explizit so genannt wird, ist das schon in den 1970er-Jahren in den Vereinigten Staaten von Amerika eingeführte

C. Wolkersdorfer, *Reinigungsverfahren für Grubenwasser*,
https://doi.org/10.1007/978-3-662-61721-2_2

BATEA-Prinzip, auch BAT oder BATA abgekürzt (Train et al. 1976): Best Available Technology Economically Achievable [beste verfügbare und ökonomisch erreichbare Methode]. Auch das europäische IPPC-Büro (Integrated Pollution Prevention and Control) hat zahlreiche BAT-Dokumente verfasst, z. B. für Aufbereitungsabgänge und Abraum (European Commission 2009), nicht aber für Grubenwasser per se, wie die Auflistung in Vidal-Legaz (2017) zeigt. Für Finnland haben Kauppila et al. (2013) oder Punkkinen et al. (2016) zusammengefasst, was als beste Technologien im Bergbausektor anzusehen sind. Wegen der derzeit abnehmenden Bedeutung des Bergbaus in Deutschland steht ein solches Dokument in Deutsch noch aus. Eine Auflistung der Methoden, die momentan in Kanada und den MEND-Partnerunternehmen als BATEA angesehen werden, zeigt, dass derzeit mit Membranverfahren, dem Ionenaustausch und der klassischen Neutralisation die meisten potenziellen Schadstoffe aus dem Grubenwasser entfernt werden können (Tab. 2.1). Die Sorption spielt erwartungsgemäß nur eine untergeordnete Rolle, und passive Technologien erhalten, wie bei MEND-Berichten üblich,

Tab. 2.1 Reinigungstechnologien für Grubenwasser in Abhängigkeit vom zu behandelnden Parameter, die als BAT/BATEA angesehen werden können (Hatch 2014; Pouw et al. 2015). Passive Technologien erhalten bei MEND-Berichten tendenziell schlechtere Beurteilungen, da die MEND-Methoden oftmals auf aktiven Bergbau abzielen. ■ Zielparameter der Methode, □ wird bei der Methode mitentfernt

Vorläufige Technologien	pH	Al	As	Cl	Cu	CN	Fe	Pb	Mn	Ni	P	Se	Zn	^{226}Ra	TSS	NH_3/NH_4
Neutralisation und Hydroxidausfällung	■	■	□		■		■	■	□	■	□		■		□	□
Sulfidfällung			■		■		■	■	■	■		■	■		□	
Mitfällung mit Fe(III)- oder Al-Salzen			■								■	■			□	
Bariumchlorid Mitfällung														■	□	
Metalloxidation							■		■							
Wiederversauerung	■															□
Fest/Flüssig Trennung		□	□		□		□	□	□	□	□	□	□	□	■	
Erweiterte Koagulation und Absetzung		□	□	□	□		□	□	□	□	□	□	□	□	■	
Zyanidzerstörung						■										
Luftstripping																■
Ionenaustausch	□	■	■	■	■	□	■	■	■	■	□	■	■	□		■
Adsorption / Sorption																
Nullwertiges Eisen			□				□	□	□			■				
Biologische Oxidation / Reduktion																
Aerobe biologische Oxidation						■										■
Aktive anoxische / anaerobe biologische Reduktion			□		□		□	□	□	□		■	□			
Nanofiltration		■	■		■		■	■	■	■	■	■	■	■		
Umkehrosmose		■	■	■	■	■	■	■	■	■	■	■	■	■		■
Passive Reinigung																
Natürliche Degradation						■					□					■
Belüftungskaskaden							■		■							

eine tendenziell schlechtere Beurteilung, da MEND-Berichte in der Regel auf aktiven Bergbau abzielen.

In der Voruntersuchung für eine Anlage ist es zunächst nicht nötig, eine vollständige Grubenwasseranalyse zu veranlassen. Vielmehr kann man sich auf einige Schlüsselparameter konzentrieren (Tab. 2.7), die im Folgenden beschrieben werden. Erst danach kann durch eine Vollanalyse ein umfassenderes Bild des Chemismus gewonnen werden. Über die detaillierte Vorgehensweise bei der Probenahme von Wasser gibt es eine Vielzahl an Literatur, sodass an dieser Stelle auf diese verwiesen werden kann (z. B. American Public Health Association et al. 2012; Lloyd und Heathcote 1985; Sächsisches Landesamt für Umwelt und Geologie 1997; Sächsisches Landesamt für Umwelt,Landwirtschaft und Geologie 2003; U. S. Geological Survey 2015). Für Grubenwasser hingegen gibt es kaum allgemein zugängliche Literatur (z. B. Ficklin und Mosier 1999; PIRAMID Consortium 2003), sodass auf die übliche Probenahme für Grubenwasser zuerst eingegangen werden soll. Eine umfassendere, englische Beschreibung der Grubenwasserprobenahme findet sich in Wolkersdorfer (2008, S. 171–194) sowie in McLemore et al. (2014). In jedem Fall sollten Sie im Kopf behalten, dass die Analysenergebnisse einer Wasserprobe, die unkorrekt im Gelände entnommen wurde, bestenfalls fragwürdig, im schlimmsten Fall allerdings nutzlos sind (Ficklin und Mosier 1999, S. 249).

Wesentlich bei der Grubenwasseranalytik ist die Tatsache, dass Grubenwasser einer starken jahreszeitlichen und bisweilen tageszeitabhängigen Variabilität unterliegt (z. B. Duren und McKnight 2013; Frau und Cidu 2010; Younger und Banwart 2002; Younger et al. 2002). Es genügt daher nicht, nur eine Stichprobe zu entnehmen, sondern gerade dann, wenn es um die Planung einer Reinigungsanlage geht, sollten über ein hydrologisches Jahr hinweg Messungen vorgenommen werden. Anders als bei Grundwasser verändert sich aber der Chemismus von Grubenwasser nicht nur aufgrund hydrologischer Änderungen, sondern wegen des Austrags von Stoffen aus dem Bergwerk. Dies hat zur Folge, dass sich die Wasserqualität während der Abbauphase und der Postabbauphase drastisch ändern kann. In der Regel wird dieser Effekt mit Erstspülung (First Flush, siehe Abschn. 1.2.7) beschrieben (Younger 2000a, S. A211), und er hat zur Folge, dass sowohl die Probenahme als auch die Überlegungen zu einer potenziellen Reinigungsanlage diesen Effekt mit berücksichtigen müssen. Auch die unterschiedlichen Verwitterungsgeschwindigkeiten der Minerale, mit denen das Grubenwasser in Kontakt steht, können für eine Veränderung des pH-Werts verantwortlich sein. Sind beispielsweise puffernde Carbonate verwittert, während noch Pyrit, Markasit oder Pyrrhotin im Grubengebäude anstehen, wird das ehemals gut gepufferte Grubenwasser versauern (Abb. 2.1).

Daneben ist es essenziell, zusätzlich zur Wasserprobe den Durchfluss zu messen (Abb. 2.9) und diesen regelmäßig aufzuzeichnen, um dessen Maxima und Minima zu erfassen. PIRAMID Consortium (2003, S. 14) schreiben dazu: „Die chemischen Daten können für die Planung einer Reinigungsanlage praktisch als nutzlos angesehen werden, wenn nicht gleichzeitig eine Durchflussmessung erfolgt.“

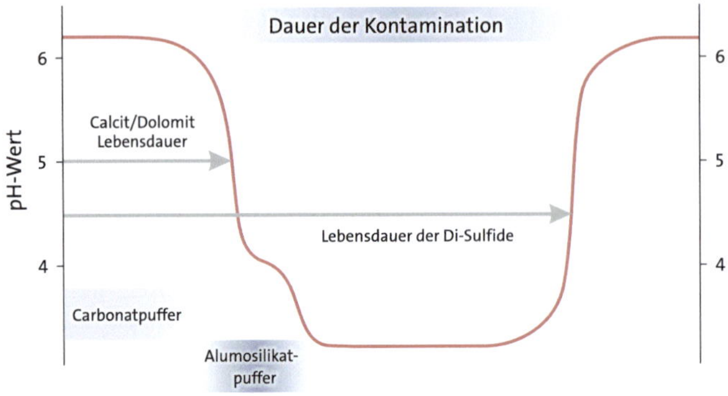

Abb. 2.1 Mögliche Entwicklung der Grubenwasserqualität in einem Bergwerk, in dem die Pyritkonzentration die der Carbonate übersteigt. Der zweite pH-Wert-Anstieg ist auf unterschiedliche Pufferprozesse zurückzuführen und die Tatsache, dass der Pyrit weitgehend verwittert ist. (Verändert nach Younger et al. 2002)

Am Ende der Geländeaufnahme stehen die Auswertung der Daten und die Verifizierung des ursprünglichen konzeptionellen Modells mittels statistischer Methoden, chemisch-thermodynamischer Modellierungen (Nordstrom et al. 2017b) und gegebenenfalls numerischer hydrogeologischer Modellrechnungen. Welcher Werkzeuge Sie sich dabei bedienen, ist Ihrer persönlichen Neigung, den Gepflogenheiten Ihres Arbeitgebers oder aber den Vorgaben Ihres Auftraggebers vorbehalten. Allein für die chemisch-thermodynamische Modellierung stehen Ihnen heute nahezu ein Dutzend Modelle zur Verfügung (Tab. 2.2) und zur Charakterisierung von Rückständen aus Bergwerken eine weitere große Zahl (Nordstrom et al. 2017b, S. 89 ff.).

Ein Teil der folgenden Abschnitte wird, ohne im Einzelnen darauf hinzuweisen, den Empfehlungen in PIRAMID Consortium (2003, S. 8–41) folgen. Diese Empfehlungen wurden erarbeitet, um eine optimale Planungsgrundlage für Grubenwasserreinigungsanlagen zu gewährleisten, und sollten Ihnen stets als Hilfsmittel dienen. Viele Anlagen, sei es passiv oder aktiv, könnten schneller und leichter geplant werden, würden jedem Bearbeiter diese Hinweise bekannt sein. Das Kapitel ist nicht als Kochbuch gedacht, in dem exakt beschrieben wird, wie Messungen ablaufen sollen. Vielmehr zeigt es auf, worauf zu achten ist, wenn Grubenwasserproben entnommen werden oder wenn Vor-Ort-Messungen durchzuführen sind. Dabei wird vor allem auf einige Fallstricke eingegangen, die sich bei der Probenahme von Grubenwasser auftun können. Die Standardverfahren können Sie jeweils der einschlägigen Literatur entnehmen.

In der Literatur sind kaum Beispiele beschrieben, bei denen eine falsche Untersuchung zum Versagen einer Anlage führte (z. B. Johnson und Hallberg 2002; Rose et al. 2004a; Watzlaf et al. 2000, S. 268), vielmehr übergehen Betreiber und die Planungsbüros oftmals die aufgetretenen Probleme. Gerade diese könnten jedoch zur Optimierung neuartiger Verfahren beitragen oder helfen, aus den Fehlern zu lernen.

Tab. 2.2 Auswahl numerischer, chemisch-thermodynamischer Codes, sortiert nach Aktualität der Version. Der Funktionsumfang der einzelnen Codes und deren Handhabung sowie Lizenzart unterscheiden sich teilweise erheblich. Details finden sich auf den angegebenen Internetseiten (aktuell 14. Februar 2020)

Name	Version I Stand	Entwickler
Software basierend auf Massenerhaltungsgesetz		
HSC Chemistry	10.0 I February 2020	Outotec (Finland) Oy[a]
PHREEQC	3.6.2 I Januar 2020	U.S. Geological Survey[b]
The Geochemist's Workbench	14.0 I Januar 2020	Aqueous Solutions LLC[c]
CHEAQS Next	2019.5 I Dezember 2019	Wilko Verweij[d]
JESS	8.7 I Mai 2019	Murdoch University[e]
Database und Spana	0.2.1 I Februar 2019	Ignasi Puigdomenech[f]
HYDRA und MEDUSA	r201 I August 2016	Ignasi Puigdomenech[f]
MINEQL$^+$	5.0 I September 2015	Environmental Research Software[g]
Visual MINTEQ	3.1 I Dezember 2013	KTH Royal Institute of Technology[h]
EQ3/6	8.0a I Juni 2013	Lawrence Livermore National Laboratory[i]
WATEQ4F	3.00 I März 2011	U.S. Geological Survey[j]
CHEPROO	1.0 I Oktober 2008	Technical University of Catalonia[k]
MINTEQA2	4.03 I Mai 2006	U.S. Environmental Protection Agency[l]
JCHESS	3.0 I April 2002	École des Mines de Paris[m]
Software basierend auf Gibbs' Freier Energie		
FactSage	7.3 I März 2019	École Polytechnique de Montréal, GTT-Technologies[n]
GEMS	3.4.5 I Januar 2019	Paul Scherrer Institut[o]
Thermo-Calc	2020a I Dezember 2019	Thermo-Calc Software AB[p]
ChemSage	4.0	GTT-Technologies[q]

(Fortsezung)

Tab. 2.2 (Fortsezung)

Name	Version I Stand	Entwickler
Thermodynamische Referenzdatenbank		
ThermoChimie	10a I September 2018	Chemisch-Thermodynamische Datenbank[r]
THEREDA	R-12 I Juli 2018	Chemisch-Thermodynamische Datenbank[s]
NEA	1.0 I 2018	Thermochemische Datenbank[t]

[a]https://www.outotec.com/HSC
[b]https://www.usgs.gov/software/phreeqc-version-3
[c]http://www.gwb.com
[d]http://www.cheaqs.eu
[e]http://jess.murdoch.edu.au
[f]https://sites.google.com/site/chemdiagr
[g]https://www.mineql.com
[h]http://vminteq.lwr.kth.se
[i]https://www-gs.llnl.gov/energy-homeland-security/geochemistry
[j]http://wwwbrr.cr.usgs.gov/projects/GWC_chemtherm/software.htm
[k]http://h2ogeo.upc.edu/en/investigation-hydrogeology/software/158-cheproo-en
[l]http://www2.epa.gov/exposure-assessment-models/minteqa2
[m]derzeit keine Internetseite
[n]http://www.factsage.com
[o]http://gems.web.psi.ch
[p]http://www.thermocalc.com/products-services/software/thermo-calc
[q]https://gtt-technologies.de/chemsage-modules
[r]https://www.thermochimie-tdb.com
[s]http://www.thereda.de
[t]https://www.oecd-nea.org/dbtdb

▶ Ein Beispiel dafür, was geschehen kann, wenn ein Parameter entweder nicht gemessen oder bei der Endplanung übersehen wird, ist die ehemalige Wasserreinigungsanlage in Lehesten/Thüringen. Dort sollte ein stark acidisches, aluminiumhaltiges Grubenwasser mittels eines anoxischen Carbonatkanals gereinigt werden. In keinem der publizierten Artikel oder Projektgutachten wurden jedoch detaillierte Diskussionen zur Bedeutung der Sauerstoffkonzentration des Wassers bei einem anoxischen Carbonatkanal getroffen, und auch im Endbericht fehlt ein Hinweis auf die Sauerstoffsättigung gänzlich. Dabei wird gerade bei anoxischen Carbonatkanälen in der internationalen Literatur stets auf die Bedeutung der Sauerstoffkonzentration hingewiesen: „Damit ein anoxischer Carbonatkanal erfolgreich funktioniert, muss das unbelüftete Grubenwasser in Kontakt mit dem überdeckten Kalkstein kommen“ (Brodie et al. 1991, S. 5). Da das Grubenwasser in Lehesten jedoch zunächst 350 m im Rehbach fließt, bevor es dem Carbonatkanal zugeleitet wurde, beträgt die Sauerstoffsättigung 100 %, was die Messungen

Tab. 2.3 Vor-Ort-Parameter im Rehbach an der ehemaligen passiven Grubenwasserreinigungsanlage Lehesten im Mai 2008. el. Leitfähigkeit: elektrische Leitfähigkeit; ALD: *anoxic limestone drain* (anoxischer Carbonatkanal)

Messung	pH-Wert, –	el. Leitfähigkeit, µS cm^{-1}	O_2 – Konzentration, % I mg L^{-1}	Redoxspannung, mV	Temperatur, °C
Haldenfuß	4,26	646	101,0 I 12,13	552	5,6
Einleitung ALD	4,71	661	106,8 I 12,08	581	7,5
Ausleitung ALD	4,82	627	118,5 I 12,03	546	7,9

meiner Studenten vom Mai 2008 belegen (Tab. 2.3). Dennoch wurde 1997 ein Carbonatkanal errichtet, und wie zu erwarten versagte die Anlage nach den üblichen 1 bis 2 Jahren. Spätestens seit dem Ende der Förderzeit des Projekts funktioniert die Anlage nicht mehr. Im Jahr 2008 war die Anlage bereits völlig überwachsen, und die pH-Werte im Ein- und Auslauf unterschieden sich nicht wesentlich.

Obwohl die Kritiken an bestimmten Vorgehensweisen bei der Projektbearbeitung jeweils an einem konkreten Beispiel festgemacht sind, sollte dies nicht als Kritik an jeweils exakt dieser Firma oder Person verstanden werden. Vielmehr sind die Beispiele so gewählt, dass sie jeweils exemplarisch aufzeigen, welche Fehler gemacht wurden und nach wie vor gemacht werden. Dies betrifft sowohl kleinere Ingenieurbüros mit einem oder zwei Mitarbeitern, aber auch größere, weltweit agierende Unternehmen mit mehreren Tausend Mitarbeitern und Forschungseinrichtungen. Niemand ist vor Fehlern gefeit, daher sollen die aufgezeigten Fehler als Reflexion des eigenen Verhaltens verstanden werden und die Aufmerksamkeit für das eine oder andere Problem wecken.

2.2 Probenahme von Grubenwasser

2.2.1 Checklisten und Hinweise

Sie sollten sich vor der hydrogeologischen Probenahme mit den für Sie relevanten Probenahmevorschriften vertraut machen. Mir ist bewusst, dass es eine Vielzahl einschlägiger Vorschriften gibt, in denen fast alle relevanten Vorgehensweisen beschrieben sind. Erlauben Sie mir daher, hier einige „Nachlässigkeiten“ zu streifen, die mir in der Vergangenheit aufgefallen sind.

Es mag trivial klingen, aber eine der häufigsten Ursachen für Fehlmessungen im Gelände sind falsch kalibrierte Elektroden, zu stark gealterte Sonden, leere Batterien, zu Bruch gegangene Elektroden oder fehlende Kalibrierungslösungen. Gelegentlich werden zur Messung in Bohrlöchern Kabellichtlote vergessen, sodass der Wasserstand nicht korrekt ermittelt werden kann, oder Steckverbindungen von Messgeräten sind korrodiert und funktionieren nicht. Außerdem ist bei Behältern zur Aufbewahrung von pH- oder Redoxsonden auffällig, dass sie sich gerne parallel zur Lotrichtung des Schwerefeldes bewegen – trivial ausgedrückt: Sie fallen runter. Mögliche Fehler sind so zahlreich wie die Anzahl an Tagesöffnungen in einem historischen Bergbaugebiet, und daher sollte der Bearbeiter alles unternehmen, um nicht in eine der Fallgruben des täglichen Geschäfts zu geraten. Oder anders gesagt: Alles, was schiefgehen kann, wird auch schiefgehen. Daher empfiehlt auch der U. S. Geological Survey (2015), an Ersatzprobenahmegeräte zu denken.

▶ Bei einer Bohrkampagne im Abstrom einer Altlast passierte mir das Folgende: Am Ende des Bohrtages fragte ich den Bohrmeister, ob er denn im Bohrprotokoll auch wasserführende Schichten vermerkt hätte und ob er abschließend die Grundwasserstände eingetragen habe. Das habe er vergessen, erklärte er mir und rief in das nahegelegene Bohrloch: „Hallo Wasser", drehte sein Ohr in Richtung Bohrloch, horchte und sagte: „Ist trocken, können Sie so ins Protokoll übernehmen." Aus nachvollziehbaren Gründen habe ich dem Bohrmeister dargelegt, dass dies der letzte Auftrag für mich gewesen sei. Glauben Sie nicht, das sei ein Einzelfall, ich könnte an dieser Stelle noch weitere Geschichten von Bohrunternehmen auflisten. Nehmen Sie dies nicht als generelle Kritik an Bohrunternehmen, sondern nur als Hinweis, bei der Wahl Ihrer Auftragnehmer sorgsam zu sein und gelegentlich zu kontrollieren. Sie müssen da aber nicht so weit gehen, wie Saudi-Arabien beim SSSP, wo neben der umfangreichen Eigenkontrolle zahlreiche internationale Ingenieurbüros mit der Fremdkontrolle und der gegenseitigen Überwachung betraut waren.

Daher rate ich dringend, Checklisten zu führen, die Sie vor der Fahrt ins Gelände abarbeiten sollten. In diesen Checklisten sind alle Geräte und Gegenstände zu erfassen, die für die Probenahme und die Messungen unerlässlich sind. Dies beinhaltet Handschuhe, Feldbuch, Bleistift, Eimer, Stoppuhr oder Fotoapparat genauso wie Mückenspray, Sonnenschutz und eine Erste-Hilfe-Ausrüstung. Ich selbst verwende seit fast 20 Jahren eine kleine, tragbare Kiste, die wir „Yellow ToY" getauft haben und in der ein Großteil dieser Dinge enthalten ist. Jedes Mal, wenn ich ein neues Kleinteil benötige, wandert es in die Kiste – auch wenn es manchmal weitere Jahre dauert, bis ich es wieder verwende.

Verlassen Sie Ihre Probenahmestelle so, wie Sie diese vorfinden möchten. Das heißt, dass jeder Abfall wieder mitgenommen wird. An zahlreichen Probenahmestellen, gerade untertage, liegen Papierstreifen, Filterpapiere oder Spritzen herum, die von Nachlässigkeit zeugen (Abb. 2.2). Dieses Verhalten trägt wenig dazu bei, die Akzeptanz der Bevölkerung dem Bergbau gegenüber zu fördern. Bereits an dieser Stelle der

Abb. 2.2 Probenahmeabfälle eines weniger umweltbewussten Kollegen (Kap-Breton-Insel, Neuschottland, Kanada – aber nicht nur dort vorzufinden)

Bearbeitung sollte die Vorbildfunktion eines Ingenieurbüros, das sich der Umwelt verschrieben hat, ganz deutlich erkennbar sein.

Ein weiterer Aspekt ist das Rauchen bei der hydrogeologischen Probenahme. Unter keinen Umständen darf bei der Probenahme geraucht werden, da die Inhaltsstoffe des Rauchs sich in der Wasserprobe lösen und somit die anorganischen und organischen Bestandteile der Probe erhöhen. Dies betrifft beispielsweise Cadmium, das besonders stark im Rauch angereichert ist (Lewis et al. 1972), oder auch andere Metalle, die sich im Wasser lösen können. Starke Raucher sollten bei der Probenahme unbedingt Handschuhe tragen, und im näheren Umfeld der Probenahmestelle sollte ebenfalls kein Raucher anwesend sein.

Ans Ende dieser Einleitung möchte ich eine Technologie stellen, mit der die Probenahme von Grubenwasser mit Sicherheit revolutioniert werden wird. Bislang beschränken sich unsere Möglichkeiten, Grubenwasser zu beproben, darauf, an den Mundlöchern oder bestenfalls in Bohrlöchern oder gefluteten Schächten Wasserproben zu entnehmen. Dies wird sich künftig möglicherweise ändern. Haben schon Kameradrohnen (UAV) die Sicht auf unsere Welt verändern geholfen, so werden dies auch autonome Roboter tun, die in der Lage sind, in gefluteten Bergwerken zu tauchen, zu fotografieren oder Wasserproben zu nehmen. Anfang des Jahres 2016 startete dazu das EU-Projekt UNEXMIN, in dem der Roboter Robotic Explorer (UX-1) für autonome

3-D-Kartierungen von gefluteten Bergwerken entwickelt wurde (Milošević et al. 2019; Žibret und Žebre 2018). An Sensoren sind vorhanden: die elektrische Leitfähigkeit, pH-Wert, Gammaaktivität, magnetisches Feld, Bodensonar, Fluoreszenz (365 nm) sowie eine Multispektralkamera (14 Wellenlängen zwischen 400 und 850 nm) und eine Vorrichtung für die Wasserprobenahme. Als Versuchsobjekt wurde unter anderem das ehemalige Ecton Metallbergwerk (Nord Derbyshire) im Vereinigten Königreich sowie die Bergwerke Urgeiriça in Portugal, Idrija in Slowenien und Kaatiala in Finnland untersucht (alle Informationen zum Projekt stammen von der Unexmin Internetseite). Seit 2017 ist an der TU Bergakademie Freiberg das Forschungsprojekt Aridua (Autonome Roboter und Internet der Dinge in untertägigen Anlagen) etabliert, das ebenfalls an der Entwicklung autonomer Roboter arbeitet (Grehl et al. 2018). Eine hydrogeologische Probenahme scheint derzeit nicht im Fokus der Arbeitsgruppe zu stehen. Ein solches Gerät für geflutete Bergwerke ist derzeit an der Universität Bochum in Entwicklung, und speziell für Untertagebergwerke entwickelte Unterwasserkameras werden bereits erfolgreich eingesetzt (Stemke et al. 2017).

2.2.2 Hinweis zum Arbeitsschutz

Zunächst einmal sei auf den notwendigen Arbeitsschutz bei der Probenahme im Bergbauumfeld hingewiesen. Es obliegt jedem Probenehmer oder Analytiker, dafür Sorge zu tragen, dass sein Leben oder seine Gesundheit bei der Probenahme nicht gefährdet wird und die jeweils gültigen Arbeitsschutzverordnungen eingehalten werden. Eine gute Probe im Tausch gegen einen Gesundheitsschaden ist ein schlechter Tausch! Gerade bei der Probenahme in Untertagebergwerken, Bergwerksschächten, an Böschungen von Tagebauseen, mit Booten, Hubschrauber oder bei Tauchgängen ist dem Arbeitsschutz eine ganz besondere Stellung einzuräumen. Mitunter müssen behördliche Genehmigungen eingeholt werden. Einen Schutzhelm auf dem Kopf zu tragen sollte das Wenigste an persönlicher Schutzausrüstung sein, der man sich unterzieht! In Bergwerken gilt außerdem stets, dass man sich erst dann vorwärtsbewegt, wenn man sich davon überzeugt hat, dass vor, über oder neben einem keine Hindernisse oder Öffnungen vorhanden sind. Auf keinen Fall werden Schritte rückwärts gemacht – es wird stets vorwärts gelaufen! Und trauen Sie in einem Untertagebergwerk niemals einem Holzbalken, einem Holzbrett oder einer hölzernen Fahrte – sie sind häufiger morsch, als Ihnen bewusst sein mag. Eine sehr gute Darstellung zur Sicherheit bei der hydrogeologischen Probenahme finden Sie übrigens im Kapitel A9 des *National Field Manual for the Collection of Water-Quality Data* (U. S. Geological Survey 2015) – meines Erachtens können Sie die dortigen Abschn. 9.9.3 bis 9.9.5 allerdings getrost außer Acht lassen. Sollten Sie dennoch einmal auf einen Alligator, Bären oder Berglöwen stoßen, merken Sie sich bitte: „Nähern Sie sich weder zu Land noch zu Wasser jemals einem Alligator.“ und im Falle eines Bären oder Berglöwen: „Rennen Sie nicht.“

Allerdings können in aufgelassenen Untertagebergwerken Grubengase vorkommen (Hall et al. 2005; Plotnikov et al. 1989), die – zu spät erkannt – unweigerlich den Tod nach sich ziehen! Aber auch zu geringe Sauerstoffkonzentrationen im Wetter können dazu führen, dass ein Arbeitsort nicht mehr sicher ist. Gerade in Kohlenbergwerken ist außerdem mit entzündlichem Methan zu rechnen (z. B. British Coal Corporation 1997), sodass dort für die Probenahme ausschließlich explosionsgeschützte Geräte eingesetzt werden müssen. In einem Bergwerk nahe Bad Ems kommt es beispielsweise zur Ausgasung von CO_2 aus einem abgeworfenen Bergwerksschacht (Ofner und Wieber 2008). Ein Arbeiten ohne ein Gaswarngerät hat an solchen Stellen auf jeden Fall zu unterbleiben! Es gefährdet die eigene Sicherheit und die von Studenten oder Mitarbeitern. Lausitzer und Mitteldeutsche Bergbau-Verwaltungsgesellschaft mbH. (2019, S. 21) weisen außerdem auf Folgendes hin: „Besteht die Gefahr von Böschungsrutschungen und Fließrutschungen, die das Betreten der Böschungsbereiche und das Befahren der Seen (d. h. den Personenverkehr) arbeitsschutzrechtlich nicht gestatten, so können Hubschrauber eingesetzt werden."

Obwohl der folgende Tipp nicht grundsätzlich als Warnhinweis angesehen werden kann, so sollte dann, wenn sich untertage Kopfschmerzen, ein leichtes Unwohlsein, ein deutlicher Geruch nach Schwefelwasserstoff („Faule-Eier-Geruch") oder nach einer Weile Müdigkeit einstellen, die Probenahme umgehend abgebrochen werden. Alle diese Anzeichen können ein Hinweis auf matte, giftige oder böse Wetter sein (Weyer 2010); dabei handelt es sich um die Luft in einem Bergwerk, das entweder zu wenig Sauerstoff (matt) oder giftige Gase (giftig oder böse; z. B. Kohlenmonoxid) enthält. Einer der Tiroler Landesgeologen verspürte einstmals bei der Befahrung eines alten Taststollens für ein Kraftwerksprojekt durch den Tauferberg bei Umhausen/Ötztal starkes Unwohlsein und kehrte um. Sein Begleiter wollte noch weiter in den Stollen einfahren und wurde später, nachdem er längere Zeit nicht zum Stollenportal zurückgekommen war, bewusstlos im Stollen aufgefunden (pers. Mitt. Gunther Heißl 2018).

Bitte halten Sie sich auch von Sperrgebieten fern. Einer meiner Studenten wurde in Slowenien wenige Jahre nach dem Zehn-Tage-Krieg *(desetdnevna vojna)* nahe Logatec mehrere Stunden lang festgehalten. Er hatte bei einer hydrogeologischen Kartierung entlang der Grenze zu einem Militärgelände kartiert und wurde dann von freundlichen Soldaten zum Verhör mitgenommen (und natürlich war unsere slowenisch sprechende Kontaktperson gerade an diesem Tag nicht erreichbar).

Abschließend sei darauf hingewiesen, dass Grubenwässer Bakterien, Keime (Double und Bissonnette 1980), Pilze (Marchlewitz 1959) oder toxische organische sowie anorganische Verbindungen enthalten können. Es ist daher empfehlenswert, bei der Probenahme Einmalhandschuhe aus nicht gepudertem Latex oder Nitril zu verwenden. Diese schützen einerseits den Probenehmer vor Kontamination, aber auch die Probe vor einer Verunreinigung durch den Probenehmer selbst (Ficklin und Mosier 1999, S. 261; U. S. Geological Survey 2015, Kap. 2.0.2).

2.2.3 Verfahren der Probenahme

Es gibt zahlreiche Verfahren und Vorgaben sowie DIN- oder LAWA-Richtlinien zur Probenahme von Wässern (z. B. ERMITE Consortium et al. 2004; Ficklin und Mosier 1999; Wolkersdorfer 2008; Younger et al. 2004). Für die Probenahme von Grubenwasser sind diese jedoch nur bedingt geeignet. Erst vor wenigen Jahren haben McLemore et al. (2014) eine umfangreiche Darstellung zur Probenahme von Grubenwasser publiziert, Cravotta und Hilgar (2000) haben einen Leitfaden für Kohlenbergwerke erstellt, und generell geltende Hinweise finden sich in MEND (2001). Die hier vorgestellte Vorgehensweise folgt jedoch im Wesentlichen den Anforderungen für eine *praxisgerechte* Probenahme von Grubenwasser. Sie mag nicht immer den Anforderungen an eine exakte wissenschaftliche Fragestellung genügen oder kann im Einzelnen von Betriebsvorschriften abweichen (z. B. Lausitzer und Mitteldeutsche Bergbau-Verwaltungsgesellschaft mbH 2019). Es muss folglich jedem Bearbeiter oder Betrieb selbst überlassen bleiben, welchen Aufwand er in die Probenahme stecken will. Eine modellgestützte Überwachung ist jedoch nicht notwendigerweise besser als das Expertenwissen von Fachleuten oder ein Monitoring, das sich auf Multiparameterstatistik beruft. Unabhängig davon gibt es jedoch einige Qualitätskriterien, die auf keinen Fall vernachlässigt werden dürfen – sie sind im Folgenden kurz dargelegt.

Neben den unten beschriebenen Vor-Ort-Parametern ist eine Wasseranalyse unerlässlich, um eine Grubenwasserreinigung zu planen (Tab. 2.4). In der Regel genügen für die Voruntersuchung zwei oder drei Grubenwasserproben, von denen eine für die Hauptionen und die anderen beiden für die Spurenelemente vorgesehen sind. Für die endgültige Planung ist es erforderlich, das Grubenwasser über den Verlauf eines Jahres regelmäßig zu beproben und den Durchfluss zu messen. Dabei ist darauf zu achten, dass das Grubenwasser bei der Probenahme so wenig wie möglich mit dem Luftsauerstoff in Kontakt kommt, um die Oxidation der Metalle weitgehend zu vermeiden. Generell ist zu beachten, dass Grubenwasser sich grundlegend anders verhält als vom Bergbau nicht beeinflusstes Grund- oder Oberflächenwasser und seinen Chemismus nach der Probenahme ständig ändert – auch wenn es gekühlt oder eingefroren und wieder aufgetaut wird.

Für die Hauptionen (Na, K, Ca, Mg, SO_4^{2-}, Cl^-, NO_3^-, HCO_3^-) genügt in der Regel eine ungefilterte 250–500-mL-Probe (PE- oder Glasflasche), die bis zur Analyse – wie

Tab. 2.4 Empfohlene Wassermengen und Vorbehandlungen für die standardisierte Grubenwasserprobenahme

Parameter	Vorbehandlung	Wassermenge
Vor-Ort-Parameter (z. B. Temp, pH, Redox)	Sondenkalibrierung	In-situ-Messungen
Hauptionen	Keine	250…500 mL, besser 1…2 L
Gefilterte Spurenelemente	Filtrieren, HNO_3 (ultrapur!)	50…150 mL
Ungefilterte Spurenelemente	Ungefiltert	50…150 mL

alle Wasserproben – bei unter 4 °C gekühlt werden muss (in der 22. Auflage der *Standard Methods for the Examination of Water and Wastewater* [2012] und in *USEPA Region 9 Management and Technical Services Division* [2012/2015] ist zwischenzeitlich nur noch eine Mindesttemperatur von 6 °C vorgeschrieben). Zum Transport bieten sich Kühlboxen oder Kühltaschen an, die es in verschiedensten Größen gibt und die auch für eine untertägige Kriechstrecke handlich genug sind. Üblicherweise kommen zur Kühlung Kühlelemente, Eis oder Elektroenergie infrage. Da kalte Luft schwerer ist als warme Luft, sollten die Kühlelemente *auf* den Probegefäßen liegen, nicht umgekehrt. Wenn gleichzeitig der Filterrückstand ermittelt werden soll, bietet es sich an, vorher abgewogene Filter zu verwenden oder den Trockenrückstand sogleich im Gelände zu bestimmen. Wegen der schnell einsetzenden Hydrolyse des Eisens ist eine Bestimmung des Filterrückstands im Labor nicht zuverlässig genug. Ob die angegebene Wassermenge genügt, sollte mit dem Labor abgestimmt werden. Um zuverlässige Daten zu erhalten, sollte die Analytik im Labor umgehend erfolgen, denn Grubenwasser ändert seine Zusammensetzung in der Regel schnell. Entsprechend ist die Probenahme so zu planen, sodass Proben nicht über das Wochenende oder einem Feiertag im Kühlschrank lagern sollten. Details zu den einzelnen Parametern finden sich bei American Public Health Association et al. (2012) oder Wasserchemische Gesellschaft in der Gesellschaft Deutscher Chemiker und Normenausschuss Wasserwesen im D. I. N. (1993).

Für die Spurenelemente, die gelegentlich Konzentrationen im Bereich der Hauptionen aufweisen können, sind zwei weitere Proben mit etwa 50–150 mL nötig. Davon sollte eine gefiltert und die andere ungefiltert sein (Filtergrößen siehe unten). Bei der gefilterten Probe sind wenige Tropfen HNO_3 (ultrapur!) hinzuzugeben, bis der pH-Wert wenigstens pH 2 beträgt (dies sollte individuell geprüft werden, da manche Grubenwässer sehr gut gepuffert sind und die üblichen 2–3 Tropfen gelegentlich nicht genügen). Durch diese Ansäuerung wird verhindert, dass während der Lagerung oder des Transports Reaktionen in der Probe stattfinden (Lloyd und Heathcote 1985).

Bezüglich der organischen Wasserbestandteile (z. B. PAK, PCP, PCB, BTEX, VOC) liegen für Grubenwasser erheblich weniger Erfahrungen oder Reinigungsmethoden vor als für Grund- oder Oberflächenwasser. Lassen Sie es mich so sagen: Die Anzahl der Publikationen dazu ist ausgesprochen überschaubar. Dies liegt einerseits daran, dass die Konzentrationen potenzieller organischer Verunreinigungen im Grubenwasser oftmals gering sind (wenn sie denn gemessen werden), oder die Probleme durch saures Grubenwasser und erhöhte Metallgehalte werden als relevanter erachtet als die organischen Verunreinigungen. In Deutschland hat jedoch das PCB im Grubenwasser des Steinkohlenbergbaus in den zurückliegenden Jahren an Aufmerksamkeit gewonnen (AG „PCB-Monitoring“ 2018; Landesamt für Natur Umwelt und Verbraucherschutz NRW et al. 2018; Merkel et al. 2016).

Hinsichtlich der Filter (hydrophil und aus Polycarbonat oder Celluloseacetat) besteht eine akademische Diskussion um die Frage, ob 0,45-µm-Filter oder 0,2-µm-Filter bei der hydrogeologischen Probenahme zu verwenden sind (z. B. McLemore et al. 2014; Ranville und Schmiermund 1999; Shiller 2003). Oftmals wird eingewendet, dass gefilterte Proben frei von Mikroorganismen (Bakterien, Viren, Pilze) seien oder dass dadurch alle Kolloide herausgefiltert würden. Wie jedoch Abb. 2.3 zeigt, ist dies keineswegs der Fall (vergleiche auch Abb. 2.6). Weder der 0,45- noch der 0,2-µm-Filter erfüllen diesen Zweck vollständig. Vielmehr handelt es sich bei der Porengröße 0,45 µm um einen rein praktischen Aspekt: Eine Wasserprobe lässt sich bei diesem Filterdurchmesser in einer akzeptablen Zeit im Gelände filtern. Schon bei 0,2 µm oder gar bei 0,1 µm Porengröße steigt die notwendige Zeit, um 50 mL Grubenwasser zu filtern gelegentlich auf mehrere Zehnerminuten oder gar bis zu einer Stunde (daher sollte ein 0,45-µm-Filter vorgeschaltet werden). Ranville und Schmiermund (1999) hingegen vermuten historische Gründe für die Wahl des 0,45-µm-Porendurchmessers, da die frühen Bakteriologen glaubten, Bakterien seien nicht kleiner. Gerade bei Aluminium zeigt sich jedoch, welchen Einfluss die korrekte Wahl des Filters auf die Konzentration im Grubenwasser hat (Abb. 2.15). Auf jeden Fall sollte die Filtration der Proben bereits im Gelände erfolgen (McLemore et al. 2014, S. 41) und nicht erst im Labor.

Wichtig ist bei der Probenahme außerdem, dass die Probenahmegefäße (je nach Parameter Glas, Braunglas oder PE) vollständig mit Wasser gefüllt sind und möglichst keine Luftblase übrigbleibt, da es sonst zur Hydrolyse oder zu Gas-Wasser-Reaktionen kommen kann. Sofern die Probenahmegefäße nicht bereits mit Säure befüllt sind, sind sie stets drei Mal mit dem zu beprobenden Grubenwasser auszuwaschen, bevor die

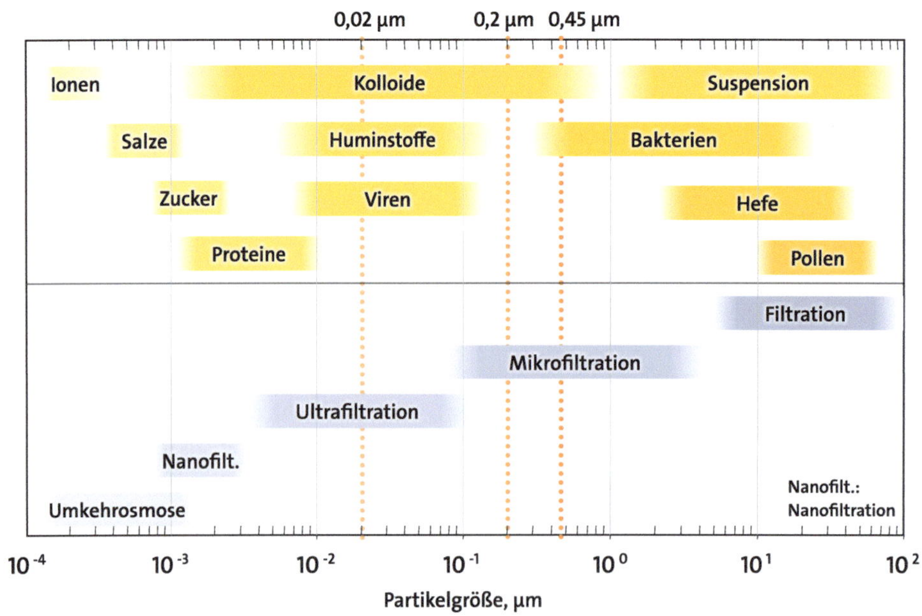

Abb. 2.3 Partikel im Wasser und Filtertechniken. Eingezeichnet die Grenzen von 0,02-, 0,20- und 0,45-µm-Membranfiltern. (Nach Ranville und Schmiermund 1999, S. 185; ergänzt und verändert nach Stumm und Morgan 1996, S. 821)

endgültige Probe genommen wird (Ficklin und Mosier 1999, S. 261). Außerdem muss bei der Probenahme vermieden werden, dass das Bett des Gerinnes oder Baches aufgewirbelt wird, da das aufgewirbelte Sediment zu einer Fehlbestimmung der Ionen führen kann. Weiterhin ist eine Probenahmestelle stets von abwärts der Fließrichtung anzulaufen, die erste Probenahmestelle sollte die abstromigste sein, und man sollte sich dann stromaufwärts bewegen, um eine gegenseitige Beeinflussung der Probenahmestellen zu vermeiden.

Im Rahmen einer Hauptuntersuchung mag es nötig sein, weitere Parameter zu untersuchen, die von der jeweiligen Fragestellung oder von behördlichen Vorgaben abhängig sind (z. B. organische Verbindungen). Dazu kann die Speziation von Arsen oder anderer Inhaltsstoffe gehören oder die Entnahme von Proben für Isotopenuntersuchungen (Wolkersdorfer et al. 2020). In diesem Fall wird die Wasserprobe auf andere Art, als oben beschrieben, zu konditionieren oder zu entnehmen sein. In jedem Fall ist dies im Vorfeld mit dem Labor abzustimmen.

Der Arbeitsausschuss Markscheidewesen im Normenausschuss Bergbau im D. I. N. (2003) hat zusammengestellt, dass untertage üblicherweise die folgenden Parameter ermittelt werden:

- Temperatur des Zuflusses in °C,
- Druck (bei verschlossenen Bohrungen) in bar,
- Zuflussrate (z. B. in L min^{-1} oder Tropfen min^{-1}), einschließlich Angabe des Ermittlungsverfahrens,
- Leitfähigkeit bei 25 °C in $\mu S\ cm^{-1}$,
- Dichte in $g\ cm^{-3}$,
- im Steinkohlenbergbau: pH-Wert, Chlorid (Cl), Sulfat (SO_4), Hydrogencarbonat (HCO_3), Natrium (Na), Eisen (Fe), Mangan (Mn), Barium (Ba), Strontium (Sr),
- im Kali- und Steinsalzbergbau: pH-Wert bei 20 °C, Natrium (Na), Kalium (K), Magnesium (Mg), Calzium (Ca), Chlorid (Cl), Sulfat (SO_4) und Hydrogencarbonat (HCO_3). Die Angabe erfolgt in $g\ L^{-1}$ oder $mol\ L^{-1}$.
- Für die sicherheitliche Bewertung können weiterhin Spurenelemente (z. B. Br, Rb und Li) sowie Isotope (z. B. Tritium, ^{13}C, ^{18}O) ermittelt werden.

Da es zu diesem Zeitpunkt keinen relevanten Metallerzbergbau in Deutschland gab (dessen Hinterlassenschaften aber gehen zahlenmäßig in die Tausende), fehlen Angaben zu den dort üblicherweise gemessenen Parametern. Sie schreiben jedoch, dass „je nach Bergbauzweig und Bedarf … weitere chemische Parameter erfasst werden [können]". Dieser letzte Satz ist wichtig, denn allein mit den oben aufgelisteten Parametern lässt sich keine Ionenbilanz erstellen.

ERMITE Consortium et al. (2004, S. S49) haben basierend auf vielen Jahren Erfahrung und aus Literaturstudien eine umfangreichere Tabelle erstellt, aus der die zu analysierenden Parameter für verschiedene Stufen der Erkundung abgelesen werden können (Tab. 2.5).

Tab. 2.5 Empfohlener Analysenumfang für verschiedene Arten von Grubenwasseruntersuchungen; fettgedruckte Parameter sind vor Ort zu bestimmen; bei kursiven Parametern sollten sowohl Gesamtkonzentrationen als auch die einzelner Spezies bestimmt werden; zusätzliche Parameter sollten je nach geologischen Verhältnissen oder vermuteter Geschichte des Bergwerks analysiert werden. el. Leitfähigkeit: elektrische Leitfähigkeit (verändert aus ERMITE Consortium et al. 2004, S. S49)

Parameter	Voruntersuchung	Geochemische Untersuchungen	Für Konstruktion	Zusätzliche Parameter
pH	■	■	■	
el. Leitfähigkeit	■	■	■	
Temperatur	■	■	■	
k_S		■	■	
k_B		■	■	
Sauerstoff	■	■	■	■
Redoxspannung	■	■	■	
Ca		■		
Mg		■		
Na		■		
K		■		
Cl		■		
SO_4^{2-}	■	■	■	
NO_3^-				■
NH_4^+		■		■
HCO_3^{2-}	■	■	■	■
Li				■
Fe	■	■	■	
Mn		■	■	
Al		■	■	
Cu				■
Zn		■		■
Cd				■
Ni				■
Co				■
As				■
U			■	■
Ra				■
Rn				■
CN^-				■
TOC / DOC				■
Organika (z.B. PCB)				■
Zusätzliche	■			■

2.2.4 Qualitätskontrolle

Ohne eine Ionenbilanz fällt die einfachste Möglichkeit weg, eine chemische Analyse auf ihre Zuverlässigkeit hin zu überprüfen. Darauf haben auch Nordstrom et al. (2010) hingewiesen, die neben der Ionenbilanz beispielsweise die Leitfähigkeitsbilanz als ein Maß dafür empfehlen, ob eine chemische Analyse vollständig ist: „Durch die errechnete [spezifische] Leitfähigkeit kann sich die Qualitätssicherung verbessern, da sich feststellen lässt, ob ein Kation oder Anion einen [analytischen] Fehler aufweist" (Nordstrom et al. 2010, S. 382). Anstatt alleinig die Ionenbilanz als Qualitätskriterium heranzuziehen, sollte folglich auch die Leitfähigkeitsbilanz verwendet werden. Wie Letztere durchzuführen ist, beschreibt aufs Nötigste reduziert Wolkersdorfer (2008, S. 421–423, 177 f.). Alternativ, und das ist möglicherweise der einfachere Weg, kann man diese mit der phreeqc.dat-Datenbank von PHREEQC errechnen (Parkhurst und Appelo 2013). Sie wird dort mit `Specific Conductance` (μS cm^{-1}, 25 °C) in der Description of solution ausgewiesen, wobei die Temperatur, für die die elektrische Leitfähigkeit errechnet wird, der ihres Eingangswertes in der Datei `pqi` entspricht. Auch Geochemist's Workbench (Bethke 2008) errechnet Ihnen die elektrisches Leitfähigkeit aus Ihrer Grubenwasseranalyse und wird dort mit `Elect. Conductivity=x uS/cm` (or umho/cm) ausgegeben.

Wenn eine Ionenbilanz für saures Grubenwasser erstellt wird, ist es wichtig, die Protonenaktivität zu berücksichtigen, sobald der pH-Wert unter 4 fällt (Nordstrom et al. 2009). Wegen des logarithmischen Charakters des pH-Werts spielt eine Aktivität von größer $1 \cdot 10^{-4}$ bereits eine Rolle in der Ionenbilanz (Abb. 2.4). Um die Ionenbilanz ΔIB zu errechnen, ist gemäß DIN 38402-62 oder dem Algorithmus in WATEQ4F (Ball und Nordstrom 1991, S. 4) diese Gleichung zu verwenden (D. I. N. Deutsches Institut für Normung e. V. 2013):

$$\Delta \mathrm{IB} = \frac{\sum\limits_k c_{eq,k} - \sum\limits_j c_{eq,j}}{\left(\sum\limits_k c_{eq,k} + \sum\limits_j c_{eq,j}\right) \times 0{,}5} \times 100 \tag{2.1}$$

Auf der Webseite von aqion (www.aqion.de) wird dies als „naiver Ansatz" bezeichnet – naiv hin oder her: So steht es in der DIN und in DVWK und ist folglich für Firmen, die DIN-gemäß arbeiten, das relevante Kriterium. Allerdings sollten bei niedrigen pH-Werten die Hinweise im nächsten Absatz nicht außer Acht gelassen werden.

Die in PHREEQC (Abb. 2.8), bei Langguth und Voigt (2004, S. 320) oder Wisotzky et al. (2018, S. 14) verwendete Gleichung zum Abschätzen des Fehlers einer Wasseranalyse ist nicht, wie an anderer Stelle angenommen (Lausitzer und Mitteldeutsche Bergbau-Verwaltungsgesellschaft mbH. 2019), die Ionenbilanz ΔIB, sondern korrekterweise die Ladungsbilanz ΔLB oder der Bilanzfehler (Parkhurst und Appelo 2013):

$$\Delta \mathrm{LB} = \frac{\sum\limits_k c_{eq,k} - \sum\limits_j c_{eq,j}}{\sum\limits_k c_{eq,k} + \sum\limits_j c_{eq,j}} \times 100 \tag{2.2}$$

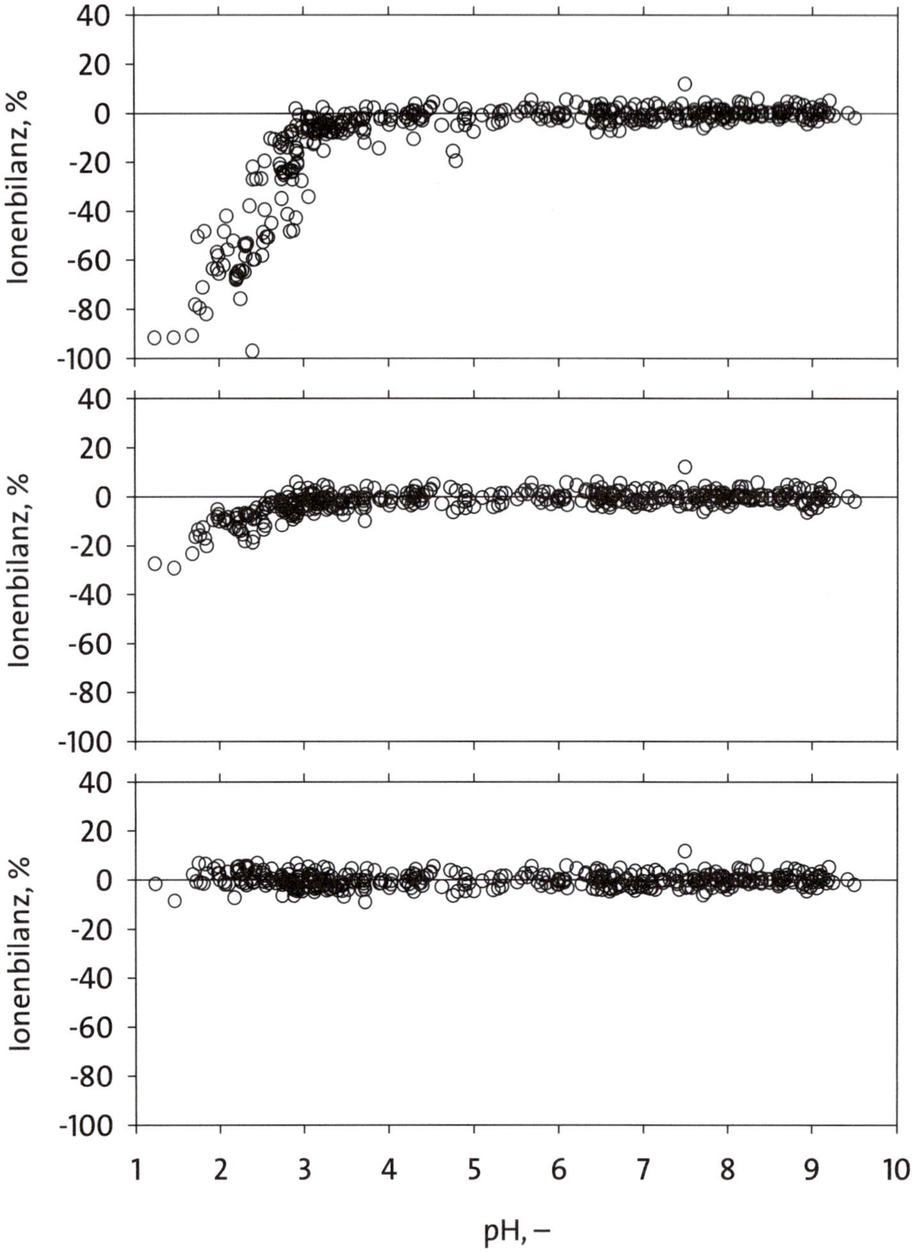

Abb. 2.4 Ionenbilanz, berechnet nach unterschiedlichen Methoden. Oben: ohne Speziierung, Mitte: ohne Speziierung, Protonen berücksichtigt, unten: mit Speziierung und Protonen (Nordstrom et al. 2009)

PHREEQC und andere chemisch-thermodynamische Codes berücksichtigen bei der Berechnung der Ladungsbilanz auch die Speziierung der Wasserinhaltsstoffe. Wie schon Nordstrom et al. (2009, Abb. 7) in drei Grafiken eindrucksvoll herausstellten (Abb. 2.4), ist die Speziierung bei saurem Grubenwasser relevant. Ohne Speziierung driften die Ladungsbilanzen mit zunehmenden Protonenaktivitäten immer weiter ins Negative ab – und das ist es, worauf sich aqion beziehen: Eine Betrachtung der Ladungsbilanz, ohne die Speziierung bei hohen Protonenaktivitäten zu berücksichtigen, könnte – so man will – tatsächlich als naiv bezeichnet werden.

Da sich die beiden Gleichungen voneinander unterscheiden, ist folglich stets anzugeben, nach welcher der beiden eine Bilanz errechnet wurde. Beispielsweise beträgt ΔIB der in der DIN aufgelisteten Wasserprobe −3,45 % und nach der Gleichung für ΔLB in PHREEQC −1,89 % (bei pH 7 und einer Temperatur von 25 °C). Diese Unterschiede sind auch bei der Frage relevant, ob eine Wasseranalyse noch korrekt ist oder nicht.

Um beim Thema Qualitätssicherung bzw. Qualitätskontrolle zu bleiben: Selbstverständlich sind bei einer korrekten hydrogeologischen Probenahme auch Blindproben und Duplikate anzufertigen. Diese sollten wenigstens drei Blindproben und eine der gesamten Probenanzahl angepasste Anzahl von Duplikaten umfassen. Daneben sollten stets Standards für Grubenwasser in den Analysenumfang mit einbezogen werden:

- Ansäuerungsblindprobe,
- Prozessblindprobe,
- Blindprobe mit dem zum Reinigen der Geräte und Gefäße verwendeten destillierten Wasser,
- Duplikate nach etwa jeder 10. Probe,
- Standard für Grubenwasser.

Alle Blindproben oder Duplikate sollten dem üblichen Schema der Namensgebung für Proben folgen und für das Labor nicht als Duplikate oder Blindproben erkennbar sein. Eine Probenbezeichnung „FDR-3101-PN1-duplikat“ oder „Prozessblind“ sollte unterbleiben. Besser wäre beispielsweise „FDR-3101-BDW“ für eine *B*lindprobe des *d*estillierten *W*assers oder „FDR-3101-GWS“ für *G*ruben*w*asser*s*tandard.

2.2.5 Messgeräte und Probenahme

Für die Labor- und Geländepraxis hat sich eine Vielzahl an Messgeräten und Elektroden als nützlich erwiesen. Überwiegend wurden diese jedoch für „normales“ Wasser entwickelt und nicht für Grubenwasser. Zwar gibt es Messketten für Abwasser und Industriewässer mit höheren Ionenkonzentrationen, aber diese sind oftmals unhandlich oder von der Anschaffung her kostenintensiv, sodass nicht jedes Ingenieurbüro diese vorhält. Besonders dann, wenn abwechselnd Grubenwasser höherer Ionenstärke und geringerer Ionenstärke gemessen werden soll oder sich die pH-Werte von Messung zu

Messung *erheblich* ändern, sollen mehrere Elektroden eingesetzt werden. Außerdem ist es unerlässlich, die Messgeräte und Elektroden vor jeder täglichen Messkampagne zu kalibrieren oder beim Eichamt eichen zu lassen. Beim Messen von Sauerstoff mittels einer Clark-Elektrode muss sogar vor jeder einzelnen Messung kalibriert werden. Besser Sie beschaffen sich die moderneren optischen Elektroden, die mittels Lumineszenz arbeiten, sich selbst kalibrieren und noch dazu bei der Messung keinen Sauerstoff verbrauchen (Jackson und Hach 2004; Klimant et al. 1995). Ein weiteres Problem bei der Messung in Grubenwässern ist die Verockerung der Elektroden oder die Ausbildung eines Biofilms („Biofouling"). Dies kann bereits bei mehreren hintereinander folgenden Messungen in Grubenwasser eintreten, oder aber erst nach einer geraumen Zeit (Abb. 2.5). Es ist daher unerlässlich, die Elektroden regelmäßig zu reinigen, wie es in der jeweiligen Bedienungsanleitung beschrieben steht.

Schon oft gab es Diskussionen um die Frage, ob eine Grubenwasserprobe repräsentativ ist oder nicht, ob die Probe korrekt entnommen wurde oder ob dieser oder jener Parameter die tatsächlichen Bedingungen exakt wiedergibt. Selbstverständlich steht es einem frei, die hydrogeologische Probenahme im Bergwerksumfeld bis zum Exzess exakt zu betreiben, indem Proben unter Stickstoffatmosphäre entnommen oder direkt bei der Entnahme schockgefroren werden. Aus praktischer Sicht ist dies jedoch wenig zielführend, bedenkt man, wie schnell sich die Zusammensetzung eines Grubenwassers im

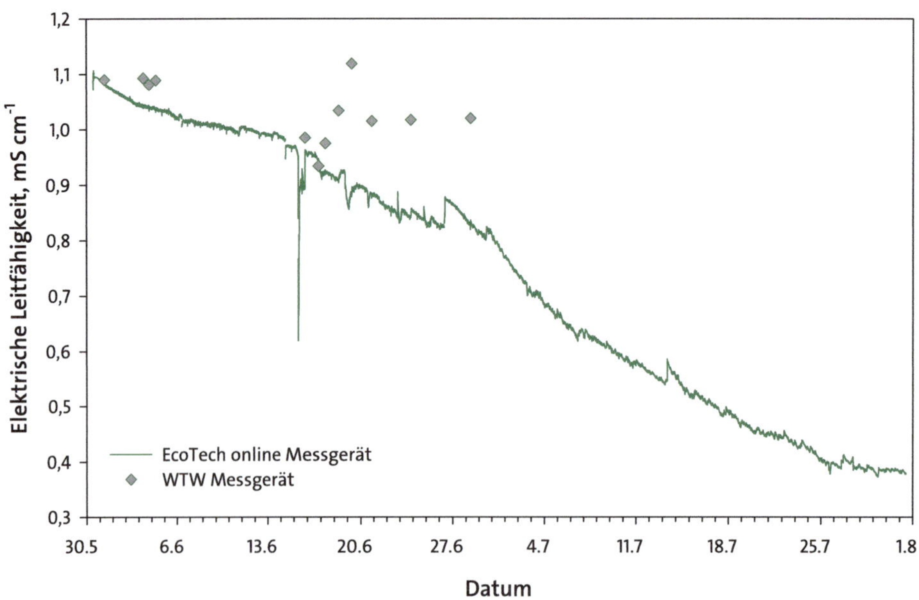

Abb. 2.5 Erniedrigung der elektrischen Leitfähigkeit durch Verockerung und Biofouling an einer Online-Sonde. Im Verlauf von neun Wochen vermindert sich die elektrische Leitfähigkeit um 0,7 mS cm^{-1}. Zum Vergleich die anfänglichen Einzelmessungen mit einem Handmessgerät. Eine Auswertung der Messung im Rahmen eines Salztracertests war nicht möglich

Bergwerk ändern kann – dies soll nicht zu einem schludrigen Umgang mit der Probenahme verleiten, sondern lediglich die Frage aufwerfen, bis zu welchem Maß man die montanhydrogeologische Probenahme betreiben soll.

Herbert und Sander (1989) geben detaillierte Hinweise für die hydrogeologische Probenahme in hochsalinaren Grubenwässern (Solen) und geben an, dass diese Wässer ganz besondere Aufmerksamkeit bei der Probenahme erfordern. Um eine repräsentative Probenahme zu ermöglichen, müssen die folgenden Vorsichtsmaßnahmen eingehalten werden:

- Vermeide während der Probenahme Verdunstung.
- Vermeide eine Kontamination und Veränderung der Probe durch die Grubenwetter.
- Vermeide Feststoffe in der Probe.
- Nehme die Probe bei den originalen Temperatur- und Druckverhältnissen, die denen der Lösungen in der Gesteinsmatrix entsprechen.

Im Verlauf des Flutungsexperiments im Bergwerk Hope entwickelten und patentierten Herbert und Sander (1989) ein Probenahmegerät, mit dem Proben und Vor-Ort-Parameter unter In-situ-Verhältnissen in einem gefluteten Bergwerksschacht entnommen werden können. Dieses Gerät ermöglichte es, alle relevanten Parameter ohne eine Beeinflussung zu messen und eine ungestörte Wasserprobe zu entnehmen.

2.2.6 Bezeichnung der Proben

In vielen Labors steht jeweils eine größere Anzahl an Wasserproben in den Kühlschränken, die alle P1, P2 oder P3 heißen. In manchen Fällen ist es nicht mehr möglich, diese unvollständig und ungenügend beschrifteten Proben einem Bearbeiter oder einer Lokalität zuzuordnen. Diese gängige Praxis sollte daher zugunsten einer eineindeutigen Probenbezeichnung unterlassen werden. Zahlreiche der oben genannten Publikationen befassen sich mit der korrekten Beschriftung von Proben, dennoch sollen hier die Grundlagen wiederholt und ein allgemeingültiger Vorschlag für die Probenbezeichnung vorgestellt werden.

Jede Probe sollte wenigstens mit den folgenden Angaben versehen sein: Projekt, Ort der Probenahme, Probenahmestelle, Datum, Bearbeiter. Barcodes oder RFIDs können diese Angaben nur ergänzen, aber nicht ersetzen. Nur wenn gewährleistet ist, dass es eine durchgehende Chain of Custody (CoC), also eine lückenlose Dokumentation gibt, die auch für eine elektronische Dokumentation geeignet ist, könnte auf weitere Angaben verzichtet werden. Aus Erfahrung lässt sich sagen, dass es immer wieder zur Verwechslung von Proben kommt (und leider auch zum Verlust. Gerade eben bekomme ich eine E-Mail, in dem mir ein Labor mitteilt, ihnen sei eine meiner Flaschen runtergefallen. In 29 Jahren ist mir das noch nie passiert. Ich denke, wir können nicht für jede Eventualität gewappnet sein – eine Rückstellprobe für jede Probenahmestelle würde ich wegen dieses seltenen Ereignisses daher nicht nehmen wollen). Wenn die elektrische Leitfähigkeit im Gelände gemessen wurde und diese dann mit der im Labor ermittelten elektrischen Leitfähigkeit verglichen wird, lassen sich Fehler in vielen Fällen zurückverfolgen, da zwei unterschiedliche Wasserproben ausgesprochen selten die gleiche elektrische Leitfähigkeit besitzen.

- Probenbezeichnungen, die fast ausschließlich aus Ziffern bestehen, sind fehleranfälliger bei der Handhabung als solche mit Zahlen-Buchstaben-Kombinationen. Eine Kollegin hatte einem Labor einmal etwa vier Dutzend Proben A1.2–A2.9 durchgehend bis H1.0–H2.9 zukommen lassen. Später erkannte sie, dass es im Labor zu etlichen Verwechslungen gekommen war. Es gab keine Möglichkeit, die Fehler zurückzuverfolgen. Eine weniger eintönige Nummerierung der Proben hätte dem vielleicht vorbeugen können.

Im Verlauf der zurückliegenden Jahre hat sich bei meinen Projekten die folgende Vorgehensweise bei der Benennung von Proben als nützlich erwiesen: Projektkürzel-Kurzdatum-Probenahmestelle. Dies ergibt dann, beispielsweise, eine Probenbezeichnung wie RZS-1208-RSS (*R*eiche *Z*eche *S*chacht – 12. August – *R*othschönberger-*S*tollen-*S*ohle). Das Datum kann um das Jahr erweitert werden, um doppelte Bezeichnungen zu vermeiden; in meiner bisherigen Praxis ist dies allerdings noch nie vorgekommen. Weiterhin wiederhole ich die letzten drei Buchstaben auf der Unterseite der Probenahmeflasche. Selbst wenn sich die Beschriftung (Aufkleber oder Permanentstift) teilweise lösen sollte, wird durch die vollständigen, oben genannten Angaben und die doppelte Beschriftung eine Probe stets eineindeutig zuordenbar bleiben. Wenn zentral für ein Projekt bereits eine Vorschrift für die Benennung von Proben existiert, ist diese selbstverständlich der hier vorgeschlagenen vorzuziehen. Viele Projekte ziehen sich über Jahre, wenn nicht Jahrzehnte hin, und dann ist es unerlässlich, die Messstellen in einer Stammakte exakt zu beschreiben. Dort sind die Probenahmen laufend zu dokumentieren, bauliche Veränderungen zu erfassen oder die Verlegung von Messstellen darzulegen. Außerdem ist ein Verfahren zu entwickeln, wie Doppel- oder Blindproben zu entnehmen sind und wie diese bezeichnet werden sollten, damit das Labor nicht durch Raten erkennt, um welche Art von Proben es sich handeln könnte.

2.2.7 Gelöste und gesamte Konzentrationen oder auch Filtration

Hinsichtlich der Begriffe „gelöste" und „gesamte" Konzentrationen an Wasserinhaltsstoffen gibt es leider nach wie vor uneinheitliche begriffliche Verwendungen. Würde man dem Diagramm in Stumm und Morgan (1996, Figure 6.1) folgen, wäre die Situation verhältnismäßig einfach (Abb. 2.6). Das Diagramm zeigt aber, dass der Bereich der Membranfiltration in den Bereich der partikulären Wasserinhaltsstoffe hineingreift. Gerade bei den Eisenkonzentrationen, aber auch bei anderen Wasserinhaltsstoffen,

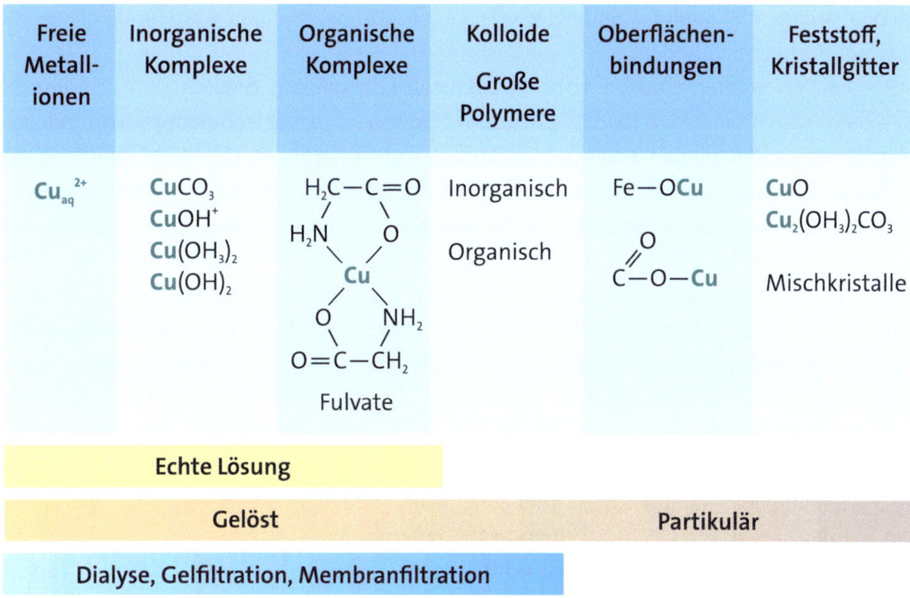

Abb. 2.6 Formen, in denen Metallspezies vorkommen, am Beispiel von Kupferspezies. (Verändert nach Stumm und Morgan 1996)

herrscht ein Durcheinander an Bezeichnungen unterschiedlicher Bearbeiter, die eine fachlich fundierte Diskussion schwierig machen. Die Frage ist also, was bedeutet „gelöstes Eisen“ oder „Gesamteisen“. EN ISO 11885 definiert die Begriffe, aber geht dabei mit anderen DINs und ISOs nicht konform (z. B. DIN 38406-E1-1 May 1983; EN ISO 11885 November 1997; DIN 38406-32-1 May 2000). Gemäß EN ISO 11885 sind die gelösten Metalle die, die im Filtrat eines 0,45-µm-Filters analysiert werden können; im Fall von Eisen also die Summe aus Fe^{2+} und Fe^{3+}. Andere Bearbeiter bezeichnen lediglich das Fe^{2+} als gelöstes Eisen und die Summe der Eisenspezies als Gesamteisen – all dies erscheint für eine objektive Diskussion wenig geeignet. Auch die Oberflächengewässerverordnung (OGewV) beschreibt: „Mit Ausnahme von Cadmium, Blei, Quecksilber und Nickel (Metalle) sind die Umweltqualitätsnormen als Gesamtkonzentrationen in der gesamten Wasserprobe ausgedrückt. Bei Metallen bezieht sich die Umweltqualitätsnorm auf die gelöste Konzentration, d. h. die gelöste Phase einer Wasserprobe, die durch Filtration durch ein 0,45-µm-Filter oder eine gleichwertige Vorbehandlung gewonnen wird“ (Bundesministerium der Justiz 2016).

Nur DIN ISO 10566 April 1999 scheint im Hinblick auf die Bezeichnungen Klarheit zu schaffen, bezieht sich jedoch ausschließlich auf Aluminium. Dort heißt es, dass für die Aluminiumkonzentration im Filtrat die Bezeichnung „filterbares Aluminium“ zu verwenden ist. Die anderen Analysenvorschriften sollten in künftigen Versionen ebenfalls auf korrektere Bezeichnungen achten. Bis es so weit ist, sollten die Bezeichnungen der

Tab. 2.6 sinngemäß auch für andere Wasserinhaltsstoffe verwendet werden, da diese eine Verwechslung ausschließen.

In den Vereinigten Staaten von Amerika wird in einigen Staaten (z. B. Colorado) zwischenzeitlich auch der Begriff *potentially dissolved metal* (möglicherweise gelöstes Metall) verwendet. Dabei handelt es sich um die Fraktion an (Halb-)Metallen in der filtrierten Probe, die nach Ansäuerung mit Salpetersäure auf unter pH 2,0 und einer Einwirkzeit von 8 bis 96 Stunden im Filtrat (0,4–0,45-µm-Membranfilter) nachweisbar ist. Es wird folglich davon ausgegangen, dass es nach der Probenahme und der ersten Filtration zu einer Kopräzipitation *s.l.* der (Halb)-Metalle kommt, diese nach der Standzeit von bis zu 96 Stunden erneut in Lösung gehen und dann analytisch nachweisbar sind (Colorado Department of Public Health and Environment – Water Quality Control Commission 2013; Weiner 2010, S. 120).

Dabei wäre es so einfach: In der Wasserchemie befassen wir uns zunächst nur mit Inhaltsstoffen, die als einzelne Atome oder Moleküle im Wasser vorliegen (also „gelöst"). Eine Trennung der nichtgelösten Elemente kann, wie Abb. 2.3 zeigt, operationell nur durch Filtration mit 0,001-µm-Filtern oder Zentrifugieren erfolgen. Da Filtrieren mit 0,001 µm im Gelände oder Labor sehr mühsam ist, sind 0,1 µm oder 0,2 µm ein vertretbarer Kompromiss, um die tatsächlich gelösten Wasserinhaltsstoffe zu erfassen. Die Unterschiede zwischen den einzelnen Fraktionen der Filtration können erheblich sein (Abb. 2.15), wie auch Shiller (2003) zeigen konnte, der mit einer speziellen Apparatur sogar 0,02-µm-Filter verwendete. Vorsicht ist jedoch geboten: Die letzte Filtrationsstufe mit einem 0,1-µm-Filter und einer Apparatur wie der bei Shiller (2003, S. 3954) dauerte mit 50 mL eines Grubenwassers von der Kap-Breton-Insel über einen Tag.

Bitte bedenken Sie auch, dass sich nicht alle Typen von Membranfiltern für alle Wasserparameter eignen. Beispielsweise können Sie bei der Analyse von PCB keine Filter aus Cellulosenitrat(esther) verwenden, da je nach Kongener bis zu 100 % im Filter sorbiert werden. Ein gut geeignetes Filtermaterial für fast alle Typen von Grubenwasser sind: PC (Polycarbon), PES (Polyethersulfon), NY (Nylon). Außerdem gibt es hydrophobe (PTFE: Polytetrafluorethylen) und hydrophile Membranfilter – es versteht sich

Tab. 2.6 Ausdrücke, die bei der Analyse in Grubenwasser verwendet werden sollten, am Beispiel des Eisens. Diese Bezeichnungen sollten analog für andere Inhaltsstoffe verwendet werden. Zusätzlich sind die Filtergröße (z. B. 0,02 µm; 0,2 µm; 0,45 µm) und das Filtermaterial anzugeben

Inhaltsstoff	Filtermethode	Empfohlene Bezeichnung	DIN/ISO Anwendung
Fe^{2+}	gefiltert	Fe^{2+} gefiltert	–
Fe^{3+}	gefiltert	Fe^{3+} gefiltert	–
$Fe^{2+} + Fe^{3+}$	gefiltert	Fe_{gesamt} gefiltert	Gelöstes Eisen
Fe^{2+}	ungefiltert	Fe^{2+} ungefiltert	–
Fe^{3+}	ungefiltert	Fe^{3+} ungefiltert	–
$Fe^{2+} + Fe^{3+}$	ungefiltert	Fe_{gesamt} ungefiltert	Gesamteisen

fast von allein, dass Sie für die montanhydrogeologische Probenahme nur hydrophile Filter einsetzen. Bevor Sie Ihre Probeflaschen füllen, verwerfen Sie eine kleine Menge der Wasserprobe, damit potenzielle Verunreinigungen aus dem Filter nicht in Ihre Probe gelangen.

Tipp

Hier ein aktuelles Beispiel im Zusammenhang mit der PCB-Diskussion in Grubenwasser aus dem deutschen Steinkohlenbergbau. Dort geht es um die Frage, ob und wie sich das persistente PCB aus dem Grubenwasser entfernen lässt. Bekanntermaßen wird der Großteil der hydrophoben PCB-Kongenere im Wasser kolloidal gebunden (IARC Working Group on the Evaluation of Carcinogenic Risks to Humans 2016; Karickhoff et al. 1979), und sie werden folglich im Wesentlichen mit der Suspensionsfracht („Schwebstofffracht") transportiert. In der Wasserphase sind die schwer löslichen PCB in der Regel kaum analytisch nachzuweisen. Während der andauernden Diskussion zeigte sich, dass einige die Meinung vertreten, PCB käme grundsätzlich nie in der gelösten Fracht vor (PCB 28 und 52 haben Löslichkeiten von 134 und 34 µg L^{-1}, errechnet aus Li et al. 2003a), andere neigten dazu, PCB auch in der gelösten Fracht zu sehen. Bei der Auswertung der publizierten und nichtpublizierten Gutachten stellte sich heraus, dass dabei von zwei verschiedenen Dingen gesprochen wird. Die Einen meinen mit „gelöster" Fracht die Suspensionsfracht, die einen Filter von 0,45 µm passiert, die Anderen sprechen von den tatsächlich gelöst vorliegenden PCB. Um die Diskussion nicht weiter zu verkomplizieren wäre es angebracht festzulegen, welcher Begriff was bedeuten soll, und am Beginn eines Gesprächs, Artikels oder Gutachtens stets zu definieren, welcher Begriff was bedeutet. Einen Hinweis dazu kann Tab. 2.6 liefern. IARC Working Group on the Evaluation of Carcinogenic Risks to Humans (2016) hingegen definieren:

- Ungefiltertes Wasser enthält gelöste Bestandteile und solche, die an Kolloide und die Suspensionsfracht gebunden sind.
- Gefiltertes Wasser gibt die PCB-Konzentration auf der Suspensionsfracht (Filterrückstand) und gelöst oder an Kolloide gebunden (Filtrat).
- Passive Probenahme zielt auf die gelöste Fraktion.

Diese Definition ist chemisch-physikalisch korrekt, denn es wird zwischen der tatsächlich gelösten und der kolloidal gebundenen Fracht (die den Filter passiert) einerseits und der Suspensionsfracht (die auf dem Filter verbleibt) andererseits unterschieden. Leider stimmt sie nicht mit der in Deutschland geführten Diskussion und Definition überein, der gemäß alles, was den Filter passiert – fälschlicherweise – als gelöst bezeichnet wird.

2.2.8 Dokumentation

Wie bei allen hydrogeologischen Untersuchungen ist eine vollständige Dokumentation der Ergebnisse und der Probenahme unerlässlich. Nur wenn vollständige und zuverlässige Daten vorliegen, können diese durch Bewertung und Analyse in sinnvolle Informationen überführt werden (McLemore et al. 2014, S. 169). Dazu ist das wichtigste Werkzeug zunächst Ihr Feldbuch, das nummerierte Seiten haben sollte, um im Falle einer gerichtlichen Auseinandersetzung zweifelsfreie Beweiskraft zu haben. Im Feldbuch sind alle Beobachtungen und Messungen mit Datum, Namen des Bearbeiters und Beschreibung der Vor-Ort-Verhältnisse sowie gegebenenfalls einer Skizze festzuhalten. Bei der Angabe von Ortskoordinaten ist es wichtig, das vollständige geodätische Datum anzugeben, das aus der Projektion und dem zugrunde liegenden Geoid bestehen muss (z. B. UTM WGS84) – untertage werden Sie sich jedoch mit einem satellitengestützten Navigationssystem schwertun; in diesem Fall fragen Sie den Bergmann oder die Bergfrau Ihres Vertrauens nach der Bezeichnung der Probenahmestelle. Eine alleinige Angabe von Koordinaten ist nicht hinreichend, da es mehrere Tausend Projektions- und Geoid-Kombinationen gibt. Die Erfahrung zeigt, dass zuverlässige Niederschriften im Gelände nicht nur dazu beitragen, Missverständnisse zu vermeiden, sondern bei Unklarheiten sofort Aufschluss über die tatsächlichen Begebenheiten ermöglichen. „Zettelwirtschaft" oder gar „Haftnotizen (Post-it™)" sind der guten Arbeitspraxis zuliebe unbedingt zu vermeiden. Neben der Dokumentation im Feldbuch können heute auch Geländecomputer, Handhelds, Tablet-Computer oder sogar Smartphones der Datenaufnahme dienen. Weiterhin sollte festgelegt werden, wo die Feldbücher oder Kopien davon zu deponieren sind, falls sich ein Bearbeiter aus einem Unternehmen oder einer Forschungseinrichtung für eine persönliche „Neuorientierung" entscheidet. Gleiches gilt für Daten oder Fotodokumentationen.

Im Labor oder Büro ist es unerlässlich, die Daten einer Datenverarbeitung zuzuführen. Dabei sollte möglichst ein professionales Datenbanksystem eingesetzt werden, mit dem sich die aufgenommenen Daten auch künftigen Bearbeitern erschließen. Eine Datenaufnahme in einer Textverarbeitung oder einer Tabellenkalkulation ohne Datenbankanbindung sollte der guten Arbeitspraxis wegen vermieden werden. Wenn Sie Beratung zu diesem Thema suchen, sollten Sie sich an eines der beiden deutschen Mitglieder im Weltdatensystem (World Data System – WDS) wenden (PANGAEA oder Deutsches Klimarechenzentrum).

An dieser Stelle sei der Vollständigkeit halber hinzugefügt, dass Messwerte auch Einheiten besitzen. Diese müssen zusammen mit dem Messwert immer im Gelände notiert werden. Es gibt zahlreiche Feldbücher, in denen beispielsweise „Temperatur 15,3" steht – ohne eine Einheit dahinter. Das ist keine gute wissenschaftliche oder ingenieurbüromäßige Praxis und muss unbedingt vermieden werden. Wie kann Ihr/e KollegIn wissen, ob Sie einen Herrn Kelvin, Celsius, Fahrenheit, Rankine, Newton oder Rømer im Kopf hatten (Sie dürfen an dieser Stelle einwenden: Wie kann Wasser 15,3 K, 15,3 °F oder 15,3 °R haben – da haben Sie Recht, aber 15,3 °C, 15,3 °N oder 15,3 °Rø sind alle im Bereich des Möglichen)? Auch gibt es zahlreiche Feldbücher, in denen nur einige Werte stehen, ohne zu sagen, um welche es sich dabei handelt – es mag gut sein, dass man so etwas einige Stunden im Kopf behalten kann, aber in der Woche darauf ist die Erinnerung dann schon verblasst, und einen Monat später lassen sich die Messwerte überhaupt nicht mehr nachvollziehen. Und wie sieht es nach einigen Jahren aus, wenn man wegen eines falsch berechneten Parameters vor Gericht steht und einen der Richter mit unvollständigen Aufzeichnungen konfrontiert?

Es sollten neben den üblichen Angaben auch Angaben zum Wetter, zu den verwendeten Geräten und vor allem zu beobachteten Besonderheiten oder Abweichungen von den sonst üblichen Gegebenheiten notiert werden. Oftmals lässt sich durch solche Details herausfinden, warum eine Analyse andere Ergebnisse aufweist als sonst üblich.

▶ Während eines Markierungsversuchs fiel der Probenehmerin auf, dass nach einem Starkniederschlag neben der üblichen Messstelle noch ein weiterer Wasseraustritt zutage getreten war. Dies notierte sie korrekt ins Feldbuch, und somit ließ sich erklären, dass die Tracerkonzentration an diesem Tag geringfügig niedriger war als sonst – Verdünnung durch den Niederschlag, der sich auch auf dem Fließweg des Tracers innerhalb des gefluteten Bergwerks bemerkt gemacht hatte.

2.3 Essenzielle Vor-Ort-Parameter

2.3.1 Einleitender Hinweis

In den folgenden Abschnitten werden einige Hinweise zu den Vor-Ort-Parametern gegeben, die im Gelände gemessen werden müssen, um eine Grubenwasserreinigungsanlage zuverlässig projektieren zu können (Tab. 2.7, Abb. 2.7). Auf die Messmethoden selbst soll in der Regel nicht eingegangen werden, da diese in der deutschsprachigen und internationalen Literatur zur Hydrogeologie ausführlich beschrieben wurden (z. B. Brassington 2006; Hölting und Coldewey 2013).

Für alle Messungen mit Elektroden hat es sich bewährt, Durchflussmesszellen (gelegentlich auch Durchflusszelle genannt) zu verwenden, sodass die Elektroden voll-

Tab. 2.7 Unerlässliche Parameter, die bei der Probenahme von Grubenwasser erfasst werden sollten. Details in Abschn. 2.3 und Tab. 2.5

Parameter	Parameter
Elektrische Leitfähigkeit	Durchfluss
pH-Wert	Basenkapazität
Sauerstoffkonzentration	Säurekapazität
Redoxspannung	Eisenkonzentration
Temperatur	Eisenspezies

Abb. 2.7 Paul Younger† bei der Vor-Ort-Bestimmung von Eisenkonzentrationen (August 2000)

ständig von Wasser bedeckt sind und angeströmt werden. Besonders wichtig ist dies für die Sauerstoffmessung mit einer Clark-Elektrode (ich hoffe, Sie verwenden keine solche mehr, sondern einen optischen Sauerstoffsensor), da diese in einer elektrochemischen Reaktion den Sauerstoff aufbraucht. Gerade untertage mag es manchmal problematisch sein, eine Durchflussmesszelle mitzuführen. In diesem Fall sollten die Elektroden vom strömenden Grubenwasser völlig bedeckt sein, oder die Elektroden sollten in einem Becherglas oder Eimer langsam bewegt oder mit einem inerten Kunststoffrührer gerührt werden. Meine persönliche Erfahrung ist jedoch, dass die Variabilität der Vor-Ort-Parameter von Grubenwasser größer ist als der Unterschied zwischen Messungen mit oder ohne Durchflussmesszelle.

Ein weiteres Problem, das vor allem bei der untertägigen Probenahme relevant ist, ist die Verschmutzung der Geräte und vor allem Kabel. Bislang gibt es kaum Hersteller, die diesem Umstand Rechnung tragen und Geräte anbieten, die ohne Kabel auskommen. Ein Beispiel ist die kalifornische Firma MyronL Company, die bereits seit Jahren ein Messsystem für die meisten Geländeparameter herstellt, das ohne Kabel auskommt (ULTRAMETER II™, zwischenzeitlich auch von der Firma Hach unter der Bezeichnung MP-6 vertrieben). Es wäre wünschenswert, gäbe es ein solches System auch noch zusätzlich für Sauerstoff. Die Firma YSI – a xylem brand hat seit 2012 die EXO1 Multiparameter-Sonde und WTW – a xylem brand seit Anfang 2016 das IDS-Messsystem im Angebot, die mittels Bluetooth-Technologie eine Verbindung zwischen Sensor und Messgerät herstellen. Hoffentlich erlauben diese Geräte es, die künftige untertägige Probenahme so einfach wie möglich zu gestalten (im Eliot'schen Sinne gewissermaßen).

Bei der Säuren-Basen-Titration ist es wichtig, dass kein Indikator verwendet wird, wie ältere Schriften und Lehrbücher nach wie vor empfehlen, sondern ausschließlich ein pH-Meter, das kontinuierlich den pH-Wert misst. Die Eigenfarbe des Grubenwassers, der Lichteinfall, die Farbe der Bekleidung, auch eine Farbschwäche des Probenehmers kann einen großen Einfluss darauf haben, wann der Umkehrpunkt der Titration erkannt wird. Dann wird mit der Base in Abhängigkeit vom Ausgangs-pH-Wert des Grubenwassers auf pH 4,3 (der exakte Endpunkt kann zwischen pH 3,7 und 5,1 schwanken) oder pH 8,2 (gelegentlich liest man auch 8,3) titriert und die verwendete Basenmenge notiert. Bei der Verwendung eines Indikators konnte gezeigt werden, dass verschiedene Personen unabhängig voneinander die Basenkapazität stets überschätzten und die Säurekapazität sehr unterschiedlich abschätzten (Wolkersdorfer 2008, S. 185).

▶ Vermutlich haben Sie sich schon oft die Frage gestellt, welche der Temperaturen, die Ihnen Ihre zahlreichen Messsonden liefern, Sie verwenden sollen. pH-Sensor, Leitfähigkeitssensor, Redoxsensor und Sauerstoffsensor – jeder zeigt Ihnen eine geringfügig andere Temperatur an, da jeder der darin verbauten PT100- oder PT1000-Temperatursensoren einen geringfügig anderen Widerstand, somit Temperatur, liefert. Im besten Fall können Sie also zwischen vier Werten wählen oder alle vier notieren und den Mittelwert bilden. D. I. N. Deutsches Institut für Normung e. V. (2009) empfiehlt: „Abweichung der Temperaturmesseinrichtung ist mit einem geeichten Thermometer abzugleichen." – In den seltensten Fällen hat das jedoch jemand dabei. Ich habe mir folgende Vorgehensweise angewöhnt: Da die Sauerstoffsättigung und die Sauerstoffkonzentration direkt von der Temperatur abhängen, nehme ich stets die Temperatur der Sauerstoffsonde. Habe ich keine dabei, dann nehme ich alternativ die der Leitfähigkeitssonde, denn auch diese hat eine starke Abhängigkeit von der Temperatur. Dadurch spare ich mir, stets darüber nachzudenken, welcher Wert nun der korrekte ist. Wenn Sie jedoch ganz exakt vorgehen wollen, dann bleibt Ihnen ein mit einem Kalibrator oder Simulator kalibriertes Temperaturmessgerät, oftmals mit einem NTC-Sensor ausgestattet, nicht erspart (Lipták 2003, S. 594–598).

2.3.2 Elektrische Leitfähigkeit (Spezifische Leitfähigkeit)

Bei der elektrischen oder spezifischen Leitfähigkeit handelt es sich um die Eigenschaft einer Flüssigkeit, Elektrizität zu leiten. Sie wird üblicherweise mit einer Leitfähigkeitselektrode (Kohlrausch-Messzelle) gemessen, wobei sowohl Zwei-Elektroden- als auch Vier-Elektroden-Messzellen zum Einsatz kommen. Wegen der Eigenschaft des Grubenwassers, Elektroden innerhalb relativ kurzer Zeit mit einer Schicht von „Ocker“ zu überziehen, sind Vier-Elektroden-Messzellen den Zwei-Elektroden-Messzellen vorzuziehen. Neben der elektrischen Messung kann die elektrische Leitfähigkeit auch durch Berechnung (siehe Wolkersdorfer 2008, S. 421–423) oder mittels PHREEQC (Parkhurst und Appelo 2013) aus der Analyse errechnet werden (Abb. 2.8). Wenn Sie jedoch pitzer.dat für Grubenwasser geringerer Ionenstärke einsetzen, kann es zu erheblichen Abweichungen zwischen der errechneten und der tatsächlichen elektrischen Leitfähigkeit kommen (pers. Mitt. Kirk Nordstrom 2019).

Da die Leitfähigkeit des Wassers temperaturabhängig ist, müssen Sie darauf achten, dass zwischen Leitfähigkeit und spezifischer Leitfähigkeit unterschieden wird. Die Leitfähigkeit ist eine Angabe ohne Bezug auf eine standardisierte Temperatur, wohingegen die elektrische oder spezifische Leitfähigkeit die Leitfähigkeit bei 25 °C ist (in einigen Ländern nach wie vor 20 °C). Die Werte können sich im Einzelfall erheblich unterscheiden, daher sollte bei der Angabe exakt vorgegangen werden. Wichtig ist, die Sonde regelmäßig mit einem geeigneten Standard zu kalibrieren, wobei bei der Messung von Grubenwasser ein Standard „natürliches Wasser“ am besten geeignet ist. Eben-

```
Example 1.--Add uranium and speciate seawater.

-------------Description of solution---------------------------

                                          pH  =   8.220
                                          pe  =   8.451
      Specific Conductance (µS/cm,  25°C)  = 52630
                          Density (g/cm³)  =   1.02323
                               Volume (L)  =   1.01282
                        Activity of water  =   0.981
                 Ionic strength (mol/kgw)  =   6.747e-01
                       Mass of water (kg)  =   1.000e+00
                    Total carbon (mol/kg)  =   2.182e-03
                       Total CO2 (mol/kg)  =   2.182e-03
                         Temperature (°C)  =  25.00
                  Electrical balance (eq)  =   7.936e-04
 Percent error, 100*(Cat-|An|)/(Cat+|An|)  =   0.07
                               Iterations  =   7
                                  Total H  = 1.110147e+02
                                  Total O  = 5.563054e+01
```

Abb. 2.8 Ergebnis einer chemisch-thermodynamischen Berechnung mit PHREEQC (PHREEQC 3.5.0-1400). Berechnungsergebnis der elektrischen Leitfähigkeit hier farblich hervorgehoben falls wichtig ist, bei den Einstellungen am Messgerät sicherzustellen, dass und wenn ja welcher Faktor für die Temperaturkorrektur eingestellt ist – andernfalls könnten sich fatale Folgen, sprich Fehlinterpretationen ergeben, wenn dies nicht beachtet wird. D. I. N. Deutsches Institut für Normung e. V. (1993) halten dazu fest: „Die angegebenen Werte für die Temperaturkorrekturfaktoren sind Mittelwerte aus Messungen verschiedener natürlicher Wässer. Es ist zu beachten, dass sie nur für Messungen solcher Wässer verwendet werden dürfen, die Werte für γ_{25} von etwa 6 bis 100 mS/m und eine Zusammensetzung haben, die der von natürlichen Grundwässern, Quellwässern und oberirdischen Gewässern entspricht.“

Die elektrische Leitfähigkeit ist ein Maß für die Gesamtheit der im Wasser gelösten Stoffe. Ihr Formelzeichen ist üblicherweise das κ (gelegentlich auch γ oder K), die Einheit Siemens pro Zentimeter (S cm^{-1}), wobei bei Wasser oftmals µS cm^{-1} oder mS cm^{-1} verwendet wird. In einigen Ländern (z. B. Südafrika oder Finnland), und in der DIN EN 27888, ist auch mS m^{-1} üblich (das Verbot von Präfixen im Nenner von Einheiten wurde vom Bureau International des Poids et Mesures zwischenzeitlich aufgehoben). Im angelsächsischen Raum wird gelegentlich noch „mho“ statt „S“ verwendet, obwohl ASTM D1125 (2014) schon seit wenigstens 1995 klarstellt, dass die Einheit S cm^{-1} ist. Destilliertes Wasser hat üblicherweise elektrische Leitfähigkeiten im Bereich von wenigen µS cm^{-1}, wohingegen hochsalinare Grubenwässer elektrische Leitfähigkeiten bis zu mehreren mS cm^{-1} besitzen können. Aus der elektrischen Leitfähigkeit lassen sich bereits erste Aussagen über die Grubenwasserqualität treffen, denn kontaminierte Grubenwässer besitzen oftmals gegenüber dem Hintergrund erhöhte elektrische Leitfähigkeiten. Durch systematische Messung von elektrischen Leitfähigkeiten entlang eines Vorfluters lassen sich beispielsweise Grubenwasseraustritte gezielt lokalisieren.

Es ist zwingend notwendig, die elektrische Leitfähigkeit einer Wasserprobe stets im Gelände zu messen. Sollte es im Labor zur Verwechslung von Proben kommen, lassen sich die Proben oftmals anhand der im Labor gemessenen elektrischen Leitfähigkeit identifizieren, sofern Sie Ihre Probe nicht angesäuert haben.

▶ In einem Fall sollte im Jahr 2000 ein Bergwerksbetrieb zusätzlich zu den Kontrollparametern pH-Wert, Eisen und Mangan die elektrische Leitfähigkeit messen. Damit lassen sich Änderungen im Grubenwasserchemismus schnell identifizieren. Da die Sonde lange Zeit nicht im Einsatz war, hatte sich eine Verockerung um die Elektrode ausgebildet, die nicht mehr mit Wasser zu entfernen war. Folglich wurde diese entsprechend dem Handbuch gereinigt. Von der Empfehlung, zusätzlich die elektrische Leitfähigkeit zu messen, hatte auch der für den Betrieb zuständige Obergutachter erfahren, und er kam, um die Hintergründe dieser Maßnahme zu diskutieren. Am Tag seiner Ankunft war die Leitfähigkeitssonde noch in der Reinigungslösung, und er wollte deren Kalibrierung selbst durchführen, da die Mitarbeiter des Betriebs noch keine derartigen regelmäßigen Messungen durchgeführt hatten. Er wusste, dass die Sonde stark verschmutzt gewesen war, und wollte zunächst prüfen, ob diese nun sauber sei. Ein Mitarbeiter wurde gebeten, destilliertes Wasser zu bringen, damit er die Sonde prüfen könne. Als der Obergutachter die Sonde in das destillierte Wasser steckte und die Sonde 6 µS cm^{-1} anzeigte, geriet er außer sich und „tadelte" den Mitarbeiter sowie den Betriebsleiter, dass sie nicht in der Lage seien, eine Leitfähigkeitssonde zu reinigen. Erst als er auf die Tabelle typischer Leitfähigkeitswerte in der „WTW Leitfähigkeits-Fibel" hingewiesen wurde (Wissenschaftlich-Technische Werkstätten GmbH 1997), beruhigte sich die Situation. Destilliertes Wasser weist nämlich in der Regel elektrische Leitfähigkeiten von 0,1–10 µS cm^{-1} auf und eignet sich daher nicht zur Kalibrierung einer Leitfähigkeitssonde.

Gerade bei Grubenwasser mit hoher elektrischer Leitfähigkeit und hohen Eisenkonzentrationen kommt es ausgesprochen schnell zur Ausbildung eines Biofilms und zur Verockerung, so wie es auch aus Bohrlöchern bekannt ist (Cullimore 1999). Dieser Effekt darf nicht vernachlässigt werden, da er die Elektroden schneller altern lässt und sich Messwerte gegebenenfalls nur dadurch voneinander unterscheiden, dass eine Alterung der Elektrode eingetreten war.

Oftmals ist zu lesen, dass sich die Gesamtmineralisation R (Abdampfdrückstand, Total Dissolved Solids, TDS, in mg L^{-1}) oder die Dichte einfach aus der elektrischen Leitfähigkeit κ (in µS cm^{-1}) errechnen ließen. Dies mag ein gutes Verkaufsargument für die Hersteller von Messgeräten sein, tatsächlich aber ist das Ergebnis in den meisten Fällen falsch, denn die wenigsten Anwender lesen die Bedienungsanleitung, in der das genaue Vorgehen zur korrekten Verwendung dieser Parameter beschrieben ist. Schön ist dann zu sehen, wenn in einer Publikation diskutiert wird, weshalb zwischen κ und R ein Korrelationskoeffizient von annähernd 1 besteht. Gerade bei Grubenwasser existiert jedoch keine einfache Beziehung zwischen beiden. Lassen Sie mich konkret werden: Die Beziehung zwischen den beiden Parametern ist zwar einfach, aber die Ermittlung des korrekten Koeffizienten f (in dag m^{-2} S^{-1}) eher weniger:

$$R = f \cdot \kappa \tag{2.3}$$

2008 hatte ich geschrieben, dass sich f zwischen 0,6 und 0,725 bewegt. Diese Annahme ist jedoch nicht korrekt: Vielmehr handelt es sich um eine grobe Schätzung (Scofield und Wilcox 1931). Für Salzwasser ist der Faktor beispielsweise 0,5, und für Grubenwasser scheint er sich zwischen 0,25 und 1,34 zu bewegen ($n = 45$; Hubert und Wolkersdorfer 2015, S. 495). Es ist folglich unerlässlich, den Umrechnungsfaktor für jede einzelne Messstelle gravimetrisch, z. B. nach American Public Health Association et al. (2012), zu bestimmen oder aus der Gesamtanalyse zu berechnen (HCO_3 richtig berücksichtigen). Details können Sie in der vorgenannten Publikation nachlesen.

2.3.3 Basenkapazität (k_B; Acidität)

Bei der Basenkapazität (k_B) handelt es sich um eine Konzentrationsangabe, die eine Summe für alle in der Flüssigkeit vorhandenen Säuren darstellt (siehe auch Abschn. 1.2.3). In der angelsächsischen Literatur wird diese fast überwiegend als Acidität bezeichnet, und in der Vergangenheit wurde auch von -p- und -m-Werten gesprochen (Abb. 1.2). Es gibt zahlreiche Methoden, die Basenkapazität zu bestimmen, und eine Diskussion darüber, welche nun korrekt ist, würde an dieser Stelle zu weit führen. Es sei daher auf die grundlegenden Arbeiten von Kirby und Cravotta (2005a, b) verwiesen. Unabhängig davon, welche Methode gewählt wird: Die korrekte Basenkapazität von Grubenwasser lässt sich nur durch eine Vor-Ort-Messung ermitteln oder umgehend nach der Probenahme im Labor. Sobald über ca. 6 h zwischen Probenahme und Laboranalyse vergangen sind, muss der Messwert als unkorrekt angesehen werden. Da die Basenkapazität für eine korrekte Bemessung einer Grubenwasserreinigungsanlage unumgänglich ist, muss folglich auf einer akkuraten Messung besonderes Augenmerk liegen. Bei den im Grubenwasser vorkommenden Säuren handelt es sich um Mineralsäuren (z. B. Fe, Mn, Al), organische Säuren (z. B. Tannin) und um anorganische Säuren (z. B. Kohlesäure, schwefelige Säure). Wie Hedin et al. (1994a) in einer diesbezüglich leider oftmals falsch verstandenen Publikation gezeigt haben, lässt sich die Basenkapazität mit hinlänglicher Genauigkeit sehr gut aus der Grubenwasseranalyse errechnen. Dabei ist jedoch zu beachten, dass die Gleichung nur für saure Grubenwässer mit einem pH-Wert unter 4,5 korrekte Ergebnisse liefert. Die folgende, von der Originalpublikation (Hedin et al. 1994a, S. 5) modifizierte Gleichung lässt sich dafür verwenden (Wolkersdorfer 2008, S. 185):

$$\text{Acidität} = \gamma_{\mathrm{H_2O}} \times \left(10^{(3-\mathrm{pH})} + \sum_{1}^{n} \frac{z_i \times [Me_i]}{M_i} \right) \tag{2.4}$$

mit
z_i Ladung der Spezies *i*, keine Einheit
pH pH-Wert, keine Einheit
$[Me_i]$ Konzentration der Spezies *i* (z. B. Fe, Mn, Zn, Al, Co, Cu, Cd), g L^{-1}
Molmasse der Spezies *i*, g mol$-^{1}$
γ^2_{HD} Aktivität des Grubenwassers, keine Einheit.

In der Originalarbeit fehlt die Aktivität, die sich jedoch als hilfreich erwiesen hat, wie man auch aus der Abbildung in Hedin et al. (1994a, S. 6) erkennt, wo es zu einem leichten Abweichen von den Idealwerten bei höheren Konzentrationen kommt. Diese berechnete Acidität ist weitgehend identisch mit der potenziellen Acidität ACI_{pot}, wie sie Lausitzer und Mitteldeutsche Bergbau-Verwaltungsgesellschaft mbH. (2019, S. 14, Anl. VI-a) verwendet. Auch dort zeigt sich in deren Abb. 2 bei höheren Aciditäten eine Abweichung von der Ideallinie, die durch Berücksichtigung der Aktivität möglicherweise korrigiert werden könnte. Um eine schnelle Abschätzung zu bekommen, ist jedoch die Titration im Gelände vorzuziehen.

In der Praxis hat sich zur Bemessung einer Grubenwasserreinigungsanlage die kalte Titration im Gelände mit NaOH als praktikabel erwiesen, wobei eine pH-Elektrode zum Einsatz kommen soll. Indikatoren sind zu vermeiden, da jede Person den Farbumschlag anders wahrnimmt (Lieber 2003). Stets sollte die Konzentration der NaOH der Basenkapazität des Grubenwassers angepasst werden, um die Verdünnung nicht zu groß werden zu lassen. Sollte die pH-Elektrode bei der Titration nicht schnell genug ansprechen, empfiehlt es sich, für die Bestimmung von k_B und k_S unterschiedliche Elektroden zu verwenden.

2.3.4 Säurekapazität (k_S; Alkalität; Alkalinität)

Bei der Säurekapazität (k_S) handelt es sich um eine Konzentrationsangabe, die eine Summe für alle in der Flüssigkeit vorhandenen Basen darstellt (vgl. die Zusammenfassung zu Beginn des Buches). In der angelsächsischen Literatur wird diese fast überwiegend als Alkalinität bezeichnet, und in der Vergangenheit wurde auch von p- und m-Werten gesprochen (Abb. 1.2). Streng genommen ist im Deutschen ausschließlich der Begriff Säurekapazität zu verwenden. Im Zusammenhang mit Grubenwasser haben sich die beiden Begriffe jedoch nebeneinander etabliert, wobei „Alkalinität" weitaus häufiger verwendet wird, als „Säurekapazität".

In der Praxis hat sich zur Bemessung einer Grubenwasserreinigungsanlage die kalte Methode mit Schwefelsäure (H_2SO_4) als praktikabel erwiesen. Es gibt allerdings auch Anweisungen mit HCl oder mit heißer Säure. Auf jeden Fall muss – wie oben beschrieben – die Konzentration der H_2SO_4 der Säurekapazität des Grubenwassers angepasst werden, um die Verdünnung nicht zu groß werden zu lassen.

U. S. Geological Survey (2015; 6.6 Alkalinity, version 4.0 [9/2012]) empfehlen wegen der Schwierigkeiten, den Endpunkt 4,5 einer Titration exakt zu bestimmen, die Umkehrpunkte und nicht mehr die Endpunkte zu ermitteln. Obwohl der Titrationsaufwand geringfügig größer ist als bei der Endpunkttitration, sollte diese Methode künftig zur Bestimmung der Säuren- und Basenkapazität angewendet werden. Leider unterscheiden sich die Vorschriften in American Public Health Association et al. (2012) und U. S. Geological Survey (2015; 6.6 Alkalinity, version 4.0 [9/2012]) voneinander. Während Letztere eine Filtration der Proben verlangen, ist dies nach Ersteren nicht nötig. Sinnvoller erscheint es mir, auf die Filtration zu verzichten, denn bei der Filtration würde das Kalk-Kohlensäure-Gleichgewicht gestört, was zu Änderungen in der Basen- oder Säurekapazität führen würde. Auch die Begrifflichkeiten in beiden Vorschriften sind verschieden. American Public Health Association et al. (2012) unterscheidet nicht zwischen Alkalinität und Säureneutralisationskapazität, wohingegen dies U. S. Geological Survey (2015; 6.6 Alkalinity, version 4.0 [9/2012]) sehr wohl tut. Diese bezeichnet Alkalinität als die Säurekapazität der filtrierten Probe, wohingegen sich die Säureneutralisationskapazität auf die unfiltrierte Probe bezieht. Ziehen wir nun noch die

DIN 38409-7:2005-12 hinzu, scheint das Chaos wie so oft perfekt: keine Filtration und eine Endpunkttitration zu pH 4,3 oder 8,2 erforderlich.

Für eine korrekte Bestimmung der Säurekapazität sollte die anorganische Gesamtkohlenstoffkonzentration (TIC) bestimmt werden. Aus ihr lässt sich mittels des pH-Werts der Probe oder einer chemisch-thermodynamischen Modellierung problemlos die Säurekapazität ermitteln.

2.3.5 Durchfluss und Frachten

Wie oben bereits dargelegt, kommt dem Durchfluss bei der Reinigung von Grubenwässern eine außerordentliche Bedeutung zu. Aus dem Durchfluss Q (Formelzeichen auch $\dot{V}$) und der Konzentration c lässt sich die Fracht M errechnen, und diese ist bei Grubenwasserreinigungsanlagen notwendig, um die Anlagengröße auszulegen:

$$M = Q \cdot c \tag{2.5}$$

Es zeigt sich jedoch, dass die Durchflussmessung komplizierter ist, als oftmals angenommen, und aus der Erfahrung lässt sich sagen, dass die Großzahl an Durchflussmessungen falsch ist. Dies liegt vor allem daran, dass die Messeinrichtungen oder Messgeräte zur Durchflussmessung vergleichsweise einfach aussehen, wohingegen die physikalischen Grundlagen ausgesprochen kompliziert sind. Um den Durchfluss zu ermitteln, gibt es eine ganze Reihe von Verfahren, die sich teilweise grundlegend in ihren methodischen Grundlagen unterscheiden:

- Eimer-und-Stoppuhr-Methode (bis zu 500 L min^{-1} in größeren Gefäßen; bei beengten Verhältnissen untertage kann anstatt eines harten Gefäßes auch ein wasserundurchlässiger Kunststoffsack verwendet werden),
- Flügelmessgerät,
- Wehre (V-Wehr, Rechteckwehr, Trapezwehr),
- H-Kanäle, Parshall-Kanäle,
- Venturi-Kanäle,
- Pumpenlaufzeit und -rate,
- Wasseruhren,
- Druckmessungen in Bohrlöchern,
- Ultraschalldurchflussmessgeräte, akustische Durchflussmessgeräte (z. B. ADCP, Abb. 2.9),
- Markierungstests (z. B. Salzverdünnungsmethode).

Seien es Messwehre oder Durchflussmessgeräte: in vielen Fällen ist die jeweilige Messmethode an der gewählten Stelle falsch angewendet, oder die Voraussetzungen, unter denen die Messung durchgeführt werden kann, sind nicht erfüllt. Wolkersdorfer (2008, S. 142–172) hat auf 31 Seiten zusammengefasst, worauf es bei den Durchflussmessungen im Bergwerksbereich ankommt. Darüber hinaus gibt ein achtseitiger Anhang neu berechnete Wehrgleichungen wieder, die auf den original publizierten

Abb. 2.9 Durchflussmessung mit einem akustisch-digitalen Strömungsmessgerät in einem durch Grubenwasser beeinflussten Bach (Kap-Breton-Insel, Neuschottland, Kanada). Der Bearbeiter steht korrekt abstromig des Messgeräts und hält das Gerät weit weg vom Körper, um den Durchfluss möglichst nicht zu beeinträchtigen

Daten beruhen. In etlichen Fällen erweisen sich die in der üblichen Literatur publizierten Gleichungen als falsch oder zu ungenau, um bei Wehrmessungen noch angewendet werden zu können – so wie die drei Gleichungen und dazugehörigen Erklärungen in Younger et al. (2002, S. 158) oder in PIRAMID Consortium (2003, S. 11).

Um ein V-Wehr verwenden zu können, sind zwölf Voraussetzungen zu erfüllen (U. S. Department of the Interior – Bureau of Reclamation 2001). Sobald eine dieser Bedingungen nicht eingehalten wird, ist die Messung nicht nur „ein wenig" falsch, sondern als *grundsätzlich* falsch anzusehen. Grund dafür ist, dass der Durchfluss durch ein Wehr von acht Parametern abhängt, in der Regel aber nur einer davon – nämlich die Wasserhöhe über dem Wehr – gemessen wird. Sobald also die Grundvoraussetzungen nicht mehr eingehalten sind, ändern sich die Werte der anderen sieben Parameter, und die Gleichungen sind nicht mehr gültig.

Bei falsch installierten Messwehren können die Durchflussmessungen bis 64 % vom tatsächlichen Messwert abweichen, wobei jedoch die üblichen Abweichungen bei falscher Installation zwischen 5 und 20 % liegen (Thomas 1959). Eine akademische Diskussion über Fehler bei Durchflussmessungen mit Wehren gibt de Vries (1989), der je nach Fehlerquelle rechnerische Fehler zwischen 0,1 und 30 % ermittelte. Die häufigsten von mir beobachteten Installations- oder Messfehler sind:

- Falsche Ablesung der Wasserhöhe über dem Wehr (zu nah am Wehr gemessen: Ablesung muss in einer Entfernung stattfinden, die dem Vierfachen der Wehrhöhe entspricht).
- Überfall muss vollkommen belüftet sein (freier Überfall).
- Abrisskante des Wehrs auf der Luftseite statt Wasserseite oder Abrisskante nicht vorhanden (Abb. 2.10).
- Falsches Konstruktionsmaterial (Holz oder Kunststoff, Material zu dick; Abb. 2.11).
- Anströmung nicht senkrecht zur Wehrplatte.
- Wehrdimensionen nicht eingehalten.
- Anströmungskanal nicht frei von Unrat, Bewuchs oder Verockerung.

Um sicher zu sein, dass das Messwehr korrekt misst, sollte bei unterschiedlichen Wasserständen der Abfluss mittels einer anderen Messmethode überprüft werden (z. B. Eimer-und-Stoppuhr-Methode, mit Messflügeln oder anderen Geschwindigkeits-Flächen-Methoden), insbesondere, da konstruktionsbedingt jedes Wehr ein klein wenig anders ausfällt.

Dies sei an einem Beispiel für ein kleines ½ 90°-V-Wehr (Thomson-Wehr) dargestellt. Gemäß der Kindsvater-Shen-Gleichung lässt sich der Durchfluss Q durch ein V-Wehr mit der Wasserhöhe h wie folgt errechnen (Gl. 2.6):

$$Q_{1/2}{}^{90°} = f \times h^{2,5}, \tag{2.6}$$

wobei gemäß Wolkersdorfer (2008, S. 161) $f = 0{,}684$ beträgt. Am aufgelassenen finnischen Bergwerk Metsämonttu wurde ein V-Wehr installiert, um den Durchfluss durch ein passives Reinigungssystem zu bestimmen. Dazu erfolgten 13 Einzelmessungen bei unterschiedlichen Wasserständen. Mittels einer Korrelationsanalyse konnte der kalibrierte Faktor $f = 0{,}627$ gefunden werden, der den Durchfluss korrekter widerspiegelt (Abb. 2.12).

Abb. 2.10 Falsch installiertes Messwehr an der ehemaligen IMPI-Pilotanlage Middleburg in der Provinz Gauteng, Südafrika. An der Wehrplatte fehlt die abgeschrägte, wasserseitige Abrisskante

Abb. 2.11 Falsch konstruiertes Dreieckswehr für einen Grubenwasseraustritt des 1 B Mine Pools auf der Kap-Breton-Insel, Neuschottland, Kanada. Die Wehrplatte ist zu dick (2 cm), besteht aus nichtrostfreiem Material, und es fehlt die abgeschrägte, wasserseitige Abrisskante. Das Messwehr war über einen Zeitraum von ca. 1 Jahr im Einsatz, um Durchflüsse mit „hoher Genauigkeit" zu messen

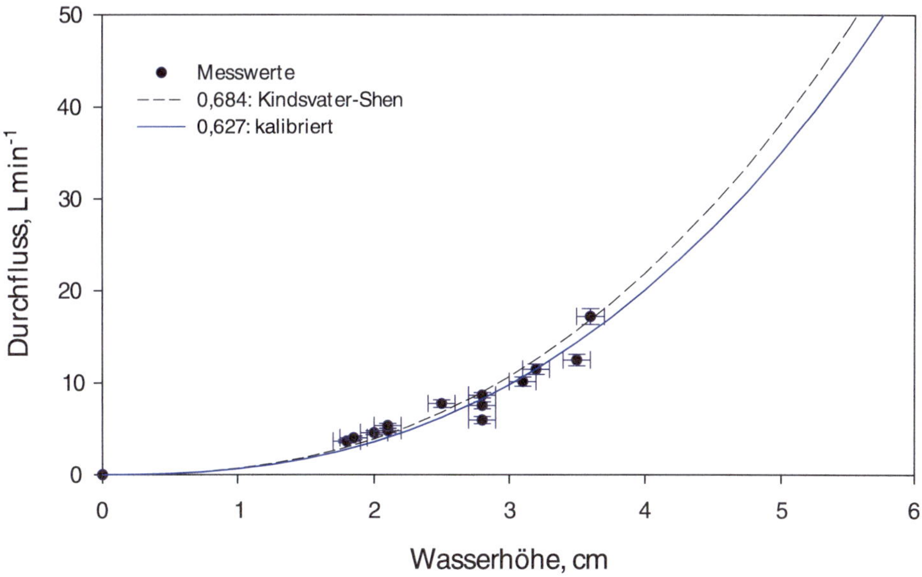

Abb. 2.12 Kalibrierter Durchfluss an einem Messwehr des Bergwerks Metsämonttu, Finnland, und Vergleich mit dem Durchfluss aus der Kindsvater-Shen-Gleichung

Ähnliches gilt bei der Messung mit der Flügel- oder der Ultraschall-Methode. Sobald die im Handbuch genannten Parameter oder die der jeweiligen Methode nicht eingehalten sind, lässt sich die Messung nicht anwenden. Bei den Messungen mit der Flächen-Geschwindigkeits-Methode werden oftmals zu wenige Lamellen gewählt (Messabschnitte im Gewässerquerschnitt), die gewählten Messtiefen stimmen nicht exakt oder die Randparameter des Gerinnes sind ungeeignet für die Messmethode. Messfehler bis zu 20 % sind dadurch möglich.

Bei der Flügelmethode wird mit einem Messflügel in einer oder mehreren Tiefen des Gewässers und in drei bis mehreren Gewässersektionen (Lamellen) die Geschwindigkeit des Wassers gemessen. Es sind mindestens die Einzelmessungen durchzuführen, besser aber ist es, eine Mehrlamellen-3-Punkt-Methode zu wählen. Messungen mit der Ultraschall-Methode laufen identisch zur Methode mit einem Messflügel ab. Einzelheiten zur Messmethode im Grubenwasser finden sich in Wolkersdorfer (2008, S. 152–155).

Gees (1990) hat an acht schweizerischen Gebirgsbächen drei unterschiedliche Methoden zur Durchflussmessung mit den Ergebnissen der Abflusskurven für die jeweiligen Bäche verglichen. Dabei zeigte sich, dass bei exakter Messung mit dem Messflügel (20-Lamellen-5-Punkt-Methode) und optimalen Bedingungen für die Salzverdünnungsmethode Letztere geringfügig kleinere Abweichungen von den Ergebnissen der Abflusskurve zeigte (1,1 %) als die mit dem Messflügel (1,3 %). Da im Grubenwasserbereich kaum jemand die 20-Lamellen-5-Punkt-Methode verwendet, sondern im besten Fall eine 4-Lamellen-3-Punkt-Methode, ergibt sich, dass die Salzverdünnungsmethode die genaueste Methode für Durchflussmessungen darstellt. Dies geht auch bei hohen elektrischen Leitfähigkeiten, denn für das Messverfahren ist nicht die absolute elektrische Leitfähigkeit, sondern die Differenz zur Hintergrundleitfähigkeit während der Messung von Bedeutung.

Bei der elektromagnetischen Durchflussmessmethode wird von manchen Kollegen gelegentlich gesagt, dass sie nicht anwendbar sei, wenn das Grubenwasser zu hohe Eisenkonzentrationen hätte, da im Handbuch stünde, das Gerät ließe sich nicht anwenden, wenn Eisen oder Metall in der Nähe sei. Dieser Hinweis in den Handbüchern bezieht sich jedoch auf metallisches Eisen und nicht auf das im Grubenwasser gelöste Fe^{2+}- oder Fe^{3+}-Ion oder das kolloidal vorhandene Eisen. Der elektromagnetischen Durchflussmessmethode steht also ein eisenreiches Grubenwasser nicht entgegen.

Ein im Grubenwasserbereich bislang kaum angewandtes Messverfahren ist das mit einem Acoustic Doppler Current Profiler (ADCP). Diese Geräte erlauben es, ein kontinuierliches Geschwindigkeits-Tiefen-Profil eines Gewässers zu erstellen, und finden sich immer häufiger anstatt der aufwendigeren Flügelmessungen (Herschy 1995, S. 244–267; Muste et al. 2007), wobei zwei bis vier mit gleicher Frequenz arbeitende Sender und Empfänger zum Einsatz kommen. Jedoch beträgt die minimale Gewässertiefe 30 cm, wobei Frequenzen von 1200 Hz und 3000 Hz angewendet werden und Turbulenzen durch das Gerät oder den Bearbeiter unbedingt zu vermeiden sind. Mayes et al. (2008) haben ein ADCP eingesetzt, um die Durchflüsse im Einzugsgebiet des River Gaunless in England zu messen, wo sie diffuse Zuflüsse von Grubenwasser quantifizierten.

▶ **Tipp**

An einem Beispiel aus dem Harz seien die Fehler bei falscher Durchflussmessung demonstriert. Dort führte ein Ingenieurbüro, das mit montanhydrogeologischen Fragestellungen seit langer Zeit vertraut war, Durchflussmessungen in einem offenen Gerinne durch. Dieses Gerinne begann an einer Öffnung in einer Verschlusswand des Stollenportals, und die Öffnung befand sich in Fließrichtung auf der rechten Seite des Gerinnes. Da das Gerinne einen rechteckigen Querschnitt hatte, verwendete das Ingenieurbüro eine 1-Lamellen-1-Punkt-Messung mit einem Propellermessflügel und der Flächen-Geschwindigkeitsmethode. Gleichzeitig führte meine Arbeitsgruppe Messungen mit der Salzverdünnungsmethode und einem Messflügel in dem offenen Gerinne durch. Dabei zeigte sich, dass die Messwerte des Ingenieurbüros regelmäßig 20 % geringer waren als die mit der Salzverdünnungsmethode. Das Büro ließ sich nicht davon überzeugen, dass die Salzverdünnungsmethode die genaueste aller indirekten Messmethoden für Durchflüsse darstellt, sodass eine Stichtagsmessung durchgeführt wurde, bei der neben der Salzverdünnungsmethode verschiedene Lamellenmethoden seitens meiner Arbeitsgruppe und des Ingenieurbüros durchgeführt wurden. Wie gezeigt werden konnte, ließen sich in dem dortigen Gerinne weder von mir noch von dem Ingenieurbüro belastbare Ergebnisse mit der Lamellenmethode gewinnen, da innerhalb des Messquerschnitts kein homogener Durchfluss vorhanden war. Vielmehr gab es in der rechten unteren Ecke des Gerinnes einen präferenziellen Fluss, der durch keine der angewandten Lamellenmethoden korrekt erfasst wurde (Abb. 2.13). Allein der Durchfluss mit der Salzverdünnungsmethode war belastbar.

Da der Kollege unseren Messungen weiterhin nicht vertraute, führte er unter anderem Messungen mit der „Eimer-und-Stoppuhr-Methode" durch, um seine Messungen zu verifizieren. Dies ist zwar in der Regel die genaueste Methode zum Messen von Abflüssen, findet aber bei etwa 500 L min^{-1} ihre Grenzen – der Durchfluss an besagtem Bergwerk betrug jedoch 840–1080 L min^{-1}, sodass die Messung mit Eimer und Stoppuhr nicht mehr hinreichend genau ist. Nachdem der beteiligte Kollege unsere Auswertungen gesehen hatte, erhielt ich folgenden Brief:

„Wenn die Salzungsversuche andere Ergebnisse ergeben, sollte der Berechnungsmodus und die Genauigkeit der Leitfähigkeitsmessung geprüft werden – ich habe gerade erst gestern wieder bei gemeinsamen Untersuchungen mit Frau A-Studentin am B-Brunnen C-Stadt feststellen können, daß die beiden Leitfähigkeitsmeßgeräte signifikante Abweichungen und unterschiedliches Verhalten bei höheren Salzkonzentrationen zeigten. Insofern zweifle ich grundsätzlich die Genauigkeit von Leitfähigkeitsmessungen bei höheren Salzkonzentrationen an."

Aufgrund der notwendigen „Kalibrierung" bei der Salzverdünnungsmethode (z. B. Gees 1990; Landesanstalt für Umweltschutz Baden-Württemberg 2002; Spence und McPhie 1997) ist es ohne Bedeutung, ob das Messgerät „richtig" misst oder nicht, solange das Gerät mit dem zu messenden Wasser und zu verwendeten Salz kalibriert wird. Bei der Methode wird nämlich nicht der *Wert* der Leitfähigkeit verwendet, sondern lediglich das Integral unter der Kurve – und welches Offset die Leitfähigkeitsmessung dabei hat, ist völlig belanglos. Eine ähnliche Diskussion hatte ich auf der Kap-Breton-Insel zu führen, wo der dortige Sanierungsbetrieb die Salzverdünnungsmethode grundsätzlich ablehnte, meine Messergebnisse als ungeeignet verwarf und ein lokales Ingenieurbüro mit Flügelmessungen beauftragte.

Vorsicht ist außerdem geboten, wenn Messgeräte aus britischer oder US-amerikanischer Produktion eingesetzt werden sollen. Diese messen in der Regel in Gallonen – und die britische (1 imp.gal = 4,54609 L) und amerikanische Gallone (1 US.liq. gal = 3,785411784 L) unterscheiden sich je nach Umrechnungsrichtung um 17 bis 20 %! An einem Grubenwasseraustritt auf der Kap-Breton-Insel, wo auch heute noch die britische Gallone und die US-Gallone nebeneinander verwendet werden, wurde von der Cape Breton University mittels akustisch-digitalem Strömungsmesser (Ott ADC) ein Durchfluss von etwa 1 m^3 min^{-1} ermittelt. Der Sanierungsbetrieb hingegen ermittelte

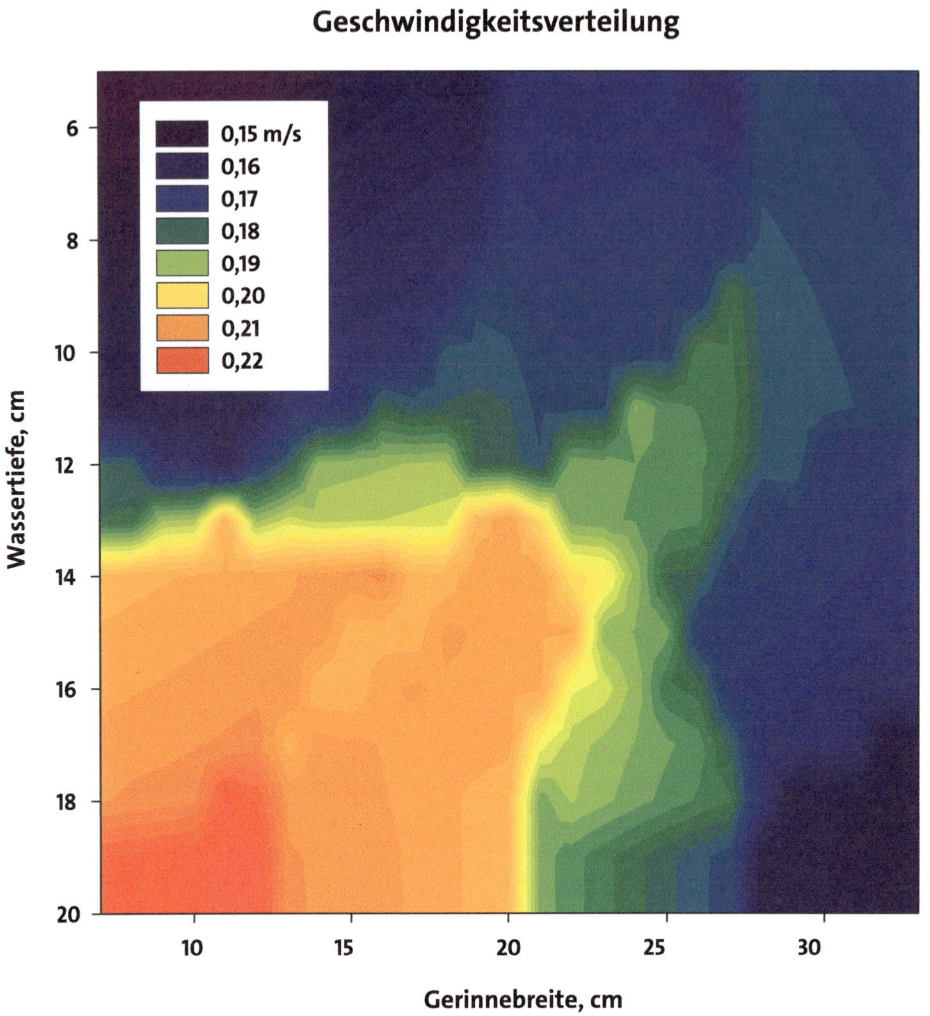

Abb. 2.13 Durchflussmessungen in einem offenen Gerinne mittels 4-Lamellen-3-Punkt-Methode und präferenziellem Durchfluss in der rechten unteren Ecke (in Fließrichtung gesehen; die Abbildung ist ein Schnitt gegen die Fließrichtung; Geschwindigkeit in m s^{-1}). Die Ein-Punkt-Lamellenmethode in der Mitte des Gerinnes lieferte um 20 % zu niedrige Messwerte gegenüber der Salzverdünnungsmethode. Der Wasserstand im Gerinne betrug am Stichtag 15 cm (Gernrode/Harz; Auslauf Hagenbachtalstollen, 15. Oktober 2003)

mit einem Greyline ultrasonic AVFM-II (Wolkersdorfer 2008, S. 108) einen Durchfluss von etwa 317 gpm (1,2 m^3 min^{-1}). Aus der Messdifferenz von 20 % ließ sich schließen, dass das Unternehmen irgendwo einen Umrechnungsfehler von britischen Gallonen in US-Gallonen (oder umgekehrt) haben musste. Schließlich stellte sich heraus, dass der Messwertgeber auf US.liq.gal kalibriert war („264“ gpm), der Programmierer des

Datenloggers jedoch davon ausging, dass die vom Messwertgeber gelieferte Spannung aus einer Kalibrierung auf imp.gal stammte und diesen Messwert in die Einheit US.liq. gal umrechnete („317" gpm). Es ist daher dringend erforderlich, bei Geräten, die gpm (Gallonen pro Minute) anzeigen, genau zu prüfen, um welche Gallonen es sich handelt und ob die Kalibrierung des Messwertgebers mit der Umrechnung im Datenlogger übereinstimmt.

Bevor ich zum letzten Abschnitt dieses Kapitels komme, noch eine Warnung, auf die mich der Direktor des Landesamts für Geologie und Bergbau Rheinland-Pfalz, Georg Wieber, hinwies: Die Metallkanten von Wehren können mitunter sehr scharf sein, und daher ist beim Einbau und bei Messungen Vorsicht angebracht, um sich nicht zu verletzen. Dem kann ich aus eigener Erfahrung zustimmen!

Lassen Sie mich an dieser Stelle den Abschnitt Durchflussmessung beenden – ich könnte ein ganzes Buch darüber schreiben. Vielleicht wird es ja mein nächstes Projekt – senden Sie mir schon einmal Ihre persönlichen Erfahrungen.

2.3.6 pH-Wert

Der pH-Wert stellt ein Maß darüber dar, wie sauer oder wie basisch ein Grubenwasser ist (zur Definition siehe Abschn. 1.2.17). Fälschlicherweise wird von vielen Bearbeitern angenommen, dass der pH-Wert allein eine Aussage darüber zulässt, ob ein Grubenwasser als Sauerwasser anzusehen ist oder nicht. Dies ist jedoch im Bezug zu Grubenwasser nicht korrekt. Vielmehr müssen dazu die Basen- und die Säurekapazität herangezogen werden, wie in Abschn. 2.3.3 und 2.3.4 erläutert wird. Weisen Grubenwässer pH-Werte zwischen etwa 6 und 8 auf, wird üblicherweise von zirkumneutralem Grubenwasser gesprochen (Nordstrom 2011). Wie oben schon dargestellt, wird oft angenommen, dass sich der pH-Wert nur zwischen entweder 0 oder 1 und 13 oder 14 bewegen könne. Diese Annahme ist jedoch falsch, und selbst Evangelou (1995, S. 8) schreibt dies. Vielmehr ist der Bereich zwischen pH 0/1 und 13/14 der, in dem die meisten Elektroden eine lineare Spannungs-Aktivität-Abhängigkeit aufweisen. Bei entsprechender Kalibrierung können Elektroden auch niedrigere oder höhere pH-Werte messen. Wie in diesem Fall vorzugehen ist, speziell bei negativen pH-Werten, haben Nordstrom et al. (2000) beschrieben.

Üblicherweise wird der pH-Wert heute mit einer Elektrode gemessen, die vor jeder täglichen Messkampagne unbedingt mit Standards zu kalibrieren ist (zu den Standards siehe Buck et al. 2002, S. 2177–2187). Dabei kann es sich um eine 1-Punkt-, 2-Punkt- oder Mehrpunktkalibrierung handeln. Durch vorsichtiges Rühren der Pufferlösung, wobei der Eintrag von Luft in den Puffer vermieden werden muss, wird so lange gewartet, bis sich ein konstanter pH-Wert oder eine konstante Spannung eingestellt hat. Moderne Messgeräte führen die Berechnung der Kalibrierungskurve selbstständig durch, sodass keine eigenen Berechnungen mehr nötig sind, solange man sich im linearen Bereich der Messsonde bewegt. Bei stark mineralisierten Grubenwässern kann es zu einer schnellen Alterung der Elektrode kommen, sodass eine häufigere Reinigung oder ein Ersatz notwendig werden. Außerdem kann sich im Laufe der Zeit ein Erinnerungseffekt („Memoryeffekt") einstellen. In diesen Fällen kann es längere Zeit dauern, bis sich ein konstanter Wert am Messgerät ergibt. Wenn Sie den pH-Wert in Tiefen über 100 m messen müssen, können Sie in Schindler et al. (1995) nachlesen, welche Möglichkeiten Sie bis 10 MPa und 100 °C haben.

Da der Aktivitätskoeffizient temperaturabhängig ist, wird der pH-Wert auf eine Bezugstemperatur umgerechnet, um vergleichbare Werte zu erhalten. Moderne Messgeräte kompensieren automatisch die Temperatur auf 25 °C, erkennen die Pufferlösung und sind batteriebetrieben (wie Sie sehen, steht dies im Widerspruch zu den Angaben des Arbeitsausschusses Markscheidewesen im Normenausschuss Bergbau, die ich in Abschn. 2.2.3 zitiere. Dort werden für den pH-Wert 20 °C angegeben. Warum? Es muss wohl historische Gründe haben). Wenn die einzelnen Messwerte den Tag über sehr stark schwanken, kann es notwendig sein, die Elektrode erneut zu kalibrieren. Optimal wäre bei solchen Verhältnissen jedoch die Verwendung von zwei Elektroden: eine für die sauren und die andere für die basischen Wässer. Wichtig ist auch, dass die Elektroden zwischen den Messungen stets in KCl-Lösung aufbewahrt werden, wobei die KCl-Konzentration der in der Elektrode entsprechen muss. Führen Sie stets ein zweites Fläschchen KCl-Lösung mit, denn die Aufbewahrungsbehälter für die Sonden besitzen ein Eigenleben, das stets Richtung Erdmittelpunkt gerichtet ist. Im Notfall verwenden Sie kurzzeitig normales Wasser – auf keinen Fall sollten Sie die Messsonden trocken lagern!

Neben den Messsonden gibt es pH-Teststreifen oder Indikatorflüssigkeiten, die Sie übrigens nicht für Grubenwasser verwenden sollten, denn dies resultiert wegen der vielen Störfaktoren oftmals in falschen pH-Werten (pers. Mitt. Arthur Rose 2006). Lassen Sie mich ergänzen, dass es auch noch andere Methoden gibt, den pH-Wert zu ermitteln. Dabei wird die Farbintensität eines oder mehrerer Indikatoren zusammen mit einem Algorithmus verwendet, um den pH-Wert optisch-rechnerisch zu ermitteln (Martinez-Olmos et al. 2011). Derzeit mag diese Methode für Grubenwasser noch ungeeignet oder als eine Spielerei erscheinen, aber in einem künftigen Grubenwasser-Lab-on-the-Chip kann ich mir derartige Anwendungen durchaus vorstellen. Erste derartige Experimente zeigen Am et al. (2011).

pH-Werte von Grubenwässern bewegen sich, wie oben schon dargestellt, innerhalb eines großen Bereichs. Nordstrom et al. (2000) haben im Kupfer- und Pyritbergwerk am Iron Mountain in Kalifornien pH-Werte von –3,6 gemessen, und der bergbaubeeinflusste Velenjesee in Slowenien wies zeitweise pH-Werte von 12 und mehr auf (Stropnik et al. 1991). Daher wird international heute auch nicht mehr generell von Sauerwasser als Problem gesprochen, sondern in der Regel von Sauerwasser/Bergbausickerwasser (AMD/ML: Acid Mine Drainage/Mine Leachate) oder von bergbaubeeinflusstem Wasser (MWI: Mining Influenced Water), denn auch basisches oder zirkumneutrales Grubenwasser kann erhebliche Umweltschäden verursachen.

Ohne Zweifel liegt saures Grubenwasser immer dann vor, wenn der pH-Wert unter 5,6 liegt. Unterhalb dieses pH-Werts gibt es keine für die Grubenwasserreinigungsanlage relevanten Puffer mehr, sodass das Grubenwasser stets „netto-acidisch" ist. Dies ist zum Beispiel im Ficklin-Diagramm berücksichtigt (Abb. 1.9).

Ein pH-neutrales Wasser liegt vor, wenn die Aktivität der OH-Ionen derjenigen der H^+-Ionen (Protonen) entspricht. Bei 25 °C ist der pH-Wert dann genau 7,00. Da die Eigendissoziation von Wasser mit der Temperatur steigt, hat ein neutrales Wasser bei 20 °C einen pH-Wert von 7,08 und bei 30 °C einen pH-Wert von 6,92 (pH = pOH). Natürliche Wässer besitzen typischerweise pH-Werte zwischen 4,3 und 5,3 (bei dem aktuellen CO_2-Partialdruck, und ohne den Eintrag von Säuren und Basen sollte der pH-Wert im Gleichgewicht mit CO_2 5,6 sein). Für die Aktivität der Wasserstoffionen gibt es in einer Lösung jedoch theoretisch weder nach unten noch nach oben eine Grenze, sodass es weit negativere und positivere pH-Werte gibt, als im vorherigen Absatz genannt.

Abschließend noch ein Hinweis zur Berechnung von Mittelwerten des pH-Werts (einen Online-Rechner finden Sie hier: www.wolkersdorfer.info/ph). Da der pH-Wert eine Funktion der Wasserstoffionenaktivität darstellt, muss zunächst die Umkehrfunktion angewendet werden, bevor der Mittelwert errechnet werden kann (Tab. 2.8):

$$\overline{\mathrm{pH}} = -\log\left(\frac{1}{n}\cdot\sum_{i=1}^{n}10^{-\mathrm{pH}_i}\right) \tag{2.7}$$

Tab. 2.8 Berechnung von Mittelwerten des pH-Werts. Nicht 3,63, sondern 3,41 ist der korrekte Mittelwert des pH (Messwerte eines Grubenwassers bei Carolina in der Provinz Mpumalanga/Südafrika)

	gemessener pH-Wert, –	berechnete Protonenaktivität $\{H^+\}$, –	pH, –
	2,82	$1{,}51 \cdot 10^{-3}$	
	3,30	$5{,}01 \cdot 10^{-4}$	
	4,16	$6{,}92 \cdot 10^{-5}$	
	3,90	$1{,}26 \cdot 10^{-4}$	
	3,25	$5{,}62 \cdot 10^{-4}$	
	4,17	$6{,}76 \cdot 10^{-5}$	
	4,01	$9{,}77 \cdot 10^{-5}$	
	4,02	$9{,}55 \cdot 10^{-5}$	
	3,40	$3{,}98 \cdot 10^{-4}$	
	3,30	$5{,}01 \cdot 10^{-4}$	
Mittelwert	***(3,63)***	$\mathbf{5{,}90 \cdot 10^{-8}}$	
pH-Mittelwert			**3,41**

Im Programm AMDTreat+ ist ein Modul enthalten, mit dem sich die Mittelwerte leicht errechnen lassen (leider mit Ungenauigkeiten in der letzten Stelle des Ergebnisses). Aber ich denke, Sie können das selbst ganz schnell in einer Tabellenkalkulation, mit Ihrem Taschenrechner oder in einer App berechnen. Die Unterschiede der beiden Berechnungsmethoden sind zwar meistens gering, aber eben nicht als trivial zu erachten.

2.3.7 Eisenkonzentration

Für die Bemessung einer Grubenwasserreinigungsanlage ist in den meisten Fällen die Eisenkonzentration ein wesentliches Entscheidungskriterium. Dabei ist neben der Konzentration an Gesamteisen auch die der beiden Redoxspezies des Eisens, Fe^{2+} (*ferrous*, reduzierte Spezies) und Fe^{3+} (*ferric*, oxidierte Spezies) wichtig. Oftmals werden die Spezies im Labor ermittelt, wobei in der Regel nur eine der beiden Spezies und das Gesamteisen gemessen werden und in vielen Fällen erhebliche analytische Widersprüche auftreten.

Zahlreiche Labors messen Fe_{ges} und Fe^{2+} mittels unterschiedlicher Messmethoden. Daher kann es gelegentlich dazu kommen, dass die Fe^{2+}-Konzentrationen größer als die Fe_{ges}-Konzentrationen sind. Dies scheint besonders dann der Fall zu sein, wenn nahezu alles Eisen in der reduzierten Form vorliegt. An einem Grubenwasseraustritt in Neuschottland/Kanada ermittelte ein akkreditiertes Labor regelmäßig Fe^{2+}-Konzentrationen, die bis zu 15 % über denen der Fe_{ges}-Konzentrationen lagen. Dabei handelt es sich um keinen Einzelfall, sondern um einen systematischen Fehler, der in der Messmethode zu suchen und auch von anderen Labors bekannt ist. Um korrekte Ergebnisse zu erzielen, ist es daher unerlässlich, die Fe^{2+}- und Fe_{ges}-Konzentration mittels fotometrischer Methoden im Gelände zu ermitteln, wobei darauf zu achten ist, dass das Eisen während der Probenahme nicht zu schnell oxidiert (Abb. 2.14). Nachteilig können sich hohe Konzentrationen auswirken, da das Grubenwasser vor der fotometrischen Analyse zunächst verdünnt werden muss und es bei diesem Vorgang zur Oxidation des Eisens kommen kann. Bei sorgfältiger Vorgehensweise sind die Messwerte identisch mit denen in einem akkreditierten Labor gemessenen. Wichtig ist es, stets Standards zu messen, um die Genauigkeit der fotometrischen Messung verifizieren zu können. Die im Handel erhältlichen, vorkonditionierten Powder Packs oder Küvetten haben sich dabei als ausreichend erwiesen und stehen aufwendigen, im Labor hergestellten Messlösungen (Stookey 1970; To et al. 1999; Viollier et al. 2000) in nichts nach.

Betreffs der verschiedenen Eisenkonzentrationen in einem Grubenwasser und der Benennung gibt es stets Diskussionen, da sie von verschiedenen Bearbeitern gänzlich unterschiedlich gehandhabt werden. Es kommt vor, dass Bearbeiter das Fe^{2+} als gelöstes Eisen bezeichnen und die Summe aus Fe^{2+} und Fe^{3+} als Gesamteisen. Dies ist natürlich nicht korrekt. Tab. 2.6 gibt daher eine Übersicht über die zahlreichen unterschiedlichen Bezeichnungen und wie sie korrekt zu verwenden sind, um Unklarheiten künftig vermeiden zu können.

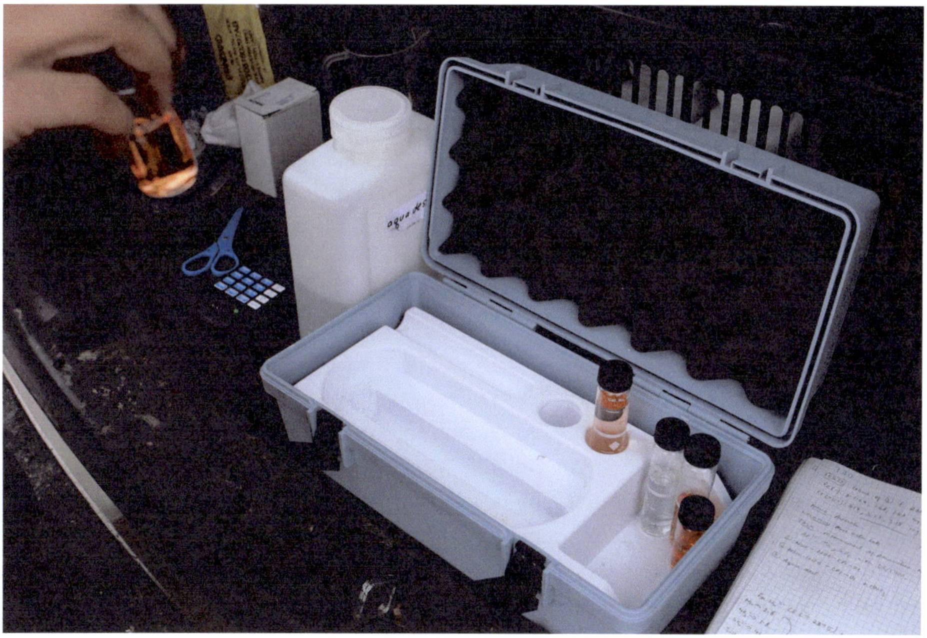

Abb. 2.14 Fotometrische Vor-Ort-Analyse von Gesamteisen und Fe^{2+}

Gerade die Eisenkonzentration in einem Grubenwasser unterliegt einer schnellen Änderung, sobald die Probe nach der Probenahme „steht". Dies gilt auch dann, wenn die Probe gekühlt ist. Ansäuern der Probe mit HNO_3 hilft nur dann, wenn die Gesamteisenkonzentration interessiert, die Speziierung wird dadurch nur in wenigen Fällen erhalten bleiben. Anstatt dessen wäre mit HCl anzusäuern (American Public Health Association et al. 2012; Ficklin und Mosier 1999).

Grund dafür, dass sich die Eisenkonzentration im Wasser zwischen Probenahme und Analyse erniedrigt, ist die Hydrolyse des Eisens, bei der sich das gelöste Eisen mit dem Sauerstoff im Wasser verbindet und als kolloides Eisenoxihydrat ausfällt und das Grubenwasser bräunlich färbt oder einen braunen Niederschlag am Boden des Gefäßes hervorruft. Besonders dann, wenn Laborversuche mit „realem" Grubenwasser angestellt werden sollen, wirkt sich die Hydrolyse des Eisens nachteilig aus. Es ist folglich stets problematisch, Laborversuche zur Grubenwasserreinigung durchzuführen; oftmals wird daher auf synthetisches Grubenwasser ausgewichen, bei dem die Eisenkonzentration durch geeignete Salze eingestellt werden kann. In einem Grubenwasser aus dem Schwefelstollen bei Alexisbad/Harz erniedrigte die Hydrolyse die Gesamteisenkonzentration von 0,25 mg L^{-1} auf 0,15 mg L^{-1} (Wolkersdorfer und Kubiak 2008). Da die Hydrolyse des Eisens Protonen erzeugt, erniedrigt sich dabei auch der pH-Wert der Probe zwischen Probenahme und Labor.

Ein Kollege hat sehr gute Erfahrungen mit folgender Vorgehensweise gemacht (pers. Mitt. Broder Merkel 2017): Probe mit 0,2 µm im Gelände filtrieren, ansäuern und das Gesamteisen mit ICP-MS bestimmen. Vor Ort ist in der filtrierten, nicht angesäuerten Probe Fe^{2+} fotometrisch zu bestimmen. Eine Wiederholung der Fe^{2+}-Bestimmung im Labor zeigt oft eine kleinere Konzentration an, was als Hinweis auf Oxidation in der Probenahmeflasche gedeutet werden kann. Wenn man Fe^{2+} überhaupt im Labor messen will, dann ist Fe^{2+} gesondert zu stabilisieren.

2.3.8 Mangankonzentration

Mangan ist ein weiterer Parameter, der bei der Grubenwasserreinigung aus dem Grubenwasser entfernt werden sollte. Obwohl es sich fotometrisch im Gelände ermitteln lässt, ist es nicht nötig, eine Analyse im Gelände vorzunehmen. Es ist ausreichend, Mangan im Labor messen zu lassen. Auch eine besondere Behandlung der Probe ist nicht nötig; es genügen die weiter oben beschriebenen allgemeinen Vorgehensweisen bei der Probenahme. Obwohl Mangan ähnlich wie Eisen oxidiert und hydrolysiert, sinkt der pH-Wert der Probe dadurch nur unwesentlich.

2.3.9 Aluminiumkonzentration

Viele saure Grubenwässer enthalten erhebliche Konzentrationen an Aluminium. Diese Konzentrationen können bis in den $mg\,L^{-1}$-Bereich gehen und müssen daher aus dem Grubenwasser entfernt werden. Folglich ist eine zuverlässige Analyse des gelösten Aluminiums unerlässlich. Anders als Eisen oder Mangan bildet Aluminium jedoch Kolloide auch unterhalb von 0,2 µm und wird daher oftmals analytisch überbestimmt. Das, was folglich bei der Filtrierung mit 0,45 µm in der Regel als „gelöstes" Aluminium angegeben wird, ist jedoch nicht „gelöst" in der Grubenwasserprobe enthalten und kann eine Überbestimmung des Aluminiums um bis zum 8-Fachen der eigentlichen Aluminiumkonzentration ausmachen (Abb. 2.15). Es wird daher empfohlen, für eine korrekte Aluminiumanalyse mit 0,2-µm- oder besser 0,1-µm-Filtern zu arbeiten (Wolkersdorfer 2008). Um die Filtrierzeit zu verkürzen, sollte den 0,2-µm- oder 0,1-µm-Filtern ein 0,45-µm-Filter vorgeschaltet werden.

2.3.10 Redoxspannung (E_h)

Kein anderer Parameter verursacht bei der Messung und Interpretation mehr Probleme als die Redoxspannung, die früher als Redoxpotenzial bezeichnet wurde (D. I. N. Deutsches Institut für Normung e. V. 1984). Ficklin und Mosier (1999, S. 255) schreiben sogar, dass E_h-Messungen im Gelände von zweifelhaftem Sinn und Wert seien. Dies

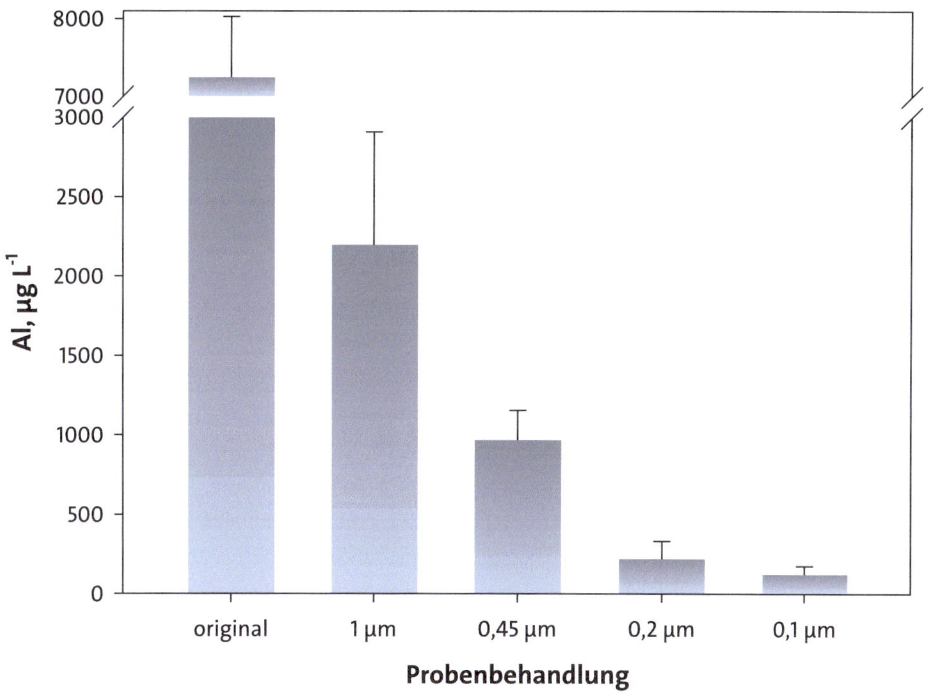

Abb. 2.15 Aluminiumkonzentrationen in sequenziell gefiltertem Grubenwasser aus dem 1 B Mine Pool in Kanada. Von den 970 ± 184 µg L^{-1} Al, die mit einem 0,45-µm-Filter gefiltert wurden, liegen noch 750 ± 148 µg L^{-1} kolloidal gebunden vor (Bohrloch B183, Kap-Breton-Insel, Kanada)

liegt zum einen daran, dass es mitunter sehr lange dauern kann, bis sich eine konstante Redoxspannung einstellt (Schüring et al. 2000, S. 10), aber auch daran, dass manche Bearbeiter dem Prinzip mit Fragezeichen im Kopf gegenüber stehen. Lloyd und Heathcote (1985, S. 113–142) beobachteten Zeiten von bis zu 30 min, bis sich eine konstante Redoxspannung einstellte, was sich mit den Angaben in der DIN deckt. Wie Gezahegne et al. (2007) zeigen konnten, scheint dies dann vorzukommen, wenn das Grund- oder Grubenwasser nicht im Gleichgewicht ist und nur eine geringe Pufferkapazität für die Redoxspannung vorliegt. Das wichtigste Redoxpaar im Grubenwasser sind die Eisenspezies Fe^{2+}/Fe^{3+} (Stumm und Morgan 1996), aber natürlich tragen auch zahlreiche andere Redoxpaare zur Redoxspannung bei. Während die Eisenspezies relativ schnell ein Redoxgleichgewicht erreichen, ist dies bei anderen Redoxpaaren nur bedingt der Fall.

Oftmals vergessen Bearbeiter, dass der Wert der Redoxspannung, den sie an ihrem Messgerät ablesen, der der Messzelle ist, die sie gerade verwenden. Die Redoxspannung wird jedoch bezogen auf die Standardwasserstoffelektrode (SHE: Standard Hydrogen Electrode) angegeben. Nur wenige Hersteller von Elektroden und Messgeräten ermöglichen, dass die Anzeige am Gerät der E_h-Wert ist und nicht die Spannung der Elektrode.

Für hydrogeologische Fragestellungen ist jedoch der E_h-Wert relevant und nicht die Spannung der Zelle. Somit ist der Wert, den die Zelle liefert, in der Regel erst einmal auf die Standardwasserstoffelektrode bei 25 °C zu korrigieren. Dazu lassen sich Gl. 12 und die dazugehörige Tab. 2.9 verwenden (Genauigkeit der Gleichung ± 5 mV bei Temperaturen zwischen 5 und 65 °C):

$$E_{0(25°C)} = E_t - 0.198 \times (T - 25) + \sqrt{a - b \times T} \tag{2.8}$$

mit		
	E_0	Redoxspannung der Standardwasserstoffelektrode, mV
	E_t	gemessene Spannung der Elektrode bei der Temperatur T, mV
	T	gemessene Temperatur, °C.

Tab. 2.9 sei an einem Beispiel erläutert: Am Bergwerk Metsämonttu in Finnland lieferte am Schacht Eins das Hach-Messgerät eine ORP-Spannung von – 152,4 mV. Da es sich bei der Messsonde um eine 3 molare Ag/AgCl-Sonde handelte, sind die Werte der Koeffizienten a und b entsprechend 50301 und 297. Es errechnet sich somit eine Redoxspannung E_h von 65 mV (www.Wolkersdorfer.info/redox). Dezimalstellen können weggelassen werden, denn die Messungen sind ohnehin nur auf etwa ±10 mV genau.

Bei jeder Redoxmessung ist der Typ der Messelektrode zu notieren, um die korrekte Redoxspannung errechnen zu können. Redoxelektroden unterliegen einer schnellen Oberflächenvergiftung, da an der Oberfläche der Zelle Redoxreaktionen ablaufen. Sie sollten daher regelmäßig gereinigt werden, um korrekte Ergebnisse liefern zu können.

▶ Es sei an dieser Stelle darauf hingewiesen, dass auch pH-Elektroden einen Wert in mV liefern, diese aber keinesfalls geeignet sind, daraus die Redoxspannung zu errechnen. „Schöne" Beispiele für derartige Falschmessung finden sich in zahlreichen Publikation (z. B. Özcan et al. 2007, Tab. 3). Im speziellen Fall sind die Redoxspannungen auf zwei Dezimalen hinter dem Komma angegeben, was im Widerspruch zu D. I. N. Deutsches Institut für Normung e. V. (1984) oder American Public Health Association et al. (2012) steht, wonach eine Genauigkeit von etwa ±10 mV erreicht werden kann. Daneben sind die dort wiedergegebenen Werte mit 48 bis 84 mV extrem niedrig und korrelieren mit dem pH-Wert ($R^2 = 0{,}3$; da der pH-Wert temperaturkompensiert ist, ist das R^2 nicht nahe an 0,99). Dies ist ein ein-

Tab. 2.9 Koeffizienten für die Berechnung der Redoxspannung nach Gl. 2.8. Weitere Koeffizienten und einen Online-Rechner finden Sie auf www.Wolkersdorfer.info/redox

Sensortyp	Koeffizient a	Koeffizient b
Quecksilber Kalomel KCl, gesättigt	67 798	324
Ag/AgCl KCl 1 mol L^{-1}	62 775	284
Ag/AgCl KCl 3 mol L^{-1}	50 301	297

deutiger Hinweis darauf, dass eine pH-Elektrode verwendet und das Messgerät von der pH-Wert-Anzeige auf die mV-Anzeige umgeschaltet wurde. Die in dieser Region vorkommenden natürlichen Wässer müssten jedoch Redoxspannungen zwischen 200 und 500 mV aufweisen (Wolkersdorfer et al. 2004, R^2 zwischen Redoxpotential und pH-Wert: 0,0003). Leider finden sich derartige Fehlmessungen in Gutachten und der Literatur immer wieder. Nur wenige Hersteller haben Messsonden im Programm, mit denen sich sowohl der pH-Wert als auch die Redoxspannung mit einer Sonde messen lassen (z. B. YSI).

Ein anderes Problem ergibt sich, wenn überhaupt keine Redoxspannung gemessen wurde. Dies mag in einigen Fällen ohne Belang sein, aber wenn es um die chemisch-thermodynamische Modellierung von Grubenwasser geht, sollten unbedingt zuverlässige Messungen vorliegen. In einem weiteren, unpublizierten Beispiel lagen erhöhte Ammoniumkonzentrationen im Sumpf eines Tagebaus in Ghana vor. Dieser Sumpf befand sich gegenüber dem aktiven sprengtechnisch fortschreitenden Erzabbau. Die Frage war, ob es sich bei den zwischen <1 mg L^{-1} und >40 mg L^{-1} bewegenden Ammoniumkonzentrationen um eine natürliche Quelle handeln könnte, oder ob es anthropogen durch den Bergbau in das Sümpfungswasser gelangte. Zwar diskutiert das Ingenieurbüro mit einem international gut bekannten Namen die Nitrifikation und Denitrifikation des Ammoniums; an keiner Stelle wird allerdings auf die Redoxspannung eingegangen, noch finden sich in dem Gutachten Messungen derselben. Anstatt dessen werden mit den über zwei Jahre gewonnenen Messwerten Modellrechnungen mit einer in dieser Firma gerne verwendeten Software durchgeführt, ohne die Ursache für die starken Schwankungen oder die Quelle beurteilen zu können, was mit Redoxmessungen durchaus möglich gewesen wäre.

In einem anderen Fall, bei dem es um das Monitoring in einem experimentellen RAPS ging, notierten die Bearbeiter eine Redoxspannung von -81 mV. Alles Eisen lag gemäß der Analyse in der oxidierten Spezies (Fe^{3+}) vor, und die Fe^{2+}-Konzentration betrug $<0{,}006$ mg L^{-1}. Dies ist ein Beleg dafür, dass die Redoxspannung nicht wie angegeben -81 mV betragen kann, sondern vielmehr um die 110 mV hoch sein muss. Die Bearbeiter haben folglich vergessen, die Spannung der Messsonde auf die Spannung der Standardwasserstoffelektrode umzurechnen.

Jang et al. (2005) haben miniaturisierte Redoxsonden entwickelt, mit denen sich Änderungen der Redoxspannung innerhalb eines Mediums, z. B. eines Biofilms, detailliert beobachten lassen. Meyer und Dick (2010) wiederum berichten von neuartigen Redoxsonden, die auf dem grünen fluoreszierenden Protein GFP basieren. Beide Entwicklungen halte ich für spannend. Bis jedoch marktreife, redoxsensitive Fluoreszenzsensoren für Grubenwasser erhältlich sind oder sich der Einsatz von miniaturisieren Redoxsonden durchgesetzt hat, wird noch viel Wasser die Aa hinunterlaufen. Vielmehr werden noch lange die üblichen Glaselektroden eingesetzt werden müssen.

2.3.11 Sauerstoffsättigung

Für einige passive Grubenwasserreinigungsanlagen ist es unerlässlich, die Sauerstoffsättigung des Wassers zu kennen. Prinzipiell werden von den zahlreichen Methoden zur Sauerstoffbestimmung (z. B. Iodtitration nach Winkler, elektrochemisch, optisch) heute nur noch zwei verwendet: elektrochemisch mit der veralteten Clark-Elektrode (Clark et al. 1953) oder optisch mit den modernen LDO-Sensoren (luminiscent dissolved oxygen, Klimant et al. 1995). Im Gegensatz zur Clark-Elektrode verbrauchen die LDO-Sensoren den Sauerstoff nicht, sodass die Messung einfacher und zuverlässiger zu handhaben ist als die mit der Clark-Elektrode. Daher empfehle ich, diese nicht mehr einzusetzen. Bei Sauerstoffmessungen mit der Clark-Elektrode ist die Elektrode vor jeder einzelnen Messung in dem weißen Aufbewahrungsbehälter zu kalibrieren, da die Elektrode temperatur- und druckabhängig ist (Schwedt 1995). Sauerstoffmessungen mit Werten unter 0,5 mg L^{-1} sind bedeutungslos, da die Nachweisgrenze der Clark-Elektrode bei 0,5 mg L^{-1} liegt. Dies ist bei der Auswertung zu berücksichtigen. Außerdem wird empfohlen, den Sensor in einer Durchflussmesszelle zu verwenden, da der Sauerstoff während der Messung verbraucht wird (Lloyd und Heathcote 1985). Bei der Messung sollten zusammen mit der Temperatur stets die Sättigung in Prozent und die Massenkonzentration in mg L^{-1} angegeben werden.

In warmem Wasser, das organisches Material enthält, kann die Sauerstoffsättigung auf Werte über 100 % ansteigen. Derartige Messwerte treten mitunter vor allem in stehenden Gewässern auf. Dabei handelt es sich um keinen Messfehler, sondern das Wasser ist gegenüber Sauerstoff übersättigt. In seltenen Fällen lässt sich auch beobachten, dass die Elektrode überhaupt keine konstanten Werte erreicht. Besonders dann, wenn das Wasser die Elektrode schnell anfließt oder wenn gelöste Gase aus dem Wasser ausgasen und an die Elektrode kommen, lassen sich diese Effekte (vor allem bei der Clark-Elektrode) beobachten.

2.4 Wasseranalytik

Um Grubenwasser chemisch bzw. physikochemisch zu analysieren, bestehen eine Reihe von Analysenvorschriften. Die meisten davon basieren auf Vorschriften für Grund- oder Oberflächenwasser und sind in der Regel geeignet, um Grubenwasser zu analysieren. Leider weichen die gängigen Vorschriften länderabhängig voneinander ab, was die Interpretation eines Parameters mitunter problematisch werden lässt, wie das Beispiel Alkalinität–Acidität erschöpfend zeigt. Es ist daher notwendig, sich zu Beginn einer Probenahmekampagne mit den jeweils geltenden Analysenvorschriften zu befassen, um die Analytik korrekt durchzuführen. Je nach Land sind folglich die Bestimmungen in der DIN, ISO, ISO-EU, EPA, LAWA, DVGW, DVWK zu berücksichtigen. Auf eine detaillierte Darstellung und Auflistung verzichte ich hier, da die Vorschriften dem wissenschaftlichen Kenntnisstand angepasst Änderungen unterliegen.

Es besteht folglich kein einheitliches Probenahme- und Analysenverfahren, so wie für die hydrogeologische Probenahme (z. B. Deutscher Verband für Wasserwirtschaft und Kulturbau e. V. 1992; Sächsisches Landesamt für Umwelt und Geologie 1997; Sächsisches Landesamt für Umwelt,Landwirtschaft und Geologie 2003; Selent und Grupe 2018). Solange jedoch die „üblichen" Verfahren der hydrogeologischen Probenahme für Oberflächengewässer eingehalten werden, können auch die Proben von Grubenwasser weitgehend als repräsentativ angesehen werden.

Dies heißt, dass eine Grubenwasseranalytik im Großen und Ganzen den *Deutschen Einheitsverfahren zur Wasser-, Abwasser- und Schlammuntersuchung – Physikalische, chemische, biologische und bakteriologische Verfahren* (Wasserchemische Gesellschaft in der Gesellschaft Deutscher Chemiker und Normenausschuss Wasserwesen im D. I. N. 1993) oder den *Standard methods for the examination of water and wastewater* (American Public Health Association et al. 2012) folgen sollte. Im Einzelfall mögen Bergwerksbetriebe davon abweichende, firmeneigene Werksstandards erlassen haben. Sofern dies der Fall ist, sind diese Verfahren – unabhängig davon, ob sie den international üblichen Gepflogenheiten folgen oder nicht – anzuwenden.

In den Vereinigten Staaten von Amerika und Kanada wird heute zunehmend die Härte eines Wassers in $mg\ L^{-1}$ $CaCO_3$ eq. mit herangezogen (die Gleichungen dazu erspare ich Ihnen lieber), um den Grenzwert eines Parameters festzulegen, oder es werden Grenzwerte für akute oder chronische Toxizitäten festgelegt. Außerdem wird bei der Festlegung eines Einleitgrenzwerts berücksichtigt, welcher Nutzung das jeweilige Gewässer unterliegt (z. B. Colorado Department of Public Health and Environment – Water Quality Control Commission 2013). Leider wird nicht explizit ausgeführt, um welche „Härte" es sich handelt: Gesamthärte, Carbonathärte, Nichtcarbonathärte (den Kommentar eines Kollegen dazu erspare ich Ihnen hier ebenfalls). Gehen wir davon aus, sie meinen die in den *Standard methods* definierte Härte nach Methode 2340 A:"Hardness [mg eq. $CaCO_3/L_{-1}$] = 2,497 × [Ca, mg L^{-1}] + 4,118 × [Mg, mg L^{-1}]".

2.5 Untersuchungen zur Kalkzugabe oder Säulenversuche

Immer wieder werden Labor- oder Geländeversuche unternommen, um festzustellen, wie sich die Zugabe von Kalkstein oder „Kalk" (umgangssprachlich oftmals für Calciumoxid oder Calciumhydroxid verwendet) in ein Grubenwasser auf den pH-Wert des Grubenwassers auswirkt. Halten wir an dieser Stelle fest: positiv. Dieser Versuch wurde bereits tausendfach von ebenso vielen Bearbeitern unternommen, und die Ergebnisse sind fast immer identisch: Um stabile pH-Werte um pH 7 zu bekommen, muss die Kontaktzeit zwischen Kalkstein und Grubenwasser etwa 10–20 h und die zwischen „Kalk" und Grubenwasser etwa 1–2 h betragen (z. B. Cravotta et al. 2008; Hedin et al. 1994b; Kostenbader und Haines 1970; Maree et al. 1996; Schipek und Merkel 2012; Singh und Rawat 1985; Uhlmann et al. 2001; Watzlaf et al. 2000; Zinck et al. 1997) (Abb. 2.16).

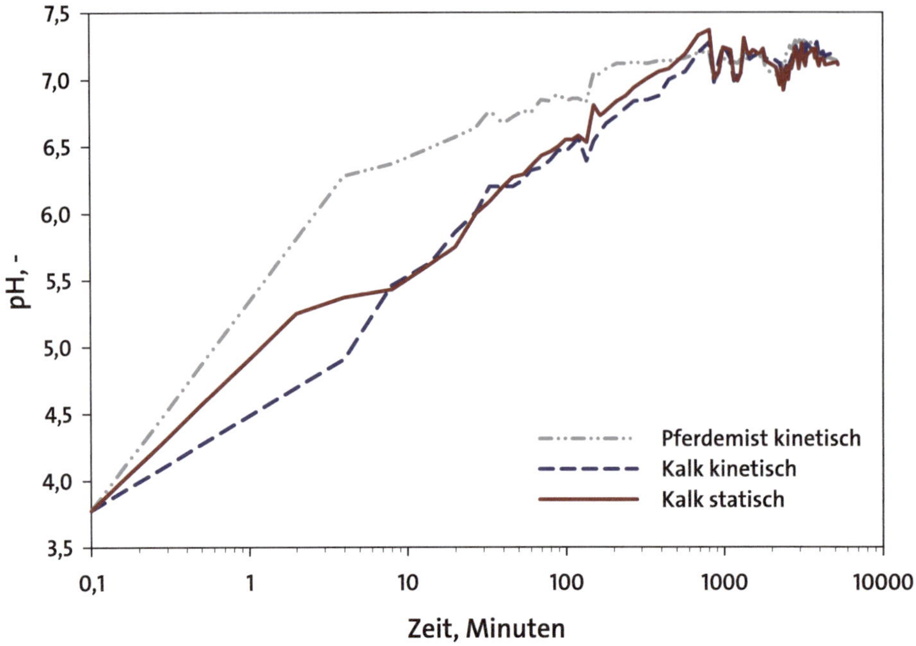

Abb. 2.16 Kalkungs- und Kompostversuche (Pferdemist) mit saurem Grubenwasser (100 L Tank, ca. 5 kg Kalkstein oder Mist). Ein stabiler pH-Wert von 7 wird bereits nach 2–8 h erreicht, da ein Großteil der Acidität vom CO_2 im Grubenwasser stammt. Kinetisch: Wasser wurde regelmäßig gerührt; statisch: Wasser wurde nicht gerührt. Fehler der pH-Wert-Messung 0,01

Andere Bearbeiter haben in aufwendigen Pilotversuchen gezeigt, dass sich Grubenwasser mit „Kalk" reinigen lässt. Auch dieses Ergebnis ist bereits hinlänglich bekannt; nämlich, dass sich jedes Grubenwasser durch die Zugabe von „Kalk" oder Kalkstein reinigen lässt. Die jeweils zuzugebende Menge können Sie mit einem pH-Meter am Ausgang der Grubenwasserreinigungsanlage steuern. Lassen Sie mich nur eines der Ergebnisse vorgenannter Versuche herausstellen: Ein hoher $CaCO_3$-Prozentsatz im Kalkstein, eine auf die jeweilige Methode optimal abgestimmte Korngröße des Kalksteins (nicht zu klein, nicht zu groß) und potenzielle Inhibitoren im Kalkstein wie Mn, SO_4, Fe oder Cd (Schipek 2011) beeinflussen die Prozesse erheblich.

Regelmäßig werden aufwendige Säulenversuche geplant und durchgeführt, um die verschiedensten physikochemischen Reaktionen zwischen Abraum oder Absetzteichen oder Erz zu studieren. Die Anzahl dieser Laborversuche geht ebenfalls in die Tausende, und nur in wenigen Fällen lassen sich die Ergebnisse vom Labor ins Gelände übertragen. Interessant, und meines Erachtens neuartig, sind jedoch die systematischen Versuche von Schipek zur Kalkzugabe in Restseen der Lausitz (Schipek 2011; Schipek und Merkel 2012). Leider gibt es bislang keine zuverlässigen und standardisierten Verfahren, um die Ergebnisse von Säulenversuchen interpretieren zu können (Van der Sloot und Van

Zomeren 2012). Jede Methode hat ihre Vor- und Nachteile, und bevor Sie einen Säulenversuch planen, schauen Sie die Beschreibungen im GARD-Guide (Kap. 5) an. Germer (2001) hat an einigen deutschen Erzproben gezeigt, wie schwierig es ist, aus einem Verfahren abzuleiten, wie sich der Chemismus des Grubenwassers künftig entwickeln wird. Diese Versuche, die sich im Übrigen über Jahre hinziehen können, sind allerdings international und national in vielen Fällen unerlässlich, um eine Abbaugenehmigung auf Kohle oder Erze zu erlangen.

2.6 Aktive oder passive Grubenwasserreinigung?

Ob Sie eine aktive oder passive Grubenwasserreinigungsanlage errichten müssen, um Ihr Grubenwasser zu reinigen, hängt von zahlreichen Faktoren ab: in erster Linie jedoch von der Grubenwasserqualität, der Menge des Grubenwassers, von den finanziellen Aufwendungen, die Sie oder Ihr Auftraggeber bereitstellen können, und von den erforderlichen Einleitgrenzwerten. Obwohl im Zusammenhang mit passiver Grubenwasserreinigung oft von Low-cost-Systemen gesprochen wird, muss dies im Einzelfall nicht unbedingt zutreffen. Die anfänglichen Investitionskosten einer passiven Anlage können erheblich sein, und nach einigen Jahren muss der Schlamm – wie auch in einer aktiven Anlage – entsorgt oder das Substrat erneuert werden. Bei einer aktiven Anlage können die Investitionskosten hingegen relativ gering sein, wohingegen die laufenden Kosten erheblich sind – gerade, wenn eine große Menge an Schlamm zu trocknen und umweltgerecht zu entsorgen ist oder große Mengen an Lauge anfallen. Morin und Hutt (2006) haben versucht, einen Zusammenhang zwischen den Investitions- und Betriebskosten einer aktiven Grubenwasserreinigungsanlage und der Menge des zu behandelnden Wassers herzustellen. Tatsächlich steigen die Kosten einer Anlage mit der Menge des zu behandelnden Grubenwassers; bei den Betriebskosten hingegen sind die Zusammenhänge weniger deutlich (Abb. 2.17). Eine etwas ältere, aber wesentlich detailliertere Auflistung der Kosten verschiedener passiver Systeme geben Tremblay und Hogan im MEND-Handbuch (MEND 2000, S. 5-96–5-99).

Vereinfacht ausgedrückt sollte immer dann eine aktive Anlage errichtet werden, wenn große Frachten aus dem Wasser zu entfernen sind, und immer dann eine passive Anlage, wenn die Frachten verhältnismäßig gering sind (Abb. 2.18). Ausnahmen davon gibt es eine ganze Reihe, wie das Beispiel der Pilotanlage Wheal Jane in Cornwall zeigt – dort allerdings auch mit all den anfänglichen Problemen einer Pilotanlage (z. B. Younger et al. 2005). Trotz dieser Schwierigkeiten gelang es durch Optimierung des Systems und intensiver wissenschaftlicher Begleitung, einen Teilstrom des Grubenwassers passiv zu reinigen. An diesem aufgelassenen Bergwerk wurden drei voneinander getrennte passive Systeme so konstruiert, dass sie mittels unterschiedlicher Betriebsabläufe das Grubenwasser reinigen können (Hamilton et al. 1999). Außerdem wurde an zweien eine Vorstufe installiert, in der der pH-Wert des Grubenwassers durch Neutralisation angehoben

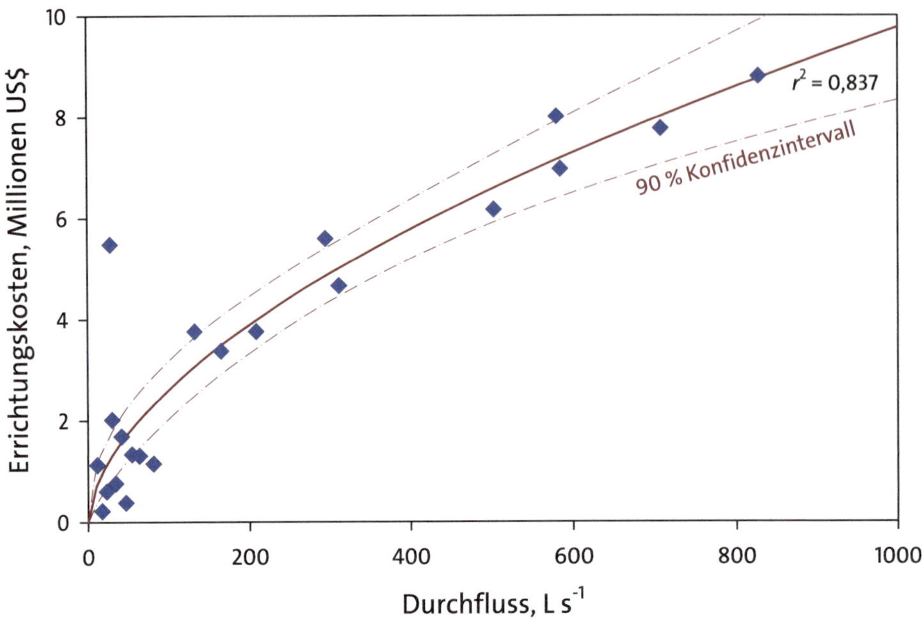

Abb. 2.17 Abhängigkeit der Investitionskosten einer aktiven Grubenwasserreinigungsanlage von der aufzubereitenden Menge an Grubenwasser. (Nach Morin und Hutt 2006)

wird. Der Hauptstrom des Grubenwassers in Wheal Jane wird jedoch aktiv gereinigt (Coulton et al. 2003a).

Um Ihnen bei der Entscheidung über eine geeignete Reinigungsmethode zu helfen, können Sie auf frei erhältliche Software zurückgreifen. Earth Systems hat dazu in Kooperation mit INAP die verhältnismäßig simple, MS Excel™-basierte Lösung ABATES (Acid-Base Accounting Tool) entwickelt, die dabei hilft, die Qualität des Grubenwassers zu charakterisieren oder dessen Entwicklung zu prognostizieren. Es besteht aus den Water Quality Assessment Tools (WQA) und den Acid Base Accounting Tools (ABA). Um sich für eine bestimmte Anlage zu entscheiden, können Sie AMDTreat+ verwenden (Cravotta et al. 2010; McKenzie 2005). Diese vom US Dept. of the Interior, Office of Surface Mining, Appalachian Region, zur Verfügung gestellte Software ist ein ausgesprochen umfangreiches Werkzeug, das im Januar 2013 in der Version 5.0.2 vorlag und eine Version von PHREEQC beinhaltet (Cravotta et al. 2015). Leider läuft der Installer nicht auf Windows-10-Rechnern, und eine neue Version soll erst Mitte 2021 zur Verfügung stehen. Sie können sich jedoch eine von mir angepasste Version herunterladen (www.Wolkersdorfer.info/docs/AMDTreat52.exe); Sie sollten sich allerdings mit den Besonderheiten der US-amerikanischen Einheiten vertraut machen,

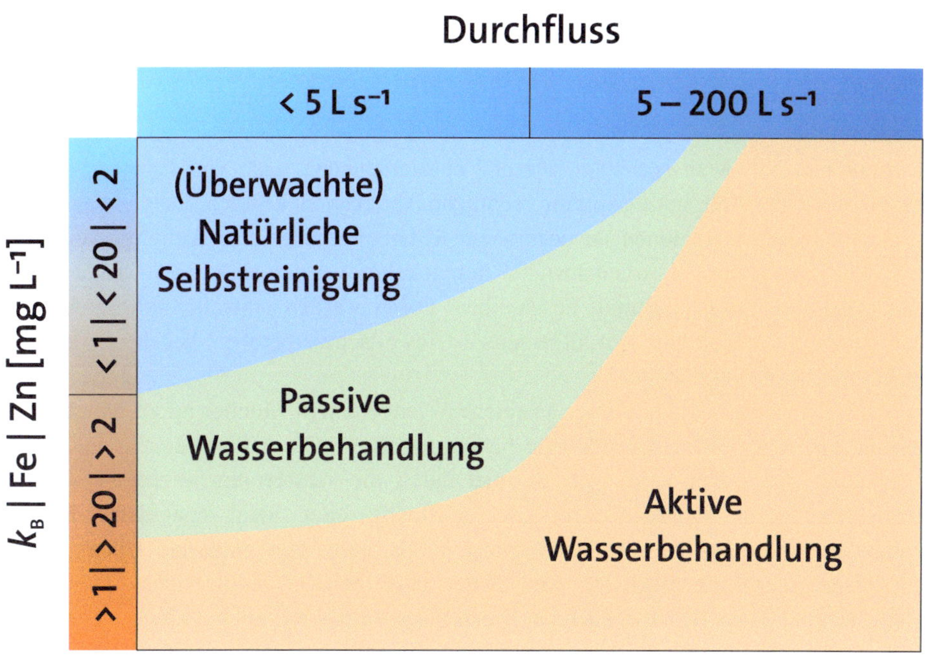

Abb. 2.18 Grafische Entscheidungshilfe für und wider aktive oder passive Wasserreinigung. Die Grenzen zwischen den Verfahren müssen als unscharf betrachtet werden. Auf der Ordinate gibt es einen oberen Bereich mit geringer kontaminiertem Grubenwasser (geringere Konzentration an Eisen, niedrigere Basenkapazität und Durchfluss) und einen unteren mit höher kontaminiertem Grubenwasser. k_B in mmol L^{-1}, Fe und Zn in mg L^{-1} (ERMITE Consortium et al. 2004; Younger 2002b)

bevor Sie das Programm verwenden. So ein Kubikfuß hat es in sich – um genau zu sein: 28,32 L (das Umrechnungswerkzeug von AMDTreat+ hat ab der 7. Kommastelle zahlreiche Ungenauigkeiten – verwenden Sie ein exakteres – wenn es denn nötig sein sollte).

Ich will nicht verschweigen, dass es in der Vergangenheit eine Reihe von passiven Grubenwasseranlagen gab, die nicht den Entwurfskriterien entsprachen (z. B. Johnson und Hallberg 2002; Rose et al. 2004a; Rose und Dietz 2002; Skousen und Ziemkiewicz 2005). Fehler entstanden dabei entweder durch unzureichende Kenntnis der Technik oder dadurch, dass wissenschaftlich-technische Grundlagen nicht korrekt oder gar nicht umgesetzt wurden. Aber auch mit aktiven Grubenwasserreinigungsanlagen gibt es mitunter erhebliche Probleme (z. B. Horenburg 2008), die gelegentlich erst nach geraumer Zeit zu einem Regelbetrieb in einer Anlage führen können. „Probleme" werden meist nicht publiziert (siehe Abschn. 1.1), nur auf den Fluren von Tagungen diskutiert oder von Nichtregierungsorganisationen oder Interessensgruppen veröffentlicht, die meist nur hinter vorgehaltener Hand erwähnt werden (z. B. Earthworks 2012).

2.7 Die endlose Grubenwasserreinigung

Aus sozioökonomischen Gesichtspunkten mag es mitunter sinnvoll sein, eine Grubenwasserreinigungsanlage so zu planen, dass sie möglichst lange Wasser zu reinigen oder abzupumpen hat. Man spricht in diesem Zusammenhang auch von Ewigkeitskosten, die zu erbringen sind, um bestimmte rechtliche Auflagen zu erfüllen. Dies bietet sich in strukturschwachen Regionen an oder wenn Mitarbeiter über eine Auffanggesellschaft möglichst lange von der Arbeitslosigkeit ferngehalten werden sollen. Wie dabei vorzugehen ist, soll dieser Abschnitt beschreiben. Dabei werden umweltrechtliche Aspekte oder Gründe, die sich aus dem allgemeinen Umweltschutz ergeben, bei der Diskussion bewusst außer Acht gelassen.

Zunächst ist das Grubenwasser ausreichend lange einem Monitoring zu unterziehen, um die kritischen Wasserinhaltsstoffe herauszuarbeiten. Diese Parameter können auch behördlich vorgegeben sein, zum Beispiel durch die Wasserrahmenrichtlinie, Grundwasserverordnung, Oberflächengewässerverordnung oder lokal festgelegte Einleitparameter in die Vorflut. Die Auswertung sollte durch eine intensive Untersuchung der Hintergrundwerte begleitet sein. Dann muss mittels multivariater statistischer Untersuchungen aus den vorliegenden Datensätzen eine Kennzahl extrahiert werden, die geeignet ist, die Grenzwerte der Grubenwasserreinigungsanlage festzulegen. Die Kennwerte, und daraus abgeleitet die Einleitgrenzwerte, sind so zu wählen, dass stets ein Teil des Wassers gereinigt wird, das der Hintergrundkonzentration des gewählten Parameters entspricht (zur Ermittlung von Hintergrundwerten und der Begriffsdefinition siehe Hobiger et al. 2004; Mast et al. 2007; Matschullat et al. 2000; Schneider 2016; Wagner et al. 2003; Walter 2006). Ist dies gewährleistet, kann eine Grubenwasserreinigungsanlage ad infinitum arbeiten.

Wie dabei vorzugehen ist, sei an einem Beispiel beschrieben, bei dem über 300 Wasseranalysen in einem ehemaligen Uranbergwerk zur Verfügung standen. Mittels empirischer Verfahren wurden Parameter isoliert, die geeignet waren, das Wasser im Bergwerk in Infiltrationswasser (weitgehend geogener Hintergrundwert) und Grubenwasser (weitgehend kontaminiert) zu klassifizieren. Infiltrationswasser sei dabei Grundwasser mit einer recht kurzen Aufenthaltszeit im Bergwerk, und Grubenwasser sei Grundwasser, das mit den Primär- und Sekundärmineralen in Kontakt stand. Wie gezeigt werden konnte, eigneten sich bei diesem Bergwerk die Parameter As, U und Ca für eine Klassifizierung. Dazu wurden zwei Quotienten aus den molaren Konzentrationen der drei Elemente gebildet und grafisch dargestellt (Abb. 2.19). Die Abbildung zeigt, dass Infiltrationswässer einen Quotienten q_1 größer $-0{,}1$ und q_2 größer als 2,6 besitzen (diese Zahlen basieren auf einer detaillierten statistischen Auswertung). Auf Basis dieser Quotienten wurde schließlich Abb. 2.20 erstellt und die Grenzen zwischen Grubenwasser und den Sicker- und Infiltrationswässern mit gelben Linien gekennzeichnet. Um eine unendliche Grubenwasserreinigungsanlage planen zu können, waren die Einleitgrenzwerte so festzulegen,

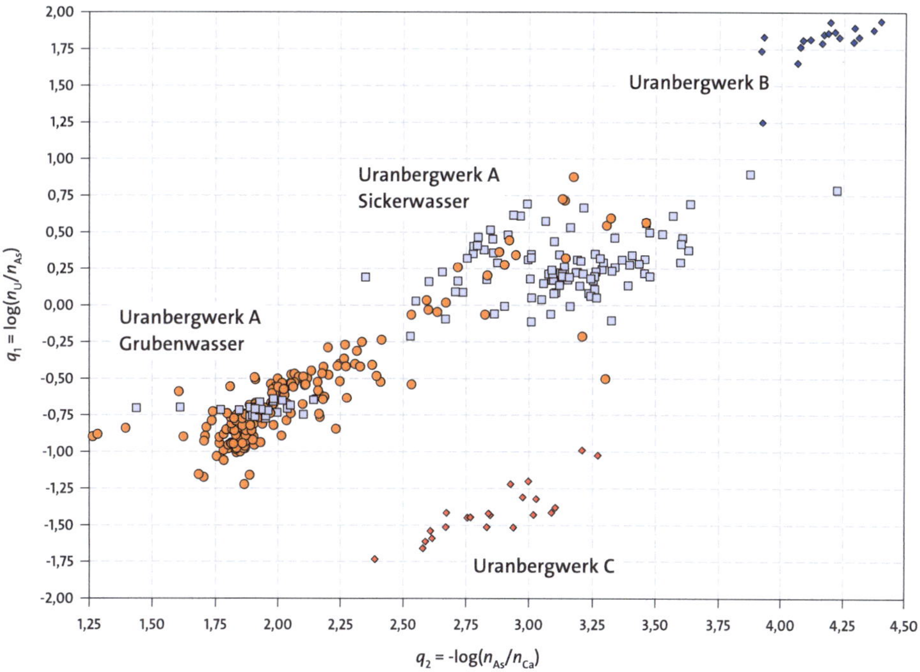

Abb. 2.19 Klassifikation von Grubenwässern aus unterschiedlichen Uranbergwerken auf Basis von Quotienten aus U, As und Ca. Blaue Quadrate sind Sicker- und Infiltrationswässer, orange Kreise Grubenwässer des Uranbergwerks A. Die Rauten zeigen zum Vergleich Grubenwässer zweier anderer Uranbergwerke B und C

dass sie innerhalb des blau hinterlegten Feldes lagen. Es ergaben sich somit technisch machbare Einleitgrenzwerte von 0,5 mg L^{-1} U und 0,3 mg L^{-1} As.

2.8 Pourbaix-Diagramme (Stabilitätsdiagramme, Prädominanzdiagramme)

Pourbaix-Diagramme sind Diagramme, aus denen die Speziesverteilung in aquatischen Systemen in Abhängigkeit vom pH-Wert auf der Abszisse und der Redoxspannung auf der Ordinate grafisch abgelesen werden kann. In ihnen werden weder die Kinetik noch mikrobiologische Reaktionen berücksichtigt (Whitehead et al. 2005). Ursprünglich entwickelte Pourbaix diese Diagramme in den 1940er-Jahren, um die Korrosion von Materialien vorhersagen zu können (Abb. 2.21), und er nannte sie „Potenzial-pH-Gleichgewichts-Diagramme“ (Pourbaix 1966, 1973). Heute werden diese Diagramme jedoch in einer Vielzahl von Anwendungen eingesetzt. Entscheidend trugen zu dieser Weiterentwicklung die Arbeiten von Garrels bei (Garrels und Christ 1965; Hem 1985, S. 78–82). Im Fall von Grubenwasser und dessen Reinigung helfen sie, die Prozesse

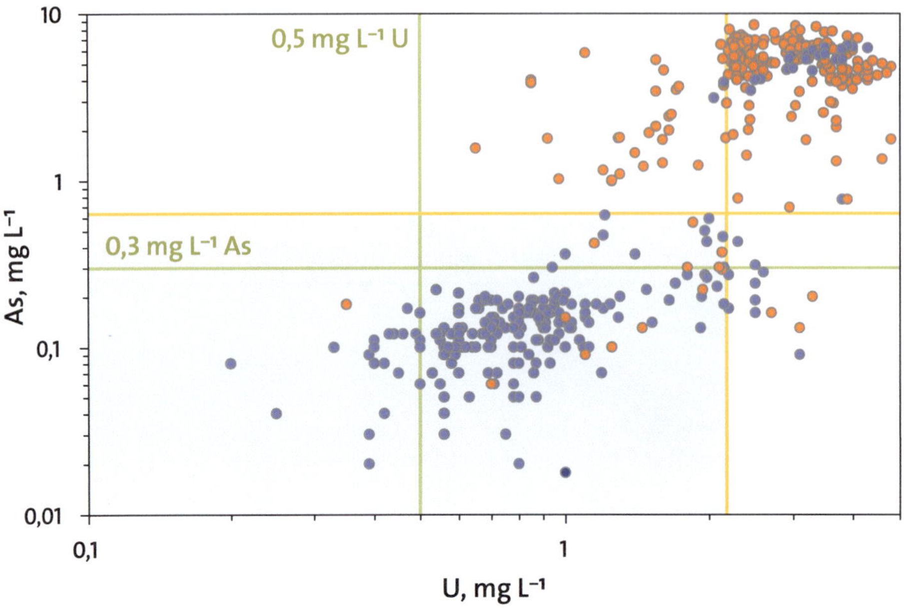

Abb. 2.20 Skatterdiagramm der Uran- und Arsenmassenkonzentrationen im Uranbergwerk A. Grün eingezeichnet sind die Einleitgrenzwerte und Überwachungswerte der Grubenwasserreinigungsanlage. Das blau hinterlegte Feld entspricht den Uran- und Arsenmassenkonzentrationen der Sicker- und Infiltrationswässer auf Basis der statistischen Auswertung in Abbildung 2.19. Anfänglich war der Grenzwert für Arsen 0,2 mg L^{-1}. Durch die Anhebung des Grenzwerts werden weniger Infiltrations- und Sickerwässer gereinigt

vorherzusagen und zu verstehen, die im Verlauf der Grubenwassergenese und -reinigung ablaufen werden. Im Sinne von Pourbaix (1973, S. 19) ließe sich sagen, dass die Diagramme dabei helfen, die Entwicklung des immunen Pyrits im Erzvorkommen, dessen Korrosion im Grubengebäude oder der Atmosphäre und schließlich die Passivierung in der Grubenwasserreinigungsanlage zu verstehen.

Pourbaix-Diagramme sind unerlässliche Werkzeuge, wenn es darum geht, chemische Reaktionen oder die Stabilität von Phasen oder Spezies in aquatischen Systemen zu bestimmen. Darüber hinaus sind sie unerlässlich, um Redoxreaktionen in aquatischen Systemen verstehen zu können (Ibanez et al. 2007). Wie Baas Becking et al. (1960) zeigen konnten, sind in aquatischen Systemen, vor allem in Grubenwasser, nicht jede *x*-beliebigen E_h-pH-Kombinationen möglich. Vielmehr gibt es einen relativ klar umgrenzten Bereich von potenziellen E_h-pH-Werten (Baas Becking et al. 1960, S. 255). Pourbaix-Diagramme lassen sich am einfachsten mit chemisch-thermodynamischen Programmen wie beispielsweise The Geochemist's Workbench oder HYDRA/MEDUSA

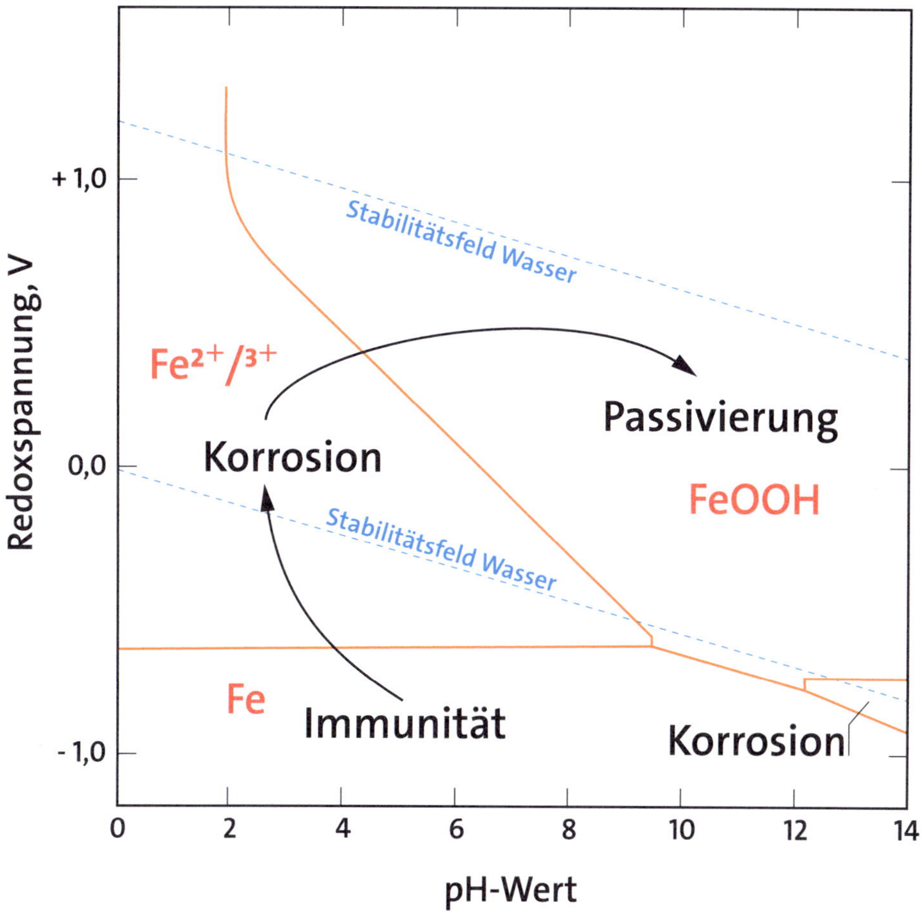

Abb. 2.21 Prinzipdarstellung der Entwicklung des Grubenwassers aus der festen, immunen Phase zur gelösten, korrodierten Spezies und der unlöslichen, passivierten Phase nach der Grubenwasserreinigung. Darstellung im Pourbaix-Diagramm. (Ergänzt und verändert nach Pourbaix 1966, S. 314 ff.; Pourbaix 1973, S. 19)

konstruieren (Tab. 2.2). Vereinfachte Versionen sind in dem hervorragenden Werk von Brookins (1988) und ein Vergleich von Berechnungsergebnissen verschiedener Programme in Takeno (2005) erschienen. Garrels und Christ (1965) beschreiben deren Bedeutung und die manuelle Konstruktion der Diagramme.

Aktive Methoden zur Behandlung von Grubenwasser

3

3.1 Einleitung

In diesem Kapitel werden die wichtigsten kommerziell eingesetzten Verfahren der „konventionellen“ Grubenwasserreinigung vorgestellt sowie der momentan modernen Verfahren. Zur konventionellen Grubenwasserreinigung gehören die Neutralisationsverfahren, wohingegen moderne Verfahren solche wie Nanofiltration, Ultrafiltration, Destillation oder Umkehrosmose sind. Modern bezieht sich folglich nicht darauf, dass die Methode selbst „modern“ ist, sondern ihr Einsatz in der Grubenwasserreinigung erst in den zurückliegenden ein bis zwei Dekaden in größerem Maßstab erfolgt. Als Entscheidungshilfe, welches Reinigungsverfahren sich für welches Grubenwasser verwenden lässt, sind die Fracht sowie etliche für Grubenwasser relevante Parameter heranzuziehen (Abb. 3.1).

Aktiv bedeutet im Zusammenhang mit Grubenwasserreinigung, dass zur Reinigung des Grubenwassers Energie, Chemikalien und eine kontinuierliche Überwachung des Reinigungsprozesses nötig sind (Abb. 3.2). Dies bedeutet, dass beispielsweise ein Antiskalant zugegeben werden muss, um die Ablagerung von Metallhydroxiden auf Oberflächen zu verhindern, es muss ein Belüfter stets mit Elektroenergie betrieben werden oder ein Techniker muss ständig vor Ort sein, um beispielsweise kleinere Reparaturen durchzuführen oder Rohre zu reinigen.

▶ Ich möchte an dieser Stelle die Großzügigkeit des Erfinders Paul D. Kostenbader hervorheben. Er hat Ende der 1960er-Jahre das Dickschlammverfahren (HDS) erfunden, im April 1971 zum Patent angemeldet, das Patent im Juni 1973 zuerteilt bekommen und im Januar 1977 zur künftigen Verwendung durch die Allgemeinheit freigegeben: „Paul D. Kostenbader widmet hiermit der Öffentlichkeit die gesamte Restlaufzeit des Patents“ (Patent US 3,738,932).

C. Wolkersdorfer, *Reinigungsverfahren für Grubenwasser*,
https://doi.org/10.1007/978-3-662-61721-2_3

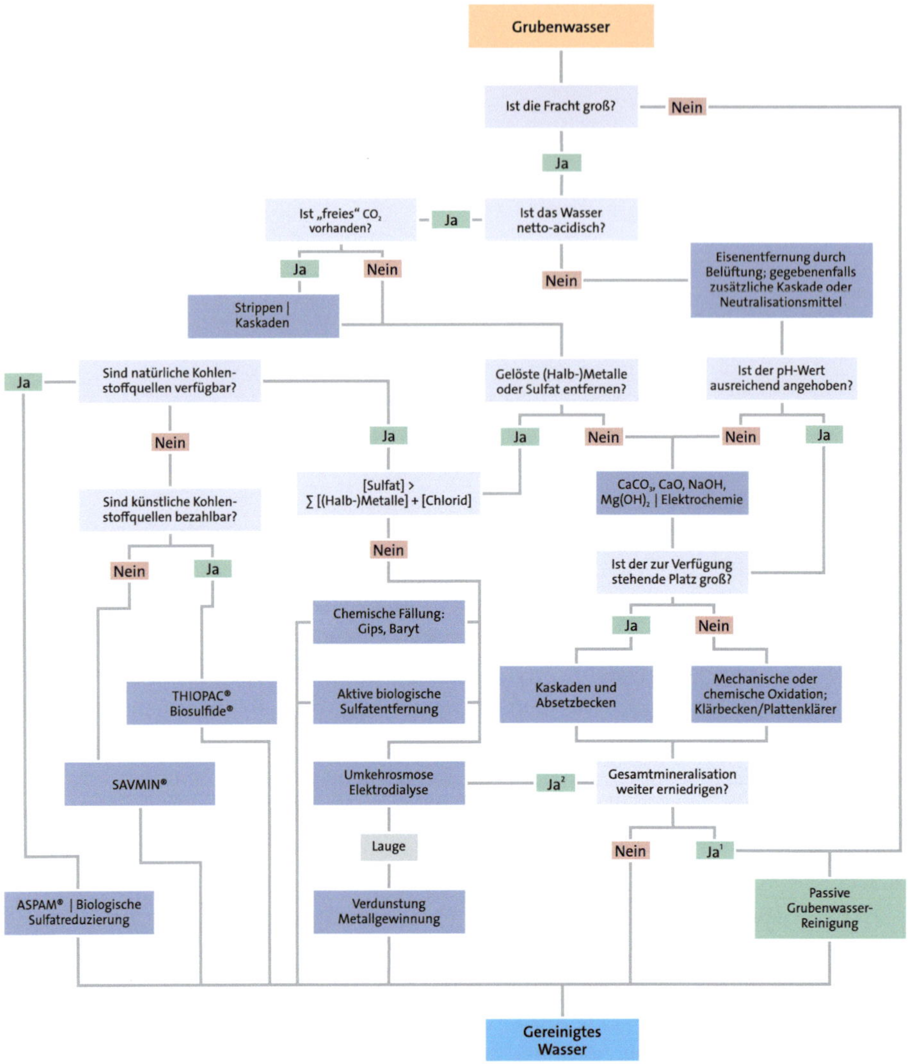

Abb. 3.1 Flussdiagramm für die wichtigsten, hauptsächlich aktiven Grubenwasserreinigungsmethoden (verändert und ergänzt nach Jacobs und Pulles 2007; Younger et al. 2002). [1,2]unterschiedliche Entscheidungswege

Ein nachahmenswertes Beispiel, zumal sich eine Reihe der unten vorgestellten Verfahren nicht einsetzen lässt, weil patentrechtliche Vorgaben das verhindern – außer Sie würden Ihre Anlage in China oder Nordkorea errichten. Folglich kann die Patentierung von Verfahren zur Grubenwasserreinigung verhindern, dass im Einzelfall die optimale Methode eingesetzt wird.

Abb. 3.2 Pumpen für die Chemikalienzufuhr in einer aktiven Grubenwasserreinigungsanlage (Straßberg/Harz)

3.2 Neutralisationsverfahren

3.2.1 Prinzipien und geschichtliche Entwicklung

Es gibt eine große Zahl von Neutralisationsverfahren für Grubenwasser, die sich meist nur in Details voneinander unterscheiden (Tab. 3.1). Dies hat technologische, aber auch patentrechtliche Gründe. Ganz unabhängig von kleineren Details lassen sich die Neutralisationsverfahren in zwei Typen gliedern: Dünnschlamm- (LDS: Low Density Sludge) und Dickschlammverfahren (HDS: High Density Sludge; Tab. 3.2). In Abschn. 3.2.2 und 3.2.3 stelle ich Ihnen diese beiden Verfahren vor und gehe auf die jeweils wesentlichen Merkmale der Verfahren ein. Insgesamt gesehen ist die Neutralisation und die damit einhergehende Hydrolyse und Fällung der Metallionen nach wie vor die häufigste Methode, um Grubenwasser zu reinigen. Dies liegt daran, dass die Methode in der Regel verhältnismäßig einfach zu beherrschen ist, sie eine große Schwankungsbreite des Durchflusses und der Konzentrationen handhaben kann, oftmals kein hochqualifiziertes Personal benötigt und mit einer überschaubaren Zahl an Chemikalien und Wartung auskommt. Es heißt aber nicht, dass sich beide Verfahren nicht noch optimieren ließen, wie die nahezu unüberschaubare Zahl an Literatur belegt (z. B. Brown et al. 2002; Smith und Brady 1998; Zinck und Aubé 2000).

Tab. 3.1 Zusammenstellung von Reinigungsprozessen zur Neutralisierung von Grubenwasser

Name des Verfahrens	Anmerkung	Literatur
Konventionell (Dünnschlammverfahren, LDS)	Zugabe alkalischen Materials in den Wasserstrom	–
Dickschlammverfahren[HDS]	Dünnschlamm als Kristallisationskeim am Prozessbeginn	Kostenbader und Haines (1970)
Aquafix	Dosierung von Calciumoxid in abgelegenen Gebieten	Jenkins und Skousen (1993)
CESR (Cost Effective Sulfate Removal); Walhalla	Abwandlung des SAVMIN-Prozesses; Ettringitfällung	Hydrometrics Inc. (2001); Jacobs und Pulles (2007, S. 49); Lorax Environmental (2003, S. 4-11–4-14)
Cominco (CESL)[HDS]	Wie HDS	Kuit (1980); Murdock et al. (1995)
Geco	Zwei Reaktionstanks; unterschiedliche Konfigurationen	Aubé und Payant (1997); Aubé und Zinck (2003)
Gestaffelte Neutralisation[HDS]	Neutralisation bei unterschiedlichen pH-Werten	Aubé und Zinck (2003); Heinze et al. (2002); Märten (2006)
HARDTAC (High-Aspect Ratio, Draft Tube Crystalliser)	Vorrichtung, mit der ein besseres Kristallwachstum erreicht wird	Ursprünglich von DuPont entwickelt, Lizenzinhaber heute Veolia; z. B. Barbier et al. (2008)
Integrierter Kalkstein/ Kalkhydrat-Prozess[HDS]	Im ersten Reaktionstank wird Kalkstein zugegeben	Geldenhuys et al. (2003)
Kalkstein-NeutralisationsProzess	Kalkstein als Neutralisationsmittel	Deul und Mihok (1967); Mihok et al. (1968)
Hazleton-Eisenentfernung[a]	„tropfenförmige katalytische Reaktion"	Patent US 7504030 vom 17. März 2009; Brown et al. (2002, S. 52)
Keeco	Mikroeinkapselung	Mitchell et al. (2000); Mitchell und Wheaton (1999)
NTC (Noranda Technology Centre)	Zweistaffeliger Neutralisationsprozess; ähnlich Geco	Kuyucak et al. (1995, 1999)
SAVMIN (siehe unten)	Sulfatfällung durch Calciumzugabe; Ettringitfällung	Lorax Environmental (2003); Smit (1999)
Tetra (Doyon)[HDS]	Zweistaffeliger Neutralisationsprozess	Poirier und Roy (1997)
Unipure[HDS]	Zugabe von Fe^{3+} am Prozessbeginn; entspricht den Geco- oder NTC-Prozessen	Coulton et al. (2003a, b, 2004a)

(Fortsetzung)

Tab. 3.1 (Fortsetzung)

Name des Verfahrens	Anmerkung	Literatur
Virotec Bauxsol	Rotschlamm aus der Aluminiumgewinnung; auch in reaktiven Wänden eingesetzt	McDonald et al. (2006); Munro et al. (2004)

[a]Methode scheint nirgends zur Grubenwasserreinigung eingesetzt zu werden; [HDS]im weitesten Sinne ein abgewandeltes Dickschlammverfahren

Tab. 3.2 Charakteristika von Dünn- und Dickschlammverfahren aus sieben Wasserreinigungsanlagen, die das Neutralisationsverfahren nutzen (zusammengestellt aus Aubé und Zinck 1999, S. 265)

Verfahren	Partikeldichte, %	Partikeldurchmesser, µm (D_{50})	pH, –	Redox, mV
Dünnschlamm (LDS)	3,4…7,2	5,7…21,1	9,5…10,9	161…316
Dickschlamm (HDS)	16,1…60,0	2,9…5,9	8,9…10,0	166…301

Bei der Neutralisation handelt es sich um ein Verfahren, das seit Langem bekannt ist und das zuverlässig vielfältig chemisch zusammengesetzte Grubenwässer reinigen kann. Daher ist es nach wie vor das am häufigsten eingesetzte Verfahren, auch weil die Mechanismen der Neutralisation und Belüftung gut untersucht und derartige Anlagen verhältnismäßig übersichtlich zu steuern sind. In Abhängigkeit von der Sulfatkonzentration im Grubenwasser enthält der Schlamm bei der Neutralisation in der Regel Calcit ($CaCO_3$), Gips ($CaSO_4{\cdot}2H_2O$) oder Bassanit ($CaSO_4{\cdot}½H_2O$) (Zinck et al. 1997). Immer dann jedoch, wenn die Sulfatkonzentration über der Sättigungskonzentration des Gipses von 1500–2500 mg L^{-1} Sulfat liegt, wird Gips ausfallen (Aubé und Zinck 2003; Barnes und Romberger 1968; Svanks und Shumate 1973; U. S. Environmental Protection Agency 1983):

$$\begin{aligned} Ca(OH)_2 + H_2SO_4 &\rightarrow CaSO_4 \cdot 2H_2O \\ Ca(OH)_2 + CO_2 &\rightarrow CaCO_3 + H_2O \end{aligned} \tag{3.1}$$

Die erste bekannte Anwendung von Calciumhydroxid (gelöschter Kalk) zur Neutralisierung von Grubenwasser in der Literatur stammt von der Königshütte bei Beuthen (Bytom) in Oberschlesien (heute in Polen). Dort wurde im Jahre 1858 saures Grubenwasser der Zeche Königsgrube mit Calciumhydroxid behandelt, der sich bildende Schlamm in Klärteichen abgesetzt und das so behandelte Grubenwasser für Dampfkessel verwendet (Anonymus 1859; Schönaich-Carolath in Tarnowitz 1860). Teiwes (1916, S. 30 f.) zufolge stand die Anlage zu Beginn des 20. Jahrhunderts auf einem Querschlag im Ostfeld der Königsgrube noch in Verwendung, wobei der Schlamm wieder nach Untertage verbracht und das gereinigte Grubenwasser der Vorflut zugeleitet wurde. Ähnlicher Verfahren bedienten sich die Gruben Meggen und die Zeche Gottessegen bei Löttringhausen (König 1899, S. 423 f.). Eine der frühesten Anlagen, die dem zu reinigenden Wasser Flockungshilfsmitteln zugab, wurde von René Auguste Henry in Belgien entwickelt (Patent US 1862265A) und in den 1930er-Jahren erstmals vom Niersverband/Nordrhein-Westfalen in Deutschland installiert (Kegel 1950; van Iterson 1938). Ab 1934 finden sich solche Anwendungen zur Reinigung von Grubenwasser, und die erste Anlage, die Grubenwasser großmaßstäblich nach dem Birtley-Henry-Verfahren reinigte, nahm 1935 an der Kohlenzeche Wallsend Rising Sun in Newcastle-upon-Tyne/England den Betrieb auf (Anonymus 1934, 1935; Goette 1934). Dazu wurden pro Kilogramm zu reinigendem Wasser 265 mg „Kalk“ („*lime*“ – zum Problem der ungenauen Verwendung von „Kalk“ und „*lime*“ siehe Erläuterung zur Tab. 3.3) und 6,5 mg gefrorene Kartoffelstärke als Flockungshilfsmittel hinzugefügt, um den pH-Wert auf 11 anzuheben und die Trübstoffe ausfallen zu lassen. Da sich der Umgang mit der gefrorenen Kartoffelstärke allerdings als umständlich erwies und mitunter keine

Tab. 3.3 Ausgewählte alkalische Materialien, die sich zur Neutralisation von Grubenwasser eignen (verändert und ergänzt nach Coulton et al. 2003b; MEND 2000; Skousen et al. 1988, 2000). t Acidität: $CaCO_3$-Äquivalente. aquaC (Kalka 2018) ist in der Lage, 18 verschiedene alkalisch wirkende Materialien numerisch zu simulieren. Diese Tabelle wird von verschiedenen Autoren verwendet, ohne eine exakte Quelle anzugeben

Alkaliverbindung/ Material	Bedarf $t\,t^{-1}$ Acidität	Wirkungsgrad in % des eingesetzten Materials	Relative Kosten € t_{-1} Schüttgut[g]
Calciumcarbonat[a], $CaCO_3$	1,00	30…50	8…12
Calciumhydroxid[b], $Ca(OH)_2$	0,74	65…90	50…80
Calciumoxid[c], CaO	0,56	65…90	60…190
Natriumcarbonat[d], Na_2CO_3	1,06	60…95	150…270
Magnesiumhydroxid, $Mg(OH)_2$	–	80	300
Magnesiumoxid[e], MgO	0,4	80…90	Projektabhängig
Natriumhydroxid[f], NaOH	0,80	95…100	500…700
Ammonium, HN_3	0,34	100	270…500
Flugasche, $CaO.CaCO_3$	Materialabhängig	–	Projektabhängig
Zementofenstaub, CaO. $Ca(OH)_2$	Materialabhängig	–	Projektabhängig
Hochofenschlacke	Materialabhängig	–	Projektabhängig

[a]Kalkstein, *limestone;* [b]gelöschter Kalk, Kalkhydrat, *hydrated lime, slaked lime, lime;* [c]ungelöschter Kalk, Branntkalk, Ätzkalk, *lime, quick lime;* [d]calciniertes Soda, *soda ash;* [e]Magnesia, *magnesia;* [f]Ätznatron, kaustisches Soda, *caustic soda;* [g]die Preise können in Abhängigkeit von der Marktlage oder der Entfernung zum Lieferanten erheblichen Schwankungen unterliegen: die hier aufgeführten Preise sollen lediglich einen Anhaltswert darstellen; der englische Begriff „*lime*“ wird wie der Deutsche Begriff „Kalk“ leider uneinheitlich verwendet und bezeichnet sowohl Calciumoxid als auch Calciumhydroxid und mitunter Calciumcarbonat

zufriedenstellenden Ergebnisse brachte, erfolgte eine Weiterentwicklung und der Einsatz auch synthetischer Flockungshilfsmittel oder Flockungsmittel (van Iterson 1938, S. 86 f.), von denen heute eine große Palette zur Verfügung steht (Tab. 3.4).

In den Vereinigten Staaten von Amerika dürfen gleich zwei Anlagen für sich in Anspruch nehmen, erstmals Grubenwasser industriell mit Neutralisation gereinigt zu haben. Bei der ersten handelt es sich um die Grubenwasserreinigungsanlage an der Zeche Calumet (Westmoreland County, Pennsylvania, USA), die von 1914 bis zum Ende des Krieges saures Grubenwasser neutralisierte, um es im dortigen Kraftwerk und den Dampfmaschinen verwenden zu können (Hebley 1953; Tracy 1921). Sie ist deshalb von Bedeutung, da die dort gewonnenen Erfahrungen zum Teil in den Bau der ersten aus umweltpolitischen Gründen errichteten Anlage im Jahr 1966 eingingen. Im Jahr 1965 erließ Pennsylvania den Rechtsakt 194, der Grubenwasser als industriellen Abfall klassierte. Dies hatte zur Folge, dass das Gesetz über saubere Gewässer (Clean Streams Law) auch auf Grubenwasser zutraf und die Einleitgrenzwerte von pH 6,0–9,0 und eine maximale Eisenkonzentration von 7 mg L^{-1} einzuhalten waren. An der Zeche Vesta № 5 (Thompson-Bohrloch, Pennsylvania, USA; zwischen Marianna und Beallsville an der PA-2011) installierte daraufhin die Besitzerin Jones and Laughlin Steel Corporation

Tab. 3.4 Oftmals verwendete Flockungsmittel oder Flockungshilfsmittel. (Nach [a]Skousen et al. 1998 und [b]Fu und Wang 2011)

Chemikalie	Verwendung	Bemerkung
Alaun, Aluminumsulfat: $Al_2(SO_4)_3$[a]	Flockungsmittel	Saures Material, bildet $Al(OH)_3$
Eisenvitriol, Eisen (II)-sulfat: $FeSO_4$[a]	Flockungsmittel	Saures Material, das in der Regel langsamer reagiert als Alaun
Eisen (III)-sulfat: $Fe_2(SO_4)_3$[a]	Flockungsmittel	Eisen (II) reagiert schneller als Eisen (III)
Natriumaluminat: $NaAlO_2$[a]	Flockungsmittel	Alkalisch
Polyaluminiumchlorid[b]	Flockungsmittel, Fällungsmittel	Entfernt verschiedene Schwebstoffe
Polyeisensulfat (PFS)[b]	Flockungsmittel	Entfärbung; Flockt auch Buntmetalle aus
Mercaptoacetyl chitosan[b]	Flockungsmittel	Flockt gezielt Buntmetalle aus
Anionische Flockungshilfsmittel[a] (meist Polyacrylamid)	Flockungshilfsmittel	Negative geladene Oberflächen
Kationische Flockungshilfsmittel[a] (meist Polyacrylamid)	Flockungshilfsmittel	Positiv geladene Oberflächen
Polyampholyte[a]	Flockungshilfsmittel	Abhängig vom pH-Wert positiv oder negative geladene Oberflächen

eine Neutralisationsanlage mit „Kalk“, die 390–950 L min^{-1} Grubenwasser mit einem pH-Wert von 3,1–6,5, einer Gesamteisenkonzentration von 60–195 mg L^{-1} und einer Basenkapazität von 4–19 mmol L^{-1} zu reinigen hatte, wobei sich Einleitwerte von pH 7,2–8,0 und Gesamteisenkonzentrationen von 0,5–11 mg L^{-1} erreichen ließen. Die Anlage bestand aus einem Beruhigungsbecken, um den Zulauf gleichmäßig regeln zu können (420 L min^{-1}), einem Mischtank, um den „Kalk“ und das Grubenwasser zu mischen, einem Absetzbecken und einem Fischteich zur Qualitätskontrolle. Um die Reinigung zu steuern, war ein pH-Meter installiert, das den Zulauf des Kalks regulierte und den pH-Wert des Wassers auf pH 8 hielt. Der gesamte anfallende Schlamm, der eine Feststoffkonzentration von 5–6 % enthielt, wurde mittels Lkw zu einem nahegelegenen Bohrloch der Zeche Vesta № 6 transportiert (McPhilliamy und Green 1973; Smith et al. 1970; Young und Steinman 1967). Wie lange die Anlage in Betrieb war, ließ sich nicht herausfinden. An keiner der beiden Lokalitäten lassen sich heute noch Relikte der Anlagen finden.

Im Prinzip läuft die Neutralisation von Grubenwasser unabhängig vom Anlagentyp in fünf Schritten ab, wobei die Schritte 2 und 3 auch gegeneinander ausgetauscht sein können oder simultan ablaufen:

1. Zwischenspeicherung
   - Ausgleich der schwankenden Wassermengen in Zwischenspeichern.
2. Zugabe von basischem Material (Tab. 3.3)
   - Der pH-Wert des Wassers wird angehoben, und eine Reihe von Metallen hydrolysiert unter Bildung schwerer löslicher Verbindungen.
3. Belüftung des Grubenwassers
   - Oxidation von reduzierten Spezies, vor allem Eisen und Mangan; Hydrolyse (z. B. Aluminium); Sorption (Abb. 3.5); Strippen von CO_2.
4. Koagulation und Flockung
   - Eisen als Flockungsmittel sorgt für eine Koagulation und damit einhergehend Flockung der hydrolysierten Verbindungen; durch Zugabe von Flockungshilfsmitteln wird die Flockung beschleunigt (Tab. 3.4).
5. Trennung des Schlamms vom Wasser
   - Feststoffe und Flüssiges werden durch gravitative Verfahren oder durch Filterung voneinander getrennt.

Ein Austauschen der Schritte 2 und 3 ist dann zu empfehlen, wenn das Grubenwasser viel „freies“ Kohlendioxid enthält. Durch das Strippen entweicht das Gas, und es ist weniger Neutralisationsmittel nötig als mit dem Kohlendioxid. Insgesamt entsprechen diese Stufen dem, was in Kanada als „Best Available Technology Economically Achievable – BATEA oder BAT“ für kontaminiertes Grubenwasser gilt (Dinardo et al. 1991; Hatch 2014; Pouw et al. 2015).

Bei jedem dieser Schritte verwenden die Anlagenhersteller unterschiedliche Verfahren oder Chemikalien, die von den Eigenschaften und Volumina des Grubenwassers sowie patentrechtlichen Fragen abhängig sind. Daneben spielen die persönlichen Erfahrungen des Ingenieurs oder der Firma sowie Vorlieben für das eine oder andere Detail eine Rolle. Letztlich ist es auch entscheidend, welche wirtschaftlichen Interessen der Hersteller besitzt, um mit der einen oder anderen Technologie aufzuwarten. Folglich wird eine Reinigungsanlage nicht immer das Optimum dessen darstellen, was derzeit technologisch machbar wäre – weil der Mut für Neues fehlt oder das Wissen um eine geeignete, möglicherweise bessere Technologie nicht vorhanden ist.

Ziel der Neutralisation ist zum einen, dem Grubenwasser die Protonensäure zu entziehen, aber auch den pH-Wert so weit anzuheben, dass die zu entfernenden Metallionen hydrolysieren können und aus dem Grubenwasser ausfallen (Abb. 3.3). Dazu sind je nach Zielmetall unterschiedliche pH-Werte nötig, die sich über einen relativ weiten pH-Wert-Bereich erstrecken und je nach pH-Wert unterschiedliche Oxidationsraten aufweisen (Abb. 3.4). Gerade dann, wenn beispielsweise Aluminium, Eisen und Mangan gemeinsam in einem Grubenwasser vorkommen, kann eine stufenweise Reinigung notwendig werden (gestaffelter Neutralisationsprozess, Patent US 5672280 vom 30. September 1997: Aubé und Zinck 2003; Heinze et al. 2002; Märten 2006). Dies verhindert, dass sich die bereits ausgefallenen Metallhydroxide oder Sulfate (z. B. im Fall von Blei, pers. Mitt. Charles Cravotta 2013) wieder im Grubenwasser lösen. Beispielsweise läge der Ziel-pH-Wert, um Aluminium als Gibbsit ($Al(OH)_3$) aus dem Grubenwasser zu entfernen, um die 6,5. Sobald der pH-Wert weiter ansteigt, um beispielsweise Mangan bei einem pH-Wert um die 11 auszufällen, kann der Gibbsit das Aluminium

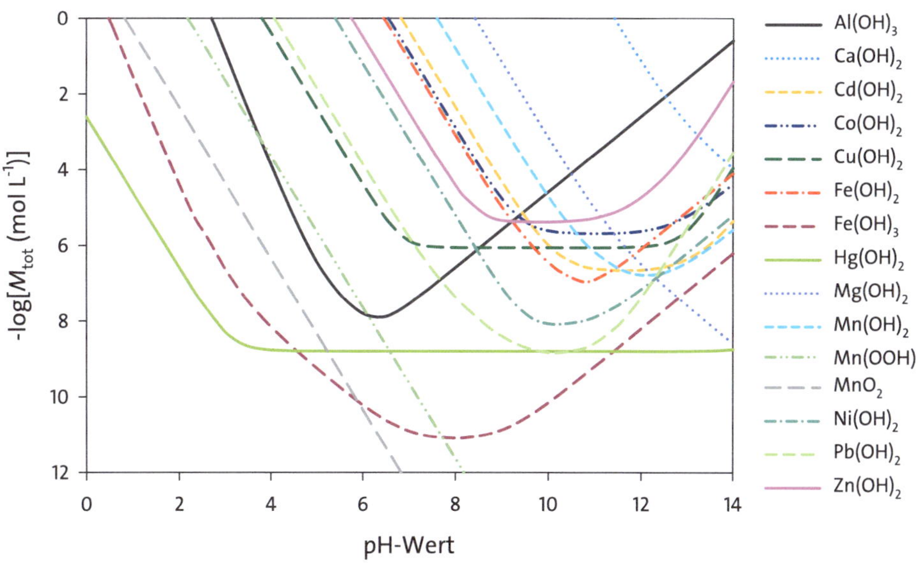

Abb. 3.3 pH-Wert-abhängige Löslichkeit von Metallhydroxiden. (Verändert und ergänzt nach Cravotta 2008, Originaldaten erhalten von Charles A. Cravotta III, pers. Mitt. 2013)

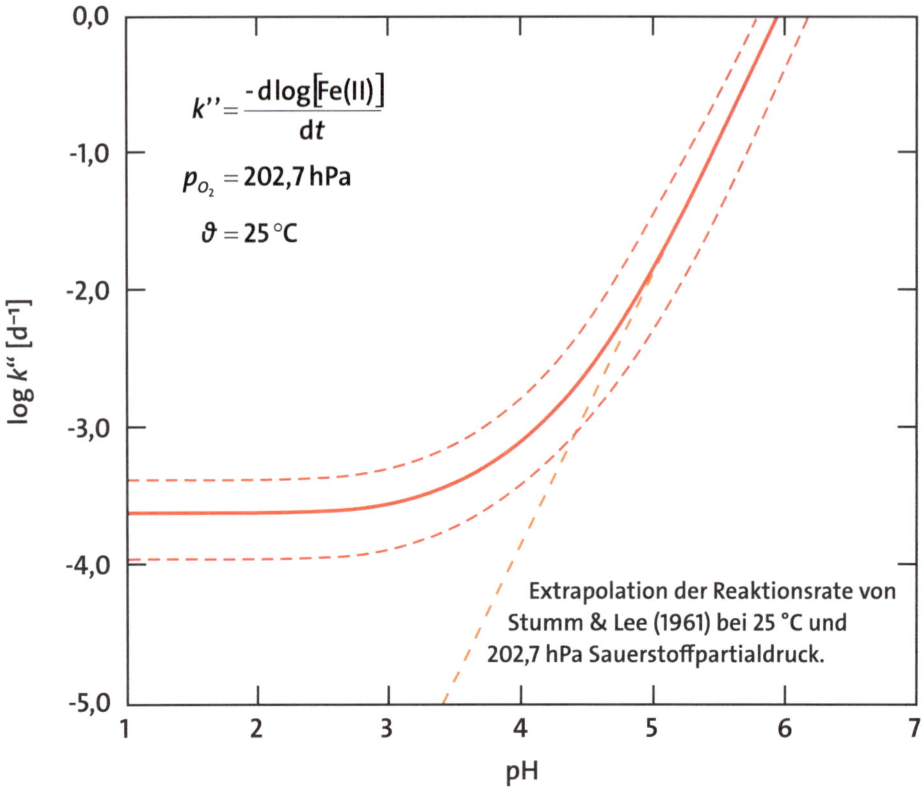

Abb. 3.4 pH-Wert-abhängige Oxidationsrate von Fe(II). (Verändert nach Singer und Stumm 1969, mit Daten aus Stumm und Lee 1961)

jedoch wieder freisetzen. Welches Neutralisationsmittel im Einzelfall eingesetzt wird, hängt von zahlreichen Faktoren ab. Diese ergeben sich in erster Linie aus den Kosten für Beschaffung, Transport und Lagerung sowie Fragen der Handhabung, Sicherheit, der Reaktivität (z. B. Nebenreaktionen) und nicht zuletzt der entstehenden Schlammmenge.

In vielen Fällen wird der Ziel-pH-Wert zwischen 8 und 10 liegen, um Eisen aus dem Grubenwasser zu entfernen. Dies hat zur Folge, dass das Eisen durch die Zugabe von alkalischem Material und nachfolgender Belüftung hydrolysiert und kolloidale Schwebstoffe ausbildet. Weiterhin führt es zur Flockung, Koagulation und schließlich Fällung des Eisenoxihydrats. Da die Oberflächen der Eisenkolloide im neutralen bis basischen Bereich eine leicht negative Oberflächenladung besitzen, werden weitere positiv geladene Ionen (z. B. Cd^{2+}, Cr^{3+}, Cu^{2+}, Fe^{2+}, Ni^{2+}, Pb^{+}, Zn^{2+}) an der Oberfläche sorbiert oder kopräzipitieren *s.s.* (z. B. As, Mo, Sb, Ra) mit dem Eisenhydroxyd im Absetzbecken oder Absetzer aus dem Grubenwasser (Gusek und Figueroa 2009, S. 101 f.). Dabei ist der Grad der Sorption vom pH-Wert und von der Konzentration der beteiligten Reaktionspartner abhängig (Abb. 3.5) (Smith 1999, S. 147 f.; Stumm und Morgan 1996, S. 542 f.).

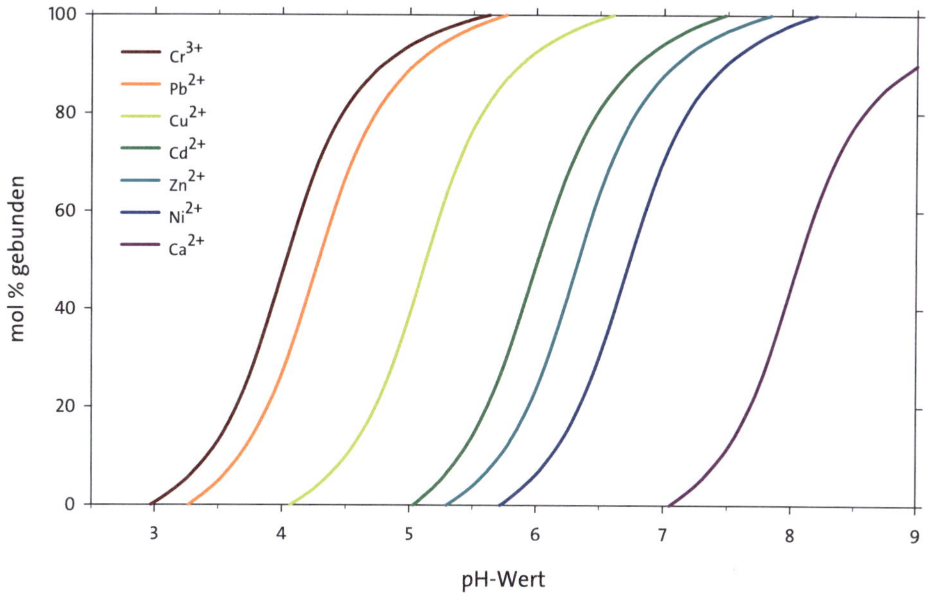

Abb. 3.5 Beispiele für pH-Wert-abhängige Sorption von Metallkationen an Eisenhydroxide. $[Fe_{tot}] = 10^{-3}$ mol, $[Me] = 5 \times 10^{-7}$ mol; $I = 0{,}1$ mol $NaNO_3$. (Nach Dzombak und Morel 1990; Stumm und Morgan 1996, S. 543)

Bei der Berechnung der benötigten Akalimenge ist zunächst die Menge zu berücksichtigen, die zur Neutralisierung des Grubenwassers nötig ist, und zusätzlich die, um den pH-Wert so weit anzuheben, dass das Zielmetallhydroxid seine geringste Löslichkeit hat und ausfallen kann. Da bei der Hydrolyse des Eisens pro Mol Eisen 2 mol Protonen freigesetzt werden, muss das alkalische Material diese ebenfalls neutralisieren. Um die Menge an alkalischem Material zu bestimmen, lässt sich ein chemisch-thermodynamischer Code wie beispielsweise PHREEQC (Parkhurst und Appelo 2013), aquaC (Kalka 2018, das chemisch-thermodynamische Modell hinter dem Programm ist ebenfalls PHREEQC) oder AMDTreat (Cravotta et al. 2015) verwenden. Dazu wird das jeweilige Grubenwasser mit dem potenziell einzusetzenden alkalischen Material titriert oder gemischt, und PHREEQC errechnet (nicht: „modelliert" – Sie modellieren) die ablaufenden Prozesse. Basierend auf den Ergebnissen der Berechnung lässt sich dann die Anlage planen (Coulton et al. 2004b). Diese Verfahrensweise berücksichtigt auch mögliche Komplexierungen oder andere schwer lösliche Phasen und ist daher für die Prognose besser geeignet als ein Abgleich mit Tabellen oder mit Abb. 3.5. Croxford et al. (2004) verwendeten diesen Ansatz, um die Grubenwasserreinigungsanlagen der Kohlenzechen Frances (Fife, Schottland) und Horden (County Durham, England) zu errechnen. Im Fall von Horden, wo 2004 eine Dickschlammreinigung errichtet wurde (Davies et al. 2012, S. 203), modellierten sie die Neutralisation mit Natriumhydroxid, Calciumhydroxid und Natriumcarbonat. Basierend auf den Ergebnissen ihrer Modellierung wurde $Ca(OH)_2$ als Neutralisationsmittel vorgeschlagen, aber aus praktischen Gründen Natriumhydroxid verwendet (Davies et al. 2012, S. 204) (Tab. 3.5). Zwischenzeitlich arbeitet dort eine passive Grubenwasserreinigungsanlage.

Zur Frage, ob bei der Neutralisation Kalkstein ($CaCO_3$) oder „Kalk" (gelöscht $Ca(OH)_2$/ungelöscht CaO) verwendet werden soll, gab es bereits zahlreiche Untersuchungen (z. B. Wilmoth 1977), die sich vereinfacht wie folgt zusammenfassen lassen: Kalkstein erzeugt einen Schlamm höherer Dichte, benötigt aber zum Sedimentieren mehr Zeit, wohingegen „Kalk" einen Schlamm geringerer Dichte erzeugt (Mihok et al. 1968), der sich aber deutlich schneller absetzt. Dieses Verhalten macht sich beispielsweise der integrierte Kalkstein/Kalkhydrat-Prozess zunutze (Geldenhuys et al. 2003), bei dem zunächst Kalkstein und dann gelöschter Kalk zugegeben wird, um die beiden Eigenschaften miteinander zu kombinieren (z. B. Deul und Mihok 1967).

Am Ende ein Hinweis zur Schlammstabilität. In vielen Fällen ist der Schlamm aus aktiver oder passiver Grubenwasserreinigung chemisch nicht stabil, und es kann zur Wiederlösung der vorher gefällten Schadstoffe kommen (McDonald et al. 2006). Daher ist dieser zu stabilisieren, indem die Schadstoffe durch eine der folgenden Methoden immobilisiert werden: Fixieren, Einkapseln oder mit speziell entwickelten Chemikalien behandeln (Jacobs und Pulles 2007). Zinck et al. (1997) empfehlen, auch dann Laborversuche zur chemischen Stabilität durchzuführen, wenn man sich darüber bewusst ist, dass die Ergebnisse fehlerbehaftet sind, da die Ergebnisse Hinweise auf die relative Schlammstabilität geben können. Da jeder Schlamm eine andere chemische und physikalische Zusammensetzung aufweist, bietet es sich an, den Empfehlungen in Zinck (2006) oder Zhuang (2009) zu folgen, um Schlamm zu stabilisieren. Es könnte auch wirtschaftlich interessant sein, mögliche Wertstoffe aus dem Schlamm zu gewinnen (Demers et al. 2015; Zinck 2006).

Tab. 3.5 Notwendige Alkalimenge, um den pH-Wert des Grubenwassers der Zeche Horden (County Durham, England) auf 8 bis 8,5 anzuheben (aus Croxford et al. 2004, Tab. 4). Zwischenzeitlich wurde die Anlage durch eine passive Wasserreinigung ersetzt (Davies et al. 2012)

	NaOH	$Ca(OH)_2$	Na_2CO_3
Notwendige Alkalikonzentration, g L^{-1}	0,4	0,37	0,53
Vorhergesagter pH-Wert	8,27	8,23	8,24
Schlammvolumina			
$CaSO_4$, t pro Jahr	2790	2760	2790
$CaCO_3$, t pro Jahr	40	40	40
$Ca(HCO_3)_2$, t pro Jahr	150	150	150
Gesamt, t pro Jahr	2980	2950	2980

3.2.2 Dünnschlammverfahren (LDS)

Neutralisation kontaminierten Grubenwassers nach dem Dünnschlammverfahren ist die älteste technische Reinigungstechnologie für Grubenwasser (Abb. 3.6). Sie wurde in den 1960er- und 1970er-Jahren in den Vereinigten Staaten von Amerika intensiv untersucht, um den Prozess zu optimieren (Skelly and Loy und Penn Environmental Consultants 1973). In einem ersten Schritt wird dem Grubenwasser alkalisches Material zugegeben (Tab. 3.3). Dies hebt den pH-Wert des Grubenwassers auf einen Wert an, bei dem der Zielinhaltsstoff seine geringste Löslichkeit innerhalb der gegebenen E_h-, pH-, Temperatur- und Druckbedingungen hat (Abb. 3.5; Tab. 3.6). Im einfachsten Fall erfolgt die Einstellung des pH-Werts über eine pH-Messung und Steuerung der Alkalizugabe mithilfe dieser pH-Wert-Messung.

Im folgenden Schritt wird das Grubenwasser belüftet, wobei unterschiedliche Verfahren zum Einsatz kommen können (Details in Abschn. 4.9). Im einfachsten Fall, und wenn ein ausreichender Höhenunterschied vorhanden ist, genügt eine Kaskade; in den meisten Fällen werden jedoch elektrische Belüfter eingesetzt (Abb 3.7). Sollte keines der beiden Verfahren ausreichend Sauerstoff zur Oxidation des Eisens in das Grubenwasser bringen, lassen sich auch starke Oxidationsmittel (z. B. Wasserstoffperoxid) einsetzen (siehe Abschn. 3.11). Bei der Oxidation hydrolysiert das Eisen, und es bildet Flocken aus. Diese Flocken benötigen zum Absetzen ohne Flockungshilfsmittel etwa 48 h (PIRAMID Consortium 2003). Um den Prozess zu beschleunigen, werden mineralische, organische oder synthetische Flockungshilfsmittel zugegeben, sodass sich die Eisenflocken innerhalb weniger Stunden im Absetzer oder Lamellenseparator absetzen (Tab. 3.4). Gleichzeitig verbessert die weitere Belüftung das Absetzverhalten des Dünnschlamms im Absetzer, indem es einen kompakteren Schlamm erzeugt (Coal Research Bureau 1971, S. 20 f.).

Da die Kinetik der ablaufenden Reaktionen oftmals langsam ist, ist der entstehende Schlamm meist noch reich an alkalischem Material. Dies kann zu Ablagerungen innerhalb der Reinigungsanlage führen, die daher regelmäßig entfernt werden müssen

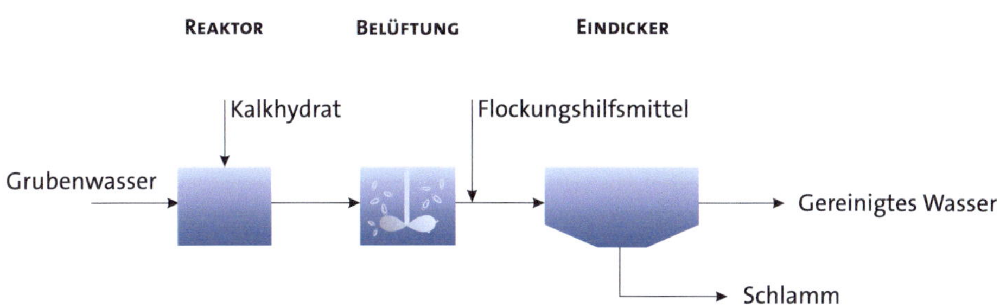

Abb. 3.6 Prinzip der konventionellen Grubenwasserreinigung (Dünnschlammverfahren). „Kalkhydrat" steht hier stellvertretend für jedes beliebige verwendbare alkalische Material

Tab. 3.6 Zusammenstellung von minimalen pH-Werten, die nötig sind, um Metalle aus dem Grubenwasser ausfallen zu lassen und um Konzentrationen von unter 1 mg L^{-1} zu erreichen (ohne Berücksichtigung von Sorption oder Kopräzipitation). Diese Tabelle wird in den verschiedensten Publikationen wiederholt, ohne die ursprüngliche Quelle aus dem Jahr 1973 zu nennen (z. B. Brown et al. 2002; Jacobs und Pulles 2007; Skelly and Loy und Penn Environmental Consultants 1973, S. 269). Im Übrigen weisen die Originalautoren darauf hin, dass die Ergebnisse auf lediglich einer Studie beruhen

Auszufällendes Metall	Minimaler pH-Wert, der zum Ausfällen nötig ist
Sn^{2+}	4,2
Fe^{3+}	4,3
Al^{3+}	5,2
Pb^{2+}	6,3
Cu^{2+}	7,2
Zn^{2+}	8,4
Ni^{2+}	9,3
Fe^{2+}	9,5
Cd^{2+}	9,7
Mn^{2+}	10,6

Abb. 3.7 Belüftung von Grubenwasser in einer Dünnschlammanlage (Grubenwasserreinigungsanlage Schwarze Pumpe, Lausitz)

(Younger et al. 2002). In der Regel hat der Schlamm einer Dünnschlammreinigungsanlage eine Feststoffkonzentration von wenigen Prozent (Aubé und Zinck 1999, S. 265; Coal Research Bureau 1971) (Tab. 3.2) und kann – wie die umfassenden Untersuchungen der 1970er-Jahre gezeigt haben – durch eine alleinige Verfahrensoptimierung nicht mehr erhöht werden.

Am Ende des Prozesses muss der Schlamm entwässert werden, wobei bevorzugt Filterpressen (Abb. 3.8) oder Zentrifugen zum Einsatz kommen, die das Wasser und den Schlamm voneinander trennen, sodass der Schlamm deponiert werden kann. In der Regel wird der Schlamm dann nicht entwässert, wenn er in einem Untertagebergwerk oder Restsee abgelagert werden kann (siehe Abschn. 6.4).

3.2.3 Dickschlammverfahren (HDS)

Es gibt eine Vielzahl von Reinigungsverfahren, die sich im weitesten Sinne als Dickschlammverfahren bezeichnen lassen (Tab. 3.1). Sie alle unterscheiden sich in Detailschritten voneinander, beruhen aber im Wesentlichen darauf, dass ein Teil des am Ende entstehenden Schlamms am Prozessbeginn wieder eingesetzt wird. Beispielhaft soll hier das klassische Hight Density Sludge (HDS)-Verfahren geschildert werden,

Abb. 3.8 Durch Filterpressen entwässerter Schlamm (Sauerwasserreinigungsanlage Flughafen Halifax, Neuschottland, Kanada; Bildbreite ca. 1 m)

das einen Feststoffanteil von 20–40 % im Schlamm aufweisen kann (Aubé und Zinck 1999; Kostenbader und Haines 1970). In der Regel bietet das Verfahren dann Vorteile, wenn die Eisenkonzentration des Grubenwassers verhältnismäßig hoch ist oder höhere Konzentrationen an Zink, Aluminium oder Kupfer im Grubenwasser auftreten (Coulton et al. 2003b).

Dem Grubenwasser werden im ersten Reaktionsschritt das Kalkhydrat und der rückgeführte Schlamm zugegeben (Abb. 3.9). Dies kann entweder aus getrennten Silos heraus geschehen (Abb. 3.10), oder der rückgeführte Schlamm wird zunächst in einem Mischsilo mit dem Kalkhydrat gemischt und dann dem Grubenwasser in einem ersten Reaktor beigegeben (Coulton et al. 2003b). In diesem Reaktor wird das Grubenwasser mit dem Kalkhydrat/Schlammgemisch vermischt, wobei es verschiedene Bauarten von Reaktoren gibt, die geringfügig unterschiedliche Mischungseigenschaften aufweisen. Im nächsten Schritt wird das Grubenwasser-Kalkhydrat-Schlamm-Gemisch mit Luftsauerstoff oxidiert. Dies kann in Oxidationsbecken geschehen, durch Kaskaden oder Belüfter unterschiedlicher Bauart. Eine Belüftung vor der Neutralisation ist nur dann sinnvoll, wenn CO_2 aus dem Wasser entfernt werden soll; es beschleunigt nicht die Oxidation des Fe^{2+} zum Fe^{3+}, da das Milieu zu sauer ist, um die Ausfällung von Eisenoxihydrat zu bewirken, wie schon Young und Steinman (1967) erkannt haben.

Im nächsten Schritt wird dem Gemisch ein Flockungshilfsmittel zugegeben, das je nach Beschaffenheit des Grubenwassers auszuwählen ist. In der Regel kommen heute anionische oder kationische Polymere zum Einsatz, die meist als Pulver angeliefert und vor Ort mit Wasser angemischt werden. Es gibt jedoch auch flüssige Polymere, die ohne weitere Vorbehandlung dem Grubenwasser zugegeben werden können.

Durch diese Vorgehensweise wird erreicht, dass sich die Feststoffkonzentration des Schlamms erhöht (in der Regel auf 20–40 %), die Korngröße der Eisenhydroxidpartikel größer wird, die Absetzgeschwindigkeit der Partikel steigt und sich der Schlamm besser entwässern lässt. Aufgrund dieser Verbesserung der Schlammeigenschaften ist ein

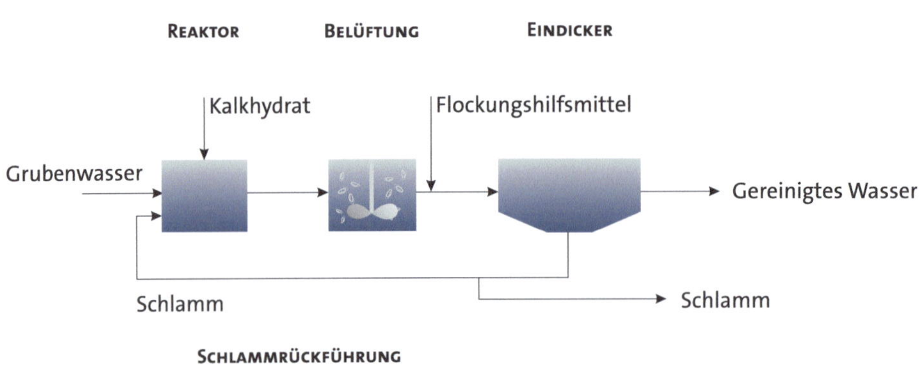

Abb. 3.9 Prinzip des klassischen Dickschlammverfahrens mit teilweiser Rückführung des Schlamms. „Kalkhydrat" steht hier stellvertretend für jedes beliebige verwendbare alkalische Material

Abb. 3.10 Schlammsammeltank der ehemaligen aktiven Grubenwasserreinigungsanlage Horden (County Durham, England)

geringerer Platzbedarf für die Flüssig/Fest-Separation („Entwässerung") nötig, wodurch sich die Investitionskosten der Anlage verringern. Im Fall der aktiven Wasserreinigungsanlage Wheal Jane ließ sich dadurch der Platzbedarf gegenüber einer LDS-Anlage beispielsweise um 13 % senken (Coulton et al. 2003b).

Dass sich der Dickschlammprozess noch weiter optimieren lässt, haben zahlreiche Untersuchungen in der Vergangenheit gezeigt. Vor allem eine stufenweise Neutralisation hat sich gegenüber einer schnellen Erhöhung des pH-Werts als vorteilhaft erwiesen (Gan et al. 2005), aber auch Optimierungen des Flockungshilfsmittels können die Effektivität erhöhen (Clark 2010).

▶ Eine Dünnschlammanlage lässt sich nicht einfach an einem Nachmittag in eine Dickschlammanlage umwandeln. Dies wurde tatsächlich an einer temporären Dünnschlammanlage in Norddeutschland versucht („Norddeutschland" aus der Sicht eines Franken). Dort hatte ein Obergutachter vorgeschlagen, der Anlagenbetreiber möge einmal mit Eimern den Schlamm aus den Schlammabsetzbecken nehmen, den Schlamm in das Belüftungs- und Mischbecken geben und schauen, ob sich dadurch die Schlammdichte der

Anlage erhöhen lasse. Tatsächlich hat der für die Anlage verantwortliche Bergmann einen Nachmittag lang Schlamm aus den Absetzbecken in das Mischbecken gegeben und nach diesem Nachmittag festgestellt, dass sich die Anlage nicht in eine Dickschlammanlage umwandeln lasse und das Grubenwasser folglich auch weiterhin mit der Dünnschlammmethode zu reinigen sei. Selbst eine größere Dickschlammanlage, die gezielt für diese Reinigungsart errichtet wurde, benötigt in der Regel eine längere Einlaufzeit, bis sie optimal läuft und alle Entwurfskriterien erfüllt. Im Falle der Dickschlammanlage von New Waterford auf der Kap-Breton-Insel in Neuschottland, Kanada, benötigten die Betreiber etwa sechs Wochen, um die Anlage optimal einzufahren. Dieses Beispiel aus Norddeutschland zeigt, dass sich komplexe Fragestellungen in der Regel nur mit hinreichendem Expertenwissen lösen lassen.

3.2.4 In der Schachtel lebt sich's leichter

Es gibt in all den vorgenannten Neutralisationsverfahren einige Verfahrensbestandteile, die es ermöglichen würden, eine Grubenwasserneutralisation zu optimieren. Bis auf den eigentlichen Dickschlammprozess unterliegen diese Bestandteile jedoch einer Patentierung oder Lizensierung und können vermutlich nur durch Bezahlung von Lizenzkosten eingesetzt werden. Warum lebt es sich in der Schachtel leichter (im Deutschen passt der Teller, über dessen Rand man schauen könnte, leider nicht so gut zum Vergleich)? Weil es dort warm ist, man von Gewohntem umgeben ist und man vor den Atmosphärilien weitgehend geschützt ist. Heben Sie den Deckel an, schauen Sie über den Tellerrand, und schauen Sie sich um:

Nehmen wir uns fünf dieser Optimierungsmöglichkeiten vor: die Hazleton-Eisenentfernung, die gestaffelte Neutralisation, das HARDTAC-Verfahren, die OxTube von SansOx und Glaskügelchen.

In den meisten Fällen wird das Neutralisationsmittel über eine Leitung dem zu reinigenden Grubenwasser zugegeben. Dabei kann es sich um das reine Neutralisationsmittel oder aber um ein Neutralisationsmittel-Schlamm-Gemisch handeln. Hazelton Environmental haben eine Apparatur entwickelt, den MAXI-STRIP, mit dem das Grubenwasser und das Neutralisationsmittel jedoch innig miteinander vermischt werden können (Brown et al. 2002). Diese passive Apparatur zerteilt das Neutralisationsmittel in kleinste Tröpfchen und verwirbelt diese mit dem Grubenwasser. Dies hat zur Folge, dass zum Ausfällen der jeweiligen Metalle geringfügig niedrigere pH-Werte nötig sind als üblich. In der Literatur ist keine einzige Anlage beschrieben, die diesen Effekt ausnutzt, um die Mischung des alkalischen Materials und des Wassers zu optimieren. Möglicherweise liegt es daran, dass der ablaufende Prozess als „tropfenförmige katalytische Reaktion (*globular catalytic reaction*)" bezeichnet wird, was beinahe wie aus der Trickkiste eines Zauberers klingt. Ein weiterer Bestandteil der Anlage ist der passiv arbeitende Acid Mine Water Demineralizer (US Patent 7504030 B2 vom 17. März 2009), der das

Grubenwasser innerhalb kürzester Zeit mit Sauerstoff sättigt. Auch dieses Gerät findet – von wenigen Ausnahmen abgesehen (z. B. Li et al. 2003b, S. 310) – in der Fachliteratur bislang keine ausreichende Erwähnung, könnte aber die Sauerstoffsättigung des Grubenwassers erheblich optimieren.

Die gestaffelte Neutralisation wird in verschiedensten Anlagen, auch in Deutschland, eingesetzt. In diesen wird der pH-Wert stufenweise erhöht, und in jeder Stufe fallen unterschiedliche Wasserinhaltsstoffe aus. Diese Methode erweist sich als optimal, wenn gleichzeitig verschiedene Wasserinhaltsstoffe entfernt werden sollen, die im Grubenwasser vorkommen und die ihr Lösungsminimum dicht nebeneinander aufweisen (Abb. 3.5). Insgesamt wird der Prozess jedoch nur selten eingesetzt, weil er einer intensiveren Prozesskontrolle unterliegt. Es muss daher das Ziel sein, durch optimierte Expertensoftware und Sensoren einen besseren Prozessablauf zu erlangen. Viele Anlagen könnten optimiert werden, wenn es gelänge, Sensoren herzustellen, die selbst bei den rauen Umgebungsbedingungen einer Grubenwasserreinigungsanlage zuverlässig arbeiten. Einer der Gründe, warum beispielsweise das technisch aufwendige F-LLX-Verfahren (Abschn. 3.12) noch nicht die Pilotphase verlassen hat, dürfte darin zu suchen sein, dass wir noch nicht in der Lage sind, zu jedem Zeitpunkt dauerhaft arbeitende Sensoren für Grubenwasser einzusetzen.

Bei der Neutralisation von Grubenwasser ist es wichtig, dass sich der Schlamm am Ende gut absetzt und leicht trocknen lässt. In den meisten Fällen haben die Partikel im Schlamm eine bimodale Verteilung, was Sie als Hinweis darauf interpretieren können, dass sich dieser nicht optimal absetzt und entwässern lässt. Mit dem HARDTAC-Verfahren lässt sich das Verhalten des Schlamms verbessern und die Entwässerung optimieren (Barbier et al. 2008). Das Verfahren ist jedoch nicht nur patentiert, sondern darüber hinaus werden Details geheim gehalten. Die Abb. 3.a und b des Patents sowie die Erläuterungen helfen nicht wirklich, den Prozess zu verstehen oder nachzubilden (Patent US 6355221 B1 vom 12. März 2012). Auf jeden Fall werden die Partikel durch den HARDTAC-Prozess größer (etwa 100 µm) und lassen sich damit besser filtrieren. Sehen Sie, schon haben Sie einen weiteren Forschungsschwerpunkt.

Oftmals gelingt es nicht, in der Wasseraufbereitung Wasser schnell genug zu oxidieren. Für diese Fälle hat die finnische Firma SansOx Oy eine Vorrichtung erfunden und patentiert (Patent EP 2 796 188 B1 vom 6. April 2016), mit der es inline gelingt, das Wasser mit Sauerstoff zu sättigen. In der Patentschrift heißt es „Vorrichtung zum Mischen eines Zusatzstoffs mit Flüssigkeit“ und vermarktet wird es unter dem Namen OxTube (Abb. 3.11). Bislang findet die OxTube Verwendung bei einem finnischen Vertikaldurchflussreaktor, in der Fischzucht (Hung 2017) und ehemals bei der Reinigung von Weißblechdosen. Detaillierte, belastbare Ergebnisse zur Effizienz des Systems liegen noch nicht vor; die bisherigen Erfahrungen sind jedoch vielversprechend für die Belüftung von Grubenwasser. Inwieweit die OxTube und der MAXI-STRIP auf dem gleichen Prinzip basieren, lässt sich nicht genau sagen – aber die Konstruktionszeichnungen beider Apparaturen, die auf dem Venturi-Prinzip beruhen, legen das nahe.

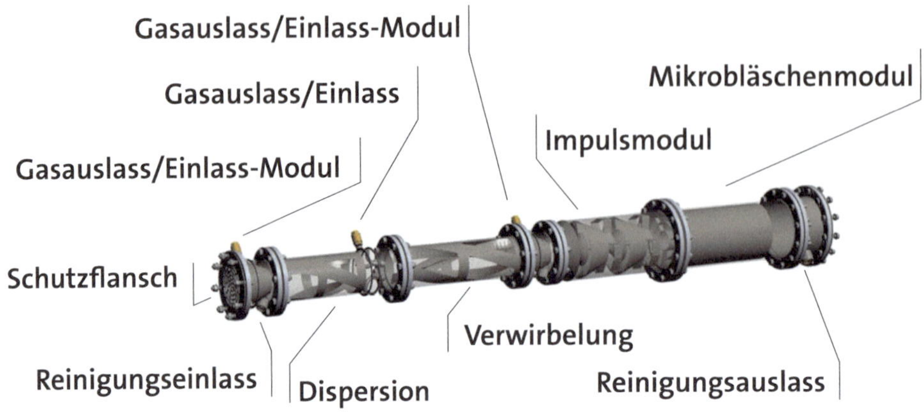

Abb. 3.11 Schematischer Aufbau der von SansOx Oy vertriebenen OxTube. (Verändert aus Firmenprospekt)

Warum Glaskügelchen? Es gibt zahlreiche Aufbereitungsanlagen, die am Ende oder am Anfang mit Kiesfiltern arbeiten. Dieser Kies ist jedoch nicht stets in ausreichender Quantität oder Qualität erhältlich. Außerdem neigen die verhältnismäßig rauen Oberflächen dazu, dass sich Mikroorganismen ansammeln und es zur Ausbildung von turbulenten Strömungen kommt, die den hydraulischen Widerstand erhöhen. Dies verhindert folglich ein optimales Durchfließen der Filter mit dem zu reinigenden Grubenwasser. In den zurückliegenden Jahren wurden daher im Brunnenbau Versuche mit Glaskugeln als Filtermaterial angestellt, die bislang durchwegs positive Ergebnisse zeigen (Treskatis et al. 2009). Vielleicht gelingt es Ihnen, sich einen Prozess auszudenken, der sich diese Eigenschaften von Glaskugelfiltern zunutze macht.

Nun haben Sie fünf Möglichkeiten kennengelernt, wie Sie aus der Schachtel schauen können. Sind Sie schon draußen? Sehr gut, dann sind wir einem neuen Verfahren einen deutlichen Schritt nähergekommen. Im Übrigen frage ich mich, wie Sie überhaupt in die Schachtel gekommen sind. Draußen lebt's sich doch besser!

Lassen Sie uns nun zu Verfahren kommen, die ich persönlich für zukunftsweisend in der Grubenwasserreinigung halte. Noch sind nicht alle Prozesse verstanden, die ablaufen, aber es wird derzeit viel geforscht, und es ist nur eine Frage der Zeit, bis industrielle Anlagen mit diesen Technologien für Grubenwasser zur Verfügung stehen. Es geht um elektrochemische Verfahren. Und wenn Ihr erster Gedanke nun sein sollte „zu teuer", dann lesen Sie erst einmal weiter, denn einen Vergleich mit den gesamten Anlagenkosten einer Neutralisationsanlage einschließlich der Endlagerung des Schlamms brauchen diese Verfahren nicht zu scheuen.

3.3 Elektrochemische Verfahren

3.3.1 Elektrokoagulation

Unter Elektrokoagulation oder Elektroflockung sei hier ausschließlich eine elektrochemische Methode verstanden, bei der durch Anoden und Kathoden Strom durch das Grubenwasser geleitet wird (Abb. 3.12). Erste Beschreibungen einer Wasserbehandlung mit Elektrizität finden sich bereits bei König (1899, S. 194). Obwohl Elektrokoagulation in der Abwasserbehandlung ein gängiges Verfahren ist, um Metalle oder Trübstoffe aus dem Wasser zu entfernen (Koren und Syversen 1995; Mollah et al. 2001), ist sie bislang bei der industriellen Reinigung von Grubenwasser nur selten angewendet worden (siehe auch Abschn. 6.2.4). Üblicherweise wurden dafür die vergleichsweise hohen Kosten als Grund genannt (Sisler et al. 1977). Möglicherweise ist es auch die weniger intensive wissenschaftliche Behandlung dieser Wasserreinigungsmethode (Mollah et al. 2004; Siringi et al. 2012), dass sie im Bergbaubereich seltener angewendet wird – zumindest scheinen die Anlagenhersteller recht pragmatisch an die Anlagenauslegung heranzugehen (pers. Mitt. Kay Florence 2013; Hennie Roets 2016). Verbrauchsmaterial bei der Elektrokoagulation ist in der Regel ausschließlich die Opferelektrode. Chemikalien oder Anti-Fouling-Zusätze sind im Normalfall nicht nötig. Die zur optimalen Flockung nötige Spannung ergibt sich aus den elektrischen Eigenschaften der Anoden, deren Abstand voneinander und der elektrischen Leitfähigkeit des Grubenwassers. Es ist daher in der Regel nicht nötig, Flockungsversuche mit veränderlichen Spannungen durchzuführen. Ein detaillierter Vergleich der Kosten mit anderen aktiven Grubenwasserreinigungsverfahren steht bislang ebenfalls noch aus (pers. Mitt. Kay Florence 2013).

Als Elektroden kommen meistens Platten, Gitter oder Röhren, seltener Stäbe oder Trommeln zum Einsatz. Diese werden nach ihrer Reaktivität im Hinblick auf Organika sowie nach deren Anordnung im Reaktor gegliedert. Hinsichtlich der Reaktivität gibt es Elektroden vom Typ 1 und 2, wobei Typ 1 den reaktiven Elektroden und Typ 2 den nichtreaktiven Elektroden entspricht (Panizza 2010). Zum Typ 1 gehören Kohlenstoff und Graphit, Platin, Iridium und Ruthenium und zum Typ 2 dotierte Antimon-, Blei- und Diamantelektroden. Daneben gibt es zahlreiche Elektrodentypen, die im anorganischen Milieu zum Einsatz kommen, z. B. Eisen- oder Kupferelektroden (Comninellis und Chen 2010). Nach der Anordnung und dem Durchfluss des Mediums durch die Elektroden werden vier Typen unterschiedenen (Liu et al. 2010): parallele, serielle, monopolare und bipolare Anordnung (Abb. 3.13).

Bei der Elektrokoagulation werden in der Regel gute Reinigungsleistungen erzielt (Abb. 3.14) und partikuläre Wasserbestandteile sowie organische Verunreinigungen zuverlässig entfernt, wobei neben den in Abb. 3.12 dargestellten Prozessen auch die Coulomb-Abstoßung einen Anteil hat. Laborversuche zeigen, dass sich auch Grubenwasser elektrochemisch reinigen lässt und weit über 80 % der problematischen Stoffe entfernt werden können (z. B. Mamelkina 2019; Nariyan et al. 2017; Orescanin und

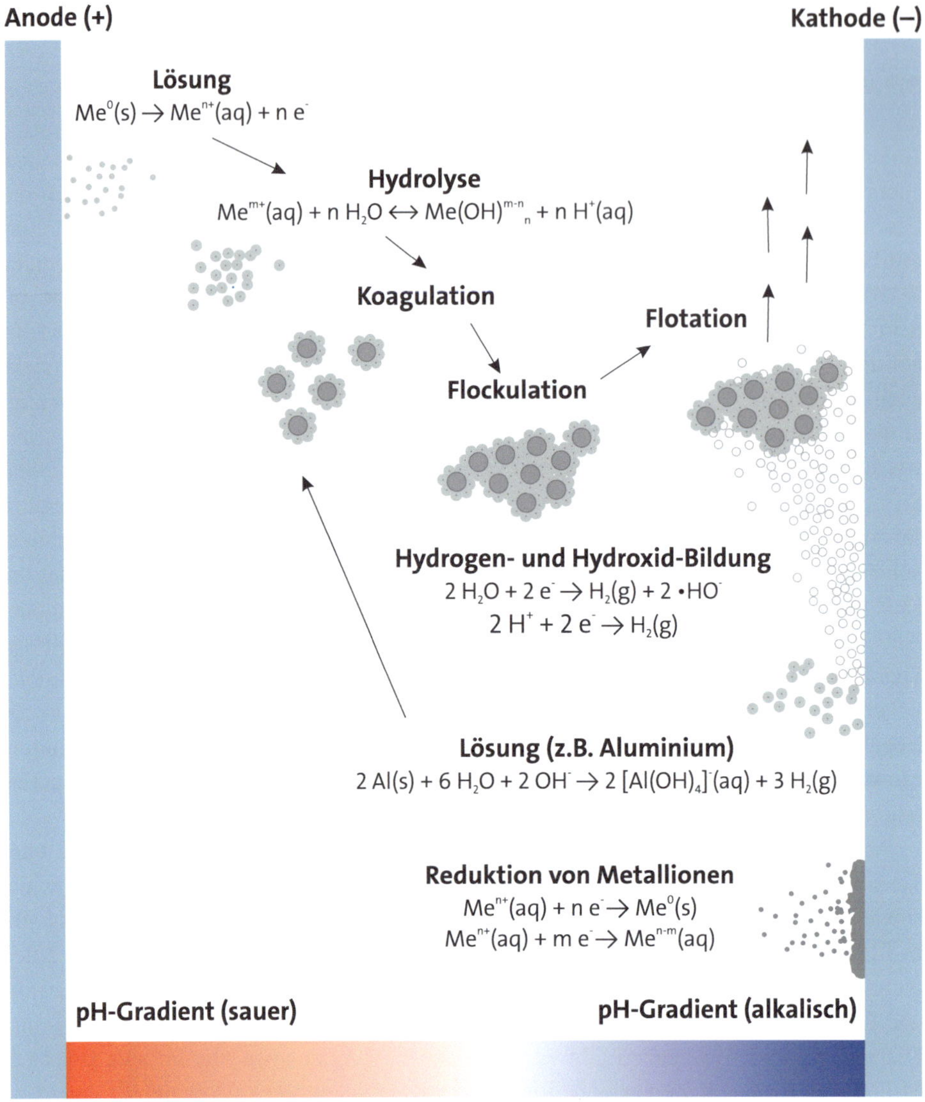

Abb. 3.12 Prinzip der Elektrokoagulation. (Verändert nach Vepsäläinen 2012)

Kollar 2012). Üblicherweise werden Eisen-, Aluminium-, Zink- und Platinanoden eingesetzt. Im Hinblick auf Al, Cu, Fe, Zn ließen sich gute Leistungen bei der Wasserreinigung erzielen, die von der Spannung, dem Elektrodentyp und der Behandlungszeit abhängig sind (z. B. Jenke und Diebold 1984). In den zurückliegenden Jahren wurde vor allem versucht, den Energieeinsatz zu vermindern und gleichzeitig den Wasserdurchsatz zu erhöhen. Ein Nachteil der Methode ist, dass die Opferelektrode verbraucht und

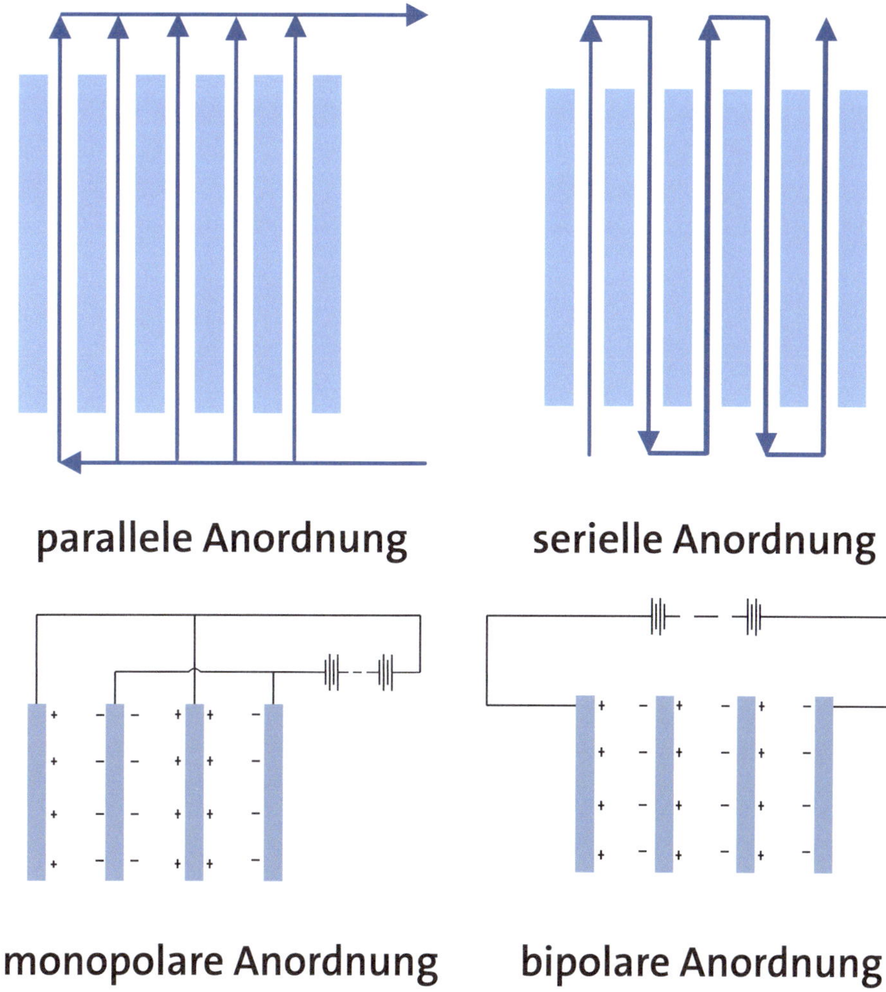

Abb. 3.13 Mögliche Anordnungen von Elektroden in der Elektrokoagulation (nach Liu et al. 2010). Blaue Pfeile zeichnen den Fluss des Wassers nach

folglich regelmäßig ersetzt werden muss und dass die laufenden Kosten in Gebieten mit hohen Energiekosten vergleichsweise hoch sein können. Rodriguez et al. (2007) zeigten jedoch, dass Elektrokoagulation im direkten Vergleich mit Natriumhydroxidneutralisation um den Faktor 10 preiswerter betrieben werden kann. Ein weiterer Vorteil der Elektrokoagulation könnte ihr Einsatz zur Gewinnung von Rohstoffen aus dem Grubenwasser sein. Dinardo et al. (1991, S. 19–22) fassen die Ergebnisse über erfolgreiche Experimente zusammen, bei denen Metalle selektiv aus Grubenwasser gewonnen werden. Um die Methode in größerem Maßstab anzuwenden, seien jedoch noch zahlreiche Detailuntersuchungen nötig.

Abb. 3.14 Elektrokoagulation von Grubenwasser im Labormaßstab. *Links*: Rohwasser, *rechts*: Grubenwasser nach der Elektrokoagulation. In der Realität haben diese Anlagen mindestens die Größe von Gartenhäusern

Am häufigsten wurden bislang saure Grubenwässer bzw. synthetische saure Grubenwässer elektrochemisch gereinigt (Chartrand und Bunce 2003; Jenke und Diebold 1984; Nariyan et al. 2017). In der Ukraine wurde 2006 eine Pilotanlage am Kohlenbergwerk „Glubokaya" (Глубокая, Triplett et al. 2001) bei Donezk im Donezbecken installiert, die zirkumneutrales Grubenwasser in einem fünfstufigen Prozess reinigt (Kalayev et al. 2006). Der dabei verwendete Prozess (Abb. 3.15) mit einer vorgeschalteten Ozonierung des Grubenwassers ist patentiert (Patent RU 2315007 C1 vom 20. Januar 2008). Bei dem im 3. Schritt verwendeten vierzelligen Absetzbecken handelt es sich um eine optimierte ukrainische Erfindung (Horova et al. 2011). Angaben darüber, wie die Anlage heute läuft, ließen sich in der Literatur nicht finden, E-Mails an die Autoren blieben

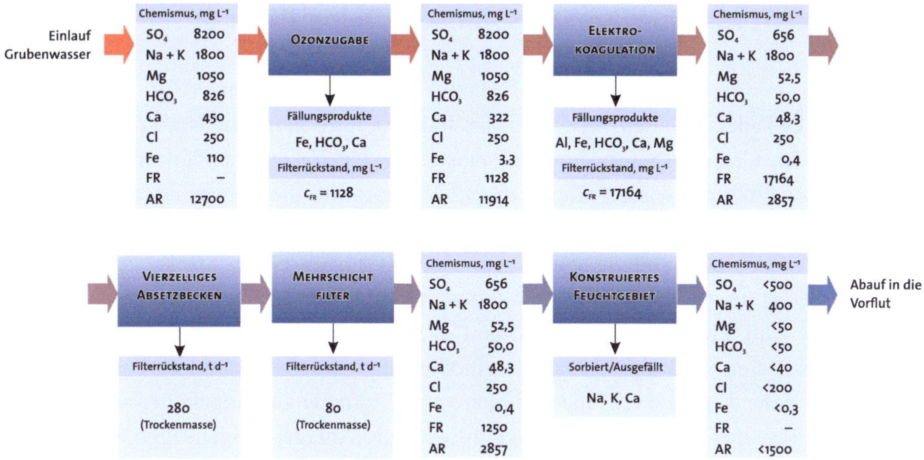

Abb. 3.15 Blockdiagramm der Grubenwasserreinigungsanlage mit Elektrokoagulation am Kohlenbergwerk *Glubokaya* (Глубокая) bei Donezk (Донецьк) im ukrainischen Donezbecken. (Verändert aus Kalayev et al. 2006, FR: Filterrückstand, AR: Abdampfrückstand ohne Filterrückstand)

unbeantwortet, und – aus verständlichen Gründen – wollte ich die Anlage im Kriegsgebiet nicht persönlich aufsuchen.

Eine Pilotanlage mit dem patentierten „Rigby Process" lief im September 2012 am Zement Creek in Colorado. Das dortige Grubenwasser ist mit Zink, Kupfer, Blei, Cadmium, Mangan und Quecksilber verunreinigt und fließt vom American Tunnel in den Zement Creek und weiter in den Animas River (Mast et al. 2007; Sumi und Gestring 2013, S. 45). Es konnte gezeigt werden, dass die Elektrokoagulation in der Lage ist, dieses Grubenwasser zu reinigen, wobei die Feststoffkonzentration im Schlamm 30 bis 70 % betragen kann (Rodebaugh 2012). Die Anlage lief jedoch nur etwa eine Woche und war dann so stark verockert, dass sie nicht mehr betrieben werden konnte. Grund dafür ist die ungenügende Erfahrung des Patentinhabers mit dem Prozess (pers. Mitteilung William Simon, 11. August 2013; Abb. 5.2), bei dem es zwischen den Elektroden leicht zum Ausfällen von Eisenoxihydraten kommen kann. Eine Randglosse: Am 5. August 2015 traten dort bei Sanierungsarbeiten am Stollenportal des Gold-King-Bergwerks 11.000 m^3 saures Grubenwasser aus und verunreinigten die genannten Vorfluter (U. S. Department of the Interior – Bureau of Reclamation 2015).

Auch in Serbien konnte am „Robule"-See im Bor-Erzbezirk gezeigt werden, dass sich Grubenwasser elektrochemisch reinigen lässt (Orescanin und Kollar 2012; Stevanović et al. 2013).

3.3.2 Elektrosorption (Kondensatorische Deionisierung)

Elektrosorption ist eine relative junge Technik im Bereich Grubenwasser, die innerhalb der letzten Dekade vor allem in China zur Industriereife gebracht wurde (Hwang und Sun 2012). Im Gegensatz zur Umkehrosmose, bei der Wasser aus dem verunreinigten Grubenwasser entfernt wird, entfernt die Elektrosorption die Ionen aus dem Grubenwasser. Bislang wurde sie vor allem bei der Entsalzung von brackischem Wasser oder von Meerwasser angewandt (Mossad und Zou 2011; Seed et al. 2006). Wie bei der Elektrokoagulation sind keine Chemikalienzusätze für das Verfahren nötig, und da keine Membranen zum Einsatz kommen, kommt es beispielsweise zu keinem Fouling. Bei der Elektrosorption fließt das Wasser an Anoden- und Katodenplatten vorbei, wobei die Kationen von der Kathode und die Anionen von der Anode zurückgehalten werden. Um eine Elektrolyse des Wassers zu verhindern, wird die Anlage bei niedrigen Spannungen zwischen 1 und 1,5 V betrieben. In regelmäßigen Abständen wird die Spannung abgeschaltet und die Elektroden werden regeneriert, wobei die abgelagerten Ionen mit dem Konzentrat abgeschlagen werden. Am Kohlenbergwerk № 3 der chinesischen Yanzhou Bergwerksgesellschaft werden täglich 8000 m^3 Wasser mittels Elektrosorption gereinigt. Dabei wird die elektrische Leitfähigkeit des Grubenwassers von 3,4 mS cm^{-1} auf unter 2 mS cm^{-1} erniedrigt und in einem Kraftwerk als Kühlwasser verwendet (Sun und Hwang 2012).

Eine besondere Form der Elektrosorption stellt die ursprünglich im Lawrence Livermore National Laboratory (LLNL) entwickelte kondensatorische Deionisierung dar (Farmer et al. 1995, patentiert als Capacitive Deionisation Technology™ – CDT™). Im Gegensatz zur Elektrosorption werden dabei poröse Elektrodenplatten aus einem Kohlenstoff-Aerogel eingesetzt, die in der Lage sind, die Ionen bei einer optimalen Spannung von 1,2 V gezielt einzulagern. Auch bei diesem Verfahren wird das Konzentrat regelmäßig abgeschlagen. Welgemoed (2005) sowie Welgemoed und Schutte (2005) haben versucht, dieses Laborverfahren großtechnisch umzusetzen, und konnte zeigen, dass ein industrieller Einsatz möglich ist. Ein weiteres, auch am Grundwasserzentrum Dresden getestetes Verfahren ist das DesEL-Verfahren (Bilek 2013, S. 117 f.; Seed et al. 2006), das jedoch noch nicht im Pilot- oder Industriemaßstab eingesetzt werden konnte, um Grubenwasser zu reinigen. Nach Bilek (2012, S. 36) sollen patentrechtliche Einschränkungen eine Weiterentwicklung des Verfahrens behindern. Anlagentechnische Erfahrungen über einen Langzeiteinsatz oder die Lebensdauer der Elektroden liegen folglich bislang nicht vor.

Wie die Erfahrungen in China zeigen, lässt sich die Elektrosorption im industriellen Einsatz verwenden. Gleichwohl ist es nötig, das Verfahren so zu optimieren, dass auch bei hohen Gesamtmineralisationen vorgegebene Einleitgrenzwerte eingehalten werden können.

3.3.3 Elektrodialyse/Membranelektrolyse

In den zurückliegenden Jahren hat sich die Elektrodialyse auch in der Grubenwasserreinigung etabliert. Insgesamt ist die Anzahl der betriebenen Anlagen noch gering (Clark und Muhlbauer 2010), aber in Sonderfällen ist sie die ökonomisch und ökologisch optimale Lösung. Erste Erfahrungen mit der Elektrodialyse von Grubenwasser wurden aus den Vereinigten Staaten von Amerika, Südafrika und der UdSSR beschrieben (Grebenyuk et al. 1979; Hill 1968; Volckman 1963). In den zurückliegenden zwei Dekaden wurde die Methode für die Anwendbarkeit bei Grubenwasser intensiv untersucht (z. B. Biagini et al. 2012; Buzzi et al. 2011a, b; Schoeman und Steyn 2001; Turek 2003, 2004; Turek et al. 2005). Außerdem wurde ein elektrochemisches Verfahren auf der Internationalen Raumstation ISS angewendet, bei dem man die Technologie einer Grubenwasserreinigungsanlage abgeschaut hatte (Sparrow et al. 2012). In der Lausitz entwickelte der Verein für Kernverfahrenstechnik und Analytik Rossendorf (VKTA) das markenrechtlich geschützte und patentierte Rodosan-Verfahren nach dem Prinzip der Membranelektrolyse (Bilek 2012; Stolp und Kiefer 2009).

Bei der Elektrodialyse wird ein Strom in das Grubenwasser geleitet, wodurch sich die Ionen je nach Ladung entweder zur Kathode oder Anode bewegen. Zwischen den Elektroden befinden sich paarweise kationen- oder anionenselektive Membranen aus einem Polyelektrolyt (in industriellen Anlagen befinden sich in der Regel mehrere Hundert von Membranpaaren nebeneinander). Dabei lassen kationenselektive Membranen Kationen passieren, während Anionen zurückgehalten werden. Entsprechendes, in umgekehrter Weise, gilt für die anionenselektiven Membranen. Bei eingeschaltetem Strom entsteht zwischen den Elektroden eine Potenzialdifferenz, wodurch die negativ geladenen Anionen sich zur Anode und die positiv geladenen Kationen zur Kathode bewegen. Da die Ionen an den selektiv wirkenden Membranen zurückgehalten werden, entsteht jeweils an der Anode ein Konzentrat mit Anionen und an der Kathode eines mit Kationen. Durch die Aneinanderreihung mehrerer abwechselnd anionen- und kationenselektiver Membranen kommt es auf dem Weg der Ionen zu den Elektroden zur Aufkonzentration (Konzentrat). Zwischen den Elektroden hingegen entsteht ein Grubenwasser, das an Wasserinhaltsstoffen abgereichert ist (Diluat). Durch Wechsel der Ladung an den Anoden kann einem Fouling vorgebeugt werden, da der Ladungswechsel eine teilweise Selbstreinigung der Elektroden erzeugt. Sulfat oder Kolloide können jedoch zu Ablagerungen an den Membranen führen und müssen daher bei hohen Konzentrationen in einer Vorstufe abgetrennt werden. Wie bei anderen Membranverfahren kann eine Vorbehandlung des Grubenwassers notwendig sein, die vor allem bei hohen Sulfatkonzentrationen nötig wird (zusammengestellt z. T. nach Bowell 2004; Dill et al. 1998, S. 332; Strathmann 2012, S. 447 f.). Bei der Membranelektrolyse ist für die Schadstoffentfernung nicht die Wanderung der Ionen relevant, sondern die elektrochemischen Reaktionen an der Kathode oder Anode. Die zwischengeschaltete Membran verhindert lediglich unerwünschte chemische Reaktionen an den Elektroden (Hartinger 2007, S. 491 f.).

Beim Vergleich mit einer Grubenwasserreinigungsanlage am Kohlenbergwerk Dębieńsko in Polen konnte gezeigt werden, dass eine Elektrodialyse zusätzlich zu den bereits vorhandenen Verfahren bei allen untersuchten Alternativen erheblich weniger Energie benötigt als das jeweilige Verfahren für sich allein. Eine vorgeschaltete Elektrodialyse vor einer Eindampfung oder einer Kristallisation stellt letztendlich die kostengünstigere Variante dar (Turek 2004; Turek et al. 2005). Am Beatrix-Goldbergwerk in Südafrika gelang es, 80 % der Gesamtmineralisation des Grubenwassers zu entfernen und 84 % als Brauchwasser zu gewinnen (Juby und Pulles 1990).

Am Lausitzer Ilse-See wurde in der Grubenwasserreinigungsanlage Rainitza vom VKTA das Rodosan-Verfahren erprobt, eine Membranelektrolyse mit gekoppelter CO_2-Injektion, die das dortige saure Grubenwasser reinigt. Die Entwicklung wurde von der Lausitzer und Mitteldeutschen Bergbauverwaltungsgesellschaft (LMBV), Vattenfall und dem sächsischen Landesamt für Umwelt, Landwirtschaft und Geologie (LfULG) aus dem EU-Projekt Vodamin finanziert sowie in Kooperation mit der Uhde GmbH in Dortmund durchgeführt. Nach der Grundlagenuntersuchung ab 1995 und einer Pilotinstallation zwischen 2006 und 2007 (Friedrich 2016; Friedrich et al. 2007) wurden in einer zweiten Pilotphase im Geländemaßstab von 2010 bis 2012 vier unterschiedliche Grubenwässer aus der Lausitz aufbereitet (Sedlitz, Tzschelln, Bockwitz, RL-107 [Tongrube Plessa]), wobei deutliche Unterschiede in der Reinigungsleistung erkennbar wurden. Diese waren vor allem auf die Mineralisation, den pH-Wert und die Basenkapazität der verschiedenen Wässer zurückzuführen. Gleichzeitig sollte mit dem Verfahren Ammoniumsulfatdünger produziert werden. Da es jedoch im Verlauf des Experiments mehrmals zum Übertritt von Ammonium in das gereinigte Grubenwasser auf der Kathodenseite kam, stellten die LMBV und Vattenfall im Februar 2013 die Förderung ein (Verfahrenspräsentation am 26. Februar 2013 in Senftenberg).

3.4 Membranverfahren

3.4.1 Einleitung

Bei der Verwendung von Membranverfahren als Reinigungsmethode wird das Grubenwasser unter hohem Druck durch Filtermembranen gepresst. Dabei werden das Wasser (Permeat) und die zu entfernenden Stoffe (Retentat) in der Zufuhr (Feed) voneinander getrennt, wobei Trenngrade von 70 bis 99,99 % erreichbar sind (Koros et al. 1996; Schäfer et al. 2006). In Abhängigkeit von der Porengröße der Membran unterscheidet man vier grundlegende Membranverfahren (Abb. 3.16), die durch eine Reihe von Eigenschaften charakterisiert sind und sich nicht einfach gegeneinander austauschen lassen: Mikrofiltration, Ultrafiltration, Nanofiltration und Umkehrosmose (Melin und Rautenbach 2007; Peters 2010) (Tab. 3.7). Während die Membranen bei der Mikro- und Ultrafiltration die Bestandteile hauptsächlich aufgrund von Größenausschluss zurückhalten, wandern die Ionen bei der Nanofiltration und Umkehrosmose diffusiv durch

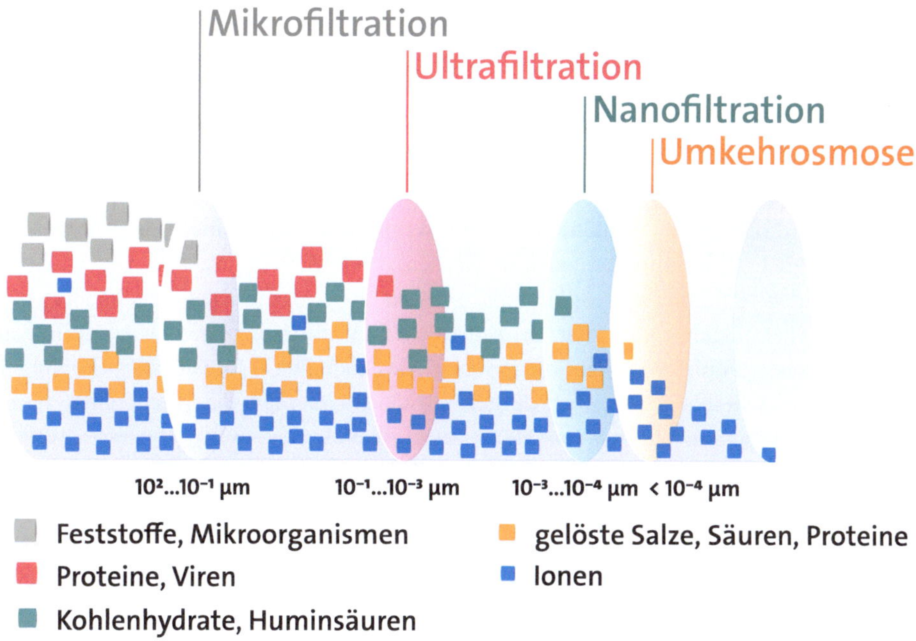

Abb. 3.16 Trenngrenzen unterschiedlicher Membranfilter und Auswahl der zurückgehaltenen Stoffe. Abstand der Membranen in der Grafik entspricht der logarithmischen Porenweite. Rückhaltung von Stoffen basierend auf Schäfer et al. (2006, S. 2)

Tab. 3.7 Ausgewählte charakteristische Eigenschaften von Membranverfahren sowie der Elektrodialyse (aus den im Text genannten Quellen zusammengestellt). Die Arbeitsdrücke und Porenweiten variieren je nach Autor. Bei der Umkehrosmose werden bis zu 8 MPa angegeben

Verfahren	Porenweite µm	Arbeitsdruck MPa	Retentat	Relativer Energieaufwand
Mikrofiltration	0,1…10	<0,2…0,5	Mikroorganismen, Feststoffe, Kolloide	Niedrig
Ultrafiltration	0,001…0,1	0,1…0,7	Makromoleküle, Viren,Kolloide	Niedrig
Nanofiltration	0,0001…0,001	0,3…2,1	Organische Verbindungen, mehrwertige Ionen	Niedrig bis mittel
Umkehrosmose	<0,0001	1,6…6,9	Einwertige Ionen	Mittel bis hoch
Elektrodialyse	–	–	Ein- oder mehrwertige Ionen	Niedrig bis mittel

die Lösungs-Diffusions-Membranen (Strathmann 2012). Um die Lebensdauer der Membranen zu erhöhen, und damit Fouling unterbunden wird, ist häufig der Zusatz von Chemikalien notwendig (Melin und Rautenbach 2007, S. 336 f.). Antiskalanten verhindern, dass sich auf den Membranen carbonatische, silikatische oder sulfatische Ausfällungsprodukte absetzen *(scaling)*, und häufig werden zusätzlich Biozide notwendig, die das Biofouling (Ablagerung von Biofilm auf der Membranoberfläche) unterbinden sollen. Unter optimalen Verhältnissen, und wenn Mikroorganismen zu Beginn des Prozesses durch Mikrofiltration entfernt werden, kann der Einsatz von Antiskalanten oder Bioziden unterbleiben. Allerdings müssen die Membranen regelmäßig mit Reinigungschemikalien von anderen schädlichen Verunreinigungen wie Kolloiden („anorganisches Fouling") oder organischen Bestandteilen („organisches Fouling") befreit werden. In ebenfalls regelmäßigen Abständen werden die Membranen rückgespült, um Ablagerungen auf den Membranen zu entfernen. Beide Prozesse werden oftmals unter dem Begriff „Cleaning In Place" (CIP) zusammengefasst (Buhrmann et al. 1999; Chesters et al. 2016). Neben dem Fouling der Membranen stellt das Retentat ein Problem dar, denn es ist eine hochkonzentrierte Lösung, die auf geeignete Weise entsorgt werden muss. Dabei kann es sich um die Einleitung in das Meer, eine Vorflut oder in den Untergrund handeln, oder die Metalle werden durch geeignete Maßnahmen (z. B. chemische Fällung) vom Retentat abgetrennt und im Sinne einer nachhaltigen Ressourcenverwertung weiter verwendet (z. B. Bilek 2012; Drioli und Macedonio 2012). Am Kohlenbergwerk New Vaal (Freestate/Südafrika) und an der Grubenwasserreinigungsanlage eMalahleni (Gauteng/Südafrika) wird das Retentat mittels Gefrierkristallisation aufbereitet (Nathoo et al. 2009; Reddy et al. 2010) (siehe Abschn. 3.13). Auch bei der Elektrodialyse tragen Membranen zur Stofftrennung bei, sodass diese oftmals zu den Membranverfahren gerechnet wird (z. B. in Koros et al. 1996, S. 1487 f.). Da jedoch der Strom den entscheidenden Beitrag bei der Elektrodialyse liefert, finden Sie eine Diskussion im Kapitel „Elektrochemische Verfahren" in Abschn. 3.3.3 (Hartinger 2007, S. 491 f.).

Membranverfahren haben in der Grubenwasserreinigung in den zurückliegenden Dekaden erheblich an Bedeutung gewonnen (Cartwright 2012; Drioli und Macedonio 2012). Dies lässt sich im Wesentlichen auf die folgenden Gründe zurückführen:

- optimierte Membranen,
- preiswertere Herstellung der Membranen,
- Reduzierung des Energieaufwandes,
- höhere Anforderungen an die Wasserqualität,
- größere Bedeutung des Umweltschutzes,
- rein physikalisches Trennverfahren,
- massenmarktfähig,
- intelligent verschaltbar.

Der Anstieg der installierten Kapazitäten dürfte dabei ähnlich verlaufen wie im Fall der Meerwasserentsalzungsanlagen. Während Mitte der 1960er-Jahre noch keine kommerzielle Anlage installiert war, sind es heute etwa 20.000 Entsalzungsanlagen mit einer Gesamtkapazität von etwa 100 Mm^3 pro Tag (www.Desalination.com, www.idadesal.org), wobei ab den 1990er-Jahren ein deutlich schnellerer Anstieg der installierten Membranfiltrationsanlagen erkennbar ist. Aus der Anzahl der Publikationen mit Bezug zu Grubenwasser lässt sich ablesen, dass dies auch für den Grubenwassersektor zutrifft. Aufgrund der unübersehbaren Zahl der Publikationen zum Thema Wasserreinigung mit Membranen ist es im Rahmen dieser Zusammenstellung nicht möglich, einen umfassenden Überblick zu geben. Rein rechnerisch erschienen im Jahr 2016 in Clarivate Analytics' *Science Citation Index Expanded* (SCI) gelisteten Publikation wöchentlich 18 Artikel über Wasserreinigung mit Membranverfahren (Abb. 3.17).

Bis Ende der 1980er-Jahre gibt es nur wenige Artikel, die sich mit Membrantechnologien zur Reinigung von Grubenwasser befassen. Erst seit 1989 sind in Clarivate Analytics' *Science Citation Index Expanded* 64 Artikel gelistet, die dieses Thema besprechen. Dies scheint die Entwicklung der Technologie im Gesamten widerzuspiegeln, denn Anfang der 1990er-Jahre hält die Technologie Einzug in die Reinigung von Grubenwasser, die bis dahin aufgrund der hohen Energiekosten selten verwendet wurde (Schoeman und Steyn 2001, S. 18–20, 29–30). Heute wird zumeist eine Kombination an Membranverfahren eingesetzt, wobei die Mikro- und Ultrafiltration in der Regel eine Vorstufe zur Nanofiltration, Umkehrosmose oder Elektrodialyse darstellt,

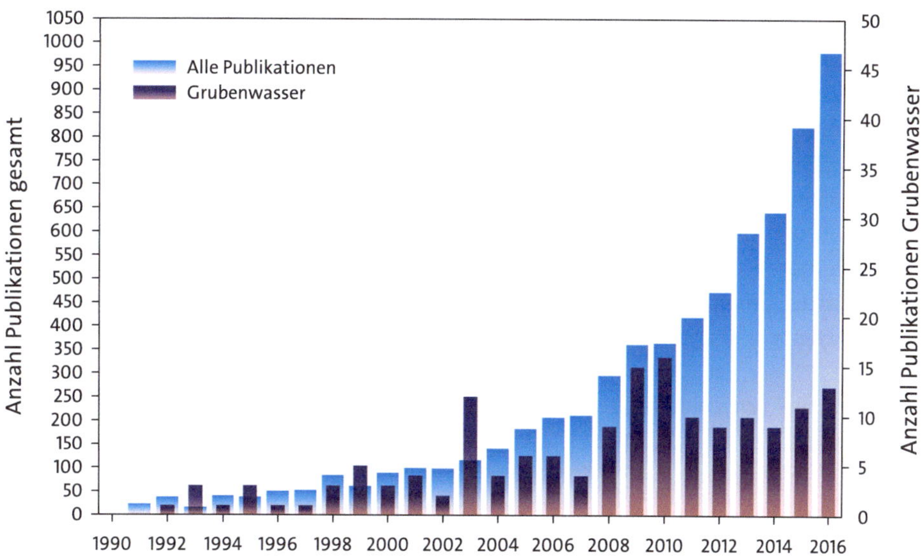

Abb. 3.17 Anzahl der Publikationen über Wasserreinigung mit Membrantechnologie zwischen 1990 und 2016. Auf der rechten Achse die Anzahl derer, die grubenwasserrelevant sind. (Quelle: Clarivate Analytics' *Science Citation Expanded*)

um die Membranen vor größeren Partikeln zu schützen. Einer der wesentlichen Unterschiede der Technologien ist neben den zur Stofftrennung erforderlichen Drücken die Porengröße der Membranen und damit die Eigenschaft, Stoffe aus dem Wasser zu entfernen (Abb. 2.3 und 3.16). Bei den heute üblichen Membranverfahren wird das Grubenwasser im Tangential- bzw. Querstrom betrieben (Cross-Flow-Filtration). Dabei fließt der Wasserstrom druckgetrieben *am Filter vorbei* und nicht wie bei der Dead-End-Filtration *durch* den Filter hindurch („Kaffeefilter-Extraktion"). Neben der Reinigung von Grubenwasser werden Membranverfahren auch zur Entsalzung von Meerwasser verwendet, um es als Trinkwasser oder Prozesswasser in der Aufbereitung sowie in den Grubenbauten oder dem Tagebau zu verwenden.

Eines der Hauptprobleme der Membranverfahren ergibt sich aus der Entsorgung der Konzentrate und der Chemikalien zur Spülung oder Reaktivierung der Membranen (Drioli und Macedonio 2012). In eMalahleni oder Kromdraai in der Provinz Gauteng/Südafrika wird das Laugenkonzentrat beispielsweise in einem großen Becken gesammelt und durch natürliche Verdunstung das Wasser entfernt (siehe Abschn. 7.2). An einem der beiden Standorte waren vor einiger Zeit Forschungen mit dem HybridICE-Verfahren (Abschn. 3.13) und mit einem auf Algen basierten Verfahren im Gange (Nathoo et al. 2009; Reddy et al. 2010). Diese haben zum Ziel, das Laugenvolumen zu reduzieren.

Ein Umkehrosmose- oder Nanofiltrationssystem wird üblicherweise in Stufen geplant, die sich im Einzelnen wie folgt darstellen (Dow – Water and Process Solutions 2013, S. 83–86):

1. Beachte die Zufuhrquelle, die Zufuhrqualität, den Durchfluss der Zufuhr und des Produkts und die benötigte Qualität des Produkts.
2. Wähle die Modulanordnung und die Anzahl der Durchströmungen aus.
3. Wähle die Membran und den dazugehörigen Modultyp aus.
4. Ermittle den mittleren Durchfluss durch die Membran.
5. Errechne die Anzahl der benötigten Module.
6. Errechne die Anzahl der benötigten Druckbehälter.
7. Wähle die Anzahl der Stufen.
8. Wähle das Stufenverhältnis aus.
9. Passe die Durchflussrate des Permeats an.
10. Analysiere und optimiere das Membransystem.

Basierend auf der technologischen Entwicklung und den Anforderungen an eine wenig beeinflusste Umwelt ist davon auszugehen, dass neben den elektrochemischen Verfahren und dem Ionenaustausch die Membranverfahren mittel- bis langfristig vermutlich die Methode der Wahl sein werden, um Grubenwasser zu reinigen. Wenn es dazu kommt, dass die Gesamtmineralisation als Einleitkriterium für eingeleitetes Grubenwasser gilt, wird die Neutralisation möglicherweise nicht mehr die notwendigen Einleitkriterien erreichen.

Nahezu alle großen Hersteller von Membrananlagen verfügen über Computerprogramme, mit denen sich die Anlage planen lässt (DuPont Water Solutions: Water Application Value Engine (WAVE); SUEZ Water Technologies & Solutions: Winflows; French Creek Software: hyd-RO-dose). Außerdem bietet es sich an, integrative Anlagen zu planen, bei denen Vor- und Nachbehandlung des Grubenwassers fester Bestandteil der Anlage sind (Drioli und Macedonio 2012; Peters 2010). Daraus ergeben sich die folgenden Vorteile:

- weniger Fouling und damit höhere Lebensdauer der Membranen,
- geringerer Energieaufwand,
- geringerer Laugenanfall und damit umweltschonenderer Betrieb.

Mittels Membranverfahren in Kombination mit konventionellen Verfahren können die Sulfatfrachten von Grubenwasser deutlich reduziert werden. Der Aussage von Uhlmann et al. (2001, S. 55), dass „gegenwärtig unter praktischen und wirtschaftlichen Gesichtspunkten für diese Dimensionen kein Verfahren zur Verringerung der Sulfatkonzentration verfügbar“ sei, kann daher heute nicht mehr zugestimmt werden. Die Beispiele eMalahleni, Kromdraai oder das Copper Basin Project zeigen, dass auch bei großen Durchflüssen eine Grubenwasserreinigung möglich ist (Faulkner et al. 2005). Mit dem Sparro-Prozess steht außerdem eine im Pilotmaßstab erprobte Methode zur Verfügung, die auch saures sulfatreiches Grubenwasser reinigen kann (Details in Abschn. 3.4.6).

Beispiele aus der Aufbereitung von Kupfer-, Gold- oder Uranerzen belegen, dass Membranverfahren in der Lage sind, den Erzaufbereitungsprozess von mehrwertigen Metallen zu optimieren (Soldenhoff et al. 2006, S. 469 ff.). So sind Nanofiltrationsmembranen in der Lage, Gold-Zyanid-Komplexe selektiv von anderen Metall-Zyanid-Komplexen zu trennen oder Kupfer in Kupferlaugen anzureichern.

In den zurückliegenden Jahren gab es Forschungen mit selektiven Membranen, die in der Lage sind, spezielle Metalle zurückzuhalten (Arous et al. 2010; Fu und Wang 2011; Meschke et al. 2018; Werner et al. 2018). Industrielle Anlagen existieren bisher nicht, es ist jedoch davon auszugehen, dass mit diesen Membranen künftig ein Teil unserer Rohstoffe gewonnen werden könnte und gleichzeitig eine Lösung für das Problem der hochsalinaren Retentate geschaffen wird. Sollte die Entwicklung dieser Membranen ähnlich verlaufen wie die der Membrantrennung insgesamt, dann dürften wir etwa um das Jahr 2030 Metall nicht nur in den eigentlichen Bergwerken gewinnen, sondern auch in den dortigen Grubenwasserreinigungsanlagen (Wolkersdorfer 2013; Wolkersdorfer et al. 2015, Fosso-Kankeu et al. 2020). Das Grubenwasser würde damit von einem Abfallprodukt zu einem Rohstoff werden. Wir benötigen daher in den kommenden ein bis zwei Dekaden Forschungen und Anwendungen zu folgenden Themenkomplexen:

- Wie können Metalle selektiv aus dem Retentat gewonnen werden?
- Entwicklung ionenselektiver Membranen.
- Nutzung von Grubenwasser als Rohstoff.
- Reduzierung des Foulings der Membranen.

- Entwicklung von Membrantechnologie unter Verwendung regenerativer Energie.

Unabhängig von der hier gegebenen Prognose für die „Intelligente Grubenwasserreinigung", haben Bäckblom et al. (2010) für Boliden und LKAB in Schweden sowie KGHM in Polen ein zukünftiges Bergwerk prognostiziert, das sie „Intelligentes Bergwerk der Zukunft" nennen. Ihr Ziel ist die „Vision 2030: >30 bis 2030", und das Bergwerk der Zukunft soll über 30 % weniger Erzverluste aufweisen, weniger Energie verbrauchen, weniger CO_2 produzieren, weniger Abfall hervorrufen und weniger Unfälle pro Tonne gefördertem Erz verursachen. Für die Zeit nach dem Jahr 2030 sehen sie Bergwerke mit In-situ-Erzeugung von Buntmetallen, ohne Abfälle und mit vollautomatisiertem Bergbau ohne Menschen an der Ortsbrust.

3.4.2 Mikrofiltration

Bei der Mikrofiltration werden Partikel zwischen 0,1 und 10 µm Größe aus dem Wasser entfernt. Dabei kommen im Allgemeinen Arbeitsdrücke von 0,2–0,5 MPa zum Einsatz, und die Membranen sind gegenüber äußeren Einflüssen relativ unempfindlich (Cartwright 2012; Peters 2010). In der Regel wird die Technologie im Grubenwasserbereich eingesetzt, um Feststoffe oder Bakterien zu entfernen, bevor das Grubenwasser in die Umkehrosmose gelangt (Buzzi et al. 2011a; Ericsson und Hallmans 1996; Harford et al. 2012; Lilley 2012).

3.4.3 Ultrafiltration

Ultrafiltration filtert Partikel zwischen 0,001 µm und 0,1 µm aus dem zu reinigenden Wasser und verwendet Arbeitsdrücke von 0,1 bis 1 MPa (Cartwright 2012; Peters 2010). Das Verfahren sondert Feststoffe, Bakterien und Viren ab und wird im Grubenwasserbereich oftmals als Vorstufe zur Umkehrosmose eingesetzt (Karakatsanis und Cogho 2010; Knops et al. 2012) (Abb. 3.18).

3.4.4 Nanofiltration

Unter Nanofiltration werden Filtrationsverfahren zusammengefasst, die Partikel zwischen 0,1 und 1 nm (1–10 Å) aus dem Grubenwasser filtern. Dies geschieht bei Arbeitsdrücken zwischen 0,3 und 2 MPa. Damit ist das Verfahren geeignet, mehrwertige Ionen wie beispielsweise Sulfat aus dem Grubenwasser zu entfernen (Schäfer et al. 2006; Visser et al. 2001), da das Sulfation einen thermodynamischen Radius um die 2,3 Å besitzt. Wenn die Membranen zusätzlich positive oder negative Ladungen aufweisen, werden auch geladene Ionen zurückgehalten. Erste Versuche, Grubenwasser

Abb. 3.18 Ultrafiltrationseinheit der Grubenwasserreinigungsanlage eMalahleni in der Provinz Gauteng/Südafrika

mittels Nanofiltration zu reinigen, gehen in Südafrika auf die 1950er-Jahre zurück, wohingegen in Europa erst seit Mitte der 1970er-Jahre Versuche angestellt wurden (Motyka und Skibinski 1982; Turek und Gonet 1997). Jedoch wird Nanofiltration in größerem Umfang erst seit Beginn der 1990er-Jahre eingesetzt (z. B. Visser et al. 2001). Üblicherweise bestehen die Membranen aus Polysulfon, Polyethersulfon, Celluloseacetat oder einem Dünnfilmkomposit. Daneben gibt es eine Reihe von keramischen Membranen für verschiedene Spezialanwendungen (Cartwright 2012; Vankelecom et al. 2006). Vor der Einführung des Begriffs *„nanofiltration"* im Jahr 1984 war der Prozess auch als „loose RO", „open RO", „tight UF" oder „hybrid RO-UF" bekannt (R. J. Petersen in Schäfer et al. 2006, S. xxf, 6).

Heute wird Nanofiltration oftmals gemeinsam mit der Umkehrosmose eingesetzt, da die dort angewandten Membranen frei von größeren partikulären Verunreinigungen sein müssen. Biagini et al. (2012) beschreiben ein Verfahren, bei dem brackisches Wasser für die Trinkwasserversorgung von Alamogordo, Neumexiko in einem mehrstufigen Verfahren gereinigt wurde, das auch Nanofiltration beinhaltete.

Als Ende der 1990er-Jahre die Bergwerke in Lothringen geschlossen wurden und das Grubenwasser dort anstieg (Blachère et al. 2005), begann man in Jarny (Meurthe-et-Moselle, Lothringen) eine Grubenwasserreinigungsanlage zu errichten, die mittels Nanofiltration arbeitet (Bertrand 1997). Diese Anlage zeigte anfänglich einen schnellen Rückgang der Durchlässigkeit, was aber durch Reinigung der Membranen alle 6 bis

8 Wochen gelöst werden konnte. In den Jahren zwischen 1995 und 1997 wurden zwischen 92 und 98 % der Mineralisation zurückgehalten.

Nanofiltration kann die häufigsten Uranspezies zu 90–95 % aus dem Grubenwasser entfernen, wie Raff und Wilken (1999) in einer Laborstudie nachgewiesen haben und Benkovics et al. (1997) an einer tatsächlich arbeitenden Anlage in Ungarn zeigen konnten. An der Bergakademie Freiberg und der BTU Cottbus wurden in den Jahren um 2008 Versuche mit unterschiedlichen Grubenwässern angestellt, um die Methode hinsichtlich der Grubenwasserreinigung zu optimieren (Härtel et al. 2007; Preuß et al. 2007). Wie Preuß et al. (2012) zeigen konnten, hält die Nanofiltration saurer Grubenwässer aus der Lausitz (Membran: Filmtec TM NF270; Dow Chemical Company) erwartungsgemäß einen Großteil der Gesamtmineralisation, darunter Sulfat und Calcium, zurück.

Rieger et al. (2010) verwendeten Dead-End-Filtration, um chilenisches Grubenwasser im Labormaßstab zu behandeln. Sie erreichten Rückhalteraten von 87–99 % für Sulfat und 92–100 % für Eisen. Visser et al. (2001) untersuchten, ob sich saures Grubenwasser aus Südafrika mittels Nanofiltration reinigen lässt. Ihre Ergebnisse zeigen, dass sich nur ein Teil der untersuchten Membranen bei sauren Bedingungen verwenden lässt. Sie führten dies unter anderem auf eine Ladungsänderung an der Membranoberfläche zurück. Membranen mit einer geringeren Durchsatzrate zeigten diese Einschränkungen bei niedrigen pH-Werten jedoch in geringerem Umfang. Preuß et al. (2007, 2010, 2012) hingegen untersuchten den Rückhalt von Sulfat bei zirkumneutralen pH-Werten (7,5–7,8) und erzielten sehr gute Rückhalteraten.

3.4.5 Umkehrosmose (Reverse Osmosis, RO)

Umkehrosmose *(reverse osmosis)* ist eine Membranfiltertechnologie, bei der Moleküle und Ionen über 0,1 nm aus dem Grubenwasser entfernt werden. Im Allgemeinen arbeitet die Methode mit Arbeitsdrücken von 2 bis 8 MPa (Cartwright 2012; Drioli und Macedonio 2012), wobei der erforderliche Druck vom osmotischen Druck der Lösung abhängt. So benötigt ein Grubenwasser mit einer Gesamtmineralisation von etwa 30 g L^{-1} einen Druck von etwa 2,5 MPa zur Reinigung (Bowell 2004). Bei der Umkehrosmose werden einwertige Ionen oder kleinere organische Moleküle aus dem Grubenwasser entfernt, und in der Regel werden Rückhalteraten von über 90 % erzielt (Abb. 3.19). Bereits Ende der 1960er-Jahre wurden in den Vereinigten Staaten von Amerika Versuche angestellt, saures Grubenwasser mit Umkehrosmose zu reinigen (Wilmoth 1973). Wie bei den anderen Membranverfahren dauerte es jedoch bis in die 1990er-Jahre, um das Verfahren zu etablieren. Heute ist sie die am häufigsten eingesetzte Membrantechnologie zur Grubenwasserreinigung. Einer der Gründe für den Erfolg der

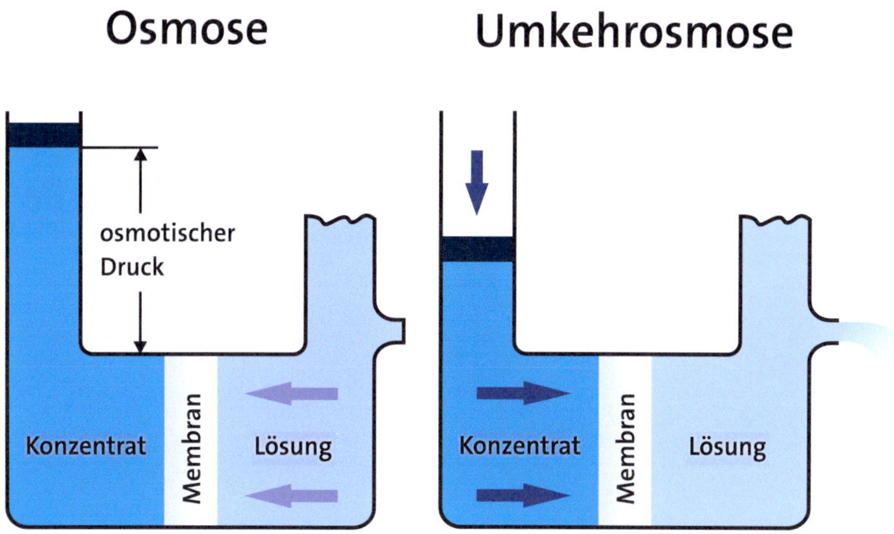

Abb. 3.19 Vereinfachtes Prinzip der Osmose (Vorwärtsosmose) und Umkehrosmose. Bei der Osmose „wandern" Ionen durch eine semipermeable Membran entlang eines Konzentrationsgradienten und erhöhen damit den Druck auf der Seite des Konzentrats. Bei der Umkehrosmose hingegen wird auf der Seite des Konzentrats Druck ausgeübt, und die Wasserionen diffundieren („wandern") durch die Membran auf die Seite der geringeren Konzentration

Methode sind die um etwa 60 % geringeren Energiekosten moderner Anlagen im Verhältnis zu älteren Anlagen (Melin und Rautenbach 2007).

Prinzipiell besteht jede Umkehrosmoseanlage aus den folgenden vier Reinigungsstufen:

1. Vorbehandlung,
2. Entsalzung (Umkehrosmose),
3. Nachbehandlung,
4. Entsorgung oder Weiterverwendung des Retentats.

Je nach lokalen Gegebenheiten und vor allem aufgrund der Qualität des Grubenwassers muss das obige holistische Konzept angepasst werden. Eine Vorbehandlung kann demnach aus einer Nano- oder Ultrafiltration, einem Mehrschichtfilter, einer Druckentspannungsflotation oder einer Neutralisation bestehen (Al-Zoubi und Al-Thyabat 2012; Drioli und Macedonio 2012; Karakatsanis und Cogho 2010; Knops et al. 2012; Schoeman und Steyn 2001).

Wie die bisher installierten Anlagen zeigen, hat diese Vorgehensweise den Vorteil, dass sich die Umkehrosmose dadurch mit verschiedenen anderen Reinigungstechnologien zu einer integrierten Reinigung kombinieren lässt. In eMalahleni (Abb. 3.20) ist sie beispielsweise mit einer Dickschlammfällung und einer Nanofiltration gekoppelt,

Abb. 3.20 Umkehrosmoseeinheit der Grubenwasserreinigungsanlage eMalahleni in der Provinz Gauteng/Südafrika (vgl. Abb. 7.7)

wohingegen die Umkehrosmose in Kromdraai (Optimum Coal Mine) nur mit einer Ultrafiltration auskommt (Karakatsanis und Cogho 2010). Möglich sind aber auch Kombinationen mit anderen aktiven Verfahren, wie es Drioli und Macedonio (2012) beschreiben. Eines dieser Kombinationsverfahren ist der in Abschn. 3.4.6 beschriebene SPARRO-Prozess.

Große Bedeutung wird die Umkehrosmose dort erlangen, wo es für Bergwerke einen Mangel an Frischwasser gibt und sich Meerwasser entsalzen und zum Bergwerk pumpen lässt. In Chile beispielsweise herrscht seit geraumer Zeit eine Trockenheit, die es erfordert, derartige Meerwasserentsalzungsanlagen für den Bergbau zu errichten (Knops et al. 2012) und das Wasser über mehrere Tausend Kilometer ins Landesinnere zu pumpen. Eines der ersten Projekte ist die Minera Escondida (BHP Billiton, Rio Tinto, JECO Corporation), aber insgesamt sind derzeit um die 16 Entsalzungsanlagen projektiert, und bis 2026 wird vermutlich die Hälfte aller Kupferbergwerke in Chile auf entmineralisiertes Meerwasser angewiesen sein. Ein weiterer Grund für deren Bau ist die Konkurrenz zwischen Bergbau, Landwirtschaft und Tourismus (World Water Assessment Programme 2012, S. 201 ff.).

Umkehrosmose kann auch verwendet werden, um Sprengstoffrückstände aus Grubenwasser zu entfernen. Dazu stellten Häyrynen et al. (2009) Versuche mit Umkehrosmose und Nanofiltration an. Während die Umkehrosmosemembranen Nitrat und Ammonium zu 92–98 % rückgewinnen, zeigten die Nanofiltermembranen nur geringe Rückhalteraten.

Juby und Schutte (2000) beobachteten eine Hydrolyse der Membranen und vermuteten, dass diese von radioaktiven Nukliden hervorgerufen worden sein könnte. Dies mag für die von ihnen verwendete Membran (Membratek Tubular CA-Membran) nicht ausgeschlossen sein, aber die recht große Anzahl erfolgreich arbeitender Umkehrosmoseanlagen, die ebenfalls radioaktive Nuklide aus dem Wasser entfernen, spricht gegen deren Hypothese.

3.4.6 SPARRO-Prozess (Slurry Precipitation And Recycle Reverse Osmosis)

Ein in Südafrika entwickeltes Kombinationsverfahren ist der 1988 patentierte SPARRO -Prozess (*S*lurry *P*recipitation *A*nd *R*ecycle *R*everse *O*smosis), bei dem sich ein Nassschlamm mit Gipsnuklei im Reinigungskreislauf bewegt, der als Kristallisationskeim für die übersättigten Phasen wirkt (der Behauptung von Simate und Ndlovu 2014, und Anderen, dass der SPARRO-Prozess *s.s.* in den USA entwickelt wurde, muss entschieden widersprochen werden). Dieser Demineralisierungsprozess basiert auf einem Membranverfahren (Umkehrosmose), bei dem der Nassschlamm für den Schutz der Membranen sorgt, da die Feststoffe an den Gipskeimen kristallisieren. Dadurch gelang es, die unerwünschten Ablagerungen *(scaling)* auf der Membran einzudämmen und eine Rückhalterate von 95 % einzuhalten (Juby 1992; Juby und Schutte 2000; Juby et al. 1996; Lorax Environmental 2003; Pulles et al. 1992; Seewoo et al. 2004). Die Kristallisationskeime aus Gips lassen sich am Ende des Prozesses rückgewinnen (Abb. 3.21). Grund für diese Vorgehensweise ist, dass zu hohe Calcium- und Sulfatkonzentrationen im Grubenwasser eine Schädigung der Membranen hervorrufen können. Eine Vorstufe dieses

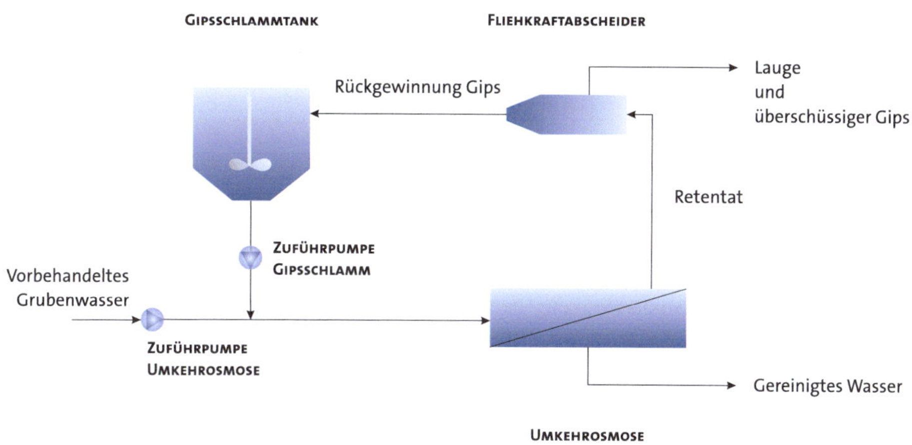

Abb. 3.21 Ablaufdiagramm für den SPARRO-Prozess. (Verändert nach Juby und Schutte 2000; Juby et al. 1996)

Verfahrens ist die kristallisationskeimbasierte Umkehrosmose (Seeded Reverse Osmosis, SRO), die tatsächlich in den Vereinigten Staaten von Amerika entwickelt wurde und bei der nur die Gipskristalle als Kristallisationskeim eingesetzt werden (Harries 1985; Juby und Schutte 2000).

Wie bei anderen Membranprozessen kann ein Fouling der Membranen jedoch nicht vollständig unterbunden werden. Dies führt dazu, dass der Mindestdurchfluss von 550 L min^{-1} in der Pilotanlage nicht permanent erreichbar war und auf 300 L min^{-1} abfiel. Ein Grund für die Erniedrigung der Durchflussrate können auch Schwebstoffe aus SiO_2 gewesen sein. Insgesamt lief diese Anlage für etwa 5000–6000 h, wobei vier Phasen mit unterschiedlicher Anlagenkonfiguration getestet wurden.

Beim SPARRO-Prozess können in einer vorgeschalteten Separation Metalle abgeschieden werden, indem der pH-Wert mit NaOH auf 10 erhöht wird, eine Oxidation mit $KMnO_4$ stattfindet und nach dem Absetzen eine abschließende Filtration des Wassers erfolgt. Aus Kostengründen musste die Vorbehandlung im Verlauf des Pilotversuchs eingestellt werden. Um die Membranen in der Umkehrosmose zu schonen, muss der pH-Wert schließlich mit Schwefelsäure auf 5 bis 6 gesenkt werden. Insgesamt gelang es, die anfängliche Sulfatkonzentration von 5560 ± 1492 mg L^{-1} auf 279 ± 127 mg L^{-1} zu senken (Fehlergrenzen sind die Standardabweichungen aus 19 Messungen).

Bowell (2004) kommt zu dem Schluss, dass der SPARRO-Prozess ohne eine Vorbehandlung des Grubenwassers wirtschaftlich derzeit nur bedingt einsatzfähig ist. Dies ergibt sich auch aus den Ergebnissen der Pilotanlage, die häufig ein Membranversagen zeigte, was an der teilweise hohen Suspensionsfracht des Grubenwassers lag (Juby et al. 1996). Dieses Problem lässt sich jedoch durch eine vorgeschaltete Ultra- oder Mikrofiltration lösen, wie das Beispiel eMalahleni zeigt, wo das Konzept einer Umkehrosmose mit vorgeschalteter Reinigungsstufe und der heutigen Technologie im Industriemaßstab eingesetzt wird. Welch ein Gegensatz zu 1976, als Train et al. (1976, S. 251) noch schrieben: „Eine bedeutsame Wiederverwendung oder eine verunreinigungsfreie Einleitung lassen sich für Grubenwasser aus Kohlenbergwerken nicht erreichen."

Insgesamt hat das Verfahren ein erhebliches Anwendungspotenzial, und durch weitere Forschung und Prozessintensivierung, lassen sich die bislang aufgetretenen Probleme lösen.

3.4.7 Vorwärtsosmose (Forward Osmosis, FO)

Obgleich die Vorwärtsosmose kein neues Verfahren ist, findet sie in der Reinigung von Grubenwasser bislang kaum Anwendung. Aktuelle Beispiele gibt es aus Finnland und aus Australien (Thiruvenkatachari et al. 2016) sowie bei der Pilotbehandlung von kommunalem Abwasser (Wang et al. 2016) und einer Vielzahl anderer von

Thiruvenkatachari et al. (2016) aufgelisteter Prozesse. Während bei der Umkehrosmose ein Druck Δp angelegt wird, um das verunreinigte Wasser durch eine semipermeable Membran zu bewegen, verwendet die Vorwärtsosmose das Prinzip der Osmose selbst (Abb. 3.19). Die treibende Kraft ist folglich der osmotische Druck, der sich aus der Differenz des elektrochemischen Potenzials (Melin und Rautenbach 2007) $\Delta \pi$ ergibt und nicht aus der angelegten Druckdifferenz Δp (Cath et al. 2006). Um diese Potenzialdifferenz hervorzurufen, kommt auf der Permeatseite eine Ausgleichslösung *(draw solution)* zum Einsatz, die aufgrund ihrer Eigenschaften nicht die Membran durchdringt und ein hohes osmotisches Potenzial erzeugt (Abb. 3.22). Bislang ist eine Vielzahl von Draw-Lösungen zum Einsatz gekommen, darunter NaCl, Meerwasser, Glukose, Fruktose, Ammoniumsalze (Cath et al. 2006). Ihnen allen ist gemein, dass sie wiedergewinnbar sein müssen, um das Verfahren ökonomisch durchführen zu können.

Einer der methodischen Vorteile liegt darin, dass eine große Anzahl von Verunreinigungen entfernt werden kann, geringere oder keine Drücke zum Einsatz kommen und in der Regel geringeres Biofouling der Membranen eintritt (Cath et al. 2006). Ob sich Vorwärtsosmose in Zukunft standardmäßig als eine Reinigungsmethode für Grubenwasser einsetzen lässt, ist derzeit nicht vorhersagbar. Noch liegen zu wenige Erfahrungen mit der Methode vor, um dies zuverlässig abschätzen zu können. Weichgrebe et al. (2014) kommen zu dem Schluss, dass die Methode für die Flowback-Entsorgung beim Fracking „ein erhebliches Potenzial [hat], um in Zukunft großtechnisch eingesetzt zu werden", was sie vermutlich aus der zunehmenden Anzahl der publizierten Artikel ableiten. Um jedoch vom Labor- zum Feldmaßstab zu gelangen, ist es dringend nötig, neuartige Membranen und Ausgleichslösungen zu entwickeln (Zhao et al. 2012a).

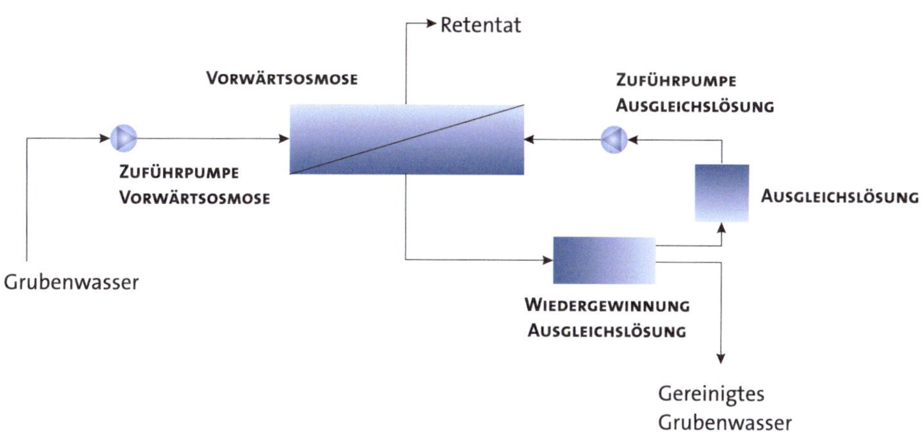

Abb. 3.22 Schema der Vorwärtsosmose. (Verändert nach Cath et al. 2006; nach der Idee von Weichgrebe et al. 2014)

3.5 Fällungsverfahren für seltenere Schadstoffe

Einige Schadstoffe erfordern spezielle Fällverfahren, insbesondere bei geringer mineralisierten oder wenig gelöstes Eisen enthaltenden Grubenwässern. Zu diesen Schadstoffen zählen As, Sb, Mo, Ra oder Se, die in der Regel nicht als Metallhydroxide oder -carbonate ausfallen (Senes Consultants Limited 1994). Sofern ausreichende Eisenkonzentrationen im Grubenwasser vorhanden sind, gelingt es jedoch, einige diese Schadstoffe bei der Neutralisation kopräzipitieren zu lassen.

Arsen, Antimon oder Selen lassen sich mit zwei- oder dreiwertigen Kationen wie $FeCl_3$ oder $FeCl[SO_4]$ ausfällen, da sie mit dem gebildeten Ferrihydrit kopräzipitieren. Optimale Bedingungen für Arsen ergeben sich, wenn das Fe-zu-As-Verhältnis 2 zu 1 oder größer ist. Um einen stabilen Schlamm zu erhalten, sollte dieses Verhältnis tendenziell größer sein (Golder Associates Inc. 2009; Senes Consultants Limited 1994).

Radium lässt sich, wie bei der Anlage der Wismut GmbH in Bad Schlema (Badstübner et al. 2010, S. 3.4.2–32) mit $BaCl_2$ oder $BaSO_4$ aus dem Grubenwasser ausfällen, wobei sich $Ba(Ra)SO_4$ bildet (Abb. 3.23). Der entstehende Schlamm ist jedoch unter reduzierenden Bedingungen instabil, und das Ra kann wieder freigesetzt werden (Jacobs und Pulles 2007). Chałupnik und Wysocka (2000) haben diese Methode in Schlesien erstmals untertage eingesetzt, um Radium aus salinarem Grubenwasser zu fällen.

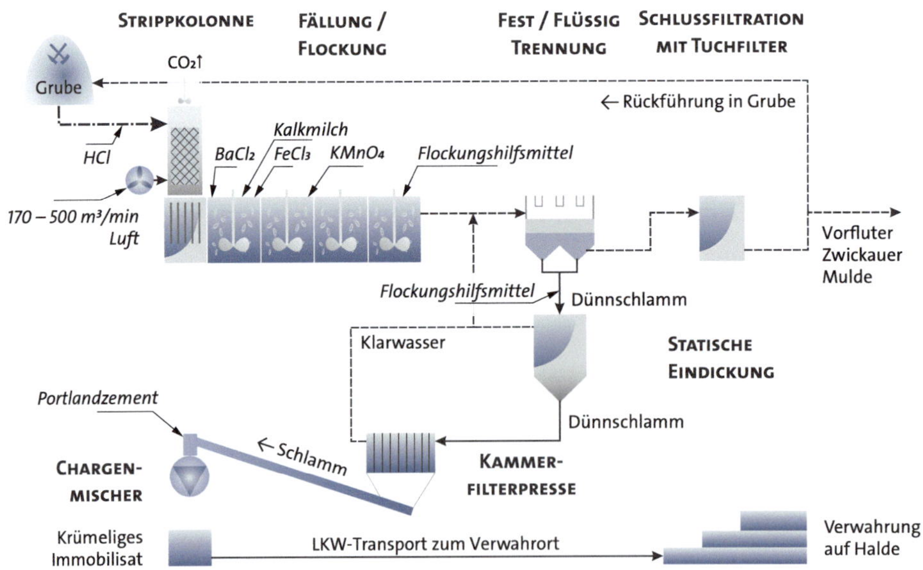

Abb. 3.23 Derzeitiges Verfahrensbild der Grubenwasserreinigungsanlage Schlema-Alberoda einschließlich der Rückständeentsorgung. (Nach Bild 3.4.2.1–23 in Badstübner et al. 2010)

Zinchenko et al. (2013) haben im Uranbergwerk Cameco's McArthur River in Saskatchewan (Kanada) Uran und Molybdän aus Grubenwasser entfernt. Sie versetzten das Grubenwasser in einer zweistufigen Pilotanlage zunächst mit Kalkmilch und dann mit Schwefelsäure, wobei sie in jeder Stufe $BaCl_2$ und $FeSO_4$ zugaben. Sie erhielten Reinigungsraten von 96 % für Uran und 99 % für Molybdän.

3.6 Ettringit-Ausfällung

3.6.1 SAVMIN™-Verfahren

Über die Entstehung des Tricalciumaluminat-Trisulfathydrats Ettringit ($Ca_6Al_2[(OH)_{12}|(SO_4)_3]\cdot 26\ H_2O$) bei der Grubenwasserreinigungberichteten erstmals Bogner und Doehler (1984). Ihnen war aufgefallen, dass es bei versehentlich zu hoch eingestellten pH-Werten in einer Grubenwasserreinigungsanlage zur Ausfällung von Ettringit kommen kann, den sie somit als Indikator für konstant hohe pH-Werte in der Anlage ansehen. Ettringit ist ein Mineral, dessen Typlokalität der Ettringer Bellerberg in der Eifel ist und das in der Natur im Kontaktbereich von metamorphisierten Carbonaten mit Vulkaniten entsteht (Anthony et al. 2003). Außerdem entsteht er in Beton und kann dort zu Materialschäden beitragen (Bollmann 2000). Im unten vorgestellten Reinigungsverfahren soll der Ettringit allerdings bewusst entstehen, indem der pH-Wert auf 11 bis 14 angehoben wird, um Ettringit zu fällen (Abb. 3.24) – die Angaben in Uhlmann et al. (2001, S. 48), denen zufolge der pH-Wert wenigstens über 9,5 liegen müsse, treffen folglich für eine Grubenwasserreinigungsanlage nicht zu. Ein Vorteil des Ettringits ist, dass er in sein Kristallgitter durch Kopräzipitation *s.s.* „unliebsame" Ionen einbaut (Tab. 3.8) und so neben dem Sulfat und Aluminium beispielsweise auch Cr, As und Cd entfernt (Gougar et al. 1996).

Bei dem SAVMIN™-Verfahren handelt es sich um eine patentierte, aktive Grubenwasserreinigung für sulfatreiches Grubenwasser, die einen fünfstufigen, aufeinanderfolgenden Reinigungsprozess umfasst (Lorax Environmental 2003; Smit 1999). Sie ähnelt der von der Walhalla-Kalk Entwicklungs- und Vertriebsgesellschaft mbH patentierten Ettringitfällung (Patent EP 0250626 vom 27. Juni 1990) und dem von David J. Hassett und Jeffrey S. Thompson patentierten „verbesserten" Ettringit-Verfahren (Patent US 5547588 vom 20. August 1996). Sowohl Smit (1999) als auch Damons und Petersen (2002) haben den Prozessablauf beim SAVMIN™-Verfahren mithilfe des Simulationsprogramms Aspen optimiert. Beim SAVMIN™-Verfahren wird das Grubenwasser zu Trinkwasser, Gips und Calcit aufbereitet. In der ersten Stufe wird der pH-Wert auf 12 angehoben, um Metallhydroxide aus dem Grubenwasser zu fällen und um in den Stabilitätsbereich von Ettringit zu kommen (Abb. 3.24), wobei sich ein Bereich von pH 11,6–12 als optimal erwiesen hat. Beim zweiten Prozessschritt werden dem Grubenwasser Gipskristalle als Kristallisationskeime zugegeben, um Gips auszufällen. Dem nach wie vor gipsübersättigten Grubenwasser wird nun in der dritten Stufe

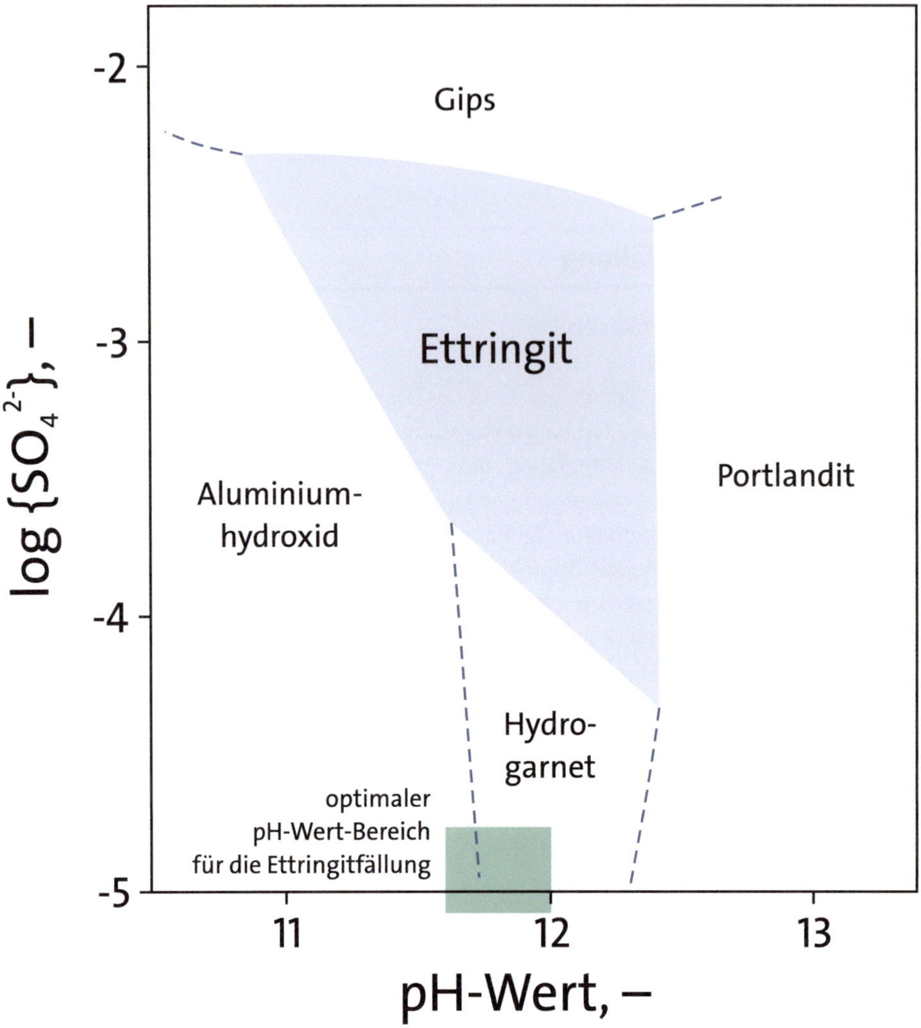

Abb. 3.24 Stabilitätsdiagramm von Ettringit im System $CaO/Al_2O_3/SO_3/H_2O$; in die in der Grafik nicht sichtbare $Al(OH)_4$-Ebene projiziert, $\{Al(OH)_4^-\}=0$. (Verändert nach Hampson und Bailey 1982, Abb. 1; optimaler pH-Wert-Bereich von 11,6–12,0 ergänzt nach Smit 1999)

Aluminiumhydroxid ($Al(OH)_3$) zugeführt, was die Fällung von Ettringit zur Folge hat. Im Prozessschritt vier wird Schwefelsäure zugegeben, um das Aluminiumhydroxid rückgewinnen zu können. Beim abschließenden fünften Schritt wird dem Grubenwasser CO_2 zugegeben, um den nach wie vor hohen pH-Wert zu senken. Dabei fällt reiner Calcit ($CaCO_3$) aus.

Bislang wurde das Verfahren nur an wenigen Standorten in Südafrika eingesetzt (z. B. Pilotanlagen an den Stillfontein- und Mogale-Goldbergwerken), da die Anlagen-

Tab. 3.8 Liste an Ionen, die Gitterplätze im Ettringit ($Ca_6Al_2[(OH)_{12}|(SO_4)_3]\cdot 26\,H_2O$) diadoch ersetzen können. (Aus Gougar et al. 1996, Tab. 3)

$(Ca^{2+})^{VIII}$-Gitterplatz	$(Al^{3+})^{VI}$-Gitterplatz	OH^--Gitterplatz	SO_4^{2-}-Gitterplatz	
Sr^{2+}	Cr^{3+}	O^{2-}	$B(OH)_4^-$	VO_4^{3-}
Ba^{2+}	Si^{4+}		CO_3^{2-}	BrO_3^-
Pb^{2+}	Fe^{3+}		Cl^-	NO_3^-
Cd^{2+}	Mn^{3+}		OH^-	MoO_4^{2-}
Co^{2+}	Ni^{3+}		CrO_4^{2-}	ClO_3^-
Ni^{2+}	Co^{3+}		AsO_4^{3-}	SO_3^{2-}
Zn^{2+}	Ti^{3+}		SeO_4^{2-}	IO_3^-

und Unterhaltungskosten derzeit noch relativ hoch sind (Abb. 3.25). Gleichwohl gelingt es, am Ende des Prozesses Wasser mit Trinkwasserqualität zu produzieren. Durch eine Kooperation mit einem führenden Anlagenhersteller will der Patentinhaber das Verfahren in Zukunft optimieren und zur Marktreife bringen (weitere Informationen dazu auf den MINTEK- und VEOLIA-Internetseiten). Auch an einer finnischen Universität laufen seit wenigstens 2017 zusammen mit einem weltweit agierenden Konzern Optimierungsversuche für ein Ettringitverfahren. Details unterliegen – wie sollte es anders sein – der Geheimhaltung. Sollten die Probleme lösbar sein, die sich durch den relativ engen pH-Wert-Bereich ergeben, in dem das Verfahren einsetzbar ist, dann könnte wahr werden, was Fernando et al. (2018) schreiben: dass sich das SAVMIN-Verfahren nämlich künftig zur Sulfatentfernung durchsetzen wird.

Abb. 3.25 SAVMIN™-Pilotanlage am Mogale-Goldbergwerk der Western Utilities Corporation in Südafrika. (Aus Roger Paul: „Presentation to the Parliamentary Committee on Water and Environmental Affairs" – 7./8. September 2011)

3.6.2 Andere Verfahren

In einem Artikel, dessen Titel erst einmal in die Irre leitet, beschreiben Dvorácek et al. (2012) ein Ettringitverfahren, das an der VŠB-Technischen Universität von Ostrava entwickelt und patentiert wurde. Bei einem pH-Wert von 12,4 geben die Autoren dem Grubenwasser gelöschten Kalk und Natriumaluminat hinzu und entwässern nach der Flockung den entstehenden Schlamm. Sie erhalten als Endprodukt industriell nutzbares Wasser mit Sulfatkonzentrationen unter 300 mg L^{-1}. Auch am ehemaligen Uranbergwerk Stráž in Ungarn wird ein Ettringitverfahren eingesetzt, um Sulfat aus dem Grubenwasser zu entfernen (pers. Mitt. Michael Paul).

Heviánková und Bestová (2007) verwenden Ettringitschlamm, um Mangan aus dem Grubenwasser zu entfernen. Dies führt jedoch dazu, dass sich die Sulfatkonzentration im Grubenwasser erhöht. Sie schlussfolgern, dass dieser Prozess zur Entfernung von Mangan daher möglicherweise ungeeignet ist. Es ist jedoch ein Hinweis darauf, dass nicht nur Mn(III), sondern auch Mn(II) am $(Ca^{2+})^{VIII}$-Gitterplatz in den Ettringit eingebaut werden kann.

3.7 Schwertmannit-Verfahren

Seit das Mineral Schwertmannit ($Fe^{3+}{}_{16}[O_{16}|(OH)_{10}|(SO_4)_3]\cdot 10\,H_2O$) 1990 erstmals wissenschaftlich beschrieben wurde, werden seine Verwendung und Vorkommen im Zusammenhang mit Grubenwasser intensiv untersucht (Bigham et al. 1990; Schwertmann et al. 1995). Fast möchte man den Eindruck gewinnen, als sei es die eierlegende Wollmilchsau der Grubenwasseruntersuchung – oder der „Saure Regen" der 1980er-Jahre, den man in keiner seriösen Studie außer Acht lassen darf. Wie dem auch sei; Schwertmannit hat einige hervorragende Eigenschaften, oder wie es Schwertmann salopp formulierte: „Giftfänger im Bergbauabraum" (Schwertmann 1999). Daher sind die aktuellen Untersuchungen, ob sich das Mineral grundsätzlich als „Giftfänger" eignet, von grundlegender Bedeutung.

Neben der Bezeichnung „Schwertmannit-Verfahren" findet sich in der Literatur auch die Bezeichnung „Mikrobiologischer Eisenabtrennungsprozess" oder „Eisensulfatfällung" (Bilek 2012). Die Anlage besteht aus einem Belüftungsbecken, auf das ein Oxidationsbecken folgt. In Letzterem befinden sich Aufwuchsträger, auf denen sich der mikrobiell gebildete Schwertmannit bei pH-Werten zwischen 2,5 und 3,3 ablagert (Abb. 3.26). Mittels eines Kettenräumers am Boden des Oxidationsbeckens kann der Schlamm kontinuierlich abgefördert werden und wird mittels einer Schlammpumpe zum Schlammsammelbehälter gepumpt. Wichtig für die Bildung des Schwertmannits sind einerseits die Bakterien auf den Aufwuchsträgern, aber auch die in der Suspension im Oxidationsbecken. Die Bildung des Minerals findet überall dort statt, wo es den Bakterien gelingt, einen Biofilm auszubilden: folglich auf den Trägern und den Reaktorwänden. Dort gelang es, bis zu 35 g Fe^{2+} pro m^3 und Stunde zu eliminieren. Nach einer

Abb. 3.26 Schwertmannit auf Aufwuchselementen (*links,* Bildbreite ca. 2 m) und mikrobiell hergestellter Schwertmannit (*rechts,* Bildbreite etwa 15 cm) (Fotos: Eberhard Janneck)

Einlaufzeit stellte sich in der Anlage ein pH-Wert von 3,1 bis 3,3 ein, bei einem pH-Wert des Grubenwassers zwischen 4,2 und 5,1 (Janneck et al. 2007a). Insgesamt zeigten die beiden Pilotanlagen für Grubenwasser aus dem Kohlenbergbau in der Lausitz guten Erfolg bei der Reinigung der Wässer (Janneck et al. 2010), werden aber derzeit als Reinigungsmethode von der LEAG (früher Vattenfall) nicht weiter verfolgt.

Heinzel et al. (2009) und Hedrich et al. (2011) untersuchten die mikrobakteriellen Vorgänge, die in einer dieser Anlagen zur Ausfällung von Schwertmannit führen, wobei Letztere ihre Untersuchungen vor allem auf das Bakterium *Ferrovum myxofaciens* stützten, das künftig möglicherweise eine wichtige Rolle in der Grubenwasserreinigung spielen könnte (pers. Mitt. Barry Johnson 2012), wenn es gelingt, die Anlagen zuverlässig mit geeigneten Stämmen zu impfen. Eine großtechnische Anwendung der Technologie steht bislang aus. Bei dem uran- und arsenhaltigen Grubenwasser im Erzgebirge kann der Schwertmannit aus der Pilotanlage Tzschelln verwendet werden, um Arsen und Uran aus dem Grubenwasser zu entfernen (Janneck et al. 2011).

Momentan lässt sich an der Anzahl der 1995 erstmals im SCI gelisteten Publikationen zu Schwertmannit im Grubenwasser nicht mit Sicherheit ablesen, ob wir das Maximum einer Hubbert-Kurve bereits überschritten haben. Es muss sich folglich zeigen, ob die Schwertmannit-Verfahren als Standard in der Sanierung von Grubenwässern Eingang finden. Folgt man jedenfalls dem Leitgedanken in einem Artikel der VDI-Nachrichten über das Schwertmannit-Verfahren, möchte man zumindest diesen Eindruck gewinnen (Ahrens 2013).

3.8 Bioreaktoren (Fermenter)

Mikrobiologische Reinigungsverfahren für Grubenwasser lassen sich teilweise unter aktiven, teilweise unter passiven Methoden einreihen (z. B. Gandy und Jarvis 2012; Gusek 2002). Die Übergänge können fließend sein, wie auch Weston Solutions (2004, S. 4–4) festhalten: „Mikrobiologiereaktoren können als aktiv oder passiv klassiert werden, was normalerweise davon abhängig ist, ob sie Tanks oder Teiche sind.“ In diesem Abschnitt sollen lediglich Bioreaktoren vorgestellt werden, die auf jeden Fall unter das Kapitel aktive Verfahren fallen. Sie werden seit den 1990er-Jahren daraufhin untersucht, Grubenwasser mittels biologischer Verfahren zu reinigen. Der schönen Vorstellung, konstruierte Feuchtgebiete als „Bioreaktoren mit einem grünen Toupet“ zu bezeichnen, schließe ich mich hier aus praktischen Gründen vorerst nicht an (Wildeman et al. 1993a, S. 13–1) – es würde der Verwirrung um den Begriff Bioreaktor weiteren Vorschub leisten, zumal es für die anderen Reinigungstypen jeweils eigene Namen gibt.

Bioreaktoren (Fermenter, technische Reaktoren) sind Behälter, die mit unbehandeltem Grubenwasser und organischem Material (z. B. Stroh, Kompost) sowie sulfatreduzierenden Bakterien gefüllt sind, wobei das organische Material als Kohlenstoffquelle für die Mikroorganismen dient (U. S. Environmental Protection Agency 2000, S. A-4). Als Energiequelle für die Bakterien haben sich auch Melasse, Synthesegas oder Klärschlamm als geeignet herausgestellt (Dill et al. 1994; Du Preez et al. 1991; Maree et al. 1991; Rose et al. 2004b). In der Regel handelt es sich bei den zur Grubenwasserreinigung errichteten Bioreaktoren um Festbettreaktoren, in denen reduzierende Bedingungen herrschen, um gelöste Metalle (vor allem Eisen) und Sulfat zu reduzieren. Dabei entstehen Schwefelwasserstoff und in der Folge schwerlösliche Metallsulfide, die sich im Fermenter absetzen, und der pH-Wert des Grubenwassers wird angehoben (Drury 1999). Die Reinigungsraten für Sulfat hängen stark von der Zusammensetzung des Grubenwassers, dem verwendeten Substrat, dem pH-Wert sowie der Temperatur ab und erreichen tägliche Raten von 2–30 g L^{-1} Sulfat (Dill et al. 1994; Lorax Environmental 2003, S. 3–30) (Abb. 3.27). Drury (1999) fügte den Bioreaktoren Molke hinzu

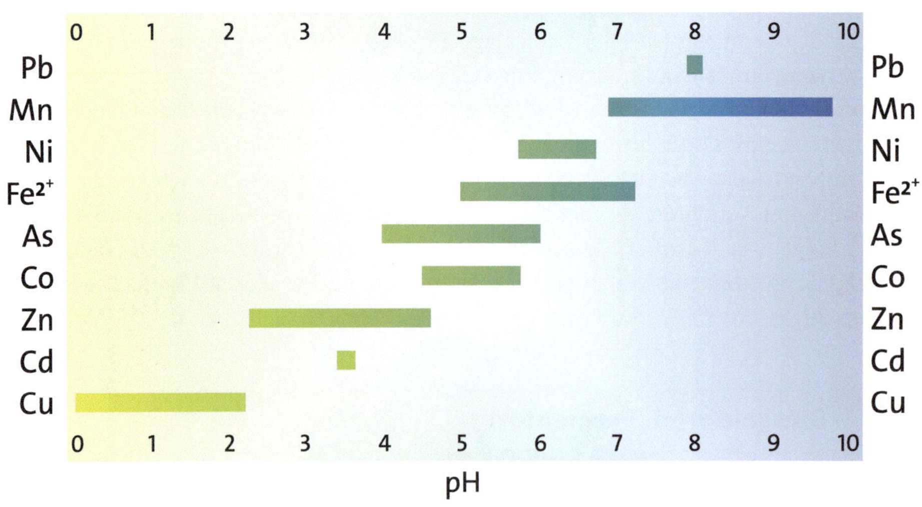

Abb. 3.27 Verwendete und empfohlene pH-Werte für die selektive Fällung von Metallen und Arsen als Sulfide. (Nach Kaksonen und Şahinkaya (2012) mit Daten von Govind et al. (1997); Hammack et al. (1994a); Kaksonen und Puhakka (2007); Tabak et al. (2003))

und steigerte dadurch deutlich die Effizienz seiner Reaktoren. Es hat den Anschein, als könnte die Sulfatkonzentration im Grubenwasser durch Bioreaktoren nur unter optimalen Bedingungen auf weniger als 300–100 mg L^{-1} abgesenkt werden, denn die meisten Bearbeiter konnten nur Erniedrigungen bis ca. 200 mg L^{-1} erreichen (Bilek et al. 2007; Drury 1999; Lorax Environmental 2003, S. 4–29; Poinapen 2012, S. 241). Lorax Environmental (2003, S. 5–11) führten eine umfassende Bewertung von Methoden durch, mit denen Sulfat aus dem Grubenwasser entfernt werden kann. Sie kommen zu dem Schluss, dass Bioreaktoren in diesem Zusammenhang mit zu den effektivsten Methoden gehören (dabei schließen sie vermutlich die passiven „Bioreaktoren" in ihre Bewertung mit ein).

Eine Anlage im Industriemaßstab ging zwischen 2004 und 2006 am südafrikanischen Grootvlei-Goldbergwerk in Betrieb. Sie reinigt täglich 10.000 m^3 sulfathaltiges Grubenwasser (Holtzhausen 2006b) mit dem BioSURE®-Prozess. Dabei wird als Kohlenstoffquelle Klärschlamm aus kommunalem Abwasser verwendet, was somit einen Synergieeffekt darstellt. Zwischenzeitlich wurde die ursprüngliche Methode (Rose et al. 2004b) verbessert, sodass nunmehr höhere Reinigungsraten erreichbar sind (Poinapen 2012).

Ein weiteres Verfahren mit Bioreaktor ist der von Paques Bio-Systems BV (Niederlande) patentierte THIOPAQ®-Prozess zur biologischen Sulfatentfernung. Mithilfe von Schwefel, der im Bioreaktor gewonnen wird, werden die Metalle als Sulfide ausgefällt und können kommerziell verwendet werden. Prinzipiell besteht der Prozess aus zwei Schritten: Zunächst wird Sulfat durch Sulfatreduzierer anaerob zu Sulfid reduziert und in einem weiteren Reaktor, unter Bildung von Alkalinität, durch Sulfatoxidierer zu Schwefel umgewandelt. In der Regel werden als organische Nährstoffe und Elektronendonatoren Wasserstoff, Ethanol, Butanol oder organischer Abfall verwendet. Da beim THIOPAQ®-Prozess weniger Kalkmilch verwendet werden muss als üblich, weniger Schlamm anfällt und verkaufbare Produkte entstehen, ist dieser Prozess für die Bergbauindustrie interessant. Dies gilt insbesondere, da die Schadstoffkonzentrationen nach der Behandlung in der Regel gering sind (de la Vergne 2003; Jacobs und Pulles 2007; Lorax Environmental 2003). Weltweit sind über ein Dutzend Systeme in Betrieb, beispielsweise am Kupferbergwerk Kennecott in Utah (USA) oder seit 1992 an der Zinkraffinerie Budelco (Niederlande). Eine Anlage von Anglo Coal in Südafrika musste wegen gestiegener Kosten für Ethanol und Butanol den Betrieb einstellen (Expert Team of the Inter-Ministerial Committee 2010), und auch Simate und Ndlovu (2014) berichten, dass deswegen der Prozess an Attraktivität verloren hätte.

Neben den bekannten Bakterien wie *Acidithiobacillus thiooxidans* (Kelly und Wood 2000) spielt bei niedrigen pH-Werten (<pH 4) in den Bioreaktoren das unlängst erstbeschriebene Bakterium *Ferrovum myxofaciens* eine entscheidende Rolle bei der Sulfatreduktion (Rowe und Johnson 2009). Inwieweit dieses Bakterium geeignet ist, die Reaktionsraten in diesen Reaktoren zu erhöhen, müssen die künftigen Forschungsergebnisse zeigen (pers. Mitt. Barry Johnson 2012).

Eine besondere Form von Bioreaktoren sind Membranbioreaktoren, bei denen mithilfe einer Ultrafiltration Trinkwasser gewonnen werden kann. Beispiele solcher Anlagen finden sich in Hotels oder auf Schiffen und erreichen tägliche Reinigungsleistungen von 48.000 m^3 Schwarz- oder Grauwasser (Peters 2010, S. 1234 ff.). Häyrynen et al. (2009) berichten von einem Membranbioreaktor, bei dem Ammonium und Nitrat behandelt wurden, und beobachteten Reinigungsraten von 82–90 %. Bijmans et al. (2009) sowie Şahinkaya et al. (2018) behandelten synthetisches Grubenwasser in einem Membranbioreaktor und konnten zeigen, dass sich die Sulfatkonzentrationen im Wasser erniedrigten. Problem bei allen Anwendungen war bisher, dass die Membranen bei hohem Wasserdurchsatz ein schnelles Biofouling aufweisen, das nur durch aufwendige Reinigung entfernbar war. Keine der Publikationen über Membranbioreaktoren, die ich finden konnte, beschreiben ein tatsächlich existierendes System im Pilotmaßstab oder gar im Feldmaßstab, sodass ich nicht im Detail auf dieses Verfahren eingehen werde. Aufgrund der bisherigen Ergebnisse lässt sich noch nicht abschätzen, ob das Verfahren ein Potenzial für künftige Grubenwasserreinigung haben wird.

3.9 Ionenaustauscher

Ionenaustauscher sind vorwiegend poröse Kunstharze, deren Oberfläche mit funktionellen Gruppen versehen ist, an denen positiv oder negativ geladene, wasserlösliche Ionen haften (Abb. 3.28). Eine Alternative zu Kunstharzen sind Membranen, an denen sich die funktionellen Gruppen befinden. Beim Ionenaustausch werden Ionen aus dem Grubenwasser gegen diese Ionen aus dem Material des Ionenaustauschers ausgetauscht. In der Regel verdrängen bei der Austauschreaktion höherwertige Ionen im Grubenwasser (z. B. Ca^{2+}, Mg^{2+}, Cu^{2+}, $Fe^{2+/3+}$, Cd^{2+}, SO_4^{2-}) die niederwertigeren Ionen am Feststoff des Austauschers (z. B. Na^+, H^+, K^+, Ca^{2+}, Cl^-, SO_4^{2-}, OH^-), der dadurch im Laufe der Zeit „verbraucht“ wird. In Abhängigkeit vom Medium des Austauschers lassen sich dadurch Kationen oder Anionen aus dem Grubenwasser entfernen. Bei den Austauschermaterialien handelt es sich zumeist um Kunstharzkügelchen von 0,3 bis 1,2 mm Durchmesser, seltener um Zeolithe, wobei die Kunstharze durch Säure oder Lauge regenerierbar sind. Die Zeolithe hingegen müssen entsorgt werden. Üblicherweise wird heute das Schwebefestbettverfahren angewandt, das eine Regeneration der Harze im Gegenstrombetrieb ermöglicht. Durch Ionenaustauscher lässt sich eine Vielzahl an industriellen Wässern reinigen, und der Prozess ist jeweils im Hinblick auf die Entfernung von Kationen oder Anionen optimierbar (Abb. 3.29). Durch geeignete funktionelle Gruppen lassen sich gezielt Metalle aus dem Grubenwasser entfernen und einer weiteren Verwertung zuführen. Theoretisch wäre es durch eine geeignete Kombination von anionischen und kationischen Ionenaustauschern sogar möglich, reines Wasser zu erzeugen (Gusek und Figueroa 2009, S. 97–100; Sincero und Sincero 2002; Skelly and Loy und Penn Environmental Consultants 1973, S. 335–337; Produktinformationen der Hersteller).

Abb. 3.28 Verschiedene Kunstharze für Ionenaustauscher (LANXESS Deutschland GmbH)

Regelmäßiger, großmaßstäblicher Ionenaustausch findet im Bereich Grubenwasserreinigung kaum statt, obgleich die Methode erstmals Ende der 1960er-Jahre für Grubenwasser angewendet wurde (Skelly and Loy und Penn Environmental Consultants 1973; Sterner und Conahan 1968; Wilmoth et al. 1977) und in der Literatur von einer großen Anzahl an Spezialanwendungen berichtet wird. Dies mag zum Teil daran liegen, dass Grubenwasser oft hochmineralisiert ist und somit der Ionenaustauscher in verhältnismäßig kurzen Intervallen regeneriert werden muss. Aber auch die großen Wassermengen mögen einem umfassenden Einsatz der Technologie bisher im Wege gestanden haben, da die Reinigungskosten dann vergleichsweise hoch sind (Senes Consultants Limited 1994). Neue Anwendungsmethoden, die in den vergangenen Jahren entwickelt wurden und derzeit in Entwicklung sind, werden den Ionenaustausch jedoch mittel- bis langfristig im Grubenwasserbereich etablieren (z. B. Feng et al. 2000; Muraviev et al. 1995; Strathmann 2012). Dadurch wäre, neben der Membrantechnologie, eine weitere Grubenwasserreinigungsmethode verfügbar, deren Endprodukt ein vermarktungsfähiger Rohstoff ist anstelle von Abfall.

Eine der ersten Anwendungen der Methode für Grubenwasser war die Entfernung von Uran (George und Ross 1970; Hartley 1972; Himsley und Bennett 1985), wo sie auch heute noch angewandt wird (Botha et al. 2009; Braun et al. 2008; Jeuken et al. 2008). Andere Metalle, die sich selektiv aus dem Grubenwasser entfernen lassen, sind Kupfer, Nickel, Kobalt, Zink, Cadmium, Blei, Thorium, Radium, Quecksilber sowie das

Abb. 3.29 Industrieller Ionenaustauscher zur Abwasserbehandlung aus der Kupferelektrolyse in den Montanwerken Brixlegg/Tirol

Halbmetall Arsen (Dinardo et al. 1991). Für jede Gruppe von Elementen sind spezielle Ionenaustauscher oder Verfahren notwendig, um eine optimale Ausbeute des jeweiligen Elements zu erreichen (Simate und Ndlovu 2014).

Besonders häufig wird Ionenaustausch zur Reinigung von Gruben- und Sickerwässern an ehemaligen Uranbergwerken eingesetzt, insbesondere dann, wenn die notwendige Infrastruktur zur Regeneration, Fällung und Weiterverarbeitung von Konzentraten noch verfügbar ist. Dahinter steckt, wie auch in Abschn. 7.2 erwähnt, die Intention, Erlöse zu erzielen, um zumindest teilweise die Kosten des Reinigungsprozesses zu decken (pers. Mitt. Michael Paul 2019). Am Standort Königstein der Wismut GmbH kam ein für Uran selektives, anionisches Austauscherharz zum Einsatz, das es ermöglichte, ein marktfähiges Uranoxid zu erzeugen. Dies wurde durch ein mehrstufiges Konzept erreicht, bei dem zunächst Eisen und dann Uran vom Austauscher entfernt wurde. In einem dritten Schritt wurde der Austauscher regeneriert (Braun et al. 2008). Weitere Standorte mit Ionenaustauschern zur Entfernung von Uran gibt es beispielsweise in der Tschechischen Republik, Poços de Caldas in Brasilien, Pécs in Ungarn oder in Russland (Csővári et al. 2004; Rychkov et al. 2016; Smetana et al. 2002).

Derzeit eine der größten Ionenaustauscheranlagen reinigt das Grubenwasser des Tagebaus Berkeley/Montana, wobei das GYP-CIX-Verfahren zum Einsatz kommt (Bowell 2004). Beim GYP-CIX-Verfahren werden in einem ersten Schritt die Kationen und in einem zweiten Schritt die Anionen aus dem Grubenwasser entfernt (Everett et al. 1993; Lorax Environmental 2003). Wie bei anderen Prozessen stellt auch beim Ionenaustausch die konzentrierte Restlösung ein Problem dar und muss auf geeignetem Wege entsorgt werden. Nach Bowell (2004) soll das GYP-CIX-Verfahren das einzige Verfahren sein, das sich ohne weitere Vorbehandlung für Grubenwasser verwenden lässt.

Ein gut dokumentierter Prozess ist der Sul-biSul-Prozess (Schmidt et al. 1969; Wilmoth et al. 1977), bei dem zunächst die Metallionen gegen Protonen und dann das Sulfat gegen das Bisulfat getauscht wird. Dazu wird das Wasser zunächst durch einen Kationenaustauscher und dann durch einen Anionenaustauscher geleitet. In nachfolgenden Reaktionsschritten wird das saure Wasser wieder neutralisiert und die Ionentauscher regeneriert. Es konnte gezeigt werden, dass sich Wasser bis $3\,g\,L^{-1}$ Gesamtmineralisation reinigen lässt, die Anlage aber optimal mit neutralem bis basischem Grubenwasser arbeitet. Um Sauerwasser zu reinigen, ist der Prozess jedoch unökonomisch (U. S. Environmental Protection Agency 1983, S. 165–167). In Smith Township (Slovan, Pennsylvania, USA) wurde 1969 bis 1971 eine Sul-biSul-Anlage installiert, die täglich $1900\,m^3$ brackisches Grubenwasser reinigte. Nach der obligatorischen Chlorierung wurde das Wasser als Trinkwasser genutzt (Wilmoth et al. 1977, S. 820 f.).

Ionenaustausch durch Zeolithe wird von einigen Autoren beschrieben, aber ein industrieller Einsatz für Grubenwasser steht bislang aus. Hamai und Okumura (2010) konnten zeigen, dass sich Zink selektiv aus dem Grubenwasser entfernen lässt, wobei die Reinigungsrate je nach Zeolithen unterschiedlich ausfiel. Prasad et al. (2011) ent -„härteten" Grubenwasser, indem sie es mit Zeolithen behandelten, die sie aus Flugasche gewinnen konnten. Durch die Dosierung von 40 g L^{-1} Flugaschezeolith konnten sie die „Härte" um 72 % erniedrigen. Um das Grubenwasser zu Trinkwasser aufzubereiten, wären jedoch noch weitere Aufbereitungsschritte nötig. In Chile entwickelte und patentierte die Fundación Chile das ZEOTREAT™-Verfahren (Vidal et al. 2009), mit dem aus niedrigmineralisiertem Grubenwasser Molybdän, Arsen und Sulfat entfernt wurden. Für den Reiche Zeche-Schacht in Freiberg/Sachsen untersuchten Zoumis et al. (2000), ob sich Zeolithe zur Grubenwasserreinigung verwenden ließen. Sie kamen zu dem Ergebnis, dass die Reaktion relativ langsam ist, aber Zink verhältnismäßig gut entfernt werden kann. Auch für die größte bergbaubedingte Gewässerverunreinigung Deutschlands, dem Burgfeyer Stollen in der Eifel, wurde untersucht, ob sich ein Ionenaustausch zur Reinigung des Grubenwassers einsetzen ließe (Heitfeld et al. 2012, S. 118).

Dieser Abschnitt ist deutlich länger ausgefallen als geplant. Warum? Obgleich die Methode in der Grubenwasserreinigung bislang ein Schattendasein fristet, ist die Literatur über Ionenaustauscher überraschend vielfältig. Von 5469 Literaturzitaten, die als Grundlage für die GARD-Literaturdatenbank dienten, entfallen 128 auf Ionenaustausch, aber nur 69 auf Membrantechnologien. Es hat den Anschein, als würde die Methode seit den 1960er-Jahren in den Startlöchern stehen und darauf warten, als selektives Rohstoffgewinnungsverfahren aus Grubenwasser eingesetzt zu werden, wie beispielsweise die integrierten Lösungen mit Ionenaustauschermembranen (Chartrand und Bunce 2003) oder elektrochemische Methoden belegen (Bunce et al. 2001).

3.10 Sorption

Bei der Sorption kommt ein organisches oder anorganisches Material zum Einsatz, das in der Lage ist, ein- oder mehrwertige Kationen oder Anionen durch Adsorption oder Absorption (siehe Abschn. 1.2.19) aus dem kontaminierten Wasser zu entfernen. Dabei kann es sich um Nano- oder Makropartikel handeln. Im Idealfall ist der gewählte Sorbent selektiv für eine vergleichsweise kleine Anzahl von Ionen und kann daher gezielt zur Dekontamination eingesetzt werden. Die Liste der Sorbenten, die bislang erfolgreich im Labormaßstab eingesetzt wurden, ist ausgesprochen lang und umfasst beispielsweise Aktivkohle, Tee, Bananenschalen, Erdnussschalen, Vermiculit, Asche, Titanosilikate, Ettringit, Zeolithe, „grünes Sorptionsmedium", Muschelschalen, Schwertmannit oder Torf (z. B. Chang et al. 2016; Iakovleva und Sillanpää 2013; Lata et al. 2015; Oleksiienko et al. 2017). Eine umfangreiche Liste von Nanosorbenten, die bei der Wasserreinigung einsetzbar sind, diskutiert Mishra (2014). Ohne Zweifel spielen Sorptionsprozesse bei der natürlichen Selbstreinigung oder bei der passiven Grubenwasserreinigung eine entscheidende Rolle, wobei den Oxiden und den Biosorbenten eine entscheidende Rolle zukommt (MEND 2000; Smith 1999). Auch die Sorption von zumeist organischen Schadstoffen an Aktivkohle in der Abwasserreinigung ist ein nicht zu unterschätzender Prozess (Cheremisinoff 2002). Gleiches gilt für die Entfernung von Arsen aus Trinkwasser – eine Methode, die sich ausgesprochen bewährt hat

(Schlegel et al. 2005). Jedoch ist die Kopräzipitation verschiedener Schadstoffe, wie in U. S. Environmental Protection Agency (2014, S. 56 ff.) beschrieben, nicht der Inhalt dieses Abschnitts. Hier geht es ausschließlich um aktive Grubenwasserreinigung mittels Sorbenten, wie sie beispielsweise Walton-Day (2003, S. 350) auflistet.

Seit einiger Zeit gibt es eine lawinenartige Zunahme von Publikationen, die sich mit der sorptiven Entfernung von Kationen und Anionen aus Abwasser und Grubenwasser befassen (Abb. 3.30). Nahezu jede Woche erscheinen Artikel, die einen neuen oder bekannten Sorbenten verwenden, um Metallionen oder Sulfat zu entfernen. In nahezu allen Fällen wird synthetisches Grubenwasser verwendet und ein großer Bogen um reales Grubenwasser gemacht. Die Experimente sind fast ausschließlich Batch- oder Säulenversuche, und die Übertragbarkeit auf reales Grubenwasser ist insgesamt fragwürdig. Trotz intensiver Recherche ist es mir nicht gelungen, eine Anlage im Industriemaßstab zu finden, die Grubenwasser mittels künstlicher Sorbenten reinigt. Von einer Auflistung oder Auswahl möchte ich absehen, denn es sind zu viele. Auch eine meiner Studentinnen arbeitete an Sorbenten für Grubenwasser, und als Zweitbetreuer hatte ich ihr empfohlen, alle ihre Experimente zusätzlich mit echtem Grubenwasser zu wiederholen (Atiba-Oyewoa et al. 2016; Oyewo et al. 2019).

Am Rocky Flats Environmental Technology-Standort in Colorado arbeitete eine Pilotanlage mit der Kolloidfilterreinigungsmethode (Colloid Polishing Filter Method, CPFM) und entfernte während der Versuchszeit Radionuklide aus dem dortigen Grubenwasser (U. S. Environmental Protection Agency 2014, S. 79). Details zum Adsorbenten oder der

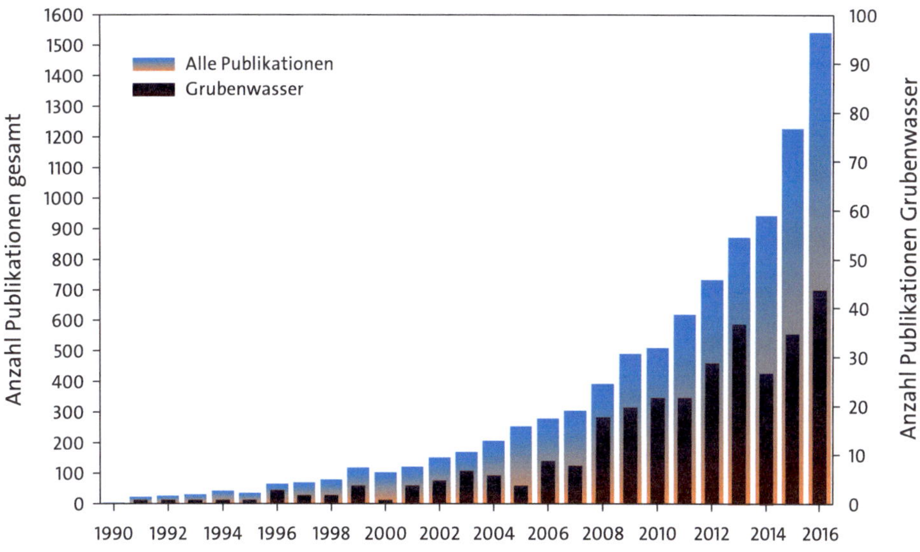

Abb. 3.30 Anzahl der Publikationen über Wasserreinigung mit Sorbenten zwischen 1990 und 2016. Auf der rechten Achse die Anzahl derer, die grubenwasserrelevant sind. (Quelle: Clarivate Analytics' *Science Citation Expanded*)

Methode selbst sind nicht bekannt. Eine erfolgreich arbeitende Anlage befindet sich auf der Abgangshalde der Wismut GmbH in Helmsdorf/Thüringen (IAA Helmsdorf). Dort wird mittels Eisenhydroxid Arsen aus dem Sicker- und Porenwasser entfernt (Kassahun et al. 2016). Meines Wissens ist sie derzeit weltweit die einzige kontinuierlich arbeitende Anlage, die Adsorption zur Reinigung von Grubenwasser *s.l.* verwendet, wenn einmal von Anlagen mit Ferrihydrite abgesehen wird, bei dem der Prozess eher Kopräzipitation und nicht Adsorption ist (U. S. Environmental Protection Agency 2014).

Die Firma Aquaminerals Finland Oy unterhält eine 5 m^3 min^{-1}-Pilotanlage zur sorptiven Entfernung von Eisen und Mangan aus Gruben- und Prozesswasser mittels des Sorbenten AQM PalPower M10 unter arktischen Bedingungen. Kommerzielle Anlagen befinden sich in Westafrika, wo Arsen und Mangan aus Grubenwasser entfernt wird. Das gleiche Prinzip wird zur Entfernung von Arsen zur Trinkwasserbereitung verwendet. Weitere Installationen sind in Südamerika geplant, wo Kupfer, Arsen und Mangan aus Grubenwasser entfernt werden sollen. AQM M10 basiert auf thermisch modifizierten Mineralien. Weiterhin kommerzialisiert Aquaminerals Finland Oy die Sorption von Ammonium, z. B. von Sprengstoffresten, an Geopolymeren (amorphe Aluminiumsilikate) und dessen Rückgewinnung als synthetisches Düngemittel (Luukkonen et al. 2016).

Tipp

Vor wenigen Jahren kam ein Kollege aus den Vereinigten Staaten von Amerika auf mich zu und sagte, dass er es großartig fände, dass ich mich mit Grubenwasser beschäftige. Dann könne ich mit ihm zusammen jedes Jahr drei bis vier Publikationen veröffentlichen, indem ich unterschiedliche Sorbenten und synthetisches Grubenwasser hernehme und dann kinetische Kennzahlen und Sorptionscharakteristika sowie XRD und SEM sowie FTIR-Analysen veröffentlichen könne. Als ich ihm sagte, dass ich ausschließlich mit realem Grubenwasser arbeiten würde und ich mich ganz auf Methoden konzentrieren wolle, die industriell einsetzbar sind, verlor er sehr schnell das Interesse an einer Zusammenarbeit. Natürlich bin ich mir bewusst darüber, dass Wissenschaft stets an einem Zugewinn an Wissen interessiert ist, und dazu zählt natürlich, neue Methoden und neue Mechanismen zu erkunden. Aber – Hand auf's Herz – haben wir jetzt nicht genügend Publikationen über Nanobananenschalen und Nanovermiculit und was auch immer gerade „in" ist. Wir sollten uns wieder auf das Wesentliche konzentrieren.

Ich habe das Gefühl, dass der zunehmende Publikationsdruck auf Akademiker dazu führt, eine Vielzahl an Publikationen zu erschaffen, die lediglich dazu beitragen, ihre Anzahl, nicht aber das Wissen zu vergrößern. Sollten Sie selbst über Sorbenten für Grubenwasser arbeiten, dann versuchen Sie bitte, ein Verfahren zu entwickeln, mit dem die Sorbenten in ein Festbett eingearbeitet werden können, die Konkurrenz der verschiedenen Ionen im

Wasser begrenzt wird und ein über 1 L min^{-1} großer Wasserstrom gereinigt werden kann. Wenn nicht – lassen Sie es einfach. Bei der richtigen Wahl des Sorbenten und des zu sorbierenden Ions im synthetischen Grubenwasser bekommen Sie nämlich ohnehin *immer* ein Ergebnis.

Einige Publikationen versuchen, die Erniedrigung von potenziellen Schadstoffen in Grubenwasser auf Sorption zurückzuführen. Eine nähere Analyse der experimentellen Vorgänge zeigt jedoch, dass es sich in Wirklichkeit um Ausfällung infolge von pH-Wert-Erhöhung handelt und dass der Sorbent keine wesentliche Rolle spielte. Oder ein Sorbent wird mit NaCl behandelt, und in der Publikation wird diskutiert, wie der Sorbent den potenziellen Schadstoff entfernt – obwohl vermutlich Ionenaustausch eine größere Rolle spielte als die Sorption. Aus den Isothermen und kinetischen Ergebnissen werden jedoch Rückschlüsse gezogen, die nicht immer durch weitere Untersuchungen unterstützt werden. Bereits Miller et al. (2013) haben durch Batchexperimente und numerische Modellierung festgestellt, dass „bei Behandlung von saurem Grubenwasser mit Kalkstein und den üblichen Verhältnissen von Eisen zu Sekundärmetallen die wesentlichen Reinigungsprozesse scheinbar von Prozessen dominiert werden, die über die Adsorption hinaus gehen".

Wohin kann die Forschung mit Sorbenten führen? Ich bin davon überzeugt, dass es mit geeigneten Sorbenten und Verfahren gelingen kann, Metalle selektiv aus dem Grubenwasser zu entfernen – die Natur macht es uns schließlich vor. Es muss das Ziel sein, geeignete Träger zu finden, die es erlauben, das Grubenwasser auch in größeren Mengen mit den Sorbenten in Kontakt zu bringen. Derzeit scheitern viele Sorbenten daran, dass sie durch die Konkurrenz der vielen Ionen im Wasser kaum selektiv sind.

3.11 Erweiterte Oxidation

Bei der erweiterten Oxidation (Advanced Oxidation Process, AOP) kommt in der Regel eines von vier Verfahren zum Einsatz, um die Oxidation bei der Grubenwasserreinigung zu beschleunigen: Fotolyse, Radiolyse, chemische Reaktionen (Fenton-Prozess, Ozon, Wasserstoffperoxid) oder Fotokatalyse (Attri et al. 2014; Rajeshwar und Ibanez 1997). Insbesondere bei der Behandlung von schwer zu reinigenden Abwässern hat sich die erweiterte Oxidation durchsetzen können. In der Grubenwasserreinigung führt die erweiterte Oxidation bislang ein Randdasein, da die „problematischen" Stoffe aus der Abwasseraufbereitung in Grubenwässern meist nur in geringen Mengen vorliegen. Dabei ließen sich mit der Plasmatechnologie organische Verunreinigungen aus dem Grubenwasser entfernen (Attri et al. 2014), die dort bislang weitgehend als unproblematisch angesehen wurden (z. B. PCBs). Noch aber steckt die Plasmatechnologie in den Kinderschuhen und bedarf erheblicher Forschung, um als Standardmethode bei der Grubenwasserreinigung eingesetzt werden zu können. Auch eine Kombination von Elektrokoagulation mit dem Fenton-Prozess könnte in der Grubenwasserreinigung bislang unbekannte Reinigungskombinationen ermöglichen, wie sie beispielsweise Zhao et al. (2012b) für industrielle Abwässer aus der Elektroindustrie beschreiben.

Fast allen Verfahren der erweiterten Oxidation ist gemeinsam, dass sie ausgesprochen reaktive, kurzlebige freie Radikale generieren, beispielsweise HO• (Crittenden et al. 2012). Bei den Reaktanten handelt es sich vor allem, aber nicht ausschließlich, um O_3, Dihydrogentrioxid (Peroxon-Prozess: $H_2O_2 + O_3 \rightarrow H_2O_3 + O_2 \rightarrow HO\bullet + HO\bullet_2 + O_2$), O_3 und UV-Behandlung sowie H_2O_2 und UV-Behandlung. Die bei diesen Reaktionen entstehenden freien HO•-Radikale reagieren in Oxidationsreaktionen mit den potenziellen Schadstoffen oder den Mikroorganismen im Wasser und machen sie weitgehend unschädlich. Im Wesentlichen handelt es sich bei den Stoffen, die durch erweiterte Oxidation aus dem Grubenwasser entfernt werden können, um Organika wie beispielsweise BTEX, Phenole, Farbstoffe oder Dioxine oder um Anorganika wie Zyanide, Quecksilber, Cadmium, Mangan oder Sulfite. Anorganische Schadstoffe werden zumeist in die elementare Form reduziert oder, wie beim Chrom, in eine weniger schädliche Oxidationsstufe. Ein besonderer Vorteil der Methode besteht darin, dass sowohl organische als auch anorganische und mikrobielle Schadstoffe in einem Schritt entfernt werden können (Crittenden et al. 2012; Rajeshwar und Ibanez 1997).

Eines der Verfahren, das freie Radikale produziert, ist die Elektrokoagulation (Chen 2004), bei der es zur direkten Oxidation an der Anode kommen kann. Diese wird als effektiver angesehen als die alleinige Produktion von Sauerstoff (siehe Abschn. 3.3.1). Florence (2014) hat mit dem Grubenwasser von Ynysarwed in Wales Experimente durchgeführt und konnte zeigen, dass sich Fe^{2+}-Anfangskonzentrationen von 74 mg L^{-1} bei höheren Stromstärken (5 A) vollständig aus dem Grubenwasser entfernen lassen. Gleichzeitig sank der pH-Wert von 6,7 auf 4,6, und die Redoxspannung stieg um 90 mV an.

Bei der Ozonierung wird dem Grubenwasser das starke und schnell reagierende Oxidationsmittel Ozon (O_3) zugegeben, was unter anderem zur Zerstörung von organischen Verunreinigungen führt (Ødegaard 2004) und das Grubenwasser entfärben kann (Jacobs und Pulles 2007). Es gilt als eines der am stärksten wirkenden Oxidationsmittel, und diese Technologie wurde bereits in den 1960er-Jahren für die Reinigung von Grubenwasser eingesetzt sowie seit Ende des 19. Jahrhunderts in der kommunalen Abwasseraufbereitung (Charmbury et al. 1967; Cheremisinoff 2002). Darüber hinaus kann die Zugabe von Ozon zum Schlamm der Grubenwasserreinigungsanlage dazu beitragen, dass sich die Schlammmenge erniedrigt. Es hat sich gezeigt, dass eine Zugabe von 0,05 g Ozon pro Gramm an Feststoff im Grubenwasser das Schlammvolumen um 25–35 % erniedrigen kann (Böhler und Siegrist 2004). Zur Oxidation von 2 g Fe^{2+} sind etwa 1 g O_3 nötig, wenn von einer Effizienz von 86 % ausgegangen wird, was gegenüber einer HDS-Anlage zu einer größeren Schlammdichte führt (U. S. Environmental Protection Agency 1983). Davies et al. (2016) stellen jedoch heraus, dass die Herstellung von Ozon vor Ort erfolgen soll, um die Kosten möglichst gering zu halten, und auch Cheremisinoff (2002) hält fest, dass Ozon instabil ist und daher lokal hergestellt werden sollte. Darüber hinaus muss der Ozongenerator aus Sicherheitsgründen räumlich getrennt sein, ein regelmäßiges Monitoring vorhanden sein, und höhere pH-Werte des Grubenwassers sind zu vermeiden. Bei der Abwasseraufbereitung wird in der Regel eine 1–1,5-%ige Ozonlösung eingesetzt und mit einem Massenstrom von 100 g h^{-1} dem Wasser zugegeben (Cheremisinoff 2002).

3.12 Flotations-Flüssig-Flüssig-Extrahierung (F-LLX: Flotation Liquid-Liquid Extraction; VEP: Vale Extraction Process; Hydro Flex Technology)

Bei der Flotations-Flüssig-Flüssig-Trennung handelt es sich um ein patentiertes Verfahren, das in einem vierstufigen Prozess Kationen und Anionen aus dem Grubenwasser entfernt. Gleichzeitig wird der pH-Wert angehoben und die Mineralisation des Grubenwassers erniedrigt (Abb. 3.31). Dazu wird dem Grubenwasser in einem ersten Reaktionsschritt ein nichtwasserlösliches, organisches Extraktionsmittel zugegeben, das den gesamten Prozess durchläuft und am Ende wiedergewonnen und erneut eingesetzt werden kann. Die beiden ersten Extraktionsstufen entfernen die Metalle und das Sulfat, während die beiden letzten Stufen die Metalle und das Sulfat in voneinander getrennten Abläufen wiedergewinnen. Dazu werden in der letzten Extraktionsstufe Schwefelsäure und Natriumcarbonat zugegeben. Das teure organische Extraktionsmittel kann nach der Sulfateliminierung wiederverwendet und in der ersten Prozessstufe erneut eingesetzt

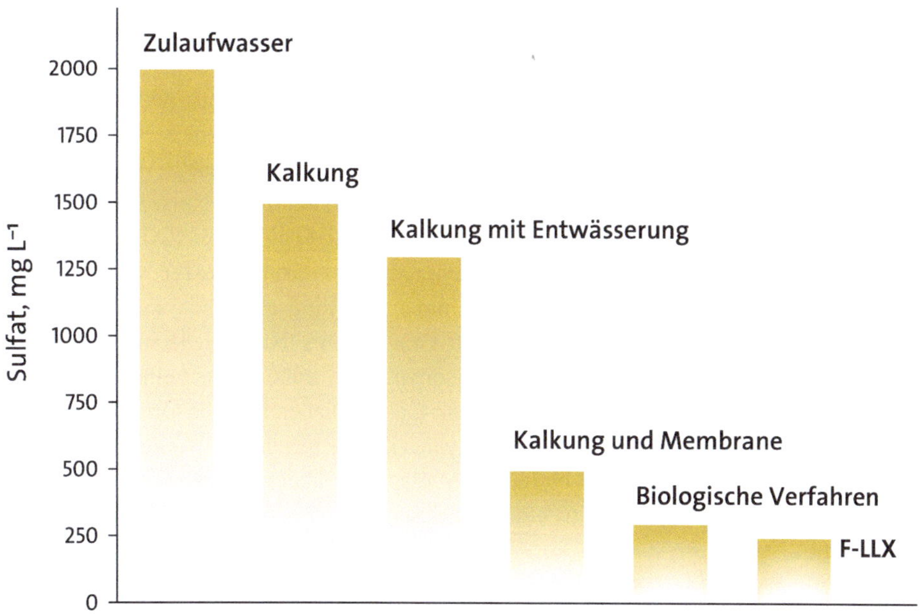

Abb. 3.31 Vergleich der Sulfatentfernung zwischen F-LLX und anderen Reinigungsverfahren. (Nach Monzyk et al. 2010)

werden. Endprodukte sind vermarktbares Eisen-, Aluminium- und Natrium- oder Ammoniumsulfat. Dabei entsteht gereinigtes Wasser sowie Kohlendioxid, welches sich zur Prozessoptimierung in der Wiedergewinnung des Sulfats einsetzen lässt. Um welche Extraktionsmittel es sich bei dem Verfahren exakt handeln kann, wird nicht angegeben. Eine entscheidende Rolle spielen jedoch als Kation entweder quartäre Ammonium- oder Phosphatverbindungen (R_4N^+, R_4P^+) sowie alkylierte Guanidinverbindungen ($R_5CN_3H^+$); alternativ ein Gemisch dieser Extraktionsmittel. Über das Anion werden keine konkreten Angaben gemacht. Bei dem Pilotversuch in St. Michael (Pennsylvania, USA) wurden die Chemikalien Aliquat® 336, Exxal® 10 und Calumet® 400–500 eingesetzt (zusammengestellt aus den Patentschriften: Fiscor 2008; Monzyk et al. 2010; Winner Global Energy und Environmental Services L. L. C. 2009). Eine kommerzielle Anlage besteht bislang nicht.

Die Pilotanlage St. Michael war über drei Monate in Betrieb (Fiscor 2008). Sie reinigte in Abhängigkeit vom Experiment 38–114 L min^{-1} Sauerwasser. Dieses hatte einen pH-Wert von 4,6–4,9 und eine SO_4-Konzentration um die 1040–1220 mg L^{-1}, die auf unter 38–987 mg L^{-1} gesenkt und der pH-Wert auf 6–8 angehoben werden konnte (Winner Global Energy und Environmental Services L. L. C. 2009).

In den Jahren 2008 und 2009 erschienen über den Prozess zahlreiche Zeitungsartikel, und es wurde sogar geschrieben, dass dieser Prozess die erste kosteneffektive Methode darstellen würde, um Sauerwasser von Metallen und Sulfat zu reinigen, ohne einen Abfall zu erzeugen (Fiscor 2008, S. 96). Selbst das Patent liest sich wie eine Werbebroschüre für das Verfahren (US 2010/0176061 A1 vom 15. Juli 2010 und EP 2118020 A2 vom 14. Februar 2008). 2008 erhielt das Verfahren außerdem den R&D-100-Preis (Anonymus 2008).

Auf dem Jahrestreffen des American Institute of Chemical Engineers 2012 hielt das Battelle-Institut einen Vortrag mit dem Titel „Entwicklung eines Verfahrens zur Reinigung von hoch mineralisiertem Grubenwasser einer Kupfermine" (Vortrag 417 f.). Darin kündigte es an, den F-LLX-Prozess in einer Pilotanlage in Norwegen betreiben zu wollen. Winner Water Services hat Ende 2014 auf der Shale Water EXPO in Stafford darüber informiert, den Prozess zur Vorreinigung von Grubenwasser verwenden zu wollen, das beim Fracking zum Einsatz kommen soll, und angeblich soll seit Anfang 2014 eine Pilotanlage im Butler County in Pennsylvania bestehen (Lane 2016). Der Abschlussbericht des Vorhabens ist derart anonymisiert, dass daraus keine Angaben zu den Testorten ersichtlich sind (dank der Turing-Galaxis ließen sich die Orte als die Fawn Mine in Sarver und die Sykesville Mine in Sykesville identifizieren). Weitere, detaillierte Informationen waren, auch nach einigen E-Mails, nicht über den Prozess erhältlich. Es ist daher im Moment unklar, ob es eine zuverlässig arbeitende Anlage mit dem F-LLX-Prozess gibt.

Bei keinem anderen der Verfahren, die ich in diesem Buch beschreibe, waren die Informationen über den Prozess derartig vage formuliert, anonymisiert, in verschiedenen Schriften dargelegt und teilweise widersprüchlich wie beim F-LLX-Prozess (auch VEP-Prozess oder Hydro Flex-Technologie genannt). So weichen beispielsweise die chemischen Analysen im Patent deutlich von denen während des Pilotversuchs ab, und die Mittelwerte im Endbericht geben auch nicht den tatsächlichen Schwankungsbereich der Ablaufwerte wieder (im Mittel <500 mg L^{-1} Sulfat, dann wieder <100 mg L^{-1}, aber es kommen auch Extremwerte von fast 1000 mg L^{-1} vor). Auch der Name hat sich zwischenzeitlich geändert und wird, wie 2014 auf der R3 Conference in Philadelphia, unter dem Begriff „Hydro Flex Technology" angekündigt. Vor einem kommerziellen Einsatz ist es nötig, den komplizierten Reinigungsprozess zu optimieren und eine bessere Prozesskontrolle zu ermöglichen, sodass die Ablaufparameter stets eingehalten werden können.

3.13 Eutektische Gefrierkristallisation

Bei der Gefrierkristallisation, auch Ausfrieren genannt, wird eine wässrige Lösung so stark abgekühlt, dass es am Eutektikum zum Gefrieren des Wassers kommt (van der Ham et al. 1998). Da das Eis nur kleinste Mengen an Fremdstoffen ins Kristallgitter einbaut (Shone 1987), werden Wasserinhaltsstoffe vom Eis getrennt und können entsorgt oder wiederverwendet werden. Das Eis kann aufgetaut und als Trinkwasser oder Prozesswasser Verwendung finden. Übliche Anwendungsgebiete der Methode sind die Lebensmittel-, pharmazeutische oder chemische Industrie. Ihr Einsatz in der Wasseraufbereitung hingegen, ganz speziell der Grubenwasserreinigung, ist verhältnismäßig neu, obgleich erste Untersuchungen Ende der 1960er-Jahre erfolgten (Hill 1968). Die Methode ist insofern interessant, als zur Abkühlung von Wasser etwa ein Sechstel weniger an Energie nötig ist als zur Verdampfung (Fernández-Torres et al. 2012; Gnielinski et al. 1993, S. 150–157; Nathoo et al. 2009; Skelly and Loy und Penn Environmental Consultants 1973, S. 349 f.): Während die Verdampfung von Wasser 41 kJ mol^{-1} verbraucht, sind es beim Gefrieren nur 6 kJ mol^{-1} (Shone 1987).

Erste Untersuchungen in neuerer Zeit, um Solen aus der Umkehrosmose von Grubenwasser mittels Gefrierkristallisation zu reinigen, fanden an der Universität von Cape Town (Südafrika) statt (Nathoo et al. 2009; Randall et al. 2009; Reddy et al. 2009; Reddy und Lewis 2010). Sie bauten unter anderem auf den Ergebnissen von Shone (1987) auf, der untersuchte, ob sich aus Grubenwasser Eis oder Kühlwasser zur Kühlung der Grubenwetter herstellen ließe. Typische Konzentrationen der untersuchten Solen lagen zwischen 2,3 und 80,8 g L^{-1} Chlorid, 7,4 und 72,9 g L^{-1} Sulfat und 5,0 bis 75,8 g L^{-1} Natrium (Nathoo et al. 2009; Reddy und Lewis 2010), von denen bis zu 92 % entfernt werden konnten. Einen erheblichen Einfluss auf die Trennung von Eis und den gelösten Salzen hat die Konzentration der entstehenden Feststoffe (also Eis und Salze), die dadurch verkompliziert wird, dass das Eis oftmals Salzkristalle umschließt. Durch nachfolgende Waschprozesse kann die Reinheit des Eises, und somit die Ausbeute an Salzkristallen, deutlich erhöht werden (Reddy et al. 2009). Sie konnten außerdem zeigen, dass die Ausbeute eine Funktion der Temperatur ist und dass es durch gestufte Abkühlung möglich sein kann, die gelösten Salze sequenziell zu gewinnen (Reddy et al.

2010), wie dies tatsächlich an der Proxa-Gefrierkristallisationsanlage des New Vaal-Kohlenbergwerks (Freestate/Südafrika) der Fall ist (Abb. 3.33).

An der Technischen Universität Pretoria (Tshwane University of Technology, Südafrika) war in Kooperation mit der Firma Aqua-Simon aus Flensburg eine HybridICE-Pilotanlage mit einem täglichen Durchsatz von 36 m^3 installiert (Adeniyi et al. 2013, 2016), um verschiedenstes industriell verunreinigtes Wasser zu reinigen (Patent DE 60028806 T2 vom 18. Januar 2007). Die Anlage war in der Lage, Lauge aus der Umkehrosmose weiter zu konzentrieren und das Laugenvolumen erheblich zu vermindern. Durch den speziellen Prozess gelang es, das Eis ohne Frischwasser zu reinigen (Abb. 3.32). Auch diese Autoren konnten eine Abhängigkeit der Ausbeute von der Arbeitstemperatur nachweisen. In einer weiteren Intensivierung des Prozesses erfolgte eine Kombination von Ionenaustausch und nachfolgender Gefrierkristallisation, wodurch es gelang, aus synthetischem Sauerwasser bis zu 1 g L^{-1} Eisen zu entfernen (Malisa et al. 2013). Im Hinblick auf den Kostenfaktor Energie weisen Mtombeni et al. (2013) darauf hin, dass das HybridICE-Verfahren besonders in Zeiten verbilligten Stroms wirtschaftlich arbeiten kann.

Fernández-Torres et al. (2012) haben die Energiekosten der Methode und deren Auswirkung auf die Umwelt mit der Verdampfungskristallisation verglichen. Ihre Ergebnisse

Abb. 3.32 Ehemalige Wasserreinigungsanlage zur eutektischen Gefrierkristallisation auf dem Soshanguve-Campus der Technischen Universität Pretoria (Tshwane University of Technology; HybridICE-Verfahren)

zeigen, dass die eutektische Gefrierkonzentration sowohl aus energetischen als auch umweltrelevanten Gesichtspunkten der Verdampfungskristallisation vorzuziehen ist, da sie sechs- bis siebenmal weniger Energie als jene verbraucht. Durch Umwandlung der bei der Gefrierkristallisation entstehenden Wärmeenergie in elektrische Energie sind weitere Energieeinsparungen möglich.

In Südafrikas tiefstem Goldbergwerk Mponeng (früher Western Deep Levels – South Shaft) wird – wie an vielen anderen südafrikanischen Bergwerken – zur Kühlung der Wetter Eis produziert. Shone (1987) hat vorgeschlagen, gleichzeitig mit der Eisherstellung Wasser zu reinigen. Mit der HybridICE-Methode würde eine Möglichkeit bestehen, einerseits den Bedarf an Eis zur Kühlung, als Prozesswasser oder Trinkwasser zu stillen und andererseits die Reinigung von Grubenwasser zu ermöglichen. Eine erste industrielle Anlage besteht seit 2015 am Tagebau New Vaal Colliery der Anglo American Coal in Südafrika und wurde von der Firma Proxa errichtet (Abb. 3.33).

Meines Erachtens besitzt die Gefrierkristallisation ein erhebliches Potenzial, um das Wasser und die darin gelösten Salze aus Solen der Umkehrosmose voneinander zu trennen. Da die Entsorgung dieser Solen ein bislang weitgehend ungelöstes Problem bei der Grubenwasserreinigung darstellt, könnte eine Kombination von Umkehrosmose und

Abb. 3.33 Proxa-Gefrierkristallisation am Tagebau der New Vaal Colliery der Anglo American Coal in Südafrika (Foto: Jochen Wolkersdorfer)

Gefrierkristallisation einen Beitrag zu deren Lösung leisten. Weiterhin ließen sich Wertstoffe aus dem Grubenwasser oder der Sole gewinnen, wenn der Prozess weiter optimiert würde. Es ist jedoch unbedingt erforderlich, zur Prozessintensivierung auf echtes Grubenwasser und auf echte Sole umzusteigen, um reale Bedingungen modellieren zu können. Bislang wurde dazu nichts publiziert.

Lassen Sie mich von dieser, wie Sie auch aus den Fotos sehen können, hochkomplexen Technologie zu weitaus weniger technischen Methoden kommen. In den folgenden Kapiteln schildere ich Ihnen die gängigsten passiven Methoden, um Grubenwasser zu reinigen.

4 Passive Methoden zur Behandlung von Grubenwasser

4.1 Hinweis

Wie gesagt, in diesem Kapitel werde ich Ihnen die derzeit bekannten „passiven“ sowie „semipassiven“ Methoden zur Grubenwasserreinigung vorstellen. Passive Grubenwasserreinigung ist nicht identisch mit natürlicher Selbstreinigung (Tab. 4.1). Vielmehr ist passive Grubenwasserreinigung so, wie ein Kind großzuziehen: Wenn man es richtig anleitet, die Hand ein wenig drüber hält und immer ein wachsames Auge hat, damit es seine eigenen Charakterzüge entwickeln kann, dann wird daraus ein selbstbewusster Erwachsener. Natürliche Selbstreinigung hingegen ist, das Kind in die Welt zu setzen, sich nicht mehr darum zu kümmern und zu schauen, was daraus wird; wohingegen kontrollierte natürliche Selbstreinigung der Prozess ist, ab dem ich das Kind in die Volljährigkeit entlasse, aber aufpasse, dass während des Übergangs vom Kindsein zum Erwachsenensein alles glattgeht. Lassen Sie uns also das Kind „Passive Grubenwasserreinigung“ großziehen, und beginnen wir zunächst mit einem Ausflug in die erforderlichen Vorgehensweisen.

Schwerpunkt dieses Kapitels sind Methoden, deren Erfolg bereits national oder international nachgewiesen wurde. Eine Definition der unterschiedlichen passiven Verfahren soll das Kapitel einleiten. Da es im Einzelfall unterschiedlichste Detailvarianten gibt, soll auf diese nicht im Speziellen eingegangen werden. Als „passiv“ wird eine Methode dann klassiert werden, wenn sie der in der Einleitung gegebenen Definition weitgehend folgt. Auch wenn es so aussehen mag; dieses Kapitel soll auf keinen Fall dazu aufrufen, jedes Grubenwasser passiv zu reinigen – denn das geht nicht. Es soll allerdings das Bewusstsein für passive Systeme schärfen und eine Anleitung darstellen, wie man prüfen kann, ob ein passives Reinigungssystem im Einzelfall möglich ist. Auch wer sich ein Auto kauft, prüft die verschiedenen Optionen: Elektromotor, Brennstoffzelle, Hybridsystem, Ottomotor, Dieselmotor, Wankelmotor, Carsharing oder doch Fahrrad

C. Wolkersdorfer, *Reinigungsverfahren für Grubenwasser*,
https://doi.org/10.1007/978-3-662-61721-2_4

Tab. 4.1 Klassierung von passiven und natürlichen Verfahren zur Behandlung von Grubenwasser

Verfahren	Bedeutung
Passive Grubenwasserreinigung	Neue Infrastruktur (ex situ) wird errichtet und muss betrieben werden; in der Regel keine Zufuhr von Chemikalien oder Energie (Kap. 4)
(Kontrollierte) Natürliche Selbst-reinigung [NA: Natural Attenuation]	Findet am Standort der Kontamination innerhalb des bestehenden Systems (in situ) statt, und es sollte stets ein Monitoring (MNA: Monitored Natural Attenuation) erfolgen (Abschn. 5.2)
Unterstützte Natürliche Selbstreinigung [ENA: Enhanced Natural Attenuation]	Die Prozesse der Schadstofferniedrigung müssen verstanden sein, um sie nutzen und stimulieren zu können. Milieubedingungen müssen gegebenenfalls durch Chemikalienzufuhr angepasst werden, um den Zielprozess zu verbessern, zu stabilisieren oder zu unterstützen

fahren? Viele aktive Bergwerksbetriebe oder Grubenwasseraustritte mit stark erhöhten Schadstofffrachten werden auch künftig aktiv gereinigt werden müssen – das wird hier nicht infrage gestellt. Aber wie sieht es mit den etwa 10.000 Grubenwasseraustritten im deutschen Sprachraum aus, die bisher als „natürliche Quellen" klassiert sind und für die sich niemand verantwortlich fühlt (oder fühlen mag)? Es gäbe in allen deutschsprachigen Ländern Möglichkeiten, neben den aktiven Maßnahmen auch passive Verfahren einzusetzen. Eine kleine Verbesserung der Wasserqualität ist noch immer besser, als gar nichts zu tun. Wir müssen mehr Mut haben, anderes auszuprobieren. Dies bedeutet, dass Wissenschaftler, Ingenieurbüros, Betreiber und Behörden Hand in Hand miteinander arbeiten sollten, um eine optimale Lösung zu finden. Und dazu sind gegenseitiges Vertrauen, Optimismus, Lust am Experimentieren, Mut zum Unbekannten sowie „ein wenig" Zeit und Geld nötig.

Dieses Kapitel ist somit auch ein Aufruf an Behörden, verantwortliche Betreiber oder Wissenschaftler, mehr Selbstvertrauen zu zeigen, wenn es um passive Grubenwasserreinigung geht. Die ersten Systeme in den Vereinigten Staaten von Amerika und Großbritannien wurden errichtet, weil es hoch motivierte Kollegen und Privatpersonen gab, die sinngemäß sagten: „Es ist besser die Wasserqualität mit einer passiven Anlage ein wenig zu verbessern, als gar nichts zu tun." In den Vereinigten Staaten von Amerika gibt es mehrere Tausend passiver Systeme (Abb. 4.1), in Großbritannien etliche Dutzend, und weltweit dürften nochmals mehrere Hundert passiver Systeme zuverlässig arbeiten. Man hört im deutschsprachigen Raum gelegentlich, dass es noch kaum Erfahrungen mit passiven Grubenwasserreinigungsanlagen gäbe; dies mag für Deutschland korrekt sein, international hingegen gibt es seit den 1980er-Jahren zahlreiche positive Erfahrungen. Natürlich gibt es auch negative Beispiele, und in allen Fällen zeigt sich, dass diese im Wesentlichen auf Konstruktionsfehlern beruhen. Diese hätten bei genügender Kenntnis der Materie in allen Fällen vermieden werden können. Gleich vorweg: Jedes Grubenwasser

Abb. 4.1 Teil der passiven Grubenwasserreinigungsanlage für die Abraumhalde an der Zeche Enos (Pike County, Indiana, USA). Die Funktionsweise des aeroben konstruierten Feuchtgebiets ist in Behum et al. (2008) beschrieben. Das Fotocomposite zeigt das Canal Aerobic Wetland im insgesamt 6,5 ha großen konstruierten Enos Ost Feuchtgebiet

ist anders, es gibt kaum identische Grubenwässer, und wie bei unserem lebenden Organismus „Kind" muss das System an die jeweiligen Bedürfnisse des Grubenwassers angepasst werden. Oftmals wird gesagt, passive Grubenwasserreinigung wäre nicht möglich, weil der Platzbedarf zu groß sei. In vielen Fällen ist das korrekt, aber bevor jemand eine solche Behauptung in den Raum stellt, sollte einmal ausgerechnet werden, wie groß der tatsächliche Platzbedarf ist und ob es nicht möglicherweise preiswerter ist, ein passives System zu errichten anstatt eines aktiven Systems.

Mitunter haben mir Kolleginnen in der Diskussionsphase meiner Vorträge gesagt, dass das Beispiel Wheal Jane in Cornwall (Vereinigtes Königreich) deutlich zeige, dass passive Grubenwasserreinigung nicht funktionieren würde. Das ist bedingt richtig, wie Jeff Boyd von der Environment Agency in einem BBC Interview 2008 sagte:

„Die passive Behandlung [in Wheal Jane, d. Autor] war ein Experiment. Wir wollten sehen, ob wir die Behandlung auf andere Art und Weise mit einem Minimum an Energie und Chemikalien durchführen können. Unser Ziel war es, einen nachhaltigeren Weg einzuschlagen. Leider wäre für das konstruierte Feuchtgebiet eine gewaltige Fläche erforderlich gewesen, sodass wir einfach keinen ausreichenden Platz dafür hatten."

Oft wird behauptet, dass sich passive Grubenwasserreinigung nur für kleine Durchflussmengen eignen würde. Dies führt zu Behauptungen wie „Das Verfahren ist wegen des großen Flächenbedarfes überwiegend für geringe Wassermengen geeignet." (ohne Quelle) oder in Rosner et al. (2012, S. 302): „Passive Maßnahmen eignen sich nicht zur Behandlung von stark kontaminierten Grubenwässern und erzielen erst nach längerer Standzeit und Einstellung des Systems die gewünschten Ergebnisse. Dies kann mehrere Jahre dauern (s. Beispiel Hachener Teich, Erzrevier Meggen)." Und dies wird ungeprüft von Laien übernommen und im Internet publiziert. Solche Behauptungen sind jedoch nur bedingt korrekt, denn weniger als die Durchflussmenge ist die Fracht das Kriterium für die Größe des passiven Systems. Es ist also in erster Linie eine Frage der Wasserqualität, ob ein passives System groß oder klein ausfällt. Sofern der Platz nicht vorhanden ist, ein

RAPS oder ein konstruiertes Feuchtgebiet zu errichten – dann ist er eben nicht da, und es muss aktiv gereinigt werden. Mich beschleicht beim Lesen vieler deutschsprachiger Publikationen der Verdacht, dass oftmals im Hinterkopf der Gedanke besteht, passive Grubenwasserreinigung würde nicht funktionieren oder dass es sich um eine Methode in der Entwicklung befände – was nach über drei Dekaden internationaler Erfahrung mit diesen Systemen nicht zutrifft. Bereits 1990, also nur weniger als ein Jahrzehnt, nachdem die erste passive Pilotanlage errichtet worden war, gab es in den Vereinigten Staaten von Amerika 400 konstruierte Feuchtgebiete zum Reinigen von Grubenwasser (Kleinmann 1990a).

Oftmals ist auch zu lesen, dass passive Systeme nur unter warmen Klimabedingungen funktionieren würden, nicht aber, wenn es im Winter kalt sei. Wie zahlreiche Untersuchungen im Norden Kanadas oder in Skandinavien zeigen (z. B. die Ergebnisse des MiMi-Projekts), lassen sich passive Systeme auch dort installieren und erfolgreich betreiben. Eines davon ist beispielsweise der Vertikaldurchflussreaktor (VFR) in Metsämonttu (Finnland), das In-situ-Experiment in Kotalahti (Finnland) oder verschiedene Systeme in Schweden (Bomberg et al. 2015; Höglund et al. 2004; Wolkersdorfer und Qonya 2017). Auch die Pilotuntersuchungen von Nielsen et al. (2018) für Grubenwasser des Keno Hill-Bergwerks (Yukon Territory, Kanada) wiesen nach, dass bei durchschnittlichen Temperaturen um 4,5 °C passive Grubenwasserreinigung möglich ist.

Leider wird im Zusammenhang mit Grubenwasser fälschlicherweise oft geschrieben, dass es sich bei der „biologischen Wasserbehandlung" um ein Verfahren handelt, „bestimmte Schadstoffe in den Wurzeln bzw. der Blattmasse zu akkumulieren". Dies ist jedoch für die Behandlung von Grubenwasser nicht korrekt, wie unten dargelegt werden wird. Vielmehr bieten die Pflanzen Aufwuchsflächen für Mikroorganismen und verringern die Fließgeschwindigkeit des Wassers im System, sodass die hydrolysierten Metalle ausreichend Zeit haben, im passiven System auszufallen.

In etlichen Vorträgen konnte man in den vergangenen Jahren beobachten, dass jemand aufstand und dem Vortagenden nach dem Referieren über passive Grubenwasserreinigung sagte: „Das hört sich zwar alles schön an, aber wie Sie wissen, funktioniert das doch nicht." Genau – nur in Deutschland funktionieren diese Systeme bisher nicht, und dieses Kapitel soll dazu beitragen, dass künftige Systeme in Deutschland funktionieren und dass diese Systeme von deutschen Ingenieurbüros in die Welt hinaus exportiert werden können. Oft wird gesagt, dass es wegen des großen Platzbedarfs in Deutschland nicht möglich sei, passive Systeme zu errichten. Dies mag für den aktiven Betrieb von Bergwerken durchaus korrekt sein, aber man könnte auch daran denken, eine aktive Anlage zu errichten und zur „Endreinigung" eine kleinere, passive Anlage oder einen Schönungsteich zu erstellen, die nach dem Ende des Betriebs das Grubenwasser reinigt, so wie bei der Anlage Ynysarwed in Südwales (Brown et al. 2002; Walder et al. 2005). Außerdem gibt es eine Vielzahl an passiven Systemtypen, und wenn der zur Verfügung stehende Platz klein ist, kann man noch immer ein RAPS/SAPS errichten – nur nicht wie in Südkorea, wo wegen Übersetzungsfehlern lange Zeit jedes passive System ein RAPS/SAPS war (pers. Mitt. Bob Kleinmann). Mit dem Wissen, das Ingenieure und Naturwissenschaftler im deutschsprachigen Raum haben, sollte es problemlos möglich sein, passive Systeme zu errichten und zu optimieren, die weniger Platz als bisher benötigen. Herrn Otto sind anfänglich auch seine Motoren um die Ohren geflogen – und heute steuern wir Hochleistungsmotoren zuverlässig mit ausgetüftelten Rechnersystemen, die mich nach St. Helena fliegen, und die Drehzahlen würden selbst Herrn Otto überraschen.

Noch ist es nicht so weit, und daher stellt sich eingangs die Frage: Was ist passive Grubenwasserreinigung, welche Systeme gib es, und wie funktionieren sie? Dies wird in Abschn. 4.2 ausgeführt. Dabei liegt der Schwerpunkt auf Verfahren, die bereits erfolgreich angewendet werden. Experimentelle Verfahren, die über ein Pilotstadium nie hinausgekommen sind, werde ich nicht näher erläutern (z. B. SCOOFY-Reaktor: PIRAMID Consortium 2003, S. 47), was nicht bedeutet, dass sie im Einzelfall ungeeignet für eine passive Grubenwasserreinigung wären.

Zum Abschluss zwei Zitate einer Kollegin und eines Kollegen im Hinblick auf passive Grubenwasserreinigung:

„Sämtliche Interessengruppen müssen ein altes Problem aus einem neuen Blickwinkel angehen. Es mag sein, dass die natürlichen Reparaturmechanismen langsam sind – aber sie sind gründlich. Wir müssen Wege finden, sie zu unterstützen und zu beschleunigen" (Kalin 2004a).

Bereits Davison (1991) sagte zum gleichen Thema:

„Wir glauben, dass es Grenzen [für passive Reinigungssysteme, d. Autor] gibt, aber der Mut, neue Techniken auszuprobieren und veraltete Methoden zu ändern, ist die schwierigste Hürde bei der Entwicklung neuer Demonstrationsstandorte. Ich denke, es wird letztendlich nicht darauf ankommen, was es kostet, sondern darauf, ob wir es uns leisten können, es nicht zu tun, denn Konstruktions- und Chemikalienkosten steigen weiter an und die gesetzlichen Anforderungen werden immer strenger und somit teurer. Die Branche verändert sich nur langsam, aber wenn sie bereit ist, werden wir bereit sein. Es kann nicht bis gestern gemacht werden, und es kann nicht billig gemacht werden, aber es kann gemacht werden, wann immer [die Industrie, d. Autor] dafür bereit ist."

Begeben wir uns also mit den nächsten Abschnitten auf den Weg.

4.2 Was ist passive Grubenwasserreinigung?

Grundlage aller passiven Grubenwasserreinigungen sind die Publikationen von Wildemann et al. (1993a, b) und Hedin et al. (1994a). Dort werden erstmals zusammengefasst die wichtigsten Prinzipien der passiven Reinigung von Grubenwasser dargestellt. Einen sehr guten Überblick über passive Verfahren zur Sulfatentfernung geben Kaksonen und Puhakka (2007; einschließlich der stets wiederkehrenden falschen Abb. 1E für ein RAPS). Gusek (2009) sowie Gusek und Waples (2009) haben ein Periodensystem der passiven Grubenwasserreinigung entworfen und dessen Anwendung beschrieben (Abb. 4.2, Tab. 4.2). Daraus lässt sich ablesen, welche passive Reinigungstechnologie für welches Element anwendbar ist. Die wichtigste Grundlage für die

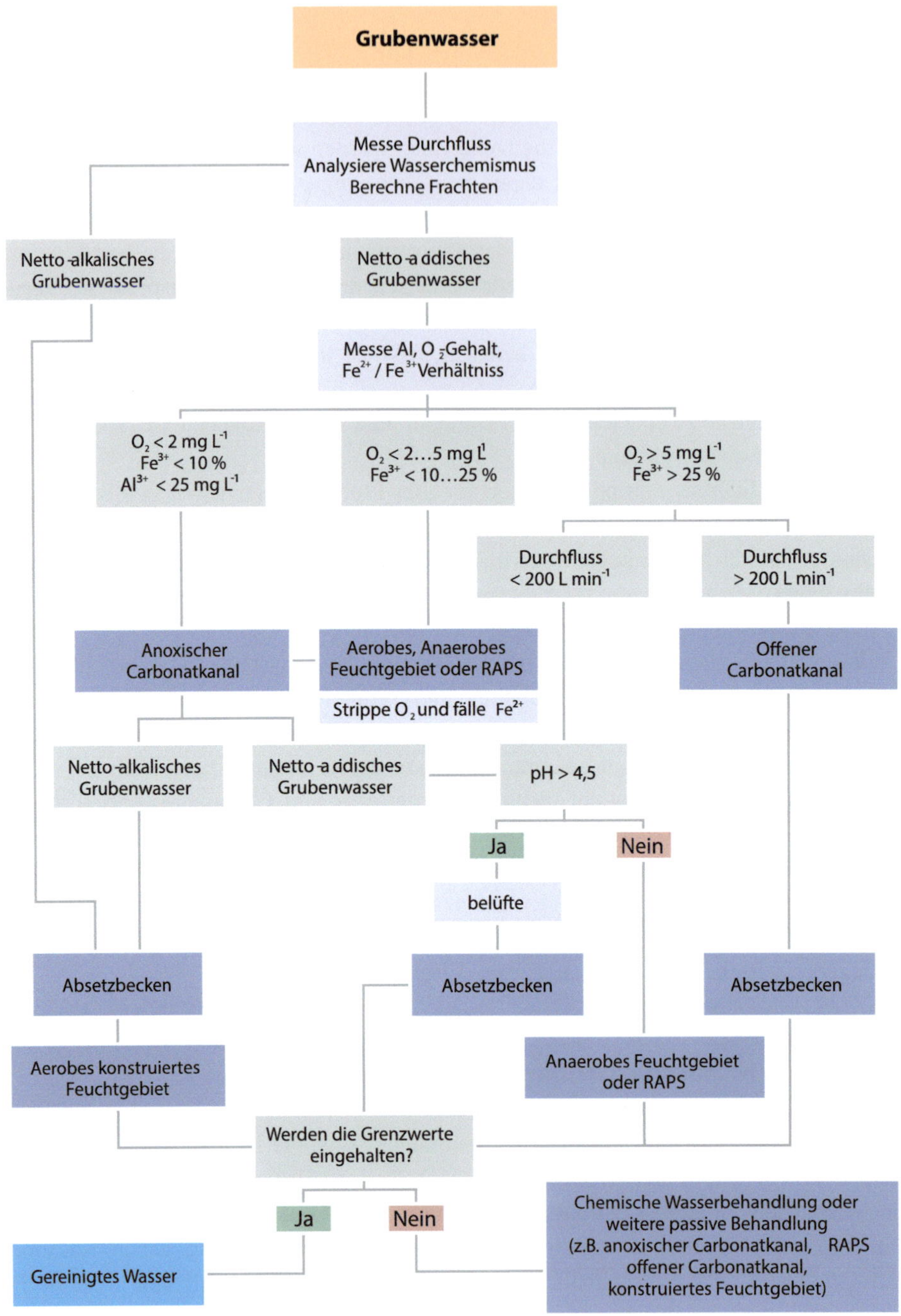

Abb. 4.2 Flussdiagramm für passive Grubenwasserreinigungsverfahren

Tab. 4.2 Oxidations- und Reduktionsverhältnisse in „konventionellen" passiven Reinigungssystemen (verändert aus Gusek 2009; Gusek und Waples 2009). Biochemische Bioreaktoren werden auch als sulfatreduzierende Bioreaktoren bezeichnet. Die Tabelle enthält keine Technologien, die zwar vielversprechend sind, sich aber möglicherweise noch in der Entwicklung befinden. Auch wenn ein anoxischer Carbonatkanal leicht reduzierende Bedingungen aufweisen kann, besteht seine Funktion darin, Alkalität hinzuzufügen und nicht Metalle zu entfernen. Daher sollte nicht darauf geschlossen werden, dass diese für die Fällung anderer Metalle als Aluminium und Eisen geeignet sind. Redoxwerte beziehen sich auf die Standardwasserstoffelektrode

Passive Reinigungstechnologie	Aerob (E_h > 0 mV) Oxidierend	Anaerob (E_h < 0 mV) Reduzierend
Biochemische Bioreaktoren	Obere 2–3 cm	Großteil der Zelle
Aerobe Feuchtgebiete		
Oxidationssysteme und Absetzbecken		
Anoxischer Carbonatkanal		
Reduzierende Alkalinitätssysteme	Obere 2–3 cm	Großteil der Zelle
Vertikaldurchflussreaktor		
Oxischer Carbonatkanal und Carbonatgerinne		

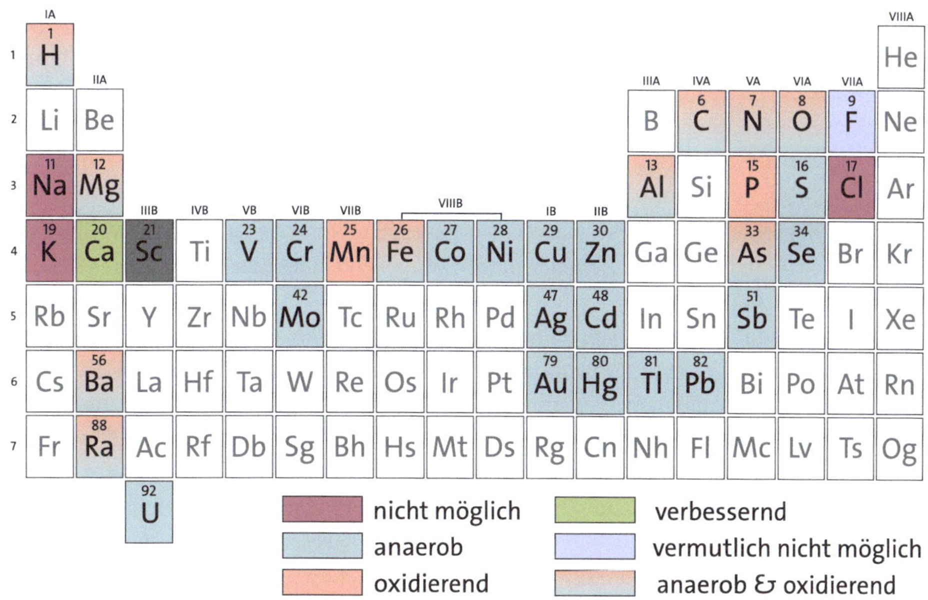

Abb. 4.3 Periodensystem der Elemente für die passive Reinigung von Grubenwasser. Ergänzungen in Tab. 4.2

Verwendung von passiver Reinigungstechnologie in Europa liefert der Endbericht des EU-Projekts PIRAMID (Vertragsnummer EVK1-CT-1999-000021), der 2003 erschienen ist (PIRAMID Consortium 2003). Darin wird im Detail ausgeführt, wie Sie eine passive Grubenwasserreinigung vorbereiten, planen und errichten sollten. Gemäß der dort aufgeführten Definition handelt es sich um passive Grubenwasserreinigung, wenn die folgenden Bedingungen zutreffen:

„Passive In-situ-Sanierung ist ein technischer Eingriff, der verunreinigtes Wasser am Entstehungsort verhindert, vermindert oder reinigt und nur natürlich vorkommende Energiequellen nutzt (Höhenunterschiede im Gelände, Energie des mikrobiellen Stoffwechsels, Fotosynthese und chemische Energie). Ein solches System benötigt seltene, wenngleich regelmäßige Wartung, um im Verlauf seiner Lebensdauer erfolgreich betrieben werden zu können“ (PIRAMID Consortium 2003, S. vi).

Es waren jedoch nicht Hedin et al. (1994a), die erstmals Grubenwasser in einer passiven Anlage reinigten, sondern es gab viele Jahre zuvor eine Versuchsanlage in Deutschland, die neben kommunalem Abwasser auch Grubenwasser reinigte. Grundlage für diese Anlage in Othfresen am Harz waren die Arbeiten von Seidel (1952, 1966), in denen sie nachweisen konnte, dass bestimmte Wasserpflanzen in der Lage sind, Schadstoffe aus kommunalem Abwasser zu eliminieren. Darauf basierend errichtete Kickuth (1977) eine erste Pflanzenkläranlage für kommunale Abwässer nach dem Prinzip des „Wurzelraumverfahrens“ (Brix 1987a, b; Bucksteeg 1986; Ebeling 1986; Kickuth 1977). Dass diese Anlage auch kleinere Mengen an Grubenwasser aufnahm, ist wohl eher eine Ironie der Geschichte (vermutlich Grubenwasser des ehemaligen Eisenbergwerks Grube Ida-Bismarck). Es gibt jedoch einen grundlegenden Unterschied zwischen der passiven Grubenwasserreinigung und einer Pflanzenkläranlage für kommunale Abwässer, und daher ist der Begriff „Pflanzenkläranlage“, wenn es um die passive Reinigung von Grubenwasser geht, unbedingt zu vermeiden: Pflanzenkläranlagen reinigen kommunale Abwässer mit erhöhten Konzentrationen an organischen Wasserinhaltsstoffen, wohingegen eine passive Grubenwasserreinigungsanlage weitgehend anorganische Bestandteile des Grubenwassers zu reinigen hat.

Bislang liegen im deutschsprachigen Raum noch keine umfassenden Erfahrungen mit passiven Anlagen vor, obwohl bereits 2002 eine deutschsprachige Publikation zu dem Thema erschien (Wolkersdorfer und Younger 2002). Grund dafür mag sein, dass die meisten Installationen prinzipiell wie Pflanzenkläranlagen errichtet wurden, ohne die Besonderheiten für Grubenwasser ausreichend zu berücksichtigen. Darüber hinaus wurden aerobe Systeme für netto-acidisches Grubenwasser errichtet, und die Reinigungsleistung entsprach folglich nicht den vorhergesagten Erwartungen. Hinzu kommt, dass immer wieder das Negativbeispiel Lehesten/Thüringen herangezogen wird, um zu belegen, dass passive Grubenwasserreinigung nicht funktioniert. Auch die nicht den Erwartungen entsprochenen Anlagen in Pöhla/Sachsen (Pilotanlage), Paitzdorf/Sachsen oder Schlema/Sachsen tragen nicht dazu bei, Vertrauen in die Methode zu wecken. Ob die Erfahrungen von Opitz et al. (2019) mit der Pilotanlage in Wackersdorf dazu beitragen können, ein Vollsystem zu entwickeln, muss die Zukunft zeigen. Oftmals wurden grundlegende Prinzipien, wie die von Hedin et al. (1994a) oder Wildeman et al. (1993a) dargelegt, nur unzureichend beachtet, was entweder zum Versagen der Anlagen führen kann oder dass sie ihre volle Leistungsfähigkeit nur bedingt entwickeln. Dass sich jedoch beispielsweise uranhaltiges Grubenwasser passiv reinigen lässt, zeigen die Erfahrungen am Uranbergwerk Urgeiriça in Portugal (Abb. 4.4), wo seit 2012 passive Grubenwasserreinigungsanlagen stehen (Pinto et al. 2016).

Die im zweiten Absatz dieses Abschnitts genannte Definition umschließt folglich passive Reinigung genauso wie passive Vermeidung, beispielsweise durch Haldenabdeckung oder Flutung einer Rückstandshalde. Verfahren, die nicht dieser Definition entsprechen, sind folglich entweder aktive Reinigungsanlagen (z. B. konventionelle Grubenwasserreinigung) oder semipassive Reinigungsanlagen (z. B. Anlagen, die der Zugabe von Alkohol oder Melasse bedürfen).

Skousen und Ziemkiewicz (2005) haben einen ersten Versuch unternommen, die Wirksamkeit von 116 passiven Systemen miteinander zu vergleichen. Sie unterzogen jeweils mehrere aerobe und anaerobe konstruierte Feuchtgebiete, sulfatreduzierende Bioreaktoren, anoxische Carbonatkanäle, RAPS, oxische Carbonatkanäle und offene Carbonatkanäle einer Analyse und verglichen die Konstruktionsvorgaben mit den tatsächlichen Reinigungsleistungen. In zahlreichen Tabellen und Beispielen diskutieren sie die Leistungsfähigkeit und Zuverlässigkeit verschiedener Systeme. Sie kommen zu folgendem Schluss: „Passive Systeme mit geringen Eisenkonzentrationen oder in denen das Eisen entfernt wurde, bevor es ins passive System kommt, haben eine viel größere Chance, funktionsfähig und effektiv zu bleiben“ (Skousen und Ziemkiewicz 2005, S. 1129).

Vor der Auswahl des richtigen passiven Reinigungssystems sind umfangreiche hydrogeologische Untersuchungen nötig. Basierend auf den Ergebnissen wird dann das System mittels des Flussdiagramms von Hedin et al. (1994a) und Skousen et al. (1998, 2000) oder dem in PIRAMID Consortium (2003) gewählt (Abb. 4.3).

Abb. 4.4 Absetz- und Makrophytenbecken sowie – heute nicht mehr notwendiges – Aktivkohlefilterbett und aerobes Feuchtgebiet am Uranbergwerk Urgeiriça (Portugal). Das Grubenwasser ($Q \approx 90\ L\,min^{-1}$) fließt von rechts nach links, und der pH Wert wird im Mittel von etwa 6 auf 8 angehoben. Im System werden Eisen, Uran und Radium zurückgehalten

Beginnen wir also damit, diese Systeme zu beschreiben, wobei ich mich auf die Grundzüge jedes Verfahrens beschränken werde. Wenn Sie eines der beschriebenen Systeme errichten wollen, sollten Sie die jeweils angeführte Spezialliteratur lesen – aber auf jeden Fall die drei am Anfang dieses Abschn. 4.2.

4.3 Carbonatkanäle und -gerinne

4.3.1 Einteilung der Kanäle und Gerinne

Es gibt drei Arten von Carbonatkanälen und -gerinnen: anoxischer Carbonatkanal, oxischer Carbonatkanal und offene Carbonatgerinne. Während es sich bei den beiden Ersten um geschlossene Carbonatlösungssysteme handelt, die keinen großflächigen Kontakt zur Atmosphäre haben, ist das Gerinne ein zur Atmosphäre hin offenes System. Dies erklärt auch die verschiedenen Fließgeschwindigkeiten und Verweilzeiten des Grubenwassers im jeweiligen System: geringe Fließgeschwindigkeiten und hohe Verweildauern in den Kanälen und hohe Geschwindigkeiten bei kurzer Verweildauer im Gerinne.

Linguistisch und etymologisch hätte mir der Begriff „Offener Carbonatfluter" besser gefallen, da das Wort einen historischen Bezug zum Bergbau besitzt. Da der Begriff „Fluter" jedoch nicht mehr als allgemeinverständlich betrachtet werden kann (außer im „Vorfluter"), habe ich mich für „Carbonatgerinne" entschieden. Auch das Wort „Gerinne" kommt im historischen Bergbau oft genug vor, sodass der Begriff durchaus seine Berechtigung hat.

4.3.2 Anoxischer Carbonatkanal (Anoxic Limestone Drain, ALD)

Anoxische Carbonatkanäle sind abgedeckte und mit Kalkstein gefüllte Kanäle, in denen acidisches Grubenwasser Alkalinität hinzugewinnen kann, indem der Kalkstein gelöst wird. Oder anders ausgedrückt: In einem anoxischen Carbonatkanal wird Säure gepuffert und die Säurekapazität (k_S-Wert) des Grubenwassers erhöht. Vorteil dieser Systeme ist, dass in dem Carbonatkanal die Ausfällung von Eisen- oder Aluminiumoxiden im Allgemeinen verhindert wird, da im luftdicht abgeschlossenen Kanal kaum Sauerstoff vorhanden ist. Erstmals wurden diese Systeme 1988 von der Tennessee Valley Authority eingesetzt, um acidisches Grubenwasser zu puffern, das dann in aeroben Feuchtgebieten gereinigt wurde (Brodie et al. 1991). Bis 1991 waren in den Vereinigten Staaten von Amerika über 50 anoxische Carbonatkanäle errichtet worden, um die Alkalinität von Grubenwasser zu erhöhen. Sofern das System korrekt konstruiert wurde und die chemischen Parameter des Grubenwassers innerhalb der Grenzen für das Verfahren sind, ist mit einer Lebensspanne von 20–80 Jahren zu rechnen, bevor das System erneuert werden muss (Abb. 4.5). Diese errechnet sich annähernd aus der Acidität des Grubenwassers, der Qualität des Kalksteins

Abb. 4.5 Anoxischer Carbonatkanal während der Konstruktionsphase. Im offenen Kanal befindet sich die Dichtungsfolie, und am hinteren Ende ist der Kanal bereits mit Kalkstein gefüllt (Foto: Jeff Skouson)

sowie seiner hydraulischen Durchlässigkeit. Eine Konstruktionsweise, die diesen Austausch erleichtern würde, ist bislang nicht bekannt. Um eine angemessene Erhöhung der Säurekapazität und des pH-Werts zu erreichen, muss sich das Grubenwasser wenigstens 14 h im Kanal aufhalten (Hedin et al. 1994b, S. 1343; PIRAMID Consortium 2003, S. 69).

Chemisch gesehen läuft in einem anoxischen Carbonatkanal vereinfacht die folgende Pufferreaktion ab:

$$CaCO_3 + H^+ \rightarrow Ca^{2+} + HCO_3^- \tag{4.1}$$

Um Ausfällungen zu vermeiden, muss auch das Grubenwasser fast vollständig sauerstofffrei sein (Hedin et al. 1994b). Wichtig ist, dass ein anoxischer Carbonatkanal kein alleinstehendes System darstellt (Brodie et al. 1991, S. 9), sondern der Vorkonditionierung von Grubenwasser dient, das dann zumeist in einem aeroben konstruierten Feuchtgebiet weiter gereinigt wird. Brodie et al. (1991, S. 4) beschreiben, dass in korrekt konstruierten anoxischen Carbonatkanälen die Ausfällung von Eisenoxihydraten überwiegend verhindert werden kann. Da die Konstruktion eines anoxischen Carbonatkanals im Vergleich zu einer konventionellen Grubenwasserreinigungsanlage verhältnismäßig preiswert ist, empfehlen Brodie et al. (1991, S. 5), die Kanäle zu überdimensionieren, um ausreichend Alkalinität in das Grubenwasser zu bringen und einen ausreichend großen Sicherheitsfaktor zu besitzen.

Damit ein anoxischer Carbonatkanal zuverlässig funktioniert, muss die Wasserqualität bestimmte Kriterien erfüllen. Dazu müssen der pH-Wert, die Sauerstoffsättigung, die Redoxspannung, die Säure- und Basenkapazität sowie die Eisen- und Mangankonzentrationen bekannt sein. Die Sauerstoffkonzentration des Grubenwassers sollte nicht über 2–3 mg L^{-1}, die Redoxspannung nicht über 300 mV und der pH-Wert nicht über 6 liegen (Hedin et al. 1994b). Bei Al-Konzentrationen über 2 mg L^{-1}, oder wenn das Grubenwasser Fe^{3+}-Konzentrationen von über 2 mg L^{-1} aufweist, kann der Carbonatkanal in wenigen Monaten verstopfen. Über diesen Effekt berichteten bereits Hedin et al. (1994a, S. 28) und PIRAMID Consortium (2003, S. 48). Um eventuelle Aluminiumablagerungen zu entfernen, haben Kepler und McCleary (1997) ein als „Aluminator" bezeichnetes System vorgeschlagen, das es ermöglicht, das passive System rückzuspülen (siehe auch Vinci und Schmidt 2001). Wie das Beispiel Lehesten/Thüringen mit 14 mg L^{-1} Aluminium gezeigt hat, können die Kanäle verhältnismäßig schnell verstopfen, wenn die Spülung nicht regelmäßig erfolgt (Janneck und Krüger 1999, S. 52 ff.).

Um den Kanal herzustellen, sollten PVC-Dichtungsfolien *(liner)* von 10 oder 20 mm verwendet werden (Abb. 4.5), die stabil genug sind, um Beschädigungen während und nach der Bauphase zu verhindern. Nicht alle Systeme besitzen jedoch eine Dichtungsfolie (PIRAMID Consortium 2003, S. 69). Bei der Konstruktion des Kanals können die Seiten geneigt sein, aber besser ist es, wenn sie nahezu senkrecht sind. Der verwendete Kalkstein sollte über 90 % $CaCO_2$ enthalten und eine Körnung von 16/32 aufweisen (in der Originalarbeit: ¾ × 1 ½ Zoll: Brodie et al. 1991, S. 5), da bei dieser Körnung das Verhältnis zwischen Oberfläche und hydraulischer Durchlässigkeit optimal ist. Die Dicke der Kalksteinschicht bestimmt sich aus dem zu erwartenden maximalen Durchfluss, der Lebensdauer des Kanals und einem hinreichend großen Sicherheitsfaktor für beide Größen. Über dem Carbonatkanal sollten wenigstens 60 cm undurchlässiges Material (z. B. Ton) eingebaut werden, um den Zutritt von Sauerstoff weitgehend zu verhindern.

Die benötigte Menge an Kalkstein V_g (bei der Gleichung wird davon ausgegangen, dass der Kalkstein eine Reinheit von 100 % hat – gegebenenfalls ist die Menge zu erhöhen) und die Querschnittsfläche A des anoxischen Carbonatkanals lassen sich über eine vereinfachte Faustformel wie folgt errechnen (PIRAMID Consortium 2003, S. 69):

$$V_g = \frac{Q_e \cdot \varphi}{n_e}\ [\mathrm{m}^3] \tag{4.2}$$

$$A = \frac{Q_e}{k_f \cdot I}\ [\mathrm{m}^2] \tag{4.3}$$

mit

Q_e	zu erwartender Durchfluss, $m^3\ s^{-1}$
φ	Faktor (für 14 h mittlerer Aufenthaltszeit: 50.400 s), s
n_e	mittlere effektive Porosität der Schüttung, in der Regel um die 49 % (0,49)
k_f	Durchlässigkeitsbeiwert, $m\ s^{-1}$
I	hydraulisches Gefälle

Cravotta und Watzlaf (2002) kamen jedoch zu dem Ergebnis, dass für eine korrekte Berechnung der notwendigen Kalksteinmenge eine größere Zahl an Parametern nötig ist. Dies hat vor allem damit zu tun, dass die Auflösungsrate des Kalksteins nicht linear ist, sondern sich mit der Zeit exponentiell ändert. Insgesamt schlagen sie eine größere Zahl unterschiedlicher Gleichungen vor, die auf verschiedenen Laborexperimenten und Erfahrungen mit bestehenden Carbonatkanälen beruhen. Um verschiedene mittlere Aufenthaltszeiten zu erlauben, nicht nur die 14 h obiger Gleichungen, führen sie auch die Zeit t als Variable ein:

$$M_0 = e^{k \cdot t} \frac{Q_e \cdot t_\mathrm{d} \cdot \rho_\mathrm{s} \cdot (1 - n_\mathrm{e})}{n_\mathrm{e}} \tag{4.4}$$

mit		
	M_0	Masse an Kalkstein, kg
	k	Lösungsrate Kalkstein, h^{-1} (im Mittel $2{,}7 \cdot 10^{-6}\ h^{-1}$)
	t	Lebensdauer des Carbonatkanals, h (üblicherweise 14 bis 15 Jahre)
	Q_e	zu erwartender Durchfluss, $m^3\ h^{-1}$
	t_d	mittlere Aufenthaltszeit im Kanal, h (üblicherweise 12 bis 22 h)
	ρ_s	Dichte des Kalksteins, $kg\ m^{-3}$ (zwischen 2600 und 2900 $kg\ m^{-3}$)
	n_e	mittlere effektive Porosität der Schüttung, in der Regel um die 49 % (0,49)

Alle obigen Konstanten basieren auf den Erfahrungen von 13 Carbonatkanälen und umfangreichen Laborexperimenten aus der Publikation von Cravotta und Watzlaf (2002) sowie Gesteinsdichten aus Prinz und Strauß (2018). Es wird jedoch empfohlen, die Konstanten ortsspezifisch zu ermitteln. Aus der Masse und dem Schüttvolumen des Kalksteins lässt sich dann auch sein Volumen errechnen.

Hinter dem Carbonatkanal und vor dem aeroben Feuchtgebiet sollte zunächst ein Absetzbecken oder Schönungsteich folgen, damit das Eisen unter dem nun erhöhten pH-Wert hydrolysieren und ausfallen kann. Sollte die Eisenkonzentration unter 50 mg L^{-1} liegen, kann das behandelte Grubenwasser direkt in ein aerobes konstruiertes Feuchtgebiet geleitet werden.

4.3.3 Oxischer Carbonatkanal (Oxic Limestone Drain, OLD)

Oxische Carbonatkanäle erfüllen eine ähnliche Funktion wie anoxische Carbonatkanäle: Sie erhöhen die Alkalinität (Säurekapazität) des Grubenwassers. Im Gegensatz zu diesen muss das Grubenwasser jedoch nicht anoxisch sein. Um eine Verockerung des Kalksteins zu verhindern, ist es allerdings nötig, die Geschwindigkeit des Wassers hinreichend groß zu halten. Cravotta (1998) und Cravotta und Trahan (1999) empfehlen mittlere Aufenthaltszeiten von unter 3 h und mittlere effektive Geschwindigkeiten von 0,1–0,4 m min^{-1}. Das Grubenwasser darf nicht zu stark mineralisiert sein und die Basenkapazität nicht zu hoch: O_2>1 mg L^{-1}; Basenkapazität<1,6 mmol L^{-1}; Summe Al^{3+}, Fe^{3+}, Fe^{2+}, Mn^{2+} und Spurenelemente<5 mg L^{-1}. Cravotta (2010) weist darauf hin, dass die oxischen Carbonatkanäle im Swatara Creek Basin (Pennsylvanien, USA) im Verhältnis zur Reinigungsleistung verhältnismäßig teuer waren. In einem anderen Fall verstopfte der Carbonatkanal relativ schnell, sodass eine Rückspülung installiert werden musste (Cravotta 2007). Die Designkriterien für die Kalksteinmenge entsprechen denen des anoxischen Carbonatkanals.

Basierend auf den bisherigen Erfahrungen mit oxischen Carbonatkanälen kann derzeit jedoch nicht empfohlen werden, solche Systeme zu installieren, da die Gefahr der Verockerung zu groß ist, wenn die Entwurfsparameter nicht exakt eingehalten werden.

4.3.4 Offene Carbonatgerinne (Open Limestone Channel, OLC)

Offene Carbonatgerinne sind Gerinne, in denen sich größere Kalksteinaggregate befinden, über die das Grubenwasser fließt und dabei gepuffert wird. Sie eignen sich für Grubenwässer mit höheren Sauerstoffkonzentrationen und höherer Mineralisation. Die Sulfatkonzentration sollte jedoch unterhalb der Gipssättigung liegen. Das Gefälle des Gerinnes muss hinreichend groß sein (10–20 %), um die Verockerung des Kalksteins zu verhindern (PIRAMID Consortium 2003; Ziemkiewicz et al. 1996; Ziemkiewicz et al. 1997), da sonst die Reinigungsleistung nicht mehr gewährleistet ist.

Selbst bei offenen Carbonatgerinnen, die verockert sind, kann im Idealfall noch eine Pufferung des Grubenwassers beobachtet werden (Abb. 4.6), wobei die Leistung auf

Abb. 4.6 Offenes Carbonatgerinne mit Eisenhydroxidausfällungen am Grubenwasseraustritt des ehemaligen Kohlenbergwerks Dominion № 11 auf der Kap-Breton-Insel, Neuschottland, Kanada

Abb. 4.7 Ehemaliges offenes Carbonatgerinne an der Mina de Campanema/Minas Gerais in Brasilien. Die Verockerung der Kalksteine ist deutlich zu sehen

20 % dessen von unverockerten Carbonatgerinnen abfällt. Dieser Effekt kann bei der Planung dadurch berücksichtigt werden, dass fünfmal mehr an Kalkstein eingesetzt wird, als berechnet. Wenn die Aufenthaltszeit des Grubenwassers auf dem Kalkstein jedoch zu gering ist, lässt sich kein positiver Effekt nachweisen. Dies ist zum Beispiel am Steinbach in Gernrode der Fall (Menzingteich), wo Grubenwasser über eine wenige Meter hohe Kalksteinkaskade fließt und die mittlere Aufenthaltszeit wenige Sekunden beträgt. Eine Erhöhung des pH-Werts ließ sich dort nicht nachweisen. Vielmehr hätte dort ein längeres, offenes Carbonatgerinne mit entsprechendem Gefälle möglicherweise einen erheblichen Beitrag zur Verbesserung der Wasserqualität leisten können.

Alcolea et al. (2012) untersuchten über 5 Jahre hinweg die Funktionsweise eines offenen Carbonatgerinnes in Sierra de Cartagena-La Unión (Südostspanien), einer

2500 Jahre alten Bergbauregion mit Blei- und Zinkvorkommen. Dessen Länge betrug annähernd 2 km, das Gefälle 4,6 %, und das Gerinne verfolgte das Ziel, saures Gruben- und Haldensickerwasser eines 9 km^2 großen Areals passiv zu reinigen. Nach einer Betriebsdauer von 5 Jahren hatte die Reinigungsleistung des Gerinnes deutlich abgenommen, was die Autoren auf die fehlende Wartung und die relativ geringe Neigung und somit Fließgeschwindigkeit des Grubenwassers zurückführen.

Sobald ein offenes Carbonatgerinne jedoch zu stark verockert, ist es nicht mehr in der Lage, die Säurekapazität des Grubenwassers zu erhöhen. Hat das Grubenwasser darüber hinaus Eisenkonzentrationen von über etwa 2 mg L^{-1}, führt dies zur weiteren Versauerung des Grubenwassers durch die Hydrolyse des Eisens. Ein Beispiel dafür war das offene Carbonatgerinne an der Mina de Campanema/Minas Gerais in Brasilien (Abb. 4.7). Dort wurde im Jahr 2001 leicht saures (pH 6,4), netto-acidisches Grubenwasser aus einem Auffangbecken für Drainagewasser in die Vorflut geleitet. Nach der Passage des Gerinnes sank der pH-Wert auf 6,2 und die Säurekapazität von 0,10 mmol L^{-1} auf 0,04 mmol L^{-1}. Gleichzeitig erniedrigte sich die Gesamteisenkonzentration von 6,5 mg L^{-1} auf 0,7 mg L^{-1}, und die Redoxspannung stieg von 250 auf 330 mV (Wolkersdorfer 2008, S. 249).

Überall dort, wo acidisches Grubenwasser gepuffert werden muss, bevor es eine Vorflut erreicht, bieten sich offene Carbonatgerinne an, da sie in der Herstellung und Unterhaltung verhältnismäßig preiswert sind.

4.4 Konstruierte Feuchtgebiete

4.4.1 Zum Geleit (das wollte ich schon immer einmal schreiben)

Lassen wir einmal Othfresen außer Acht, dann können wir das Datum der ersten passiven Grubenwasserreinigungsanlage in Europa und deren Initiator klar festlegen: Es war Paul Younger (Abb. 2.7), der am 20. Februar 1995 bei Quaking Houses in Northumberland/England die erste europäische Pilotanlage zur passiven Grubenwasserreinigung errichtete (Younger et al. 1997, S. 205). Seitdem ist viel Wasser den Stanley Burn hinuntergeflossen, ein Vollsystem wurde errichtet (Abb. 4.8, 4.9, 4.10, 4.11), und zwischenzeitlich gilt die passive Reinigung von Grubenwasser im Vereinigten Königreich als Standardlösung (Crooks und Thorn 2016). Dabei wurde vor allem auf die Designkriterien in PIRAMID Consortium (2003) und zwischenzeitlich auch auf darauf basierende, eigene Lösungen zurückgegriffen. Noch 1997 schrieb Price (1997, S. 133): „Passive Wetlandsysteme zur Behandlung von verunreinigtem Grubenwasser sind nach wie vor eine relativ neue Wissenschaft in Großbritannien. Bis heute haben sie nur eine begrenzte praktische Anwendung gefunden.“ 1996 wies ich erstmals auf den Einsatz von konstruierten Feuchtgebieten zur Grubenwasserreinigung in Deutschland hin: „Zusätzlich können die ablaufenden Wässer, wie in anderen Bergwerken praktiziert (Norton 1992, 1995), durch ein Wetland geleitet werden, um die Schadstoffe unter die Werte der

Abb. 4.8 Zulauf (links) und Ablauf (rechts) des aeroben konstruierten Feuchtgebiets Neville Street (Kap-Breton-Insel, Neuschottland, Kanada). Das Wasser fließt verockert und metallreich in das konstruierte Feuchtgebiet (links) und verlässt es kristallklar und mit deutlich verminderter Metallfracht wieder (rechts)

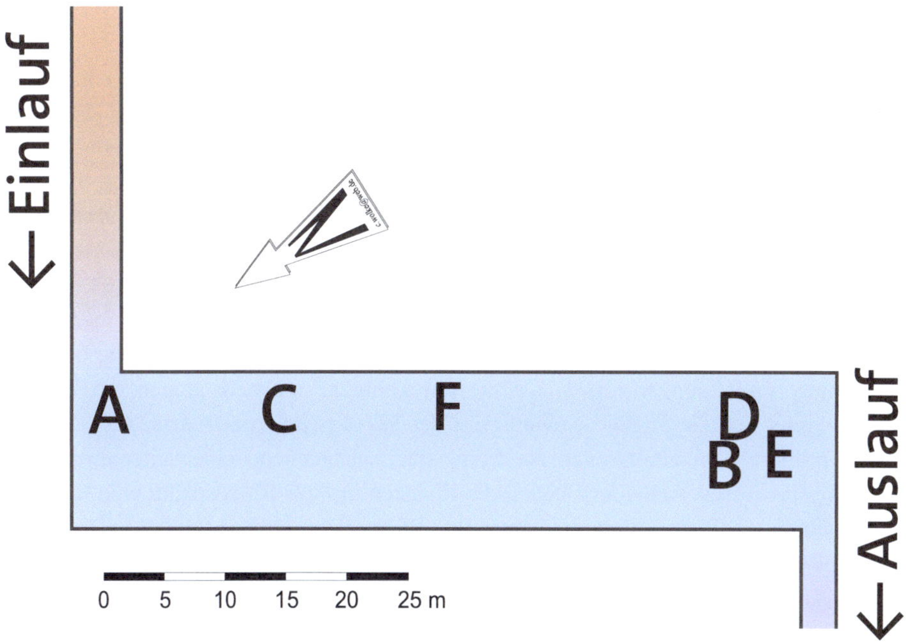

Abb. 4.9 Probenahmestellen der Tab. 4.4 in dem konstruierten anaeroben Feuchtgebiet Westmoreland County, Pennsylvania, USA. (Nach Hedin et al. 1988)

heutigen Sickerwässer zu senken" (Wolkersdorfer 1995, S. 806). 20 Jahre später habe ich das Gefühl, dass derzeit eine ähnliche Entwicklung wie im Vereinigten Königreich stattfindet und sich passive konstruierte Feuchtgebiete als Alternative zur klassischen Grubenwasserreinigung etablieren lassen.

Abb. 4.10 Erstes europäisches anaerobes konstruiertes Feuchtgebiet Quaking Houses (County Durham, England, Vereinigtes Königreich). Pflanzenbewuchs fehlt, da der Schlamm nach 10 Jahren Betriebszeit ausgetauscht worden war

Wichtig ist, und darauf weise ich nochmals hin, dass aerobe und anaerobe konstruierte Feuchtgebiete nicht gegeneinander austauschbar sind: Aerobe Systeme benötigen netto-alkalisches Grubenwasser, und anaerobe Systeme können auch netto-acidisches Grubenwasser reinigen (siehe Abb. 4.3). Unabhängig davon müssen in beiden Systemen nach einer Betriebszeit von 10 bis 20 Jahren der Schlamm und das Substrat ausgetauscht werden. Bislang lässt sich der Schlamm nur bedingt wiederverwenden (siehe Abschn. 7.2), sodass er einer geeigneten Endlagerung zugeführt werden muss. Oftmals wird geglaubt, dass die Pflanzen in den konstruierten Feuchtgebieten oder in einem RAPS die Metalle aufnehmen würden. Dies ist jedoch nur unwesentlich der Fall, wie beispielsweise Batty und Younger (2002) nachweisen konnten. Vielmehr tragen die Pflanzen dazu bei, dass sich die Fließgeschwindigkeit des Wassers im System erniedrigt. Dies hat längere mittlere Aufenthaltszeiten zur Folge und entsprechend eine Unterstützung des Reinigungsprozesses. Außerdem stellen die Pflanzen in ihrer Rhizosphäre eine komplexe Lebensgemeinschaft für Mikroorganismen und Pilze („Mykorrhizierung") zur Verfügung, da dort verhältnismäßig hohe Kohlenstoffkonzentrationen vorhanden sind. Dass ein Teil der dort ausgefällten Eisenoxide durch Siderophore gelöst werden kann und in der Pflanze als Nährstoff verfügbar ist (Blume et al. 2010), steht dabei außer Frage.

4.4.2 Aerobes konstruiertes Feuchtgebiet *(aerobic wetland, reed bed)*

Ein aerobes konstruiertes Feuchtgebiet ist ein bepflanztes Feuchtgebiet mit einer Wassertiefe von 15–50 cm, das netto-alkalisches Grubenwasser (Abschn. 1.2.13 und 1.2.3) mit einem pH-Wert von über etwa 6 reinigt. Da bei der Hydrolyse von Eisen Protonen freigesetzt werden, eignen sich aerobe Systeme nicht für netto-acidisches Grubenwasser, denn der pH-Wert würde noch weiter sinken und das Eisen nicht in dem gewünschten Maße ausfallen. In der Regel sind die Systeme einfach herzustellen und passen sich gut in die Landschaft ein (PIRAMID Consortium 2003). Bei den geeigneten Pflanzen handelt es sich um metalltolerante Pflanzen wie Rohrkolben *(Typha sp.),* Rispengras *(Phragmites sp.)* und Binsen *(Juncus sp.),* die etwa ein bis zwei Vegetationsperioden benötigen, bis sie sich an das jeweilige Grubenwasser gewöhnt haben (Abb. 4.8). Sie können für die Reinigung von netto-alkalischem Grubenwasser als Stand der Technik angesehen werden, da Anlagen unterschiedlichster Größen bereits seit den 1980er-Jahren in den Vereinigten Staaten von Amerika und seit den 1990er-Jahren in Großbritannien erfolgreich zur Reinigung eisenreicher Grubenwässer eingesetzt werden. Insgesamt dürfte es weltweit mehrere Tausend aerober konstruierter Feuchtgebiete geben. Neben Eisen können aerobe Feuchtgebiete auch Mangan und Zink entfernen, wobei die Effektivität der beiden letzteren Elemente geringer ist als die für Eisen. Durch Sorption oder Kopräzipitation werden daneben noch eine Reihe anderer Metalle und Halbmetalle entfernt, die bei Gusek (2013) näher beschrieben sind. Um die anfallende Schlammmenge im Feuchtgebiet aufnehmen zu können, ist ein ausreichender Freibord einzuplanen, der von der Metallfracht abhängig ist, die gereinigt werden soll.

Wichtig bei der Auswahl der Pflanzen ist, dass sie möglichst lokal sind und nicht von weither eingekauft werden. Es gibt Fälle, in denen die „fremden" Pflanzen unter den lokalen klimatischen Gegebenheiten nicht gut genug anwuchsen. Aufgabe der Pflanzen ist es im Wesentlichen, Aufwuchsflächen für Mikroorganismen bereitzustellen, die Fließgeschwindigkeit des Grubenwassers im Feuchtgebiet zu erniedrigen und die hydraulische Leitfähigkeit im Substrat aufrechtzuerhalten, damit die biologisch katalysierten Reaktionen stattfinden können (Batty 2003). Außerdem tragen die Pflanzen dazu bei, dass im Grubenwasser gelöstes CO_2 ausgast und sich dadurch der pH-Wert des Wassers erhöht (Wolkersdorfer und Younger 2002). Daher sollten die Pflanzen weitgehend statistisch verteilt angepflanzt werden, um hydraulische Kurzschlüsse im System zu vermeiden. Welches Substrat für die Pflanzen verwendet wird, ist von den lokalen Gegebenheiten abhängig und kann jedes organische Material sein, das zur Verfügung steht. Beim aeroben Feuchtgebiet Neville Street in Neuschottland, Kanada, hat man beispielsweise Reststoffe der Krabbenverarbeitung eingesetzt und mit Humus vermischt.

Obwohl Feuchtgebietspflanzen Metalle akkumulieren können, besteht ihre Aufgabe nicht primär darin, die Metalle aktiv aus dem Grubenwasser zu entfernen. Es konnte jedoch gezeigt werden, dass die Metallentfernung im Feuchtgebiet mit der Reife des Pflanzenbewuchses steigt (Batty 2003). Bei niedrigeren Eisenkonzentrationen von bis zu 1 mg L^{-1} kann die Metallaufnahme in die Pflanzen allerdings einen Großteil der Metalleliminierung ausmachen, und gerade wenn aerobe Feuchtgebiete als letzte Reinigungsstufe eingesetzt werden, kann diese Akkumulation relevant sein.

Wie bei aktiven Grubenwasserreinigungsanlagen stellt sich die Frage nach der Schlammentsorgung im aeroben konstruierten Feuchtgebiet. Sie ist ähnlich zu lösen wie für die aktive Grubenwasserreinigung: Der Schlamm muss entfernt, das Substrat neu aufgebaut und die Pflanzen wieder eingepflanzt werden. Da der Schlamm jedoch etwa zehnmal dichter ist als bei der aktiven Grubenwasserreinigung (Dempsey und Jeon 2001), sind sein Volumen und somit die Entsorgungskosten geringer. Erfahrungsgemäß muss der Schlamm spätestens alle 10 bis 20 Jahre entfernt werden; wenn man den Schlamm zur Gewinnung von Farbpigmenten heranzieht (Hedin 2016; Kirby et al. 1999), kann die Reinigungsfrequenz auch kürzer sein (pers. Mitt. Bob Hedin). Gegebenenfalls muss der Schlamm stabilisiert werden, wie am Ende von Abschn. 3.2.1 beschrieben.

Um den Flächenbedarf zu ermitteln, den ein aerobes Feuchtgebiet benötigt, gibt es zahlreiche Ansätze, die sich Gleichungen nullter oder erster Ordnung zuordnen lassen (Hedin et al. 1994a, S. 25 f.; Tarutis et al. 1999; Younger et al. 2002). Es hat sich jedoch gezeigt, dass man mit den Gleichungen nullter Ordnung den Flächenbedarf eines aeroben konstruierten Feuchtgebiets ausreichend gut errechnen kann (Younger et al. 2002, S. 327 f.), obwohl Zipper und Skousen (2010) herausarbeiten konnten, dass die Effektivität von passiven Systemen nicht nur von einem Parameter, sondern von mehreren abhängig ist. Wichtig ist allerdings, dass man zwei Systeme parallelschalten sollte, damit während Wartungs- oder Reinigungsarbeiten das parallele System verwendet werden kann. Nach PIRAMID Consortium (2003, S. 65 f.) errechnet sich der Flächenbedarf in einem aeroben konstruierten Feuchtgebiet wie folgt:

$$A = \frac{Q_\mathrm{d}}{R_\mathrm{A}} \cdot (c_\mathrm{i} - c_\mathrm{t}) \tag{4.5}$$

mit
- A Feuchtgebietsfläche, m^2
- Q_d durchschnittlicher Durchfluss, $m^3\ d^{-1}$
- R_A flächenjustierte Reinigungsraten des Wasserinhaltsstoffs, $g\ m^{-2}\ d^{-1}$
- c_i durchschnittliche tägliche Konzentration des Wasserinhaltsstoffs im Zulauf, $mg\ L^{-1}$
- c_t durchschnittliche tägliche gewünschte Konzentration des Wasserinhaltsstoffs im Ablauf, $mg\ L^{-1}$

Die Größe von R_A hängt davon ab, ob die Einleitkriterien jederzeit eingehalten werden sollen (erforderliche Reinigungsraten), oder ob das Grubenwasser nur ganz prinzipiell gereinigt werden soll (hinnehmbare Reinigungsraten), und basiert auf Erfahrungswerten aus zahlreichen Feuchtgebietssystemen (Tab. 4.3).

Bevor ein konstruiertes aerobes Feuchtgebiet errichtet werden soll, ist es unerlässlich, ein fundiertes hydrogeologisches Monitoring zu betreiben. Dazu muss der Durchfluss über ein hydrologisches Jahr bekannt sein, und wenigstens die Eisen-, Aluminium- und Mangankonzentrationen müssen regelmäßig gemessen werden. Wichtig ist weiterhin die Eisenspeziierung und der k_B- sowie k_S-Wert des zu reinigenden Grubenwassers. Ohne diese Angaben lässt sich ein konstruiertes Feuchtgebiet nicht ausreichend genau bemessen. Erneut zeigt die Erfahrung, dass Systeme in der Regel dann nicht funktionieren, wenn im Vorfeld keine hinreichend genauen Frachten bekannt waren.

Tab. 4.3 Empirische Reinigungsraten R_A von aeroben („alkalisch") und anaeroben („acidisch") konstruierten Feuchtgebieten, die zur Flächenberechnung von konstruierten Feuchtgebieten verwendet werden müssen (Hedin et al. 1994a). Die Acidität ist in der Einheit g $CaCO_2$-Äquivalent angegeben ($c_{azi\text{-}eq}$ [g L^{-1}] = 50,04 · k_B [mol L^{-1}]). Bei der Wasserklassierung handelt es sich um die in Abschn. 1.2.13 erläuterte Klassifikation

	Hinnehmbare Reinigungsraten		Erforderliche Reinigungsraten	
	$g \cdot m^{-2} \cdot d^{-1}$		$g \cdot m^{-2} \cdot d^{-1}$	
Klassierung Wasser	Netto-alkalisch	Netto-acidisch	Netto-alkalisch	Netto-acidisch
Fe-Entfernung	20	–	10	–
Mn-Entfernung	1	–	0,5	–
Aciditätsentfernung	–	7	–	3,5

–: nicht anwendbar

4.4.3 Anaerobes konstruiertes Feuchtgebiet *(anaerobic wetland, compost wetland)*

Anaerobe konstruierte Feuchtgebiete reinigen netto-acidisches Grubenwasser oder Grubenwasser mit erhöhten Sulfatkonzentrationen mit pH-Werten unter etwa 6. Sie sind auch unter dem Namen Compostwetland oder Kompostfeuchtgebiet bekannt (PIRAMID Consortium 2003; Wildeman et al. 1993a, b). Anders als bei den aeroben Feuchtgebieten spielt die Wahl des Substrats bei den anaeroben konstruierten Feuchtgebieten eine entscheidende Rolle, denn das Grubenwasser muss bei Letzteren durch das Substrat fließen und nicht durch den Pflanzenbewuchs. Daher muss das Substrat eine gute hydraulische Leitfähigkeit aufweisen, und der Wasserstand im Feuchtgebiet darf maximal einen Dezimeter erreichen, besser weniger. Anlass für die Konstruktion der ersten anaeroben Feuchtgebiete war, der pH-Wert-Erniedrigung des Grubenwassers durch die Hydrolyse des Eisens und Aluminiums und der Säurebildung entgegenzuwirken. Wie Hedin et al. (1988) zeigen konnten, laufen in den anaeroben Feuchtgebieten mikrobiell katalysierte Reaktionen ab, die zur Fixierung der Metallionen als Sulfide im Substrat des Feuchtgebiets verantwortlich sind. Im Prinzip entsprechen diese Reaktionen exakt denen in sauerstoffarmen marinen Sedimenten, wo Sulfatreduzierer zur Bildung von Monosulfiden und schließlich Pyrit beitragen (Berner 1972, 1984, 1985). Optimale Lebensbedingungen der Sulfatreduzierer bewegen sich zwischen pH-Werten von 4,2 und 10,4 sowie Redoxspannungen von −0,5 bis +0,35 V (Trudinger 1979, S. 269). Hedin et al. (1988) waren während ihrer ersten Studien jedoch noch nicht in der Lage zu unterscheiden, ob die mikrobielle Sulfatreduktion oder die Hydrolyse ursächlich für die Erniedrigung der Metall- und Sulfatkonzentrationen verantwortlich ist (Tab. 4.4). Wie Berner (1984, S. 606) jedoch herausstellt, „[ist] der erste Schritt bei der sedimentären Pyritbildung … die bakterielle Reduktion von Sulfat" (Abb. 4.11). Neben dem Kompost enthalten die anaeroben Feuchtgebiete alkalisches Material, um die Säure zu puffern. Dabei wird in den überwiegenden Fällen Kalkstein eingesetzt, mitunter auch Dolomit.

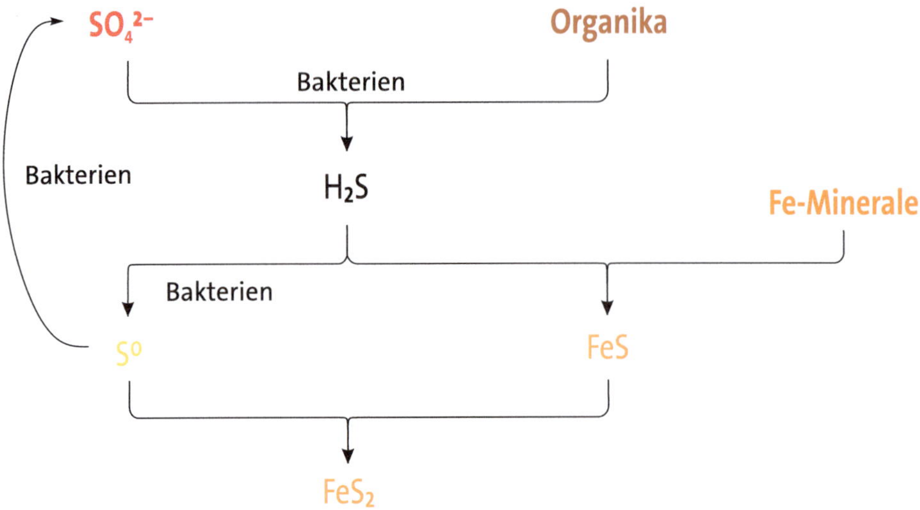

Abb. 4.11 Darstellung des Gesamtprozesses zur Sulfatreduktion und Bildung von Monosulfiden und Pyrit in Sedimenten. (Verändert nach Berner 1972)

Als Substrat für anaerobe Feuchtgebiete lässt sich nahezu jedes organische Substrat einsetzen, das als Elektronendonator und Kohlenstoffquelle für die Mikroorganismen dienen kann und den sulfatreduzierenden Mikroorganismen ein geeignetes Lebensmilieu zur Verfügung stellt. Oftmals wird gesagt, dass konstruierte Feuchtgebiete nur mit *mushroom compost* arbeiten würden. Tatsächlich wurden die ersten konstruierten Feuchtgebiete für Grubenwasser mit diesen Abfällen als Substrat errichtet (Hammack und Hedin 1989; Hedin et al. 1988). Doch woraus besteht *mushroom compost?* Es ist nichts anderes als organisches Substrat, das aus „kompostiertem Pferdemist, Stroh, Maiskolben und gelegentlich einem Hufeisen oder einer Spritze“ besteht (Hammack und Hedin 1989). Er setzt sich etwa aus 25 % organischen Bestandteilen mit einer Feuchtigkeit um die 60 % zusammen, hat einem zirkumneutralen pH-Wert und Stickstoffkonzentrationen um die 1 %, darunter 0,1 % Ammoniumstickstoff. Seine elektrische Leitfähigkeit ist in der Regel verhältnismäßig hoch (0,5–13 mS cm^{-1}), was oftmals auf die Konzentrationen an Natrium, Eisen, Mangan und Aluminium im Kompost zurückzuführen ist (Van Houten 2018). Folglich besteht – da der Pilzkompost im Wesentlichen organisches Material ist – keine Notwendigkeit, *mushroom compost* zu verwenden, sondern es eignet sich jedes organische Substrat, wobei kompostierter Pferdemist besonders gut geeignet ist (Younger et al. 2002). Eine gute Zusammenstellung möglicher organischer Substrate und deren Effektivität haben Skousen et al. (2017) gegeben. Die Dicke des Substrats braucht 0,5 m nicht zu überschreiten, da die Diffusion des Grubenwassers in größere Substrattiefen recht langsam vor sich geht. Außerdem erhöhen sich die Baukosten, sobald die Aushubtiefe größer wird (Younger et al. 2002). In einigen anaeroben

Feuchtgebieten wurde dem Kompost Kalkstein zugegeben, um eine höhere Alkalinität hervorzurufen (z. B. Hedin et al. 1988; PIRAMID Consortium 2003). Außerdem erhöht dieser, so wie die Durchwurzelung, die hydraulische Leitfähigkeit des Substrats.

Als Pflanzenbewuchs eignen sich die gleichen Pflanzen wie bei den aeroben Feuchtgebieten. Zusätzlich stellen allerdings die abgestorbenen Pflanzen eine Kohlenstoffquelle für die sulfatreduzierenden Bakterien dar (Batty 2003). Daneben spielen von den Wurzeln abgegebene Enzyme auch nach dem Absterben eine Rolle bei der Mineralisation der abgestorbenen Pflanzen. Ein weiterer Vorteil der Pflanzen besteht in ihrer Funktion, das Substrat zu stabilisieren. Sie tragen somit dazu bei, bei höheren Fließgeschwindigkeiten einer Erosion des Substrats entgegenzuwirken.

PIRAMID Consortium (2003, S. 50) empfehlen, ein anaerobes Feuchtgebiet nur dann zu konstruieren, wenn kein genügend großes hydraulisches Gefälle vorhanden ist, um ein RAPS (siehe Abschn. 4.5) zu errichten. Die Leistung eines RAPS ist in der Regel größer als die eines anaeroben Feuchtgebiets, und daher sollte ihm gegenüber jenem der Vorzug gegeben werden. Bei der Konstruktion ist darauf zu achten, dass das Feuchtgebiet möglichst gleichmäßig durchströmt wird, sodass die Bereiche, in denen die Reaktionen nicht wie geplant ablaufen, auf ein Mindestmaß reduziert werden (Hedin et al. 1988). Bereiche mit oxidierenden Bedingungen sind weitgehend zu vermeiden, um optimale Reinigungsleistungen zu bekommen (Tab. 4.4, Abb. 4.10).

Tab. 4.4 Chemismus des Grubenwassers im Verlauf eines konstruierten anaeroben Feuchtgebiets im Westmoreland County, Pennsylvania, USA (Hedin et al. 1988) bei der Probenahme am 7. Oktober 1987 (Probenahmestellen in Abb. 4.10)

Probenahmestelle	pH –	k_B mmol L^{-1}	SO_4^{2-} mg L^{-1}	Fe_{tot} mg L^{-1}	Fe^{2+} mg L^{-1}	Al mg L^{-1}	Mn mg L^{-1}	Na mg L^{-1}	Ca mg L^{-1}	Mg mg L^{-1}
A: Einlauf	2,86	17,4	2050	181	73	50	36	4	194	133
C: Schwarze Zone	4,75	0,2	1725	30	28	<0,4	58	5	404	159
D: Schwarze Zone	5,39	0,1	850	3	3	<0,4	11	6	214	82
B: Orange Zone	2,96	15,5	2000	147	39	47	36	5	223	139
E: Schwarze Zone mit weißem Niederschlag	4,60	3,2	1000	87	84	<0,4	20	4	171	75

Das erste europäische anaerobe Feuchtgebiet wurde 1995 konstruiert (Abb. 4.11). Es reinigt sulfatreiches, aluminium- und eisenhaltiges Grubenwasser aus einer Abraumhalde der Zeche Morrison Busty bei Quaking Houses (County Durham, England, Vereinigtes Königreich). Sein pH-Wert beträgt 4,4–7,0, die Eisenkonzentration 2–40 mg L^{-1}, die Aluminiumkonzentration 6–35 mg L^{-1}, und Sulfat schwankt zwischen Konzentrationen von 170 und 1800 mg L^{-1}. Im Durchschnitt entfernt das Feuchtgebiet bei einem mittleren Durchfluss von 127 L min^{-1} 50 % Eisen und 50 % der Basenkapazität (Schwankungsbreite für beide Parameter 0–100 %: Jarvis und Younger (1999); Younger (1998); Younger et al. (1997); die Zahlenangaben der letzten Publikation stimmen nicht mit denen der beiden anderen überein, die hier aufgelisteten Zahlen sind aus den drei Publikationen zusammengestellt).

4.5 Reduzierende Alkalinitätssysteme (Reducing and Alkalinity Producing Systems, RAPS; Successive Alkalinity Producing Systems, SAPS; Sulfate Reducing Bioreactor, Vertical Flow Wetlands)

Reduzierende Alkalinitätssysteme (RAPS) sind eine Kombination aus einem anaeroben Carbonatkanal und einem anaeroben konstruierten Feuchtgebiet (Rose und Dietz 2002) und werden zwischenzeitlich auch gerne als vertikal durchflossene Feuchtgebiete bezeichnet (Skousen et al. 2017). Sie kombinieren die Vorteile der beiden Systeme und umgehen die oft beobachteten Ausfällungen von Oxihydraten an aeroben Carbonatkanälen. Sofern ein ausreichend großer hydraulischer Gradient zur Verfügung steht, sind sie den anaeroben Feuchtgebieten vorzuziehen. Erste Systeme dieser Art wurden zwischen 1991 und 1994 errichtet (Kepler und McCleary 1994, 1995). Heute sind die in ihnen ablaufenden Mechanismen relativ gut bekannt (Matthies et al. 2009), sodass die in Bilek (2012, S. 30) getroffenen Kritikpunkte nicht zutreffen. Weltweit dürften zwischenzeitlich deutlich über 100 solcher Systeme netto-acidisches Grubenwasser reinigen; allein in Pennsylvania (USA) sind 114 dieser Systeme installiert, die jährlich um die 40 Mio. m^3 saures Grubenwasser behandeln (www.datashed.org).

Ein RAPS besteht aus zwei Elementen: einer Kalksteinschicht und einer Kompostschicht, die vom Grubenwasser vertikal durchflossen werden. Zunächst fließt das Grubenwasser durch das Kompostbett, wo durch mikrobielle Prozesse der Sauerstoff aufgezehrt, Fe^{3+} zu Fe^{2+} reduziert wird und CO_2 oder Methan entsteht (Abb. 4.12). Im nächsten Prozessschritt durchfließt das Grubenwasser das Kalksteinbett und wird dort neutralisiert (PIRAMID Consortium 2003). Reduzierende Alkalinitätssysteme sind daher besonders zur Reinigung von netto-acidischem Grubenwasser mit erhöhten Konzentrationen an Fe^{3+}, Aluminium und Sauerstoff geeignet. Um einen steten Wasserdurchfluss zu gewährleisten, und um den entstehenden Schlamm aufnehmen zu können, ist ein Höhenunterschied von 2,5 m zwischen Einlauf und Auslauf nötig und ein Freibord von wenigstens 1 m erforderlich. In dem großen RAPS von Pelenna II (Wales, Ver-

Abb. 4.12 Durch Gasaufstieg hervorgerufene Kanäle auf der Oberfläche des mit Eisenoxihydraten bedeckten organischen Substrats im RAPS Bowden Close, Landkreis Durham, England. Durchmesser der Kanäle im Zentimeterbereich; Bildbreite in der Mitte etwa 3 m

einigtes Königreich) war dies nicht immer der Fall, sodass die Reinigungsleistung des Systems weit hinter den Entwurfskriterien zurückblieb (Rees und Connelly 2003).

Wegen der funktionalen Ähnlichkeit eines RAPS und eines anoxischen Carbonatkanals errechnet sich die Kalksteinmenge exakt wie dort. Dazu kann die Gl. 4.4 herangezogen werden. Aus dem Schüttvolumen dieser Kalksteinmenge lässt sich dann die volumenmäßig genauso große Menge an organischem Substrat errechnen.

Am RAPS Bowden Close kam es beim Befüllen mit schwerem Gerät zu einer unbeabsichtigten Vermengung von Kalkstein und Kompost. Daher wurde das RAPS schließlich als einlagiges System ausgeführt (Fabian et al. 2006, S. 17 f.). In der Folge zeigte sich, dass die Effektivität des Systems gegenüber dem geschichteten Pilotsystem zugenommen hatte. Folglich besteht, anders als in den Originalarbeiten beschrieben, keine Notwendigkeit, die beiden Substrate voneinander zu trennen.

Ein wesentliches Designkriterium ist die Vermeidung von Kurzschlüssen zwischen dem Einlauf, der Drainage und dem Auslauf. Dies kann durch höhenmäßig verstellbare Ablassrohre in den Ablaufkammern gewährleistet werden (Fabian et al. 2006, S. 18). Außerdem ist es wichtig, dass die Kammern so gestaltet werden, dass sie genügend Raum für Messinstrumente, Datenlogger oder Autosampler aufweisen.

Ein RAPS sollte nicht als ein Einzelsystem zur Reinigung verstanden werden, sondern ihm sollte stets ein aerobes Feuchtgebiet folgen, um das reduzierte Wasser

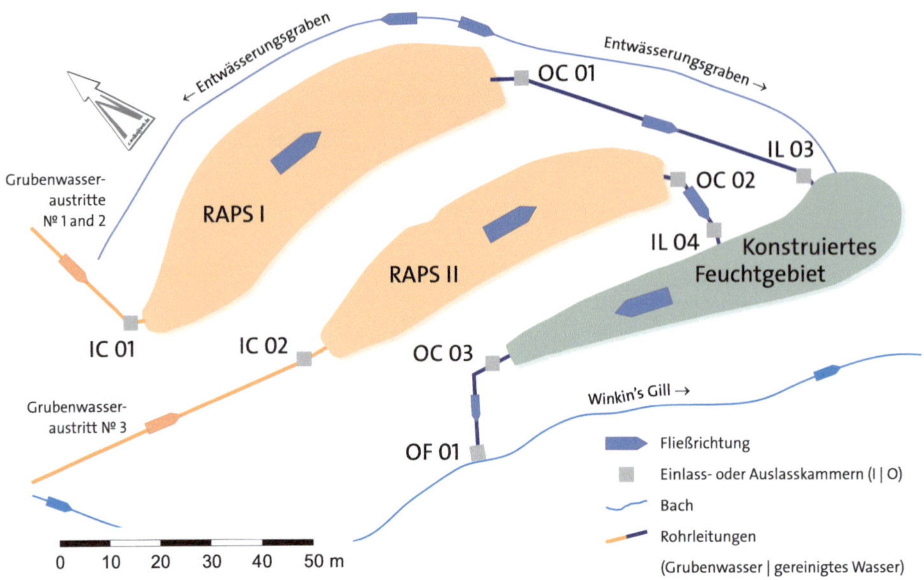

Abb. 4.13 Lageplan des RAPS Bowden Close, Landkreis Durham, England (verändert aus Wolkersdorfer et al. 2016)

wieder in eine oxidierte Form umzuwandeln und um verbliebenes Eisen durch Hydrolyse aus dem Grubenwasser zu entfernen (Abb. 4.13, 4.14). Außerdem ist ein RAPS nicht in erster Linie ein sulfatreduzierendes System, sondern vielmehr soll es dem Grubenwasser Alkalinität zuführen (Gusek 2002). In Deutschland lief bislang lediglich eine Pilotanlage an der Grube Hohe Warte bei Gernrode am Harz. Nachdem der Durchfluss der Anlage optimal angepasst war, konnte die Eisenkonzentration von 20 auf 5 mg L^{-1} und die Basenkapazität von 1,1 L auf 0,6 mmol L^{-1} gesenkt werden. Gleichzeitig stieg der pH-Wert von 5,5 auf 7 und die Säurekapazität von 0,2 auf 0,7 mmol L^{-1} an. Die anfänglichen Nitratkonzentrationen von 4 mg L^{-1} im Ablauf des RAPS sanken nach sieben Monaten Versuchszeit auf 0,3 mg L^{-1} ab (Hasche-Berger und Wolkersdorfer 2005; Hasche-Berger et al. 2006; Hasche und Wolkersdorfer 2004).

4.6 Absetzbecken *(settlement lagoon)*

Absetzbecken kommen sowohl bei passiven als auch bei aktiven Grubenwasserreinigungsanlagen zum Einsatz. Sie sind immer dann angebracht, wenn die Hydrolyse des Eisens nach dem Grubenwasseraustritt schnell genug stattfindet oder wenn das Grubenwasser bereits alkalisch genug ist, um eine schnelle Hydrolyse des Eisens zu ermöglichen (Geroni et al. 2009; Train et al. 1976, S. 144–168; Younger et al. 2002). Auch dann, wenn das Grubenwasser eine erhöhte Feststoffkonzentration besitzt, bietet es sich an, ein Absetzbecken vor die Grubenwasserreinigungsanlage zu schalten

Abb. 4.14 RAPS II am Standort Bowden Close, Landkreis Durham, England, Blickrichtung Westen. Auf dem Substrat aus Kalkstein und Pferdemist wachsen durch Sukzession typische Feuchtgebietspflanzen. Außerhalb des Bildes rechts befinden sich das RAPS I und links das konstruierte Feuchtgebiet

(Abb. 4.15). Im ARUM-System schützen Absetzbecken beispielsweise die Makrophyten vor Verockerung (Abschn. 4.10).

Bereits ab Eisenkonzentrationen über 5 mg L^{-1} empfiehlt es sich, ein Absetzbecken zu errichten, da sich in diesem 50–70 % des hydrolysierten Eisens ansammeln können. Die mittlere Aufenthaltszeit τ sollte so bemessen sein, dass sie wenigstens 48 h beträgt. Bei geringeren mittleren Aufenthaltszeiten hat das hydrolysierte Eisen keine hinreichende Zeit, um auszuflocken. In solchen Fällen besitzt das Absetzbecken keine Wirkung, da sich das Eisenhydroxyd erst im nachfolgenden Feuchtgebiet absetzen würde (Wolkersdorfer 2011). Auch für netto-acidisches Grubenwasser kann die Konstruktion eines Absetzbeckens vor dem konstruierten Feuchtgebiet unterbleiben, da in der Regel keine ausreichende Menge an Eisenhydroxyd gebildet werden kann. Absetzbecken für Feststoffe (z. B. Sand, Schluff) im Grubenwasser können für mittlere Aufenthaltszeiten von 3–4 h berechnet werden.

Absetzbecken für kontaminiertes Grubenwasser sind in der Literatur bereits seit dem 16. Jahrhundert bekannt. Lazarus Ercker von Schreckenfels (1565) erwähnt dies für den Bergbau im Rammelsberg, wo die Ockersümpfe auch heute noch zur Verbesserung der Wasserqualität in der Vorflut Ocker beitragen und wo der sich absetzende Ocker für die Farbenherstellung Verwendung fand (Brauer 2001; Roseneck 1993).

In der Lausitz errichtete die LMBV mehrere Absetzbecken, die dafür Sorge tragen, dass die erhöhten Eisenkonzentrationen aus dem ansteigenden Grundwasser entfernt werden (Benthaus et al. 2015a). Beispiele sind die Grubenwasserreinigungsanlagen

Abb. 4.15 Absetzteich an der ehemaligen Grubenwasserreinigungsanlage Straßberg/Harz. Die Grünfärbung wird vor allem durch suspendierten Kalkstein hervorgerufen

Wüstenhain oder Vetschau, für die Bilek et al. (2013) potenzielle Nutzungen oder Endlagerungen des dort anfallenden Eisenschlamms diskutiert haben. Durch die eingebauten Erddämme in der Anlage Vetschau wird eine mittlere errechnete Aufenthaltszeit von 21 Tagen erreicht und die Eisenkonzentration des Wassers von 6–14 mg L^{-1} auf unter 2 mg L^{-1} gesenkt (Bilek et al. 2013, S. 16). Weitere, neben der Anlage Vetschau von der LMBV genutzte Absetzbecken für oxidiertes Eisen sind die ehemaligen Fischteiche der Anlage in Eichow. Derzeit wird seitens der LMBV diskutiert, ob dort weitere Angelteiche zu Absetzbecken umgewandelt werden sollen.

Besonders wichtig sind Leitfolien aus PVC oder Erdwälle, die verhindern sollen, dass es zu hydraulischen Kurzschlüssen im Absetzbecken kommt. Kurzschlüsse, und somit eine zu geringe mittlere Aufenthaltszeit, führen dazu, dass die Qualitätskriterien am Auslauf nicht eingehalten werden können (Hilton 1993). Wie Wolkersdorfer (2011) am Beispiel Neville Street, Neuschottland, Kanada, gezeigt hat, ließ sich mit dem Einbau von Leitfolien die mittlere Aufenthaltszeit des Grubenwassers im Becken von 10–18 h auf 35 h erhöhen (Abb. 4.16). Dies wiederum führte zu einer deutlich besseren Sedimentationsrate und folglich besseren Qualität des Grubenwassers. Auch Chamberlain und Moorhouse (2016) konnten an der Clough Foot-Grubenwasserreinigungsanlage, Yorkshire (Vereinigtes Königreich), zeigen, dass sich die Wasserqualität in einem Absetzbecken durch das Umlenken des Wassers mit Leitfolien verbessern lässt, wobei der Grad

Abb. 4.16 Absetzbecken der passiven Grubenwasserreinigungsanlage Neville Street, Neuschottland, Kanada, vor und nach der Installation von Leitfolien. Details in Wolkersdorfer (2011)

der Verbesserung variiert. Lassen Sie mich frei übersetzt mit Hilton (1993) zusammenfassen: „Da wir diese Absetzbecken und Kanäle mit ihrem Wasser nun einmal an der Backe haben, was sollen wir damit anstellen? Umlenken – Umlenken – Umlenken."

Außerdem sollten Absetzbecken räumlich vor einem konstruierten Feuchtgebiet oder einem ARUM-Becken errichtet werden, damit sich das schnell hydrolysierte Eisen nicht im konstruierten Feuchtgebiet selbst absetzt – wo es schwer zu entfernen wäre –, sondern bereits eine Stufe vorher. Wenn das Absetzbecken gut konstruiert ist, lassen sich der Eisenschlamm und die mitausgefällten Kationen recht einfach mechanisch aus dem Absetzbecken entfernen. Bei größeren Anlagen empfiehlt es sich, stets zwei parallel laufende Absetzbecken zu errichten, damit die Reinigungsanlage nicht stillsteht, wenn das Becken gereinigt werden muss.

Jedes Teilchen in einem Absetzbecken bewegt sich auf einem Pfad, der eine Funktion der Vorwärtsgeschwindigkeit v_f und der Absetzgeschwindigkeit v_s ist (Abb. 4.17). Während v_f in der Regel als konstant angesehen wird, was im Normallfall allerdings kaum zutrifft, ist v_s von der Dichte der Partikel abhängig. Ob sich eine lineare Bewegungsbahn der Partikel ergibt oder eine gebogene wie in der Abbildung, hängt von der Geometrie des Beckens und der zeitlich sich ändernden Koagulation der Partikel ab, aus der sich die Geschwindigkeitsverteilung im Becken bestimmt. In jedem Fall werden sich im Bereich der Einlaufzone die größeren oder schwereren und längs der Schlamm-

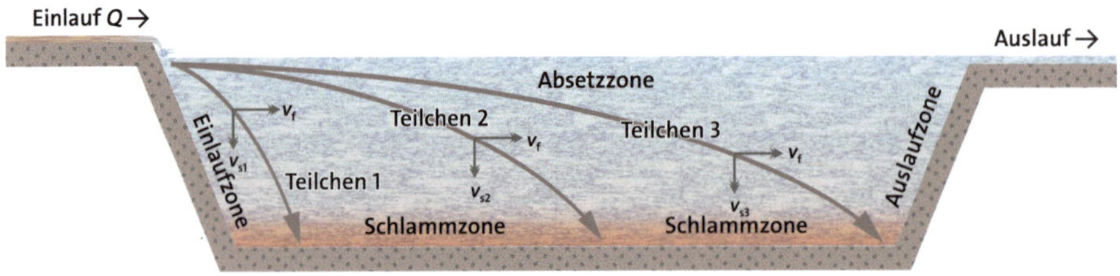

Abb. 4.17 Schema des Absetzvorganges in einem einfachen Absetzbecken. (Verändert nach Crittenden et al. 2012)

zone die immer leichteren oder kleineren Partikel absetzten. Wenn die Geschwindigkeit v_f gegenüber der notwendigen Absetzzeit zu groß ist, werden die Partikel sich nicht mehr innerhalb des Absetzbeckens absetzen, sondern über die Auslaufzone in den Auslauf übertreten. Um dies zuverlässig zu verhindern, darf die Geschwindigkeit im Absetzbecken nicht unter der für jedes Teilchen kritischen Geschwindigkeit v_c liegen, die sich wie folgt errechnet:

$$v_c = \frac{h_0}{\tau} \tag{4.6}$$

wobei h_0 die Höhe des Wasserstandes im Absetzbecken und τ die Verweilzeit im Absetzbecken ist (Crittenden et al. 2012).

4.7 Permeable reaktive Wände (durchströmte Reinigungswände)

Permeable reaktive Wände sind vertikale In-situ-Systeme, die quer zum Grundwasserstrom in den Untergrund eingebracht werden und in ausreichend großer Menge reaktive Materialien enthalten, um potenzielle Schadstoffe zu entfernen (Abb. 4.18). Deren ursprünglicher Einsatzzweck war die Entfernung von organischen Verunreinigungen; sie wurden aber für anorganische Schadstoffe weiterentwickelt (Blowes et al. 2000; Naftz et al. 2002). Waybrant et al. (1995) sowie Blowes et al. (1995) setzten eine permeable reaktive Wand erstmals am Nickel Rim-Bergwerk in Ontario (Kanada) ein, um Grubenwasser aus Aufbereitungsrückständen zu reinigen. Indem sie eine große Anzahl reaktiver Materialien testeten, gelang es ihnen, die Sulfat- und Eisenkonzentrationen des Wassers zu erniedrigen sowie den pH-Wert und die Redoxspannung zu erhöhen. Bei den chemisch-physikalischen Prozessen, die im Substrat ablaufen, kann es sich um Sorption, Redoxreaktionen oder um mikrobiell katalysierte Sulfatreduktion handeln (Blowes et al. 1995; Noubactep 2010; Younger et al. 2003; Zoumis 2003).

Permeable reaktive Wände haben gegenüber anderen Reinigungsanlagen eine Vielzahl von Vorteilen: In der Regel bedarf es keiner aufwendigen Technik zur Installation, der Energieverbrauch ist gering bis gar nicht vorhanden, die Reinigung des Grundwassers findet in situ statt, ohne Anlagen an der Oberfläche betreiben zu müssen, und der Eingriff in das Grundwasserregime ist in der Regel gering. Ein erheblicher Nachteil ist, dass die Reaktionsprodukte innerhalb des Reaktionskörpers die hydraulische Durchlässigkeit heruntersetzen und das Grundwasser den Reaktionskörper umströmen kann (und ich meine wirklich *erheblich,* denn nur unter optimalen Bedingungen lassen sich reaktive Wände für Grubenwasser einsetzen). Außerdem haben sie eine zeitlich begrenzte Lebensdauer, die von der Art der reaktiven Materialien, dem zu reinigenden Wasser und den entstehenden Reaktionsprodukten abhängt (Blowes et al. 2000). Es ist daher eine sorgfältige Planung notwendig, um diese Effekte weitgehend ausschließen zu können. Unter Berücksichtigung aller Vor- und Nachteile der Methode muss den permeablen reaktiven Wänden ein großes Potenzial zur Behandlung kontaminierten Grundwassers eingeräumt werden, obgleich die Anzahl der publizierten und SCI-gelisteten Publikationen seit 2010 rückläufig ist. Über Langzeiterfahrungen mit den permeablen reaktiven Wänden Nickel Rim (Ontario, Kanada), Monticello (Utah, USA) und Fry Canyon (Utah, USA) berichten Blowes et al. (2003). Sie gehen auch kurz auf die Grundlagen des Verfahrens ein. Da die Grundwasserkontamination oftmals an der reaktiven Wand vorbeiströmte, wurden Systeme entwickelt, die den Grundwasserstrom mittels einer trichterförmig eingebauten, undurchlässigen Wand in Richtung eines reaktiven Tors leitete (*funnel-and-gate:* Trichter-und-Tor-System). Sie haben den Vorteil, dass Umläufigkeiten weitgehend vermieden werden (Abb. 4.18d).

In Europa gab es Feldexperimente mit bergbauverunreinigtem Grundwasser in Ungarn (Roehl 2004), Spanien (Gibert et al. 2004), Deutschland (Schöpke et al. 2006), Portugal (Pinto et al. 2016, in diesem Fall bin ich mir nicht sicher, ob man von einer reaktiven Wand *s.s.* sprechen kann, auch wenn die Autoren das so schreiben) und in Großbritannien. Von diesen Systemen arbeitet am effektivsten die reaktive Wand in

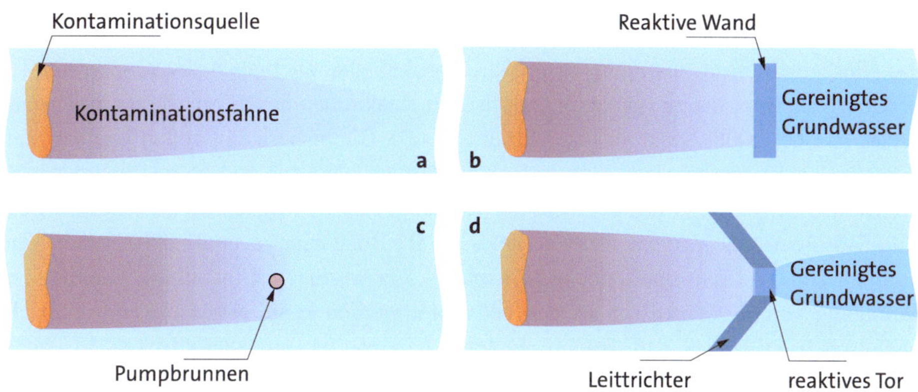

Abb. 4.18 Sanierungsoptionen von Kontaminationen des Grundwassers. a) unbehandelte Kontamination, b) reaktive Wand, c) Abpumpen und Reinigen: *pump-and-treat*, d) Trichter-und-Tor-System: *funnel-and-gate*. (Nach Starr und Cherry 1994)

Shilbottle (England Vereinigtes Königreich Bowden et al. 2005; Samborska et al. 2013), wohingegen über die anderen Systeme kaum Details über ihre gegenwärtige Wirksamkeit vorliegen. Reaktive Materialien können beispielsweise Fe^0, Kalkstein oder Kompost sein. Daneben gab es Experimente mit Flugasche oder mit Zementofenstaub und Hochofenschlacke (Sartz 2010). Eines der Hauptprobleme von reaktiven Wänden ist, dass sie relativ schnell verockern, sodass der Auswahl von Material mit ausreichend großer hydraulischer Permeabilität eine große Bedeutung zukommt (Munro et al. 2004). Um die Verockerung zu vermeiden oder zu verlangsamen, gibt es zahlreiche Strategien, die in der internationalen Literatur ausführlich diskutiert werden (z. B. Bolzicco et al. 2003; Gozzard et al. 2005; PIRAMID Consortium 2003). Auch das verwendete Substrat kann die hydraulische Durchlässigkeit so weit herabsetzen, dass die Durchströmung nahezu unterbunden wird, wie die Versuchsanlage am Skadodamm in der Lausitz deutlich zeigte: „Die Versuche haben weiterhin gezeigt, dass die eingebrachten Wände hydraulisch dichtend wirken" (Schöpke et al. 2006, S. 171). Gleiches berichten schon Blowes et al. (2000), die neben den oben genannten Vorteilen von reaktiven Wänden auch detailliert deren zum Teil bereits genannten Nachteile auflisten.

Am 1. Oktober 2011 ist in Deutschland und der Europäischen Union der Patentschutz für permeable reaktive Wände erloschen, da die Lizenzgebühr nicht mehr bezahlt wurde (Patent DE 692 31 983.2; Patentblatt 132 (5) 2012, S. 3194). Alle vorher errichteten Anlagen unterliegen streng genommen dem Patentschutz der Waterloo University, die sich sämtliche denkbare Verfahren von „Reaktiven Wänden" oder „Funnel-and-Gate-Systemen" (Starr und Cherry 1994) hat patentieren lassen (pers. Mitt. David Blowes 2011).

4.8 Vertikaldurchflussreaktor (Vertical Flow Reactor, VFR)

Ein Vertikaldurchflussreaktor (Vertical Flow Reactor, VFR) ist eine passive Methode zur Reinigung von eisenhaltigem Grubenwasser, bei dem das kontaminierte Grubenwasser vertikal durch ein 10 bis 20 cm dickes Kiesbett fließt (Abb. 4.19). Dabei wirkt das Kiesbett einerseits als Filter für größere Partikel, aber auch als Aufwachsmedium für Mikroorganismen, die zu den autokatalytischen Reaktionen beitragen, die im VFR stattfinden (Barnes 2008; Sapsford und Williams 2009). Die bisherigen Größen von Vertikaldurchflussreaktoren bewegen sich zwischen weniger als 1 m^3 und 65 m^3, nehmen also verhältnismäßig wenig Platz in Anspruch. Manche Autoren bezeichnen auch SAPS- oder RAPS-Systeme als Vertical Flow Reactor (z. B. Bhattacharya et al. 2008; Vinci und Schmidt 2001) – diese sind jedoch in Abschn. 4.5 beschrieben. Obwohl die Methode zur Reinigung von Grubenwasser als neu betrachtet werden kann, gehen die physikalisch-chemischen Prinzipien auf frühere Untersuchungen zur autokatalytischen Eisenentfernung zurück (z. B. Best und Aikman 1983; Burke und Banwart 2002; Zhang et al. 1992). Letztere haben in verschiedenen, von Younger et al. (2002, S. 344) beschriebenen Reinigungssystemen Eingang gefunden, die bei diesem SCOOFI-Reaktor (Surface-Catalysed Oxidation of Ferrous Iron) genannt werden (siehe auch Burke und Banwart

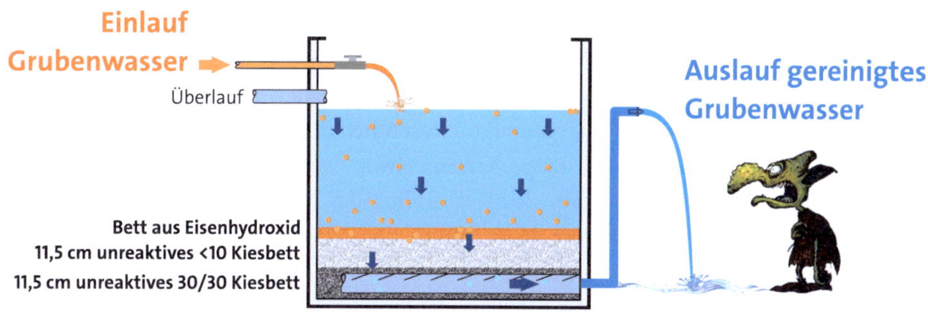

Abb. 4.19 Prinzipbild eines Vertikaldurchflussreaktors (verändert nach Florence et al. 2016). Stollentroll von Walter Moers (1999), Die 13 ½ Leben des Käpt'n Blaubär © Penguin Verlag, München, in der Verlagsgruppe Random House GmbH

2002). Best und Aikman (1983, S. 563 f.) schreiben dazu: „Aus dem … ist ersichtlich, dass ausgefallene Eisenpartikel unter aeroben Bedingungen auf geeigneten Oberflächen leicht ‚aufwachsen'. Sie bilden einen stabilen Schlamm mit relativ hoher Dichte, der eine gute Entwässerungseigenschaft haben sollte."

Aufbauend auf diesen Kenntnissen wurde der erste experimentelle Vertikaldurchflussreaktor konstruiert. Im engeren Sinne gilt der experimentelle Vertikaldurchflussreaktor in Taff Merthyr, Wales, Vereinigtes Königreich, als erster Versuch, Grubenwasser mit dieser Methode zu reinigen (Sapsford et al. 2006). Vorausgegangen waren Experimente mit einem 1000 L Intermediate Bulk Container (IBC), die zeigten, dass sich Eisen, anders als beim SCOOFI-Reaktor, auch ohne Aufwuchsmedien aus dem Grubenwasser entfernen lässt (Dey et al. 2003; Sapsford et al. 2005). Bei dem Grubenwasser von Taff Merthyr handelt es sich um zirkumneutrales Grubenwasser (pH 6,7) mit einer Säurekapazität von 2,33 mmol L^{-1} und einer Eisenkonzentration von 7 mg L^{-1} (Sapsford et al. 2007). Nach einer anfänglichen Eisenentfernungsrate von 53 % (Sapsford et al. 2005) stieg die Rate bis zum Ende des Tests und nach einer Optimierung des Kiesbettes auf 99–100 % an (Sapsford et al. 2007). Im letzten Jahr des Versuchs bewegte sie sich zwischen 42 und 100 %, wobei die niedrigeren Raten bei zu hohen Durchflüssen zustande kamen. Wie Barnes (2008) und Geroni (2011) zeigen konnten, sind die Hauptmechanismen, die zur Entfernung des Eisens beitragen, Autokatalyse sowie Filterung durch das Eisenhydroxid- und Kiesbett. Dey et al. (2003) kommen zu dem Schluss, dass sich mit einem Vertikaldurchflussreaktor etwa 79 g Eisen pro Quadratmeter und Tag entfernen lassen.

Florence et al. (2016) untersuchten in einem IBC, ob sich das Grubenwasser des ehemaligen Bleibergwerks Cwm Rheidol, Wales, Vereinigtes Königreich, mittels eines Vertikaldurchflussreaktors reinigen lässt. Anders als in Taff Merthyr ist dieses Grubenwasser sauer und weist einen pH-Wert von 2,9 mit Eisenkonzentrationen zwischen 24 und 126 mg L^{-1} (Durchschnitt 95 mg L^{-1}) auf. Im Verlauf von einem Jahr ließen sich Eisenentfernungsraten von 26–84 % erzielen (Schnitt 67 %), wobei die Rate keine Abhängigkeit von der mittleren Aufenthaltszeit im System aufwies. Es konnte gezeigt werden, dass die Autokatalyse in saurem Grubenwasser keine Rolle bei der Eisenentfernung in einem Vertikaldurchflussreaktor spielt. Vielmehr sind die entscheidenden Mechanismen Filterung, heterogene Fällung und mikrobakteriell katalysierte Oxidation mit anschließender Fällung. Ein weiterer, wesentlicher Aspekt des experimentellen Systems Cwm Rheidol war der lange Transportweg vom Bergwerksstollen bis zum Vertikaldurchflussreaktor (Florence 2014, S. 189–191): zunächst durch einen 600 m langen aufgelassenen Stollen und dann durch ein 800–900 m langes Rohr. Bereits auf diesem Weg kommt es zur Oxidation des Grubenwassers und zur Hydrolyse und dem Ausfallen des Eisens. Daher können die Raten von im Schnitt 67 % nicht als repräsentativ für saures Grubenwasser angesehen werden.

Ein dem Grubenwasser von Cwm Rheidol ähnliches Grubenwasser tritt aus einem aufgelassenen Kohlenbergwerk bei Carolina in Mpumalanga, Südafrika, aus. Es ist ebenfalls stark sauer und enthält erhöhte Eisenkonzentrationen. Daher installierte ich dort ebenfalls einen IBC und baute ihn zum Vertikaldurchflussreaktor aus. Anders als in Cwm Rheidol ließen sich jedoch nur Entfernungsraten von etwa 20–40 % erreichen, was als Beleg für die Sonderstellung von Cwm Rheidol angesehen werden kann. Während sich in Cwm Rheidol relativ schnell eine Ockerschicht ausbildete, war bei Carolina selbst nach mehreren Monaten kaum eine Ockerschicht zu beobachten. Einen weiteren Vertikaldurchflussreaktor installierte ich am ehemaligen Polymetallbergwerk Metsämonttu in Finnland. Dort tritt, wie in Taff Merthyr, zirkumneutrales Grubenwasser mit Eisenkonzentrationen von 5 bis 15 mg L^{-1} aus. Nachdem ein experimenteller Reaktor (600 L) schon nach 6 Wochen Entfernungsraten von 95 % aufwies, ließ ich im Jahr 2016 einen containerisierten, 24 m^3 großen Tank errichten, der das gesamte Grubenwasser reinigen konnte (Abb. 4.20). Nach drei Wochen war die Eisenentfernungsrate bei einem Durchfluss von 5 bis 30 L min^{-1} und einer mittleren Aufenthaltszeit von 11–13 h bereits auf 55 % angestiegen, und erreichte seitdem bis zu 95 %. Bei dem Tank in Metsämonttu handelt es sich um den weltweit ersten containerisierten Vertikaldurchflussreaktor und den ersten, der die gesamte anfallende Grubenwassermenge reinigen kann.

4.9 Passive Oxidationssysteme (Kaskaden, Trompe)

Die meisten Metallhydroxyde sind in höheren Oxidationsstufen schwerer löslich als in niedrigeren (Stumm und Morgan 1996). Sauerstoff ist daher eines der wichtigsten Reagenzien bei den meisten Wasserreinigungssystemen (Wehrli 1990, S. 324), und deshalb sollte Grubenwasser zunächst belüftet werden, bevor es in einer Reinigungsanlage behandelt wird. Dies gilt bis auf anoxische Carbonatkanäle praktisch für alle Anlagensysteme. Grund dafür ist, dass Eisen im Grubenwasser oftmals in der reduzierten Spezies (Fe^{2+}) vorliegt, wenn es aus dem Bergwerk fließt und in die oxidierte Spezies Fe^{3+} oxidiert werden muss (Glover 1975, S. 189; Gusek und Figueroa 2009, S. 90). Gleiches gilt für Mangan. Durch die unterstützende Wirkung der Oxidation lassen sich Grubenwasserreinigungsanlagen effektiver betreiben und Kosten einsparen (Hinweise

Abb. 4.20 Containerisierter Vertikaldurchflussreaktor (VFR) am finnischen Polymetallbergwerk Metsämonttu mit Belüftung des Grubenwassers (Sansox Oy OxTube). Der Auslauf des Reaktors mit Messwehr für den Durchfluss befindet sich am hinteren Ende des 20″- Containers. Wasservolumen 24 m^3

zur Belüftung des Grubenwassers in aktiven Systemen finden sich in Abschn. 3.2), was für die Qualitätsverbesserung von Gewässern schon länger bekannt und untersucht ist (Novak 1994). Neben der Sauerstoffkonzentration des Grubenwassers spielen die Reaktionszeit der Oxidation von Fe^{2+} zu Fe^{3+}, die Säurekapazität, Temperatur, Konzentration an Organika (Sharma 2001) und die Aufenthaltszeit des Grubenwassers im Absetzbecken eine wesentliche Rolle bei der Grubenwasserreinigung.

Leonardo da Vinci hat sehr anschaulich beschrieben, was bei der Oxidation passiert (Codex A in der Bibliothèque de l'Institut de France in Paris):

„Das Wasser verlässt beim Fallen auf anderes Wasser seinen vorigen Ort in mannigfachen, verschiedenen, gegabelten und nach innen gewölbten Verästelungen (es verwickelt und verwebt sich dabei immer mehr); diese verästelten Teile prallen von der Oberfläche des Wassers zurück, aber das Gewicht und der Schlag, der von dem genannten Wasser kommt, sind so stark, dass die Luft wegen der höchsten Schnelligkeit nicht die Zeit hat, in ihr eigenes Element zu fliehen, sondern auf die vorhin beschriebene Weise untertaucht“ (da Vinci und Schneider 2011).

Wasser kann maximal etwa 10 mg L^{-1} Sauerstoff lösen. Um daher höhere Eisenkonzentrationen zu oxidieren, muss das in der Regel mit Sauerstoff ungesättigte Grubenwasser zunächst oxidiert werden. Dies lässt sich durch aktive Belüftung, Kaskaden (Abb. 4.21–4.23) oder chemische Reagenzien (z. B. Wasserstoffperoxid, Ozon) erreichen

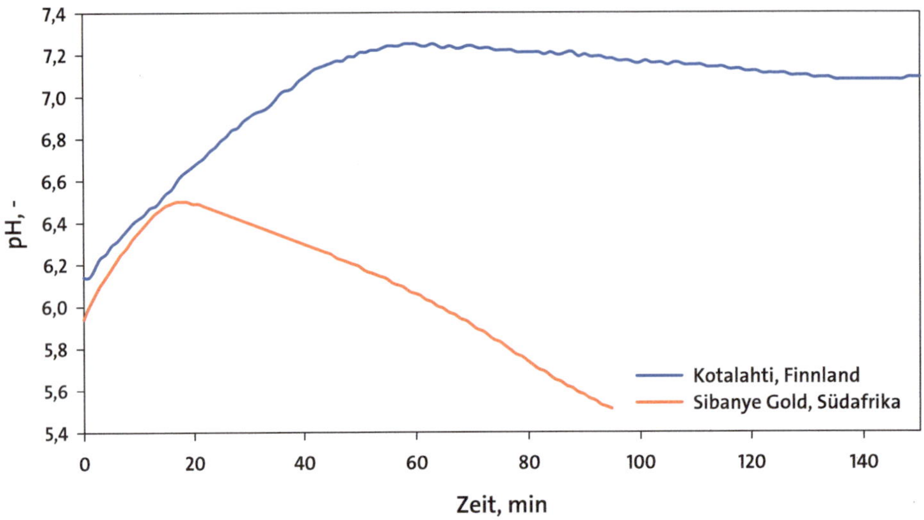

Abb. 4.21 Ergebnisse zweier Belüftungsexperimente von Grubenwasser aus Finnland und Südafrika. Das Grubenwasser in Kotalahti hat ausreichende Pufferkapazität, um die sich bildenden Protonen der Eisenhydrolyse zu puffern, was dem Grubenwasser aus Südafrika fehlt, sodass der pH-Wert sinkt

Abb. 4.22 Oxidationskaskade des Ventilatorstollens an der Leitzach, Oberbayern. Durchfluss etwa 2 $m^3\ min^{-1}$. Breite des Kanals etwa 1 m. Zwischenzeitlich völlig umgebaut

Abb. 4.23 Oxidationskaskade der passiven Grubenwasserreinigungsanlage Neville Street, Neuschottland, Kanada, während eines Tracertests mit Uranin. Durchfluss etwa 1 $m^3 s^{-1}$; Höhe der einzelnen Kaskadenstufen etwa 0,6 m

(Younger et al. 2002, S. 278). Während Fe^{2+} einen pH-Wert von etwa 8,5 benötigt, um in hinreichender Quantität auszufallen, reicht für Fe^{3+} bereits ein pH-Wert von etwa 7 – und dieser lässt sich in passiven Systemen durchaus einstellen (Abb. 3.3; Tab. 3.6). Stark netto-alkalisches Grubenwasser kann sogar ausschließlich mit Belüftung und einem Absetzbecken passiv gereinigt werden (Cravotta 2007), da das Eisen bei hohen pH-Werten schnell oxidiert (Abb. 3.4). Wichtig dabei ist, dass die Hydrolyse von Eisen zwei Protonen pro Mol Eisen freisetzt (Gl. 4.7 und 4.8). Sollte das Grubenwasser bereits stark sauer sein, dann erreicht allein die Belüftung keinen positiven Effekt, sondern erniedrigt vielmehr den pH-Wert (Abb. 4.21):

$$Fe^{2+} + {}^{1}/_{4}\,O_2 + \mathbf{H^+} \leftrightarrow Fe^{3+} + {}^{1}/_{2}\,H_2O \tag{4.7}$$

$$Fe^{3+} + 3\,H_2O \leftrightarrow Fe\,(OH)_3 + \mathbf{3\,H^+} \tag{4.8}$$

Da Belüftungsexperimente zeitaufwendig sind, lässt sich diese pH-Wert-Erniedrigung auf pH_{Ox} durch Belüftung näherungsweise mittels PHREEQC errechnen (Lausitzer und Mitteldeutsche Bergbau-Verwaltungsgesellschaft mbH. 2019, S. 24, Anl. VI-a). Ein Grubenwasser aus Schlabendorf Nord, mit einem anfänglichen pH-Wert von 4,03, zeigte nach der errechneten Belüftung einen pH_{Ox} von 2,92.

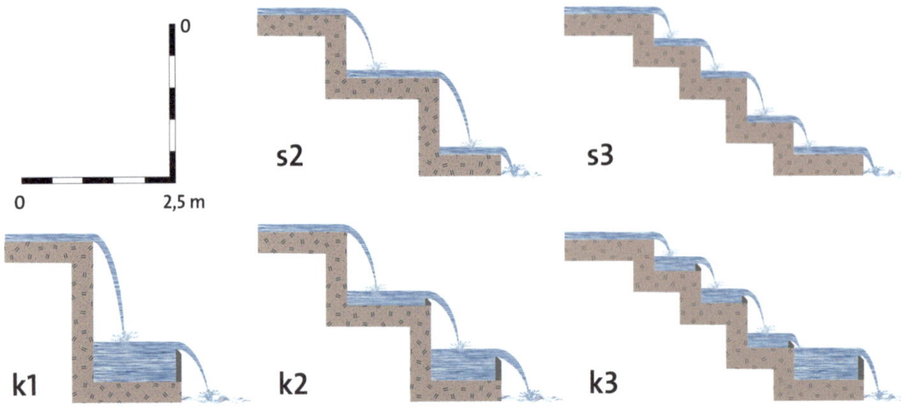

Abb. 4.24 Fünf unterschiedliche Stufen- und Kaskadentypen. (Verändert nach Geroni 2011, Abb. 4–5)

Von den unterschiedlichen Systemen zur Belüftung von Grubenwasser ist die Kaskade die am häufigsten eingesetzte Methode, wobei in der Regel die Anzahl der Kaskaden darüber entscheidet, wie viel Sauerstoff im Wasser gelöst werden kann. Im Unterschied zur Stufe weist die Kaskade ein abstromig installiertes Wehr auf (Abb. 4.24), das oft als V-Wehr konstruiert ist. Erfahrungsgemäß kann eine Kaskadenstufe ca. 30–50 mg L^{-1} Eisen oxidieren (National Coal Board – Mining Department 1982; Younger et al. 2002, S. 275). Trumm et al. (2009) konnten die Sauerstoffkonzentration eines Grubenwassers mittels fünf Kaskaden von unter 1 mg L^{-1} auf nahezu 10 mg L^{-1} anheben, wobei die Sauerstoffkonzentration bereits ab der dritten Kaskade über 9 mg L^{-1} lag. Dies hatte eine erhöhte Oxidationsrate des Eisens zur Folge, was insgesamt zu einer Verringerung der Eisenkonzentration von über 15 mg L^{-1} auf unter 2 mg L^{-1} führte. Geroni (2011, S. 89–93, 177–184) hat fünf verschiedene Kaskaden- und Stufenkonstruktionen untersucht, um herauszufinden, welche Konstruktion am besten zur Belüftung von Grubenwasser geeignet ist. Interessanterweise konnte sie zwischen den fünf Typen keine großen Unterschiede feststellen, wobei bei dem von ihr untersuchten Grubenwasser die Typen k1 und k2 am besten abschnitten. Dieses Ergebnis ist insofern interessant, als es von denen anderer Untersuchungen abweicht, die in der Regel zu dem Schluss kommen, dass der Typ k3 für die Belüftung zu verwenden ist. Geroni (2011, S. 183) führt dies darauf zurück, dass in dem von ihr untersuchten Grubenwasser relativ geringe Eisenkonzentrationen und eine vergleichsweise hohe Säurekapazität vorhanden war.

Ähnliche Experimente wie Geroni (2011) führten Oh et al. (2016) in Grubenwasser mit 25 mg L^{-1} Fe^{2+} durch. Sie verglichen ein Stufensystem mit einem Kaskadensystem, wobei jedes System insgesamt 4 m Höhe und 10 cm Breite mit Kaskaden von jeweils 50 cm Höhe aufwies. Zusätzlich zu den Überfallwehren, wie sie in Abb. 4.24 zu sehen sind, installierten die Autoren in etwa einem Drittel Abstand vor dem Überfall gelöcherte Leitplatten aus Kunststoff *(baffles)*, mit denen sich die Aufenthaltszeit auf einer Kaskade auf 8 min erhöhte. Inwieweit eine Kaskade mit nur 10 cm Breite wegen der Randeffekte repräsentative Ergebnisse liefern kann, sei hier nicht diskutiert. Es ließ sich jedoch zeigen, dass die Kaskaden mit Leitplatten eine geringfügig bessere Oxidation des Grubenwassers hervorriefen als die Stufen und, erwartungsgemäß, dass die Gesamthöhe der Systeme erheblich zum Sauerstoffeintrag und damit zur Eisenoxidation beiträgt. Interessant ist das Ergebnis der Eisenoxidation im abschließenden Absetzbecken (1,2 × 2,4 × 1,2 m). Dort zeigt die Kaskade mit Leitplatte bessere Ergebnisse als die Stufe. Während die 4-m-Stufe nach etwa 400 min eine Erniedrigung der Fe^{2+}-Konzentration auf 5 mg L^{-1} zur Folge hatte, war dieser Wert bei der Kaskade bereits nach etwa 100 min erreicht.

Unter anderem haben Chanson und Toombes (2002) herausgefunden, dass es zwischen der Turbulenz des Wassers und der eingeschlossenen Luft einen starken Zusammenhang gibt. Novak (1994) erkannte, dass die Kontaktzeit zwischen der Luft und dem Grubenwasser einen entscheidenden Einfluss ausübt. Daher kann Folgendes als wesentliches Kriterium zur Oxidation hervorgehoben werden: Je stärker die Turbulenz und größer die Kontaktzeit zwischen Luftblasen und Grubenwasser, umso besser gelingt die Belüftung des Grubenwassers (was ja Leonardo da Vinci ganz ähnlich beschrieb).

Eine weitere patentierte passive Oxidationsmethode für Grubenwasser ist ein Wasser-Kalk-Mischer in Verbindung mit einer Wassertrommel („Trompe“: Leavitt 2011). Dabei handelt es sich um einen Apparat ohne bewegliche Teile, in dem durch herabfallendes Wasser Luft aus seitlichen Öffnungen angesaugt und über die „Trommel“ als Druckluft abgegeben wird (Buff 1851; Veith 1871, S. 561). Wassertrommeln zur Belüftung von Grubenwasser werden derzeit in Pennsylvania (USA) in den beiden passiven Systemen Curley im Fayette County und dem North Fork im Allegheny County eingesetzt (Leavitt et al. 2012, 2013).

Ein zusätzlicher positiver Effekt der Belüftung ist die Freisetzung von CO_2 und damit einhergehend eine Anhebung des pH-Werts. Viele Grubenwässer enthalten erhebliche Mengen an „gelöstem“ CO_2, und allein die Belüftung kann dieses entfernen und den pH-Wert anheben (z. B. Cravotta 2007; Geroni 2010; Geroni et al. 2009, 2011; Janneck et al. 2007b; Jarvis 2006; Kirby et al. 2009; Petritz et al. 2009; Sapsford 2013; Younger et al. 2002, S. 279 f.).

Ein weiteres passives System zur Oxidation von Grubenwasser ist die in Finnland entwickelte OxTube (Abb. 3.11). Sie kann in verschiedenen Größen hergestellt werden, wobei bei kleineren Größen der 3-D-Druck zum Einsatz kommt. Wirkungsprinzip der OxTube ist zunächst ein Einlass, der nach dem Venturi-Prinzip funktioniert und über den die Luft eingesaugt wird. Kurz dahinter folgt ein Diffusor, der die eingesaugte Luft fein verteilt und so die Sauerstoffsättigung im Grubenwasser erhöht. Im Falle des Vertikal-durchflussreaktors Metsämonttu konnte in einem ersten Versuch die Sauerstoffsättigung von 40 auf 60 % angehoben werden, und die Redoxspannung erhöhte sich um etwa 50 mV. Wichtig ist, die Röhre wenigstens in einem 45°-Winkel einzubauen, besser noch senkrecht, damit die Wirkung des Venturi-Kanals optimal abläuft (Abb. 4.25).

Abb. 4.25 OxTube im 90°-Winkel-Einbau am Vertikaldurchflussreaktor Metsämonttu. Die Sauerstoffsättigung im Grubenwasser kann dadurch von etwa 40 auf 60 % angehoben werden

4.10 ARUM-Prozess (Acid Reduction Using Microbiology: mikrobielle Säureerniedrigung)

Beim ARUM-Prozess kommt eine Kombination von aeroben Becken mit nachgeschalteten anaeroben Wasserbecken (Schönungsteich) zum Einsatz, in denen sich schwimmende Vegetationsmatten (Makrophyten) befinden. Diese Vegetationsmatten sollen, sobald sie die Wasserfläche vollständig bedecken, die Diffusion und Mischung des Sauerstoffs unterbinden und dadurch reduzierende Bedingungen im gesamten Wasserkörper schaffen. Weiterhin steckt hinter dem Prinzip, dass der organische Kohlenstoff durch die Vegetation in einen Kreislauf versetzt wird und das organische Substrat in den anaeroben Becken stets erneuert. In diesem organischen Substrat kommt es zur Entstehung von Alkalinität und aufgrund der reduzierenden Bedingungen zur Ausfällung von Metallsulfiden. Beim ARUM-System an den Schlammteichen des Bergwerks Copper Cliff in Sudbury/Kanada (Makela) wurden die anaeroben Becken zusätzlich mit organischem Substrat aus Stroh, Kartoffelabfällen und Luzernen (Alfalfa) und bei einem System in Brasilien mit Abfällen aus Zuckerrohr als Elektronenakzeptoren ergänzt. Diese schaffen ein Substrat mit aeroben Bedingungen, das als mikrobiell aktiv angesehen werden kann. Nach zwei Jahren waren die Becken zu 82–88 % mit den Vegetationsmatten bedeckt (Johnson und Hallberg 2005; Kalin und Caetano Chaves 2003; im Wesentlichen aus MEND 2000, S. 5–57). Da die Eisenoxidation die Oberflächen des Sediments und die Wurzeln der Makrophyten mit einer Schicht aus Eisenoxihydrat überzieht, was die Zersetzung des organischen Substrats verhindert, muss vor den anaeroben ARUM-Becken das aerobe System installiert werden (Abschn. 4.6). Dies garantiert, dass ein Großteil des Eisens oxidiert wird, bevor es am ARUM-Prozess teilnehmen kann. Erstmals wurde dieses Prinzip an der Abraumhalde des Kohlenbergwerks Selminco auf der Kap-Breton-Insel, Kanada erfolgreich getestet (Kalin 1993), wovon es jedoch nur für einen sehr kurzen Zeitraum von 1 bis 2 Jahren Monitoringdaten gibt;

Abb. 4.26 Makrophytenbecken eines ARUM-Systems am ehemaligen Uranbergwerk Cunha Baixa (Portugal). Im System werden Eisen, Uran und Radium zurückgehalten

von diesem System ist heute nichts mehr vorhanden, da es die erwartete Reinigungsleistung dauerhaft nicht erfüllen konnte (pers. Mitt. Joe Shea 2009). Entwickelt wurde der ARUM-Prozess von Boojum Research Ltd. Ende der 1980er-Jahre (Kalin et al. 1993; Kalin und Smith 1991) und seitdem stetig optimiert, wobei sich in den Becken mittlere Aufenthaltszeiten von 2 bis 3 Tagen und 1 bis 1,5 m Tiefe als vorteilhaft erwiesen haben.

Chemisch-physikalisch wird beim ARUM-Prozess in den aeroben Becken zunächst das Eisen als Eisenoxihydrat ausgefällt. In den anaeroben Becken schaffen die mikrobiellen Prozesse Alkalinität, es kommt zur Erhöhung des pH-Werts und aufgrund der Erniedrigung der Redoxspannung und der mikrobiell katalysierten Sulfatreduzierung zur Ausfällung von Metallsulfiden.

Derzeit läuft eine passive Grubenwasserreinigungsanlage auf der Basis des ARUM-Prozesses erfolgreich an den ehemaligen Uranbergwerken Urgeiriça und Cunha Baixa in Portugal (Carvalho et al. 2016). Dort wird das Grubenwasser zunächst durch mehrere aerobe Becken geleitet, bis es in mehrere mit Makrophyten bepflanzte Becken gelangt, die zum Zeitpunkt meines Besuchs Anfang 2019 noch nicht vollständig bewachsen waren (Abb. 4.26).

Alternative Methoden zum Management von Grubenwasser

5

5.1 Gedanken über alternative Methoden und deren Anwendung im deutschen Sprachraum

Alternative Methoden zur Reinigung von Grubenwasser sind Methoden, die sich weder als aktive noch passive Methoden klassieren lassen. Frühere Autoren haben unter dem Stichwort „alternative Methoden" oftmals Membrantechnologien, Ionenaustausch oder elektrochemische Methoden verstanden. Ich habe mich allerdings dazu entschlossen, diese in die Gruppe der aktiven Methoden einzugliedern. Welche „alternative Methoden" bleiben also? Streng genommen keine, wenn wir einmal von den zahlreichen interessanten Vermeidungsstrategien absehen. Diese jedoch sind nicht der Gegenstand des vorliegenden Buchs. Bleibt folglich einzig das „Nichtstun" als Behandlungsstrategie übrig. Wobei „Nichtstun" nicht ganz korrekt ist, denn es sind zwei Partner beteiligt, von denen einer etwas „tut" und der andere ihm dabei über die Schulter sieht: die natürlichen Vorgänge und der Mensch, der die Vorgänge mit seinen Möglichkeiten überwacht. Damit wären wir bei „natürlicher Selbstreinigung" *(natural attenuation)* oder „überwachter natürlicher Selbstreinigung" *(monitored natural attenuation)* angelangt. Andere Übersetzungen lauten „natürlicher Rückhalt" oder „kontrollierte Selbstreinigung" – doch wieso sollten wir einen ursprünglich deutschen Begriff, der aus den Vereinigten Staaten von Amerika wieder über den Atlantik zurück zu uns kam, nicht verwenden, so wie ihn Max v. Pettenkofer 1891 eingeführt hat (Wenn Sie einmal in München sind, sollten Sie sich das MaxPett nicht entgehen lassen). Ich möchte damit weder die unsägliche Diskussion der 1890er-Jahre noch die der 1990er-Jahre heraufbeschwören, wo „Selbstreinigung" gelegentlich als eine Aufforderung zum Zurücklehnen-und-Warten-bis-die-Natur-das-Problem-selbst-löst verstanden wurde – tatsächlich hatte das Konzept von v. Pettenkofer auch erhebliche negative Auswirkungen auf die Fließgewässer, da man zunächst glaubte, der Fluss würde das

C. Wolkersdorfer, *Reinigungsverfahren für Grubenwasser*,
https://doi.org/10.1007/978-3-662-61721-2_5

Problem ohnehin lösen (daher verwende ich auch nicht v. Pettenkofers Begriff „Selbstreinigung“ sondern „natürliche Selbstreinigung“). Im Gegenteil: Es soll heißen, dass wir in bestimmten Gebieten der Natur die Reinigung unserer Grubenwässer überlassen können; die Abwasserbehandlung hat uns das über Jahrhunderte vorgemacht, als die Frachten aus Kläranlagen noch kleiner waren, es kaum Industrie gab und die Vorflut als eine Art Bioreaktor angesehen wurde. Dazu gehören als Stichwörter die Cloaca Maxima oder die „müden Brachfelder“ (Hettersdorf 1908; Platner 1929). Diese Vorgehensweise wird heute in der Regel einen Konflikt mit bestehenden Gesetzen hervorrufen, aber wegschauen (z. B. Schwefelstollen im Selketal) oder umdefinieren („natürlich austretende Quelle“) hilft an dieser Stelle auch nicht weiter. Statt aber jede Kontamination durch Grubenwasser, bei der man eines Verursachers habhaft wird, zu sanieren, sollte das wenige Geld, das wir zur Verfügung haben, vielmehr auf die Grubenwasseraustritte mit großen Frachten konzentriert werden.

Kontrollierte natürliche Selbstreinigung stellt folglich eine Alternative zu den heute bei der Reinigung von Grubenwasser üblichen Pump-and-treat- oder End-of-the-pipe-Methoden dar. Sie ist abhängig vom Einzelfall sowie vom wasserrechtlichen Kontext und bedarf einer umfassenden Untersuchung der jeweiligen Austrittsstelle auf der Basis von allgemein akzeptierten Kriterien, die es für Grubenwasseraustritte bislang nur eingeschränkt gibt. Anhand einer Art Checkliste ließe sich dann verhältnismäßig schnell herausfinden, ob ein Grubenwasseraustritt umfassend gereinigt werden muss. Alle Grubenwasseraustritte aber, bei denen eine nachhaltige Schädigung der Vorflut oder des Grundwassers vermutlich nicht eintritt, können dann entweder der natürlichen Selbstreinigung überlassen (Abb. 5.1) oder mittels passiver Reinigungstechnologien behandelt werden. Am Nebeneinander der beiden Begriffe mögen Sie ersehen, dass „natürliche Selbstreinigung“ nicht mit „passiver Reinigung“ gleichzusetzen ist. Außerdem sind, anderes als die von v. Pettenkofer betrachteten organischen Schadstoffe, die (Halb-) Metalle aus dem Grubenwasser, nicht etwa aus dem Stoffkreislauf entfernt – sondern lediglich in einer unschädlicheren Form fixiert oder stark verdünnt.

Abb. 5.1 Natürliche Selbstreinigung am Beispiel eines Grubenwasseraustritts in Bayern (Phillipstollen an der Leitzach). Links: Austritt aus dem verbrochenen Stollenmundloch; Mitte: nach einem Fließweg von 5 m; rechts: nach einem Fließweg von 20 m. Schon kurz nach dem Zulauf in die Vorflut Leitzach lässt sich visuell kein Eisen mehr feststellen, da dieses fast vollständig als Eisenoxihydrat ausgefallen ist

▶ In der Nähe von Gernrode am Harz gibt es einen Grubenwasseraustritt, der bereits seit geraumer Zeit seine Vorflut verunreinigt (Anders 2002; Wolkersdorfer et al. 2003) und dies trotz umfangreicher Sanierungsmaßnahmen auch noch immer macht. Bei einem der Behördengespräche, an dem ich teilnahm, wollte der Besitzer des Grubenwasseraustritts wissen, mit welchen Grenzwerten er zu rechnen habe, wenn er das Wasser reinige, und bat die schräg gegenüber sitzende zuständige Behördenvertreterin um eine Zahl. Diese sagte jedoch, sie könne erst eine Zahl nennen, wenn er einen Antrag auf Reinigung stelle. Woraufhin der Besitzer die übergeordnete, daneben sitzende Wasserbehörde fragte. Diese verwies jedoch darauf, dass sie nicht berechtigt sei, solche Zahlen festzulegen, da dies von der nachgeordneten Behörde zu erledigen sei. Woraufhin der Besitzer sich zurücklehnte und sagte, dann stelle er eben keinen Antrag und lasse das Wasser einfach rauslaufen, denn dann sei auch nicht offiziell bekannt, dass dort Grubenwasser in die Vorflut laufe – dabei war er bereit, eine passive Anlage zu installieren, die den Chemismus verbessert und die Vorflut weniger belastet hätte. Aus rechtlicher und behördlicher Sicht verlief die Diskussion korrekt.

Vielleicht sollten wir uns ein Beispiel an den Vereinigten Staaten von Amerika nehmen, wo es durchaus erlaubt ist, anstatt gar nichts zu unternehmen, wenigstens ein bisschen zu reinigen – dies bedeutet Kooperation und Diskussion unter allen Beteiligten und den Mut, weniger ausgetretene Pfade zu beschreiten (Stichwort: Bürgerbeteiligung; www.datashed.org). Es gibt in den Vereinigten Staaten von Amerika beispielsweise Hunderte von staatlich unterstützten privaten Gruppen von Freiwilligen, die sich zusammenschließen, um Grubenwasser passiv und gelegentlich auch aktiv zu reinigen (nur vier wahllose Beispiele von vielen sind die Massachusetts Water Watch Partnership, eine Art Dachvereinigung von Freiwilligenorganisationen zur Gewässerüberwachung, das Adopt Your Watershed-Programm der US-Umweltbehörde, das Citizens' Volunteer Monitoring Program in Pennsylvania oder die Animas River Stakeholders Group; Abb. 5.2). Sollte Ihnen hier der Gedanke „dort ist ja auch alles anders" kommen, dann lassen Sie es uns eben noch anders machen und nach einer annehmbaren, gemeinsamen Lösung suchen.

Wir haben in den meisten deutschsprachigen Ländern noch kein umfassendes Inventar von Grubenwasseraustritten, so wie in manchen Wassereinzugsgebieten Großbritanniens oder den Vereinigten Staaten von Amerika. Eine Ausnahme sind Nordrhein-Westfalen und Sachsen, die in dieser Hinsicht teilweise bereits weit fortgeschritten sind, oder Initiativen von Einzelpersonen. Entgegen der Datenbank von Nordrhein-Westfalen mit mehreren Tausend Einträgen, finden sich in der unpublizierten Stollendatenbank von Sachsen lediglich 78 Einträge. Keiner der Einträge in der sächsischen Datenbank ist als „problematisch" anzusehen (Tab. 5.1). Folglich haben wir, abgesehen von Nordrhein-Westfalen (Heitfeld et al. 2012), bislang auch keine Priorisierung der Grubenwasseraustritte, die es uns ermöglichte, die großen Probleme zu erkennen und gemeinsam zu

Abb. 5.2 William Simon (links mit Gehstock), Koordinator der Animas River Stakeholders Group (Colorado, USA), erklärt interessierten Fachkollegen der International Mine Water Association (IMWA) die Arbeit einer Gruppe Freiwilliger bei der Sanierung von Gewässern, die durch Sauerwässer aus dem ehemaligen Goldbergbau kontaminiert sind

Tab. 5.1 Ausgewählte Leitparameter der Sächsischen Stollendatenbank (aktualisiert bis 2009). *n*: Anzahl, $\bar{x}$: Mittelwert. Anzahl bezieht sich auf alle Einzelanalysen des Parameters, nicht auf die Anzahl der Probenahmestellen

Parameter	Einheit	n	$\bar{x}$	Histogrammmaxima
pH-Wert (Gelände)	–	575	6,5	4,6; 6,6; 7,4
Elektrische Leitfähigkeit	$\mu S\ cm^{-1}$	604	414	200; 400; 600; 850
Sulfat	$mg\ L^{-1}$	579	107	40; 80; 120; 220
Eisen gesamt, gefiltert	$mg\ L^{-1}$	335	0,99	0,1; 0,8; 2,3

lösen (z. B. Jarvis et al. 2012). Es geht dabei keineswegs darum, mit dem Finger auf den Verursacher zu zeigen, sondern darum, unsere Umwelt vor vermeidbaren negativen Auswirkungen zu schützen. Ohne ein umfassendes Inventar der möglicherweise mehreren Tausend Grubenwasseraustritte mit einer Risikobewertung wird dies ein schwieriges Unterfangen, und wir werden den dort einsetzbaren alternativen Methoden der Grubenwasserreinigung vermutlich weniger aufgeschlossen gegenüberstehen. Eine ganz ähnliche Forderung gab es bereits 1876 seitens des „Ausschuß des deutschen Vereins für öffentliche Gesundheitspflege“, der Normen über die zulässige Verunreinigung von Fließgewässern einforderte, die auf den Erkenntnissen v. Pettenkofers zur Selbstreinigung beruhen sollten (Brockhaus, 14. Auflage, Stichwort „Gesundheitspflege“, S. 379 f.). Zwar gibt es in etlichen Bundesländern Altbergbaukataster von Bergbauvereinen, anderen Privatinitiativen oder Wiki-basiert, aber solange diese „Angst“ vor „Schwarzfahrern“ haben, die die Stollen zerstören könnten oder sich die Altbergbauinteressierten mit den Speläologen oder Fledermausschützern nicht einig werden, werden diese Initiativen ihre Datenbanken weder den Behörden noch den Forschenden zur Verfügung stellen. Eine dieser Initiativen hat deutschlandweit 125 Grubenwasseraustritte zusammengestellt, die weitgehend als problematisch angesehen werden können. Davon liegen 23 in Sachsen, und nur sechs davon tauchen in der vorgenannten sächsischen Stollendatenbank auf. Sie ist leider bislang ebenfalls nicht publiziert.

Abschließend ein weiterer Blick in die Geschichte, um zu zeigen, woher der Begriff Selbstreinigung ursprünglich stammt. In der 14. Auflage des Brockhaus aus den Jahren 1894–1896 steht zum Stichwort „Flußverunreinigung“ Folgendes (S. 945 f.):

„Nicht jeder Fluß wird durch die ihm zugeführten Abwässer verunreinigt. Es giebt Flüsse, in die seit Jahrzehnten ununterbrochen der Unrat eines ganzen Landes, wie z. B. in den Nil, gelangt, ohne daß jemals eine Flußverunreinigung zu stande kommt. Der Tiber hat jahrhundertelang die Schmutzwässer der Stadt Rom aufgenommen, ohne daß das Wasser eine sichtbare Verunreinigung erfahren hat. Es rührt dies davon her, daß jeder Fluß die Fähigkeit hat, einen großen Teil des Unrats zu verarbeiten, sich gewissermaßen selbst wieder zu reinigen. Notwendigerweise muß der Fluß zur Selbstreinigung eine genügende Länge sowie eine entsprechende Wassermenge und Bewegungsgröße haben. Übrigens kann auch ein hochgradig verunreinigter Fluß, wenn ihm nur eine gewisse Zeit zur Reinigung gelassen wird, sich wieder völlig reinigen, wie die Seine beweist, die bei Meulan, 70 km unterhalb Paris, wieder reines Wasser führt. Seit längerer Zeit hat man sich bemüht, festzustellen, wie viel Unrat man einem Flusse übergeben darf, ohne seine selbstreinigende Kraft zu überschreiten. Pettenkofer ist der Ansicht, daß eine Flußverunreinigung dann nicht zu befürchten ist, wenn die Wassermenge des Flusses mindestens fünfzehnmal so groß als die Abwässermenge ist, ferner wenn die Stromgeschwindigkeit im Fluß nicht geringer ist als die in den Abwässerkanälen, weil sonst Gelegenheit zur Ablagerung und Schlammbildung gegeben ist. Reicht die selbstreinigende Kraft des Flusses nicht aus, ist er wegen zu geringer Geschwindigkeit, zu geringer Wassermenge u. s. w. in Gefahr, dauernd verunreinigt zu werden, so dürfen die Abwässer ihm nur im gereinigten Zustand, nachdem sie durch Filter-, Klär- und Rieselanlagen gegangen sind, übergeben werden. Diese Ansicht von Pettenkofers hat auch der Deutsche Verein für öffentliche Gesundheitspflege sich zu eigen gemacht, und nach diesem Grundsatz ist das Reichsgesundheitsamt in einigen Fällen, wo es sich um Begutachtung der Zulässigkeit direkter Einleitung von Abwässern in öffentliche Wasserläufe handelte, verfahren.“

5.2 Natürliche und kontrollierte natürliche Selbstreinigung

5.2.1 Natürliche Selbstreinigung

Mit Abstand die häufigste alternative Managementmethode für Grubenwasser ist die natürliche Selbstreinigung – wobei sie meist ungeplant ist. Bei der natürlichen Selbstreinigung handelt es sich um keine Reinigungsmethode per se, sondern um natürliche Prozesse, die bereits seit Anbeginn der Menschheit für anthropogene Verunreinigungen „verwendet" werden, wie von Ercker von Schreckenfels (1565) anschaulich geschildert hat. Stefan Wohnlich beschreibt natürliche Selbstreinigung wie folgt: „‚Natural Attenuation' stellt keine Sanierungsmaßnahme im eigentlichen Sinn dar, sondern ist eine Einschätzung der Frage, ob die im Untergrund natürlicherweise vorhandenen Reinigungsprozesse zur Gefahrenabwehr oder Schadensbeseitigung ausreichen" (Wohnlich 2001). Bei dem Prozess laufen ausgehend von der Schadstoffquelle entlang des Transportweges physikalische, chemische und mikrobiologische Prozesse ab, die in der Regel eine Verminderung der Schadstofffracht oder der Konzentration nach sich ziehen (Wiedemeier et al. 1999, S. 2 f.). Dies führt zur Verringerung der (Halb-)Metallkonzentrationen und anderer potenzieller Schadstoffe in der mobilen Phase, z. B. dem Wasser, und oftmals zu einer Anreicherung oder Umlagerung in der immobilen Phase wie dem Boden, Sediment oder dem Gestein. Wenn die Anreicherung an (Halb-)Metallen in nicht anthropogen beeinflussten metallreichen Wässern groß ist und die verfügbare Zeit lange genug, führt dies zur Bildung von Erzvorkommen wie den Uran-Roll-Front-Lagerstätten oder von Goldnuggets. Durch Metabolismus können jedoch organische oder anorganische Schadstoffe auch in Stoffe umgewandelt werden, die problematischer sind als die Ausgangsstoffe (z. B. Methylierung von Quecksilber; Blowes et al. 2014; Stumm und Morgan 1996, S. 627 f.; Wiedemeier et al. 1999). Außerdem werden die (Halb-)Metalle aus dem Grubenwasser nicht „entfernt", sondern in anderer Form z. B. als Kopräzipitat fixiert oder verdünnt. Dies ist zu berücksichtigen, wenn die Reinigung von Grubenwasser vollständig der Natur überlassen werden soll.

Im Zusammenhang mit der natürlichen Selbstreinigung von Grubenwässern wird häufig der Begriff First Flush (Erstspülung) verwendet (Abschn. 1.2.8). Dabei handelt es sich allerdings nicht um die Selbstreinigung des Grubenwassers, nachdem es die Vorflut erreicht hat, sondern um Vorgänge innerhalb des Bergwerks (Abb. 1.4). Dieser Prozess führt zu einer Verminderung der Konzentrationen fast aller als problematisch angesehenen Ionen im Grubenwasser und ist im Wesentlichen von der Infiltration frischen Wassers, der hydraulischen Leitfähigkeit des Grubengebäudes und den geologisch-mineralogischen Verhältnissen abhängig. Je weiter der Prozess der Erstspülung im Bergwerk hinter dem Mundloch fortgeschritten ist, umso leichter lassen sich Maßnahmen vor dem Mundloch als kontrollierte natürliche Selbstreinigung durchführen.

Cidu et al. (2011) zeigen, dass natürliche Selbstreinigung nicht immer hinreichend groß ist, um die Schadstofffrachten aus Grubenwässern auf ein akzeptables Maß zu vermindern. Obwohl das Bergwerk Montevecchio auf Sardinien (Italien) seit 15 Jahren geflutet ist, treten besonders nach Starkniederschlägen erhebliche Frachten an Schadstoffen auf. Selbst Verdünnung und Ausfällungsvorgänge sind bei solchen Ereignissen nicht in der Lage, die Frachten zu verringern. Während Fe, Al, und Pb bei normaler Abflusssituation bereits nach 2–4 km deutlich niedrigere Konzentrationen aufweisen und As vermutlich durch Kopräzipitation erniedrigt wird, lassen sich von anderen Metallen (Zn, Cd, Mn, Ni) noch in 8 km Entfernung von den Stollenportalen erhöhte Konzentrationen und niedrige pH-Werte nachweisen. Erst danach steigt der pH-Wert auf über 6–7 an, und die Konzentrationen dieser Metalle gehen erwartungsgemäß zurück.

Am 52 ha großen Knappensee bei Wackersdorf kam es zur natürlichen Selbstreinigung des Seewassers, was die Autoren „Natürlicher Rückhalt im Gebiet eines Tagebaurestsees" (Natural Attenuating Pit lake Area – NAPA) nennen (Opitz et al. 2017, 2020), wobei eine Unterstützung durch eingeleitetes, gereinigtes Grubenwasser aus der Grubenwasserreinigungsanlage für einen nahegelegenen See wohl auch eine Rolle gespielt haben mag. Während der See im Jahr 1999 noch einen pH-Wert von 3,5 aufwies, liegt er nunmehr im zirkumneutralen Bereich. Obwohl sich die Eisen- und Aluminiumkonzentrationen seit dem Jahr 2001 deutlich erniedrigt haben, zeigen die Sulfatkonzentrationen bislang nicht, dass Sulfatreduktion in großem Umfang stattfinden würde, obgleich sich im Sediment Disulfide gebildet haben. Auch im südlich anschließenden Steinberger See hat sich die Wasserqualität zwischenzeitlich deutlich verbessert (siehe Abschn. 6.3.1).

In Fällen wie dem sardischen Bergwerk Montevecchio wäre kontrollierte natürliche Selbstreinigung keine Lösung, das ökologische Gleichgewicht nachhaltig zu schützen. Wenn sich jedoch nach einer gewissen Zeit durch die charakteristische Erstspülung Verhältnisse eingestellt haben, wie sie in Abb. 1.3 oder Abb. 1.4 zu sehen sind, kann diese Vorgehensweise durchaus eine ökologisch akzeptable Lösung darstellen. Metschies et al. (2018) stellen jedoch heraus, dass oftmals nicht alle Informationen verfügbar sind, um auf Labor- und Modellebene belastungsfähige Ergebnisse zu erzielen, die eine natürliche Selbstreinigung vorhersagen lassen. Sie konnten jedoch zeigen, dass es im Rahmen der bekannten Ungenauigkeiten möglich ist, das generelle Verhalten des Systems zu analysieren und abzuleiten.

5.2.2 Kontrollierte natürliche Selbstreinigung

Kontrollierte natürliche Selbstreinigung *(monitored natural attenuation)* wurde erstmals im Zusammenhang mit der Sanierung von Grundwasserschäden verwendet. Dabei zeigte sich, dass im Untergrund ablaufende chemisch-physikalisch-biologische Prozesse in der Lage sind, organische Schadstoffe abzubauen und anorganische Schadstoffe in weniger mobile Phasen zu überführen (Committee on Intrinsic Remediation et al. 2000; Wiedemeier et al. 1999). Die Methode wurde dann auch auf die Sanierung anderer Altlasten oder Bergbaurückstände übertragen (Bekins et al. 2001), wobei dort vor allem die Pufferung des pH-Werts, Neutralisierung der Säuren, Fällungsreaktionen, Sorption sowie Verdünnung relevant sind (Wilkin 2007). Im Zusammenhang mit Grubenwasser erscheint der Begriff *natural attenuation* erstmals 1994 im Titel zweier Beiträge von Webster et al. (1994) und Kwong und Van Stempvoort (1994). Zuvor hatten Kwong und Nordstrom (1989) bereits über *attenuation* von Grubenwasser geschrieben. Seitdem hat sich der Begriff auch in Publikationen über die Reinigung von Grubenwasser etabliert, und die Anzahl der Publikationen zu diesem Thema hat seit 1994 stetig zugenommen (zuletzt beispielsweise in Breedveld et al. 2017; Johnson und Tutu 2016; Metschies et al. 2018; Sahoo et al. 2012). Eine umfassende Bewertung und Darstellung der Methode hat Wilkin (2008) vorgenommen, und seither hat die US-Umweltbehörde drei Handbücher dazu publiziert (U. S. Environmental Protection Agency 2007a, b, 2010). Diese sollten in jedem Fall von kontrollierter natürlicher Selbstreinigung zurate gezogen werden. Bislang gibt es jedoch in Europa keine große Zahl von Grubenwasseraustritten, die formal der kontrollierten natürlichen Selbstreinigung unterlägen.

Kontrollierte natürliche Selbstreinigung geht einen Schritt weiter als die natürliche Selbstreinigung und stellt damit tatsächlich eine Reinigungsmethode für Grubenwasser dar, wenn die Frachten potenzieller Schadstoffe relativ gering sind (Abb. 2.18). Skinner (2009) hat dies beispielsweise für Südafrika dargelegt. Er charakterisiert die Methode wie folgt: „regelmäßige Kontrollmessungen um zu belegen, dass die Auswirkungen auf die Vorflut bekannt sind und überwacht werden“. Diesen Ansatz haben bereits ERMITE Consortium et al. (2004) herausgearbeitet und grafisch dargestellt (Abb. 5.3). Selbst wenn die Kontrolle ausschließlich aus einer visuellen Überprüfung des Grubenwasseraustritts bestehen sollte, darf sie nicht außer Acht gelassen werden, um den Erfolg der kontrollierten natürlichen Selbstreinigung zu überwachen. Wichtig ist, dass der Entscheidungsprozess iterativ abläuft, wie die rückweisenden Pfeile im mittleren Teil der Grafik zeigen. Kontrollierte natürliche Selbstreinigung ist folglich keine für immer abgeschlossene Maßnahme, sondern kann zu einer aktiven oder passiven Reinigung führen, wenn der Wasserchemismus nicht mehr den Güteanforderungen an die Vorflut oder das Grundwasser genügt. Es gibt regelmäßig Beispiele, bei denen sich der Chemismus des Grubenwassers änderte, worauf vor allem Younger (1997) ausführlich eingeht, und was sich nur durch regelmäßige Kontrollmessungen oder Begehungen feststellen lässt (z. B. Renton et al. 1988; Skousen et al. 2002; Younger 1997; Younger und Banwart 2002). Dies zeigt, dass kontrollierte natürliche Selbstreinigung mehr ist, als lediglich ein paar Mal im Jahr Wasserproben zu nehmen.

Wie sich aus dem Schema außerdem ergibt (Abb. 5.3), darf die natürliche Selbstreinigung auf keinen Fall ein Argument dafür sein, dass nichts getan wird. Am Anfang stehen zunächst hydrogeologische und hydrogeochemische Untersuchungen sowie gegebenenfalls numerische Modellierungen, um eine zuverlässige Aussage zum Selbstreinigungspotenzial der Vorflut oder des Bodens nachweisen zu können. Folgende – vereinfachte – Vorgehensweise böte sich an und könnte in der Art einer Checkliste abgearbeitet werden:

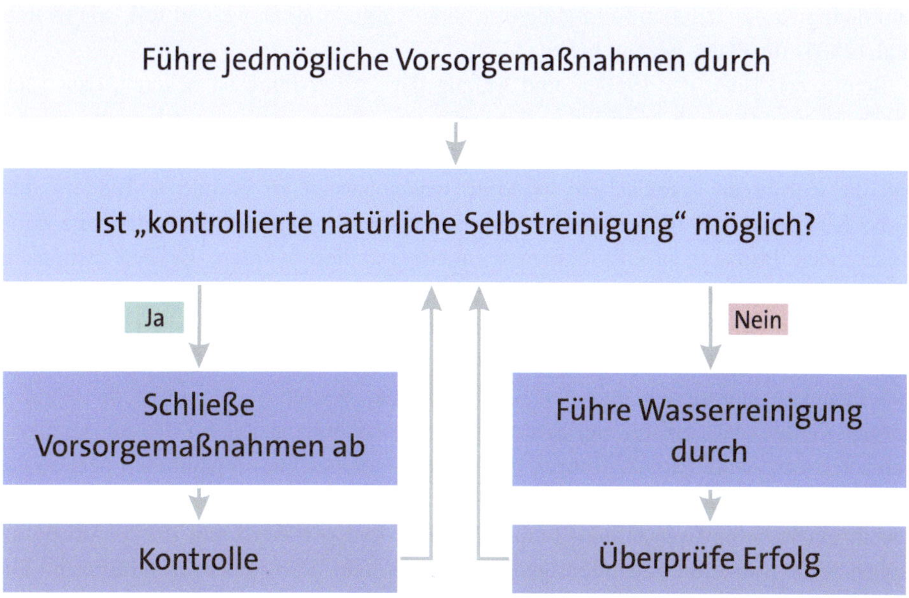

Abb. 5.3 Entscheidungsbaum für kontrollierte natürliche Selbstreinigung. (Nach ERMITE Consortium et al. 2004)

- Entwicklung eines konzeptionellen Modells der Grubenwasserzuflüsse und ablaufender Mechanismen
- Hydrogeochemische Bestandsaufnahme des Zuflusses
- Hydrogeochemische Bestandsaufnahme oberstromig und nach vollständiger Durchmischung abstromig des Zuflusses
- Durchflussmessungen, um die Fachten errechnen zu können
- Geologische Beschreibung des Umfeldes
- Lagerstättenkundliche Daten
- Historie des Bergwerks
- Hydrogeologische Verhältnisse
- Beschreibung der Biozönose ober- und abstromig (Ökologie)
- Bewertung auf der Basis einer allgemein akzeptierten Klassifikation

Selbstverständlich ließe sich die Vorgehensweise beliebig erweitern und verkomplizieren. Beispielsweise haben Turner et al. (2011) GIS-basierte Bewertungsabläufe vorgeschlagen, die jeweils auf Wassereinzugsgebiete bezogen sind und auf einem umfangreichen Kriterienkatalog beruhen (die Wassereinzugsgebiete im Vereinigten Königreich sind deutlich kleiner als die in den deutschsprachigen Ländern). Eine derartige Maßnahme erweist sich als geeignet, wenn zusätzlich zur Beurteilung eine

Zuordnung zu potenziellen Reinigungsverfahren vorgenommen werden soll, wie es Rees et al. (2004) für Wales gezeigt haben.

Bereits seit Ende der 1960er- und Anfang der 1970er-Jahre ist bekannt, dass saure Tagebaurestseen durch natürliche Prozesse ihre Wasserqualität verbessern können (King et al. 1974). Dabei spielen zwei wesentliche Prozesse eine Rolle: die Zeit und die Zufuhr an organischem Material, beispielsweise in Form von Blättern oder Gras. King et al. (1974) beschreiben in einem reviewartigen Artikel, dass die dabei ablaufenden Prozesse in Mikrokosmen intensiv studiert wurden. Es ließ sich nachweisen, dass sulfatreduzierende Bakterien die natürlichen Reinigungsprozesse hervorrufen. In den Mikrokosmen liefen die gleichen Prozesse ab wie in den untersuchten Tagebaurestseen: Erhöhung des pH-Werts bei gleichzeitiger Erniedrigung der Sulfat- und Eisenkonzentrationen und der Basenkapazität. Weiterhin konnte in den Studien gezeigt werden, dass ein Teil der Erniedrigung der Basenkapazität auf das Ausgasen von Schwefelwasserstoff zurückzuführen ist. Von den untersuchten organischen Materialien erwiesen sich lediglich frische, grüne Blätter als wenig geeignet, da sich Bedingungen wie in einem Sumpf einstellten: braunes Wasser und pH-Werte um die 5. Am besten eignen sich Substrate mit niedrigen Stickstoff- und Phosphorkonzentrationen. Die Autoren kommen zu dem Schluss, dass der natürlich ablaufende Prozess in einem See durch den Einbau von Mikromilieus (Umfassungen) und die Zugabe von organischem Material unterstützt werden kann. Außerdem ließe sich der Prozess durch die Zugabe von „Kalk" weiter unterstützen – ein Vorgehen, das üblicherweise mit *enhanced natural attenuation* bezeichnet werden würde (Details in Abschn. 6.2.3).

Doch wo in den deutschsprachigen Ländern finden sie Anwendung? Soweit mir bekannt ist nirgends. Die Gründe dafür habe ich oben dargelegt: Sobald einer Behörde offiziell bekannt ist, dass ein Problem existiert, müsste sie handeln und eine geeignete Maßnahme zur Reinigung des Grubenwassers anordnen. Da kontrollierte natürliche Selbstreinigung aus Behördensicht letztlich „kontrolliertes Nichtstun" ist, wird sie in den allerwenigsten Fällen als alleinige Maßnahme toleriert werden. Wenn Konflikte mit den wasserwirtschaftlichen Bewirtschaftungszielen bestehen und ein Zustandsstörer vorhanden ist, wird „Nichtstun" wohl nicht geduldet werden. Selbst beim Burgfeyer Stollen in der Eifel, dem frachtreichsten Entwässerungsstollen Deutschlands mit täglich bis zu 50 t an (Halb-)Metallen (Heitfeld et al. 2012; Mair 2002) oder dem Wilhelm-Erbstollenin Schwaz, Tirol, dem antimonreichsten Grubenwasseraustritt Österreichs (z. B. Millen 2003; Wolkersdorfer und Wackwitz 2004) wird keine kontrollierte natürliche Selbstreinigung eines *Grubenwasseraustritts* betrieben, sondern lediglich eine *natürlich austretende Quelle* überwacht.

5.3 Änderung der Abbaumethoden

Wie am Eingang des Kapitels dargelegt, gehören die Änderungen der Abbaubedingungen nicht per se zu einer Methode, das Grubenwasser zu reinigen. Allerdings kann eine Änderung erhebliche Auswirkungen auf die Wasserqualität haben – und führt letztendlich zu einer Verringerung der Reinigungskosten des Grubenwassers. Bislang allerdings steht die Förderung des Rohstoffs auf dem preiswertesten Weg zumeist im Vordergrund, und der Reinigung des Grubenwassers wird nur am Ende des Pumpenstranges oder des Entwässerungsstollens ein Augenmerk geschenkt. Dabei gibt es durchaus andere Lösungen, um die Wasserqualität zu verbessern.

Mentz et al. (1975) haben untersucht, wie sich die Abbauweise auf die Wasserqualität nach dem Ende des Abbaubetriebs auswirkt. Sie konnten am Beispiel der Yorkshire und Shoff-Zechen (Clearfield County, Pennsylvania, USA) nachweisen, dass die Wasserqualität von Bergwerken, die mit dem stratigrafischen Einfallen der Flöze vorgerichtet waren, bessere Wasserqualitäten aufweisen, als die gegen das Einfallen vorgerichteten. Dies hatten dort bereits Commonwealth of Pennsylvania (1973, S. 124 f.) festgestellt. Gleiches lässt sich auch aus dem Vergleich von Tiefbauen über Schächte und Stollen zeigen. Sofern zwischen den Schächten kein guter hydraulischer Kontakt besteht, kommt es im untertägigen Bergwerk zum Abschluss des Disulfids vom Luftsauerstoff, und die Verwitterungsraten fallen ungleich geringer aus als in Stollenbergwerken, bei denen die Disulfide ständig mit dem Luftsauerstoff in Kontakt stehen.

In ihrem Konzept zum Bergwerk 2030 (s. Ende von Abschn. 3.4.1) kommen auch Bäckblom et al. (2010, S. 9) zu dem Schluss, dass „die Verbesserungen in der Produktion … sogar zu noch niedrigeren Emissionen in das Wasser und die Luft“ führen. Außerdem werden „innovative Lösungen … entwickelt, um die Umweltauswirkungen von Abfällen noch lange nach dem Schließen des Bergwerks abzuschwächen“. Wir wissen noch nicht mit absoluter Sicherheit, wie solche Lösungen im Jahr 2030 aussehen könnten, aber jeder Schritt dorthin ist ein Schritt zur Verbesserung der Umwelt.

Und letztendlich führt auch das Abraummanagement zu einer Verbesserung der Wasserqualität, wenn dem pyrithaltigen Abraum alkalisches Material beigemengt wird oder wenn bekanntermaßen pyrithaltiger Abraum so gelagert wird, dass die Umweltauswirkungen möglichst gering ausfallen (z. B. Lengke et al. 2010; Merkel 2005; Miller et al. 1990; Wisotzky 2003). Ähnliche Konzepte existieren auch bei der MIBRAG, aber Publikationen dazu sind bislang nicht in großem Umfang erschienen (z. B. Friedrich et al. 2011).

5.4 Biometallurgie, Geobiotechnologie, Biomimetik oder Agrobergbau

Dieser Abschnitt kombiniert die Gewinnung von Wertstoffen aus Biomining und Bioremediation und fasst Ergebnisse aus beiden Bereichen zusammen – Grund dafür ist, dass Erkenntnisse aus dem einen Bereich auf den anderen übertragbar sind und es zum Thema eine überschaubare Zahl an Publikationen gibt. Phytomining, Bioreaktoren oder konstruierte Feuchtgebiete sind bereits in anderen Abschnitten dieses Buchs beschrieben, da sie nicht per se Metalle gewinnen, sondern aus dem Grubenwasser entfernen und immobilisieren. Mikroorganismen spielen im Zusammenhang mit Grubenwasser schon seit jeher eine bedeutende Rolle, und Rawlings (2005) hat zwischen den Begriffen Biooxidation für diese und Biolaugung für die Gewinnung von Metallen unterschieden. Unter Biometallurgie oder Geobiotechnologie werden alle Verfahren verstanden, die mithilfe biotechnischer Methoden durch Biolaugung *(bioleaching)* gezielt Metalle aus Erzen oder Grubenwasser extrahieren. Ich führe diese Verfahren hier auf, da ich mir vorstellen kann, kontaminiertes, metallreiches Grubenwasser in einem der vorgenannten Prozesse einzusetzen, um so die Metalle aus dem Grubenwasser und dem Prozess gemeinsam zu gewinnen – dass die Haldenlaugung auf den beiden Abb. 5.4 und 5.5 alternativ als eine „gigantische Langzeitquelle“ mit allen daraus resultierenden Problemen angesehen werden kann, ist mir bewusst.

Eine der ersten deutschsprachigen Publikationen erschien 1961 (Marchlewitz et al. 1961) und untersuchte einerseits die Toleranz von *Acidithiobacillus* gegenüber Eisen, Kupfer und Zink und andererseits die Laugungseigenschaften von drei *Acidithiobacillus*-Stämmen auf Kupfererze. Sie konnten sowohl zeigen, dass die Metalltoleranz vom Bakterienstamm abhängig ist, als auch dass die Laugung von Metallen in Wässern mit *Acidithiobacillus* gegenüber sterilen Proben verstärkt abläuft. Ebner und Schwarz (1973) untersuchten, ob es möglich sei, Uranerze mithilfe von Bakterien zu laugen. 1980 schrieb Bosecker über die „Metallgewinnung mit Hilfe von Bakterien“ (Bosecker 1980), und im Rammelsberg bei Goslar sowie am Bergbau Kleinkogel bei Brixlegg in

Abb. 5.4 Links: Auffanggraben der kupferhaltigen Lösung aus der Haldenlaugung; rechts: Vorbereitung einer Halde zur mikrobiologisch unterstützten sauren Laugung kupferreicher Erze (Kupferbergwerk El Salvador der Corporación Nacional del Cobre de Chile – Codelco)

Abb. 5.5 Haldenlaugung am finnischen Nickelbergwerk Terrafame (ehemals Talvivaara)

Tirol gab es In-situ-Versuche zur mikrobiellen Laugung von Erzen (Beyer 1986; Brunner et al. 1993). Ein 1985 in der *Zeit* erschienener Artikel stellte die Entwicklung im Hinblick auf Metallgewinnung und Entschweflung von Kohlen dar (Kemmer 1985). Gerade dieser Zeitungsartikel zeugt von einem hohen Enthusiasmus der damals beteiligten Wissenschaftler und Bergwerksverantwortlichen. Obwohl Lundgren und Silver (1980) schreiben, dass die Bakterien in der Zukunft eine Revolution im Metallbergbau hervorrufen würden, ist die Zahl der aktuellen Anwendungen bislang allerdings hinter den Erwartungen zurückgeblieben. Diese Forschungen haben jedoch erheblich dazu beigetragen, dass wir die mikrobiellen Prozesse an Mineraloberflächen besser verstehen als zuvor (Kalin 2004b). Zur Sanierung von Aufbereitungsrückständen führten Duarte et al. (1990) Versuche durch, die allerdings über das Laborstadium nicht hinauskamen. Sand und Gehrke (2006) beschreiben eine Anlage in Ghana, bei der vor der Behandlung mit Zyaniden Gold auf mikrobiologischem Weg gewonnen wird. Zieht man die Untersuchungen von Paños und Bellini (1999) zum mikrobiologischen Abbau von Zyanid hinzu, ließe sich mit den heute bekannten Methoden durchaus ein nahezu in sich geschlossenes biotechnisches Goldbergwerk konzipieren. In zinkreichen synthetischen Grubenwässern gelang Nancucheo und Johnson (2012) im Labormaßstab eine selektive Fällung von Übergangselementen. Sie weisen jedoch auf Probleme im Zusammenhang mit den Aluminiumkonzentrationen hin, die in den sauren Milieus in den Bioreaktoren zur Ausfällung von Gibbsit führen können. Einen interessanten Aspekt aus dem Bereich Biolaugung untersuchten Amin et al. (2018) an Schlacken des Mansfelder Kupferschieferbergbaus und Mikroorganismen aus dem Grubenwasser des Kilianstollens in Marsberg. Sie fanden heraus, dass *Acidithiobacillus ferrivorans* und *Leptospirillum* in der Lage sind, Kupfer, Zink, Magnesium, Blei und Nickel aus den Schlacken zu entfernen und kommen zum Schluss, dass die Schlacken von Kulturdenkmäler des

Bergbaus eine dauerhafte Quelle von Schadstoffen sei, sofern die Mikroorganismen sich entsprechend dem Milieu entwickeln können.

Im weitesten Sinne zählt auch Phytobergbau *(phytomining)* in die Kategorie dieses Abschnitts, und tatsächlich gibt es mehrere Hundert metallakkumulierende Pflanzen, darunter zahlreiche hyperakkumulierende wie *Thlaspi calaminare* für Zink oder *Thlaspi caerulescens* für Cadmium (Brooks et al. 1998). van der Ent et al. (2015) haben zuletzt Methoden vorgestellt, mit denen es möglich sein könnte, Metalle mittels Agrobergbau zu gewinnen. Doch schon Wilfried Ernst (1996, S. 166), der im März 2016 verstorbene Begründer der Biogeochemie, hat zusammengefasst: „Es liegt noch ein langer Weg vor uns, um von einem möglichen kleinmaßstäblichen zu einem realistischen großmaßstäblichen Ansatz zu gelangen."

Ohne Zweifel besitzen die biometallurgischen Verfahren ein großes Entwicklungspotenzial (Rohwerder et al. 2003; Temporärer Arbeitskreis Geobiotechnologie in der Dechema e. V. 2013; van der Ent et al. 2015), wie auch die EU-Projekte BioMinE oder BioHeap, die Mintek-Projekte in Südafrika oder der BIOX™-Prozess sowie die Anlagen von Codelco in Chile belegen (Abb. 5.4). Weitere kommerzielle Projekte gibt es an den Bergwerken Terrafame (ehemals Talvivaara, Nickel, Abb. 5.5) und Kittilä (Gold) in Finnland (Kauppila et al. 2013). Sie werden weiter an Bedeutung gewinnen, wenn es gelingt, Grubenwasser und Bergbauabfälle zum Rohstoff anstatt zum Abfall zu verwandeln. Ziel der Forschung müsste eine großtechnische Anlage auf der Basis der Erfahrungen seit den 1970er-Jahren sein, in der Grubenwasser entsäuert und die Metalle des Grubenwassers selektiv gewonnen werden.

In-situ- und Vor-Ort-Sanierungsmaßnahmen

6

6.1 Vorbemerkung

Bei den ersten Recherchen sah es so aus, als würde es nicht viele Publikationen zur In-situ- oder Vor-Ort-Sanierung von Bergwerken geben. Tatsächlich reichen die ersten Publikationen und Versuche zur In-situ-Sanierung aber etliche Dekaden zurück: Eine der älteste Publikation, die ich zum Thema finden konnte, datiert ins Jahr 1936 (Anonymus 1936) und behandelt den luftdichten Verschluss von Bergwerken, um die Pyritoxidation zu unterbinden. Ich sehe in den hier vorgestellten sieben Verfahren ein hohes Potenzial für künftigen Bergbau und für die Forschung. Manche Versuche scheinen auf den ersten Blick exotisch zu sein, andere sind über ein Laborstadium nicht hinausgekommen. Tatsächlich tut sich aber ein großes Spielfeld für künftige Forschungen auf. In allen Fällen erachte ich es jedoch als notwendig, zunächst die hydraulischen Verhältnisse in Tagebauen und Untertagebergwerken besser zu verstehen. Dazu sind Tracertests und numerische sowie analoge Modellierungen eine Grundvoraussetzung. Bei den Diskussionen mit Kollegen und Kolleginnen zeigte sich, dass auch Interesse an Verschlüssen von Entwässerungsstollen besteht. Ich habe daher den Abschn. 5.7.4 aus meinem früheren Buch übersetzt und hier überarbeitet mit aufgenommen (Wolkersdorfer 2008, S. 76–80). Einen guten, teilweise vertiefenden Überblick über einige der hier vorgestellten Maßnahmen geben Skousen et al. (2000) und, auch wenn es zeitlich noch ein wenig weiter zurückliegt, Kleinmann (1990b). Prinzipiell gilt natürlich, dass es am günstigsten ist, wenn wir das pyritreiche Material und das Wasser soweit wie möglich voneinander getrennt halten.

Begeben wir uns also in den nächsten sieben Abschnitten gemeinsam auf die Spielwiese.

C. Wolkersdorfer, *Reinigungsverfahren für Grubenwasser*,
https://doi.org/10.1007/978-3-662-61721-2_6

6.2 In-lake-Verfahren

6.2.1 Einleitung

Als In-lake-Verfahren können alle Verfahren bezeichnet werden, bei denen die Wasserqualität des Sees (z. B. Tagebaurestsee) im See selbst verbessert wird. Dazu zählen beispielsweise die Kalkung von Seen, Umfassungen *(enclosures)*, Zugabe von Natronlauge, die Reaktivierung von Schlämmen aus der Grubenwasserreinigung, die in Seen eingespült wurden, Unterstützung von sulfatreduzierenden Bakterien oder elektrochemische Verfahren.

6.2.2 In-lake-Kalkung

Mitunter wird die Kalkung von Tagebaurestseen zur Neutralisation des Seewassers als ein erstmalig in der Lausitz angewandtes Verfahren dargestellt (z. B. Neumann et al. 2007). Tatsächlich ist das Verfahren seit den 1980er-Jahren zur Kalkung natürlicher Seen in Skandinavien etabliert, worauf Pust et al. (2010) hingewiesen haben. Auch in den Vereinigten Staaten von Amerika und Kanada wurde das Verfahren bereits erfolgreich angewandt, bevor es in der Lausitz zum Einsatz kam. Details zur Kalkung von sauren Seen stelle ich in Abschn. 6.3 dar. Ich führe sie hier als einen eigenen Abschnitt an, da der „Kalk" in der Regel von außen dem See zugeführt wird und daher streng genommen kein In-lake-Verfahren vorliegt. Aber diese Definition und folglich Trennung der Abschnitte kann durchaus als akademisch angesehen werden.

6.2.3 Stimulierte Eisen- und Sulfatreduktion in Seen

Ziel der stimulierten Eisen- und Sulfatreduktion in Seen ist es, den gesamten See einer Behandlung zu unterziehen. Im Versuchsstadium kommen dazu *enclosures* zum Einsatz. Bei diesen Mikrokosmen oder Makrokosmen handelt es sind um unterschiedlich große Umfassungen, die in ein Oberflächengewässer eingebracht werden und in denen reaktives Material verschiedenartiger Zusammensetzung enthalten ist (andere Begriffe sind „Einschlüsse" oder In-situ-Versuchseinrichtung, pers. Mitt. Walter Geller 2013). In den Umfassungen kommt es zur mikrobakteriell katalysierten Sulfatreduzierung von Sulfat zu Sulfid und schließlich zum Ausfällen von Metallsulfiden. Für ihren Metabolismus verwenden die Mikroorganismen organisches Substrat, das sie oxidieren, und den Sauerstoff aus dem Sulfat im Wasser. Wichtig dabei ist, dass die Umfassungen unter anoxischen Bedingungen gehalten werden, damit die erwarteten Reaktionen zuverlässig ablaufen und es zu keiner Re-Oxidation der Ausfällungsprodukte kommt (Brugam et al. 1990). Bei der Oxidation des organischen Substrats werden Protonen gebunden, was zu einer Erhöhung des pH-Werts führt, und das entstehende H_2S kann mit den Metallionen im Wasser reagieren, die dann als Metallsulfide im Seesubstrat fixiert werden. Gerne wird das Verfahren als „passives" Verfahren dargestellt. Die im Abschnitt zu passiven Verfahren gegebene Definition greift jedoch nicht, da die zugegebenen Chemikalien gelegentlich erneuert werden müssen. Allein die Tatsache, dass eine Chemikalie zugegeben werden muss, um die Prozesse ablaufen zu lassen, schließt das Verfahren als passives Verfahren aus.

1988 wurden zur Reinigung von Grubenwasser im Restsee 8 der Kohlenzeche Will Scarlet (Illinois, USA) erstmals sechs zylindrische, jeweils 9,4 m^3 fassende und nach oben offene Umfassungen in dem See mit einem pH-Wert von 3,1 installiert (Brugam et al. 1990). Ziel dieser Installation war es, innerhalb eines klar definierten Bereichs im See Experimente zur Sulfatreduktion durchzuführen, deren Ablauf innerhalb der Versuchsbedingungen kontrollierbar ist. Neben einer Kontrollumfassung ohne Behandlung enthielten die anderen fünf Umfassungen Kalkstein (später durch Calciumhydroxid ersetzt), Stroh, Klärschlamm sowie Kombinationen von Kalkstein und Stroh sowie Klärschlamm. Die Autoren konnten im Verlauf des Versuchs nachweisen, dass die pH-Werte des Wassers in den Versuchen mit Stroh und „Kalk" angestiegen waren und das Sulfat reduziert wurde. Inwieweit sich diese Veränderungen dauerhaft einstellen lassen, konnten sie jedoch nicht herausfinden. In anderen Versuchen wurden neben Kalkstein oder Calciumhydroxid auch Ethanol, Carbokalk oder Brenztraubensäure (Pyruvat) verwendet (Frommichen et al. 2003).

Umfassungen (neben Mikrokosmen auch Makrokosmen) wurden zwischen 2001 und 2006 auch im Lausitzer Restsee 111 (Plessaer See) installiert, um zu testen, ob diese Methode geeignet ist, das saure Grubenwasser im See zu sanieren (Abb. 6.1). Dabei zeigte sich, dass die kleineren Umfassungen (circa 20 m^3) das Eisen reduzieren konnten, es in den größeren (circa 4500 m^3) hingegen zur Wiederoxidation des Eisensulfids kam (Geller et al. 2013, S. 237 f.; Koschorreck et al. 2006, S. 59). Neben Carbokalk setzten die Autoren auch Ethanol als Kohlenstoffquellen ein. Da das Verfahren bei allen bisherigen Versuchen keine nachhaltige Entsäuerung eines Restsees nachweisen konnte, muss es als akademisches Experiment angesehen werden, das für eine langfristige Sanierung von Tagebaurestseen derzeit nicht in Betracht kommt.

6.2.4 Elektrochemische und elektrobiochemische Behandlung

Alternativ können Elektronen einem System auch mithilfe von Elektrizität zugegeben werden. Die Anordnung der Kathoden und Anoden fungiert dann als Elektronendonator bzw. -akzeptor und die Mikroorganismen im Seewasser als Elektronentransporter (Abb. 4.9). Obgleich noch nicht alle Prozesse vollständig verstanden sind, die beim Elektronentransfer und der Energiegewinnung in Bakterien eine Rolle spielen, ist klar, dass diese Prozesse künftig vielfältig genutzt werden können (El-Naggar und Finkel

Abb. 6.1 Umfassungen („Makrokosmen“) unterschiedlicher Größe im Restsee 111. (Foto: Peter Radke, LMBV)

2013) – nicht nur bei der Grubenwasserreinigung. Die Rolle von Desulfobakterien, die in der Lage sind, Elektronen zu transportieren, wurde schon von Sisler et al. (1977) beschrieben. Einige wenige Beispiele, die z. T. den Begriff Elektrobiochemie noch gar nicht verwenden, weil er noch nicht geschaffen war, beschreibe ich in diesem Abschnitt.

Sisler et al. (1977) führten Laboruntersuchungen zur elektrobiochemischen Neutralisation von Seewasser durch. In ihren Experimenten unterstützten sie die biologische Sulfatreduktion, indem sie Strom durch Eisen- oder Platinelektroden leiteten. Die Grundlage dieser Idee ist, dass der See selbst eine elektrische Halbzelle darstellt, die sich aus dem organischen Seesubstrat, den Sulfationen im Wasserkörper und den Mikroorganismen aufbaut (in ihrem Fall *Desulfovibrio desulfuricans*). Durch den Einbau von Anode und Kathode ließ sich das Halbelement zur galvanischen Zelle umfunktionieren, die den pH-Wert des Seewassers im Labor von 2,4 auf 6 anhob.

Hilton et al. (1989) berichten über ein Experiment, bei dem ein 3000 m^2 großer Auffangteich für saures Wasser der kohlenreichen Abraumhalde der Zeche Buck Lilly (County Greenbrier, West Virginia, USA) elektrochemisch gereinigt werden sollte. Sie installierten ein Gitternetz von Elektroden im Teich und beobachteten nach einem anfänglich gescheiterten Versuch, dass aus dem Wasser Luftblasen austraten, als würde es kochen. Nach ein bis zwei Tagen musste der Schlamm geräumt werden (aus dem Text geht nicht eindeutig hervor, ob der Schlamm durch den Betrieb der elektrochemischen Anlage oder durch natürliche Sedimentation entstanden war). Beim Deinstallieren der

Anlage wurde diese so stark beschädigt, dass sie nicht mehr in der ursprünglichen Größe zum Einsatz kam. Die Betreiberin der Zeche Buck Lilly verwendete das System in kleinerem Maßstab jedoch zusammen mit der Neutralisation durch Natriumhydroxid.

Leider geben die Autoren keine Angaben zur Stromstärke oder Spannung, die sie eingesetzt hatten. Da sie jedoch von verendeten Amphibien schreiben, darf davon ausgegangen werden, dass Spannung und Strom über denen einer heute üblichen elektrochemischen Methode lagen (der Artikel von Tiff Hilton ist es wert, gelesen zu werden – er ist einfach herzerfrischend und regt zum Lachen an). Heute werden üblicherweise wenige Volt und 1 bis 2 A Spannung eingesetzt.

Adams und Peoples (2010) und Adams et al. (2012) geben vor, mit einer patentierten elektrobiochemischen Methode eine völlig neuartige Methode zur Reinigung von Grubenwasser gefunden zu haben. Ihnen gelang es in einer Anlage, die vom Prinzip her exakt der von Sisler et al. (1977) entsprach, die Wasserinhaltsstoffe Se, As und Nitrat zu entfernen, wobei sie 3 V Gleichspannung und wenige Microampere an Stromstärke verwendeten. Opara et al. (2014) berichten über ein Absinken des pH-Werts von 7,6 auf 6,4. Auch bei diesem Wasser ließ sich, neben anderen, *Desulfovibrio* sp. nachweisen. Leider machen die Autoren keine Angaben zur Lokalität ihrer Pilotanlage. Einer Pressemitteilung der University Utah (5. Januar 2011), der Homepage der Entwickler und einem Vortrag auf der Mine Design, Operations & Closure Conference 2014 ist lediglich zu entnehmen, dass die Pilotanlage im Jahr 2010 an einer aufgelassenen Goldmine (Landusky Mine, Montana) zum Einsatz kam und seither in zwei weiteren Pilotanlagen (Kohlenzeche und vermutlich eine porphyrische Kupferlagerstätte) getestet wurde. Insgesamt besteht die Anlage aus einer Vor- und Nachbehandlung, der Zugabe von Nährstoffen sowie einem Absetzbecken oder Filterung (Abb. 6.2), wobei über die einzelnen Schritte keinerlei Details veröffentlicht sind.

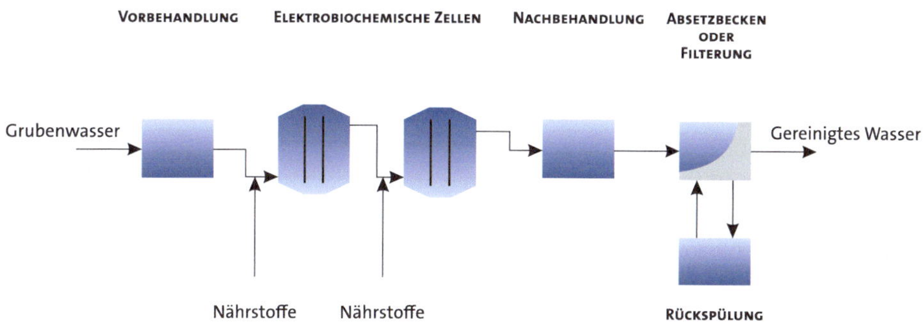

Abb. 6.2 Prinzip der elektrobiochemischen Wasserbehandlung. (Verändert nach Firmenprospekt Inotec Inc., Salt Lake City, USA)

6.3 Chemische Maßnahmen zur Schadstoffreduzierung

6.3.1 Behandlung von sauren Seen

Bei der chemischen Behandlung von sauren Seen wird dem Seewasser entweder eine Chemikalie zugegeben, die den Chemismus des Seewassers verändern soll, oder es wird calciumhaltiger Schlamm (idealerweise CaO) im See selbst aufgenommen und versprüht (Letzteres als In-lake-Verfahren bekannt). Auch der Eintrag von gasförmigem CO_2 zum Aufbau eines Puffers aus Hydrogencarbonat ist möglich und erfolgreich erprobt. In den weitaus meisten Fällen ist das Ziel der chemischen Behandlung, den pH-Wert des Sees anzuheben, wodurch die Prozesse ablaufen, die oben unter Neutralisation beschrieben sind. Wichtig dabei ist, dass das ökologische Gleichgewicht im Tagebaurestsee so wenig wie möglich gestört wird. Folglich sollten hochaktive Chemikalien wie Natriumhydroxid oder gelöschter „Kalk" nur ausnahmsweise verwendet werden (Geller et al. 2013). Bei den Sanierungen in der Lausitz hat sich gezeigt, dass dem Monitoring des Seechemismus eine wichtige Bedeutung zukommt. Dadurch lässt sich die Zugabe des Neutralisationsmittels überwachen und den jeweils gemessenen Parametern entsprechend anpassen (Benthaus et al. 2020, Luckner und Totsche 2017; Märten 2006; Merkel et al. 2010). Außerdem ist es dadurch möglich, kontinuierlich Daten für ein numerisches Seewassermodell zu gewinnen, um mit dem Modell den Sanierungsfortschritt nachzubilden. Anhand einer Auswahl von Fallbeispielen will ich Ihnen das Verfahren hier näherbringen, da – anders als bei anderen Verfahren – eine allgemeingültige Verfahrensbeschreibung nicht ohne Weiteres machbar ist und nicht jedes Verfahren für jeden beliebigen See geeignet ist.

Erste chemische Behandlungen von Seen gab es in den 1970er-Jahren im Zusammenhang mit der Diskussion um sauren Regen. Nahezu 1000 Seen wurden in Schweden zwischen 1976 und 1979 durch Kalkung behandelt (Bengtsson et al. 1980), und bis 1991 waren es schon zwischen 6300 und 8000 Seen (Geller et al. 2013; Henrikson und Brodin 1995; Lydersen et al. 2002). Um den pH-Wert des Sees anzuheben, erwiesen sich 10–20 g $CaCO_3$ pro Kubikmeter Seevolumen als geeignet. Dazu kamen zwischen 50 und 75 kg $CaCO_2$ auf 10.000 m^2 des Sees zum Einsatz, der etwa fünf Jahre vorhielt und neben Kalkstein auch Dolomit, Natriumhydroxid oder Olivin beinhaltete. Der größte dadurch sanierte See war der schwedische Undensee (Edsån) mit einem Volumen von etwa $3 \cdot 10^9$ m^3 (Tab. 6.1). In der Lausitz und im Mitteldeutschen Revier sind zwischenzeitlich über ein Dutzend Seen mit Neutralisation oder In-lake-Technologie behandelt worden (Benthaus et al. 2020, Luckner und Totsche 2017).

Im Gegensatz zu versauerten natürlichen Seen ist die Säurekonzentration in Tagebaurestseen ungleich größer und durch erhöhte (Halb-)Metallkonzentrationen gekennzeichnet, die in natürlichen Seen üblicherweise fehlen. Ein weiterer Unterschied zwischen den Seen Skandinaviens und den Tagebaurestseen ist in der Regel der kontinuierliche Zustrom sauren Grundwassers aus den pyrithaltigen Bereichen der

Tab. 6.1 Auswahl von sauren Seen, deren Wasserqualität durch die Zugabe von Chemikalien verändert wurde (verändert und ergänzt aus Geller et al. 2013)

Name des Sees	Volumen 10_6 m³	$k_{B4,3}$ mmol	Chemikalie	pH-Wert-Änderung	Quelle
Undensee (Edsån)[a]	3000	–	$Ca(OH)_2$	–	Bengtsson et al. (1980)
Ortasee[b]	1300	0,77	$CaCO_3$	4,3 → 6,8	Calderoni und Tartari (2000)
Island Copper Bergwerk[c]	241	–	Dünger	Cu↓, Zn↓	Fisher und Lawrence (2006)
Restsee Skado[d]	123	3,3	CaO	3,0 → 3,6	Luckner und Totsche (2017)
Restsee Scheibe[e]	110	–	$CaCO_3 + CO_2$	–	Strzodka et al. (2016)
Restsee Koschen[f]	82	1,6	$CaCO_3$	3,0 → 3,5	Benthaus und Uhlmann (2006)
Restsee Lohsa[g]	44	2,9	$Ca(OH)_2$	2,7 → 5,4	www.LMBV.de
Restsee Burghammer[h]	36	2,34	$CaCO_3$, $Ca(OH)_2$	2,9 → 8	Pust et al. (2010)
Restsee Bockwitz[i]	18	8,1	Na_2CO_3	2,7 → 7,1	Roenicke et al. (2010)
M4E pit lake[j]	8,2	–	$Ca(OH)_2$	3 → 6	Gautama et al. (2014)
Rävlidmyran See[k]	0,53	–	$Ca(OH)_2$	3,7 → 7,5	Lu (2004)
Anchor Hill See[l]	0,3	–	CaO, NaOH	3 → 7	Lewis et al. (2003); Park et al. (2006)
Restsee Sleeper[m]	–	–	CaO	5 → 8	Dowling et al. (2004)

[a]Schweden, [b]Italien, [c]Vereinigte Staaten von Amerika, [d]Deutschland: Partwitzer See, [e]Deutschland: Scheibe-See, [f]Deutschland: Geierswalder See, [g]Deutschland: Speicherbecken Lohsa II, [h]Deutschland: Bernsteinsee, [i]Deutschland, [j]Indonesien, [k]Schweden, [l]Australien, [m]Vereinigte Staaten von Amerika: Kalkung während der Flutung des Restsees

Tagebaukippen, was prinzipiell eine Sanierungsstrategie voraussetzen würde, die direkt an den Kippen ansetzt (Merkel 2005). Daher ließ sich die in Skandinavien angewandte Methode erst nach Anpassungen für Tagebaurestseen anwenden (Pust et al. 2010). Der erste in Deutschland chemisch sanierte saure Tagebaurestsee war der 176 ha große Steinberger See bei Wackersdorf (Aalto et al. 2017; Hemm et al. 2002; Weilner 2013). Dort wurde 1985 Kraftwerksasche aus dem Braunkohlenkraftwerk Schwandorf eingespült, ohne jedoch eine nachhaltige Erhöhung des pH-Werts zu erreichen. Nachdem der pH-Wert von ursprünglich 3,4–4 auf maximal 10,4 angehoben werden konnte, fiel er nach zwei Jahren wieder auf 4,6 ab, um sich im Jahr 1999 schließlich auf 3,9 und Anfang 2012 durch natürliche Selbstreinigung auf 6,5 einzustellen (Körtl 2012).

Uhlmann et al. (2001, S. 45 f.) haben mittels PHREEQC die Entwicklung des pH-Werts im Restsee Sedlitz (Sedlitzer See) modelliert. Wie zu erwarten, konnten sie zeigen, dass Natriumhydroxid und gelöschter Kalk die schnellste Neutralisation und Kalkstein die langsamste hervorrufen. Um die Kinetik der Reaktionen zu untersuchten, führten sie ergänzende Laborversuche mit Natriumhydroxid, Kreidekalk und Soda durch, die die gleichen Ergebnisse erbrachten wie alle anderen derartigen Versuche (siehe Abschn. 2.5). Die wichtigere Frage der Nachhaltigkeit solcher chemischen Seebehandlungen ließ sich zum damaligen Zeitpunkt nicht ausreichend modellieren, da zu wenige Daten vorlagen, die als Eingangsparameter für eine Modellierung hätten fungieren können. Vielmehr war es nötig, In-situ-Experimente an den Seen durchzuführen, um die Methode im Originalmaßstab auszuprobieren und mit einem intensiven Monitoring zu begleiten (Benthaus und Uhlmann 2006). Dennoch blieben die Ergebnisse der Kalkung zunächst hinter den Erwartungen zurück. Merkel et al. (2010), Schipek (2011) und Schipek et al. (2011) haben in einem Forschungsprojekt die Möglichkeiten untersucht, mit denen die Kalkung der Seen eine größere Nachhaltigkeit zeigt. Dazu verwendeten sie numerische Modellierungen und ein umfangreiches Monitoring in Verbindung mit Labor- und Geländeuntersuchungen. Sie konnten zeigen, dass die Neutralisierung von Restseen beispielsweise durch Nutzung optimaler Windverhältnisse deutlich verbessert wird. Eine weitere Verbesserung der Sanierung lässt sich erreichen, indem zusätzlich zum Neutralisationsmittel CO_2 verwendet wird. Das CO_2 reagiert mit dem CaO zu $CaCO_2$ (Summe der Gl. 6.1 und 6.2), das sich wiederum im Grubenwasser löst und somit zur Bicarbonatalkalinität des Restsees beiträgt (Gl. 6.3). Schon Watten und Schwartz (1996) wiesen nach, dass die Vorbehandlung von Sauerwasser mit CO_2 die Auflösungsrate von Kalkstein deutlich erhöht und somit die Neutralisation des Sauerwassers optimiert werden kann:

$$CaO + 2\,H^+ \rightarrow Ca^{2+} + H_2O \tag{6.1}$$

$$CO_{2(g)} + H_2O \rightarrow 2\,H^+ + CO_3^{2-} \tag{6.2}$$

$$H^+ + CO_3^{2-} \rightarrow HCO_3^- \tag{6.3}$$

Dieses Prinzip verwenden Strzodka et al. (2016) am Scheibe-See, wo eine Kombination aus CO_2 und Kalk zum Einsatz kam (Abb. 6.3). Das Neutralisationspotenzial des Sees konnte dabei von 0,1 mol m^{-3} auf 0,8 mol m^{-3} nach dem Experiment angehoben werden.

Prinzipiell kamen bislang zwei unterschiedliche Verfahren zum Einsatz, um den pH-Wert von Tagebaurestseen anzuheben: externe Zugabe alkalischen Materials sowie Verteilung von alkalischem Seesediment im See. Um dem See externes, alkalisches Material zuzufügen, dienen entweder Schiffe, die das alkalische Material im See verteilen (z. B. Bernsteinsee; Lichtenauer See), oder schwimmbare Schlaucheinheiten mit landbasierten Zugabestationen wie beispielsweise am Scheibe-See (Abb. 6.3, 6.4) oder Drehnaer See

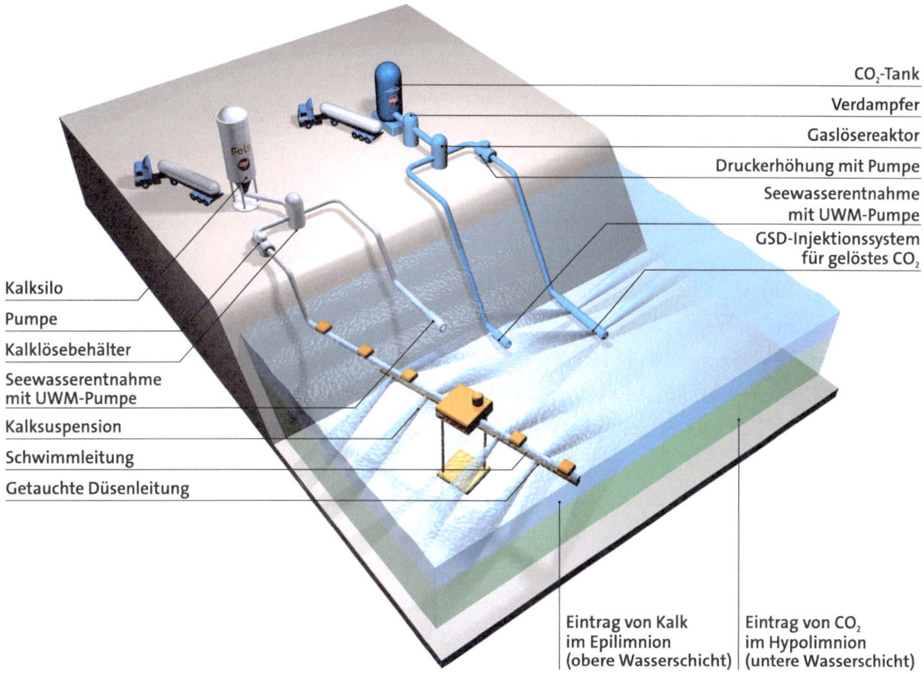

Abb. 6.3 Neutralisations- und CO_2-Zugabestation am Scheibe-See. (Verändert aus Strzodka et al. 2016, Abbildung: GMB GmbH).

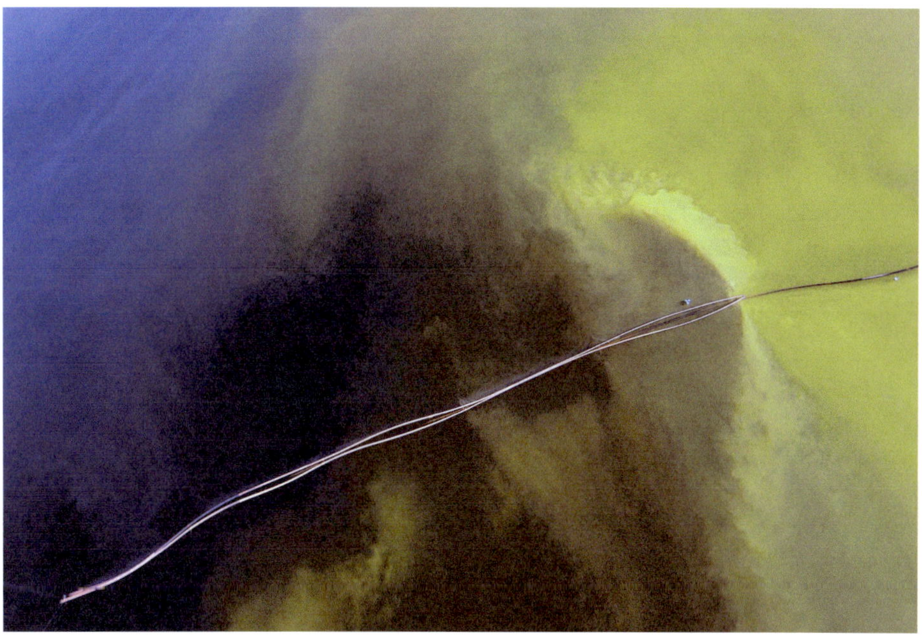

Abb. 6.4 Einspülen von gelöschtem Kalk in den Scheibe-See im November 2010 über Schlauchleitungen und eine landgestützte Zugabestation. (Bildbreite etwa 500 m; Foto: Peter Radke, LMBV)

(Koch und Mazur 2016). Bei dem alkalischen Seesediment kann es sich entweder um im See abgelagerte Schlämme von Grubenwasserreinigungsanlagen (Benthaus und Uhlmann 2006) oder um Flugaschen handeln (z. B. Koch 2010; Koch et al. 2008; Loop et al. 2003; Schipek et al. 2006; Schipek et al. 2007; Werner et al. 2006).

Erstmals kam im Jahr 2004 in Sachsen ein In-lake-Verfahren zum Einsatz, als der Bockwitzer See (ehemals Restsee Borna Ost) im Mitteldeutschen Revier mittels Soda behandelt wurde (Neumann et al. 2007). Der pH-Wert des Sees wurde dadurch zwischen 2004 und 2008 allmählich von 2,7 auf 7,1 angehoben und die Basenkapazität von 8 mmol L^{-1} auf 0,5–1 mmol L^{-1} erniedrigt (Roenicke et al. 2010). Bis zum Jahr 2011 stabilisierte sich der pH-Wert auf 6,0–6,5, um nach Ende der Sodazugabe bis 2012 auf 5–6 abzusinken (Heinrich et al. 2011; Ulrich et al. 2012). Insgesamt wurde der See mit 15 kt Soda behandelt, ohne dass sich die ursprünglich prognostizierte langfristige Neutralisation des Seewassers einstellte. Gründe dafür sind möglicherweise in höheren Säurefrachten aus den umgebenden Sedimenten, dem Grundwasser oder in Ionenaustauscherreaktionen zu sehen. Ohne Zweifel haben die unerwarteten Schwierigkeiten bei der Neutralisierung des Sees erheblich dazu beigetragen, die Mechanismen in diesem See besser zu verstehen und das Verfahren auf andere Restseen übertragen zu können.

Im Restsee Koschen (Geierswalder See) wurde im Jahr 2004 der alkalische Schlamm aus der Grubenwasserreinigung umgewälzt und mittels Sprühregnern im See verteilt. Aus der chemischen Analyse ergibt sich, dass sich der Schlamm zu 85 % aus Calcit und Portlandit zusammensetzt. Insgesamt konnten mit dieser Technik 520.000 m^3 Schlamm umgearbeitet werden. Offensichtlich wird die Schlammsuspension besser im See verteilt, wenn zusätzlich die im See vorhandenen Strömungen unterstützend genutzt werden. Mit der Methode gelang es, den pH-Wert um 0,5 Einheiten von 3,0 auf 3,5 anzuheben (Benthaus und Uhlmann 2006).

Im Restsee Burghammer (Bernsteinsee) besteht das Seesediment im Wesentlichen aus CaO-reichen Flugaschen eines Kohlenkraftwerks. Dort fand im Jahr 2007 ein Pilotversuch zur Seewasserneutralisation statt, bei dem das 4–8 m mächtige Seesediment mit einem Schwimmbagger aufgenommen, mit CO_2 zur Unterstützung der Neutralisationsreaktion versetzt und über eine 150 m lange Schlauchleitung wieder im See verspült wurde. Wie die Auswertung des Pilotversuchs Bernsteinsee zeigt, müssten jedoch erhebliche Mengen der Flugasche im See umgearbeitet werden, um den pH-Wert des Sees auf Dauer in den zirkumneutralen Bereich anzuheben (Koch 2010; Koch et al. 2008). Da die Pilotversuche keine ausreichende Neutralisierung hervorriefen, wurde der Bernsteinsee mittels Kalkzugabe über Schiffe neutralisiert (Schipek et al. 2011). Seit Beginn der Flutung des Sees haben sich pH-Werte um die 3 eingestellt (Schipek 2011), die durch eine Neutralisation mit 10 kt fein vermahlenem Kalkstein und 1 kt Calciumhydroxid auf zunächst pH 8 angehoben werden konnten. Zufließendes, saures Grundwasser machte jedoch eine weitere Neutralisation des Sees mit etwa 0,5 kt Calciumhydroxid notwendig (Pust et al. 2011). Mit dem Gewässerbehandlungsschiff „Klara“, dessen Konstruktion auf den langjährigen Erfahrungen der LMBV und ihrer Partner besteht, verfügt die LMBV nunmehr über eine Schiffseinheit, die einen nahezu kontinuierlichen Einsatz in der erweiterten Restlochkette und dem Senftenberger See ermöglicht. Dieses Schiff ist in der Lage, etwa 40 kt Neutralisationsmittel in die Seen einzubringen, wobei die Umlaufzeit etwa eine Stunde beträgt. Einer der ersten mit „Klara" neutralisierten Seen war der Partwitzer See, wobei durch 13 kt Branntkalk der pH-Wert von 3,0 auf 3,6 angehoben und die Basenkapazität von 3,3 auf 0,4 mmol L^{-1} gesenkt werden konnten (Benthaus et al. 2020, Luckner und Totsche 2017).

Im Rahmen des Big Gorilla-Projekts wurde der Big Gorilla-Restsee (Schuylkill County, Pennsylvania, USA) mit Flugaschen gefüllt und der pH-Wert von 3,6 auf 11,0 angehoben (Loop et al. 2003, 2007). Der Tagebaurestsee hatte ein Volumen von 45.000 m^3 und stand mit dem Tiefbau auf Anthrazit in Verbindung, ohne dort jedoch eine Erhöhung des pH-Werts im Grubenwasser nach sich zu ziehen (Loop 2004). Um den See mit Flugaschen zu füllen, waren zwischen 1997 und 2004 etwa 3 Mt Flugasche aus dem nahegelegenen Kraftwerk der Northeastern Power Company nötig (Loop et al. 2007). Vorausgegangen waren umfangreiche mineralogische und chemische Untersuchungen der Flugaschen. Außer der Erhöhung des pH-Werts erniedrigten sich vor allem die Konzentrationen der möglicherweise toxischen Wasserinhaltsstoffe. Im Vorfluter veränderte sich jedoch der Chemismus seit dem Einbringen der Flugasche, wobei vor allem die Calcium- und Sulfatkonzentrationen anstiegen. Ob dies auf das Einbringen der Flugasche oder aber die gleichzeitige Sanierung des gesamten Bergbauareals zurückzuführen ist, ließ sich nicht nachweisen. Im Vergleich zu den potenziellen Auswirkungen von Sauerwasser auf den Vorfluter mögen die Auswirkungen allerdings kurzfristig hinnehmbar sein (siehe auch Abschn. 6.7).

6.3.2 Chemische Vor-Ort-Maßnahmen

Obwohl es zahlreiche Experimente gab, die Entstehung sauren Grubenwassers mit chemischen Maßnahmen vor Ort zu verhindern, ist es bislang nicht dauerhaft gelungen, dieses zu unterbinden. Einige Beispiele schildere ich in Abschn. 6.6 über „In-situ-Sanierung von uranhaltigen Gruben- und Sickerwässern".

Vom ehemaligen U. S. Bureau of Mines gab es in den 1970er- und 1980er-Jahren Versuche, die mikrobiellen Aktivitäten mittels Bakteriziden einzudämmen. Da die mikrobielle Katalyse die Pyritverwitterung um den Faktor eine Million beschleunigt, hätte dies zur Folge, dass die Kinetik des Prozesses deutlich langsamer abläuft. Dies hat sich als vorteilhaft erwiesen, wenn man die Sauerwasserbildung in Tagebauen verhindern will, wo disulfidreiche Partien über einen gewissen Zeitraum offengehalten werden müssen, ohne zu große Mengen an Sauerwasser zu produzieren (Skousen et al. 2000). Wie Kleinmann und Erickson (1982) zeigen konnten, verhindern anionische Tenside wie beispielsweise Natriumlaurylsulfat ($C_{12}H_{25}NaO_4S$) die mikrobielle Pyritoxidation, da sie die Proteine der Mikroorganismen denaturieren. Sie konnten zeigen, dass die Pyritoxidation in Abraum aus dem Kohlenbergbau deutlich zurückging. Langfristig ist diese Methode jedoch nur bedingt in der Lage, die Bildung von saurem Grubenwasser einzudämmen. Gusek und Plocus (2015) zeigten allerdings am Beispiel des sanierten Kohlenbergwerks

Fisher in Pennsylvania (USA), dass die Zugabe von Bakteriziden einhergehend mit einer umfassenden geologischen, chemischen und geophysikalischen Charakterisierung des Sanierungsobjekts auch nach 15 Jahren noch erfolgreich sein kann.

Apatitstaub, der auf potenziell sauerwasserbildende Partien in einem Bergwerk aufgebracht wird, vermindert die Entstehung von Acidität um bis zu 96 %, wobei ein Verhältnis von 3 zu 1000 ausreichend ist (Kleinmann 1990b). Diesen Effekt konnte Evangelou (1995, S. 221 ff.) in Laborexperimenten bestätigen und erklären.

6.4 Rückspülung von Schlämmen, Reststoffen oder Kalkmilch

Im Unterschied zum vorherigen Abschnitt, bei dem es um die gezielte Zugabe von alkalischem Material in Restseen zur Qualitätsverbesserung ging, will ich Ihnen in diesem Abschnitt Fallbeispiele aufzeigen, die nicht *primär* zur Qualitätsverbesserung von Grubenwasser beigetragen haben. Wie im dortigen Abschnitt lässt sich auch hier keine allgemeingültige Beschreibung geben, sodass ich erneut ausgewählte Fallbeispiele diskutieren werde.

Dünn- oder Dickschlamm kann alkalisches Material in Konzentrationen aufweisen, der ihn für die Pufferung von Sauerwasser in einem Untertagebergwerk oder einem sauren Restsee auszeichnet. Diese Reststoffe können daher rückverspült werden, sofern sie ökologisch unbedenklich sind (Aubé et al. 2005; Coal Research Bureau 1971, S. 73 ff.; Hansen 1998; Kostenbader und Haines 1970; Wolkersdorfer und Baierer 2013). Auch Jäger et al. (1990, 1991) haben unmissverständlich herausgestellt, dass eine untertägige Verbringung von Reststoffen nur dann zugelassen werden sollte, wenn „die … enthaltenen Schadstoffe mit hinreichender Sicherheit über einen genügend großen Zeitraum hinweg … von der Biosphäre ferngehalten werden können. Prinzipiell sind diese Sicherheiten umso eher gegeben, je tiefer im Untergrund und damit je weiter entfernt von der Biosphäre die Ablagerung erfolgt, da die in jedem Fall anzunehmenden Stoffkreisläufe … entsprechend viel langsamer vor sich gehen“ (Jäger et al. 1991, S. V/1).

Über die Rückspülung von Schlämmen aus einer Grubenwasserreinigungsanlage erschien 1967 der erste Bericht (Young und Steinman 1967, S. 478). Im Jahr 1966 hatte die Vesta-Shannopin Coal Division der Jones and Laughlin Steel Corporation damit begonnen, an der Zeche Vesta № 5 (Thompson Bohrloch, Pennsylvania, USA; zwischen Marianna und Beallsville an der PA-2011) Grubenwasser mittels Neutralisation zu reinigen. Dabei fielen große Mengen an Schlamm mit nur 6 % Feststoffkonzentration an, die sich aus räumlichen Gründen nicht in der Nähe der Aufbereitungsanlage ablagern ließen. Mit behördlicher Genehmigung wurde dieser Schlamm per Lkw zu der nahegelegenen, geschlossenen Zeche Vesta № 6 transportiert und über ein Bohrloch in den dortigen Flutungsraum gepumpt. Ob sich die Wasserqualität in der Zeche Vesta № 6 verbesserte, ist nicht bekannt.

Ein weiterer Test erfolgte an der Driscoll № 4 Mine in Pennsylvania, USA (Scott und Hays 1975, S. 234–237; Stoddard 1973). Nach anfänglichen Labortests, die zeigten, dass das Verspülen von basischem Schlamm zu einer Verbesserung der Wasserqualität führte, begann 1970 der Test an der Mine. Obwohl der pH-Wert beim ersten Feldversuch auf 11–12 anstieg, gelang es bei zwei weiteren Versuchen nicht, den vorhergesagten pH-Wert von 11 einzustellen. Vielmehr blieb der pH-Wert mit pH 3–5 niedrig. Gründe dafür, dass der Schlamm nicht zu einer Verbesserung der Wasserqualität führte, sind vermutlich, dass sich der Schlamm im gefluteten Bergwerk absetzte und keinen weiteren Kontakt mit dem Grubenwasser bekam. Leider geben weder Jones und Ruggeri (1969) noch Stoddard (1973) Angaben zum Chemismus des Grubenwassers während und nach dem Experiment, sodass über Verbesserungen der Wasserqualität keine Aussagen möglich sind. Meines Erachtens ist dies ein weiteres Beispiel dafür, dass solche Tests nur dann durchgeführt werden sollten, wenn die hydrodynamischen Verhältnisse im Bergwerk gut genug erkundet wurden (Wolkersdorfer 2008, S. 268).

Andere Reststoffe, die in Bergwerke rückverspült wurden, um den pH-Wert anzuheben, sind Flugasche in Untertagebergwerke (Ashby 2001; Golden et al. 1996; Gray 1997, 1998; Gray et al. 1997; Loop et al. 2003) oder Tagebaue (Geller et al. 2013, S. 233 ff.; Uhlmann et al. 2001, S. 45, 65; Unger und Wolkersdorfer 2006). Es hat sich gezeigt, dass Rückspülung in der Regel eine positive Rückkopplung auf den Chemismus des Grubenwassers hervorruft (Aljoe und Hawkins 1993, S. 36). Nur in seltenen Fällen führt die Injektion alkalischen Materials in ein Untertagebergwerk zu einer Verschlechterung des Wasserchemismus, oder es werden gar keine Auswirkungen auf den Chemismus beobachtet (Ziemkiewicz 2006, S. 65). Dennoch wird das Thema regelmäßig diskutiert, da in den Aschen selbst potenziell toxische Elemente enthalten sind, die durch die üblichen Eluationsversuche mobilisiert werden. In keinem der vorgestellten internationalen oder mir bekannten Fälle kam es allerdings zu Überschreitungen von relevanten Grenzwerten. Grund dafür ist vermutlich der gleiche wie der im letzten Absatz dieses Abschnitts genannte.

Durch die im Schlamm enthaltenen, teilweise unreagierten alkalischen Materialien lässt sich ein Teil der juvenilen Säure im Grubenwasser puffern. Dies hat zur Folge, dass der pH-Wert des Grubenwassers noch im Grubengebäude oder im Tagebau steigt und Metalle oder Halbmetalle ausfallen oder kopräzipitieren. Erfahrungsgemäß steigt der pH-Wert nur um einen kleinen Betrag an, wohingegen die Säurekapazität des Grubenwassers deutlicher ansteigt.

Bei der Injektion von Reststoffen, die nicht aus der Grubenwasserreinigung stammen, gab es in den Vereinigten Staaten von Amerika rechtliche Probleme, die auf mehreren Konferenzen diskutiert wurden und schließlich zur Ausarbeitung von Richtlinien führten (Vories und Harrington 2004, 2006). Einige Autoren weisen darauf hin, dass es aus wissenschaftlicher Sicht keine Probleme mit dem Austrag von potenziellen Schadstoffen gibt und sie auch nicht nachweisbar waren. Sobald die interessierte Bevölkerung jedoch Bedenken anmeldet, empfiehlt es sich, auf ein Projekt zu verzichten oder es einzustellen. Im Falle der Zeche Mettiki führte dies dazu, dass die untertägige Injektion alkalischen Materials im Jahre 2002 nach fünf Jahren Einspülung gestoppt werden musste, da die Bevölkerung befürchtete, dass von den eingespülten Schlämmen eine Umweltgefährdung durch mögliche toxische Bestandteile ausgehen könnte (Ziemkiewicz und Ashby 2007).

Seit Dezember 1990 wurden in das Bergwerk Elbingerode im Harz (Grube Einheit) Reststoffe der dortigen Grubenwasserreinigungsanlage eingespült. Durch intensive Laboruntersuchungen und chemisch-thermodynamische Modellierung sowie Messungen im Grubenwasser ließ sich keine negative Auswirkung auf den Chemismus des Grubenwassers nachweisen (Hansen 1998; Klinger et al. 2000). Das Einspülen von Reststoffen in tiefere Bereiche des Grubengebäudes kann folglich als eine geeignete Möglichkeit angesehen werden, Eisenoxihydratschlamm zu entsorgen und der Anthroposphäre zu entziehen. Gleichwohl werden sich durch die Flutung des Bergwerks keine Verhältnisse einstellen, die denen der präbergbaulichen Situation entsprechen (Groß und Knolle 2011).

Wolkersdorfer und Baierer (2013) zeigten am Beispiel des Flussspatbergwerks Straßberg/Harz, welche positiven Auswirkungen die Rückspülung von Schlämmen aus der Grubenwasserreinigung auf die Wasserqualität hat. Anhand von Laborversuchen, numerischer Modellierung und Messungen am Bergwerk ließ sich zeigen, dass bereits kleinste Mengen von 0,5–1 % an alkalireichem Schlamm in der Lage sind, den pH-Wert des Grubenwassers zu puffern. Der partikuläre Schlamm hingegen verbleibt im Grubengebäude, da die effektiven Geschwindigkeiten des Grubenwassers nicht ausreichen, um den abgelagerten Schlamm erneut zu transportieren. Es muss jedoch sichergestellt sein, dass der Schlamm ausreichend Zeit hat, sich im Grubengebäude abzusetzen, bevor er in die Nähe eines Hauptschachts gelangt. Hinsichtlich der notwendigen Schlammmenge kamen Aubé et al. (2005) zu gleichen Ergebnissen. Unabhängig von der Menge des zugegebenen Schammes konnten sie im Laborexperiment nachweisen, dass sich die relevanten Metallkonzentrationen im Grubenwasser erniedrigten.

Přikryl et al. (1999) modellierten numerisch mit dem Fluiddynamikprogramm FIDAP 7.5, wie sich eingebrachte Reststoffe in einem Bergwerksschacht ausbreiten werden. Demzufolge würde der Austrag der Reststoffe einen geologischen Zeitraum in Anspruch nehmen. Dies jedoch steht gänzlich im Widerspruch zu den Ergebnissen meiner eigenen Traceruntersuchungen in gefluteten Bergwerken. Der Grund für den Widerspruch ergibt sich aus der Annahme der Autoren, der Hauptschacht sei eine einzige Röhre. Aus deren Abb. 1 geht jedoch hervor, dass das Bergwerk zwei Schächte hat, die miteinander verbunden sind. Auch zahlreiche Messungen der Konzentrationsausbreitung von Wasserinhaltsstoffen belegen, dass der Austrag von eingebrachten Stoffen in ein Bergwerk relativ schnell vonstattengehen kann (vgl. Wolkersdorfer 1996, 2008). Anders ließe sich nicht erklären, warum beispielsweise in Straßberg das Einbringen des Schlamms eine positive Auswirkung auf den Wasserchemismus hat (Wolkersdorfer und Baierer 2013). Wäre der Transport langsam, käme es zu keiner Vermischung des Schlamms mit dem Grubenwasser und schließlich dem positiven Effekt auf dessen Qualität.

Bevor eine Einspülung von alkalischem Material in ein Untertagebergwerk vorgesehen ist, sind detaillierte hydrogeologische Untersuchungen nötig. Diese sollten neben den üblichen wasserchemischen Parametern die hydraulischen Verhältnisse im Bergwerk berücksichtigen. Dazu bieten sich Versuche mit natürlichen oder künstlichen Tracern an (Wolkersdorfer 2008). Canty und Everett (1998) führten in der Howe-Wilburton-Kohleprovinz (Oklahoma, USA) einen Tracertest mit Rhodamin WT und Natriumchlorid zur Begleitung einer geplanten Einspülung von Flugaschen durch. Es gelang ihnen, die hydrodynamischen Verhältnisse dieses Bergwerks zu beschreiben. Aljoe und Hawkins (1993) untersuchten ebenfalls die hydraulischen Verhältnisse im Zusammenhang mit dem Einspülen von alkalischem Material in ein Untertagebergwerk. Sie kommen zu dem Schluss, dass es nötig ist, derartige Untersuchungen oder die Vorbereitungen für eine Injektion alkalischen Materials möglichst noch in der aktiven Phase des Bergbaus durchzuführen. Wie sich zeigte, ist der Zugang zu bereits geschlossenen und gefluteten Bergwerken problematisch, und die Einspülung des alkalischen Materials zeigte ebenfalls keinen Erfolg.

Neben den vorgenannten Reststoffen lässt sich auch direkt „Kalk" oder Kalkstein in ein Bergwerk einbringen. Besonders in den Fällen, in denen ein Verschluss des Bergwerks erforderlich ist – sei es aus sicherheitsrelevanten Gründen oder im Zuge von landschaftsgestalterischen Maßnahmen –, bietet es sich an, den Zugang zum Bergwerk mit Kalkstein zu verschießen. Burnett und Skousen (1996) diskutieren einen Fall, in dem Kalkstein in ein Bergwerk verbracht wurde und die Qualität des austretenden Grubenwassers verbesserte.

Am Beispiel des anthropogen entstandenen Velenjesees (Velenjsko jezero) westlich von Velenje (Wöllan) im slowenischen Šalektal, in den die Flugaschen des Braunkohlenkraftwerks Šoštanj (Schönstein) eingespült werden, lassen sich die negativen Auswirkungen unkontrollierter Einspülung alkalischen Materials ablesen (Stropnik et al. 1991). Dort führte die Ablagerung der suspendierten Flugaschen zu einer Erhöhung des pH-Werts im Velenjesee bis auf 12, wobei sich zeigte, dass dies in erster Linie auf den hohen Wassergehalt in der Suspension zurückzuführen war. Dieser war nötig, um die Aschen mittels einer Pipeline vom Kraftwerk zum 2 km entfernten See zu transportieren. Durch eine Umstellung des Transports und der Ablagerung der Flugaschensuspension gelang es, den pH-Wert allmählich abzusenken, sodass er seit 2004 zwischen 7 und 9 schwankt (Šterbenk et al. 2011; Šterbenk und Ramšak 1999).

Stellt sich die Frage, woran es liegt, dass sich der ins Bergwerk eingebrachte Schlamm aus der Grubenwasserreinigung nicht auflöst und das Eisen sowie die mit ausgefallenen Metalle und Halbmetalle nicht in das Grubenwasser übergehen? Aubé et al. (2005) führen dies darauf zurück, dass das Grubenwasser bereits im Gleichgewicht mit dem Eisen steht und es folglich zu keinen Lösungsprozessen kommt. Ein weiterer Grund könnte sein, dass sich im alkalischen Schlamm lokal ein alkalisches Milieu ausbildet, das ebenfalls einer weiteren Auflösung der Eisenphasen und der Kopräzipitate entgegenwirkt. Darauf weisen auch die Laboruntersuchungen und Modellierungen von Wolkersdorfer und Baierer (2013) hin. Folglich steht der untertägigen Einlagerung von Grubenwasserschlämmen wohl nichts entgegen.

6.5 Sanierung verunreinigter Fließgewässer

Fließgewässer sind neben dem Grundwasser in der Regel der endgültige Empfänger von bergbaubeeinflusstem Wasser. Bei der Art des Zutritts in das Fließgewässer handelt es sich in der Regel um oberirdische Zutritte durch Stollen oder Reinigungsanlagen. In selteneren Fällen kommt es zu diffusen Zuflüssen von bergbaubeeinflusstem Grundwasser in ein Oberflächengewässer (Abb. 6.5), die in der Regel schwer zu beherrschen sind (Bezuidenhout 2009; Jarvis et al. 2007; Mayes et al. 2005, 2008). Derzeit aktuelle Beispiele sind diffuse Grundwasserzutritte in die Spree, die zu einer Verockerung des Gewässers führen (Benthaus et al. 2015b; Grischek et al. 2016; Musche et al. 2016; Uhlig et al. 2016; Uhlmann et al. 2010), oder die Grubenwasserzutritte im Gessental bei Ronneburg (Baacke et al. 2015).

Bislang gibt es nur wenige Beispiele von Fließgewässern mit diffusem Zutritt von Sauerwasser, die erfolgreich saniert wurden. In fast allen Fällen handelt es sich bei den Sanierungsmaßnahmen um die Zugabe von alkalischem Material in das Fließgewässer (z. B. Maneval 1968; Menendez et al. 2000; Uhlig et al. 2016), um eine Sanierung mit dem Aquafix-System (Jenkins und Skousen 1993) oder um Ableitung des kontaminierten Grubenwassers (Baacke et al. 2015). An der Abraumhalde von Shilbottle (Northumberland, England) wurden die diffusen Zutritte von Sickerwasser in ein Fließgewässer durch eine reaktive Wand erfolgreich saniert (Bowden et al. 2005). Olyphant und Harper (1998) beschreiben anoxische Carbonatkanäle, die zur Sanierung solcher unkontrollierter Grundwasseraustritte zum Einsatz kamen.

Eine weitere Sanierungsmöglichkeit könnte Elektrokoagulation sein, bei der das betroffene Fließgewässer direkt behandelt wird (pers. Mitt. Philip G. Morgan 2013). Dies führt zu einer schnelleren Ausflockung des Eisenhydroxids und damit einhergehend der Kopräzipitation *s.l.* anderer Wasserinhaltsstoffe. Bislang liegen dazu keine Forschungsergebnisse vor.

Abb. 6.5 Diffuser Austritt von bergbaubeeinflusstem Grundwasser (Grubenwasser). Links: Cadeganbach (Kap-Breton-Insel, Neuschottland, Kanada; Bildbreite ca. 1 m); rechts: Gessenbach (Gessental bei Ronneburg, Thüringen; Bildbreite ca. 2 m)

6.6 In-situ-Sanierung von uranhaltigen Gruben- und Sickerwässern

Über die In-situ-Sanierung von Nichturanbergwerken, vor allem mit alkalischem Material, lässt sich vieles in Wolkersdorfer (2008) nachlesen. Ich verzichte daher auf eine detaillierte Wiederholung des dort Geschriebenen, ergänze und erweitere die damaligen Ausführungen hingegen um In-situ-Projekte in gefluteten Uranbergwerken, da sich in der zurückliegenden Dekade viel getan hat. Leider haben wir noch kein Uranbergwerk mit Flusswasser verdünnen dürfen, wie von Merkel (2002, S. 269) skizziert – ein Experiment, das seine Reize hätte. Bei den Flutungsexperimenten der Wismut GmbH in Königstein wurde nur das natürlich ins Grubengebäude eindringende Grundwasser verwendet (Jenk et al. 2014a).

Es ist bekannt, dass nullwertiges Eisen (Zero Valent Iron; ZVI; Fe^0) in der Lage ist, Inhaltsstoffe des Grubenwassers chemisch zu reduzieren (z. B. Fiedor et al. 1998; Klinger et al. 2002; Noubactep et al. 2002). Da reduzierte Metallsulfidphasen in der Regel weniger mobil sind als die dazugehörigen oxidierten Spezies, hat dies eine Verbesserung der Wasserqualität zur Folge. Diese Eigenschaft wurde verwendet, um uranhaltiges Gruben-, Sicker- und Grundwasser im Bear Creek-Tal (Tennessee, USA), Erzgebirge (Sachsen, Deutschland) oder Pécs (Fünfkirchen, Ungarn) zu reinigen. Vereinfacht ausgedrückt kommt es an der Oberfläche des nullwertigen Eisens zu dessen Oxidation und damit einhergehend zur Reduktion der relevanten Wasserinhaltsstoffe wie Uran, Chrom, Quecksilber, Silber oder Technetium (Fiedor et al. 1998). Neben den Wasserinhaltsstoffen wird aber auch das Wasser selbst reduziert, was zur Entstehung von Wasserstoffgas führt. Außer Eisengranulat lassen sich auch hochaktive Nanopartikel aus Fe^0 einsetzen (Klímková und Cerník 2008; Klímková et al. 2011). Welche Mechanismen exakt für die Reduktion am Fe^0 verantwortlich sind, unterliegt jedoch nach wie vor einer akademischen Diskussion (Noubactep 2010).

An den Standorten Niederschlag und Johanngeorgenstadt im Erzgebirge setzten Schneider et al. (2001) ein Fe/Mn-Substrat aus der Flockungsstufe eines Wasserwerks sowie Fe^0 ein, um uranhaltiges Grubenwasser zu reinigen. An beiden Standorten zeigte Letzteres in der Regel bessere Immobilisierungsraten als das Fe/Mn-Substrat. Bei den untersuchten Parametern U, ^{226}Ra, Pb, As, SO_4 und NO_2 gab es jedoch zwischen den beiden Grubenwässern und den beiden Substraten erhebliche Unterschiede in den Immobilisierungsraten, wobei Uran durch Fe^0 um 80–96 % reduziert wurde. Ergänzend zu den Labor- und Geländeversuchen erfolgten numerische Modellierungen der Uran- und Arsenspeziation mit PHREEQC (Schneider et al. 2000).

Klinger et al. (2002) waren in der Lage, die Reinigungseigenschaften des Fe^0 zu verbessern, indem sie dem Eisen Kohle beimengten. Neben In-situ-Versuchen in Untertagebergwerken wurden auch Versuche mit Fe^0 in reaktiven Wänden durchgeführt (Biermann 2007; Roehl 2004). Keines der Verfahren konnte sich jedoch durchsetzen und wurde dauerhaft für die Reinigung von Grubenwasser verwendet, obwohl die Versuchsergebnisse in der Regel gute Reinigungsleistungen zeigten. Eines der wesentlichen Probleme bei der Anwendung von Fe^0 in reaktiven Wänden oder Eisenbetten ist die Verminderung der hydraulischen Leitfähigkeit durch die Ausfällungsprodukte (z. B. Neitzel et al. 2000). Dies mag neben der Wasserstoffentstehung einer der Gründe sein, weshalb es derzeit keinen Standort gibt, an dem uranhaltiges Grubenwasser dauerhaft mittels Fe^0 gereinigt wird.

Weitere In-situ-Sanierungen fanden von 2001 bis 2005 und von 2010 bis 2011 am ehemaligen Uranbergwerk Königstein statt. Bei der ersten Gruppe von Experimenten sollten reaktive Minerale mit Bariumsulfat immobilisieren werden, um während der Flutung die Schadstoffkonzentrationen im Grubenwasser zu erniedrigen. Dies war untertage so lange möglich, wie der Grubenraum offenstand. Insgesamt gelang es nach erfolgreichen In-situ-Versuchen, phasenweise über $1{,}1 \cdot 10^6$ m^3 Gestein mit einem auf $Ba(OH)_2.8\ H_2O$, Na_2SO_3, $Na_2O\text{-}SiO_2\text{-}5H_2O$ und einem Fällungsinhibitor basierenden Chemikaliengemisch zu injizieren (Jenk et al. 2014b; Jenk et al. 2005; Ziegenbalg 1999). Im Prinzip wird damit ein der Krustenbildung auf Bergwerkshalden (Regenspurg et al. 2005; Valente et al. 2019) ähnelnder Prozess künstlich hervorgerufen. Inwieweit diese Maßnahme letztendlich dazu beitragen wird, die Schadstoffkonzentrationen im Grubenwasser zu senken, wird sich angesichts des Verhältnisses aus dem gesamten Grubengebäude zum Volumen der In-situ-Maßnahme (etwa 1:15–1:20) kaum mit Sicherheit feststellen lassen. Aus der Analogie Krustenbildung und In-situ-Mobilisierung ist ein positiver Effekt wohl nicht gänzlich von der Hand zu weisen. Ob sich diese positiven Effekte dann jedoch nicht auf die von Merkel (2002) berechneten Aquifervorgänge zurückführen lassen, wird ebenfalls schwer zu prüfen sein. Wenn sich am Ende positive Effekte für die Vorflut oder den Aquifer ergeben, ist es letztendlich unerheblich, welcher Prozess eine Rolle spielte (obgleich der Kriminalist oder die Kriminalistin in uns stets wissen will, welche präferenziellen Vorgänge ablaufen).

Im In-situ-Experiment 2010/2011 wurden in drei Phasen KOH und NaOH sowie Na_2SO_3 in den teilgefluteten Untertagebereich des Bergwerks Königstein gepumpt und die für den Prozess wesentlichen Parameter einem kontinuierlichen Monitoring unterzogen. Es konnte für den speziellen Fall gezeigt werden, dass sich die Injektion von basischem Material vorteilhaft auf den Chemismus des Grubenwassers auswirkte (Jenk et al. 2014b). Da die Entfernungen zwischen den Injektionsstellen und den Monitoringstationen verhältnismäßig kurz waren, lassen sich Aussagen auf den gesamten Grubenwasserpool nur bedingt treffen. Aus den Angaben in der Publikation und der Annahme eines Durchflusses von $100\ m^3\ h^{-1}$ lässt sich jedoch errechnen, dass die Wiederfindungsrate der zugegebenen Alkalien 3–4 % beträgt, was der ebenfalls recht geringen Rate von 5–6 % beim Bergwerk Salem № 2 (USA) entspricht (Aljoe und Hawkins 1994). Dies ist in erster Linie der komplexen hydraulischen Situation geschuldet, die sich kaum im Detail vorhersagen lässt. Gerth et al. (2006, S. 320) weisen in diesem Zusammenhang darauf hin, dass sich in Ronneburg eine „In-situ-Kalkung … vor Einleitung der Flutung … jedoch aufgrund der Grubengeometrie und der untertägigen Strömungsbedingungen als nicht hinreichend effizient" erwies. Wie die vorgenannten Beispiele zeigen, müssen wir noch viel lernen, um In-situ-Sanierungen zu optimieren.

Das im Jahr 2000 geschlossene und 2008 mit zwei hydraulischen Dämmen verschlossene Uranbergwerk Schwartzwalder (Colorado, USA) enthält bis zu $26\ mg\ L^{-1}$

Uran im Grubenwasser und wird wohl dauerhaft zu reinigen sein (Harrington 2016; Harrington et al. 2015; Sumi und Gestring 2013). Um Ionenaustausch und Umkehrosmose mittelfristig zu entlasten, erfolgte 2013 ein In-situ-Experiment zur Erniedrigung der Urankonzentrationen im Grubenwasser. Dazu wurden Methanol und Molasse in mehreren Phasen in den Bergwerkspool injiziert, und die Urankonzentrationen erniedrigten sich bis auf 2 mg L^{-1} (Harrington et al. 2015). Es stellte sich jedoch heraus, dass die Urankonzentration zehn Monate nach Ende der Injektion wieder auf 7 mg L^{-1} angestiegen war und bis Ende 2016 dieses Niveau beibehielt, sodass die Maßnahme regelmäßig durchzuführen ist, um die Konzentrationen dauerhaft niedrig zu halten. Details zu den injizierten Mengen oder das Volumen des Bergwerkspools ließen sich online oder in der zugänglichen Literatur nicht finden.

6.7 Mischung pyrithaltiger Substrate mit alkalischem Material

Da bereits geringste Mengen von Disulfid eine Versauerung von Grund- oder Oberflächenwasser verursachen können, bietet es sich an, den potenziell zur Versauerung anfälligen Abraum mit pufferndem Material zu vermengen. Wisotzky (2003) hat diese Möglichkeit am Beispiel des rheinischen Braunkohlentagebaus eingehend untersucht (Abb. 6.6). Im Rahmen der Voruntersuchungen führte er numerische Berechnungen mit

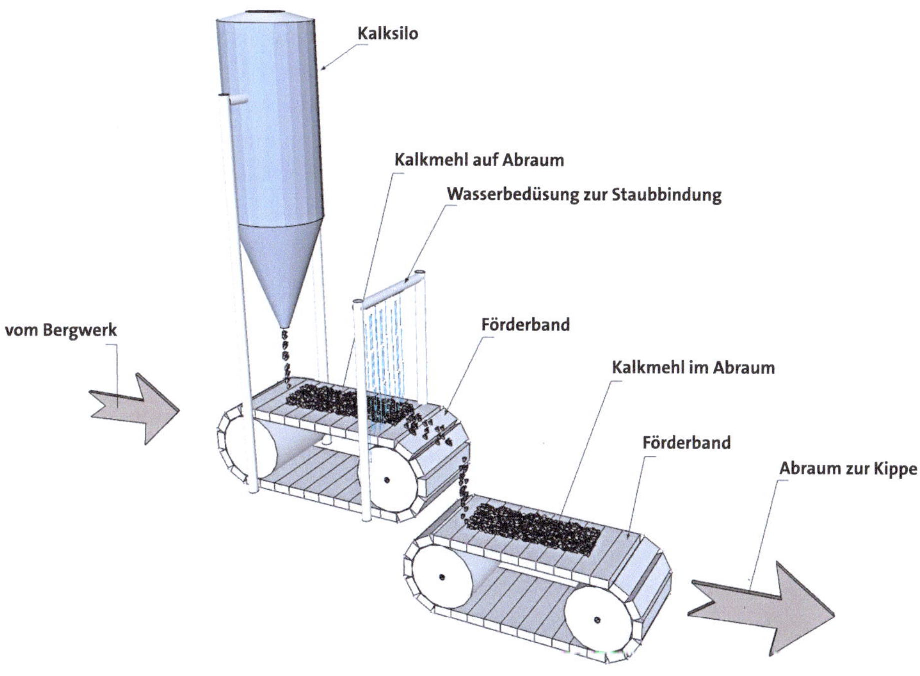

Abb. 6.6 Mischung von Abraum und „Kalk", um die Säurebildung in den Kippen zu unterbinden. (Verändert aus Huisamen 2017; nach Wisotzky 2003)

PHREEQC durch, unternahm umfangreiche Laborversuche mit dem Kippenmaterial, setzte seine Ergebnisse in den Feldmaßstab um und unterzog die Geländeversuche einem mehrjährigen Monitoring (Wisotzky und Lenk 2006). Seine Untersuchungen zeigen, dass bereits geringe Mengen an Disulfid (0,04–0,26 Massen-% im Rheinischen Revier) im Haldenmaterial zur Versauerung des Grund- oder Grubenwassers mit Sulfatkonzentrationen von bis zu 4000 mg L^{-1} führen können. Er empfahl daher, den Kippen durch Mischung 0,08 Massen % Kalkstein zuzugeben. Um eine ausreichende Sicherheit zu gewährleisten, werden heute dem versauerungsanfälligen Substrat 0,2 % Kalkstein oder eine Kalkstein-Flugaschenmischung beigemengt (Wisotzky 2001, 2003). Simon et al. (2017) schlagen für das Helmstedter Braunkohlenrevier vor, puffernde, quartäre Sedimente (1 Massen % Carbonate) mit den säurebildenden, tertiären Sedimenten zu mischen, um die Bildung von saurem Grubenwasser zu vermeiden. Gleichzeitig wird vorgeschlagen, die Kontaktzeit des säurebildenden Materials mit der Atmosphäre so kurz wie möglich zu halten.

Ähnliche Untersuchungen führten Naumann und Wiram (1995) für Kippenmaterial im Sequatchie County, nordwestlich Dunlap (Tennessee, USA), durch. Auch sie empfahlen, basierend auf intensiven Labor- und Geländeuntersuchungen, dem Abraum Kalkstein beizumischen und verhinderten dadurch eine Versauerung der Kippenwässer. Brant und Ziemkiewicz (1997) wiesen nach, dass die Pufferung besonders dann effektiv ist, wenn der Kalkstein intensiv mit dem Kippensubstrat vermischt wird, so wie es auch im Rheinischen Revier üblich ist.

Einen anderen Weg gingen die Behörden in Pennsylvania und West Virginia (USA). Dort wurde ab 1986 säureproduzierendem Abraum großflächig alkalische Flugasche beigemischt, ohne dass nach zehnjährigem Monitoring erkennbare Umweltschäden hervorgerufen worden wären (Gray et al. 1997; Loop et al. 2003). An der Zeche McCloskey wurden über 37 hm^2 Abraum mit Flugasche überdeckt, um den Eintrag von Sauerwasser in das darunterliegende und rückverfüllte Bergwerk zu vermeiden. Dazu kamen bis 1998 über 263 kt an Flugasche zum Einsatz, und Hellier (1998) vermutete, dass weitere 58 kt nötig seien, um allen Abraum abzudecken. Er konnte nach umfangreichem Monitoring nachweisen, dass sich die Abdeckung mit Flugasche positiv auf den Chemismus der Gewässer auswirkte (Loop et al. 2007). Gleichwohl kommen sie zu dem Schluss, dass eine objektbezogene Einzelfallbetrachtung unerlässlich und weitere Untersuchungen nötig seien.

Am Standort Ronneburg der Wismut GmbH in Thüringen wurden bereits seit den 1980er- Jahren Haldensickerwässer und Grubenwasser mit Kraftwerksasche behandelt, indem das Wasser über der Asche in der Innenkippe verrieselt wurde. Dadurch konnte ein Großteil der potenziell toxischen Metalle sowie Sulfat aus dem Sicker- und Grubenwasser entfernt werden (Badstübner et al. 2010; Vogel et al. 1996).

Die Meinung, dass sich Flugasche positiv auf die Gewässergüte auswirkt, wird nicht grundsätzlich von allen geteilt. Je nach Intention werden die Sanierungsergebnisse durch Flugasche auch negativ ausgelegt (z. B. Clean Air Task Force und Earthjustice 2007). Das Pennsylvania Department of Environmental Protection hat jedoch schon mehrmals nachgewiesen, dass die Berichte der Interessensgruppe Clean Air Task Force erhebliche Fehler aufweisen. Außerdem verfolgt die Gruppe offensichtlich den Versuch, den Bergbau und die Nutzung von Flugasche als Möglichkeit zur Sanierung von Sauerwasser in Misskredit zu bringen (z. B. Anhang „Pennsylvania Department of Environmental Protection Response to Clean Air Task Force Report: ‚Impacts On Water Quality From Placement Of Coal Combustion Waste In Pennsylvania Coal Mines'" in Beadle et al. (2007)). Darüber hinaus fehlt dem Clean Air Task Force-Bericht ein Vergleich zwischen potenziellen Auswirkungen von Sauerwasser und den beobachteten Änderungen des Chemismus in den Vorflutern oder im Grundwasser.

Da es sich bei der hier beschriebenen Methode insgesamt um keine Grubenwasserreinigung per se handelt, sondern um eine Vermeidung, und somit nicht exakt zum Thema gehört, verzichte ich auf eine detailliertere Darstellung. Aber auch hier sei mir eine Bemerkung erlaubt: Wiederholen Sie nicht die Versuche, die Kollegen bereits vor Ihnen angestellt haben (Canty und Everett 1999; Yeheyis et al. 2009). Nutzen Sie die vorliegenden Erkenntnisse und setzen Sie diese in Geländeversuchen um. Es ist bereits hinlänglich bekannt, dass Flugasche alkalische Eigenschaften aufweist und in der Lage ist, Sauerwasser zu neutralisieren oder seine Entstehung zu vermeiden. Wenn Sie mit Flugasche arbeiten wollen, dann erarbeiten Sie eine allgemeingültige Klassifikation, mit der es möglich ist, Flugasche danach zu beurteilen, wie und ob sie zur Sanierung oder Vermeidung von Wasserverunreinigungen einsetzbar ist (und die über die in den Vereinigten Staaten von Amerika verwendete Klassifikation hinausgeht), oder erarbeiten Sie, wie beispielsweise Musyoka et al. (2009) oder Prasad et al. (2011), eine Methode, um Flugasche in ein besser transportierbares und einbaubares, folglich höherwertiges Produkt umzuwandeln, sodass weniger Flugasche endgelagert werden muss.

6.8 Verschluss von Entwässerungs- und Bergwerksstollen

Um den Austritt von kontaminiertem Grubenwasser zu verhindern, können vollständige oder teilweise Verdämmungen oder Mauern am Stollenmundloch installiert werden, wie dies am Bergwerk Schwartzwalder geschah. Dabei ist zu unterscheiden zwischen Trockenabdichtungen, die nur das Eindringen von Sauerstoff und folglich die Pyritoxidation verhindern (Abb. 6.7), und Nassabdämmungen, die sowohl den Sauerstoffzutritt als auch den Wasseraustritt in die Vorfluter unterbinden (Abb. 6.8). Sie sollten nicht dazu dienen, das gesamte, über dem Stollenniveau befindliche Grubengebäude unkontrolliert auf vorbergbauliche Wasserstände anzustauen. Problematisch könnte werden, wie das Beispiel Parys Mountain zeigt, dass die Abdämmung des Bergwerks Wasserwegsamkeiten reaktiviert, wie Karst- oder Störungssysteme, die während des Betriebs des Bergwerks trocken waren. Dies kann dazu führen, dass das Grubenwasser an nichtvorhersagbaren Stellen austritt und infolgedessen die Grubenwasserreinigung erschweren würde. Zusammengefasst sollen Verdämmungen verhindern, dass

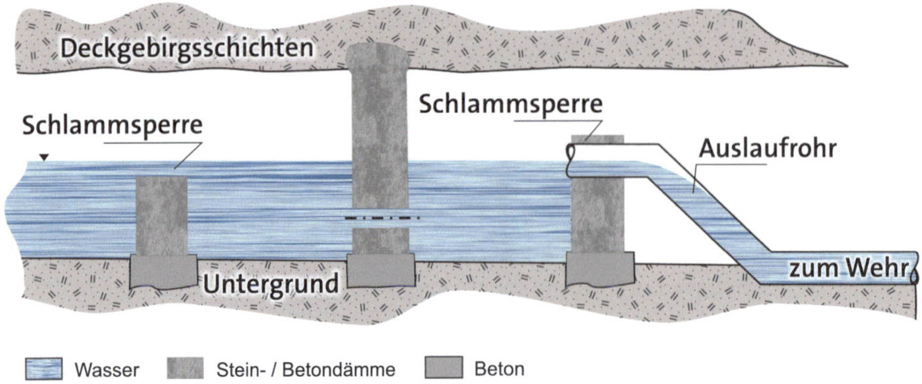

Abb. 6.7 Teilverdämmung eines Entwässerungsstollens. (Nach Foreman 1971)

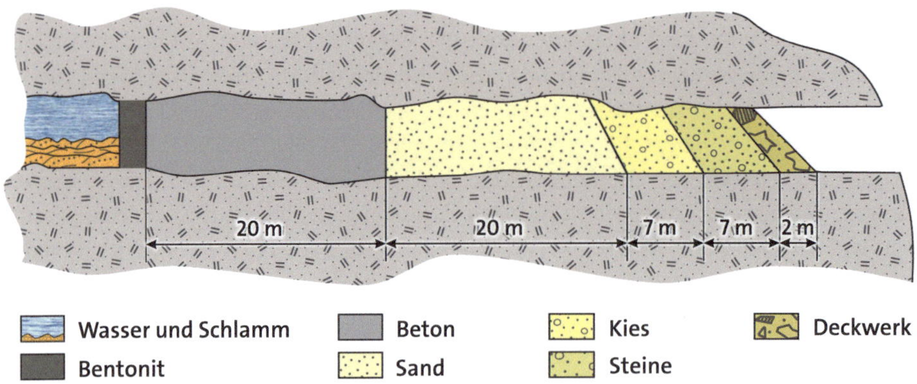

Abb. 6.8 Beispiel eines unterirdischen Damms. (Nach Lang 1999)

- kontaminiertes Grubenwasser austritt,
- Disulfide oxidieren (Pyritoxidation),
- potenziell giftige Gase austreten,
- Unbefugte Zutritt zu den offenen Grubenräumen erhalten („Schwarzfahrer": Leupolt und Hocker 1999) oder
- kulturelles Erbe beschädigt wird.

In den Vereinigten Staaten von Amerika reichen Untersuchungen zur Versiegelung von Bergwerksstollen bis in die späten 1920er-Jahre zurück. Ziel war, die Kontamination der Vorfluter zu reduzieren, und Ende der 1930er-Jahre waren bereits über 1000 Kohlenbergwerke versiegelt. Dies führte zu einer Reduzierung der Frachten um 50 bis 90 % (Fellows 1937; Leitch 1935). Eine der umfassendsten Beschreibungen zur Vermeidung und Kontrolle von Kontaminationen durch aufgelassene Bergwerke gaben Scott und Hays (1975), gleichwohl etliche der beschriebenen Methoden (Abb. 6.9) zwischenzeit-

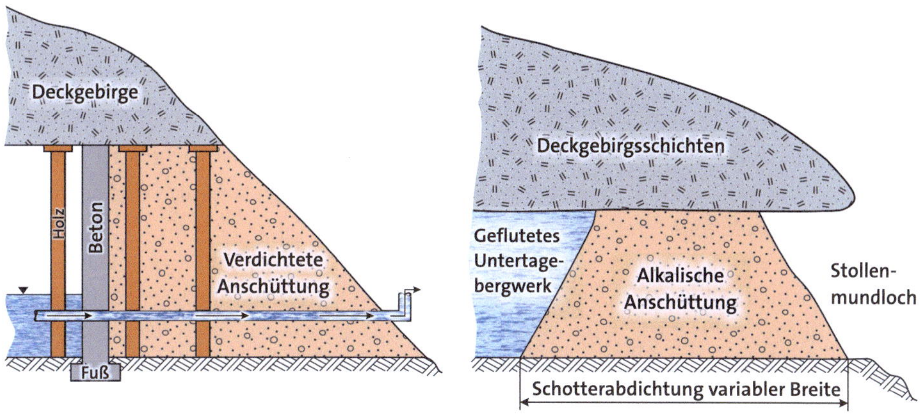

Abb. 6.9 Beispiele von verdämmten Entwässerungsstollen. (Nach Halliburton Company 1970; Scott und Hays 1975)

lich optimiert werden konnten. Wie auch Foreman (1971) herausstellte, ist das Layout des Bergwerks von entscheidender Bedeutung für zuverlässige Verdämmungen, wobei Zugänge über Stollen anders zu behandeln sind als solche durch Schächte oder Schrägschächte. In jedem Fall sollte das Bergwerk vor einer Verdämmung beräumt werden, das heißt, dass alle Abfälle wie Holz, Metall, Kabel und anderes Material, die eine effektive Abdämmung verhindern könnten, entfernt werden. Dies betrifft auch Betriebsmittel wie Öle, Chemikalien oder Reinigungsmittel, die eine Gefahr für die aquatische Umwelt darstellen könnten. Viele andere im Bergbau verwendeten Materialien sind unter anoxischen Bedingungen weniger mobil.

Ein weiteres Verfahren, das erstmals Taylor und Waring (2001) beschrieben, verhindert die Entstehung von saurem Grubenwasser durch die Verdrängung von Sauerstoff mit reduzierenden Gasen, wie CO_2, CH_4oder H_2S, die durch anaerobe Bakterienaktivität erzeugt werden. Dieses GaRD (Gas Redox and Displacement) genannte System kann die Disulfidoxidation und Säurebildung vermindern und hat zur Folge, dass Sekundärminerale aus dem Grubenwasser ausfallen.

Wie die Literaturbeispiele zeigen, sind nicht alle Abdämmungen erfolgreich. Versagen von Dämmen, auch wenn es selten auftritt, ist meist auf Umläufigkeiten, Dammbrüche oder auf chemische Reaktionen zwischen dem Damm und dem Grubenwasser zurückzuführen (dies war beispielsweise beim Flussspatbergwerk Straßberg/Harz der Fall, wo saures Grubenwasser den Damm auf der 5. Sohle zwischen den Bereichen Hauptschacht und Brachmannsberg korrodierte). Wichtig ist zu wissen, dass der hydraulische Druck hinter einem Damm sehr hoch werden kann, sodass auf seiner Ausführung besonderes Augenmerk zu richten ist. Ein Beispiel ist der als Doppelkonus ausgeführte 110-bar-Hochdruckamm im saarländischen Warndt, der den gefluteten, mehr als 900 m höher angestauten französischen Grubenbereich vom noch ungefluteten deutschen abtrennt (Ruhrkohle AG 2014; Sersch und Uhl 2006). Dies sind 600 m höher als der derzeitig höchste Staudamm der Erde, der *Jinping I* (锦屏一级水电站) in China. Zu beachten ist außerdem, dass sich die Qualität des Grubenwassers im Laufe der Zeit oftmals ändert und zu betonangreifenden chemischen Reaktionen zwischen dem Grubenwasser und dem Beton führen kann. Die meisten der bekannten Versagensfälle sind auf unzureichende hydrogeologische oder geotechnische Untersuchungen zurückzuführen, die letztendlich kostengünstiger gewesen wären als die nachfolgenden Sanierungsmaßnahmen!

Eine vollständige Versiegelung der Stollenmundlöcher könnte im Widerspruch zum Artenschutz stehen und sollte daher mit Vorsicht eingesetzt werden. Stollen, die auch zukünftig vermutlich kein verunreinigtes Grubenwasser lösen werden, sollten nicht dauerhaft verschlossen werden. Solche Öffnungen können als Rückzugsort für gefährdete Tiere wie Fledermäuse dienen. Gitter können so angebracht werden, dass sie eine freie Wasserableitung und einen freien Zugang für die Tiere ermöglichen (Abb. 6.10). Lokale Umweltschutzgruppen, Fledermausschützer oder Montanarchäologen können mithelfen, derartige Orte dauerhaft zu erhalten. Fledermäuse benötigen in der Regel allerdings nur kleine Löcher, um in das Grubengebäude zu gelangen. Dann jedoch wird keine wirksame Reduzierung der Pyritoxidation eintreten. Der Bau der Dämme oder Mauern lässt sich jedoch mehrere Dutzend Meter in den Stollen hinein verschieben, wenn bekannt ist, dass im Bergwerk Fledermäuse leben.

Abb. 6.10 Mit Gitter verschlossener „Königl. Verträglicher Gesellschaft Stolln" am Roten Graben bei Freiberg/Sachsen aus dem 19. Jahrhundert. Teil des Weltkulturerbes „Montanregion Erzgebirge/Krušnohoří"

Ein positives Beispiel für eine Abdämmung ist das Untertagebergwerk № 105 W bei Buckhannon in West Virginia (USA). Zwei der drei Grubenportale mussten mit fünf Dämmen abgedichtet werden, um die Ableitung von saurem Grubenwasser zu unterbinden. Nach der Abdämmung (1984/1985) wurde das Bergwerk mittels In-situ-Sanierung behandelt. Dazu wurde Apatitstaub in den Bereich der potenziell säurebildenden Bergwerkssektionen oberhalb des Grubenwasserspiegels eingebracht und eine Injektion alkalischer Substanzen in den gefluteten Grubenwasserkörper vorgenommen. Auch nach vier Wasserwechseln behielt das Grubenwasser, das ursprünglich einen pH-Wert von 3,9 hatte, einen pH-Wert von etwa 7 (Hause und Willison 1986), und die Eisenkonzentration sank bis 1989 von ursprünglich 144 mg L^{-1} auf 1 bis 15 mg L^{-1} (Aljoe und Hawkins 1993). Hinsichtlich des Apatitstaubs gab es bereits in den 1980er- Jahren Versuche, die eine Reduzierung der Acidität um 96 % erbrachten (Kleinmann 1990b).

Es gibt jedoch Fälle, in denen eine Abdämmung erhebliche negative Auswirkungen auf die Wasserqualität am Stollenmundloch und dem Vorfluter hatte – und wie die Gespräche mit Kollegen zeigen, sind solche unpublizierten Fälle häufiger als gedacht. Am Bergwerk Mynydd Parys in Anglesey/Wales (Parys Mountain) beispielsweise ist der Vorfluter Afon Goch („Roter Fluss") durch saure Grubenwässer mit pH-Werten von 2 bis 3 und erhöhten Metallkonzentrationen (z. B. Al 81 mg L^{-1}, Fe 431 mg L^{-1}, Cu 39 mg L^{-1}, Zn 45 mg L^{-1}) stark kontaminiert (Boult 1996; Younger et al. 2004). Anfang des 20. Jahrhunderts wurde der Entwässerungsstollen Dyffryn Adda mit Beton versiegelt und aus dem stark kupferhaltigen Grubenwasser ex situ Kupfer gewonnen; ein Prozess, der jetzt wieder im Zusammenhang mit Circular Economy untersucht wird (Sapsford et al. 2017). Während und nach dieser regelmäßigen Entnahme von Grubenwasser, die durch Ventile und Leitungen durch den Damm gesteuert wurde, baute sich hinter dem Damm ein Grubenwasserkörper mit ca. $270 \cdot 10^3$ m^3 saurem Grubenwasser und einem hydrostatischen Druck von $3{,}6 \cdot 10^5$ Pa auf. Ein Grund für die Entstehung dieser Wassermenge war der vollständige Verschluss des Damms, nachdem der Ex-situ-Bergbau Mitte der 1950er-Jahre eingestellt worden war. Da keine Daten über den Damm verfügbar waren und dessen Standsicherheit nicht eindeutig war, wurden $245 \cdot 10^3$ m^3 saures Grubenwasser abgepumpt, um den Damm zu demontieren. Nach der Entfernung des Damms verbesserte sich die Qualität des Grubenwassers auf der Grundlage mikrobiologischer und geochemischer Analysen zunächst leicht (Bryan et al. 2004; Coupland et al. 2004; Johnston 2004). Seitdem hat sich jedoch die Wasserqualität des Afon Goch Süd deutlich verbessert, während der Afon Goch Nord ähnlich stark kontaminiert ist wie vor der Maßnahme.

Im Prinzip deckt sich dies mit den Ergebnissen einer umfangreichen Studie an 65 abgedämmten Bergwerken in den östlichen Kohlenregionen der Vereinigten Staaten von Amerika. Dort zeigte sich, dass „die Wirksamkeit der Grubenschließungen hinsichtlich der Grubenabwasserqualität … beim Vergleich mit den vorläufigen Abflussgrenzwerten in der Regel als unter 50 Prozent effektiv angesehen [wurde]" (Bucek und Emel 1977). Außerdem stellten die Autoren fest, dass für die Wirksamkeit der Schließungsmaßnahme in erster Linie die lokalen Bedingungen, z. B. die Abbaumethode und bergbaulichen Verhältnisse, von Bedeutung sind, wohingegen die Verdämmungstechnologie weniger relevant ist.

Beim Oberbergamt in Sachsen werden Eingriffe in die Entwässerung eines Bergwerks immer unter dem Blick der Standsicherheit des Grubengebäudes gesehen. Insgesamt muss die Entwässerungsleistung der Stollen gewährleistet bleiben. Außerdem bestehen Bedenken, dass es beim vollständigen Verschluss durch den Anstau hinter dem Damm zu unkontrollierten Wasserwegsamkeiten kommen kann. Diese wiederum könnten die Standsicherheit des Gebirges sowie sanierter oder verfüllter Schächte negativ beeinflussen.

Zusammengefasst lässt sich sagen, dass der vollständige Verschluss eines Entwässerungsstollens erhebliche Risiken birgt. Sorgen wir dafür, dass wir es niemals mit einem Fall zu tun bekommen werden, wie der des Gold-King-Bergwerks in Colorado, wo mehrere Millionen Kubikmeter Grubenwasser die Vorflut kontaminierten (U. S. Department of the Interior – Bureau of Reclamation 2015).

Restnutzung der Sanierungsobjekte oder Aufbereitungsrückstände

7

7.1 Nutzung der Sanierungsobjekte

Grubenwasser sei nicht „sexy“, sagte vor einiger Zeit in Australien ein ehemaliger leitender Mitarbeiter eines weltweit agierenden Ingenieurbüros (und ich spreche nicht über Robin Strachan). Die Frage ist also, wie kann man Grubenwasser attraktiv für die Menschen machen? Um dieses Ziel zu erreichen, sind meist erhebliche finanzielle Mittel nötig, denn – wenn man einmal von der Region Rio Tinto in Spanien absieht (Abb. 1.8) – welcher Nichtfachmann kann für Grubenwasser schon eine Leidenschaft entwickeln? Wenn wir „sexy“ mit „zuversichtlich; in Verbindung; gesamtheitlich; leidenschaftlich; und bewusst“ gleichsetzen, dann steht vor der Nutzung zunächst die Zuversicht, dass die Sanierung Erfolg haben wird, und nach der Sanierung die bewusste Vermarktung eines holistischen Sanierungsprojekts, indem mit den Anwohnern ständig Verbindung gehalten wird. Und wenn das alles mit Leidenschaft betrieben wird, dann können wir künftig die Attraktivität von Grubenwasser erhöhen – und eine größere Akzeptanz für Bergwerksbetriebe erreichen. Hoffen wir, dass wir bald keine Aussage mehr im Sinne von Glover (1975, S. 179) anstellen müssen: „Aus Sicht der modernen Gesellschaft kann man über saure, eisenreiche Abwässer nicht sagen, dass sie irgendwelche positiven Auswirkungen hätten.“

Für die Nachnutzung aufgelassener Bergwerksbetriebe gibt es zahlreiche Beispiele. Hier sollen jedoch nur diese aufgeführt werden, die sich aus der Nutzung des Grubenwassers ergeben. In erster Linie werden aufgelassene Bergwerksbetriebe, sofern sie in eine Nachnutzung überführt werden, für touristische Zwecke hergerichtet. Eine der schönsten Beispiele dazu sind die beiden Weltkulturerbe Rammelsberg in Goslar/Harz und die Montanregion Erzgebirge/Krušnohoří (seit Juli 2019 in die Liste der Weltkulturerbe aufgenommen, Abb. 6.10), der Tagebau Eden in Cornwall (Abb. 7.1) oder der Hotelkomplex Hotel InterContinental Shimao Shanghai Wonderland (Abb. 7.2) in

C. Wolkersdorfer, *Reinigungsverfahren für Grubenwasser*,
https://doi.org/10.1007/978-3-662-61721-2_7

Abb. 7.1 Biosphärenprojekt „Eden" in einem ehemaligen Kaolintagebau in Cornwall/Vereinigtes Königreich. (Foto: Jürgen Matern; Wikimedia Commons, CC-BY-3.0)

Abb. 7.2 Das im November 2018 eröffnete Hotel InterContinental Shimao Shanghai Wonderland. Architekten: JADE+QA (JADE+Quarry Associates), ECADI – East China Architectural Design & Research Institute und Atkins. (Foto: Martin Jochman, JADE+QA)

einem aufgelassenen Steinbruch (Macadam und Shail 1999; Wolkersdorfer 2008). Auch die Wasserspiele des Steinhöfer Wasserfalls im Bergpark Wilhelmshöhe bei Kassel, ein weiteres Weltkulturerbe, werden aus Grubenwasser der Zeche Herkules im Habichtswald gespeist (Hessisches Ministerium für Wissenschaft und Kunst 2011, S. 29, 39, Antragsergänzungen „World Heritage List 2013", S. 10).

An vielen Stellen in Deutschland, aber auch weltweit, wird gereinigtes Grubenwasser als Trinkwasser verwendet (z. B. Burbey et al. 2000; Stengel-Rutkowski 1993, 2002; Teaf et al. 2006; eine detailliertere Auflistung findet sich in Wolkersdorfer 2008, S. 271). In der Lausitz wurde noch bis 2018 das aufbereitete Grubenwasser des Wasserwerks Schwarze Pumpe als Trinkwasser zur Verfügung gestellt. Künstliche Grundwasseranreicherung durch Grubenwasser kann ebenfalls eine Option darstellen, um Grubenwasser zu nutzen. Fernández-Rubio und Lorca Fernández (2010) geben dazu Beispiele in Deutschland, den Vereinigten Staaten von Amerika, Australien und Spanien an. Hobba (1987) listet 70 Wasserversorgungsanlagen in Pennsylvania, die nahezu 82.000 Personen mit Trinkwasser aus Kohlenbergwerken versorgten. Die größte Anlage, Gary #2, stellte damals täglich 5000 m^3 Trinkwasser für 2800 Personen zur Verfügung, und im Jahr 2003 waren es nur mehr 1500 m^3 für 1700 Personen (West Virginia Department of Health and Human Resources 2003).

Eine weitere Nutzung von aufbereitetem Grubenwasser oder von gefluteten Bergwerken stellt der Tourismus dar. Dabei sind den Möglichkeiten, sofern die Wasserqualität einigermaßen stimmt, kaum Grenzen gesetzt: Denken Sie an Badeseen (Wackersdorf, Lausitz), Kurbäder (Bad Gastein), Taucheinrichtungen (ich komme nicht umhin, hier Ojamo in Finnland, Bell Island in Neufundland sowie Sala, Tuna Hästberg und Langban in Schweden zu nennen) oder Naherholungsgebiete (St Aidan's). Beispielsweise werden in der Lausitz einige der Restseen im „Lausitzer Seenland" touristisch genutzt, und darin wird ein erhebliches zukünftiges Entwicklungspotenzial gesehen (Hunger et al. 2005; I. B. A. Internationale Bauausstellung Fürst-Pückler-Land 2010; Linke und Schiffer 2002; Pflug 1998). Daneben sollen der Wasserspeicher Lohsa, der Dreiweiberner See und der Bernsteinsee unter der Bezeichnung „Speichersystem Lohsa II" während Trockenzeiten den Spreewald und die Stadt Berlin mit notwendigem Wasser versorgen (LMBV Internetseite).

Auch beim Knappensee und Steinberger See bei Wackersdorf zeigen sich die Vorteile touristischer Nutzung von ehemaligen Tagebaurestlöchern. Es darf dabei jedoch nicht außer Acht gelassen werden, dass sowohl die Entwicklung der touristischen Infrastruktur als auch die Akzeptanz der Menschen in der Umgebung sowie der künftigen Touristen zunächst wachsen muss. Bei der Vermarktung ist darauf zu achten, dass ganz klar dargestellt wird, welcher Restsee wann und für welche Nutzung freigegeben wird, wobei unbedingt auf multilinguale Ankündigenden zurückgegriffen werden sollte. Am Brombachsee in Franken kamen bereits 1983 ausländische Touristen mit ihren Booten an, da der See vielerorts in Karten verzeichnet war – obwohl der See erst 1999 fertiggestellt wurde (persönliche Erfahrung im Sommer 1983 in Roth/Mittelfranken).

Bergbaurestseen oder aufbereitetes Grubenwasser lassen sich auch in der Aquakultur einsetzen. Beispielsweise beschreiben Mallo et al. (2010) Laborexperimente für eine Aquakultur in Batán (Buenos Aires, Argentinien) und kommen zu dem Schluss, dass das Grubenwasser und die ausgewählten Fische für eine Aquakultur geeignet sind. Miller und D'Souza (2008) berichten über Erfahrungen aus West Virginia (USA), wo ebenfalls Tagebaurestseen zur Fischzucht eingesetzt wurden. In Minnesota, wo es über 10.000 Tagebaurestseen gibt, wurde eine kleine Anzahl zur Aquakultur eingesetzt. Dies rief jedoch Umweltproblemen hervor, da sich die Tagebaurestseen mit Nährstoffen anreicherten und ihrerseits saniert werden mussten (Axler et al. 1998). Eine interessante Anwendung besteht in Collie/Westaustralien. Dort verwendet Premier Coal aufbereitetes Grubenwasser zur Aufzucht von Flusskrebsen (*Cherax tenuimanus,* McCullough et al. 2009), die unter natürlichen Bedingungen nur von den Ureinwohnern (Aborigines) und unter strengen gesetzlichen Auflagen gefangen werden dürfen (Abb. 7.3). Durch die Zucht der Krebse soll ein kontinuierliches Dargebot erreicht werden und eine Einnahmequelle für die Ureinwohner entstehen. Beim Besatz der unbehandelten Tagebaurestseen hingegen zeigte sich, dass die Krebse nur bedingt überlebensfähig sind, da ihnen Nährstoffe fehlen (McCullough und Lund 2011). Anders als in den vorgenannten Beispielen,

Abb. 7.3 Premier Coal-Flusskrebsaufzucht in Westaustralien. Links: Aufzuchtbecken; rechts: Flusskrebs *(Cherax tenuimanus)*

nutzten die Fischzuchten an den Kraftwerken Jänschwalde und Schwarze Pumpe in der Lausitz jedoch Kühlwasser und nicht Grubenwasser.

Wegen der, verglichen zum Grund- oder Oberflächenwasser, oftmals höheren Temperaturen kann Grubenwasser prinzipiell zur geothermischen Nutzung verwendet werden. Zahlreiche dieser Anlagen wurden zwischenzeitlich in Betrieb genommen. Problematisch dabei ist jedoch nach wie vor die Verockerung der Wärmetauscher oder der Rohrleitungen (eine Lösung für dieses Dilemma mögen Erdwärmesonden sein, wie sie in Alsdorf verwendet werden – siehe weiter unten). So muss eine kanadische Stadt, die seit langer Zeit eine Geothermieanlage mit Grubenwasser betreibt (Abb. 7.4), regelmäßig Pumpen oder Rohrleitungen austauschen, wobei die Kosten von der Stadt übernommen werden und keine Umlage auf die Nutzer stattfindet. Über diese Details wird in der Regel nicht ausreichend gesprochen, wenn es um Grubenwassergeothermie geht. Sie sind eine der Gründe dafür, dass es bislang nur eine überschaubare Zahl von geothermischen Nutzungen von Grubenwasser gibt (Grab et al. 2018, S. 560), obwohl diese erstmals 1978 systematisch untersucht worden waren (Lawson und Sonderegger 1978). Bernhard v. Cotta merkte bereits 1853 an (Cotta 1853, S. 140):

„Diese hohe Temperatur, welche schon jetzt von unermeßlicher Wichtigkeit für den Menschen und die Zustände seiner Existenz ist, könnte möglicher Weise in später Zukunft noch eine neue wichtige Rolle unter den Hülfsmitteln des menschlichen Lebens spielen.

Sollten einst auf der mehr und mehr bevölkerten Erde die Wälder überall stark gelichtet und die Kohlenlager erschöpft sein, so ist es wohl denkbar, daß man die Innenwärme der Erde sich dienstbar macht, daß man sie durch besondere Vorrichtungen in Schachten oder Bohrlöchern zur Oberfläche leitet und zur Erwärmung der Wohnungen oder selbst zur Heizung von Maschinen verwendet. Man wird freilich nicht früher allgemein und mit Vortheil zu dieser, in ihrer Anwendung wahrscheinlich kostspieligen Wärmequelle greifen, bis ein empfindlicher Mangel an Brennmaterial dazu nöthigt; dann aber bleibt die Wärme der Mutter Erde eine sichere letzte Zuflucht.“

Abb. 7.4 Hinweisschild im Bereich der geothermalen Hauptbohrungen in die abgesoffenen Kohlenbergwerke von Springhill/Neuschottland, Kanada

Seitdem die EU-Förderung des Minewater-Projekts in Heerlen ausgelaufen ist, ist es vergleichsweise ruhig um das einstmals medienwirksam dargestellte Projekt geworden. Es tat sich vor allem durch die bewusst oder unbewusst falschen Behauptungen hervor, das „Erste Projekt zur Grubenwassergeothermie weltweit" zu sein. Die Tab. 1 im Beitrag von Ofner und Wieber (2008, S. 74) oder Tab. 17.5. in Grab et al. (2018) dürften hinreichend genau aufzeigen, dass dies nicht zutrifft: Bereits 1981 wurde in Kingston, Pennsylvania, und 1984 auf der Zeche Heinrich in Essen eine Grubenwassergeothermieanlage installiert. Eine noch frühere Anlage ging 1979 im Midway Shopping Center bei Wilkes-Barr, Pennsylvania, in Betrieb (Schubert und McDaniel 1982). So kann es passieren, dass ein Zeitungsartikel wie dieser erscheint: „Nutzwärme aus dem Bergbau hat Zukunft – … Ältestes Beispiel ist die Zeche Heinrich in Essen, wo bereits seit 1984 das 22 °C warme Grubenwasser … Verwendung findet. … Im niederländischen Heerlen bei Aachen wurde 2008 das weltweit erste Grubenwasserkraftwerk in Betrieb genommen" (Pasche 2013). Dies verwirrt unnötigerweise. Eine Antwort auf die E-Mail-Anfrage an die Stadt Heerlen auf die Frage nach dem Stand der geothermischen Förderung verwies lediglich darauf, dass das Projekt von 2005 bis 2008 lief (pers. Mitt. Ineke Lauscher, 8. März 2011). Auf der bis etwa 2013 betriebenen Webseite des Projekts stand „The first in the world", und der dort installierte „Energieeinsparungszähler" war ein einfacher Zähler, der in einen Flashplayer eingebaut wurde und somit keine tatsächlichen

Leistungsdaten darstellte. Glücklicherweise fehlt dieser Zähler mittlerweile auf der neuen Webseite des Projekts (www.mijnwater.com). Es lässt sich dennoch im Moment nicht mit Sicherheit sagen, wie erfolgreich das Projekt betrieben wird und welcher Anteil der Wärme tatsächlich aus der geothermischen Nutzung von Grubenwasser stammt. Auch dem 2010 erschienenen Faltblatt ließen sich keine Aussagen dazu entnehmen, welche tatsächlichen Betriebsdaten das Projekt aufweist. Aus einem Vortrag von Jean Weijers auf dem Geothermal energy international meeting (31. August 2012) wurde deutlich, dass die Erwartungen des Projekts bei Weitem nicht erfüllt werden konnten und Zahlen geschönt dargestellt werden (die Tabelle „Potential Minewaterenergy demand" des Vortrags listet neben laufenden Projekten auch alle Forschungsprojekte und Machbarkeitsstudien mit auf). Im Jahr 2015 erhielt das Projekt den Europäischen Innovationspreis für Geothermie. Dies kann als Hinweis darauf verstanden werden, dass die geothermische Nutzung des Grubenwassers zwischenzeitlich erfolgreich eingesetzt wird. Dem Internetauftritt des Projekts zufolge sollen bis Ende 2017 insgesamt 27 Nutzer mit Grubenwassergeothermie versorgt werden.

Es ist nicht das einzige Projekt, das eine Alleinstellung für sich beansprucht. Ähnliche Darstellungen finden sich auch bei anderen Grubenwassergeothermieprojekten (z. B. auf der Internetpräsentation des WDR: Martin Teigeler: „Erdwärme aus der Ex-Zeche – Grubenwasser heizt Klassenzimmer auf", Stand 8. Oktober 2012; oder *Wochenspiegel* – Zeitung für Freiberg und Umgebung: „Hightech im alten Stollen – … Europaweit einmaliges Projekt kann starten", Ulbricht (2013)). Meines Erachtens tragen derartige Berichterstattungen wenig dazu bei, die Technik zu etablieren, denn so entsteht der Eindruck, es handle sich um eine gänzlich neuartige Technologie, was bei potenziellen Finanzgebern eher zur Rückhaltung anregen wird – ein Produkt wird nicht dadurch „sexy", dass ich ihm ein Alleinstellungsmerkmal zuweise (und bitte verwenden Sie an dieser Stelle nicht den Begriff „potenzielle Literatur"). Wenigstens endet der Vortrag von Jean Weijers mit einem Hinweis, der für alle Betreiber von Grubenwassergeothermie gilt, besonders aber für das Projekt Heerlen: Wir brauchen für derartige Projekte „Mut und Ausdauer".

In Sachsen haben sich bereits kurz nach der politischen Wende ein Bergwerksbetrieb und die Bergakademie Freiberg durch ein Geothermieprojekte ausgezeichnet: Im Zinnerzbergwerk Ehrenfriedersdorf wird seit 1994 mit Unterbrechungen eine Geothermieanlage betrieben (Ofner und Wieber 2008), und die Bergakademie betreibt seit 1990 auf der Reichen Zeche eine Geothermieanlage zur Beheizung des Besucherbergwerks (Carsten Debes, unveröffentlichte Präsentation auf dem Geothermal energy international meeting 30. August 2012) sowie zur Beheizung des Schlosses Freudenstein (Dillenardt und Kranz 2010; Kranz und Dillenardt 2010). Ein weiteres Projekt in Sachsen wird in Zwickau zum Einsatz kommen (Felix et al. 2010); die Bohrung dazu wurde 2018 abgeteuft, und ein Probebetrieb läuft (Grab et al. 2018) im Rahmen des Pilotprojekts „Geothermische Nutzung von Flutungswässern aus den Abbauhohlräumen des Zwickauer Steinkohlereviers". Am Eduard-Schacht bei Alsdorf besteht seit 2018 eine Anlage, die das Energiemuseum Energeticon mittels Grubenwassergeothermie beheizt.

Dort ist eine vorgefertigte, 860 m lange HDPE Doppel-U-Erdwärmesonde DA75 installiert (pers. Mitt. Kurt Schetelig 2018; Schetelig und Richter 2013). Pilotprojekte zur Energiegewinnung aus Grubenwasser bestehen darüber hinaus an der Zeche Zollverein in Essen, in der Grube Auguste Victoria und Prosper-Haniel, in der Grube Robert Müser in Bochum oder der Grube Wolf im Siegerland (Hahn et al. 2018; Schetelig und Richter 2013; Wieber und Pohl 2008). Ohne Zweifel zeichnet sich in diesem Bereich eine erfreuliche Entwicklung ab, und es werden durch die zunehmende Zahl von Anlagen auch Verfahren entwickelt werden, die es ermöglichen, die Anlagen zuverlässiger als heute zu betreiben. Wie die Erfahrungen aus anderen Bereichen des Bergbaues zeigen, wird es mittel- und langfristig jedoch dazu kommen, dass mineralische Ablagerungen *(scaling)* dauerhaft nur unter Mithilfe von chemischen Zusätzen verhindert werden können; oder die Anlage muss regelmäßig gereinigt werden. Eine der ersten größeren Grubenwassergeothermieanlagen der Welt, die gerne als Referenzobjekt verwendet wird, läuft wie oben dargestellt nur deshalb „problemlos", weil über die Probleme ausschließlich hinter vorgehaltener Hand gesprochen wird. Ohne die enormen finanziellen Aufwendungen des Betreibers zur Reaktivierung von Pumpen oder verockerten Bohrungen wäre keiner der Nutzer bereit, die geothermische Energie des sauren und eisenreichen Grubenwassers zu nutzen – zumal die Nutzer nicht einmal ein Entgelt an den Betreiber zahlen müssen.

Eine weitere Nutzung besteht darin, das neutralisierte Grubenwasser zur Bewässerung in der Landwirtschaft einzusetzen (du Plessis 1983). Voznjuk und Gorshkov (1983, S. 23) beschreiben, dass ab einer Gesamtmineralisation von 3 g L^{-1} eine Versalzung des Bodens eintritt, aber bis 2 g L^{-1} keine negativen Auswirkungen erkennbar waren (auch van Zyl et al. 2001). Besonders intensiv setzten sich Annandale (1998) sowie Annandale et al. (2001) mit der Frage auseinander, wie „gipshaltiges" Grubenwasser zur Bewässerung einsetzbar ist (ich habe das dem englischen Original entnommene „gipshaltige" in Anführungszeichen gesetzt, denn natürlich enthält Grubenwasser keinen Gips, sondern die Ionen Ca^{2+} und SO_4^{2-}, die bei Überschreitung der Gipslöslichkeit als Gips aus dem Grubenwasser ausfallen). In fast allen beschriebenen Fällen, bei denen auch Modellrechnungen über einen Bewässerungszeitraum von 11 und 30 Jahren angestellt wurden (Annandale et al. 2009; Jovanovic et al. 2001), zeigte sich, dass keine negativen Auswirkungen durch die Bewässerung mit Grubenwasser zu erwarten sind, solange die Natriumkonzentration nicht zu groß ist (van Zyl et al. 2001, S. 44). Künftige Studien sollen zeigen, ob sich Grubenwasser auch bei größeren Bewässerungsprojekten erfolgreich einsetzen lässt (Annandale et al. 2019, 2017). Ein Negativbeispiel ist aus der ehemaligen DDR bekannt. Dort hatten die LPG Nöbdenitz sowie eine Gärtnerei bei Schmölln Wasser aus der Sprotte gepumpt, um beispielsweise Kräuter und Teepflanzen zu bewässern. Da jedoch die SDAG Wismut Grubenwässer des Bergbaubetriebs Drosen und Beerwalde sowie Paitzdorf einleitete, kam es zur radioaktiven Kontamination der Pflanzen (Beleites 1992, S. 54 f.).

Neben der vorgenannten geothermischen Nutzung kann Grubenwasser auch verwendet werden, um Turbinen anzutreiben. Wo ausreichende Höhenunterschiede bestehen und keine Gefahr besteht, dass das Grubenwasser die Turbine dauerhaft beschädigen könnte, lassen sich größere Wasserkraftanlagen errichten, aber auch Laufturbinen in Erb- oder Entwässerungsstollen sind als Energiequelle denkbar. Am bekanntesten dürften die ehemaligen Wasserkraftanlagen im Harz (Ottiliae-Schacht Clausthal; Hilfe Gottes Bad Grund) und in Freiberg das Kavernenkraftwerk Drei-Brüder-Schacht gewesen sein (Döring 1993; Galinsky et al. 2001). Im tirolischen Biberwier ist seit fast 120 Jahren eine Turbine in Betrieb, die derzeit eine Leistung von ca. 50 kW erbringt und in das lokale Stromnetz der Elektrizitätswerke Reutte einspeist (Wolkersdorfer 2008). Eine umfassendere, auch historische Darstellung zur Nutzung von Grubenwasser zur Stromerzeugung hat Döring (1993) vorgelegt. Whillier (1977) diskutierte, ob das in tiefen südafrikanischen Schächten zu Kühlzwecken hinabgeleitete Wasser nicht durch Turbinen geleitet werden könnte. Dies würde einerseits Energie liefern, andererseits das Wasser nochmals abkühlen, sodass eine größere Kühlleistung untertage verfügbar wäre.

Interessant ist auch der Aspekt, dass man – zumindest in der Lausitz, die sich oftmals durch extreme Trockenheit auszeichnet – die Tagebaurestseen als Bergbauspeicher in die Wasserbewirtschaftung integriert hat. Durch die Speicherlamelle in den Restseen, die miteinander und mit den dortigen Fließgewässern verbunden sind, kann die Niedrigwasseraufhöhung für den Spreewald und die Fischereiwirtschaft nützlich sein und den Hochwasserschutz unterstützen. Außerdem kann sie der Flutung noch nicht gefüllter Restseen zuhilfe kommen.

Bei der Wiedergewinnung von Metallen aus Grubenwasser stehen wir noch am Anfang einer hoffnungsvollen Entwicklung (Fosso-Kankeu et al. 2020). Zwar gelingt es mitunter, Metalle aus Grubenwasser zu gewinnen, wie die Beispiele der Wismut GmbH in Königstein (Braun et al. 2008), Pécs in Ungarn (Benkovics et al. 1997; Csővári et al. 2004) oder das F-LLX-Verfahren (Abschn. 3.12) zeigen. In großem Maßstab werden bislang jedoch noch nirgends Wertstoffe aus Grubenwasser erzeugt. Eines der Probleme ist die höhere Reaktivität von Eisen und Aluminium gegenüber den prioritären Stoffen, den Seltenerdelementen (Nordstrom et al. 2017a). Dabei wird es in den kommenden Jahren eine Optimierung von Membranprozessen oder Ionenaustauschern geben, die dazu beiträgt, metallische Wertstoffe aus Grubenwasser zu gewinnen. Die bislang öffentlich vorgestellten Verfahren sind noch im Labor- oder Pilotanlagenmaßstab und sollen daher hier nicht weiter diskutiert werden. Nordstrom et al. (2017a) weisen auf ein anderes Problem hin: Investoren, die Interesse an der Wiedergewinnung von Rohstoffen aus aufgelassenen Bergwerken haben, könnten für die „Altlasten" früherer Betreiber verantwortlich gemacht werden.

7.2 Aufbereitungsrückstände als Wertstoffe (Circular Economy)

Bislang ist es noch nicht gelungen, die Aufbereitungsrückstände der Grubenwasserreinigung grundsätzlich als Wertstoffe zu nutzen, obwohl dies weltweit eine große Zahl an Projekten versuchte und versucht. Bei den Rückständen handelt es sich ganz allgemein um Schlämme unterschiedlicher Zusammensetzung, wobei carbonatische oder gipshaltige Schlämme überwiegen. Oftmals enthalten die Schlämme größere Konzentrationen an Metallen (z. B. Kupfer, Zink, Mangan, Chrom) oder Halbmetallen (z. B. Arsen, Antimon), die theoretisch als Wertstoffe genutzt werden könnten (Dinardo et al. 1991). In der passiven Grubenwasserreinigung liegen zumeist reine Eisenoxihydratschlämme einschließlich der Kopräzipitate vor. Georgaki et al. (2004, S. 305) stellen dazu fest, dass „von der Industrie zahlreiche Versuche unternommen wurden, die Umweltauswirkungen von Schlamm zu reduzieren und, soweit möglich, die Abfälle oder seine Bestandteile zu vermarkten oder wiederzuverwenden. Trotz niedriger Konzentration an Inhaltsstoffen wurde nur ein begrenzter Erfolg erzielt".

▶ Hier ein rechtlicher Hinweis, über den das Projekt „Re-Mining" stolperte und der auch für andere Projekte relevant sein kann, die versuchen, Rückstände des Bergbaues zu nutzen. Gemäß § 128 (Alte Halden) des Bundesberggesetzes (BBergG) ist zu beachten, dass gegebenenfalls eine bergrechtliche Genehmigung für denjeningen vorliegen muss, der auf Halden wissenschaftliche Untersuchungen vornimmt: „Für das Aufsuchen und Gewinnen mineralischer Rohstoffe in Halden gelten die §§ 39, 40, 42, 48, 50 bis 74 und 77 bis 104 und 106 entsprechend, wenn die mineralischen Rohstoffe als Bodenschätze unter § 3 Abs. 3 und 4 fallen würden und aus einer früheren Aufsuchung, Gewinnung oder Aufbereitung von Bodenschätzen stammen." Neben einer Anzeige der Untersuchungen bei der Bergbehörde kann im schlimmsten Fall sogar ein Betriebsplan eingefordert werden. Da lobe ich mir doch § 2 Abs. 5 (Anwendungsbereich) des österreichischen Mineralrohstoffgesetzes (MinRoG i. d. F. vom 15. November 2016): „Für Tätigkeiten der im Abs. 1 genannten Art, die ausschließlich wissenschaftlichen Zwecken dienen, sowie für das Sammeln von Mineralien gilt dieses Bundesgesetz nicht. Bergbauberechtigungen sind jedoch zu beachten." Damit hat man mir in Tirol sogar schon einen Tracertest erlaubt.

Es gibt zwar einige gute Ansätze, wie die Herstellung von Pigmenten, dennoch sind wir noch 15 bis 25 Jahre von einer Technologie entfernt, mit der wir die Reststoffe einer Grubenwasserreinigungsanlage generell recyceln würden. Ein Blick auf die Praxis der kommunalen Abfallentsorgung zeigt, dass noch zwischen 1980 und 1990 fast immer eine Mischdeponie angelegt wurde und die Abfälle überwiegend unbehandelt auf eine einzige Deponie kamen. Heute müssen die kommunalen Abfälle im dualen System getrennt gesammelt und wiederverwendet und die Reststoffe weitgehend einer thermischen Entsorgung zugeführt werden (Dehoust et al. 2005; Wacker-Theodorakopoulos 2000). Das alles war vor den Jahren 1980 bis 1990 erfahrungsgemäß undenkbar, und heute, 30 bis 40 Jahre später, ist es in vielen Ländern zu einem Standard geworden. Dies muss auch unser Ziel bei der Grubenwasserbehandlung werden! Dazu bieten sich prinzipiell die folgenden Alternativen an:

- Vermeiden von Aufbereitungsrückständen durch Änderung der Technologie
- Einlagern der Aufbereitungsrückstände oder Versenkung im Wasser des Flutungsraums
- Alternative Aufbereitungsanlagen
- Nutzung des Schlamms als Wertstoff
- Trennung der Reinigungsschritte und Nutzung der einzelnen Stufen

In der bisherigen Praxis wird der Schlamm entweder in Schlammrückstandsbecken, mit den Rückständen der Erzaufbereitung (Tailings: Aufbereitungsabgänge) zusammen eingelagert, als Abdeckung von Halden benutzt, in Grubengebäude rückgespült, als Teil zur Wiederverfüllung genutzt oder auf eine Sondermülldeponie verbracht (Zinck 2005, 2006). Mitunter wurde der Schlamm als Aufzuchtmedium für Pflanzen verwendet oder dem Boden zugesetzt (z. B. Dudeney et al. 2004; Yeh und Jenkins 1971). Keines dieser Verfahren stellt eine Nutzung als Wertstoff im engeren Sinne dar. Die folgenden Fallbeispiele sollen das Potenzial der Verwertungsmöglichkeiten von Grubenwasserschlamm verdeutlichen.

Bei der Einlagerung von Schlämmen aus der Grubenwasserreinigung in Tagebaurestseen oder Untertagebergwerken kann man streng genommen nicht von Wiederverwertung sprechen (ausführlicher in Abschn. 6.3.2). Da die Alkalinität im Schlamm jedoch zur Verbesserung der Wasserqualität beitragen kann, soll dieses Verfahren an dieser Stelle ebenfalls vorgestellt werden. Kostenbader und Haines (1970), Aubé et al. (2005) und Wolkersdorfer und Baierer (2013) beschreiben die Einlagerung von Schlämmen aus der Grubenwasserreinigung. Bei allen Verfahren werden die Schlämme aus einer Dünn- oder Dickschlammanlage gesammelt und entweder mittels Rohrleitungen oder Lkw zurück in das Grubengebäude gespült. Kostenbader und Haines (1970) geben keine Details dazu, ob sich die Einlagerung des Schlamms in das Untertagebergwerk auf die Wasserqualität auswirkte. Sie schreiben lediglich, dass „sich die Einleitung von Schlammresten über ein Bohrloch in einen Bereich nahe des Grubenwasserpools als zufriedenstellende Entsorgungsmethode erwies" (S. 92). Aubé et al. (2005) führten Laboruntersuchungen an Dickschlamm aus einer Grubenwasserreinigungsanlage in Kanada an, um festzustellen, ob die Schlämme für die Versenkung in ein Grubengebäude geeignet seien. Sie kamen zu dem Schluss, dass die Schlämme in Bezug auf die zu erwartenden Eisen- und Aluminiumkonzentrationen problemlos in das Grubengebäude versenkt werden können. Für die Metalle Cadmium, Nickel und Zink waren die Ergebnisse weniger positiv. Wolkersdorfer und Baierer (2013) untersuchten Dünnschlamm der Grubenwasserreinigungsanlage Straßberg/Harz und kamen durch Labor- und Felduntersuchungen zu dem Schluss, dass sich die Rückspülung des Schlamms in das geflutete Grubengebäude positiv auf die Grubenwasserqualität auswirkt. Sie konnten durch chemisch-thermodynamische Modellierung zeigen, dass der pH-Wert des Grubenwassers niedriger wäre, wenn der Dünnschlamm nicht zurückgespült würde.

Im US-Bundesstaat Montana werden Schlämme einer Grubenwasserreinigungsanlage in den Tagebaurestsee Berkeley Pit rückverfüllt (Duaime und Metesh 2007; Geller et al. 2013, S. 365). Bislang ließ sich jedoch keine Verbesserung der Wasserqualität nachweisen, da die Menge des rückverspülten Schlamms im Vergleich zum Volumen des Tagebaurestsees vergleichsweise gering ist. Naik et al. (1990), Ashby (2001), Schipek et al. (2006) oder Schipek et al. (2007) hingegen diskutieren die Einbringung von Flugaschen in Tagebaurestseen oder Untertagebergwerken.

In den polnischen Kohlenbergwerken Dębieńsko und Budryk wird hochsalinares Grubenwasser (8–115 g L^{-1} Gesamtmineralisation) mittels Umkehrosmose bzw. Elektrodialyse und Destillation aufbereitet (Ericsson und Hallmans 1996; Sikora und Szyndler 2005; Turek 2004; Turek et al. 2005). Als Endprodukte werden Trinkwasser und Steinsalz gewonnen und können vermarktet werden. In den beiden Anlagen fallen täglich zwischen 4400 und 8000 m^3 Grubenwasser an und werden in einem mehrstufigen Prozess aufbereitet. Dabei wird vor der Umkehrosmose zunächst eine chemische Aufbereitung durchgeführt und Gips vom NaCl getrennt. In der Lösungskonzentration wurden dafür im Jahr 2005 jeweils 44 kWh pro Kubikmeter Wasser und im Kristallisator 66 kWh pro Kubikmeter Konzentrat aufgewendet. Sobald die Magnesiumkonzentration in der Lauge 2110 meq L^{-1} überschreitet, kann der Kristallisator nicht mehr innerhalb des Optimums betrieben werden. Eine weitere Einschränkung des Verfahrens sind hohe Calcium- und Sulfatkonzentrationen, die zur unkontrollierten Gipsausfällung führen. Um dies zu vermeiden, wird als weitere Vorbehandlung Elektrodialyse eingesetzt. In einer neueren Anlage finden die folgenden fünf Prozessschritte statt: Vorbehandlung, Umkehrosmose, Laugenkonzentration, Kristallisator und Spülungsbehandlung (Abb. 7.5). Im Optimalfall werden die folgenden Produkte gewonnen: Destillat, Steinsalz, Carnallit, Magnesiumchlorid, Iod und Brom. Nachteilig bei der Methode ist der hohe Energieeinsatz, der sich nur dann lohnt, wenn hohe Sanierungsziele zu erreichen sind und eine preiswerte Energiequelle zur Verfügung steht.

Eisenoxide werden in der Industrie für vielfältige Prozesse verwendet (Cornell und Schwertmann 2003, S. 509–524). Obwohl die Schlämme der Grubenwasserreinigung zum überwiegenden Anteil aus Eisenoxiden oder -hydroxiden bestehen, werden sie

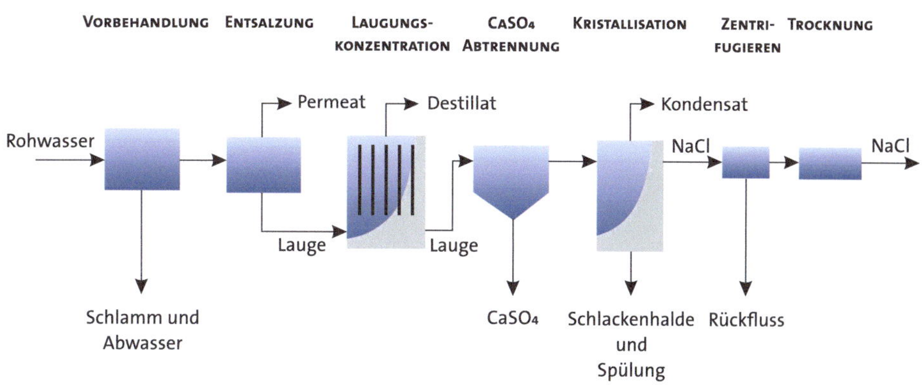

Abb. 7.5 Ablauf der Grubenwasserreinigung in der Anlage in Dębieńsko/Polen. (Nach Ericsson und Hallmans 1996)

kaum industriell eingesetzt. In Deutschland versuchte die Firma Lanxess Deutschland (vormals Bayer), Schlämme aus der Grubenwasserreinigung für Pigmente und für das Eisenhydroxidoxid Bayoxid E33 (Schlegel et al. 2005) einzusetzen. Offenbar sind die Kopräzipitate der Schlammfällung für den industriellen Einsatz derzeit nicht geeignet (pers. Mitt. Andreas Schlegel). Hedin (1998, 2002, 2003) hat seit Ende der 1990er-Jahre erfolgreich die Schlämme der passiven Grubenwasserreinigung verwendet, um daraus Pigmente für die Ziegelindustrie und Farben herzustellen, die als EnvironOxide™ im Handel erhältlich sind. Dazu gewinnt er mit Baggern zunächst den Schlamm von passiven Grubenwasserreinigungsanlagen, trocknet diesen in einem mehrstufigen Verfahren mittels Schläuchen aus Geotextilien (in den Vereinigten Staaten von Amerika „Geotextile and Sludge Tubes", in Deutschland „Geotube® Geotextil-Schläuche") und haldet den entwässerten Schlamm bis zur Trocknung in Mieten auf (Abb. 7.6a). Sobald das Material trocken ist, wird es gebrannt und je nach Qualität und Farbe als Pigment EnvironOxide™ (BR-832 red; BR-833 yellow; BR-834 black) auf dem Markt verkauft (Abb. 7.6b). Etwa alle 7 bis 10 Jahre lassen sich auf diese Weise 2 bis 2,5 kt an Schlamm gewinnen und vermarkten (pers. Mitt. Bob Hedin 2008). Um dies dauerhaft wirtschaftlich betreiben zu können, wären folglich im Umfeld der Produktionsanlage 7 bis 10 passive Grubenwasserreinigungssysteme nötig (Tab. 7.1).

Einen anderen Weg beschreiten Silva et al. (2011). In einem vierstufigen Verfahren konnten sie im Labor aus Grubenwasser Goethit und Hämatit gewinnen: selektive Eisenausfällung → Eisenlösung → Kristallisation von Goethit → Herstellung von Hämatit. Sie konnten für den Goethit einen Farbton nahe Pantone™ P 7–11 und für das Hämatitpulver einen nahe Pantone™ P 15–12 bestimmen. Damit sind sie heller als die EnvironOxide™-Produkte, was daran liegt, dass EnvironOxide™ gebrannte Pigmente sind. Das Endprodukt ließe sich dann als Pigment für Farben oder Beton verwenden. Ein industrieller Einsatz steht bislang jedoch aus.

Auch in der Lausitz wurden aus den Reststoffen der Grubenwasserreinigung (u. a. Schwertmannit) Pigmente hergestellt (Janneck et al. 2007a, S. 100–109). Zusätzlich führten die Bearbeiter intensive technische Untersuchungen an den Pigmenten durch,

Abb. 7.6 Halden mit Ocker aus einer passiven Grubenwasserreinigung nach dem Entwässern und Trocknen (a) und getrockneter sowie gebrannter Ocker (b). (Fotos: Bob Hedin)

Tab. 7.1 Kostenvergleich einer passiven Grubenwasserreinigungsanlage mit Vermarktung durch Eisenoxidgewinnung und einer konventionellen Dünnschlammanlage (nach pers. Mitt. Bob Hedin 2008). *Endlagerkosten, wenn der Schlamm nicht vermarktbar sein sollte

	Einheit	Passiv FeOx	Konventionell
Kapitaleinsatz	€ pro L min^{-1}	130	200…400
Laufende jährliche Kosten	€ pro 1000 m^3	2	10…20
Gesamtkosten 25 Jahre	€ pro 1000 m^3	14 (24*)	56

um ihre potenzielle industrielle Eignung zu verifizieren. Mit den Nochten-Ocker und Nochten-Rot genannten Pigmenten wurden Keramiken und Betonsteine gefärbt sowie Pigmentpulver und Farben produziert. Insgesamt konnte gezeigt werden, dass sich die Pigmente zur Herstellung in Fliesenmasse, Betonsteinen, Dekorsplitt, Ziegeln und Klinkern, Farben und Lacken, farbigen Putzen sowie Wandfarben eignen.

Warkentin et al. (2010) beschreiben Laborversuche, in denen es gelang, Metalle (Cu, Zn, Co, Ni, Al, Fe, Mn) selektiv aus Grubenwasser zu entfernen. Um dies zu erreichen, gaben sie dem Grubenwasser je nach Versuchskonfiguration in vier bis sechs Schritten unterschiedliche Reagenzien hinzu. Dazu zählten H_2S aus einem Bioreaktor, $CaCO_3$, CaO und die Restlösung aus einem Bioreaktor. In der Vergangenheit wurden immer wieder Verfahren vorgestellt, um Metalle selektiv aus (Gruben-)Wasser zu gewinnen. Haber (1927), beispielsweise, wollte Gold aus Meerwasser herstellen, was ihm aber wegen der geringen darin enthaltenen Mengen nicht gelang. Im Zusammenhang mit Grubenwasser haben Valenzuela et al. (1999) nachgewiesen, dass sich Kupfer selektiv aus Grubenwasser entfernen lässt. Menezes et al. (2009) stellten eine Eisen(III)sulfat-Lösung her, aus der sie ein Produkt aus 12 % Eisen und 1 % Aluminium extrahieren konnten. McCloskey et al. (2010) erarbeiteten ein Verfahren, bei dem metallsensitive Membranen verwendet werden, um die Metalle aus dem Grubenwasser zu entfernen. Reddy et al. (2010) verwendeten die eutektische Gefrierkristallisation und konnten bei Zugabe von Kristallisationskeimen Natriumsulfat gewinnen. Im übertragenen Sinne hoffe ich mit dem Nobelpreisträger Fritz Haber, dass „sich [in den Weltmeeren, d. Autor] einmal irgendwo eine Art Goldfundstelle zeigt, an der die Edelmetallteilchen sich regelmäßig anhäufen“ (Haber 1927, S. 314) – wobei ich mir nicht ganz sicher bin, ob er hier nicht ein wenig Ironie mit ins Spiel gebracht hat.

Bei der Grubenwasserreinigungsanlage eMalahleni in der Provinz Gauteng/Südafrika (Abb. 7.7) handelt es sich um die erste Anlage, die als Zero-Discharge-Anlage bezeichnet wird (Holtzhausen 2006a; Hutton et al. 2009), also einer Anlage, die keine Abfälle hinterlässt. Dies ist aber nur im Prinzip richtig, denn die hochkonzentrierte Lauge aus der Umkehrosmose wird in einem Speicherbecken zurückgehalten, da es bislang keine industrielle Nutzung oder Reinigungsmöglichkeit für die Laugenwässer gibt. Auf dem gleichen Prinzip beruht die neu errichtete Anlage nach dem HiPRo®-Prozess in Kromdraai (Optimum Coal Mine), die im Jahr 2012 in Betrieb ging (Cogho 2012;

Abb. 7.7 Grubenwasserreinigungsanlage eMalahleni. Von links oben nach rechts unten: Vorreinigung (im Hintergrund links das Laugenbecken und rechts die Kohlenmine); Umkehrosmose; Gebäude aus Gips; in der Anlage hergestelltes Mineralwasser (Provinz Gauteng/Südafrika)

Cogho und van Niekerk 2009; Karakatsanis und Cogho 2010). Beide Anlagen arbeiten in einem mehrstufigen Prozess, bei dem zunächst das Grubenwasser konventionell behandelt wird, wobei Gips ausfällt, der weiterverwendet werden kann (Abb. 7.8). Das Wasser wird dann einer Ultrafiltration und Umkehrosmose unterzogen und kann im Weiteren entweder an die lokale Wasserversorgung oder die Vorflut abgegeben werden. Aus einem Teilstrom kann auch Mineralwasser gewonnen werden. Bei der Wasserbehandlung handelt es sich um ein vierstufiges, von der Firma Keyplan entwickeltes Verfahren, das aus folgenden Schritten besteht (Cogho und van Niekerk 2009):

- Vorbehandlung, um Feststoffe und Metalle zu entfernen
- Filterung mit einem selektiven granularen Medium, um Mangan zu entfernen
- Ultrafiltration, um Schwebstoffe und Kolloide zu entfernen
- Umkehrosmose und Nanofiltration zur Entmineralisation des Restwassers

Meines Erachtens ist dieses Verfahren derzeit die optimale Lösung, Grubenwasser zu reinigen und sämtliche heute erforderlichen Umweltvorgaben einzuhalten. Sollte es gelingen, auch noch die Laugen zu nutzen, sind wir von der „Intelligenten Grubenwasserreinigung“ nur noch einen kleinen Schritt entfernt – dem der Installation!

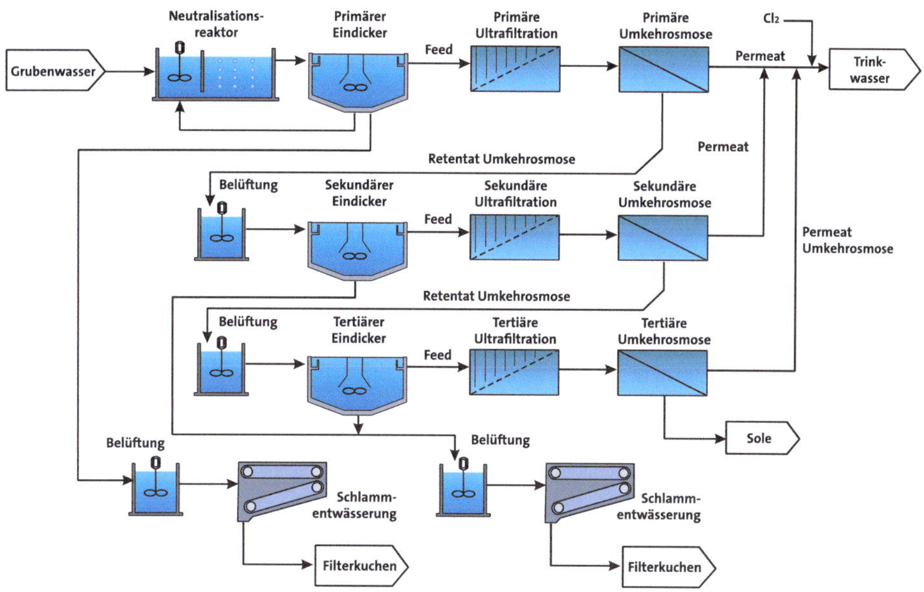

Abb. 7.8 Prinzip der Grubenwasserreinigungsanlagen eMalahleni und Kromdraai in der Provinz Gauteng/Südafrika (verändert aus Gunther und Mey 2008)

Weiter vorne im Buch habe ich mich ein wenig kritisch über Experimente mit Sorbenten und Phytoremediation zur Bodensanierung geäußert. Lassen Sie mich jetzt noch einmal auf Sorbenten zurückkommen – aus einer ganz anderen Perspektive. Ging es in den beiden vorherigen Abschnitten über Sorbenten um eine kritische Auseinandersetzung mit Sorbenten als Allheilmittel für wasserbürtige Kontaminationen, so möchte ich hier auf Biosorbenten zur Gewinnung von Metallen eingehen. Agricola hat nicht nur als Erster in der neuzeitlichen Literatur Kontamination von Grubenwasser oder Agrarschäden durch Bergbau angedeutet und beschrieben, er hat sich auch mit den Pflanzen befasst, die als Erzanzeiger genutzt werden können: „Es wächst auch auf einer Linie, in der sich ein Gang erstreckt, ein gewisses Kraut oder eine gewisse Pilzart“ (Agricola 1928 [1557], S. 30). Dies ist praktisch identisch mit den Erkenntnissen zur Prospektion mit Pflanzen, die auch Cannon (1960) beschrieb. Lange Zeit bestand Unklarheit darüber, ob Schwermetallpflanzen (Zeigerpflanzen, Metallophyten) die Metalle aufnehmen oder ob sie ihnen gegenüber nur tolerant sind. Seitdem hat sich die Kenntnis über Zeigerpflanzen erheblich erweitert, und es ist nunmehr klar, dass es einerseits Zeigerpflanzen gibt, die Metalle aufnehmen (hyperakkumulieren), und andererseits solche, die ihnen gegenüber eine Toleranz zeigen (Ernst et al. 1975; Punz 2014; Punz und Mucina 1997). Hyperakkumulierende Metallophyten wie die Gattungen *Thlaspi* oder *Alyssum* können erhebliche Mengen unterschiedlicher Metalle in ihre Biomasse einbauen (Brooks et al. 1998; van der Ent et al. 2015). Wenn sie schon nicht für die Phytosanierung geeignet sind (Blume et al. 2010, S. 468), dann möglicherweise als Sorbenten für unterschiedliche Metalle. Neben Pflanzen eignen sich auch Algen, Pilze (denken Sie an die nach wie vor mit ^{137}Cs kontaminierten Pilze, vor allem in Südbayern) und Bakterien als Akkumulatoren für Metalle, die sie künftig möglicherweise als Biosorbenten oder Bioakkumulatoren für Metalle wichtig werden lassen könnten. Eine ausführliche Zusammenfassung potenzieller Kandidaten im Hinblick auf Grubenwasser haben Dinardo et al. (1991) gegeben und eine umfangreiche Darstellung des derzeitigen Wissensstandes Phieler et al. (2015). Eine Untersuchung aus Polen wies hohe Konzentrationen von As, Cr, Ni, U und Seltenerdelementen im Heiligkreuzgebirge in der Woiwodschaft Heiligkreuz nach (Gałuszka und Migaszewski 2018). Weitere Forschung wird es ermöglichen, so wie heute Insulin in Bioreaktoren hergestellt wird, auch Metalle aus Grubenwasser in Bioreaktoren zu sorbieren.

Finis

8

Eine Reise endet hier – vorerst!

Ergebnis der Recherchen ist, dass Grubenwasser weltweit gesehen einen der volumenmäßig größten Schadstoffströme darstellt, aber nicht in jedem Fall kontaminiert ist. Tausende Kilometer an Gewässern, ausgedehnte Flächen in Naturschutzgebieten und unzählige Grundwasserleiter sind durch saures oder (halb-)metallhaltiges Grubenwasser verunreinigt oder potenziell gefährdet. Um die negativen Auswirkungen auf die Ökosphäre und Anthroposphäre so gering wie möglich zu halten, ist es daher unerlässlich, verunreinigtes Grubenwasser derart aufzubereiten, dass die Auswirkungen auf die Umwelt auf ein Mindestmaß beschränkt bleiben oder vollständig unterbunden werden. Überall dort, wo daher finanzielle Mittel vorhanden sind, um Grubenwasser auf eine annehmbare Wasserqualität zu reinigen, die in der Regel behördlich vorgegeben wird, werden Anlagen oder Systeme errichtet, die dazu in der Lage sind. Dazu habe ich Ihnen eine große Anzahl passiver und aktiver Methoden vorgestellt.

Was ist künftig notwendig? Vor allem die Zusammenarbeit zwischen den Forschungs- und Entwicklungsgruppen sollte optimiert werden, sodass doppelte Forschungen nicht mehr vorkommen. Dazu müssen die jeweiligen Gruppen intensivere Literaturarbeiten betreiben, denn eine Vielzahl der Doppelforschung beruht auf unzureichender Kenntnis der Literatur und der Ergebnisse anderer Forschungen oder Entwicklungen. Außerdem ist es nicht nötig, Entwicklungen oder Forschungen in Bereichen zu betreiben, in denen es bereits annehmbare Lösungen gibt. Vor allem sollten die Forschungsinitiativen die Lücken der bekannten Methoden füllen, anstatt die gleichen Forschungsansätze der Vorgänger zu verwenden. Zukunftsweisend dahingehend sind Membranmethoden, wo integrative Ansätze und selektive Membranen benötigt werden. Es ist nicht zielführend, zu zeigen, dass ein bestimmtes Grubenwasser mittels Membrantechnologie gereinigt werden kann. Vielmehr stellt sich die Frage, welche generelle Optimierung nötig ist, um die Lebensdauer der Membranen zu erhöhen und potenzielle Metalle aus dem Grubenwasser zu gewinnen. Weitere Forschung und Entwicklung ist bei den Sensoren

C. Wolkersdorfer, *Reinigungsverfahren für Grubenwasser*,
https://doi.org/10.1007/978-3-662-61721-2_8

nötig, bei den Ionenaustauschern und der elektrochemischen Grubenwasserreinigung. Und schließlich muss es eine Intensivierung der Forschung im Bereich Nano- und Biotechnologie geben, ohne allerdings die mikrobiologischen Forschungen der 1960er- bis 1990er-Jahre zu wiederholen. Ziel sollte die Valorisierung von Grubenwasser sein und nicht mehr eine Betrachtung aus der Sicht der Reinigung des Wassers heraus. Und schließlich sollte den passiven Reinigungsmethoden ein höherer Stellenwert eingeräumt werden, was aber nur dann gelingen kann, wenn die Unterschiede der einzelnen Methoden hinreichend verinnerlicht sind und wenn die internationalen Erfahrungen systematisch umgesetzt werden. Dazu ist es notwendig, die grundsätzlichen Unterschiede zwischen Pflanzenkläranlagen für kommunale Abwässer und konstruierten Feuchtgebieten für Grubenwasser zu erkennen.

Wie schon eingangs gesagt: Dies ist kein Kochbuch geworden, nach dem Sie eine Grubenwasserreinigungsanlage bauen können. Vielmehr kam es mir darauf an, Sie auf eine Reise mitzunehmen, auf der Sie die heute praktizierten Methoden zur Reinigung von Grubenwasser kennenlernen konnten. Wie auf einer Reise können Sie an jeder Stelle aussteigen und sich anhand der Literatur, die ich Ihnen aufgelistet habe, umschauen. Schreiben Sie mir, wenn Ihnen einige der Halte gefallen haben sollten oder wenn Sie der Meinung sind, ich habe Stellen ausgelassen, die Sie für bedeutungsvoll erachten. Sie können mich unter der E-Mail-Adresse Grubenwasser@Wolkersdorfer.info erreichen.

Mit einem herzlichen Glückauf danke ich Ihnen, dass Sie mich bis hierher begleitet haben!

Lagniappe – Bonuskapitel

Begriffserklärung/Glossarium/Abkürzungen

Einleitende Hinweise

In diesem Kapitel erläutere ich kurz, selten einmal unter Zuhilfenahme des Onlinelexikons Wikipedia, einige wichtige Begriffe in diesem Buch. Allgemein bekannte Fakten, oder Begriffe, die dem Niveau eines Diplom- oder Masterstudenten entsprechen, seien an dieser Stelle weitgehend ausgeklammert. Dazu zählen beispielsweise pH-Wert, Säure, Base, Element, Verbindung, Redoxspannung, elektrische Leitfähigkeit oder andere in der Grubenwassereinigung relevante Begriffe. Im Übrigen sei auf das erstklassige *Glossar Bergmänische Wasserwirtschaft* der Fachsektion Hydrogeologie in der DGGV hingewiesen (Burghardt et al. 2017), in dem Sie auch Begriffe wie „Nickesel“ oder „Gefluder“ erklärt finden.

Im Abkürzungsverzeichnis werden alle im Text verwendeten Abkürzungen aufgelistet, die nicht im derzeit aktuellen Duden zu finden sind oder die sich nicht aus dem Kontext heraus ergeben. Einheiten, die dem Internationalen Einheitensystem sowie den kohärenten abgeleiteten SI-Einheiten entsprechen (z. B. K, mol, S) oder chemische Symbole (z. B. K, V, Ca) werden im Allgemeinen nicht ins Abkürzungsverzeichnis aufgenommen. Zu den SI-Präfixen siehe Tab. 1.2.

Begriffe/Glossarium

ad infinitum	für immer, unendlich lange
alternativer Fakt	Unwahrheit, Lüge
Anthropoidea	Affen: Teilordnung der Primaten
Chatham-House-Regel	Bei Veranstaltungen (oder Teilen von Veranstaltungen), die unter die Chatham-House-Regel fallen, ist den Teilnehmern die freie Verwendung der erhaltenen Informationen unter der Bedingung gestattet, dass weder die Identität noch die Zugehörigkeit von Rednern oder anderen Teilnehmern preisgegeben werden dürfen. – Chatham House Rule

C. Wolkersdorfer, *Reinigungsverfahren für Grubenwasser*,
https://doi.org/10.1007/978-3-662-61721-2

Circa instans	Eine Mitte der 12. Jahrhunderts entstandene Arzneidrogenkunde
Cloaca Maxima	Abwasserleitung im alten Rom
Coltan	Tantalerz, dessen Name sich von den Mineralen der Columbit- und Tantalit-Mischkristallreihen ableitet. Wird zusammen mit Kassiterit, Gold, Diamant und Wolframit als Konfliktrohstoff eingestuft.
diadoch	Vertreten von ähnlich großen Elementen oder Ionen im Kristallgitter
Differenzialgleichung	System von Zeichen und Symbolen, das dem normalen Grubenwasserforscher wie ein Buch mit sieben Siegeln vorkommt und daher auch in diesem Buch potenziell fehlt
eierlegende Wollmilchsau	eine Problemlösung, die alle notwendigen, auch widersprüchlichen Eigenschaften in sich trägt
Eliot'scher Sinn	Thomas Stearns Eliot, Vertreter der literarischen Moderne, für den in der Lyrik die Annäherung an die Alltagssprache wichtig war
Eutektikum	Phasengleichgewicht innerhalb enger Grenzen der Umgebungsbedingungen (z. B. Druck, Temperatur, Konzentration)
Fischer, Artur	Erfinder des Fischer-S-Dübels und Inhaber weiterer 1135 Patente
Fotocomposite	Ein aus mehreren Fotos, oftmals durch stitching zusammengefügtes Foto
Garimpeiro	Bezeichnung für informelle Goldsucher im Amazonasgebiet (Wort stammt aus dem Portugiesischen)
GWRA | WBA	Eine GWRA (Grubenwasserreinigungsanlage) ist bei der LMBV eine ältere, noch während der Gewinnung gebaute Anlage, um gehobenes Grubenwasser zu reinigen. Einige davon werden weiterbenutzt, um Seewasser (Rainitza) oder Fließgewässer (Vetschau) zu reinigen. Eine WBA (Wasserbehandlungsanlage) dagegen ist eine neuere Anlage, die nichts mit dem Gewinnungsbergbau zu tun hat, sondern dazu dient, bergbaulich beeinflusstes Wasser aus Tagebauseen, bergbaulich beeinflussten Fließgewässern oder Grundwasserhaltungen zu behandeln (pers. Mitt. Oliver Totsche).
Halbmetall	Ein Element, das (vereinfacht ausgedrückt) vom chemisch-physikalischen Verhalten her zwischen den Metallen und Nichtmetallen steht. Die Begriffe Semimetall und Metalloid sollen nicht mehr verwendet werden.

Hubbert-Kurve	Die Hubbert-Kurve ist eine Annäherung an die Produktionsrate einer Ressource im zeitlichen Verlauf.
juvenile Säure	Neu entstehende Säure in einem Bergwerk durch Disulfidverwitterung, vor allem Pyrit und Markasit
Kap-Breton-Insel	Cape Breton Island (eng.), Île du Cap-Breton (franz.), Eilean Cheap Breatuinn (gällisch), U'namakika (mi'kmaq)
Klassifizierung	Vorgang der Klassierung in Gruppen, die zu einer Klassifikation führt
Kongener	Einer von mehreren Stoffen, die sich durch Herkunft, Struktur oder Funktion ähneln (https://doi.org/10.1351/goldbook.CT06819)
Kopräzipitation	Mitfällung von Ionen (die Schreibweise Co-Präzipitation ist als inkorrekt anzusehen, da nahezu alle vom der lateinischen Vorsilbe *co* abgeleiteten Wörter im Deutschen mit Ko- beginnen. Beispiel: Koautor, Kooperation)
Lagerstätte	Eine (Erz-)Lagerstätte ist ein Erzvorkommen, das sich zum jeweiligen Zeitpunkt ökonomisch abbauen lässt.
Lagniappe	ein Begriff aus dem Süden der US-Staaten Louisiana und Mississippi, abgeleitet von *la ñapa* (Spanisch), der dort soviel bedeutet wie: „Ein kleines Geschenk, das ein Händler einem Kunden zum Zeitpunkt des Kaufs gemacht hat"
Memplex	Nicht die Gefahrendatenbank, sondern ein von Richard Dawkins eingeführter Begriff, der die Vernetzung von Bewusstseinsinhalten bedeutet
Mineralisation	Gesamtkonzentration an Stoffen im Wasser, in der Regel ausgedrückt in mg L^{-1} (im Englischen TDS: Total Dissolved Solids)
Müde Brachfelder	System zur Abwasserreinigung im alten Rom
Nukleus (pl. Nuklei)	Kristallisationskeim
Œuvre	Gesamtheit aller schöpferischen Produktionen eines Künstlers oder Autors
oulipotisch	L'*Ou*vroir de *Li*ttérature *Pot*entielle, Anzahl von Autor'n, ganz ohn' Formzwang für Sprach und Schrift (schau mal an: *Anton Voyls Fortgang*).
Pinnacles	„Hügel" innerhalb des Grabungsareals, die bislang alle Ausgräber von Troia/Troja stehen gelassen haben, um nachfolgenden Generationen von Wissenschaftlern Gelegenheit zu geben, alte Befunde mittels moderner Methoden zu überprüfen

potenzielle Literatur	Die Kunst, Werke unter Einhaltung von bestimmten selbstgewählten Regeln zu erstellen
Redoxspannung	Korrekte Bezeichnung für das Redoxpotenzial (siehe Abschn. 2.3.10)
Reis, Philipp	Erfinder der ersten funktionierenden Fernsprechverbindung im Jahr 1861, die er „Telephon" nannte
ruppige Affären	Emil Rupp fälschte zwischen 1926 und 1935 systematisch Forschungsergebnisse, die sogar Albert Einstein faszinierten. Basierend auf diesem Fall schrieb C.P. Snow sein Buch *Die Affäre.*
Schwermetall	Fünf Zauberlehrlinge huldigen dem heiligen Song und tüfteln in einem fensterlosen Raum an einer geheimnisvollen Mischung. Eine Prise Heavy, ein Schuss Groove, nach Belieben Wahnsinn hinzufügen und bei hoher Probenraumtemperatur kräftig rühren. Ergebnis ist ein hochkonzentriertes explosives Gebräu, die neue *Metal*-Formel, die den Namen „SCHWERMETALL" trägt: Harte Riffs, komplexe Rhythmik und scharfe Lyrik in deutscher Sprache wurden zusammengemixt zu einem kompromisslosen Cocktail, der ohne Hemmung genossen werden kann, und das, obwohl er richtig scheppert! (www.schwermetallband.de)
sludge, slurry	Schlamm aus der Grubenwasserreinigungsanlage
solid solution	Mischkristall
statistisch verteilt	Im weitesten Sinne: vollkommen regellose Verteilung (es scheint dafür keine spezielle Definition zu geben, obwohl der Begriff häufig, vor allem in der Kristallografie, verwendet wird)
Stollentroll, der	Das kann man nicht erklären, das müssen Sie nachlesen bei: Walter Moers (1999)
Strachan, Robin	Autorin eines Romans mit entferntem Grubenwasserbezug
synthetisches Grubenwasser	Synthetisches Grubenwasser wird im Labor künstlich hergestellt, um Experimente unter kontrollierten Bedingungen zu ermöglichen bzw. das Ausflocken von Eisenoxihydraten zu verhindern. Dabei gewonnene Ergebnisse lassen sich nur bedingt oder gar nicht auf echtes Grubenwasser übertragen.
Turing-Galaxis	Eine Welt, in der vernetzte Computer tief in das tägliche Leben eingreifen. Leitet sich ab von dem Namen des Logikers Alan Mathison Turing.

Übergangselemente	Chemische Elemente der Ordnungszahlen 21 bis 30, 39 bis 48, 57 bis 80 und 89 bis 112
ultrapur	Ultrapure Chemikalien sind ultrareine Chemikalien zur Analyse im Ultraspurenbereich.
Unobtainium	Neologismus aus dem englischen Wort „unobtainable" für „nicht beschaffbar" und der für Elemente typischen Endsilbe „-ium"
Valorisierung	Jegliche industrielle Wiederverwendung, Recycling oder Kompostierung von Abfällen, nützlichen Produkten oder Energiequellen (Kabongo 2013)
Water Make	Gesamtmenge des Grubenwasserzuflusses in einem Bergwerk
WBA	Siehe GWRA
Wetter	Luft und Belüftung in einem untertägigen Bergwerk (matte, giftige oder böse Wetter)
zirkumneutral	Wasser mit pH-Werten zwischen ≈ 6 und 8

Abkürzungsverzeichnis

Formelzeichen

A	Feuchtgebietsfläche, m^2
c	Konzentration, mg L^{-1}
$c_{azi\text{-}eq}$	Äquivalentkonzentration der Acidität, mg L^{-1} $CaCO_3$
c_i	durchschnittliche tägliche Konzentration des Wasserinhaltsstoffs im Zulauf, mg L^{-1}
c_t	durchschnittliche, täglich gewünschte Konzentration des Wasserinhaltsstoffs im Ablauf, mg L^{-1}
E_0	Redoxspannung der Standardwasserstoffelektrode, mV
E_t	gemessene Spannung der Elektrode bei der Temperatur T, mV
F	Leitfähigkeitskoeffizient, dag m^{-2} S^{-1}
h	Wasserhöhe über Wehr, cm
I	hydraulisches Gefälle, –
K	Leitfähigkeiten der Grubenhohlräume sowie deren hydraulischer Verbindung
k_B	Basenkapazität, mol L^{-1}
k_f	Durchlässigkeitsbeiwert, m s^{-1}
k_S	Säurekapazität, mol L^{-1}
M	Fracht, g s^{-1}
Me_i	Konzentration der Spezies i (z. B. Fe, Mn, Zn, Al, Co, Cu, Cd), g L^{-1}
M_i	Molmasse der Spezies i, g mol^{-1}
n	Anzahl, –
n_e	mittlere effektive Porosität der Schüttung im Carbonatkanal, –

pH	pH-Wert, –
Q	Durchfluss (Bezeichnung auch $\dot{V}$), L min^{-1}
Q_d	durchschnittlicher Durchfluss, m^3 d^{-1}
Q_e	zu erwartender Durchfluss im Carbonatkanal, m^3 s^{-1}
R	Gesamtmineralisation (Abdampfdrückstand, Total Dissolved Solids, TDS), mg L^{-1}
R_A	flächenjustierte Reinigungsraten des Wasserinhaltsstoffs, g m^{-2} d^{-1}
R_{GW}	Grundwasserneubildung
r_w	Verwitterungsrate der säurehaltigen (Sekundär-)Minerale, mol s^{-1}
T	gemessene Temperatur, °C
t	Zeit, s
t_f	Dauer des First Flush (Erstspülung), min
t_r	Zeit, die zur Flutung der Grubenbaue vergangen ist („Wiederanstiegszeit“), min
V	Volumen, m^3
v_c	kritische Teilchengeschwindigkeit, m s^{-1}
v_f	Vorwärtsgeschwindigkeit *(forward velocity),* m s^{-1}
v_s	Absetzgeschwindigkeit *(settling velocity),* m s^{-1}
$\overline{x}$	Mittelwert
z_i	Ladung der Spezies *i*, –
γ_{H_2O}	Aktivität des Grubenwassers, –
δ_s	Dichte, g cm^{-1}
κ	elektrische Leitfähigkeit (mitunter auch γ oder K), µS cm^{-1}
τ	Verweilzeit, s
φ	Faktor im Carbonatkanal, s

Akronyme und Abkürzungen

ABA	Acid-Base-Accounting
ADCP	Acoustic Doppler Current Profiler
ALD	Anoxic Limestone Drain (anoxischer Carbonatkanal)
AMD	Acid Mine Drainage (saures Grubenwasser)
AOP	Advanced Oxidation Process (erweiterte Oxidation)
ASTM	American Society for Testing and Materials (internationale Standardisierungsorganisation)
BAT	siehe BATEA
BATA	siehe BATEA
BATEA	Best Available Technology Economically Achievable (beste verfügbare und ökonomisch erreichbare Methode); auch als BAT oder BATA abgekürzt
BBC	British Broadcasting Corporation
BBergG	Bundesberggesetz
BTEX	Benzol, Toluol, Ethylbenzol und Xylol(e)
CDT	Capacitive Deionisation Technology (kondensatorische Deionisierung)

COPEC	Contaminants of Potential Concern (möglicherweise besorgniserregende Schadstoffe)
CPFM	Colloid Polishing Filter Method (Kolloidfilterreinigungsmethode)
DGGT	Deutsche Gesellschaft für Geotechnik
DIN	Deutsches Institut für Normung e. V., auch D. I. N.
DVGW	Deutscher Verein des Gas- und Wasserfaches
DVWK	Deutscher Verband für Wasserwirtschaft und Kulturbau
ERMITE	Environmental Regulation of Mine Waters in the European Union (EU-Projekt)
FTIR	Fourier-Transform Infrared
GARD	Global Acid Rock Drainage
GIS	Geografisches Informationssystem
gpm	gallons per minute (Gallonen pro Minute, können US-, Imperial- oder metrische Gallonen sein; 1 imp.gal = 4,54609 L, 1 US.liq.gal = 3,785411784 L, 1 met.gal = 4,00000 L)
GWRA	Grubenwasserreinigungsanlage (siehe Abschnitt „Begriffe/Glossarium")
HDS	High Density Sludge (Dickschlamm)
IBC	Intermediate Bulk Container (1 m^3 Kunststofftank in einem Metallkäfig)
ICARD	International Conference of Acid Rock Drainage
IMPI	Integrated Managed Passive Treatment Process (Pulles und Heath 2009)
imp.gal	britische Gallone (4,54609 L)
IMWA	International Mine Water Association (Internationale Grubenwasservereinigung)
INAP	International Network of Acid Prevention
IoMW	Internet of Mine Water (Grubenwasserinternet)
IPPC	Integrated Pollution Prevention and Control (Behörde der Europäischen Union)
ISI	Institute for Scientific Information
ISL	In-situ Leaching (In-situ-Laugung)
ISO	International Organization for Standardization
ISR	In-situ Recovery (In-situ-Gewinnung)
ISS	International Space Station (Internationale Raumstation)
ISSN	International Standard Serial Number (Zeitschriften- und Schriftenreihen-Nr.)
IUPAC	International Union of Pure and Applied Chemistry
LAWA	Länderarbeitsgemeinschaft Wasser
LDO	Luminiscent Dissolved Oxygen (Sauerstoffsensor)
LDS	Low Density Sludge (Dünnschlamm)
LfULG	Landesamt für Umwelt, Landwirtschaft und Geologie (Sachsen)
LLNL	Lawrence Livermore National Laboratories
LMBV	Lausitzer und Mitteldeutsche Bergbau-Verwaltungsgesellschaft
MD	Mine Drainage (Grubenwasser)

MEND	Mine Environment, Neutral Drainage
MIBRAG	Mitteldeutsche Braunkohle AG
MIFIM	Mine Water Filling Model
MiMi	Mitigating the environmental impact of mining waste (schwedisches Forschungsprogramm)
MIW	Mining Influenced Water (bergbaubeeinflusstes Wasser)
ML	Mine Leachate (Grubenwasser)
MOC	Metals of Concern (besorgniserregende Metalle)
OLC	Open Limestone Channel (offenes Carbonatgerinne)
OLD	Open Limestone Drain (offener Carbonatkanal)
ORP	Oxidation Reduction Potential (Oxidations-Reduktionspotenzial)
PCB	Polychlorierte Biphenyle
Pers. Mitt.	Persönliche Mitteilung
PFS	Polyeisensulfat
PIR	Passive In-situ Remediation (passive In-situ-Reinigung)
PIRAMID	Passive Remediation of Acidic Mine and Industrial Waters (EU-Forschungsprojekt)
PTE	Potentially Toxic Element (potenziell toxisches Element)
PMFR	Perfectly Mixed Flow Reactor (perfekt durchmischter Reaktor)
PTM	Potentially Toxic Metal (potenziell toxisches Metall)
PVC	Polyvinylchlorid
RAPS	Reducing and Alkalinity Producing System (Reduktions- und Alkalinitätsproduktionssystem – was für eine schreckliche Übersetzung)
RFID	Radio Frequency Identification
s.l.	sensu lato (im weiteren Sinne)
s.s.	sensu stricto (im engeren Sinne)
SAPS	Succesive Alkalinity Producing System (aufeinanderfolgendes Alkalinitätsproduktionssystem – was für eine noch schrecklichere Übersetzung)
SCI	Science Citation Index (wissenschaftlicher Zitierindex)
SCOOFI	Surface-Catalysed Oxidation Of Ferrous Iron (oberflächenkatalysierte Oxidation von Fe^{2+})
SEM	Scanning Electron Microscope (Rasterelektronenmikroskop)
SHE	Standard Hydrogen Electrode (Standardwasserstoffelektrode)
SRO	Seeded Reverse-Osmosis
SSSP	Saudi Strategic Storage Program (militärisches Programm Saudi-Arabiens, das zwischen 1988 und 2008 bis zu zwölftausend Personen beschäftigte, um unterirdische Treibstofflager zu errichten)
Stollentroll	siehe Walter Moers
TDS	Total Dissoved Solids (Gesamtmineralisation)
TIC	Total Inorganic Carbon (gesamter inorganischer Kohlenstoff)
TOC	Total Organic Carbon (gesamter organischer Kohlenstoff)

UdSSR	Union der Sozialistischen Sowjetrepubliken
UNEXMIN	Underwater Explorer for flooded Mines (EU-Forschungsprojekt)
USGS	U. S. Geological Survey (geologischer Dienst der USA)
US.liq.gal	amerikanische Gallone (3,785411784 L)
UTM	Universales Transversales Merkatorsystem
VDI	Verband Deutscher Ingenieure
VFR	Vertical Flow Reactor (Vertikaldurchflussreaktor)
VKTA	Verein für Kernverfahrenstechnik und Analytik Rossendorf
VODAMIN	„VODA" (Wasser) und „MIN" (Bergbau) (EU-Forschungsprojekt)
Walter Moers	siehe Stollentroll
WBA	Wasserbehandlungsanlage (siehe Abschn. Begriffe/Glossarium, Eintrag GWRA)
WDR	Westdeutscher Rundfunk
WDS	World Data System (Weltdatensystem)
WGS84	World Geodatic System 1984
WQA	Water Quality Assessment
XRD	X-Ray Diffraction (Röntgendiffraktion)
ZVI	Zero Valent Iron (nullwertiges Eisen)

Literatur

Aalto J-M, Kankkunen J, Vepsäläinen J (2017) Sulfate removal from water streams down to ppm level by using recyclable biopolymer. Tagungsband IMWA 2017 – Mine Water & Circular Economy. Lappeenranta III:1356–1361

Adams DJ, Peoples M (2010) New electrobiochemical reactor and water gas mixing technology for removal of metals, nitrate, and BOD. In: Wolkersdorfer C, Freund A (Hrsg) Mine Water and Innovative Thinking – International Mine Water Association Symposium. Cape Breton University Press, Sydney, NS, S 99–103

Adams DJ, Peoples M, Opara A (2012) A new electro-biochemical reactor for treatment of wastewater. In: Drelich J, Hwang J-Y, Adams J, Nagaraj DR, Sun X, Xu Z (Hrsg) Water in mineral processing. SME, Littleton, S 143–154

Adams N, Carroll D, Madalinski K, Rock S, Wilson T, Pivetz B, Anderson T, Chappell J, Huling S, Palmiotti J, Sayre P (2000) Introduction to phytoremediation, EPA-600/R-99/107. U. S. Environmental Protection Agency, Cincinnati, S 72

Adeniyi A, Maree J, Mbaya R, Popoola P (2013) HybridICE™ filter design in freeze desalination of mine water. In: Brown A, Figueroa L, Wolkersdorfer C (Hrsg) Reliable mine water technology. International Mine Water Association, Golden, S 507–512

Adeniyi A, Mbaya RKK, Onyango MS, Popoola API, Maree JP (2016) Efficient suspension freeze desalination of mine wastewaters to separate clean water and salts. Environmental Chemistry Letters 14(4):449–454. https://doi.org/10.1007/s10311-016-0562-6

AG „PCB-Monitoring“ (2018) Bericht der AG „PCB-Monitoring“ nach Beendigung des Sondermessprogramms 2016–2017 – Ergebnisse der chemischen und ökotoxikologischen Analytik von Grubenwässern und von Grubenwasser beaufschlagten kleineren Bächen rechts der Saar, Report № PCB-2018-01. Saarländisches Landesamt für Umwelt- und Arbeitsschutz, Saarbrücken, S 89

Agnew AF, Corbett DM (1969) Hydrology and chemistry of coal-mine drainage in Indiana. Am Chem Soc, Div Fuel Chem, Prepr 13(2):137–149

Agricola G (1928) Zwölf Bücher vom Berg- und Hüttenwesen (Neuübersetzung). Matschoss C (Hrsg). VDI-Verlag, Berlin, S 564. (Erstveröffentlichung 1557)

Agricola G (1974) Bergbau und Hüttenkunde, 12 Bücher. Ausgewählte Werke, VIII. VEB Deutscher Verlag der Wissenschaften, Berlin, S 53–723. (Erstveröffentlichung 1557)

Ahrens RH (2013) Bakterien holen Industriemetalle aus der Giftbrühe. VDI Nachrichten, 22. März 2013, S 19

Al-Zoubi HS, Al-Thyabat SS (2012) Treatment of a jordanian phosphate mine wastewater by hybrid dissolved air flotation and nanofiltration. Mine Water Environ 31(3):214–224. https://doi.org/10.1007/s10230-012-0197-1

C. Wolkersdorfer, *Reinigungsverfahren für Grubenwasser*,
https://doi.org/10.1007/978-3-662-61721-2

Alcolea A, Vázquez M, Caparros A, Ibarra I, García C, Linares R, Rodríguez R (2012) Heavy metal removal of intermittent acid mine drainage with an open limestone channel. Miner Eng 26:86–98. https://doi.org/10.1016/j.mineng.2011.11.006

Aljoe WW, Hawkins JW (1993) Neutralization of acidic discharges from abandoned underground coal mines by alkaline injection. Bur Mines Rep Invest 9468:1–37

Aljoe WW, Hawkins JW (1994) Application of aquifer testing in surface and underground coal mines. Proceedings, 5th International Mine Water Congress, Nottingham, UK 1:3–21

Am J, Zhiwei Z, Kang Kug L, Chong HA, Paul LB (2011) State-of-the-art lab chip sensors for environmental water monitoring. Meas Sci Technol 22(3):032001. https://doi.org/10.1088/0957-0233/22/3/032001

American Public Health Association, American Water Works Association, Water Environment Federation (2012) Standard methods for the examination of water and wastewater, 22. Aufl. American Public Health Association, Washington, S 1496

Amin N, Schneider D, Hoppert M (2018) Bioleaching potential of bacterial communities in historic mine waste areas. Environ Earth Sci 77(14):542. https://doi.org/10.1007/s12665-018-7714-x

Anders D (2002) Zeitbombe tickt im Kupferberg. Mitteldeutsche Zeitung – Quedlinburger Harz-Bote (4.11.2002)

Annandale JG (1998) Irrigating with gypsiferous mine water. S Afr J Sci 94(7):359–360

Annandale JG, Jovanovic NZ, Pretorius JJB, Lorentz SA, Rethman NFG, Tanner PD (2001) Gypsiferous mine water use in irrigation on rehabilitated open-cast mine land: crop production, soil water and salt balance. Ecol Eng 17(2–3):153–164. https://doi.org/10.1016/S0925-8574(00)00155-5

Annandale JG, Beletse YG, Stirzaker RJ, Bristow KL, Aken ME (2009) Is irrigation with coal-mine water sustainable? In: Water Institute of Southern Africa, International Mine Water Association (Hrsg) Proceedings, International Mine Water Conference. Document Transformation Technologies, Pretoria, S 337–342

Annandale JG, Tanner PD, Burgess J (2017) Where there's muck there's brass: irrigated agriculture with mine impacted waters. In: Wolkersdorfer C, Sartz L, Sillanpää M, Häkkinen A (Hrsg) IMWA 2017 – Mine Water & Circular Economy. II. Lappeenranta University of Technology, Lappeenranta, S 915–922

Annandale JG, Tanner PD, du Plessis HM, Burgess J, Ronquest ZD, Heuer S (2019) Irrigation with mine affected waters: a demonstration with untreated colliery water In South Africa. Tagungsband mine water – technological and ecological challenges (IMWA 2019), Perm, Russia, S 71–76

Anonymus (1859) Entsäuerung der Grubenwasser zum Speisen der Dampfkessel. Polytech J 152:74

Anonymus (1934) The Henry process for the clarification of polluted water. Engineering 138(8, 9):213–215, 293–295

Anonymus (1935) Wallsend – at their rising sun pit the Wallsend & Hebburn Coal Co. Ltd. have erected what is probably the most complete coal preparation plant in the world. Colliery Eng 12(144), London

Anonymus (1936) Mine-sealing program to reduce acid pollution in streams. Eng News Rec 2:42–43

Anonymus (1995) Urteil des Bundesverwaltungsgerichts vom 9. November 1995 (4 C 25.94) – Unternehmerverantwortung bei der teilweisen Betriebseinstellung eines Bergwerks für die Abwehr gemeinschädlicher Einwirkungen – Beseitigung von Sauerwasser im Erzbergwerk Rammelsberg/Harz. Z f Bergrecht 136:290–301

Anonymus (2006) 'Heavy Metal' does not necessarily mean 'Toxic'. Nickel 21(4):6

Anonymus (2008) Liquid loop cleans up coal mining – 2008 R&D 100 Winner. R&D Magazine – Online

Anthony JW, Bideaux RA, Bladh KW, Nichols MC (2003) Handbook of mineralogy – borates, carbonates, sulfates, V. Mineralogical Society of America, Chantilly, S 791

Arbeitsausschuss Markscheidewesen im Normenausschuss Bergbau im D. I. N. (2003) Hydrologie – Ergebnisdarstellungen unter Tage. Empfehlung des Arbeitsausschusses Markscheidewesen. FABERG Normenausschuss Bergbau im DIN e. V., Herne, S 3

Arbeitskreis 4.6 „Altbergbau" der Fachsektion Ingenieurgeologie in der DGGT (2013) Empfehlung „Geotechnisch-markscheiderische Bewertung und Sanierung von altbergbaulich beeinflussten Gebieten hinsichtlich ihrer baulichen Nachnutzung". In: Meier G (Hrsg) 13. Altbergbau-Kolloquium 7. bis 9.11.2013 in Freiberg. Wagner, Freiberg, S 1–15 (Anhang)

Ariza LM (1998) River of vitriol. Sci Amer 279(3):26–27

Arous O, Amara M, Kerdjoudj H (2010) Selective transport of metal ions using polymer inclusion membranes containing crown ethers and cryptands. Arabian J Sci Eng A 35(2A):79–93

Ashby JC (2001) Injecting alkaline lime sludge and FGD material into underground mines for acid abatement. Proceedings, West Virginia Surface Mine Drainage Task Force Symposium 22:1–8

ASTM D1125 (2014) Standard test methods for electrical conductivity and resistivity of water. In: ASTM International (Hrsg). West Conshohocken. https://doi.org/10.1520/D1125-14

Atiba-Oyewoa O, Onyango MS, Wolkersdorfer C (2016) Application of banana peels nanosorbent for the removal of radioactive minerals from real mine water. J Environ Radioact 164:369–376. https://doi.org/10.1016/j.jenvrad.2016.08.014

Atkins PW (2006) Physical chemistry, 8. Aufl. Oxford University Press, Oxford, S 1097

Attri P, Arora B, Bhatia R, Venkatesu P, Choi EH (2014) Plasma technology: a new remediation for water purification with or without nanoparticles. In: Mishra AK (Hrsg) Application of nanotechnology in water research. Scrivener, Salem, S 63–77. https://doi.org/10.1002/9781118939314.ch4

Aubé BC, Payant SC (1997) The Geco Process: a new high density sludge treatment for acid mine drainage, I. Proceedings 4th International Conference on Acid Rock Drainage, Vancouver, S 165–180

Aubé BC, Zinck JMM (1999) Comparison of AMD treatment processes and their impact on sludge characteristics. Tagungsband Sudbury '99 – mining and the environment II. Sudbury 1:261–270

Aubé BC, Zinck JM (2003) Lime treatment of acid mine drainage in Canada. Proceedings, Brazil-Canada Seminar on Mine Rehabilitation – technological innovations. Desktop Publishing, Florianópolis, S 89–105

Aubé BC, Clyburn B, Zinck JM (2005) Sludge disposal in mine workings at cape breton development corporation. Tagungsband Securing the Future 2005, Skellefteå

Axler R, Yokom S, Tikkanen C, McDonald M, Runke H, Wilcox D, Cady B (1998) Restoration of a mine pit lake from aquacultural nutrient enrichment. Restor Ecol 6(1):1–19. https://doi.org/10.1046/j.1526-100x.1998.00612.x

Baacke D, Snagowski S, Jahn S (2015) Entwicklung der Grundwasserbeschaffenheit im Flutungsraum des Grubengebäudes Ronneburg. In: Paul M (Hrsg) Sanierte Bergbaustandorte im Spannungsfeld zwischen Nachsorge und Nachnutzung – WISSYM 2015. Wismut GmbH, Chemnitz, S 117–123

Baas Becking LGM, Kaplan IR, Moore D (1960) Limits of the natural environment in terms of pH and oxidation-reduction potentials. J Geol 68(3):243–284. https://doi.org/10.1086/626659

Bäckblom G, Forssberg E, Haugen S, Johansson J, Naarttijärvi T, Öhlander B (2010) Smart Mine of the Future Conceptual Study 2009–2010. Nordic Rock Tech Centre, Luleå, S 34

Badstübner L, Bauer E, Baumann R, Bergner W, Beyer H-E, Bommhardt KH, Böttcher J, Böttcher R, Brandt R, Brettschneider G, Damm H, Damm W, Decker J, Demmler K, Dicke HJ, Dietel R, Ducke G, Dusemond D, Felber B, Fischer K, Fleischer E, Fleischer P, Freitag W, Freyhoff G, Friedrich K, Fritsch E, Gahler G, Geilert D, Gottsmann J, Götze D, Gräbner R, Gressel G, Grimmer K, Groth P, Hähne R, Hambeck L, Hänsler E, Harlaß E, Hartmann L, Hiller A, Hommel M, Janke H, Kahlenbach H, Kalisch S, Keller K, Kempe E, Kießlich H, Klier H, Klose G, Knoch-Weber J, Kohlisch R, Kröber P, Krull E, Lange G, Lange H, Lange RC, Lange RG, Lötzsch F, Luderer J, Luft W, Lutze H, Malech S, Markstein H, Matthees G, Matthes W, Mehlhorn E, Meyer S, Motz H, Müller H, Müller H, Neldner D, Neubert H, Neubert W, Neugebauer H, Neumann H, Oczadly V, Otto G, Päßler D, Prokop R, Radon H, Reinhold P, Reinisch A, Renneberg L, Riedel L, Riedel P, Rochhausen D, Rosmej D, Rothe K, Sachse K, Schauer M, Schenke G, Schierz W, Schiffner W, Schilk M, Schirmer E, Schmiermund B, Schöfer M, Scholz A, Schönherr W, Schuppan W, Seidel G, Stübner J, Thiele R, Tonndorf H, Vater A, Viehweg M, Vogel H, Wagner G, Wagner P, Waskowiak R, Weber K, Weigelt H, Wicht E, Wild E, Wildner G, Winkler G, Wolf E (2010) Chronik der Wismut – Mit erweitertem Sanierungsteil (1998–2010). Chemnitz, Wismut GmbH, S 3134 (Unveröff.)

Baglikow V (2012) Grubenwasseranstieg in Steinkohlegebieten – Auswirkungen auf die Oberfläche. bergbau 1:16–23

Ball JW, Nordstrom DK (1991) User's manual for WATEQ4F, with revised thermodynamic data base and test cases for calculating speciation of major, trace and redox elements in natural waters. Open-File Rep US Geol Surv OF 91–183:1–189

Banks D (2001) A variable-volume, head-dependent mine water filling model. Ground Water 39(3):362–365. https://doi.org/10.1111/j.1745-6584.2001.tb02319.x

Banks D (2004) Geochemical processes controlling minewater pollution. In: Prokop G, Younger PL, Roehl KE (Hrsg) Conference Papers. 35. Umweltbundesamt, Wien, S 17–44

Banks D, Frolik A, Gzyl G, Rogoż M (2010) Modeling and monitoring of mine water rebound in an abandoned coal mine complex: Siersza Mine, Upper Silesian Coal Basin. Poland Hydrogeol J 18(2):519–534. https://doi.org/10.1007/s10040-009-0534-z

Barbier E, Logette S, Coste M, Cook RG, Blumenschein CD (2008) Precipitation processes in the treatment of industrial inorganic wastewaters: impact of reactor and process configuration. Proceedings, 1st International Conference Hazardous Waste Management:CD-ROM B07.1_1–8

Barnes A (2008) The rates and mechanisms of Fe(II) oxidation in a passive vertical flow reactor for the treatment of ferruginous mine water. unveröff PhD Thesis. Cardiff University, Cardiff, S 341

Barnes HL, Romberger SB (1968) Chemical aspects of acid mine drainage. J Water Pollut Control Fed 40(3):371–384

Batty LC (2003) Wetland plants – more than just a pretty face? Land Contam Reclam 11(2):173–180. https://doi.org/10.2462/09670513.812

Batty LC, Younger PL (2002) Critical role of macrophytes in achieving low iron concentrations in mine water treatment wetlands. Environ Sci Technol 36(18):3997–4002. https://doi.org/10.1021/es020033+

Bayless ER, Olyphant GA (1993) Acid-generating salts and their relationship to the chemistry of groundwater and storm runoff at an abandoned mine site in southwestern Indiana, U.S.A. J Contam Hydrol 12(4):313–328. https://doi.org/10.1016/0169-7722(93)90003-B

Beadle JF, Berger J, Brady KBC, Dalberto AD, Hill SA, Hellier W, Hornberger RJ, Houtz NA, Kania T, Killian TD, Koury DJ, LaBuz L, Levitz KJ, Laslow KA, Loop C, Menghini MJ, Owen T, Pounds WF, Scheetz BE, Schueck JH, Stehouwer R, Strock GN, Tarantino JM, Walters SE, White WB, Williams DL (2007) Coal ash beneficial use in mine reclamation and mine drainage remediation in Pennsylvania. The Pennsylvania Department of Environmental Protection, Harrisburg, S 369–379

Beckmann M (2006) Grenzen der Zumutbarkeit der Nachsorgeverantwortung eines Bergwerksunternehmens? Z f Umweltrecht – Das Forum für Umwelt und Recht 17(6):295–300

Behum PT, Hause DR, Stacy MA, Branam TD (2008) Passive treatment of acid mine drainage – the enos reclamation project, Indiana: preliminary results. New opportunities to apply our science. Proceedings National Meeting of the American Society of Mining and Reclamation, Richmond, S 129–147. https://doi.org/10.21000/JASMR08010129

Bekins B, Rittmann BE, MacDonald JA (2001) Natural attenuation strategy for groundwater cleanup focuses on demonstrating cause and effect. EOS Trans Am Geophys Union 82(5):53, 57–58. https://doi.org/10.1029/01EO00028

Beleites M (1992) Altlast Wismut – Ausnahmezustand, Umweltkatastrophe und das Sanierungsproblem im deutschen Uranbergbau, 1. Aufl. Frankfurt a. M., Brandes & Apsel, S 174

Bench DW (2000) PCBs, mining, and water pollution. Eng Min J 201(8):36–38

Bengtsson B, Dickson W, Nyberg P (1980) Liming acid lakes in Sweden. Ambio 9(1):34–36

Benkovics I, Csicsák J, Csövári M, Lendvai Z, Molnár J (1997) Mine water treatment – anion-exchange and membrane process. Proceedings, 6th International Mine Water Association Congress, Bled, Slovenia 1:149–157

Benner SG, Blowes DW, Ptacek CJ, Mayer KU (2002) Rates of sulfate reduction and metal sulfide precipitation in a permeable reactive barrier. Appl Geochem 17(3):301–320. https://doi.org/10.1016/S0883-2927(01)00084-1

Benthaus F-C, Uhlmann W (2006) Die chemische Behandlung saurer Tagebauseen in der Lausitz – Erfahrungen zur Kalkschlammresuspension im Tagebausee Koschen. Wiss Mitt Inst Geol 31:85–96

Benthaus F-C, Totsche O, Radigk S (2015a) Der Grundwasserwiederanstieg in den bergbaubeeinflussten Gebieten des Braunkohlenbergbaus und Konzepte zur Minderung der Auswirkungen. In: Paul M (Hrsg) Sanierte Bergbaustandorte im Spannungsfeld zwischen Nachsorge und Nachnutzung – WISSYM 2015. Wismut GmbH, Chemnitz, S 151–160

Benthaus F-C, Uhlmann W, Totsche O (2015b) Investigation and strategy on iron removal from water courses in mining induced areas. In: Brown A et al (Hrsg) Agreeing on solutions for more sustainable mine water management. Gecamin, Santiago, S 1–11 (Electronic document)

Benthaus FC, Totsche O, Luckner L (2020) In-lake Neutralization of East German Lignite Pit Lakes: Technical History and New Approaches from LMBV. Mine Water Environ 39(3):603–617. https://doi.org/10.1007/s10230-020-00707-5

Berner RA (1972) Sulfate reduction, pyrite formation, and the oceanic sulfur budget. Tagungsband The Changing Chemistry of the Oceans – Nobel Symposium 20, Aspenäsgarden, 347–361

Berner RA (1984) Sedimentary pyrite formation: an update. Geochim Cosmochim Acta 48(4):605–615. https://doi.org/10.1016/0016-7037(84)90089-9

Berner RA (1985) Sulphate reduction, organic matter decomposition and pyrite formation. Phil Trans R Soc Lond 315(1531):A 25–38. https://doi.org/10.1098/rsta.1985.0027

Bertrand S (1997) Performance of a nanofiltration plant on hard and highly sulphated water during two years of operation. Desalination 113(2–3):277–281. https://doi.org/10.1016/S0011-9164(97)00141-0

Best GA, Aikman DI (1983) The treatment of ferruginous ground water from an abandoned colliery. Wat Pollut Control 82(4):557–566

Bethke CM (2008) Geochemical and biogeochemical reaction modeling, 2. Aufl. Cambridge University Press, New York, S 564

Beyer W (1986) Zur mikrobiellen In-situ-Laugung komplexer Sulfiderze des Rammelsbergs bei Goslar. Wissenschaft und Forschung, Bd 1. Weidler, Berlin, S 118

Bezuidenhout Y (2009) Implementing an efficient mine water monitoring and management program: key considerations. In: Water Institute of Southern Africa, International Mine Water Association (Hrsg) Proceedings, International Mine Water Conference. Document Transformation Technologies, Pretoria, 958–966

Bhattacharya J, Ji S, Lee H, Cheong Y, Yim G, Min J, Choi Y (2008) Treatment of acidic coal mine drainage: design and operational challenges of successive alkalinity producing systems. Mine Water Environ 27(1):12–19. https://doi.org/10.1007/s10230-007-0022-4

Biagini B, Mack B, Pascal P, Davis TA, Cappelle M (2012) Zero discharge desalination technology – achieving maximum water recovery. International Mine Water Association Symposium. Edith Cowan University, Bunbury, S 577–584

Biermann V (2007) Langzeitverhalten von elementarem Eisen und Hydroxylapatit zur Uranrückhaltung in permeablen reaktiven Wänden bei der Grundwassersanierung. BAM-Dissertationsreihe 25:201. https://doi.org/10.14279/depositonce-1520

Bigham JM, Schwertmann U, Carlson L, Murad E (1990) A poorly crystallized oxyhydroxysulfate of iron formed by bacterial oxidation of Fe(II) in acid mine waters. Geochim Cosmochim Acta 54(10):2743–2758. https://doi.org/10.1016/0016-7037(90)90009-A

Bijmans MFM, Dopson M, Peeters TWT, Lens PNL, Buisman CJN (2009) Sulfate reduction at pH 5 in a high-rate membrane bioreactor: reactor performance and microbial community analyses. J Microbiol Biotechnol 19(7):698–708. https://doi.org/10.4014/jmb.0809.502

Bilek F (2012) Reinigungsverfahren von Grundwasser und Oberflächengewässern – Bearbeitet im Rahmen des Ziel-3-Projektes VODAMIN – Arbeitspaket 4: Problemlagen des obertägigen Braunkohlenbergbaus Teilprojekt P 04. Dresdner Grundwasserforschungszentrum e. V., Dresden, S 79

Bilek F (2013) Grubenwassergenese und -behandlung – Beiträge zur Modell- und Technologie-Entwicklung. Proceedings des Dresdner Grundwasserforschungszentrums e. V. 48:1–234

Bilek F, Wagner S, Pelzel C (2007) Technikumsversuch zur Eisen- und Sulfatabscheidung durch autotrophe Sulfatreduktion im in-situ Reaktor – bisherige Ergebnisse. Wiss Mitt Inst Geol 35:49–56

Bilek F, Koch C, Bücker J, Luckner L (2013) Bergrechtlich bestimmter Umgang mit den in den Folgegebieten des Braunkohlenbergbaus anfallenden Eisenhydroxidschlämmen in Süd-Brandenburg. Grundwasser-Zentrum Dresden, Dresden, S 53

Blachère A, Metz M, Rengers R, Eckart M, Klinger C, Unland W (2005) Evaluation of mine water quality dynamics in complex large coal mine fields. Mine Water 2005 – Mine Closure. University of Oviedo, Oviedo, S 551–557

Blowes DW, Ptacek CJ, Bain JG, Waybrant KR, Robertson WD (1995) Treatment of mine drainage water using *in situ* permeable reactive walls. Tagungsband Sudbury '95 – mining and the environment. Sudbury 3:979–987

Blowes DW, Ptacek CJ, Benner SG, McRae CWT, Bennett TA, Puls RW (2000) Treatment of inorganic contaminants using permeable reactive barriers. J Contam Hydrol 45(1–2):123–137. https://doi.org/10.1016/S0169-7722(00)00122-4

Blowes DW, Bain JG, Smyth DJ, Ptacek CJ (2003) Treatment of mine drainage using permeable reactive materials. In: Jambor JL, Blowes DW, Ritchie AIM (Hrsg) Environmental aspects of mine wastes, Bd 31. Mineralogical Association of Canada, Waterloo, Ontario, S 361–376

Blowes DW, Ptacek CJ, Jambor JL, Weisener CG, Paktunc D, Gould WD, Johnson DB (2014) The geochemistry of acid mine drainage. In: Turekian HD, Holland KK (Hrsg) Treatise on geochemistry, 2. Aufl. Elsevier, Oxford, S 131–190. https://doi.org/10.1016/B978-0-08-095975-7.00905-0

Blume H-P, Brümmer G, Horn R, Kandeler E, Kögel-Knabner I, Kretzschmar R, Stahr K, Wilke B-M (2010) Lehrbuch der Bodenkunde („Scheffer/Schachtschabel"), 16. Aufl. Spektrum, Heidelberg, S 569. https://doi.org/10.1007/978-3-662-49960-3

Bogner JE, Doehler RW (1984) Ettringite formation following chemical neutralization treatment of acidic coal mine drainage. Int J Mine Water 3(1):13–24. https://doi.org/10.1007/BF02504589

Böhler M, Siegrist H (2004) Partial ozonation of activated sludge to reduce excess sludge, improve denitrification and control scumming and bulking. Water Sci Technol 49(10):41–49. https://doi.org/10.2166/wst.2004.0604

Bollmann K (2000) Ettringitbildung in nicht wärmebehandelten Betonen. Unveröff. Dissertation, Bauhaus-Universität Weimar, Weimar, S 197. https://doi.org/10.25643/bauhaus-universitaet.61

Bolzicco J, Ayora C, Rötting T, Carrera J (2003) Performance of the Aznalcóllar permeable reactive barrier. In: Nel PJL (Hrsg) Mine Water Environ. Proceedings 8th International Mine Water Association Congress, Johannesburg, S 287–299

Bomberg M, Arnold M, Kinnunen P (2015) Characterization of the bacterial and sulphate reducing community in the alkaline and constantly cold water of the closed kotalahti mine. Minerals 5(3):452–472. https://doi.org/10.3390/min5030452

Bosecker K (1980) Bakterielles Leaching – Metallgewinnung mit Hilfe von Bakterien. Metall 34(1):36–40

Botha M, Bester L, Hardwick E (2009) Removal of uranium from mine water using ion exchange at driefontein mine. In: Water Institute of Southern Africa, International Mine Water Association (Hrsg) Proceedings, International Mine Water Conference. Document Transformation Technologies, Pretoria, S 382–391

Boult S (1996) Fluvial metal transport near sources of acid mine-drainage: relationships of soluble, suspended and deposited metal. Mineral Mag 60(399):325–335. https://doi.org/10.1180/minmag.1996.060.399.07

Bowden LI, Jarvis A, Orme P, Moustafa M, Younger PL (2005) Construction of a novel Permeable Reactive Barrier (PRB) at Shilbottle, Northumberland, UK: engineering design considerations and preliminary performance assessment. Mine Water 2005 – mine closure. University of Oviedo, Oviedo, S 375–381

Bowell RJ (2004) A review of sulphate removal options for mine waters. In: Jarvis AP, Dudgeon BA, Younger PL (Hrsg) Mine water 2004 – Proceedings International Mine Water Association Symposium. 2. University of Newcastle, Newcastle upon Tyne, 75–91

Brant DL, Ziemkiewicz PF (1997) Alkaline foundation drains and alkaline amendments for amd control in coal refuse piles. Proceedings, West Virginia Surface Mine Drainage Task Force Symposium 18 (Elektronisches Dokument)

Brassington R (2006) Field hydrogeology, 3. Aufl. Wiley, Chichester, S 276. https://doi.org/10.1002/9781118397404

Brauer C (2001) Bergleute verändern das Gesicht einer Landschaft – Der Bergbau und die Topographie des Rammelsberges. Der Rammelsberg – Tausend Jahre Mensch-Natur-Technik, Bd 2. Goslarsche Zeitung, Goslar, S 358–375

Braun L, Märten H, Raschke R, Richter A, Sommer K, Zimmermann U (2008) Flood water treatment at the former uranium mine site Königstein – a Field Report. Proceedings, 10th International Mine Water Association Congress, 189–192

Breedveld GD, Klimpel F, Kvennås M, Okkenhaug G (2017) Stimulation of natural attenuation of metals in acid mine drainage through water and sediment management at abandoned copper mines. In: Wolkersdorfer C, Sartz L, Sillanpää M, Häkkinen A (Hrsg) IMWA 2017 – Mine Water & Circular Economy. II. Lappeenranta University of Technology, Lappeenranta, S 1133–1137

British Coal Corporation (1997) Monitoring and utilization of drained mines gas. Technical Coal Research – Mining Operations, EUR 17393 EN. Office for official Publications of the European Comunities, Luxembourg, S 89

Brix H (1987a) The applicability of the wastewater treatment plant in Othfresen as scientific documentation of the root-zone method. Water Sci Technol 19(10):19–24. https://doi.org/10.2166/wst.1987.0093

Brix H (1987b) Treatment of wastewater in the rhizosphere of wetland plants – the root-zone method. Water Sci Technol 19(1–2):107–118. https://doi.org/10.2166/wst.1987.0193

Brodie GA, Britt CR, Tomaszewski TM, Taylor HN (1991) Anoxic limestone drains to enhance performance of aerobic acid drainage treatment wetlands – experiences of the tennessee valley authority. Wetland design for mining operations. Proceedings International Conference on Constructed Wetlands for Water Quality Improvement, Pensacola, S 17–34

Brookins DG (1988) Eh-pH diagrams for geochemistry. Springer, Berlin, S 176

Brooks RR, Chambers MF, Nicks LJ, Robinson BH (1998) Phytomining. Trends Plant Sci 3(9):359–362. https://doi.org/10.1016/S1360-1385(98)01283-7

Brown M, Barley B, Wood H (2002) Minewater treatment – technology, application and policy. IWA Publishing, London, S 500. https://doi.org/10.2166/9781780402185

Brugam R, Gastineau J, Ratcliffe E (1990) Tests of organic matter additions for the neutralization of acid mine drainage influenced lakes. Proceedings, West Virginia Surface Mine Drainage Task Force Symposium 11 (Elektronisches Dokument). https://doi.org/10.21000/JASMR90010425

Brunner H, Strasser H, Pümpel T, Schinner F (1993) Mikrobielle Laugung von Kupfer und Zink aus Tetraedrit-haltigem Baryt (Region Kleinkogel/Tirol) durch *Thiobacillus ferrooxidans*. Arch f Lagerstforsch Geol B-A 16:5–12

Brusseau ML (1996) Evaluation of simple methods for estimating contaminant removal by flushing. Ground Water 34(1):19–22. https://doi.org/10.1111/j.1745-6584.1996.tb01860.x

Bryan CG, Hallberg KB, Johnson DB (2004) Microbial populations in surface spoil at the abandoned Mynydd Parys copper mines. In: Jarvis AP, Dudgeon BA, Younger PL (Hrsg) Mine water 2004 – Proceedings International Mine Water Association Symposium. 1. University of Newcastle, Newcastle upon Tyne, S 107–112

Bucek MF, Emel JL (1977) Long-term environmental effectiveness of close down procedures – eastern underground coal mines, EPA-600/7-77-083. U.S. Environmental Protection Agency – Office of Research and Development, Cincinnati, S 139

Buck RP, Rondinini S, Covington AK, Baucke FGK, Brett CMA, Camões MF, Milton MJT, Mussini T, Naumann R, Pratt KW, Spitzer P, Wilson GS (2002) Measurement of pH – Definition, standards, and procedures (IUPAC Recommendations 2002). Pure Appl Chem 74(11):2169–2200. https://doi.org/10.1351/pac200274112169

Bucksteeg K (1986) Sumpfpflanzenkläranlage – Verfahrensvarianten, Betriebserfahrungen, Problem Bodenhydraulik. GWF, Gas- Wasserfach: Wasser/Abwasser 127(9):429–434

Buff H (1851) Ueber das Wassertrommelgebläse. Ann Chem Pharm 79(3):249–255. https://doi.org/10.1002/jlac.18510790302

Buhrmann F, van der Waldt M, Hanekom D, Finlayson F (1999) Treatment of industrial wastewater for reuse. Desalination 124(1–3):263–269

Bunce NJ, Chartrand M, Keech P (2001) Electrochemical treatment of acidic aqueous ferrous sulfate and copper sulfate as models for acid mine drainage. Water Res 35(18):4410–4416. https://doi.org/10.1016/S0043-1354(01)00170-1

Bundesministerium der Justiz (2016) Verordnung zum Schutz der Oberflächengewässer (Oberflächengewässerverordnung – OGewV). Bundesgesetzblatt I:1373–1443

Burbey TJ, Younos T, Anderson ET (2000) Hydrologic analysis of discharge sustainability from an abandoned underground coal mine. J Am Water Resour Assoc 36(5):1161–1172. https://doi.org/10.1111/j.1752-1688.2000.tb05718.x

Bureau International des Poids et Mesures (2019) Le Système international d'unités – The International System of Units, 9. Aufl. Organisation Intergouvernementale de la Convention du Mètre, Sèvres Cedex, S 216

Burghardt D, Coldewey WG, Melchers C, Meßer J, Paul M, Walter T, Wesche D, Westermann S, Wieber G, Wisotzky F, Wolkersdorfer C (2017) Glossar Bergmännische Wasserwirtschaft. 1. Aufl. Fachsektion Hydrogeologie in der DGGV, Neustadt/Wstr., S 79

Burke SP, Banwart SA (2002) Using Fe(II) adsorption and surface-catalysed oxidation for Fe(II) removal from predicted mine water discharges. IAHS Publication 72:271–275

Burnett M, Skousen JG (1996) Injection of limestone into underground mines for AMD control. Proceedings, West Virginia Surface Mine Drainage Task Force Symposium 17 (Elektronisches Dokument)

Buzzi DC, Viegas LS, Cianga Silvas FP, Romano Espinosa DC, Siqueira Rodrigues MA, Bernardes AM, Tenório JA (2011a) The use of microfiltration and electrodialysis for treatment of acid mine drainage. Mine Water – Managing the Challenges – 11th International Mine Water Association Congress. RWTH Aachen University, Aachen, S 287–292

Buzzi DC, Viegas LS, Cianga Silvas FP, Siqueira Rodrigues MA, Romano Espinosa DC, Homrich Schneider IA, Bernardes AM, Soares Tenório JA (2011b) Treatment of acid mine drainage by electrodialysis. Supplemental Proceedings: Materials Processing and Energy Materials, 1. Wiley, Hoboken, S 277–284. https://doi.org/10.1002/9781118062111.ch29

Calderoni A, Tartari GA (2000) Evolution of the water chemistry of Lake Orta after liming. J Limnol 60(Supp 1):69–78. https://doi.org/10.4081/jlimnol.2001.69

Cannon HL (1960) Botanical prospecting for ore deposits. Science 132(3427):591–598. https://doi.org/10.1126/science.132.3427.591

Cánovas CR, Hubbard C, Olías M, Nieto JM, Black S, Coleman M (2005) Water quality variations in the Tinto River during high flood events. Mine Water 2005 – Mine Closure. University of Oviedo, Oviedo, S 133–139

Canty GA, Everett J (1998) Using tracers to understand the hydrology of an abandoned underground coal mine. Proceedings 15th Annual National Meeting – American Society for Surface Mining and Reclamation, Princeton, S 62–72. https://doi.org/10.21000/JASMR98010062

Canty GA, Everett J (1999) Remediation of underground mine areas through treatment with fly ash, Report № OCC Tasks 50 FY 1993 319(h) Task #600 EPA Grant C9-996100-0. Oklahoma Conservation Commission, Oklahoma City, S 167

Carayannis EG, Del Giudice M, Soto-Acosta P (2018) Disruptive technological change within knowledge-driven economies: the future of the Internet of Things (IoT). Technol Forecasting Social Change 136:265–267. https://doi.org/10.1016/j.techfore.2018.09.001

Cartwright PS (2012) Application of membrane separation technologies to wastewater reclamation and reuse. In: Drelich J, Hwang J-Y, Adams J, Nagaraj DR, Sun X, Xu Z (Hrsg) Water in mineral processing. SME, Littleton, S 115–129

Carvalho E, Diamantino C, Pinto R (2016) Environmental remediation of abandoned mines in Portugal – balance of 15 years of activity and new perspectives. In: Drebenstedt C, Paul M (Hrsg) IMWA 2016 – mining meets water – conflicts and solutions. TU Bergakademie Freiberg, Freiberg, S 554–561

Cath TY, Childress AE, Elimelech M (2006) Forward osmosis: principles, applications, and recent developments. J Membr Sci 281(1–2):70–87. https://doi.org/10.1016/j.memsci.2006.05.048

Chałupnik S, Wysocka M (2000) Removal of radium from mine waters – the experience from the coal mine. Proceedings, 7th International Mine Water Association Congress, 352–362

Chamberlain S, Moorhouse AM (2016) Baffle Curtain installation to enhance treatment efficiency for operational coal mine water treatment schemes. In: Drebenstedt C, Paul M (Hrsg) IMWA

2016 – mining meets water – conflicts and solutions. TU Bergakademie Freiberg, Freiberg, S 812–819

Chang N-B, Houmann C, Lin K-S, Wanielista M (2016) Fate and transport with material response characterization of green sorption media for copper removal via desorption process. Chemosphere 154:444–453. https://doi.org/10.1016/j.chemosphere.2016.03.130

Chanson H, Toombes L (2002) Air–water flows down stepped chutes: turbulence and flow structure observations. Intern J Multiphase Flow 28(11):1737–1761. https://doi.org/10.1016/S0301-9322(02)00089-7

Chapman PM (2012) "Heavy metal" – cacophony, not symphony. Integr Environ Assess Manage 8(2):216. https://doi.org/10.1002/ieam.1289

Charmbury HB, Maneval DR, Girard L, III (1967) Operation yellowboy-design and economics of a lime neutralization mine drainage treatment plant. Society of Mining Engineers at AIME, preprint 67F35

Chartrand MMG, Bunce NJ (2003) Electrochemical remediation of acid mine drainage. J Appl Electrochem 33:259–264. https://doi.org/10.1023/A%3A1024139304342

Chen G (2004) Electrochemical technologies in wastewater treatment. Sep Purif Technol 38(1):11–41. https://doi.org/10.1016/j.seppur.2003.10.006

Cheremisinoff NP (2002) Handbook of water and wastewater treatment technologies. Butterworth-Heinemann, Woburn, S 636

Cherian MG, Goyer RA (1978) Role of metallothioneins in disease. Ann Clin Lab Sci 8(2):91–94

Chesters S, Morton P, Fazel M (2016) Membranes and minewater – waste or revenue stream. In: Drebenstedt C, Paul M (Hrsg) IMWA 2016 – mining meets water – conflicts and solutions. TU Bergakademie Freiberg, Freiberg, S 1310–1322

Chilingar GV (1956) Durov's classification of natural waters and chemical composition of atmospheric precipitation in USSR: a review. Trans Am Geophys Union 37(2):193–196. https://doi.org/10.1029/TR037i002p00193

Cidu R, Frau F, Da Pelo S (2011) Drainage at abandoned mine sites: natural attenuation of contaminants in different seasons. Mine Water Environ 30(2):113–126. https://doi.org/10.1007/s10230-011-0146-4

Clark JP (2010) Treatment of mine site runoff containing suspended solids using sedimentation ponds – optimizing flocculant addition to ensure discharge compliance. In: Wolkersdorfer C, Freund A (Hrsg) Mine Water and Innovative Thinking – International Mine Water Association Symposium. Cape Breton University Press, Sydney, NS, S 217–221

Clark S, Muhlbauer R (2010) Mine closure water management: choosing the right alternative within a changing environment. In: Wolkersdorfer C, Freund A (Hrsg) Mine Water and Innovative Thinking – International Mine Water Association Symposium. Cape Breton University Press, Sydney, NS, S 463–467

Clark LC Jr, Wolf R, Granger D, Taylor Z (1953) Continuous recording of blood oxygen tensions by polarography. J Appl Physiol 6(3):189–193. https://doi.org/10.1152/jappl.1953.6.3.189

Clean Air Task Force, Earthjustice (2007) The impacts on water quality from placement of coal combustion waste in Pennsylvania Coal Mines. Fact Sheet: 1–4

Coal Research Bureau (1971) Dewatering of mine drainage sludge. Wat Poll Contr Res Ser 14010 FJX 12/71:1–90

Cogho VE (2012) Optimum coal mine – striving towards a 'zero effluent' mine. J S Afr Inst Min Metall 112(2):119–126

Cogho VE, van Niekerk AM (2009) Optimum coal mine water reclamation project. In: Water Institute of Southern Africa, International Mine Water Association (Hrsg) Proceedings, International Mine Water Conference. Document Transformation Technologies, Pretoria, S 130–140

Cohen ER, Cvitas T, Frey JG, Holmström B, Kuchitsu K, Marquardt R, Mills I, Pavese F, Quack M, Stohner J, Strauss HL, Takami M, Thor AJ (2008) Quantities, units and symbols in physical chemistry, 3. Aufl. International Union of Pure and Applied Chemistry, Cambridge, S 233. https://doi.org/10.1039/9781847557889

Colorado Department of Public Health and Environment – Water Quality Control Commission (2013) The basic standards and methodologies for surface water (Regulation No. 31) – (last amendment 2012-11-09, effective 2013-01-31), 5 CCR 1002-31. Department of Public Health and Environment, Denver, S 213

Committee on Intrinsic Remediation, Water Science and Technology Board, Board on Radioactive Waste Management, National Research Council (2000) Natural Attenuation for Groundwater Remediation. National Academy Press, Washington, S 292

Commonwealth of Pennsylvania (1973) Scarlift report – clearfield creek moshannon watershed, SL 1-73:1–101.7. Commonwealth of Pennsylvania, Harrisburg, S 333

Comninellis C, Chen G (2010) Electrochemistry for the environment. Springer, Heidelberg. https://doi.org/10.1007/978-0-387-68318-8

Cook RB, Kelly CA, Schindler DW, Turner MA (1986) Mechanisms of hydrogen-ion neutralization in an experimentally acidified lake. Limnol Oceanogr 31(1):134–148. https://doi.org/10.4319/lo.1986.31.1.0134

Cornell RM, Schwertmann U (2003) The iron oxides – structure, properties, reactions, occurrences and uses. Wiley VCH, Weinheim, S 664. https://doi.org/10.1002/3527602097

Costello C (2003) Acid mine drainage – innovative treatment technologies. National Network for Environmental Management Studies Program, Washington, S 47

Cotta B (1853) Das Zentralfeuer. Unterhaltungen am häuslichen Herd 1(46):727–730

Coulton R, Bullen C, Dolan J, Hallett C, Wright J, Marsden C (2003a) Wheal jane mine water active treatment plant – design, construction and operation. Land Contam Reclam 11(2):245–252. https://doi.org/10.2462/09670513.821

Coulton R, Bullen C, Hallett C (2003b) The design and optimisation of active mine water treatment plants. Land Contam Reclam 11(2):273–280. https://doi.org/10.2462/09670513.825

Coulton R, Bullen C, Williams C, Williams K (2004a) The formation of high density sludge from minewater with low iron concentrations. In: Jarvis AP, Dudgeon BA, Younger PL (Hrsg) Mine water 2004 – Proceedings International Mine Water Association Symposium. 1. University of Newcastle, Newcastle upon Tyne, S 24–30

Coulton R, Bullen C, Williams K, Dey M, Jarvis A (2004b) Active treatment of high salinity mine water. In: Jarvis AP, Dudgeon BA, Younger PL (Hrsg) Mine water 2004 – Proceedings International Mine Water Association Symposium. 2. University of Newcastle, Newcastle upon Tyne, S 119–124

Coupland K, Rowe O, Hallberg KB, Johnson DB (2004) Biogeochemistry of a subterranean acidic mine water body at an abandoned copper mine. In: Jarvis AP, Dudgeon BA, Younger PL (Hrsg) Mine water 2004 – Proceedings International Mine Water Association Symposium. 1. University of Newcastle, Newcastle upon Tyne, S 113–119

Cravotta CA, III (1998) Oxic limestone drains for treatment of dilute, acidic mine drainage. Proceedings, West Virginia Surface Mine Drainage Task Force Symposium 19 (Elektronisches Dokument)

Cravotta CA III (2007) Passive aerobic treatment of net-alkaline, iron-laden drainage from a flooded underground anthracite mine, Pennsylvania, USA. Mine Water Environ 26(3):128–149. https://doi.org/10.1007/s10230-007-0002-8

Cravotta CA, III (2008) Dissolved metals and associated constituents in abandoned coal-mine discharges, Pennsylvania, USA. Part 2: Geochemical controls on constituent concentrations. Appl Geochem 23(2):203–226. https://doi.org/10.1016/j.apgeochem.2007.10.003

Cravotta CA, III (2010) Abandoned mine drainage in the Swatara Creek Basin, Southern Anthracite Coalfield, USA: 2. Performance of Treatment Systems. Mine Water Environ 29(3):200–216. https://doi.org/10.1007/s10230-010-0113-5

Cravotta CA III, Hilgar GM (2000) Considerations for chemical monitoring at coal mines. In: Kleinmann RLP (Hrsg) Prediction of water quality at surface coal mines. National Mine Land Reclamation Center, Morgantown, S 195–218

Cravotta CA III, Trahan MK (1999) Limestone drains to increase pH and remove dissolved metals from acidic mine drainage. Appl Geochem 14:581–606. https://doi.org/10.1016/S0883-2927(98)00066-3

Cravotta CA, III, Watzlaf GR (2002) Design and performance of limestone drains to increase pH and remove metals from acidic mine drainage. In: Naftz D, Morrison SJ, Davis JA, Fuller CC (Hrsg) Handbook of groundwater remediation using permeable reactive barriers – applications to radionuclides, trace metals, and nutrients. Academic Press, Amsterdam, S 19–66. https://doi.org/10.1016/B978-012513563-4/50006-2

Cravotta CA III, Ward S, Hammarstrom J (2008) Downflow limestone beds for treatment of net-acidic, oxic, iron-laden drainage from a flooded anthracite mine, Pennsylvania, USA: 2. Laboratory Evaluation. Mine Water Environ 27(2):86–99. https://doi.org/10.1007/s10230-008-0031-y

Cravotta CA III, Parkhurst DL, Means BP, McKenzie RM, Arthur W (2010) Using the computer program AMDTreat with a PHREEQC titration module to compute caustic quantity, effluent quality, and sludge volume. In: Wolkersdorfer C, Freund A (Hrsg) Mine Water and Innovative Thinking – International Mine Water Association Symposium. Cape Breton University Press, Sydney, NS, S 111–115

Cravotta CA, III, Means BP, Arthur W, McKenzie RM, Parkhurst DL (2015) AMDTreat 5.0+ with PHREEQC titration module to compute caustic chemical quantity, effluent quality, and sludge volume. Mine Water Environ 34(2):136–152. https://doi.org/10.1007/s10230-014-0292-6

Crittenden JC, Trussell RR, Hand DW, Howe KJ, Tchobanoglous G (2012) MWH's water treatment: principles and design, 3. Aufl. Wiley, Hoboken, 1920 S. https://doi.org/10.1002/9781118131473

Crooks J, Thorn P (2016) A sustainable approach to managing the treatment of mine waters associated with historic mining. In: Drebenstedt C, Paul M (Hrsg) IMWA 2016 – mining meets water – conflicts and solutions. TU Bergakademie Freiberg, Freiberg, S 1303–1309

Croxford SJ, England A, Jarvis AP (2004) Application of the PHREEQC geochemical computer model during the design and operation of UK mine water treatment schemes. In: Jarvis AP, Dudgeon BA, Younger PL (Hrsg) Mine water 2004 – Proceedings International Mine Water Association Symposium. 2. University of Newcastle, Newcastle upon Tyne, S 125–134

Csővári M, Berta Z, Csicsák J, Hideg J, Varhegyi A (2004) Case study: remediation of a former uranium mining/processing site in Hungary. In: Prokop G, Younger PL, Roehl KE (Hrsg) Conference Papers. 35. Umweltbundesamt, Wien, S 81–100

Cullimore DR (1999) Microbiology of well biofouling (PDF-Version). Sustainable well series, Bd 3. Lewis, Boca Raton, S 456

D. I. N. Deutsches Institut für Normung e.V. (1984) DIN 38404-C6 Deutsche Einheitsverfahren zur Wasser-, Abwasser- und Schlammuntersuchung – Physikalische und physikalisch-chemische Kenngrößen – Bestimmung der Redox-Spannung, S 8

D. I. N. Deutsches Institut für Normung e.V. (1993) DIN EN 27888 Wasserbeschaffenheit – Bestimmung der elektrischen Leitfähigkeit (ISO 7888:1985); Deutsche Fassung EN 27888:1993, S 8

D. I. N. Deutsches Institut für Normung e.V. (2009) DIN 38404-C5 Deutsche Einheitsverfahren zur Wasser-, Abwasser- und Schlammuntersuchung – Physikalische und physikalisch-chemische Kenngrößen – Bestimmung des pH-Werts, S 24

D. I. N. Deutsches Institut für Normung e.V. (2013) DIN 38402-62 Deutsche Einheitsverfahren zur Wasser-, Abwasser- und Schlammuntersuchung – Allgemeine Angaben (Gruppe A) – Plausibilitätskontrolle von Analysendaten durch Ionenbilanzierung, S 10

da Vinci L, Schneider M (2011) Das Wasserbuch – Schriften und Zeichnungen. Schirmer/Mosel, München, S 103

Damons RE, Petersen FW (2002) An Aspen model for the treatment of acid mine water. Eur J Miner Process Environ Prot 2(2):69–81

Davies T, Long P, Dunn R (2012) Horden passive mine water treatment scheme – a collaborative partnership delivering a sustainable solution to the legacy of mine closures on the north east coastline. Lancaster, UK Water Projects, S 203–205

Davies M, Figueroa L, Wildeman T, Bucknam C (2016) The oxidative precipitation of thallium at alkaline pH for treatment of mining influenced water. Mine Water Environ 35(1):77–85. https://doi.org/10.1007/s10230-015-0349-1

Davison J (1991) Bio-carb and wetlands – passive, affordable acid mine drainage treatment. Proceedings, West Virginia Surface Mine Drainage Task Force Symposium 12 (Elektronisches Dokument)

Davison J, Jones S (1990) Mine drainage bioremediation – the evolution of the technology from microbes to bio-carb. Proceedings, West Virginia Surface Mine Drainage Task Force Symposium 11 (Elektronisches Dokument)

de la Vergne J (2003) Hard rock miner's handbook, 3. Aufl. Tempe, McIntosh Engineering, S 314

de Vries AH (1989) The overall accuracy of the measurement of flow. Discharge measurement structures. International Institute for Land Reclamation and Improvement, Wageningen, S 356–367

Dehoust G, Wiegmann K, Fritsche U, Stahl H, Jenseit W, Herold A, Cames M, Gebhardt P (2005) Beitrag der Abfallwirtschaft zum Klimaschutz – Umweltstudie, Forschungsbericht 205 33 314 UBA-FB III. RT Reprotechnik, Berlin, S 65

Demers I, Benzaazoua M, Mbonimpa M, Bouda M, Bois D, Gagnon M (2015) Valorisation of acid mine drainage treatment sludge as remediation component to control acid generation from mine wastes, part 1: Material characterization and laboratory kinetic testing. Miner Eng 76:109–116. https://doi.org/10.1016/j.mineng.2014.10.015

Dempsey BA, Jeon B-H (2001) Characteristics of sludge produced from passive treatment of mine drainage. Geochem-Explor Environ Anal 1:89–94. https://doi.org/10.1144/geochem.1.1.89

Deul M, Mihok EA (1967) Mine water research – neutralization. Bur Mines Rep Invest 6987:1–24

Deutscher Verband für Wasserwirtschaft und Kulturbau e. V. (1992) DVWK Schriften – Anwendung hydrogeochemischer Modelle, Bd 100. Parey, Hamburg, S 344

Dey M, Sadler PJK, Williams KP (2003) A novel approach to mine water treatment. Land Contam Reclam 11(2):253–258. https://doi.org/10.2462/09670513.822

Dill S, Du Preez L, Graff M, Maree J (1994) Biological sulphate removal from acid mine drainage utilizing producer gas as carbon- and energy source – process limitations and their resolution. Proceedings, 5th International Mine Water Congress, Nottingham, UK 2:631–641

Dill S, Cowan J, Wood A, Bowell RJ (1998) A review of sulfate removal options from mine waters. Mine water and environmental impacts, 2. Proceedings International Mine Water Association Symposium, Johannesburg, S 329–342

Dillenardt J, Kranz K (2010) Geologisch-Hydrogeologische Kartierung im Alten Tiefen Fürstenstolln zur geothermischen Grubenwassernutzung im Schloss Freudenstein. TU Bergakademie Freiberg, Freiberg, S 56

Dinardo O, Kondos PD, MacKinnon DJ, McCready RGL, Riveros PA, Skaff M (1991) Study on metals recovery/recycling from acid mine drainage phase Ia: literature survey, MEND 3.21.1a. The Mine Environment Neutral Drainage [MEND] Program, Ottawa, S 48+11

Dold B (2015) Pre-mining characterization of ore deposits – what information do we need to increase sustainability of the mining process? In: Brown A et al (Hrsg) Agreeing on solutions for more sustainable mine water management. Gecamin, Santiago, S 1–7 (Electronic document)

Dold B (2017) Acid rock drainage prediction: a critical review. J Geochem Explor 172:120–132. https://doi.org/10.1016/j.gexplo.2016.09.014

Dörfler H-D (2002) Grenzflächen und kolloid-disperse Systeme: Physik und Chemie. Springer, Heidelberg, S 989

Döring M (1993) Unterirdische Wasserkraftwerke im Bergbau. Wasserwirtschaft 83(5):272–278

Double ML, Bissonnette GK (1980) Enumeration of coliforms from streams containing acid mine water. J Water Pollut Control Fed 52(7):1947–1952

Dow – Water and Process Solutions (2013) FILMTEC™ reverse osmosis membranes – technical manual, Form No. 609-00071-1009. Dow, Midland, S 181

Dowling J, Atkin S, Beale G, Alexander G (2004) Development of the sleeper pit lake. Mine Water Environ 23(1):2–11. https://doi.org/10.1007/s10230-004-0038-y

Drioli E, Macedonio F (2012) Membrane operations in water treatment and reuse. In: Drelich J, Hwang J-Y, Adams J, Nagaraj DR, Sun X, Xu Z (Hrsg) Water in mineral processing. SME, Littleton, S 105–113

Drury WJ (1999) Treatment of acid mine drainage with anaerobic solid-substrate reactors. Water Environ Res 71(6):1244–1250. https://doi.org/10.2175/106143096X122375

du Plessis HM (1983) Using lime treated acid-mine water for irrigation. Water Sci Technol 15(2):145–154. https://doi.org/10.2166/wst.1983.0030

Du Preez LA, Maree JP, Jackson-Moss CA (1991) Biological sulphate removal from mining effluents utilizing producer gas as energy source. Proceedings, 4th International Mine Water Association Congress 2:255–264

Duaime TE, Metesh JJ (2007) 2005 Consent Decree update, water-level monitoring and waterquality sampling, Butte underground mines and Berkeley Pit, Butte, Montana, 1982–2005. Montana Bureau of mines and geology open file report 549:120

Duarte JC, Estrada P, Beaumont H, Sitima M, Pereira P (1990) Biotreatment of tailings for metal recovery. Int J Mine Water 9(1–4):193–206. https://doi.org/10.1007/BF02503692

Dudeney AWL, Neville KJ, Tarasova I, Heath AOD, Smith SR (2004) Utilisation of ochreous sludge as a soil amendment. In: Jarvis AP, Dudgeon BA, Younger PL (Hrsg) Mine water 2004 – Proceedings International Mine Water Association Symposium. 1. University of Newcastle, Newcastle upon Tyne, S 31–40

Duffus JH (2002) "Heavy Metals" – a meaningless term? Pure Appl Chem 74(5):793–807. https://doi.org/10.1351/pac200274050793

Duren SM, McKnight DM (2013) Wetland photochemistry as a major control on the transport of metals in an acid mine drainage impacted watershed. In: Brown A, Figueroa L, Wolkersdorfer C (Hrsg) Reliable mine water technology. International Mine Water Association, Golden, S 973–975

Durov SA (1948) Klassifikacija prinodnych vodi graficeskoje izobrazenie ich sostava [Classification of natural waters and graphic representation of their composition]. Doklady Akad Nauk SSSR 59(1):87–90

Dvorácek J, Vidlár J, Šterba J, Heviánková S, Vanek M, Bartak P (2012) Economics of mine water treatment. J S Afr Inst Min Metall 112:157–159

Dzombak DA, Morel FMM (1990) Surface complexation modeling – hydrous ferric oxide. Wiley, New York, S 393. https://doi.org/10.1016/S0016-7037(97)81467-6

Earthworks (2012) U.S. copper porphyry mines – the track record of water quality impacts resulting from pipeline spills, tailings failures and water collection and treatment failures. Earthworks, Washington, S 33

Earthworks, Oxfam America (2004) Dirty metals – mining, communities and the environment. Earthworks and Oxfam America, Washington, Boston, S 33

Ebeling W (1986) Betriebserfahrungen mit dem Wurzelraumverfahren. Schriftenr WAR 26:31–49

Ebner HG, Schwarz W (1973) Untersuchungen über die Laugung von Uranerzen mit Hilfe von Bakterien. Erzmetall 26(10):484–490

Edwards RW, Stoner JH (1990) Acid waters in wales. Monographiae Biologicae, Bd 66. Kluwer, Dordrecht, S 337. https://doi.org/10.1007/978-94-009-1894-8

El-Naggar MY, Finkel SE (2013) Live wires – discoveries of microbial communities that transfer electrons between cells and across relatively long distances are launching a new field of microbiology. The Scientist 27(5):38–43

Eloff E, Greben HA, Maree JP, Radebe BV, Gomes RE (2003) Biological sulphate removal using hydrogen as the energy source. In: Nel PJL (Hrsg) Mine water environ. Proceedings 8th International Mine Water Association Congress, Johannesburg, S 99–108

Ercker von Schreckenfels L (1565) Vom Rämelsbergk vnd desselbigen Berckwergks ein kurtzer bericht. Durch einen wohl erfahrnen vnd Vorsuchten desselbigen Berckwergks etlichen seinen guten Freunden vnd Liebhabern der Berckwerge zu ehren vnd nutz gestellet [VOm Rãmels=||bergk vnd desselbigen || Berckwergks/ ein kurtz||er bericht.|| Durch einen wohl er=||fahrnen vnd Vorsuchten desselbigen || Berckwergks/ etlichen seinen guten || Freunden vnd Liebhabern der || Berckwerge zu ehren vnd || nutz gestellet.||]. Georg Baumann d.Ä., Erfurt, ohne Paginierung, S 56

Ericsson B, Hallmans B (1996) Treatment of saline wastewater for zero discharge at the Debiensko coal mines in Poland. Desalination 105(1–2):115–123. https://doi.org/10.1016/0011-9164(96)00065-3

ERMITE Consortium, Younger PL, Wolkersdorfer C (2004) Mining impacts on the fresh water environment: technical and managerial guidelines for catchment scale management. Mine Water Environ 23(Supplement 1):S2–S80. https://doi.org/10.1007/s10230-004-0028-0

Ernst WHO (1996) Bioavailability of heavy metals and decontamination of soils by plants. Appl Geochem 11(1 & 2):163–167. https://doi.org/10.1016/0883-2927(95)00040-2

Ernst W, Mathys W, Janiesch P (1975) Physiologische Grundlagen der Schwermetallresistenz – Enzymaktivitäten und organische Säuren. Forschungsberichte des Landes Nordrhein-Westfalen 2496:3–38

European Commission (2000) Directive 2000/60/EC of the European Parliament and of the Council of 23 October 2000 establishing a framework for community action in the field of water policy. Off J Eur Communities L 372:1–72

European Commission (2006) Directive 2006/21/EC of the European Parliament and of the Council of 15 March 2006 on the management of waste from extractive industries and amending directive 2004/35/EC. Off J Eur Communities L 102(49):15–34

European Commission (2009) Management of tailings and waste-rock in mining activities. European Commission, Luxembourg, S 511

European Innovation Partnership on Raw Materials (2016) Raw materials scoreboard. Publications Office of the European Union, Luxembourg, S 104. https://doi.org/10.2973/686373

Evangelou VP (1995) Pyrite oxidation and its control – solution chemistry, surface chemistry, Acid Mine Drainage (AMD), molecular oxidation mechanisms, microbial role, kinetics, control, ameliorites and limitations, microencapsulation. CRC Press, Boca Raton, S 293

Everett DJ, du Plessis J, Gussman HW (1993) The treatment of underground mine waters for the removal of calcium and sulphates by a GYP-CIX Process. Tagungsband First African

Symposium on Mine Drainage and Environment Protection from Mine Waste Water Disposal, Chililabombwe, S 463–491

Expert Team of the Inter-Ministerial Committee (2010) Mine water management in the witwatersrand gold fields with special emphasis on acid mine drainage – report to the inter-ministerial committee on acid mine drainage. Council for Geoscience, Pretoria, S 128

Fabian D, Jarvis AP, Younger PL, Harries ND (2006) A Reducing and Alkalinity Producing System (RAPS) for passive treatment of acidic, aluminium rich mine waters. CL:AIRE Technology Demonstration Project Report, TDP5, S 38

Farmer JC, Fix DV, Mack GV, Poco JF, Nielsen JK, Pekala RW, Richardson JH (1995) Capacitive deionization of seawater. Proceedings Pacific Rim Environmental Conference (LLNL Preprint) UCRL-JC-121958:1–12. https://doi.org/10.2172/125000

Faulkner BB, Wyatt EG, Chermak JA, Miller FK (2005) The largest acid mine drainage treatment plant in the world. Proceedings, West Virginia Surface Mine Drainage Task Force Symposium 26:1–10

Felix M, Möllmann G, Wagner S, Görne S (2010) Zur geothermischen Nutzbarkeit des Grubenwassers im Bergbaurevier Lugau/Oelsnitz. Geoprofil 13:169–175

Fellows PA (1937) Sealing projects – sharply reduce stream pollution from abandoned mines. Coal Age 42:158–161

Feng D, Aldrich C, Tan H (2000) Treatment of acid mine water by use of heavy metal precipitation and ion exchange. Miner Eng 13(6):623–642. https://doi.org/10.1016/S0892-6875(00)00045-5

Fernández-Rubio R, Lorca Fernández D (2010) Artificial recharge of groundwater in mining. In: Wolkersdorfer C, Freund A (Hrsg) Mine Water and Innovative Thinking – International Mine Water Association Symposium. Cape Breton University Press, Sydney, NS, S 77–81

Fernández-Torres MJ, Randall DG, Melamu R, von Blottnitz H (2012) A comparative life cycle assessment of eutectic freeze crystallisation and evaporative crystallisation for the treatment of saline wastewater. Desalination 306:17–23. https://doi.org/10.1016/j.desal.2012.08.022

Fernando WAM, Ilankoon IMSK, Syed TH, Yellishetty M (2018) Challenges and opportunities in the removal of sulphate ions in contaminated mine water: a review. Miner Eng 117:74–90. https://doi.org/10.1016/j.mineng.2017.12.004

Ficklin WH, Mosier EL (1999) Field methods for sampling and analysis of environmental samples for unstable and selected stable constituents. The environmental geochemistry of mineral deposits, 6A. Society of Economic Geologists, Littleton, S 249–264. https://doi.org/10.5382/Rev.06.12

Ficklin WH, Plumlee GS, Smith KS, McHugh JB (1992) Geochemical classification of mine drainages and natural drainages in mineralized areas. Proceedings, International Symposium on Water-Rock Interaction 7:381–384

Fiedor JN, Bostick WD, Jarabeck RJ, Farrell J (1998) Understanding the mechanism of uranium removal from groundwater by zero-valent iron using X-ray photoelectron spectroscopy. Environ Sci Technol 32(10):1466–1743. https://doi.org/10.1021/es970385u

Fischer P (2016) Ende des Steinkohlenbergbaus im Ruhrrevier – Zeitplan und Herausforderungen. Veröff Dt Bergbau-Mus Bochum 217:173–179

Fiscor S (2008) Battelle develops VEP to remediate acid rock drainage. Eng Min J 209(7):96–100

Fisher TSR, Lawrence GA (2006) Treatment of acid rock drainage in a meromictic mine pit lake. J Environ Eng 132:515–526. https://doi.org/10.1061/(ASCE)0733-9372(2006)132:4(515)

Florence K (2014) Mechanisms of the removal of metals from acid and neutral mine water under varying redox systems. PhD, Cardiff University, S 203

Florence K, Sapsford DJ, Johnson DB, Kay CM, Wolkersdorfer C (2016) Iron mineral accretion from acid mine drainage and its application in passive treatment. Environ Technol 37(11):1428–1440. https://doi.org/10.1080/09593330.2015.1118558

Foreman JW (1971) Deep mine sealing. Proceedings, 1st Acid Mine Drainage Workshop 1:19–45

Fosso-Kankeu E, Wolkersdorfer C, Burgess J (2020) Recovery of Byproducts from Acid Mine Drainage Treatment. Scrivener, Salem, S 462

Frau F, Cidu R (2010) Diel changes in water chemistry in the Baccu Locci stream (Sardinia, Italy) affected by past mining. In: Wolkersdorfer C, Freund A (Hrsg) Mine Water and Innovative Thinking – International Mine Water Association Symposium. Cape Breton University Press, Sydney, NS, S 339–343

Friedrich H-J (2016) Membrane electrolysis – a promising technology for mine water treatment, radionuclide separation and extraction of valuable metals. In: Drebenstedt C, Paul M (Hrsg) IMWA 2016 – mining meets water – conflicts and solutions. TU Bergakademie Freiberg, Freiberg, S 1280–1286

Friedrich A, Guse M, Jolas P, Simon A, Hoth N, Rascher J (2011) Results of studies performed for reduced impact of material conversion processes in mixed soil dumps. Mine water – managing the challenges – 11th International Mine Water Association Congress. RWTH Aachen University, Aachen, S 17–22

Friedrich HJ, Zaruba A, Meyer S, Knappik R, Stolp W, Kiefer R, Benthaus F-C (2007) Verfahren und kleintechnische Anlage zur Aufbereitung schwefelsauerer Grubenwässer (RODOSAN®-Verfahren). Proceedings 11. Dresdner Grundwasserforschungstage, Dresden, S 205–210

Frommichen R, Kellner S, Friese K (2003) Sediment conditioning with organic and/or inorganic carbon sources as a first step in alkalinity generation of acid mine pit lake water (pH 2–3). Environ Sci Technol 37(7):1414–1421. https://doi.org/10.1021/es026131c

Fu F, Wang Q (2011) Removal of heavy metal ions from wastewaters – a review. J Environ Manage 92(3):407–418. https://doi.org/10.1016/j.jenvman.2010.11.011

Galinsky G, Leistner J, Scheuermann G, Ebert S, Förderverein Drei-Brüder-Schacht e. V. (2001) Kavernenkraftwerk Drei-Brüder-Schacht – Geschichte und Überlegungen zur Rekonstruktion, 2. Aufl. Saxonia Standortentwicklungs- und -verwaltungsgesellschaft, Freiberg, S 72

Gałuszka A, Migaszewski ZM (2018) Extremely high levels of trace elements in aerial parts of plants naturally growing in the Wiśniówka acid mine drainage area (South-Central Poland). Tagungsband IMWA 2018 – risk to opportunity. Pretoria II:598–603

Gan WY, Selomulya C, Tapsell G, Amal R (2005) Densification of iron(III) sludge in neutralization. Int J Miner Process 76:149–162. https://doi.org/10.1016/j.minpro.2004.12.008

Gandy CJ, Jarvis AP (2012) The influence of engineering scale and environmental conditions on the performance of compost bioreactors for the remediation of zinc in mine water discharges. Mine Water Environ 31(2):82–91. https://doi.org/10.1007/s10230-012-0177-5

Garrels RM, Christ CL (1965) Solutions, minerals, and equilibria. Harper & Row, New York, S 450. https://doi.org/10.1017/S001675680005411X

Gautama RS, Novianti YS, Supringgo E (2014) Review on in-pit treatment of acidic pit lake in Jorong Coal Mine, South Kalimantan, Indonesia. In: Sui W, Sun Y, Wang C (Hrsg) An interdisciplinary response to mine water challenges. International Mine Water Association, Xuzhou, S 645–649

Gees A (1990) Flow measurement under difficult measuring conditions: field experience with the salt dilution method. IAHS-AISH Publication 193:255–262

Geisenheimer P (1913) Die Wasserversorgung des Oberschlesischen Industriebezirks. Selbstverl. des Oberschlesischen Berg- und Hüttenmännischen Vereins, Kattowitz, S 97

Geldenhuys AJ, Maree JP, de Beer M, Hlabela P (2003) An integrated limestone/lime process for partial sulphate removal. J S Afr Inst Min Metall 103:345–354

Geller W, Schultze M, Kleinmann R, Wolkersdorfer C (2013) Acidic pit lakes – the legacy of coal and metal surface mines. Environmental science and engineering. Springer, Heidelberg, S 525. https://doi.org/10.1007/978-3-642-29384-9

Georgaki I, Dudeney AWL, Monhemius AJ (2004) Characterisation of iron-rich sludge: correlations between reactivity, density and structure. Miner Eng 17(2):305–316. https://doi.org/10.1016/j.mineng.2003.09.018

George DR, Ross JR (1970) Recovery of uranium from mine water by countercurrent ion exchange [abstract]. J Met 22(12):A25

Germer C (2001) Vergleichende Untersuchungen zur Sauerwasserprognose anhand verschiedener deutscher Erzproben. Clausthal-Zellerfeld, Papierflieger, S 131

Geroni JN (2010) The potential for semi-passive mine water treatment by CO_2 stripping at Ynysarwed, S.Wales. In: Wolkersdorfer C, Freund A (Hrsg) Mine Water and Innovative Thinking – International Mine Water Association Symposium. Cape Breton University Press, Sydney, NS, S 123–127

Geroni JN (2011) Rates and mechanisms of chemical processes affecting the treatment of ferruginous mine water. unveröff PhD Thesis. Cardiff University, Cardiff, S 262

Geroni JN, Sapsford DJ, Barnes A, Watson IA, Williams KP (2009) Current performance of passive treatment systems in South Wales, UK. In: Water Institute of Southern Africa, International Mine Water Association (Hrsg) Proceedings, International Mine Water Conference. Document Transformation Technologies, Pretoria, S 486–496

Geroni JN, Sapsford D, Florence KM (2011) Degassing CO_2 from mine water: implications for treatment of circumneutral drainage. Mine water – managing the challenges – 11th International Mine Water Association Congress. RWTH Aachen University, Aachen, S 319–324

Gerth J, Hirschmann G, Paul M, Jacobs P, Förstner U, Heise S, Barth J, Gocht T (2006) Ingenieurgeochemie im Boden- und Gewässerschutz – Praxisbeispiele und rechtlicher Rahmen. In: Förstner U, Grathwohl P (Hrsg) Ingenieurgeochemie: Technische Geochemie – Konzepte und Praxis, 2. Aufl. Springer, Berlin, S 243–436. https://doi.org/10.1007/978-3-540-39512-6_3

Getliffe K (2002) European waste law: has recent case law impacted upon the mess? Environ Law Rev 4(3):171–178

Gezahegne WA, Planer-Friedrich B, Merkel BJ (2007) Obtaining stable redox potential readings in gneiss groundwater and mine water: difficulties, meaningfulness, and potential improvement. Hydrogeol J 15(6):1221–1229. https://doi.org/10.1007/s10040-007-0174-0

Gibert O, Rötting T, De Pablo J, Cortina JL, Bolzicco J, Carrera J, Ayora C (2004) Metal Retention Mechanisms for the Aznalcóllar permeable reactive Barrier (SW Spain). In: Jarvis AP, Dudgeon BA, Younger PL (Hrsg) Mine water 2004 – Proceedings International Mine Water Association Symposium. 2. University of Newcastle, Newcastle upon Tyne, S 61–68

Glasser O (1995) Wilhelm Conrad Röntgen und die Geschichte der Röntgenstrahlen, 2. Aufl. Springer, Berlin, S 381. https://doi.org/10.1007/978-3-642-79312-7

Glover HG (1975) Acidic and ferruginous mine drainages. In: Chadwick MJ, Goodman GT (Hrsg) The ecology of resource degradation and renewal. Blackwell, Oxford, S 173–195

Gnielinski V, Mersmann A, Thurner F (1993) Verdampfung, Kristallisation, Trocknung – mit 30 Übungsbeispielen. Braunschweig, Viehweg, S 260. https://doi.org/10.1007/978-3-642-58073-4

Goette H (1934) Das Henry-Verfahren zum Klären von Ab- und Schlammwässern. Technische Blätter – Wochenschr z Dtsch Bergwerksztg 42:683–684

Golden DM, Gray RE, Meiers RJ, Turka RJ (1996) Use of coal combustion by-products in abandoned mine land reclamation. Proceedings, West Virginia Surface Mine Drainage Task Force Symposium 17 (Elektronisches Dokument)

Golder Associates Inc. (2009) Literature review of treatment technologies to remove selenium from mining influenced water, Report № 08-1421-0034 Rev. 2. Golder Associates Inc., Lakewood, S 31

Gougar MLD, Scheetz BE, Roy DM (1996) Ettringite and C-S-H Portland cement phases for waste ion immobilization – a review. Waste Manage 16(4):295–303. https://doi.org/10.1016/S0956-053X(96)00072-4

Govind R, Kumar U, Puligadda R, Antia J, Tabak HH (1997) Biorecovery of metals from acid mine drainage. Emerging Technologies in Hazardous Waste Management, 7. Plenum, New York, S 91–101. https://doi.org/10.1007/978-1-4615-5387-8_8

Gozzard E, Bowden LI, Younger PL (2005) Permeable reactive barriers for mine water treatment in the UK – lessons from laboratory-scale applications. Mine water 2005 – mine closure. University of Oviedo, Oviedo, S 619–625

Grab T, Storch T, Groß U (2018) Energetische Nutzung von Grubenwasser aus gefluteten Bergwerken. In: Bauer M, Freeden W, Jacobi H, Neu T (Hrsg) Handbuch Oberflächennahe Geothermie. Springer, Heidelberg, S 523–586. https://doi.org/10.1007/978-3-662-50307-2_17

Gray JE (1997) Environmental geochemistry and mercury speciation of abandoned mercury mines in Southwestern Alaska. Open-File Rep US Geol Surv OF 97-0496:31

Gray JE (1998) Environmental geochemistry, mercury speciation, and effects to surrounding ecosystems of a belt of mercury deposits and abandoned mercury mines in Southwestern Alaska, USA. Open-File Rep US Geol Surv OF 98-0209:7–9

Gray JE, Kelley KD, Goldfarb RJ, Taylor CD (1997) Environmental studies of mineral deposits in Alaska. Open-File Rep US Geol Surv OF 97-0496:31. https://doi.org/10.3133/b2156

Grebenyuk VD, Pisaruk VI, Mukha SI, Penkalo II (1979) Electrodialysis of softened mine water. J Appl Chem USSR 52(6):1262–1266

Grehl S, Lösch R, Jung B (2018) Perfect match – combining robotics and IoT is revolutionising mining automation. World Mining Frontiers 1:21–24

Grischek T, Feistel U, Ebermann J, Musche F, Bruntsch S, Uhlmann W (2016) Field experiments on subsurface iron removal in the Lusatian mining region. In: Drebenstedt C, Paul M (Hrsg) IMWA 2016 – mining meets water – conflicts and solutions. TU Bergakademie Freiberg, Freiberg, S 292–297

Groß A, Knolle F (2011) Zur Hydrogeologie der Grube Einheit nach Flutung der Karst- und Bergbauhohlräume, Landkreis Harz, Sachsen-Anhalt. Mitt Verb dt Höhlen- u Karstforscher 57(3):78–86

Grothe H (1962) Lexikon des Bergbaues. Lueger Lexikon der Technik, Bd 4, 4. Aufl. Deutsche Verlags-Anstalt, Stuttgart, S 727

Grüschow A (1991) Bericht über Laboruntersuchungen zur Senkung der Schwermetallgehalte und der Acidität in Sickerwässern der Grube Straßberg. Kali Südharz AG, Sondershausen, S 5

Gunther P, Mey WS (2008) Selection of mine water treatment technologies for the Emalahleni (Witbank) Water Reclamation Project. WISA Biennal Conference, Sun City, S 1–14

Gusek JJ (2002) Sulfate-reducing bioreactor design and operating issues – is this the passive treatment technology for your mine drainage? Proceedings Annual Conference – National Association of Abandoned Mine Land Programs, Park City, S 1–14 [CD-ROM]

Gusek JJ (2009) A Periodic Table of Passive Treatment for Mining Influenced Water. Tagungsband Revitalizing the Environment: Proven Solutions and Innovative Approaches, Billings:550–562. https://doi.org/10.21000/JASMR09010550

Gusek JJ (2013) A periodic table of passive treatment for mining influenced water – revisited. In: Brown A, Figueroa L, Wolkersdorfer C (Hrsg) Reliable mine water technology. International Mine Water Association, Golden, S 575–580

Gusek JJ, Figueroa LA (2009) Mitigation of metal mining influenced water. Management technologies for metal mining influenced water, Bd 2. SME, Littleton, S 304

Gusek J, Plocus V (2015) Case study – 19 years of acid rock drainage mitigation after a bactericide application. In: Brown A et al (Hrsg) Agreeing on solutions for more sustainable mine water management. Gecamin, Santiago, S 1–11 (Electronic document)

Gusek JJ, Waples JS (2009) A periodic table of passive treatment for mining-influenced water. Tagungsband Proceedings Securing the Future 2009 & 8th ICARD, Skellefteå, 1–10 (Electronic document)

Haber F (1927) Das Gold im Meerwasser. Angew Chem 40(11):303–314. https://doi.org/10.1002/ange.19270401103

Hahn F, Ignacy R, Bussmann G, Jagert F, Bracke R, Seidel T (2018) Reutilization of mine water as a heat storage medium in abandoned mines. Tagungsband IMWA 2018 – Risk to Opportunity, Pretoria, II:1057–1062

Hall J, Glendinning S, Younger PL (2005) Is mine water a source of hazardous gas? Mine water 2005 – mine closure. University of Oviedo, Oviedo, S 141–145

Halliburton Company (1970) New mine sealing techniques for water pollution abatement. Wat Poll Contr Res Ser 14010 DMO:1–163

Hamai T, Okumura M (2010) A result of batch test to select effective co-precipitator of zinc containing mine drainage treatment. In: Wolkersdorfer C, Freund A (Hrsg) Mine Water and Innovative Thinking – International Mine Water Association Symposium. Cape Breton University Press, Sydney, NS, S 127–131

Hamilton QUI, Lamb HM, Hallett C, Proctor JA (1999) Passive treatment systems for the remediation of acid mine drainage Wheal Jane, Cornwall, UK. Water Environ J 13(2):93–103. https://doi.org/10.1111/j.1747-6593.1999.tb01014.x

Hamm V, Collon-Drouaillet P, Fabriol R (2008) Two modelling approaches to water-quality simulation in a flooded iron-ore mine (Saizerais, Lorraine, France): a semi-distributed chemical reactor model and a physically based distributed reactive transport pipe network model. J Contam Hydrol 96(1):97–112. https://doi.org/10.1016/j.jconhyd.2007.10.004

Hammack RW, Hedin RS (1989) Microbial sulfate reduction for the treatment of acid mine drainage: a laboratory study. Proceedings, West Virginia Surface Mine Drainage Task Force Symposium 10 (Elektronisches Dokument). https://doi.org/10.21000/JASMR89010673

Hammack RW, Dvorak DH, Edenborn HM (1994a) Bench-scale test to selectively recover metals from metal mine drainage using biogenic H_2S. Tagungsband International Land Reclamation and Mine Drainage Conference, Pittsburgh, 1:214–222

Hammack RW, Edenborn HM, Dvorak DH (1994b) Treatment of water from an open-pit copper mine using biogenic sulfide and limestone – a feasibility study. Water Res 28(11):2321–2329. https://doi.org/10.1016/0043-1354(94)90047-7

Hampson CJ, Bailey JE (1982) On the structure of some precipitated calcium alumino-sulphate hydrates. J Mater Sci 17(11):3341–3346. https://doi.org/10.1007/BF01203504

Hansen C (1998) Modellierung der hydrogeochemischen Entwicklung saurer Grubenwässer – Flutung der Schwefelkieslagerstätte Einheit bei Elbingerode (Harz). Unveröff. Diplomarbeit TU Clausthal, Clausthal-Zellerfeld, S 137

Harford AJ, Jones DR, Dam RAv (2012) Ecotoxicology of actively treated mine waters. International Mine Water Association Symposium. Edith Cowan University, Bunbury, S 615–622

Harries RC (1985) A field trial of seeded reverse-osmosis for the desalination of a scaling-type mine water. Desalination 56:227–236. https://doi.org/10.1016/0011-9164(85)85027-X

Harrington J (2016) Combining in situ treatment and active water treatment: case study at Schwartzwalder uranium mine. BC/MEND workshop, Vancouver, PowerPoint Presentation

Harrington J, Harrington J, Lancaster E, Gault A, Woloshyn K (2015) Bioreactor and in situ mine pool treatment options for cold climate mine closure at Keno Hill, YT. In: Brown A et al (Hrsg)

Agreeing on solutions for more sustainable mine water management. Gecamin, Santiago, S 1–10 (Electronic document)

Härtel G, Haseneder R, Pukade B, Steinberger P, Rieger A, Riebensahm M (2007) Aufbereitung von Acid Mine Drainage (AMD) mittels Membranverfahren. Wiss Mitt Inst Geol 35:11–18

Hartinger L (2007) Handbuch der Abwasser- und Recyclingtechnik für die metallverarbeitende Industrie, 2. Aufl (Nachdruck). Hanser, München, S 714

Hartley FR (1972) Conventional processes to produce yellow cake. Tagungsband AAEC Symposium on Uranium Processing, Lucas Heights:II-1–II-44. https://inis.iaea.org/search/search.aspx?orig_q=RN:4050498

Hasche A, Wolkersdorfer C (2004) Mine water treatment with a pilot scale RAPS-system. Wiss Mitt Inst Geol 25:93–99

Hasche-Berger A, Wolkersdorfer C (2005) Pilot scale RAPS-system in Gernrode/Harz Mountains. In: Merkel BJ, Hasche-Berger A (Hrsg) Uranium in the environment. Springer, Heidelberg, S 317–328. https://doi.org/10.1007/3-540-28367-6_32

Hasche-Berger A, Wolkersdorfer C, Simon J (2006) Laborexperimente als Grundlage für ein RAPS-System (Reducing and Alkalinity Producing System). Wiss Mitt Inst Geol 31:37–45

Hatch (2014) Study to identify BATEA for the management and control of effluent quality from mines. MEND Report, MEND 3.50.1. The Mine Environment Neutral Drainage [MEND] Program, Ottawa, S 527

Hause DR, Willison LR (1986) Deep mine abandonment sealing and underground treatment to prelude acid mine drainage. Proceedings, West Virginia Surface Mine Drainage Task Force Symposium 7(Paper 14):14

Häyrynen K, Pongrácz E, Väisänen V, Pap N, Mänttäri M, Langwaldt J, Keiski RL (2009) Concentration of ammonium and nitrate from mine water by reverse osmosis and nanofiltration. Desalination 240(1–3):280–289. https://doi.org/10.1016/j.desal.2008.02.027

Hebley HF (1953) Stream pollution by coal mine wastes. Min Eng 5:404–412

Hedin RS (1998) Recovery of a marketable iron product from coal mine drainage. Proceedings, West Virginia Surface Mine Drainage Task Force Symposium 19 (Elektronisches Dokument)

Hedin RS (2002) Recovery of marketable iron oxide from mine drainage. Proceedings, West Virginia Surface Mine Drainage Task Force Symposium 23:1–6

Hedin RS (2003) Recovery of marketable iron oxide from mine drainage in the USA. Land Contam Reclam 11(2):93–97. https://doi.org/10.2462/09670513.802

Hedin RS (2016) Long-term minimization of mine water treatment costs through passive treatment and production of a saleable iron oxide sludge. In: Drebenstedt C, Paul M (Hrsg) IMWA 2016 – mining meets water – conflicts and solutions. TU Bergakademie Freiberg, Freiberg, S 1267–1273

Hedin RS, Hyman DM, Hammack RW (1988) Implications of sulfate-reduction and pyrite formation processes for water quality in a constructed Wetland: preliminary observations. Bur Mines Inf Circ IC-9183:382–388. https://doi.org/10.21000/JASMR88010382

Hedin RS, Nairn RW, Kleinmann RLP (1994a) Passive treatment of coal mine drainage. Bur Mines Inf Circ IC-9389:1–35

Hedin RS, Watzlaf GR, Nairn RW (1994b) Passive treatment of acid-mine drainage with limestone. J Environ Qual 23(6):1338–1345. https://doi.org/10.2134/jeq1994.00472425002300060030x

Hedrich S, Lünsdorf H, Kleeberg R, Heide G, Seifert J, Schlömann M (2011) Schwertmannite formation adjacent to bacterial cells in a mine water treatment plant and in pure cultures of *Ferrovum myxofaciens*. Environ Sci Technol 45(18):7685–7692. https://doi.org/10.1021/es201564g

Heinrich B, Guderitz I, Neumann V, Pokrandt K-H, Benthaus F-C, Ulrich K-U (2011) In-lake neutralisation and post-rehabilitation treatment of a lignite mining pit lake – lessons learned. Mine Water – Managing the Challenges – 11th International Mine Water Association Congress. RWTH Aachen University, Aachen, S 343–347

Heinze G, Märten H, Schreyer J, Seeliger D, Sommer K, Vogel D (2002) Flood water treatment by improved HDS technology. In: Merkel BJ, Planer-Friedrich B, Wolkersdorfer C (Hrsg) Uranium in the aquatic environment. Springer, Heidelberg, S 793–801. https://doi.org/10.1007/978-3-642-55668-5_92

Heinzel E, Hedrich S, Janneck E, Glombitza F, Seifert J, Schlömann M (2009) Bacterial diversity in a mine water treatment plant. Appl Environ Microbiol 75(3):858–861. https://doi.org/10.1128/AEM.01045-08

Heitfeld M, Denneborg M, Rosner P, Müller F, Lieser U (2012) Signifikante Belastungsquellen des Erzbergbaus und mögliche Maßnahmen im Rahmen der Bewirtschaftungsplanung NRW. ARGE Erzbergbau, Aachen, S 164

Hellier WW (1998) Abatement of acid mine drainage by capping a reclamed surface mine with fluidized combustion ash. Mine Water Environ 17(1):28–40. https://doi.org/10.1007/BF02687242

Helms W (1995) Sauerwasser im Erzbergbau – Entstehung, Vermeidung und Behandlung. Bergbau 46(2):65–71

Hem JD (1985) Study and interpretation of the chemical characteristics of natural water. US Geol Surv Water Suppl Pap 2254:1–263. https://doi.org/10.3133/wsp2254

Hemm M, Schlundt A, Kapfer M, Nixdorf B (2002) Beispiele für Neutralisierungsversuche am Steinberger See (Bayern) und Zieselsmaar (Nordrhein-Westfalen) – aus der UBA-Studie „Tagebauseen in Deutschland". Gewässerreport 7:37–42

Henrikson L, Brodin Y-W (1995) Liming of acidified surface waters – a Swedish synthesis. Springer, Berlin, S 458. https://doi.org/10.1007/978-3-642-79309-7

Herbert H-J, Sander W (1989) Verfahren zur verfälschungsfreien Messung und Probennahme von hochkonzentrierten Salzlösungen im Untertagebereich. Kali und Steinsalz 10(4/5):137–141

Herschy RW (1995) Streamflow measurement, 3. Aufl. Taylor & Francis, Oxon, S 507. https://doi.org/10.1007/1-4020-4497-6_214

Hessisches Ministerium für Wissenschaft und Kunst (2011) Water features and Hercules within the Bergpark Wilhelmshöhe – Nomination for Inscription on the UNESCO World Heritage List – Nomination dossier. Hessisches Ministerium für Wissenschaft und Kunst, Kassel, S 291

Hettersdorf F (1908) Über Selbstreinigung der Flüsse. Dtsch Vierteljahrsschr öffentl Gesundh-Pfl 40(4/1):615–636

Heviánková S, Bestová I (2007) Removal of manganese from acid mine water. J Min Metal 43 A:43–52

Hicks WS, Bowmann GM, Fitzpatrick RW (1999) East trinity acid sulfate soils – part 1: environmental hazards. Technical Report – CSIRO Land and Water 14/99:77

Hill RD (1968) Mine drainage treatment – state of the art and research needs, Report № BCR 68-150. Federal Water Pollution Control Administration, Cincinnati, S 99

Hilton T (1993) Technical information for fighting acid mine drainage. Proceedings, West Virginia Surface Mine Drainage Task Force Symposium 14 (Elektronisches Dokument)

Hilton T, Adair J, Caruccio FT, Geidel G, Greskovich J, Faulkner B, Hajek J, Hall R, Keaveny G, Lilly R, O'Dell A, Tuckwiller E (1989) The magic of water treatment. Proceedings, West Virginia Surface Mine Drainage Task Force Symposium 10 (Elektronisches Dokument)

Himsley A, Bennett JA (1985) Removal of toxic elements in mine effluents by CCIX. Proceedings, 2nd International Mine Water Association Congress 2:661–671

Hobba WA Jr (1987) Underground coal mines as sources of water for public supply in Northern Upshur County, West Virginia. Water-Res Invest Rep 84-4115:1–38. https://doi.org/10.3133/wri844115

Hobiger G, Klein P, Denk J, Grösel K, Heger H, Klein P, Kohaut S, Kollmann WFH, Lampl H, Lipiarsky P, Pirkl H, Schedl A, Schubert G, Shadlau S, Winter P (2004) GEOHINT – Geogene Hintergrundgehalte oberflächennaher Grundwasserkörper, Report № Zl. 70.215/08-VII 1/03. Geologische Bundesanstalt, Wien, S 97

Hofmann KA (2013) Anorganische Chemie, 21. Aufl. Vieweg + Teubner, Wiesbaden, S 865

Höglund LO, Herbert R, Lövgren L, Öhlander B, Neretnieks I, Moreno L, Malmström ME, Elander P, Lindvall M, Lindström B (2004) MiMi – performance assessment main report. MiMi Print, Luleå, S 345

Holgate R (1991) Prehistoric Flint Mines. Shire archaeology, Bd 67. Shire, Princes Risborough, S 56

Hölting B, Coldewey WG (2013) Hydrogeologie – Einführung in die Allgemeine und Angewandte Hydrogeologie, 8. Aufl. Springer, Berlin, S 326. https://doi.org/10.1007/978-3-8274-2354-2

Holtzhausen L (2006a) From trapped to tap – mine water becomes a commodity. The Water Wheel 5(3):12–15

Holtzhausen L (2006b) World first – full scale biosure plant commissioned. The Water Wheel 5(3):19–21

Hoppe A (1996) Ein Boden ist ein Boden ist kein Boden – Plädoyer für eine einfache und einheitliche Begriffsbestimmung. Nachr Dt Geol Ges 1996:70–78

Horenburg D (2008) Fischsterben im Uhlenbach hat juristische Folgen. Mitteldtsch Ztg, 8. Aug. 2008

Horova AI, Kolesnyk VY, Kulikova DV (2011) Udoskonalennya Sporud Mekhanichnoi Ochystky Shakhtnykh Vod [Mine Water Mechanical Treatment Facilities Improvement]. Naukovyj visnyk Nacional'noho Hirnycoho Universytetu [Sci Bull Nat Min Univ] 5:107–113

Hubert E, Wolkersdorfer C (2015) Establishing a conversion factor between electrical conductivity and total dissolved solids in South African mine waters. Water SA 41(4):490–500. https://doi.org/10.4314/wsa.v41i4.08

Huisamen A (2017) Quantification methods and management of hydrogeochemistry in decommissioned collieries of the Mpumalanga Coalfields. Unveröff. PhD Thesis, University of Pretoria, S 191

Hung BQ (2017) VOxFlotation – future solution for water treatment. Helsinki Metropolia University of Applied Sciences, S 50

Hunger B, Weidemüller D, Westermann S, Stevens JM (2005) Transforming landscapes – recommendations based on three industrially disturbed landscapes in Europe. International Building Exhibition (IBA) Fürst Pückler Land, Großräschen, S 152

Hutton B, Kahan I, Naidu T, Gunther P (2009) Operating and maintenance experience at the Emalahleni Water Reclamation Plant. In: Water Institute of Southern Africa, International Mine Water Association (Hrsg) Proceedings, International Mine Water Conference. Document Transformation Technologies, Pretoria, S 415–430

Hwang J-Y, Sun X (2012) Removal of ions from water with electrosorption technology. Water in mineral processing. SME, Littleton, S 87–95

Hydrometrics Inc. (2001) A new process for sulfate removal from industrial waters. In: Water Online. http://www.wateronline.com/doc/a-new-process-for-sulfate-removal-from-indust-0001. Zugegriffen: 24. Febr. 2013

I. B. A. Internationale Bauausstellung Fürst-Pückler-Land (2010) New landscape Lusatia. jovis, Berlin, S 304

Iakovleva E, Sillanpää M (2013) The use of low-cost adsorbents for wastewater purification in mining industries. Environ Sci Pollut Res 20(11):7878–7899. https://doi.org/10.1007/s11356-013-1546-8

IARC Working Group on the Evaluation of Carcinogenic Risks to Humans (2016) Polychlorinated biphenyls and polybrominated biphenyls. IARC Monographs 107:1–502

Ibanez JG, Hemandez-Esparza M, Doria-Serrano C, Fregoso-Infante A, Singh MM (2007) Environmental chemistry – fundamentals. Springer, Heidelberg, S 334

International Union of Pure and Applied Chemistry (2014) Compendium of chemical terminology – gold book, version 2.3.3 Aufl. International Union of Pure and Applied Chemistry, S 1622. https://doi.org/10.1351/goldbook

Isaacson W (2011) Steve jobs. Little Brown, London, S 630

Islam MS, Kashem MA, Osman KT (2016) Phytoextraction efficiency of lead by arum (*Colocasia esculenta* L.) grown in soil. Int J Soil Sci 11(4):130–136. https://doi.org/10.3923/ijss.2016.130.136

Jackson CB, Hach C (2004) Report on the validation of proposed EPA method 360.3 (Luminescence) for the measurement of dissolved oxygen in water and wastewater. Hach Company, Loveland, S 42

Jacobs P, Pulles W (2007) Best practice guideline H4: water treatment. Department of Water Affairs and Forestry, Pretoria, S 77

Jäger B, Obermann P, Wilke FL, Heidrich F, Rüterkamp P, Skrzyppek J (1990) Studie zur Eignung von Steinkohlebergwerken im rechtsrheinischen Ruhrkohlebezirk zur Untertageverbringung von Abfall- und Reststoffen. LWA Studie, Düsseldorf, S 628

Jäger B, Obermann P, Wilke FL (1991) Studie zur Eignung von Steinkohlebergwerken im rechtsrheinischen Ruhrkohlebezirk zur Untertageverbringung von Abfall- und Reststoffen – Kurzfassung. LWA Materialien 2(91):1–73

Jambor JL, Blowes DW, Ritchie AIM (2003) Environmental aspects of mine wastes. Short Course Series, Bd 31. Mineralogical Association of Canada, Waterloo, Ontario, S 430. https://doi.org/10.1144/1467-7873/03-029

Jang A, Lee J-H, Bhadri PR, Kumar SA, Timmons W, Beyette jr FR, Papautsky I, Bishop PL (2005) Miniaturized redox potential probe for in situ environmental monitoring. Environ Sci Technol 39(16):6191–6197. https://doi.org/10.1021/es050377a

Janneck E, Krüger HG (1999) Sanierung von Bergbauwässern aus Altablagerungen des Schieferbergbaus – Pilotanlage für die Behandlung saurer Bergbauwässer. Unveröff. Ergebnisbericht G.E.O.S. Freiberg, Freiberg, S 75

Janneck E, Glombitza F, Terno D, Wolf M, Patzig A, Fischer H, Rätzel G, Herbach K-D (2007a) Umweltfreundliche biotechnologische Gewinnung von Eisenhydroxisulfaten aus der Bergbauwasserbehandlung und deren Verwertung als Roh- und Grundstoff in der keramischen, Baustoffe produzierenden sowie Farben und Pigmente herstellenden Industrie zur Kosten-, Rohstoff- und Ressourceneinsparung, Teilprojekt 1: Koordination sowie Anlagenbetrieb und Produktherstellung, Report № 01 RI05013. G.E.O.S. Freiberg Ingenieurgesellschaft mbH, Freiberg, S 114

Janneck E, Schröder A, Schlee K, Glombitza F, Rolland W (2007b) Senkung des Kalkverbrauches bei der Grubenwasserreinigung durch physikalische Entfernung der ungebundenen Kohlensäure. Wiss Mitt Inst Geol 35:27–34

Janneck E, Arnold I, Koch T, Meyer J, Burghardt D, Ehinger S (2010) Microbial synthesis of schwertmannite from lignite mine water and its utilization for removal of arsenic from mine waters and for production of iron pigments. In: Wolkersdorfer C, Freund A (Hrsg) Mine Water and Innovative Thinking – International Mine Water Association Symposium. Cape Breton University Press, Sydney, NS, S 131–135. https://doi.org/10.13140/2.1.4353.9201

Janneck E, Burghardt D, Martin M, Damian C, Schöne G, Meyer J, Peiffer S (2011) From waste to valuable substance: utilization of schwertmannite and lignite filter ash for removal of arsenic and uranium from mine drainage. Mine Water – Managing the Challenges – 11th International Mine Water Association Congress. RWTH Aachen University, Aachen, S 359–364

Jarvis AP (2006) The role of dissolved carbon dioxide in governing deep coal mine water quality and determining treatment process selection. ICARD 2006, 7. Proceedings 7th International Conference on Acid Rock Drainage (ICARD), St. Louis, S 833–843 [CD-ROM]. https://doi.org/10.21000/JASMR06020833

Jarvis AP, Younger PL (1999) Design, construction and performance of a full-scale compost wetland for mine-spoil drainage treatment at quaking houses. Water Environ Manage 13(5):313–318. https://doi.org/10.1111/j.1747-6593.1999.tb01054.x

Jarvis A, Fox A, Gozzard E, Hill S, Mayes W, Potter H (2007) Prospects for effective national management of abandoned metal mine water pollution in the UK. Water in Mining Environments. Mako Edizioni, Cagliari, S 77–81

Jarvis AP, Alakangas L, Azzie B, Lindahl L, Loredo J, Madai F, Walder IF, Wolkersdorfer C (2012) Developments and challenges in the management of mining wastes and waters in Europe. Proceedings 9th International Conference on Acid Rock Drainage (ICARD), Ottawa, 1–12 [USB flash drive]

Jenk U, Zimmermann U, Ziegenbalg G (2005) The use of $BaSO_4$ supersaturated solutions for in-situ immobilization of heavy metals in the abandoned Wismut GmbH uranium mine at Königstein. In: Merkel BJ, Hasche-Berger A (Hrsg) Uranium in the environment. Springer, Heidelberg, S 721–727. https://doi.org/10.1007/3-540-28367-6_73

Jenk U, Frenzel M, Metschies T, Paul M (2014a) Flooding of the underground uranium leach operation at Königstein (Germany) – a multidisciplinary report. In: Sui W, Sun Y, Wang C (Hrsg) An interdisciplinary response to mine water challenges. International Mine Water Association, Xuzhou, S 715–719

Jenk U, Zimmermann U, Uhlig U, Schöpke R, Paul M (2014b) In Situ mine water treatment: field experiment at the flooded Königstein Uranium Mine (Germany). Mine Water Environ 33(1):39–47. https://doi.org/10.1007/s10230-013-0241-9

Jenke DR, Diebold FE (1984) Electroprecipitation treatment of acid mine wastewater. Water Res 18(7):855–859. https://doi.org/10.1016/0043-1354(84)90269-0

Jenkins M, Skousen JG (1993) Acid mine drainage treatment with the aquafix system. Proceedings, West Virginia Surface Mine Drainage Task Force Symposium 14 (Elektronisches Dokument)

Jensen WB (2004) The symbol for pH. J Chem Educ 81(1):21. https://doi.org/10.1021/ed081p21

Jeuken B, Märten H, Phillips R (2008) Uranium ISL operation and water management under the arid climate conditions at Beverley, Australia. Proceedings, 10th International Mine Water Association Congress, 487–490

Jobst W, Rentzsch W, Schubert W, Trachbrod K (1994) Bergwerke im Freiberger Land, 2. Aufl. Medienzentrum der TU Bergakademie Freiberg, Freiberg, S 227

Johnson DB, Hallberg KB (2002) Pitfalls of passive mine water treatment. Rev Environ Sci Biotechnol 1:335–343. https://doi.org/10.1023/A:1023219300286

Johnson DB, Hallberg KB (2005) Acid mine drainage remediation options – a review. Sci Total Environ 338:3–14. https://doi.org/10.1016/j.scitotenv.2004.09.002

Johnson RH, Tutu H (2016) Predictive reactive transport modeling at a proposed uranium in situ recovery site with a general data collection guide. Mine Water Environ 35(3):369–380. https://doi.org/10.1007/s10230-015-0376-y

Johnston D (2004) A metal mines strategy for Wales. In: Jarvis AP, Dudgeon BA, Younger PL (Hrsg) Mine water 2004 – Proceedings International Mine Water Association Symposium. 1. University of Newcastle, Newcastle upon Tyne, S 17–23

Jones JB, Ruggeri S (1969) Abatement of pollution from abandoned coal mines by means of in-situ precipitation techniques. Am Chem Soc, Div Fuel Chem, Prepr 13(2):116–119

Jovanovic NZ, Annandale JG, Claassens AS, Lorentz SA, Tanner PD (2001) Modeling irrigation with gypsiferous mine water – a case study in Botswana. Mine Water Environ 20(2):65–72. https://doi.org/10.1007/s10230-001-8084-1

Juby GJG (1992) Membrane desalination of service water from gold mines. J S Afr Inst Min Metall 92(3):65–69

Juby GJG, Pulles W (1990) Evaluation of electrodialysis reversal for the desalination of brackish mine service water, Report № 0 947447 94 6. Water Research Commission, Pretoria, S 54

Juby GJG, Schutte CF (2000) Membrane life in a seeded-slurry reverse osmosis system. Water SA 26(2):239–248

Juby GJG, Schutte CF, van Leeuwen J (1996) Desalination of calcium sulphate scaling mine water: design and operation of the SPARRO process. Water SA 22(2):161–172

Kabongo JD (2013) Waste valorization. In: Idowu SO, Capaldi N, Zu L, Gupta AD (Hrsg) Encyclopedia of corporate social responsibility. Springer, Berlin, S 2701–2706. https://doi.org/10.1007/978-3-642-28036-8_680

Kaksonen AH, Puhakka JA (2007) Sulfate reduction based bioprocesses for the treatment of acid mine drainage and the recovery of metals. Eng Life Sci 7(6):541–546. https://doi.org/10.1002/elsc.200720216

Kaksonen AH, Şahinkaya E (2012) Review of sulfate reduction based bioprocesses for acid mine drainage treatment and metals recovery. In: McCullough CD, Lund MA, Wyse L (Hrsg) International Mine Water Association Symposium. Edith Cowan University, Bunbury, S 207–214

Kalayev VA, Kamentsev AV, Kozlov VM (2006) Способ очистки шахтных водот вредных примесей [Sposob ochistki shakhtnykh vod ot vrednykh primesey – Methoden um Grubenwasser von Verunreinigungen zu befreien]. Ugol [Kohle](Dezember):57–59

Kalin M (1993) The application of ecological engineering to Selminco Summit. Boojum Research Limited, Sydney, S 68

Kalin M (2004a) Passive mine water treatment: the correct approach? Ecol Eng 22:299–304. https://doi.org/10.1016/j.ecoleng.2004.06.008

Kalin M (2004b) Slow progress in controlling acid mine drainage (AMD): a perspective and a new approach. Peckiana 3:101–112

Kalin M, Caetano Chaves WL (2003) Acid reduction using microbiology – treating AMD effluent emerging from an abandoned mine portal. Hydrometallurgy 71(1):217–225. https://doi.org/10.1016/S0304-386X(03)00159-2

Kalin M, Fyson A, Smith MP (1993) ARUM – Acid Reduction Using Microbiology. Tagungsband Fossil Energy Materials Bioremediation, Microbial Physiology, Jackson Hole, II:319–328

Kalin M, Smith MP (1991) Biological amelioration of acidic seepage streams. Kamloops, S 351–362

Kalka H (2018) aquaC – aquatische Chemie. UIT Report, Dresden, S 93

Karadeniz M (2005) Asit Maden (Kaya) Drenajinda Aktif ve Pasif Çözüm Yöntemler [Aktive und passive Lösungsmethoden für saueres Grubenwasser]. Proceedings, Madencilik ve Çevre Sempozyumu, 91–97

Karakatsanis K, Cogho V (2010) Drinking water from mine water using the Hipro® Process – optimum coal mine water reclamation plant. In: Wolkersdorfer C, Freund A (Hrsg) Mine Water and Innovative Thinking – International Mine Water Association Symposium. Cape Breton University Press, Sydney, NS, S 135–139

Karickhoff S, Brown D, Scott T (1979) Sorption of hydrophobic pollutants on natural sediments. Water Research 13(3):241–248. https://doi.org/10.1016/0043-1354(79)90201-x

Kassahun A, Laubrich J, Paul M (2016) Feasibility study on seepage water treatment at a uranium TMF site by ion exchange and ferric hydroxide adsorption. In: Drebenstedt C, Paul M (Hrsg)

IMWA 2016 – mining meets water – conflicts and solutions. TU Bergakademie Freiberg, Freiberg, S 858

Kauppila P, Räisänen ML, Myllyoja S (2013) Best environmental practices in metal mining operations [Metallimalmikaivostoiminnan parhaat ympäristökäytännöt]. Suomen ympäristö, 29en/2011. Finlands miljöcentral [Finnish Environment Institute], Helsinki, S 219

Kegel K (1950) Bergmännische Wasserwirtschaft einschließlich Grundwasserkunde, Wasserversorgung und Abwasserbeseitigung. Berg- und Aufbereitungstechnik, Band III Geologische und technologische Grundlagen des Bergbaues, III, 3. Aufl. Knapp, Halle, S 374

Kelly DP, Wood AP (2000) Reclassification of some species of *Thiobacillus* to the newly designated genera *Acidithiobacillus* gen. nov., *Halothiobacillus* gen. nov. and *Thermithiobacillus* gen. nov. Int J Syst Evol Microbiol 50:511–516. https://doi.org/10.1099/00207713-50-2-511

Kemmer H-G (1985) Knappen aus dem Labor – Mikroben gewinnen Metalle und entschwefeln Kohle. Die Zeit, 24 (7. Juni 1985), S 20

Kepler DA, McCleary EC (1994) Successive Alkalinity-Producing Systems (SAPS) for the treatment of acid mine drainage. Tagungsband International Land Reclamation and Mine Drainage Conference, Pittsburgh, 1:195–204

Kepler DA, McCleary EC (1995) Successive Alkalinity-producing Systems (SAPS). Proceedings, West Virginia Surface Mine Drainage Task Force Symposium 16 (Elektronisches Dokument)

Kepler DA, McCleary EC (1997) Passive aluminum treatment successes. Proceedings, West Virginia Surface Mine Drainage Task Force Symposium 18 (Elektronisches Dokument)

Kester DR, Byrne RH, Liang Y-J (1975) Redox reactions and solution complexes of iron in marine systems. ACS Symp Ser 18:56–79. https://doi.org/10.1021/bk-1975-0018.ch003

Kickuth R (1977) Degradation and incorporation of nutrients from rural wastewaters by plant hydrosphere under limnic conditions. In: Voorburg JH (Hrsg) Utilization of manure land spreading. EUR 5672e. Europäische Gemeinschaften, Luxemburg, S 335–343

Kimball BA, Runkel RL, Walton-Day K, Bencala KE (2002) Assessment of metal loads in watersheds affected by acid mine drainage by using tracer injection and synoptic sampling: Cement Creek, Colorado, USA. Appl Geochem 17(9):1183–1207. https://doi.org/10.1016/S0883-2927(02)00017-3

King DJ, Simmler JJ, Decker CS, Ogg CW (1974) Acid strip mine lake recovery. J Water Pollut Control Fed 42(10):2301–2316

Kirby CS, Cravotta CA III (2005a) Net alkalinity and net acidity 1: theoretical consideration. Appl Geochem 20(10):1920–1940. https://doi.org/10.1016/j.apgeochem.2005.07.002

Kirby CS, Cravotta CA III (2005b) Net alkalinity and net acidity 2: practical considerations. Appl Geochem 20(10):1941–1961. https://doi.org/10.1016/j.apgeochem.2005.07.003

Kirby CS, Decker SM, Macander NK (1999) Comparison of color, chemical and mineralogical compositions of mine drainage sediments to pigment. Environ Geol Water Sci 37(3):243–254. https://doi.org/10.1007/s002540050382

Kirby CS, Dennis A, Kahler A (2009) Aeration to degas CO_2, increase pH, and increase iron oxidation rates for efficient treatment of net alkaline mine drainage. Appl Geochem 24:1175–1184. https://doi.org/10.1016/j.apgeochem.2009.02.028

Kleinmann RLP (1990a) Acid mine water treatment using engineered Wetlands. Int J Mine Water 9(1–4):269–276. https://doi.org/10.1007/BF02503697

Kleinmann RLP (1990b) At-source control of acid mine drainage. Int J Mine Water 9(1–4):85–96. https://doi.org/10.1007/BF02503685

Kleinmann RLP, Erickson PM (1982) Control of acid mine drainage using anionic surfactants. Proceedings, 1st International Mine Water Congress, Budapest, Hungary C, 51–64

Klimant I, Meyer V, Kohls M (1995) Fibre optic oxygen microsensors, a new tool in aquatic biology. Limnol Oceanogr 40(6):1159–1165. https://doi.org/10.4319/lo.1995.40.6.1159

Klímková Š, Cerník M (2008) Application of zero-valent nanoparticles for acid mine water remediation. Proceedings, 10th International Mine Water Association Congress, 281–284

Klímková Š, Cerník M, Lacinova L, Filip J, Jancik D, Zboril R (2011) Zero-valent iron nanoparticles in treatment of acid mine water from in situ uranium leaching. Chemosphere 82(8):1178–1184. https://doi.org/10.1016/j.chemosphere.2010.11.075

Klinger C, Hansen C, Rüterkamp P, Heinrich H (2000) In situ tests for interactions between acid mine water and ferrihydrite sludge in the pyrite mine „Elbingerode“ (Harz Mts.; Germany). Proceedings, 7th International Mine Water Association Congress, 137–145

Klinger C, Jenk U, Schreyer J (2002) Processes in passive mine water remediation with zero-valent iron and lignite as reactive materials. In: Merkel BJ, Planer-Friedrich B, Wolkersdorfer C (Hrsg) Uranium in the aquatic environment. Springer, Heidelberg, S 569–576. https://doi.org/10.1007/978-3-642-55668-5_67

Knops F, de la Mata MG, Mendoza Fajardo C, Kahne E (2012) Seawater desalination of the Chilean coast for water supply to the mining industry. International Mine Water Association Symposium. Edith Cowan University, Bunbury, S 697–704

Koch C (2010) Einsatz von alkalischen Materialien und CO_2 zur Neutralisierung bergbaubedingt versauerter oberirdischer Gewässer und nachfolgender CO_2-Mineralisierung. Proceedings des Dresdner Grundwasserforschungszentrums eV 40:1–186

Koch C, Graupner B, Werner F (2008) Pit Lake treatment using fly ash deposits and carbon dioxid. Proceedings, 10th International Mine Water Association Congress, 579–582

Koch C, Mazur K (2016) A new pit lake treatment technology using calcium oxide and carbon dioxide to increase alkalinity. In: Drebenstedt C, Paul M (Hrsg) IMWA 2016 – mining meets water – conflicts and solutions. TU Bergakademie Freiberg, Freiberg, S 284–291

König J (1899) Die Verunreinigung der Gewässer, deren schädliche Folgen sowie die Reinigung von Trink- und Schmutzwasser, 2. Aufl. Springer, Berlin, S 514. https://doi.org/10.1007/978-3-642-91824-7

Koren JPF, Syversen U (1995) State-of-the-art electroflocculation. Filtr Sep 32(2):146, 153–156. https://doi.org/10.1016/S0015-1882(97)84039-6

Koros WJ, Ma YH, Shimidzu T (1996) Terminology for membranes and membrane processes (IUPAC Recommendations 1996). Pure Appl Chem 68(7):1479–1489. https://doi.org/10.1351/pac199668071479

Körtl K (2012) Neuer Ablauf für den Steinberger See. Mittelbayerische Zeitung, 19. Jan. 2012, S 34

Koschorreck M, Wendt-Potthoff K, Bozau E, Herzsprung P, Geller W (2006) In situ Neutralisation von sauren Bergbaurestseen – Prozesse im Sediment und begrenzende Faktoren. Wiss Mitt Inst Geol 31:55–60

Kostenbader PD, Haines GF (1970) High-density sludge treats acid mine water. Coal Age 75(September):90–97

Kranz K, Dillenardt J (2010) Mine water utilization for geothermal purposes in Freiberg, Germany: determination of hydrogeological and thermophysical rock parameters. Mine Water Environ 29(1):68–76. https://doi.org/10.1007/s10230-009-0094-4

Kuipers J, Maest A (2006) Comparison of predicted and actual water quality at hardrock mines – the reliability of predictions in environmental impact statements. Earthworks, Washington, S 195

Kuit WJ (1980) Mine and tailings effluent treatment at Kimberley, B.C. operations of Cominco Ltd. CIM Bull 73:105–112

Kuyucak N, Lindvall M, Rufo Serrano JA, Oliva AF (1999) Implementation of a High Density Sludge “HDS” treatment process at the Boliden Apirsa Mine Site. In: Fernández Rubio R

(Hrsg) Mine, water & environment. II. International Mine Water Association, Sevilla, S 473–479

Kuyucak N, Payant S, Sheremata T (1995) Improved lime neutralization process. Tagungsband Sudbury '95 – mining and the environment. Sudbury 1:129–137

Kwong YTJ, Nordstrom DK (1989) Copper-arsenic mobilization and attenuation in an acid mine drainage environment. Proceedings, International Symposium on Water-Rock Interaction 6, 397–399

Kwong YTJ, Van Stempvoort DR (1994) Attenuation of acid rock drainage in a Natural Wetland System. Environmental geochemistry of sulfide oxidation, Bd 550. American Chemical Society, New York, S 382–392. https://doi.org/10.1021/bk-1994-0550.ch025

Ladwig KJ, Erickson PM, Kleinmann RLP, Posluszny ET (1984) Stratification in water quality in inundated anthracite mines, Eastern Pennsylvania. Bur Mines Rep Invest 8837:35

Landesamt für Natur Umwelt und Verbraucherschutz NRW, Rahm H, Obschernicat K, Dittmar M, Rosenbaum-Mertens J, Selent K (2018) Belastungen von Oberflächengewässern und von aktiven Grubenwassereinleitungen mit bergbaubürtigen PCB (und PCB-Ersatzstoffen) – Ergebnisse des LANUV-Sondermessprogramms. Landesamt für Natur, Umwelt und Verbraucherschutz NRW, Recklinghausen, S 109

Landesanstalt für Umweltschutz Baden-Württemberg (2002) Durchflussermittlung mit der Salzverdünnungsmethode. Arbeitsanleitung Pegel- und Datendienst Baden-Württemberg. Landesanstalt für Umweltschutz Baden-Württemberg, Karlsruhe, S 66

Lane A (2016) Development and validation of an acid mine drainage treatment process for source water. Battelle Memorial Institute, Columbus

Lang B (1999) Permanent sealing of tunnels to retain tailings or acid rock drainage. In: Fernández Rubio R (Hrsg) Mine, water & environment. II. International Mine Water Association, Sevilla, S 647–655

Langguth HR, Voigt R (2004) Hydrogeologische Methoden, 2. Aufl. Springer, Berlin, S 1005

Langmuir D, Chrostowski P, Vigneault B, Chaney R (2005) Issue paper on the environmental chemistry of metals, 2. korr Aufl. ERG – US EPA, Lexington, S 106

Lata S, Singh PK, Samadder SR (2015) Regeneration of adsorbents and recovery of heavy metals: a review. Int J Environ Sci Technol 12(4):1461–1478. https://doi.org/10.1007/s13762-014-0714-9

Lausitzer und Mitteldeutsche Bergbau-Verwaltungsgesellschaft mbH (2019) Merkblatt – Montanhydrologisches Monitoring in der LMBV mbH. Lausitzer und Mitteldeutsche Bergbau-Verwaltungsgesellschaft mbH, Senftenberg, S 35

Lawson DC, Sonderegger JL (1978) Geothermal data-base study – Mine-water temperatures. Special Publication – State of Montana Bureau of Mines and Geology 79(RLO-2426-T2-3):1–38. https://doi.org/10.2172/6031879

Leavitt BR (2011) Aeration of mine water using a TROMPE. Proceedings, West Virginia Surface Mine Drainage Task Force Symposium 32:1–11 (Elektronisches Dokument)

Leavitt BR, Danehy T, Page B (2012) Passive mixing to improve calcium oxide dissolution. Proceedings, West Virginia Surface Mine Drainage Task Force Symposium 33:1–15 (Elektronisches Dokument)

Leavitt BR, Danehy T, Mahony R, Page B, Neely C, Denholm C, Busler S, Dunn MH (2013) Trompe technology for mine drainage treatment. Reclam Matters 2013(Fall):31–33

Leblanc M, Morales JA, Borrego J, Elbaz-Poulichet F (2000) 4,500-year-old mining pollution in Southwest Spain: long-term implications from modern mining pollution. Econ Geol 95:655–662. https://doi.org/10.2113/gsecongeo.95.3.655

Leitch RD (1935) Sealing of coal mines – will reduce acidity of their effluent waters. Coal Age 40:323–326

Lengke M, Davis A, Bucknam C (2010) Improving management of potentially acid generating waste rock. Mine Water Environ 29(1):29–44. https://doi.org/10.1007/s10230-009-0097-1

Leupolt G, Hocker M (1999) Befahrerhandbuch – Streitschrift zu Arbeitsweisen der praktischen bergbauhistorischen Forschung. Eigenverlag, Dresden, S 264

Lewis GP, Coughlin LL, Jusko WJ, Hartz S (1972) Contribution of cigarette smoking to cadmium accumulation in man. The Lancet 299(7745):291–292. https://doi.org/10.1016/S0140-6736(72)90294-2

Lewis NM, Wangerud KW, Park BT, Fundingsland SD, Jonas JP (2003) Status of in situ treatment of Anchor Hill pit lake, Gilt Edge Mine Superfund site, South Dakota, USA. Australian Inst of Mining and Metallurgy Publ. Series, 3. Proceedings 6th International Conference on Acid Rock Drainage (ICARD), Carlton, S 779–788

Li N, Wania F, Lei YD, Daly GL (2003a) A comprehensive and critical compilation, evaluation, and selection of physical-chemical property data for selected polychlorinated biphenyls. J Phys Chem Ref Data 32(4):1545–1590. https://doi.org/10.1063/1.1562632

Li T, Patel RU, Ramsden DK, Greene J (2003b) Ground water recovery and treatment. In: Moyer EE, Kostecki PT (Hrsg) MTBE remediation handbook. Springer, New York, S 289–327. https://doi.org/10.1007/978-1-4615-0021-6

Lieber D (2003) Säure- und Basekapazität – Vergleich unterschiedlicher vor-Ort-Bestimmungsmethoden bei unterschiedlichen Bergwerkswässern und Bearbeitern. Unveröff. Studienarbeit, Freiberg, 33 S

Ließmann W (2010) Historischer Bergbau im Harz, 3. Aufl. Springer, Heidelberg, S 470. https://doi.org/10.1007/978-3-540-31328-1

Lilley T (2012) Membrane based water and wastewater treatment solutions. International Mine Water Association Symposium. Edith Cowan University, Bunbury, S 631–636

Linke S, Schiffer L (2002) Development prospects for the post-mining landscape in Central Germany. Remediation of abandoned surface coal mining sites. Springer, Berlin, S 111–149. https://doi.org/10.1007/978-3-662-04734-7_5

Lipták BG (2003) Process measurement and analysis. Instrument Engineers' Handbook, I, 4. Aufl. CRC, Boca Raton, S 1828

Liu H, Zhao X, Qu J (2010) Electrocoagulation in water treatment. In: Comninellis C, Chen G (Hrsg) Electrochemistry for the environment. Springer, Heidelberg, S 245–262. https://doi.org/10.1007/978-0-387-68318-8_10

Lloyd JW, Heathcote JA (1985) Natural inorganic chemistry in relation to groundwater – an introduction. Clarendon, Oxford, S 296

Loop CM (2004) Lessons learned from full-scale, non-traditional placement of fly ash. Proceedings, State Regulation of Coal Combustion By-Product Placement at Mine Sites: A Technical Interactive Forum, 43–46

Loop CM, Scheetz BE, White WB (2003) Geochemical evolution of a surface mine lake with alkaline ash addition: field observations vs. laboratory predictions. Mine Water Environ 22(4):206–213. https://doi.org/10.1007/s10230-003-0023-x

Loop CM, Scheetz BE, White WB (2007) The big gorilla demonstration project. Coal ash beneficial use in mine reclamation and mine drainage remediation in Pennsylvania. The Pennsylvania Department of Environmental Protection, Harrisburg, S 246–301

Lorax Environmental (2003) Treatment of sulphate in mine effluents. INAP – International Network of Acid Prevention, London, S 129

Losavio M, Lauf A, Elmaghraby A (2019) The internet of things and issues for mine water management. Tagungsband Mine Water – Technological and Ecological Challenges (IMWA 2019), Perm, Russia, 678–683

Lu M (2004) Pit lakes from sulphide ore mining, geochaemical characterization before treatment, after liming and sewage sludge treatment—cases studies at Rävlidmyran and Udden, Sweden. Luleå Univ. of Technology, S 31

Luckner L, Totsche O (2017) In-Lake-Neutralisation von Bergbaufolgeseen im Lausitzer und Mitteldeutschen Braunkohlerevier – Aktueller Stand und Bewertung der Technischen Entwicklung. LMBV, Senftenberg, S 40

Lundgren DG, Silver M (1980) Ore leaching by bacteria. Ann Rev Microbiol 34:263–283. https://doi.org/10.1146/annurev.mi.34.100180.001403

Luukkonen T, Runtti H, Niskanen M, Tolonen E-T, Sarkkinen M, Kemppainen K, Rämö J, Lassi U (2016) Simultaneous removal of Ni(II), As(III), and Sb(III) from spiked mine effluent with metakaolin and blast-furnace-slag geopolymers. J Environ Manage 166(Supplement C):579–588. https://doi.org/10.1016/j.jenvman.2015.11.007

Lydersen E, Löfgren S, Arnesen RT (2002) Metals in Scandinavian surface waters: effects of acidification, liming, and potential reacidification. Crit Rev Environ Sci Technol 32(2–3):73–295. https://doi.org/10.1080/10643380290813453

Macadam J, Shail R (1999) Abandoned Pits and Quarries: a Resource for Research, Education, Leisure and Tourism. In: Spalding A (Hrsg) The conservation value of abandoned pits and quarries in Cornwall. The Historic Environment Service, Truro, 71–80

Mair C (2002) Hydrogeologie, Hydrogeochemie und Isotopie der Grund- und Grubenwässer im Einzugsgebiet des Burgfeyer Stollens bei Mechernich, Eifel. Unveröff. Diss. RWTH Aachen, Aachen, S 270

Malisa R, Maree JP, Hardwick E, Oosthuizen F (2013) Resin freeze desalination process for acid recovery. In: Brown A, Figueroa L, Wolkersdorfer C (Hrsg) Reliable mine water technology. International Mine Water Association, Golden, S 655–659

Mallo JC, Marco SGD, Bazzini SM, Río JLd (2010) Aquaculture: an alternative option for the rehabilitation of old mine pits in the pampasian region, Southeast of Buenos Aires, Argentina. Mine Water Environ 29(4):285–293. https://doi.org/10.1007/s10230-010-0120-6

Mamelkina M (2019) Electrochemical treatment of mining waters. Tagungsband Mine Water – Technological and Ecological Challenges (IMWA 2019), Perm, Russia, 212–216

Maneval DR (1968) The little scrubgrass creek AMD plant. Coal Mining and Processing 5(9):28–32

Marchlewitz B (1959) Untersuchungen über die Mikrobenassoziation saurer Grubenwässer. Unveröff. Diss. Uni Greifswald, Greifswald, S 57

Marchlewitz B, Schwartz W (1961) Untersuchungen über die Mikroben-Assoziation saurer Grubenwässer. Z Allg Mikrobiol 1(2):100–114. https://doi.org/10.1002/jobm.19610010203

Marchlewitz B, Hasche D, Schwartz W (1961) Untersuchungen über das Verhalten von Thiobakterien gegenüber Schwermetallen. Z Allg Mikrobiol 1(3):179–191. https://doi.org/10.1002/jobm.19610010302

Maree JP, Hulse G, Dods D, Schutte CE (1991) Pilot-plant studies on biological sulfate removal from industrial effluent. Water Sci Technol 23(7–9):1293–1300. https://doi.org/10.2166/wst.1991.0581

Maree JP, van Tonder GJ, Millard P, Erasmus TC (1996) Pilot-scale neutralisation of underground mine water. Water Sci Technol 34(10):141–149. https://doi.org/10.2166/wst.1996.0250

Märten H (2006) Neueste Trends zur aktiven Wasserbehandlung und Anwendungsbeispiele. Wiss Mitt Inst Geol 31:13–22

Martinez-Olmos A, Capel-Cuevas S, López-Ruiz N, Palma AJ, de Orbe I, Capitán-Vallvey LF (2011) Sensor array-based optical portable instrument for determination of pH. Sens Actuator B-Chem 156(2):840–848. https://doi.org/10.1016/j.snb.2011.02.052

Mast MA, Verplanck PL, Wright WG, Bove DJ (2007) Characterization of background water quality. US Geol Surv Prof Pap 1651(E7):347–386

Matschullat J, Ottenstein R, Reimann C (2000) Geochemischer Hintergrund – berechenbar? Bergbau und Umwelt – Langfristige geochemische Einflüsse. Springer, Berlin, S 1–23. https://doi.org/10.1007/978-3-642-57228-9_1

Matthies R, Jarvis AP, Aplin AC (2009) Performance evaluation of two reducing and alkalinity producing systems for coal mine drainage remediation after 4 years of operation. In: Water Institute of Southern Africa, International Mine Water Association (Hrsg) Proceedings, International Mine Water Conference. Document Transformation Technologies, Pretoria, S 531–538

Mayes WM, Jarvis AP, Younger PL (2005) Assessing the importance of diffuse mine water pollution: a case study from County Durham, UK. Mine Water 2005 – Mine Closure. University of Oviedo, Oviedo, S 497–505

Mayes WM, Gozzard E, Potter HAB, Jarvis AP (2008) Quantifying the importance of diffuse minewater pollution in a historically heavily coal mined catchment. Environ Pollut 151(1):165–175. https://doi.org/10.1016/j.envpol.2007.02.008

McBain JW (1909) The mechanism of the adsorption ("sorption") of hydrogen by carbon. Philos Mag Ser 6 18(108):916–935. https://doi.org/10.1080/14786441208636769

McCloskey K, Almoric E, Bessbousse H, Mezailles N, Van Zutphen S (2010) Magpie polymers – selective metal capture. In: Wolkersdorfer C, Freund A (Hrsg) Mine Water and Innovative Thinking – International Mine Water Association Symposium. Cape Breton University Press, Sydney, NS, S 143–147

McCullough CD, Lund MA (2011) Limiting factors for crayfish and finfish in acidic coal pit lakes. Mine Water – Managing the Challenges – 11th International Mine Water Association Congress. RWTH Aachen University, Aachen, S 35–40

McCullough CD, Steenbergen J, Beest Ct, Lund MA (2009) More than water quality: environmental limitations to a fishery in acid pit lakes of Collie, South-West Australia. In: Water Institute of Southern Africa, International Mine Water Association (Hrsg) Proceedings, International Mine Water Conference. Document Transformation Technologies, Pretoria, S 507–511

McDonald DM, Webb JA, Taylor J (2006) Chemical stability of acid rock drainage treatment sludge and implications for sludge management. Environ Sci Technol 40(6):1984–1990. https://doi.org/10.1021/es0515194

McKenzie R (2005) Software update to better predict costs of treating mine drainage. Mine Water Environ 24(4):213–215. https://doi.org/10.1007/s10230-005-0098-7

McLemore VT (2008) Basics of metal mining influenced water. Management Technologies for Metal Mining Influenced Water, Bd 1. SME, Littleton, S 103

McLemore VT, Smith KS, Russell CC (2014) Sampling and monitoring for the mine life cycle. Management Technologies for Metal Mining Influenced Water, Bd 6. SME, Littleton, S 191

McPhilliamy SC, Green J (1973) A chemical and biological evaluation of three mine drainage treatment plants. Work Document No. 47. U. S. Environmental Protection Agency, Wheeling, S 53

Melin T, Rautenbach R (2007) Membranverfahren – Grundlagen der Modul- und Anlagenauslegung, 3. Aufl. Springer, Heidelberg, S 584. https://doi.org/10.1007/978-3-540-34328-8

MEND (2000) MEND Manual – Treatment – Active and Passive, 5.4.2e. The Mine Environment Neutral Drainage [MEND] Program, Ottawa, S 109

MEND (2001) MEND Manual – Sampling and Analysis, 5.4.2b. The Mine Environment Neutral Drainage [MEND] Program, Ottawa, S 111

Menendez R, Clayton JL, Zurbuch PE, Sherlock SM, Rauch HW, Renton JJ (2000) Sand-sized limestone treatment of streams impacted by acid mine drainage. Water Air Soil Pollut 124(3–4):411–428. https://doi.org/10.1023/A:1005264124166

Menezes JCSS, Silva RA, Arce IS, Schneider IAH (2009) Production of a poly-ferric sulphate chemical coagulant by selective precipitation of iron from acidic coal mine drainage. Mine Water Environ 28(4):311–314. https://doi.org/10.1007/s10230-009-0084-6

Mentz JW, Warg JB, Skelly Loy Inc. (1975) Up-dip versus down-dip mining – an evaluation. Environ Prot Technol Ser EPA-670/2-75-047:1–74

Merkel BJ (2002) Flooding of the Königstein uranium mine – aquifer reactivity versus dilution. In: Merkel BJ, Planer-Friedrich B, Wolkersdorfer C (Hrsg) Uranium in the aquatic environment. Springer, Heidelberg, S 267–275. https://doi.org/10.1007/978-3-642-55668-5_30

Merkel BJ (2005) Alkalinitätserhöhung in sauren Grubenwässern durch CO_2-Zugabe. Wiss Mitt Inst Geol 28:51–55

Merkel BJ, Planer-Friedrich B (2002) Grundwasserchemie – Praxisorientierter Leitfaden zur numerischen Modellierung von Beschaffenheit, Kontamination und Sanierung aquatischer Systeme. Springer, Heidelberg, S 219

Merkel BJ, Schipek M, Scholz G, Rabe W (2010) Optimierung der Kalkung von Tagebaufolgeseen. Wiss Mitt Inst Geol 42:51–59

Merkel W, Dördelmann O, Mauer C, Rieth U (2016) Gutachterlichen [*sic!*] Untersuchung/Recherche zu den technischen Möglichkeiten einer PCB-Elimination von Grubenwässern („PCB-Gutachten"), Report № 16/034.1 vom 21.04.2016. Ministerium für Klimaschutz, Umwelt, Landwirtschaft, Natur- und Verbraucherschutz des Landes Nordrhein-Westfalen, Mülheim an der Ruhr, S 70

Meschke K, Hansen N, Hofmann R, Haseneder R, Repke JU (2018) Characterization and performance evaluation of polymeric nanofiltration membranes for the separation of strategic elements from aqueous solutions. J Membr Sci 546:246–257. https://doi.org/10.1016/j.memsci.2017.09.067

Metschies T, van Berk W, Jenk U, Paul M (2018) Predicting natural attenuation for flooding of an Isl-Uranium Mine – potentials and limitations. Tagungsband IMWA 2018 – risk to opportunity. Pretoria I:411–416

Meyer AJ, Dick TP (2010) Fluorescent protein-based redox probes. Antioxid Redox Signaling 13(5):621–650. https://doi.org/10.1089/ars.2009.2948

Mihok EA, Deul M, Chamberlain CE, Selmeczi JG (1968) Mine water research – the limestone neutralization process, 7191. Bureau of Mines Report of Investigations, Washington, S 20

Millen BMJ (2003) Aspects of the hydrogeology of a mining region with a focus on the antimony content of the spring-water, Eiblschrofen Massif, Schwaz, Tyrol, Austria. Mitt Österr Geol Ges 94:139–156

Miller D, D'Souza G (2008) Using aquaculture as a post-mining land use in West Virginia. Mine Water Environ 27(2):122–126. https://doi.org/10.1007/s10230-008-0038-4

Miller SD, Jeffery JJ, Murray GSC (1990) Identification and management of acid generating mine wastes – procedures and practices in South-East Asia and the pacific regions. Int J Mine Water 9(1–4):57–67. https://doi.org/10.1007/BF02503683

Miller A, Wildeman T, Figueroa L (2013) Zinc and nickel removal in limestone based treatment of acid mine drainage – the relative role of adsorption and co-precipitation. Appl Geochem 37:57–63. https://doi.org/10.1016/j.apgeochem.2013.07.001

Milošević Z, Suarez Fernandez RA, Dominguez S, Rossi C (2019) Guidance and navigation software for autonomous underwater explorer of flooded mines. Tagungsband Mine Water – Technological and Ecological Challenges (IMWA 2019), Perm, Russia, 690–695

Mishra AK (2014) Application of nanotechnology in water research. Scrivener, Salem, S 522. https://doi.org/10.1002/9781118939314

Misra M (1990) Towards unobtainium [new composite materials for space applications]. Aerosp Compos Mater 2(6):29–32

Mitchell P, Wheaton A (1999) From environmental burden to natural resource; new reagents for cost-effective treatment of, and metal recovery from, acid rock drainage. Sudbury '99 – Mining and the environment II, 2. Sudbury Environmental, Sudbury, S 1231–1240

Mitchell P, Anderson A, Potter C (2000) Protection of ecosystem and human health via silica micro encapsulation of heavy metals. Proceedings, 7th International Mine Water Association Congress, 146–156

Moers W (1999) Die 13 ½ Leben des Käpt'n Blaubär. Eichborn, Frankfurt a. M., S 703

Mollah MYA, Schennach R, Parga JR, Cocke DL (2001) Electrocoagulation (EC) – science and applications. J Hazard Mater B84:29–41. https://doi.org/10.1016/S0304-3894(01)00176-5

Mollah MYA, Morkovsky P, Gomes JAG, Kesmez M, Parga J, Cocke DL (2004) Fundamentals, present and future perspectives of electrocoagulation. J Hazard Mater 144(1–3):199–210. https://doi.org/10.1016/j.jhazmat.2004.08.009

Monzyk BF, Wang M, Usinowicz PJ, Conkle HN, Fahnestock FMv, Beers TJ (2010) Prevention of acid mine drainage by avoiding acid formation through product recovery with F-LLX™. Proceedings Hydroprocess Conference, Santiago, S 1–10

More KS, Wolkersdorfer C, Kang N, Elmaghraby AS (2020) Automated Measurement Systems in Mine Water Management and Mine Workings – A Review of Potential Methods. Water Resour Ind:Article 100136. https://doi.org/10.1016/j.wri.2020.100136

Morin KA, Hutt NM (2006) Case studies of costs and longevities of Alkali-Based Water-Treatment Plants for ARD. Proceedings 7th International Conference on Acid Rock Drainage (ICARD), St. Louis, S 1333–1344

Mossad M, Zou L (2011) Effects of operational conditions on the electrosorption efficiencies of capacitive deionization. Proceedings Chemeca 2011 Engineering a better World, Sydney, S 1–11

Motyka I, Skibinski L (1982) Utilization of salt mine waters in the means of environmental protection. Proceedings, 1st International Mine Water Congress, Budapest, Hungary D, 37–47

Mtombeni T, Maree JP, Zvinowanda CM, Asante JKO, Oosthuizen FS, Louw WJ (2013) Evaluation of the performance of a new freeze desalination technology. Int J Environ Sci Technol 10(3):545–550. https://doi.org/10.1007/s13762-013-0182-7

Munro LD, Clark MW, McConchie D (2004) A Bauxsol™-based permeable reactive barrier for the treatment of acid rock drainage. Mine Water Environ 23(4):183–194. https://doi.org/10.1007/s10230-004-0061-z

Muraviev D, Gonzalo A, Valiente M (1995) Ion-exchange on resins with temperature-responsive selectivity. 1. Ion-exchange equilibrium of Cu^{2+} and Zn^{2+} on iminodiacetic and aminomethylphosphonic resins. Anal Chem 67(17):3028–3035. https://doi.org/10.1021/ac00113a043

Murdock DJ, Fox JRW, Bensley JG (1995) Treatment of acid mine drainage by the high density sludge process. Tagungsband Sudbury '95 – Mining and the Environment, Sudbury, 431–439

Musche F, Paufler S, Grischek T, Uhlmann W (2016) Detection of iron-rich groundwater "hot spots" entering streams in Lusatia. In: Drebenstedt C, Paul M (Hrsg) IMWA 2016 – mining meets water – conflicts and solutions. TU Bergakademie Freiberg, Freiberg, S 616–623

Muste M, Vermeyen T, Hotchkiss R, Oberg K (2007) Acoustic velocimetry for riverine environments. J Hydraul Eng 133(12):1297–1298. https://doi.org/10.1061/(ASCE)0733-9429(2007)133:12(1297)

Musyoka NM, Petrik LF, Balfour G, Misheer N, Gitari W, Mabovu B (2009) Removal of toxic elements from brine using zeolite Na-p1 made from a South African coal fly ash. In: Water Institute of Southern Africa, International Mine Water Association (Hrsg) Proceedings, International Mine Water Conference. Document Transformation Technologies, Pretoria, S 680–687

Naftz D, Morrison SJ, Davis JA, Fuller CC (2002) Handbook of groundwater remediation using permeable reactive barriers – applications to radionuclides, trace metals, and nutrients. Academic Press, Amsterdam, S 539

Naik TR, Ramme BW, Kolbeck HJ (1990) Filling abandoned underground facilities with CLSM Fly Ash Slurry. Concr Int Des Constr 12(7):19–25

Nancucheo I, Johnson DB (2012) Selective removal of transition metals from acidic mine waters by novel consortia of acidophilic sulfidogenic bacteria. Microb Biotechnol 5(1):34–44. https://doi.org/10.1111/j.1751-7915.2011.00285.x

Nariyan E, Sillanpää M, Wolkersdorfer C (2017) Electrocoagulation treatment of mine water from the deepest working European metal mine – performance, isotherm and kinetic studies. Sep Purif Technol 177:363–373. https://doi.org/10.1016/j.seppur.2016.12.042

Nathoo J, Jivanji R, Lewis AE (2009) Freezing your brines off: eutectic freeze crystallization for brine treatment. In: Water Institute of Southern Africa, International Mine Water Association (Hrsg) Proceedings, International Mine Water Conference. Document Transformation Technologies, Pretoria, S 431–438

National Coal Board – Mining Department (1982) Technical management of water in the coal mining industry. National Coal Board, London, S 129

Naumann HE, Wiram VP (1995) Alkaline additions to the backfill – a key mining/reclamation component to acid mine drainage prevention. Proceedings, West Virginia Surface Mine Drainage Task Force Symposium 16 (Elektronisches Dokument)

Neef T (2004) Hydrogeochemische Verhältnisse in einem natürlichen Feuchtgebiet zur passiven Grubenwasserreinigung. Unveröff. Dipl.-Arb. TU Bergakademie Freiberg, Freiberg, S 141

Neitzel PL, Schneider P, Hurst S (2000) Feldversuche zur in-situ Entfernung von $Uran_{(NAT.)}$ und Ra-226 aus Berge- und Flutungswässern. Freiberger Forsch-H C 482:196–206

Neumann C (1999) Zur Pedogenese pyrit- und kohlehaltiger Kippsubstrate im Lausitzer Braunkohlerevier. Cottbuser Schriften zu Bodenschutz und Rekultivierung 8:225

Neumann V, Nitsche C, Tienz B-S, Pokrandt K-H (2007) Erstmalige Neutralisation eines großen Tagebausees durch In-Lake-Verfahren – Erste Erfahrungen zu Beginn der Nachsorgephase. Wiss Mitt Inst Geol 35:117–124

Nielsen G, Janin A, Coudert L, Blais JF, Mercier G (2018) Performance of sulfate-reducing passive bioreactors for the removal of Cd and Zn from mine drainage in a cold climate. Mine Water Environ 37(1):42–55. https://doi.org/10.1007/s10230-017-0465-1

Nordstrom DK (2011) Mine waters: acidic to circumneutral. Elements 7(6):393–398. https://doi.org/10.2113/gselements.7.6.393

Nordstrom DK, Alpers CN (1995) Remedial investigation, decisions and geochemical consequences at Iron Mountain Mine, California. Tagungsband Sudbury '95 – Mining and the Environment, II:633–642

Nordstrom DK, Alpers CN, Ptacek CJ, Blowes DW (2000) Negative pH and extremely acidic mine waters from Iron Mountain, California. Environ Sci Technol 34:254–258. https://doi.org/10.1021/es990646v

Nordstrom DK, McCleskey RB, Ball JW (2009) Sulfur geochemistry of hydrothermal waters in Yellowstone National Park: IV Acid–sulfate waters. Appl Geochem 24(2):191–207. https://doi.org/10.1016/j.apgeochem.2008.11.019

Nordstrom DK, McCleskey RB, Ball JW (2010) Challenges in the analysis and interpretation of acidic waters. In: Wolkersdorfer C, Freund A (Hrsg) Mine Water and Innovative Thinking – International Mine Water Association Symposium. Cape Breton University Press, Sydney, NS, S 379–383

Nordstrom DK, Bowell RJ, Campbell KM, Alpers CN (2017a) Challenges in recovering resources from acid mine drainage. In: Wolkersdorfer C, Sartz L, Sillanpää M, Häkkinen A (Hrsg)

IMWA 2017 – Mine Water & Circular Economy. II. Lappeenranta University of Technology, Lappeenranta, S 1138–1146

Nordstrom DK, Nicholson A, Weinig W, Mayer U, Maest A (2017b) Geochemical modeling for mine site characterization and remediation. Management technologies for metal mining influenced water, 4. SME, Englewood, S 159

Norton PJ (1992) The control of acid mine drainage with Wetlands. Mine Water Environ 11(3):27–34. https://doi.org/10.1007/BF02914814

Norton PJ (1995) Mine closure and its effects on groundwater and the environment related to Uranium Mining. Proceedings, Uranium-Mining and Hydrogeology, Freiberg, Germany, GeoCongress 1:415–421

Noubactep C (2010) The fundamental mechanism of aqueous contaminant removal by metallic iron. Water SA 36(5):663–670

Noubactep C, Meinrath G, Volke P, Peter HJ, Dietrich P, Merkel BJ (2002) Mechanism of uranium fixation by zero valent iron: the importance of co-precipitation. In: Merkel BJ, Planer-Friedrich B, Wolkersdorfer C (Hrsg) Uranium in the aquatic environment. Springer, Heidelberg, 581–590. https://doi.org/10.1007/978-3-642-55668-5_68

Novak P (1994) Improvement of water quality in rivers by aeration at hydraulic structures. In: Hino M (Hrsg) Water quality and its control. Balkema, Rotterdam, S 147–168

Ødegaard H (2004) Sludge minimization technologies – an overview. Water Sci Technol 49(10):31–40. https://doi.org/10.2166/wst.2004.0602

Ofner C, Wieber G (2008) Geothermische Potenziale gefluteter Bergwerke. bbr Jahresmag 59(12):72–77

Oh C, Ji S, Cheong Y, Yim G, Hong JH (2016) Evaluation of design factors for a cascade aerator to enhance the efficiency of an oxidation pond for ferruginous mine drainage. Environ Technol 37(19):2483–2493. https://doi.org/10.1080/09593330.2016.1153154

Oleksiienko O, Wolkersdorfer C, Sillanpää M (2017) Titanosilicates in cation adsorption and cation exchange – a review. Chem Eng J 317:570–585. https://doi.org/10.1016/j.cej.2017.02.079

Olías M, Nieto JM, Sarmiento AM, Cerón JC, Cánovas CR (2004) Seasonal water quality variations in a river affected by acid mine drainage: the Odiel River (South West Spain). Sci Total Environ 333(1–3):267–281. https://doi.org/10.1016/j.scitotenv.2004.05.012

Olias M, Ruiz Cánovas C, Macias F, Nieto JM (2017) Water resources degradation by acid mine drainage: the Sancho Reservoir (Odiel River Basin, SW Spain). Tagungsband IMWA 2017 – Mine Water & Circular Economy, Lappeenranta, III:1389–1396

Olyphant GA, Harper D (1998) Hydrologic conditions in the coal mining district of Indiana and implications for reclamation of abandoned mine lands. Proceedings 15th Annual National Meeting – American Society for Surface Mining and Reclamation, Princeton, S 283–288. https://doi.org/10.21000/JASMR98010283

Opara A, Peoples MJ, Adams DJ, Martin AJ (2014) Electro-biochemical reactor (EBR) technology for selenium removal from British Columbia's coal-mining waste waters. Miner Metall Proc 31(4):209–214

Opitz J, Alte M, Bauer M, Schäfer W, Söll T (2017) Investigation of a pit lake acting as a large-scale natural treatment system for diffuse acid mine drainage. In: Wolkersdorfer C, Sartz L, Sillanpää M, Häkkinen A (Hrsg) IMWA 2017 – Mine Water & Circular Economy. II. Lappeenranta University of Technology, Lappeenranta, S 1095–1102

Opitz J, Alte M, Bauer M, Peiffer S (2019) Testing iron removal in a trifurcated pilot plant for passive treatment of circum-neutral ferruginous mine water. Tagungsband Mine Water – Technological and Ecological Challenges (IMWA 2019), Perm, Russia, S 256–261

Opitz J, Alte M, Bauer M, Schäfer W, Söll T (2020) Estimation of Self-Neutralisation Rates in a Lignite Pit Lake. Mine Water Environ 39(3):556–571. https://doi.org/10.1007/s10230-020-00692-9
Orescanin V, Kollar R (2012) A combined CaO/electrochemical treatment of the acid mine drainage from the "Robule" Lake. J Environ Sci Health A Tox Hazard Subst Environ Eng 47(8):1186–1191. https://doi.org/10.1080/10934529.2012.668405
Oshinsky DM (2005) Polio – an American story. Oxford University Press, Oxford, S 342
Ott AN (1988) Dual-acidity titration curves – fingerprint, indicator of redox state, and estimator of iron and aluminum content of acid mine drainage and related waters. US Geological Survey Water-Supply Paper W 2330:19–33
Oyewo O, Onyango M, Wolkersdorfer C (2019) Synthesis and application of alginate immobilized banana peels nanocomposite in rare earth and radioactive minerals removal from mine water. IET Nanobiotechnol 13(7):756–765. https://doi.org/10.1049/iet-nbt.2018.5399
Özcan H, Ekinci H, Baba A, Kavdir Y, Yüksel O, Yigini Y (2007) Assessment of the water quality of Troia for the multipurpose usages. Environ Monit Assess 130:389–402. https://doi.org/10.1007/s10661-006-9406-3
Panizza M (2010) Importance of electrode material in the electrochemical treatment ofwastewater containing organic pollutants. In: Comninellis C, Chen G (Hrsg) Electrochemistry for the environment. Springer, Heidelberg, S 25–54. https://doi.org/10.1007/978-0-387-68318-8_2
Paños NH (1999) Bio-deshydrometallurgy. In: Fernández Rubio R (Hrsg) Mine, water & environment. I. International Mine Water Association, Sevilla, S 409–415
Paños NH, Bellini MR (1999) Microbial degradation of cyanides. In: Fernández Rubio R (Hrsg) Mine, water & environment. I. International Mine Water Association, Sevilla, S 201–206
Park BT, Wangerud KW, Fundingsland SD, Adzic ME, Lewis NM (2006) In situ chemical and biological treatment leading to successful water discharge from anchor hill pit lake, gilt edge mine superfund site, South Dakota, U.S.A. Proceedings 7th International Conference on Acid Rock Drainage (ICARD), St. Louis, S 1065–1069. https://doi.org/10.21000/JASMR06021065
Parkhurst DL, Appelo CAJ (2013) Description of input and examples for PHREEQC Version 3 – a computer program for speciation, batch-reaction, one-dimensional transport, and inverse geochemical calculations. US Geol Surv Tech Methods 6(A43):1–497
Parry WT, Forster CB, Solomon DK, James LP (2000) Ownership of mine-tunnel discharge. Ground Water 38(4):487–496. https://doi.org/10.1111/j.1745-6584.2000.tb00240.x
Pasche E (2013) Nutzwärme aus dem Bergbau hat Zukunft. VDI Nachrichten, 15. März 2013, S 8
Paul M, Metschies T, Frenzel M, Meyer J (2012) The mean hydraulic residence time and its use for assessing the longevity of mine water pollution from flooded underground mines. In: Merkel B, Schipek M (Hrsg) The new uranium mining boom. Springer geology. Springer, Heidelberg, S 689–699. https://doi.org/10.1007/978-3-642-22122-4_79
Paul M, Meyer J, Jenk U, Baacke D, Schramm A, Metschies T (2013) Mine flooding and water management at uranium underground mines two decades after decommissioning. In: Brown A, Figueroa L, Wolkersdorfer C (Hrsg) Reliable mine water technology. International Mine Water Association, Golden, S 1081–1087
Peters T (2010) Membrane technology for water treatment. Chem Eng Technol 33(8):1233–1240. https://doi.org/10.1002/ceat.201000139
Petritz KM, Gammons CH, Nordwick S (2009) Evaluation of the potential for beneficial use of contaminated water in a flooded mine shaft in Butte, Montana. Mine Water Environ 28(4):264–273. https://doi.org/10.1007/s10230-009-0083-7
Pflug W (1998) Braunkohlentagebau und Rekultivierung – Landschaftsökologie – Folgenutzung – Naturschutz. Springer, Berlin, S 1068. https://doi.org/10.1007/978-3-642-58846-4
Phieler R, Merten D, Roth M, Büchel G, Kothe E (2015) Phytoremediation using microbially mediated metal accumulation in *Sorghum bicolor*. Environ Sci Pollut Res 22(24):19408–19416. https://doi.org/10.1007/s11356-015-4471-1

Pinto R, Oliveira Z, Diamantino C, Carvalho E (2016) Passive treatment of radioactive mine water in Urgeiriça uranium mine, Portugal. In: Drebenstedt C, Paul M (Hrsg) IMWA 2016 – mining meets water – conflicts and solutions. TU Bergakademie Freiberg, Freiberg, S 881–888

Piper AM (1944) A graphic procedure in the geochemical interpretation of water analyses. Trans Am Geophys Union 25:914–923. https://doi.org/10.1029/TR025i006p00914

Piper AM (1953) A graphic procedure in the geochemical interpretation of water analyses. US Geological Survey Ground Water Notes – Geochemistry 12:1–14. https://doi.org/10.1029/TR025i006p00914

PIRAMID Consortium (2003) Engineering guidelines for the passive remediation of acidic and/or metalliferous mine drainage and similar wastewaters – "PIRAMID Guidelines". University of Newcastle Upon Tyne, Newcastle Upon Tyne, S 166

Platner SB (1929) *Cloaca Maxima.* A topographical dictionary of Ancient Rome. Oxford University Press, Oxford, S 126–127

Plotnikov NI, Roginets II, Viswanathan S (1989) Hydrogeology of ore deposits. Russian translations series, Bd 72. Balkema, Rotterdam, S 290

Plumlee GS, Logsdon MJ (1999) The environmental geochemistry of mineral deposits, 6A-B. Society of Economic Geologists, Littleton, S 1–583. https://doi.org/10.5382/Rev.06

Poinapen J (2012) Biological sulphate reduction of acid mine drainage using primary sewage sludge. International Mine Water Association Symposium. Edith Cowan University, Bunbury, S 237–244

Poirier PJ, Roy M (1997) Acid mine drainage characterization and treatment at La Mine Doyon. Proceedings of Fourth International Conference on Acid Rock Drainage 4:1485–1497

Pourbaix M (1966) Atlas of electrochemical equilibria in aqueous solutions. Pergamon, Oxford, S 644

Pourbaix M (1973) Lectures on electrochemical corrosion. Plenum, New York, S 336. https://doi.org/10.1007/978-1-4684-1806-4

Pouw K, Campbell K, Babel L (2015) Best Available Technologies Economically Achievable (BATEA) to manage effluent from mines in Canada. In: Brown A et al (Hrsg) Agreeing on solutions for more sustainable mine water management. Gecamin, Santiago, S 1–11 (Electronic document)

Prasad B, Sangita K, Tewary BK (2011) Reducing the hardness of mine water using transformed fly ash. Mine Water Environ 30(1):61–66. https://doi.org/10.1007/s10230-010-0130-4

Preuß V, Koch T, Schöpke R, Koch R, Rolland W (2007) Weitergehende Grubenwasserreinigung – Sulfatentfernung mittels Nanofiltration. Wiss Mitt Inst Geol 35:19–25

Preuß V, Schöpke R, Koch T (2010) Reduction of sulphate load by nanofiltration – process development in bench scale. In: Wolkersdorfer C, Freund A (Hrsg) Mine Water and Innovative Thinking – International Mine Water Association Symposium. Cape Breton University Press, Sydney, NS, S 171–175

Preuß V, Riedel C, Koch T, Thürmer K, Domañska M (2012) Nanofiltration as an effective tool of reducing sulphate concentration in mine water. Architecture – Civil Engineering – Environment – ACEE 3:127–132

Price KR (1997) Wetland design and construction beyond the concept – practicalities of implementation. In: Younger PL (Hrsg) Minewater treatment using Wetlands. Chartered Institution of Water and Environmental Management, London, S 133–138

Přikryl P, Černý R, Havlík V, Segeth K, Stupka P, Toman J (1999) Deposition of waste water into deep mines. Environmetrics 10(4):457–466. https://doi.org/10/dtpvvh

Prinz H, Strauß R (2018) Ingenieurgeologie, 6. Aufl. Springer, Heidelberg, S 898. https://doi.org/10.1007/978-3-662-54710-6

Pulles W, Heath R (2009) The evolution of passive mine water treatment technology for sulphate removal. In: Water Institute of Southern Africa, International Mine Water Association (Hrsg) Proceedings, International Mine Water Conference. Document Transformation Technologies, Pretoria, S 2–14

Pulles W, Juby GJG, Busby RW (1992) Development of the Slurry Precipitation and Recycle Reverse-Osmosis (SPARRO) technology for desalinating scaling mine waters. Water Sci Technol 25(10):177–192. https://doi.org/10.2166/wst.1992.0246

Punkkinen H, Räsänen L, Mroueh U-M, Korkealaakso J, Luoma S, Kaipainen T, Backnäs S, Turunen K, Hentinen K, Pasanen A, Kauppi S, Vehviläinen B, Krogerus K (2016) Guidelines for mine water management. VTT Technology 266:1–157

Punz W (2014) „Erbe des Bergbaus" – zur Vegetation ostalpiner Schwermetallstandorte. GeoAlp 11:239–249

Punz W, Mucina L (1997) Vegetation on anthropogenic metalliferous soils in the Eastern Alps. Folia Geobot Phytotaxon 32(3):283–295. https://doi.org/10.1007/BF02804008

Pust C, Schüppel B, Merkel BJ, Schipek M, Lilja G, Rabe W, Scholz G (2010) Advanced Mobile Inlake Technology (AMIT) – an efficient process for neutralisation of acid open pit lakes. In: Wolkersdorfer C, Freund A (Hrsg) Mine Water and Innovative Thinking – International Mine Water Association Symposium. Cape Breton University Press, Sydney, NS, S 175–179

Pust C, Schüppel B, Kwasny J (2011) Advanced treatment of waters affected by AMD. Mine Water – Managing the Challenges – 11th International Mine Water Association Congress. RWTH Aachen University, Aachen, S 437–440

Puura E, D'Alessandro M (2005) A classification system for environmental pressures related to mine water discharges. Mine Water Environ 24(1):43–52. https://doi.org/10.1007/s10230-005-0070-6

Raff O, Wilken R-D (1999) Uranium removal from water by nanofiltration. In: Fernández Rubio R (Hrsg) Mine, water & environment. I. International Mine Water Association, Sevilla, S 321–324

Rajeshwar K, Ibanez J (1997) Environmental electrochemistry – fundamentals and applications in pollution sensors and abatement. Academic Press, Amsterdam, S 776

Randall D, Nathoo J, Lewis AE (2009) Seeding for selective salt recovery during eutectic freeze crystallization. In: Water Institute of Southern Africa, International Mine Water Association (Hrsg) Proceedings, International Mine Water Conference. Document Transformation Technologies, Pretoria, S 639–648

Ranville JF, Schmiermund RL (1999) General aspects of aquatic colloids in environmental geochemistry. The environmental geochemistry of mineral deposits, 6A. Society of Economic Geologists, Littleton, S 183–199. https://doi.org/10.5382/Rev.06.08

Rauner M (2011) Tief im Osten – Der Ex-Direktor eines DDR-Bergwerks sucht im Erzgebirge wieder nach Erz – und versetzt Sachsen in einen Rohstoffrausch. Die Zeit, 19. März 2011

Rawlings DE (2005) Characteristics and adaptability of iron- and sulfur-oxidizing microorganisms used for the recovery of metals from minerals and their concentrates. Microbial Cell Factories 4(13):1–15

Rawlings DE, Tributsch H, Hansford GS (1999) Reasons why '*Leptospirillum*'-like species rather than *Thiobacillus ferrooxidans* are the dominant iron-oxidizing bacteria in many commercial processes for the biooxidation of pyrite and related ores. Nature reviews – Microbiology 145:5–13

Razowska-Jaworek L, Pluta I, Chmura A (2008) Mine waters and their usage in the Upper Silesia in Poland – examples from selected regions. Proceedings, 10th International Mine Water Association Congress, 537–539

Reddy ST, Lewis AE (2010) Waste minimisation through recovery of salt and water from a hypersaline brine. In: Wolkersdorfer C, Freund A (Hrsg) Mine Water and Innovative Thinking – International Mine Water Association Symposium. Cape Breton University Press, Sydney, NS, S 179–183

Reddy ST, Kramer HJM, Lewis AE, Nathoo J (2009) Investigating factors that affect separation in a eutectic freeze crystallisation process. In: Water Institute of Southern Africa, International Mine Water Association (Hrsg) Proceedings, International Mine Water Conference. Document Transformation Technologies, Pretoria, 649–656

Reddy ST, Lewis AE, Witkamp GJ, Kramer HJM, van Spronsen J (2010) Recovery of $Na_2SO_4 \cdot 10H_2O$ from a reverse osmosis retentate by eutectic freeze crystallisation technology. Chem Eng Res Des 88(9):1153–1157. https://doi.org/10.1016/j.cherd.2010.01.010

Rees SB, Connelly R (2003) Review of design and performance of the Pelenna Wetland systems. Land Contam Reclam 11(2):293–300. https://doi.org/10.2462/09670513.828

Rees SB, Bowell RJ, Wiseman IM (2002) Influence of mine hydrogeology on minewater discharge chemistry. Spec Publ – Geol Soc London 198:379–390. https://doi.org/10.1144/GSL.SP.2002.198.01.26

Rees SB, Bright P, Connelly R, Bowell RJ, Szabo E (2004) Application of the welsh mine water strategy: Cwmrheidol case study. In: Jarvis AP, Dudgeon BA, Younger PL (Hrsg) Mine water 2004 – Proceedings International Mine Water Association Symposium. 1. University of Newcastle, Newcastle upon Tyne, S 235–244

Regenspurg S, Meima JA, Kassahun A, Rammlmair D (2005) Krustenbildung in Bergbauhalden. Wiss Mitt Inst Geol 28:63–67

Rennie R, Law J (2016) Oxford dictionary of chemistry, 7. Aufl. Oxford University Press, Oxford, S 608. https://doi.org/10.1093/acref/9780198722823.001.0001

Renton JJ, Rymer T, Stiller AH (1988) A computer simulation probability model for geochemical parameters associated with coal mining operations. Bur Mines Inf Circ IC-9183:76–82. https://doi.org/10.21000/JASMR88010076

Ridpath I (2012) A dictionary of astronomy, 2. Aufl. Oxford University Press, Oxford, S 544. https://doi.org/10.1093/acref/9780199609055.001.0001

Rieger A, Steinberger P, Pelz W, Haseneder R, Härtel G (2010) Nanofiltration of acid mine drainage. Desalin Water Treat 21(1–3):148–161. https://doi.org/10.5004/dwt.2010.1316

Roadcap GS, Kelly WR, Bethke CM (2005) Geochemistry of extremely alkaline (pH > 12) ground water in slag-fill aquifers. Ground Water 43(6):806–816. https://doi.org/10.1111/j.1745-6584.2005.00060.x

Rodebaugh D (2012) Shock the mine waste – pilot project treats toxic metals flowing into Animas River. The Durango Herald, 24. Sep. 2012

Rodriguez J, Stopić S, Friedrich B (2007) Continuous electrocoagulation treatment of wastewater from copper production. World of Metallurgy – Erzmetall 60(2):81–87. https://doi.org/10.13140/RG.2.2.15988.86407

Roehl KE (2004) Passive in situ remediation of contaminated groundwater: Permeable Reactive Barriers – PRBS. In: Prokop G, Younger PL, Roehl KE (Hrsg) Conference Papers. 35. Umweltbundesamt, Wien, S 57–70

Roenicke H, Schultze M, Neumann V, Nitsche C, Tittel J (2010) Changes of the plankton community composition during chemical neutralisation of the Bockwitz pit lake. Limnologica 40(2):191–198. https://doi.org/10.1016/j.limno.2009.11.005

Rohwerder T, Gehrke T, Kinzler K, Sand W (2003) Bioleaching review part A – progress in bioleaching – fundamentals and mechanisms of bacterial metal sulfide oxidation. Appl Microbiol Biotechnol 63:239–248. https://doi.org/10.1007/s00253-003-1448-7

Römpp online (2013) Römpp online – Der effizientere Zugriff auf das Wissen der Chemie. Thieme, Stuttgart

Roschlau H, Heintze W (1975) Bergbautechnologie, 1. Aufl. VEB Deutscher Verlag für Grundstoffindustrie, Leipzig, S 349

Rose AW, Dietz JM (2002) Case studies of passive treatment systems – vertical flow systems. Proceedings 19th Annual National Meeting – American Society for Surface Mining and Reclamation, Lexington, S 776–797. https://doi.org/10.21000/JASMR02010776

Rose AW, Bisko D, Daniel A, Bower MA, Heckman S (2004a) An "Autopsy" of the Failed Tangaskootack #1 Vertical Flow Pond, Clinton CO., Pennsylvania. Proceedings 21st Annual National Meeting – American Society for Surface Mining and Reclamation, Lexington, S 1580–1594. https://doi.org/10.21000/JASMR04011580

Rose P, Corbett C, Neba A, Whittington-Jones K (2004b) Sewage sludge as an electron donor in biological mine wastewater treatment: development of the rhodes BioSURE Process®. In: Jarvis AP, Dudgeon BA, Younger PL (Hrsg) Mine water 2004 – Proceedings International Mine Water Association Symposium. 2. University of Newcastle, Newcastle upon Tyne, S 111–118

Roseneck R (1993) Der Harz als historische Kulturlandschaft. ICOMOS – Hefte des Deutschen Nationalkomitees 11:54–61. https://doi.org/10.11588/ih.1993.0.22592

Rosner P, Heitfeld M, Pabsch T, Denneborg M (2012) Abgrenzung signifikanter Belastungsquellen des Erzbergbaus in Nordrhein-Westfalen im Rahmen der EG-Wasserrahmenrichtlinie – Methodik und Ergebnisse 12. Altbergbau-Kolloquium. Glückauf, Goslar, S 289–304

Rottmann D (1969) Untersuchungen zu Wasseraufkommen, Wasserverwendung und Wasserableitung der Betriebe des Steinkohlenbergbaus in der Bundesrepublik Deutschland, aufgeteilt nach Revieren, sowie zur Beschaffenheit der gehobenen Grubenwässer im Hinblick auf ihre mögliche Nutzung. Unveröff. Diss. RWTH Aachen, Aachen, S 209

Rowe OF, Johnson DB (2009) Enhanced rates of iron oxidation in mine waters by the novel acidophilic bacterium "*Ferrovum myxofaciens*" immobilized in packed-bed bioreactors. Skellefteå, 1–4 (Electronic document)

Ruhrkohle AG (2014) Konzept zur langfristigen Optimierung der Grubenwasserhaltung der RAG Aktiengesellschaft für das Saarland. Ruhrkohle AG, Herne, S 17

Rychkov VN, Kirillov EV, Kirillov SV, Bunkov GM, Mashkovtsev MA, Botalov MS, Semenishchev VS, Volkovich VA (2016) Selective ion exchange recovery of rare earth elements from uranium mining solutions. AIP Conf Proc 1767(1):020017. https://doi.org/10.1063/1.4962601

S. R. I. Consulting Business Intelligence (2008) Disruptive civil technologies – six technologies with potential impacts on US interests out to 2025, CR 2008-07. National Intelligence Council, Washington, S 34

Sächsisches Landesamt für Umwelt und Geologie (1997) Merkblätter zur Grundwasserbeobachtung, Grundwasserprobenahme. Mater Wasserwirtsch L II-1/6(4):1–20

Sächsisches Landesamt für Umwelt, Landwirtschaft und Geologie (2003) Handbuch Grundwasserbeobachtung – Grundwasserprobenahme. Mater Wasserwirtsch 5:68

Şahinkaya E, Yurtsever A, İşler E, Coban I, Aktaş Ö (2018) Sulfate reduction and filtration performances of an anaerobic membrane bioreactor (AnMBR). Chem Eng J 2:47–55. https://doi.org/10.1016/j.cej.2018.05.001

Sahoo PK, Tripathy S, Panigrahi MK, Equeenuddin SM (2012) Mineralogy of Fe-precipitates and their role in metal retention from an acid mine drainage site in India. Mine Water Environ 31(4):344–352. https://doi.org/10.1007/s10230-012-0203-7

Salkield LU (1987) A technical history of the Rio Tinto mines – some notes on exploitation from pre-Phoenician times to the 1950s. Institution of Mining and Metallurgy, London, S 114. https://doi.org/10.1007/978-94-009-3377-4

Samborska K, Sitek S, Bottrell SH, Sracek O (2013) Modified multi-phase stability diagrams: an AMD case study at a site in Northumberland, UK. Mine Water Environ 32(3):185–194. https://doi.org/10.1007/s10230-013-0223-y

Sand W, Gehrke T (2006) Extracellular polymeric substances mediate bioleaching/biocorrosion via interfacial processes involving iron(III) ions and acidophilic bacteria. Res Microbiol 157:49–56. https://doi.org/10.1016/j.resmic.2005.07.012

Sapsford DJ (2013) New perspectives on the passive treatment of ferruginous circumneutral mine waters in the UK. Environ Sci Pollut Res 20(11):7827–7836. https://doi.org/10.1007/s11356-013-1737-3

Sapsford DJ, Williams KP (2009) Sizing criteria for a low footprint passive mine water treatment system. Water Res 43(2):423–432. https://doi.org/10.1016/j.watres.2008.10.043

Sapsford DJ, Barnes A, Dey M, Liang L, Williams KP (2005) A novel method for passive treatment of mine water using a vertical flow accretion system. In: Loredo J, Pendás F (Hrsg) Mine water 2005 – mine closure. University of Oviedo, Oviedo, S 389–394

Sapsford DJ, Barnes A, Dey M, Williams KP, Jarvis A, Younger P, Liang L (2006) Iron and manganese removal in a vertical flow reactor for passive treatment of mine water. Tagungsband ICARD 2006, St. Louis, 7:1831–1843 [CD-ROM]. https://doi.org/10.21000/JASMR06021831

Sapsford DJ, Barnes A, Dey M, Williams K, Jarvis A, Younger P (2007) Low footprint passive mine water treatment: field demonstration and application. Mine Water Environ 26(4):243–250. https://doi.org/10.1007/s10230-007-0012-6

Sapsford D, Brabham P, Crane R, Evans D, Stratford A, Wright A (2017) Mine waste resource assessment and recovery via mine water. In: Wolkersdorfer C, Sartz L, Sillanpää M, Häkkinen A (Hrsg) IMWA 2017 – Mine Water & Circular Economy. II. Lappeenranta University of Technology, Lappeenranta, S 956–963

Sarmiento A, Nieto JM, Olías M, Cánovas C (2005) Environmental impact of mining activities in the Odiel river basin (SW Spain). Mine water 2005 – mine closure. University of Oviedo, Oviedo, S 89–94

Sartz L (2010) Alkaline by-products as amendments for remediation of historic mine sites. Örebro Universitet, Örebro, S 350

Schabronath CA (2018) A novel sampling technique using a sediment collector (SECO) to collect particles from suspended matter in mine water with regard to long term monitoring. Tagungsband IMWA 2018 – risk to opportunity. Pretoria I:193–198

Schäfer T, Schwarz MA (2019) The meaningfulness of effect sizes in psychological research: differences between sub-disciplines and the impact of potential biases. Front Psychol 10:813. https://doi.org/10.3389/fpsyg.2019.00813

Schäfer AI, Fane AG, Waite TD (2006) Nanofiltration – principles and applications, Nachdruck. Elsevier Advanced Technology, Amsterdam, S 560

Schetelig K, Richter H (2013) Nutzung stillgelegter Bergwerke oder tiefliegender Grundwasservorkommen zur Wärme-/Kältegewinnung und -speicherung. Wasser als Energieträger. Proceedings 43. Internationales Wasserbau-Symposium, Aachen, S 36–50

Scheuchenstuel Kv (1856) Idioticon der österreichischen Berg- und Hüttensprache – Zum besseren Verständnisse des österr. Berg-Gesetzes und dessen Motive für Nicht-Montanisten. Braumüller, Wien, S 270

Schindler W, Gerlach F, Kaden H (1995) pH-Sensor für Präzisionsmessungen in Tiefenwässern. Sens Mag 3:6–9

Schipek M (2011) Treatment of acid mine lakes – lab and field studies. Freiberg Online Geol 29:1–381

Schipek M, Merkel BJ (2012) Liming of acid surface waters: effect of water constituents and material impurities on calcite dissolution kinetics. International Mine Water Association Symposium. Edith Cowan University, Bunbury, S 275–286

Schipek M, Graupner B, Merkel BJ, Wolkersdorfer C, Werner F (2006) Neutralisationspotential von Flugaschen – Restseesanierung Burghammer. Wiss Mitt Inst Geol 31:125–132

Schipek M, Unger Y, Merkel BJ (2007) Alkalitätsverbessernde Maßnahmen in Tagebaufolgeseen: Nutzung von CO_2 und anderen industriellen „Abfall"produkten. Wiss Mitt Inst Geol 35:125–131

Schipek M, Merkel BJ, Scholz G, Rabe W, Clauß D, Lilja G (2011) Recent results of the research project OILL (Optimizing In-Lake Liming). Mine water – managing the challenges – 11th International Mine Water Association Congress. RWTH Aachen University, Aachen, S 457–461

Schlegel A, Dennis R, Simms J (2005) Altes Eisen Schluckt Arsen. Wiss Mitt Inst Geol 28:69–73

Schmidt K, Senger D, Schwark D, Dalaly H, Elgin International Inc (1969) Sul-BiSul ion exchange process: field evaluation on brackish waters. Res Dev Prog Rep 446:139

Schneider P (2016) 1000 years of mining: what means geogenic background of metals in the rivers of the Harz Mountains? In: Drebenstedt C, Paul M (Hrsg) IMWA 2016 – mining meets water – conflicts and solutions. TU Bergakademie Freiberg, Freiberg, S 45–53

Schneider P, Neitzel PL, Hurst S (2000) In-situ treatment of mining waste waters using Fe(0) and Fe/Mn-Compounds (abstract). J Conf Abs 5(2):892

Schneider P, Neitzel PL, Osenbrück K, Noubacteb C, Merkel BJ, Hurst S (2001) In-situ treatment of radioactive mine water using reactive materials – results of laboratory and field experiments in uranium ore mines in Germany. Acta Hydrochim Hydrobiol 29(2–3):129–138. https://doi.org/10/ff64fb

Schoeman JJ, Steyn A (2001) Investigation into alternative water treatment technologies for the treatment of underground mine water discharged by Grootvlei Proprietary Mines Ltd into the Blesbokspruit in South Africa. Desalination 133(1):13–30. https://doi.org/10.1016/S0011-9164(01)00079-0

Schönaich-Carolath in Tarnowitz ABHPv (1860) Beschreibung des Verfahrens zur Entsäuerung der für die Speisung der Dampfkessel auf der Königshütte in Oberschlesien bestimmten Grubenwasser. Z Berg-, Hütten- und Salinen-Wesen 8:28–31

Schöpke R (1999) Erarbeitung einer Methodik zur Beschreibung hydrochemischer Prozesse in Kippengrundwasserleitern. Schriftenr Siedl-Wasserwirtsch Umw, Bd 2. Eigenverlag Lehrstuhl Wassertechnik und Siedlungswasserbau, Cottbus, S 136

Schöpke R, Preuß V (2012) Bewertung der Acidität von bergbauversauerten Wässern und Anwendung auf die Sanierung. Grundwasser 17(3):147–156. https://doi.org/10.1007/s00767-012-0189-x

Schöpke R, Koch R, Ouerfelli I, Striemann A, Preuß V, Regel R (2001) Anwendung des Neutralisationspotenzials bei der Bilanzierung von Säure-Base-Reaktionen im Umfeld des Braunkohlebergbaues. Grundwasser 6(1):23–29. https://doi.org/10.1007/PL00010387

Schöpke R, Preuß V, Koch R, Bahl T (2006) Einsatzmöglichkeiten passiver reaktiver Wände zur Entsäuerung potenziell saurer Kippengrundwasserströme und deren Nutzung in aktiven Untergrundbehandlungsverfahren. Wiss Mitt Inst Geol 31:165–172

Schubert JP, McDaniel MJ (1982) Using mine waters for heating and cooling. Proceedings, 1st International Mine Water Congress, Budapest, Hungary D, 63–82

Schüring J, Schulz HD, Fischer WR, Böttcher J, Duijnisveld WHM (2000) Redox: fundamentals, processes and applications. Springer, Berlin, S 251. https://doi.org/10.1007/978-3-662-04080-5

Schwedt G (1995) Analytische Chemie – Grundlagen, Methoden und Praxis. Thieme, Stuttgart, S 442

Schwertmann U (1985) The effect of pedogenic environments on iron oxide minerals. Advances in soil science, Bd 1. Springer, Heidelberg, S 171–200. https://doi.org/10.1007/978-1-4612-5046-3_5

Schwertmann U (1999) Giftfänger im Bergbauabraum – Neues Mineral: Schwertmannit. TUM-Mitteilungen der Technischen Universität München für Studierende, Mitarbeiter, Freunde 4:29

Schwertmann U, Bigham JM, Murad E (1995) The first occurrence of schwertmannite in a natural stream environment. Eur J Mineral 7(3):547–552. https://doi.org/10.1127/ejm/7/3/0547

Scofield CS, Wilcox LV (1931) Boron in irrigation waters. USDA Tech Bull 264:1–65

Scott RL, Hays RM (1975) Inactive and abandoned underground mines – water pollution prevention and control, EPA-440/9-75-007. U.S. Environmental Protection Agency, Washington, S 338

Sebastian U (2013) Die Geologie des Erzgebirges. Springer, Heidelberg, S 268. https://doi.org/10.1007/978-3-8274-2977-3

Seed LP, Yetman DD, Pargaru Y, Shelp GS (2006) The DesEL system – capacitive deionization for the removal of ions from water. Proceedings Water Environment Federation WEFTEC 2006:7172–7180. https://doi.org/10.2175/193864706783761671

Seewoo S, Van Hille R, Lewis A (2004) Aspects of gypsum precipitation in scaling waters. Hydrometallurgy 75(1–4):135–146. https://doi.org/10.1016/j.hydromet.2004.07.003

Seidel K (1952) Pflanzungen zwischen Gewässern und Land. Mitt Max-Planck-Ges Förd Wiss 8:17–21

Seidel K (1966) Reinigung von Gewässern durch höhere Pflanzen. Naturwissenschaften 53(12):289–297. https://doi.org/10.1007/BF00712211

Seidler C (2012) Deutschlands verborgene Rohstoffe: Kupfer, Gold und Seltene Erden. Hanser, München, S 252

Selent KD, Grupe A (2018) Die Probenahme von Wasser – Ein Handbuch für die Praxis. Deutscher Industrieverlag, München, S 488

Seltenerden Storkwitz AG (2013) Seltenerden Storkwitz AG – Gutachten bestätigt Schätzungen der einzigen bekannten Seltenerden-Lagerstätte Mitteleuropa. Pressemitteilung, 31. Jan. 2013, S 1–4

7. Senat des Bundesverwaltungsgerichts (2014) Urteil des Bundesverwaltungsgerichts vom 18. Dezember 2014 (7 C 22.12) – Verpflichtung eines Bergwerksunternehmers zur Vorlage eines Sonderbetriebsplans zur Grubenwasserreinigung [ECLI:DE:BVerwG:2014:181214U7C22.12.0]

Senes Consultants Limited (1994) Acid mine drainage – status of chemical treatment and sludge management practices. MEND Report, 3.32.1. The Mine Environment Neutral Drainage [MEND] Program, Richmond Hill, S 179

Sersch W, Uhl O (2006) Vorbereitende Maßnahmen zur Flutung der Grubenbaue im Rahmen der Stilllegung des Standorts Warndt/Luisenthal. Glückauf 142(6):254–261

Sharma SK (2001) Adsorptive iron removal from groundwater. Wageningen University, Lisse, S 202

Shepherd R (1993) Ancient mining. Elsevier, London, S 494

Shiller AM (2003) Syringe filtration methods for examining dissolved and colloidal trace element distributions in remote field locations. Environ Sci Technol 37(17):3953–3957. https://doi.org/10.1021/es0341182

Shone RDC (1987) The freeze desalination of mine waters. J S Afr Inst Min Metall 87(4):107–112

Sikora J, Szyndler K (2005) Debiensko, Poland desalination plant treats drainage for Zero Liquid Discharge (ZLD). Technical Paper, TP1039EN 0601. General Electric Company, Trevose, S 1–5

Silva RA, Castro CD, Petter CO, Schneider IAH (2011) Production of iron pigments (Goethite and Haematite) from acid mine drainage. Mine water – managing the challenges – 11th International Mine Water Association Congress. RWTH Aachen University, Aachen, S 469–473

Sim PG, Lewin JF (1975) Potentially toxic metals in New-Zealand coals. NZ J Sci 18(4):635–641

Simate GS, Ndlovu S (2014) Acid mine drainage: challenges and opportunities. J Environ Chem Eng 2(3):1785–1803. https://doi.org/10.1016/j.jece.2014.07.021

Simon A, Rascher J, Hoth N, Drebenstedt C (2017) Facial and paleogeografic understanding of tertiary sediments as basis to predict their specific AMD release. In: Wolkersdorfer C, Sartz L, Sillanpää M, Häkkinen A (Hrsg) IMWA 2017 – Mine Water & Circular Economy. I. Lappeenranta University of Technology, Lappeenranta, S 244–250

Sincero AP, Sincero GA (2002) Physical-chemical treatment of water and wastewater. CRC Press, Boca Raton, S 856. https://doi.org/10.1201/9781420031904

Singer PC, Stumm W (1969) Oxygenation of ferrous iron in mine drainage waters. Am Chem Soc, Div Fuel Chem, Prepr 13(2):80–87

Singer PC, Stumm W (1970) Acidic mine drainage – rate-determining step. Science 167(3921):1121–1123. https://doi.org/10.1126/science.167.3921.1121

Singh G, Rawat NS (1985) Removal of trace elements from acid mine drainage. Int J Mine Water 4(1):17–23. https://doi.org/10.1007/BF02505377

Siringi DO, Home P, Chacha JS, Koehn E (2012) Is Electrocoagulation (EC) a solution to the treatment of wastewater and providing clean water for daily use. J Eng Appl Sci 7(2):197–204

Sisler FD, Senftle FE, Skinner J (1977) Electrobiochemical neutralization of acid mine water. J Water Pollut Control Fed 49(3):369–374

Skelly and Loy, Penn Environmental Consultants (1973) Process, procedures, and methods to control pollution from mining activities, EPA-430/9-73-011. U.S. Environmental Protection Agency, Washington, S 390

Skinner SJW (2009) Groundwater clean-up: assessing mining impacts and rehabilitation/management alternatives. In: Water Institute of Southern Africa, International Mine Water Association (Hrsg) Proceedings, International Mine Water Conference. Document Transformation Technologies, Pretoria, S 713–722

Skousen JG, Ziemkiewicz P (2005) Performance of 116 passive treatment systems for acid mine drainage. National Meeting of the American Society of Mining and Reclamation, Breckenridge, S 1100–1130. https://doi.org/10.21000/JASMR05011100

Skousen JG, Lilly R, Hilton T (1988) Special chemicals for treating acid mine drainage. Green Lands 18(3):36–40

Skousen JG, Rose A, Geidel G, Foreman JW, Evans R, Hellier W (1998) Handbook of technologies for avoidance and remediation of acid mine drainage. The National Mine Land Reclamation Center, Morgantown, S 130

Skousen JG, Sexstone A, Ziemkiewicz PF (2000) Acid mine drainage control and treatment. In: Barnhisel RI, Darmody RG, Daniels WL (Hrsg) Reclamation of drastically disturbed lands. American Society of Agronomy, Madison, Wis., S 131–168

Skousen JG, Demchak J, McDonald L (2002) Longevity of mine discharges from above-drainage underground mines. Reclamation 2002 – partnerships & project implementation. Proceedings National Association of Abandoned Mine Land Programs, Park City, S 1–15

Skousen J, Zipper CE, Rose A, Ziemkiewicz PF, Nairn R, McDonald LM, Kleinmann RL (2017) Review of passive systems for acid mine drainage treatment. Mine Water Environ 36(1):133–153. https://doi.org/10.1007/s10230-016-0417-1

Smetana R, Muzák J, Novák J (2002) Environmental impact of uranium ISL in Northern Bohemia. In: Merkel BJ, Planer-Friedrich B, Wolkersdorfer C (Hrsg) Uranium in the aquatic environment. Springer, Heidelberg, S 703–712. https://doi.org/10.1007/978-3-642-55668-5_82

Smit JP (1999) The treatment of polluted mine water. In: Fernández Rubio R (Hrsg) Mine, water & environment. II. International Mine Water Association, Sevilla, S 467–471

Smith KS (1999) Metal sorption on mineral surfaces – an overview with examples relating to mineral deposits. The environmental geochemistry of mineral deposits, 6A. Society of Economic Geologists, Littleton, S 161–182. https://doi.org/10.5382/Rev.06.07

Smith MW, Brady KBC (1998) Alkaline addition. Coal mine drainage prediction and pollution prevention in Pennsylvania. Pennsylvanian Bureau of Mining and Reclamation, Harrisburg, S 13.1–13.13. https://doi.org/10.5382/Rev.06.07

Smith GC, Steinman HE, Young EF Jr (1970) Clean water from coal mines. Min Eng 22:118–119

Society for Mining Metallurgy and Exploration (1998) Remediation of historical mine sites – technical summaries and bibliography. Society for Mining, Metallurgy, and Exploration, Littleton, S 118

Soldenhoff K, McCulloch J, Manis A, Macintosch P (2006) Nanofiltration in metal and acid recovery. Nanofiltration – principles and applications, Nachdruck. Elsevier Advanced Technology, Amsterdam, S 459–477

Sørensen SPL (1909) Über die Messung und die Bedeutung der Wasserstoffionenkonzentration bei enzymatischen Prozessen. Biochem Z 21:131–200

Sparrow B, Man M, Zoshi J (2012) Novel salt extractor system for salt removal from mine water and calcium sulfate removal on the International Space Station. International Mine Water Association Symposium. Edith Cowan University, Bunbury, S 651–660

Spence C, McPhie M (1997) Streamflow measurement using salt dilution in tundra streams, Northwest Territories, Canada. J Am Water Resour Assoc 33(2):285–292. https://doi.org/10.1111/j.1752-1688.1997.tb03509.x

Spieth WF (2015) Verantwortung des Bergbaus für Stilllegung und Nachsorge – Neue Anforderungen nach Berg- und Wasserrecht als Herausforderung. In: Paul M (Hrsg) Sanierte Bergbaustandorte im Spannungsfeld zwischen Nachsorge und Nachnutzung – WISSYM 2015. Wismut GmbH, Chemnitz, S 45–52

Starr RC, Cherry JA (1994) In situ remediation of contaminated ground water: the funnel-and-gate system. Ground Water 32(3):465–476. https://doi.org/10.1111/j.1745-6584.1994.tb00664.x

Stemke M, Gökpinar T, Wohnlich S (2017) Erkundung stillgelegter Erzbergwerkschächte mittels Unterwasserkamera. Bergbau 11:511–513

Stengel-Rutkowski W (1993) Trinkwasserversorgung aus Grubengebäuden des ehemaligen Roteisensteinbergbaus im Lahn-Dill-Kreis (Rheinisches Schiefergebirge). Geol Jb Hessen 121:125–140

Stengel-Rutkowski W (2002) Trinkwasserversorgung aus Grubengebäuden des ehemaligen Bergbaus im Rheingau-Taunus-Kreis (Rheinisches Schiefergebirge). Jb Nass Ver Naturk 123:125–138

Šterbenk E, Ramšak R (1999) Pokrajinski Vidiki Rabe Premogovniškega Ugrezninskega Velenjskega Jezera [Regional aspects on the subsidence of Lake Velenje due to the use of coal]. Sonaravni razvoj v slovenskih Alpah in sosedstvu, Dela. Oddelek za geografijo Filozofske fakultete, Laibach, S 215–223

Šterbenk E, Pavšek Z, Petkovšek SAS, Mazej Grudnik Z, Kugonič Vrbič N, Poličnik H, Pokorny B, Ramšak R, Rošer Drev A, Mljač L, Bole M, Glinšek A, Mavec M, Druks P, Flis J, Kotnik K, Zorko V, Goltnik V, Vrhovšek D, Zupančič M, Urana D (2011) Šaleška jezera – vodni vir in razvojni izziv – Konèno poroèilo [Šales lake – Water Source and Development Challenge – Final Report]. ERICo Velenje, Velenje, S 246

Sterner JJ, Conahan HA (1968) Ion exchange treatment of acid mine drainage. Purdue Univ, Eng Bull, Ext Ser 53(2):101–110

Stevanović Z, Obradovic L, Marković R, Jonović R, Avramović L, Bugarin M, Stevanović J (2013) Mine waste water management in the bor municipality in order to protect the bor river water. Waste water – treatment technologies and recent analytical developments. InTech, Shanghai, S 41–62. https://doi.org/10.5772/51902

Stoddard CK (1973) Abatement of mine drainage pollution by underground precipitation, EPA-670/2-73-092. U. S. Environmental Protection Agency, Washington, S 125

Stolp W, Kiefer R (2009) Sulfatabtrennung aus schwefelsaurem Grubenwasser durch Elektrolyse. ThyssenKrupp Innovationswettbewerb 2009. ThyssenKrupp AG, Essen, S 46–49

Stookey LL (1970) Ferrozine – a new spectrophotometric reagent for iron. Anal Chem 42(7):779–781. https://doi.org/10.1021/ac60289a016

Strathmann H (2012) Membranes and membrane separation processes, 1. Principles. Ullmann's encyclopedia of industrial chemistry. Wiley-VCH, Weinheim, S 413–456. https://doi.org/10.1002/14356007.a16_187.pub3

Stropnik B, Tamše M, Ramšak R, Drev Rošer A, Stegnar P (1991) The effects of coal mining and energy production in the Šalek valley, Slovenia, on surface water bodies. Proceedings, 4th International Mine Water Association Congress 1:213–221

Strzodka M, Claus R, Preuss V, Thürmer K, Viertel K (2016) Advanced treatment of pit lakes using limestone and carbon dioxide. In: Drebenstedt C, Paul M (Hrsg) IMWA 2016 – mining meets water – conflicts and solutions. TU Bergakademie Freiberg, Freiberg, S 209–215

Stumm W, Lee GF (1961) Oxygenation of ferrous iron. Ind Eng Chem 53(2):143–146. https://doi.org/10.1021/ie50614a030

Stumm W, Morgan JJ (1996) Aquatic chemistry – chemical equilibria and rates in natural waters, 3. Aufl. Wiley, New York, S 1022

Sumi L, Gestring B (2013) Polluting the future – how mining companies are contaminating our nation's waters in perpetuity. Earthworks, Washington, S 52

Sun X, Hwang J-Y (2012) Desalination of coal mine water with electrosorption. Water in Mineral Processing. SME, Littleton, S 237–245

Svanks K, Shumate KS (1973) Factors controlling sludge density during acid mine drainage neutralization, Report № 392X – contract number A-022-OHIO. State of Ohio Water Resources Center – Ohio State University, Columbus, S 156

Systat Software I (2002) TableCurve 2D 5.01 for windows user's manual – automated curve fitting and equation discovery. SYSTAT Software Inc. Marketing Department, Richmond, S 1.1–13.14

Szilagyl G (1985) Rebuilding of original water balance in karstic reservoirs. Proceedings, 2nd International Mine Water Association Congress 2:841–847

Tabak HH, Scharp R, Burckle J, Kawahara FK, Govind R (2003) Advances in biotreatment of acid mine drainage and biorecovery of metals: 1. Metal precipitation for recovery and recycle. Biodegradation 14(6):423–436. https://doi.org/10.1023/A:1027332902740

Takeno N (2005) Atlas of Eh-pH diagrams – intercomparison of thermodynamic databases. Geol Surv Japan Open File Rep 419:1–285

Tarutis WJ, Stark LR, Williams FM (1999) Sizing and performance estimation of coal mine drainage wetlands. Ecol Eng 12(3–4):353–372. https://doi.org/10.1016/S0925-8574(98)00114-1

Taylor J, Waring C (2001) The passive prevention of ARD in underground mines by displacement of air with a reducing gas mixture: GaRDS. Mine Water Environ 20(1):2–7. https://doi.org/10.1007/s10230-001-8074-3

Teaf C, Merkel BJ, Mulisch HM, Kuperberg M, Wcislo E (2006) Industry, mining and military sites. In: World Health Organisation (Hrsg) Protecting groundwater for health: managing the quality of drinking-water sources. IWA Publishing, London, S 11.1–11.27, 23.1–23.18

Teiwes K (1916) Die Wasserhaltungsmaschinen. Die Bergwerksmaschinen, Bd 5. Springer, Berlin, S 490. https://doi.org/10.1007/978-3-642-90836-1

Temporärer Arbeitskreis Geobiotechnologie in der Dechema e. V. (2013) Geobiotechnologie – Stand und Perspektiven. DECHEMA Gesellschaft für Chemische Technik und Biotechnologie e.V., Frankfurt a. M., S 49

Terwelp T (2013) Grubenwasserhaltung – Änderung der Grubenwasserhaltung im Ruhrrevier im Zuge der Stilllegung des Steinkohlenbergbaues. bergbau 64(3):102–105

The Pennsylvanian Department of Environmental Protection (1998) Coal mine drainage prediction and pollution prevention in Pennsylvania. Pennsylvanian Bureau of Mining and Reclamation, Harrisburg, S 398

Thiruvenkatachari R, Francis M, Cunnington M, Su S (2016) Application of integrated forward and reverse osmosis for coal mine wastewater desalination. Sep Purif Technol 163:181–188. https://doi.org/10.1016/j.seppur.2016.02.034

Thomas CW (1959) Errors in measurement of irrigation water. Trans Am Soc Civ Eng 124:319–332

Tillmans J (1919) Über die quantitative Bestimmung der Reaktion in natürlichen Wässern. Z Unters Nahr Genußm Gebrauchsgegenstände 38(1/2):1–16

To TB, Nordstrom DK, Cunningham KM, Ball JW, McCleskey RB (1999) New method for the direct determination of dissolved Fe(III) concentration in acid mine waters. Environ Sci Technol 33(5):807–813. https://doi.org/10.1021/es980684z

Tönjes B (2016) Nachbergbau – Aufgaben und Verantwortung. Veröff Dt Bergbau-Mus Bochum 217:133–136

Torre MLdl, Grande JA, Santisteban M, Valente TM, Borrego J, Salguero F (2014) Statistical contrast analysis of hydrochemical parameters upstream of the tidal influence in two AMD-Affected Rivers. Mine Water Environ 33(3):217–227. https://doi.org/10.1007/s10230-013-0258-0

Totsche O, Fyson A, Kalin M, Steinberg CEW (2006) Titration curves – a useful instrument for assessing the buffer systems of acidic mining waters. Environ Sci Pollut Res 13(4):215–224. https://doi.org/10.1065/espr2005.09.284

Tracy LD (1921) Mine-water neutralizing plant at calumet mine. Trans Am Inst Min Met Eng 66:609–623

Train R, Breidenbach AW, Schaffer RB, Jarrett BM (1976) Development document for interim final effluent limitations guidelines and new source performance standards for the coal mining point source category, EPA 440/1-76/057-a. US Environmental Protection Agency, Washington, S 288

Treskatis C, Hein C, Peiffer S, Herrmann F (2009) Brunnenalterung – Sind Glaskugeln eine Alternative zum Filterkies nach DIN 4924? bbr – Fachmag Leit-Bau Brunnenbau Geotherm 60(4):36–44

Triplett J, Filippov A, Pisarenko A (2001) Coal mine methane in Ukraine – opportunities for production and investment in the Donetsk Coal Basin. U.S. Environmental Protection Agency, Partnership for Energy and Environmental Reform, Washington, S 127

Trivedi P, Axe L, Tyson TA (2001) An analysis of zinc sorption to amorphous versus crystalline iron oxides using XAS. J Colloid Interface Sci 244:230–238. https://doi.org/10.1006/jcis.2001.7971

Trudinger PA (1979) The biological sulfur cycle. In: Trudinger PA, Swaine DJ (Hrsg) Biogeochemical cycling of mineral-forming elements. Studies in Environmental Science, Bd 3. Elsevier, Amsterdam, S 293–313. https://doi.org/10.1016/S0166-1116(08)71062-8

Trumm D, Pope J, Newman N (2009) Passive treatment of neutral mine drainage at a metal mine in New Zealand using an oxidising system and slag leaching bed. Tagungsband Proceedings Securing the Future 2009 & 8th ICARD, Skellefteå, 1–10 (Electronic document)

Turek M (2003) Recovery of NaCl from saline mine water in an electrodialysis-evaporation system. Chem Pap 57(1):50–52

Turek M (2004) Electrodialytic desalination and concentration of coal-mine brine. Desalination 162(1–3):355–359. https://doi.org/10.1016/S0011-9164(04)00069-4

Turek M, Gonet M (1997) Nanofiltration in the utilization of coal-mine brines. Desalination 108:171–177. https://doi.org/10.1016/S0011-9164(97)00024-6

Turek M, Dydo P, Klimek R (2005) Salt production from coal-mine brine in ED-evaporation-crystallization system. Desalination 184(1–3):439–446. https://doi.org/10.1016/j.desal.2005.03.047

Turner AJM, Braungardt C, Potter H (2011) Risk-based prioritisation of closed mine waste facilities using GIS. Mine water – managing the challenges – 11th International Mine Water Association Congress. RWTH Aachen University, Aachen, S 667–672

U. S. Department of the Interior – Bureau of Reclamation (2001) Water measurement manual, 3. Aufl. U.S. Government Print. Office, Washington, S 272

U. S. Department of the Interior – Bureau of Reclamation (2015) Technical evaluation of the gold king mine incident San Juan County, Colorado, Denver, S 89

U. S. Environmental Protection Agency (1983) Design manual – neutralization of acid mine drainage, EPA-600/2-83-001. U.S. Environmental Protection Agency – Office of Research and Development, Cincinnati, S 231

U. S. Environmental Protection Agency (2000) Abandoned mine site characterization and cleanup handbook, EPA 910-B-00-001. U.S. Environmental Protection Agency, Denver, San Fancisco, Seattle, S 408

U. S. Environmental Protection Agency (2007a) Assessment for non-radionuclides including arsenic, cadmium, chromium, copper, lead, nickel, nitrate, perchlorate, and selenium. Monitored natural attenuation of inorganic contaminants in ground water 2, EPA/600/R-07/140. U.S. Environmental Protection Agency, Cincinnati, S 108

U. S. Environmental Protection Agency (2007b) Technical basis for assessment. Monitored natural attenuation of inorganic contaminants in ground water 1, EPA/600/R-07/139. U.S. Environmental Protection Agency, Cincinnati, S 78

U. S. Environmental Protection Agency (2010) Assessment for radionuclides including tritium, radon, strontium, technetium, uranium, iodine, radium, thorium, cesium, and plutonium-americium. Monitored natural attenuation of inorganic contaminants in ground water 3, EPA/600/R-10/093. U.S. Environmental Protection Agency, Cincinnati, S 127

U. S. Environmental Protection Agency (2012 [2015]) Guidelines establishing test procedures for the analysis of pollutants under the clean water act – analysis and sampling procedures – 40 CFR Part 136. Federal Register 77(97):29758–29834

U. S. Environmental Protection Agency (2014) Reference guide to treatment technologies for mining-influenced water, EPA 542-R-14-001. U. S. Environmental Protection Agency, Washington, S 94

U. S. Geological Survey (2015) National field manual for the collection of water-quality data techniques of water-resources investigations. TWRI 9. U.S. Geol. Survey, Washington

Uhlig U, Radigk S, Uhlmann W, Preuß V, Koch T (2016) Iron removal from the Spree River in the Bühlow pre-impoundment basin of the Spremberg reservoir. In: Drebenstedt C, Paul M (Hrsg) IMWA 2016 – mining meets water – conflicts and solutions. TU Bergakademie Freiberg, Freiberg, S 182–190

Uhlmann W, Nitsche C, Neumann V, Guderitz I, Leßmann D, Nixdorf B, Hemm M (2001) Tagebauseen – Wasserbeschaffenheit und wassergütewirtschaftliche Sanierung – Konzeptionelle Vorstellungen und erste Erfahrungen. Stud Tag-Ber 35:1–77

Uhlmann W, Theiss S, Franke C (2010) Untersuchung der hydrochemischen und ökologischen Auswirkungen der Exfiltration von eisenhaltigem, saurem Grundwasser in die Kleine Spree (nördlich Speicher Burghammer) und in die Spree (Ruhlmühle) – Abschlussbericht Teil 1: Erkundung (Mai 2010), Report № 45042952. Institut für Wasser und Boden Dr. Uhlmann, Dresden, S 58

Ulbricht S (2013) Hightech im alten Stollen – Quellwärme für das Krankenhaus – Europaweit einmaliges Projekt kann starten. Wochenspiegel – Zeitung für Freiberg und Umgebung, 13. März 2013, S 11

Ulrich K-U, Bethge C, Guderitz I, Heinrich B, Neumann V, Nitsche C, Benthaus F-C (2012) In-Lake neutralization: quantification and prognoses of the acid load into a conditioned pit lake (Lake Bockwitz, Central Germany). Mine Water Environ 31(4):320–338. https://doi.org/10.1007/s10230-012-0206-4

Unger Y, Wolkersdorfer C (2006) Sideritbildung in Tagebaurestseen – Mögliche Sanierungsstrategie des Restlochs Spreetal Nordost. Wiss Mitt Inst Geol 31:119–124

Valente TM, Gomes P, Sequeira Braga MA, Pamplona J, Antunes IM, Ríos Reyes CA, Moreno F (2019) Mineralogical attenuation processes associated with the evolution of acid mine drainage in sulfide-rich mine wastes. Tagungsband Mine Water – Technological and Ecological Challenges (IMWA 2019), Perm, Russia, 146–153

Valenzuela F, Basualto C, Tapia C, Sapag J (1999) Application of hollow-fiber supported liquid membranes technique to the selective recovery of a low content of copper from a Chilean mine water. J Membr Sci 155(1):163–168. https://doi.org/10.1016/S0376-7388(98)00321-4

van der Ent A, Baker AJ, Reeves RD, Chaney RL, Anderson CW, Meech JA, Erskine PD, Simonnot MO, Vaughan J, Morel JL, Echevarria G, Fogliani B, Rongliang Q, Mulligan DR (2015) Agromining: farming for metals in the future? Environ Sci Technol 49(8):4773–4780. https://doi.org/10.1021/es506031u

van der Ham F, Witkamp GJ, de Graauw J, van Rosmalen GM (1998) Eutectic freeze crystallization: application to process streams and waste water purification. Chem Eng Process Process Intensif 37(2):207–213. https://doi.org/10.1016/S0255-2701(97)00055-X

Van der Sloot HA, Van Zomeren A (2012) Characterisation leaching tests and associated geochemical speciation modelling to assess long term release behaviour from extractive wastes. Mine Water Environ 31(2):92–103. https://doi.org/10.1007/s10230-012-0182-8

van der Walt A, Wolkersdorfer C (2018) Indicator parameters for metals of potential concern in South African acid and circum-neutral mine waters. In: Meier G et al (Hrsg) 18. Altbergbau-Kolloquium – Tagungsband. Wagner, Nossen, S 120–124

van Emmerik T, Popp A, Solcerova A, Müller H, Hut R (2018) Reporting negative results to stimulate experimental hydrology: discussion of "The role of experimental work in hydrological sciences – insights from a community survey". Hydrol Sci J-J Sci Hydrol 63(8):1269–1272. https://doi.org/10.1080/02626667.2018.1493203

Van Houten L (2018) Mushroom compost – what is it and how is it used? Reclam Matters 2018(Spring):28–30

van Iterson FKT (1938) The clarification of coal-washery effluent. Proc Kon Ned Akad Wet 41(2):81–94

van Zyl HC, Maree JP, van Niekerk AM, van Tonder GJ, Naidoo C (2001) Collection, treatment and re-use of mine water in the Olifants River Catchment. J S Afr Inst Min Metall 101(1):41–46

Vankelecom IFJ, de Smet K, Gevers LEM, Jacobs PA (2006) Nanofiltration membrane materials and preparation. Nanofiltration – principles and applications, Nachdruck. Elsevier Advanced Technology, Amsterdam, S 33–65

Veil J (2013) Water associated with oil and gas production – produced water management and water needs. In: Brown A, Figueroa L, Wolkersdorfer C (Hrsg) Reliable mine water technology. International Mine Water Association, Golden, S 1229–1233

Veith H (1871) Deutsches Bergwörterbuch. Korn, Breslau, S 600

Vepsäläinen M (2012) Electrocoagulation in the treatment of industrial waters and wastewaters. VTT Science 12:1–96

Verburg R, Bezuidenhout N, Chatwin T, Ferguson K (2009) The Global Acid Rock Drainage Guide (GARD Guide). Mine Water Environ 28(4):305–310. https://doi.org/10.1007/s10230-009-0078-4

Vidal C, Broschek U, Zuñiga G, Bravo L (2009) Zeotreat: multifunctional adsorbents for metal and sulphate removal in mining wastewaters from copper industry, Chilean case. In: Water Institute of Southern Africa, International Mine Water Association (Hrsg) Proceedings, International Mine Water Conference. Document Transformation Technologies, Pretoria, S 454–461

Vidal-Legaz B (2017) EU raw materials information system and raw materials scoreboard: addressing the data needs in support of the EU policies – an example for water use in mining. In: Wolkersdorfer C, Sartz L, Sillanpää M, Häkkinen A (Hrsg) IMWA 2017 – Mine Water & Circular Economy. II. Lappeenranta University of Technology, Lappeenranta, S 854–861

Vinci BJ, Schmidt TW (2001) Passive, periodic flushing technology for mine drainage treatment systems. In: Barnhisel RI, Buchanan BA, Peterson D, Pfeil JJ (Hrsg) Land reclamation – a different approach. 2. Proceedings 18th Annual National Meeting – American Society for Surface Mining and Reclamation, Lexington, S 611–625

Viollier E, Inglett PW, Hunter K, Roychoudhury AN, Van Cappellen P (2000) The ferrozine method revisited – Fe(II)/Fe(III) determination in natural waters. Appl Geochem 15:785–790. https://doi.org/10.1016/S0883-2927(99)00097-9

Visser TJK, Modise SJ, Krieg HM, Keizer K (2001) The removal of acid sulphate pollution by nanofiltration. Desalination 140(1):79–86. https://doi.org/10.1016/S0011-9164(01)00356-3

Vogel D, Paul M, Sänger H-J, Jahn S (1996) Probleme der Wasserbehandlung am Sanierungsstandort Ronneburg. Geowissenschaften 14:486–489

Volckman OB (1963) Operating experience on a large scale electrodialysis water-demineralization plant. Advances in chemistry (Saline Water Conversion—II), 38. Proceedings American Chemical Society, Washington, S 133–157. https://doi.org/10.1021/ba-1963-0038.ch010

Vories KC, Harrington A (2004) State regulation of coal combustion by-product placement at mine sites – a technical interactive forum (Proceedings). U.S. Department of the Interior, Alton, S 222

Vories KC, Harrington A (2006) Flue Gas Desulfurization (FGD) by-products at coal mines and responses to the national academy of sciences final report "Managing Coal Combustion Residues in Mines" – a technical interactive forum (Proceedings). U.S. Department of the Interior, Alton, S 237

Voznjuk GG, Gorshkov VA (1983) Mine water utilization in the USSR national economy. Int J Mine Water 2(1):23–30. https://doi.org/10.1007/BF02504618

Vranesh G (1979) Mine drainage – the common enemy. Mine Drainage – Proceedings of the First International Mine Drainage Symposium. Freeman, San Francisco, S 54–97

Vymazal J (2011) Constructed wetlands for wastewater treatment: five decades of experience. Environ Sci Technol 45(1):61–69. https://doi.org/10.1021/es101403q

Wacker-Theodorakopoulos C (2000) Zehn Jahre Duales System Deutschland. Wirtschaftsdienst 80(10):628–630

Wagner B, Töpfner C, Lischeid G, Scholz M, Klinger R, Klaas P (2003) Hydrogeochemische Hintergrundwerte der Grundwässer Bayerns. GLA Fachber 21:1–250

Walder IF, Nilssen S, Räisänen ML, Heikkinen PM, Pulkkinen K, Korkka-Niemi K, Salonen V-P, Destouni G, Hasche A, Wolkersdorfer C, Witkowski AJ, Blachére A, Morel S, Lefort D, Midžić S, Silajdžić I, Coulton RH, Williams KP, Rees B, Hallberg KB, Johnson DB (2005) Contemporary reviews of mine water studies in Europe, part 2. Mine Water Environ 24(1):2–37. https://doi.org/10.1007/s10230-005-0068-0

Walter T (2006) Identifizierung der Grundwasserkörper nach EU-WRRL im Saarland und Ermittlung regionaler hydrogeochemischer Hintergrundwerte. Wiss Mitt Inst Geol 31:339–346

Walton-Day K (2003) Passive and active treatment of mine drainage. In: Jambor JL, Blowes DW, Ritchie AIM (Hrsg) Environmental aspects of mine wastes, Bd 31. Mineralogical Association of Canada, Waterloo, Ontario, S 335–359

Wang Z, Zheng J, Tang J, Wang X, Wu Z (2016) A pilot-scale forward osmosis membrane system for concentrating low-strength municipal wastewater: performance and implications. Sci Rep 6:21653. https://doi.org/10.1038/srep21653

Warkentin D, Chow N, Nacu A (2010) Expanding sulphide use for metal recovery from mine water. In: Wolkersdorfer C, Freund A (Hrsg) Mine Water and Innovative Thinking – International Mine Water Association Symposium. Cape Breton University Press, Sydney, NS, S 195–199

Wasserchemische Gesellschaft in der Gesellschaft Deutscher Chemiker, Normenausschuss Wasserwesen im D. I. N. (1993) Deutsche Einheitsverfahren zur Wasser-, Abwasser- und Schlammuntersuchung – Physikalische, chemische, biologische und bakteriologische Verfahren, Stand 2012-09. Verlag Chemie, Weinheim, S 8638

Watten BJ, Schwartz MF (1996) Carbon dioxide pretreatment of AMD for limestone diversion wells. Proceedings, West Virginia Surface Mine Drainage Task Force Symposium 17:J-1–10

Watzlaf GR, Schroeder KT, Kairies CL (2000) Long-term perpormance of alkalinity-producing passive systems for the treatment of mine drainage. Tagungsband Proceedings National Meeting of the American Society for Surface Mining and Reclamation, Tampa, 262–274. https://doi.org/10.21000/JASMR00010262

Waybrant KR, Blowes DW, Ptacek CJ (1995) Selection of reactive mixtures for the prevention of acid mine drainage using porous reactive walls. Tagungsband Sudbury '95 – Mining and the Environment, Sudbury, 3:945–953

Webster JG, Nordstrom DK, Smith KS (1994) Transport and natural attenuation of Cu, Zn, As, and Fe in the acid mine drainage of leviathan and bryant creeks. Environmental geochemistry of sulfide oxidation, Bd 550. American Chemical Society, New York, S 244–260. https://doi.org/10.1021/bk-1994-0550.ch017

Wehrli B (1990) Redox reactions of metal ions at mineral surfaces. In: Stumm W (Hrsg) Aquatic chemical kinetics – reaction rates of processes in natural waters. Wiley, New York, S 311–336

Weichgrebe D, Kayser K, Zwafink R, Rosenwinkel K-H (2014) Umweltauswirkungen von Fracking bei der Aufsuchung und Gewinnung von Erdgas insbesondere aus Schiefergaslagerstätten – Arbeitspaket 3 – Flowback – Stand der Technik bei der Entsorgung, Stoffstrombilanzen. Texte 53:AP3-I-AP3-126

Weilner C (2013) Entstehung und hydrobiologische Entwicklung der Tagebauseen im Oberpfälzer Seenland. Naturw Z Niederbayern 34:125–144

Weiner ER (2010) Applications of environmental aquatic chemistry – a practical guide, 2. Aufl. CRC Press, Boca Raton, S 465

Welgemoed TJ (2005) Capacitive deionization technology™ – development and evaluation of an industrial prototype system. Unveröff. Master Thesis University of Pretoria, Pretoria, S 90

Welgemoed TJ, Schutte CF (2005) Capacitive Deionization Technology™: An alternative desalination solution. Desalination 183(1):327–340. https://doi.org/10.1016/j.desal.2005.02.054

Werner F, Graupner B, Merkel BJ, Wolkersdorfer C (2006) Assessment of a treatment scheme for acidic mining lakes using CO_2 and calcium oxides to precipitate carbonates. ICARD 2006, 7. Proceedings 7th International Conference on Acid Rock Drainage (ICARD), St. Louis, S 2344–2353 [CD-ROM]. https://doi.org/10.21000/JASMR06022344

Werner A, Rieger A, Mosch M, Haseneder R, Repke JU (2018) Nanofiltration of indium and germanium ions in aqueous solutions: influence of pH and charge on retention and membrane flux. Sep Purif Technol 194:319–328. https://doi.org/10.1016/j.seppur.2017.11.006

West Virginia Department of Health and Human Resources (2003) State of West Virginia source water assessment and protection program – source water assessment report – City of Gary McDowell County Report № WV3302420. Source Water Protection Unit, West Virginia, S 12

Westermann S, Goerke-Mallet P, Reker B, Dogan T, Wolkersdorfer C, Melchers C (2017) Aus Erfahrungen lernen: Evaluierung von Grubenwasseranstiegsprozessen zur Verbesserung zukünftiger Prognosen 17. Altbergbau-Kolloquium – Tagungsband. Wagner, Nossen, S 259–273

Weston Solutions (2004) Draft preliminary wastewater treatment technology evaluation Tar Creek Superfund Site Oklahoma Picher mining district. U.S. Army Corps of Engineers, Tulsa, S 30

Weyer J (2010) CO_2 in underground openings and mine rescue exercise. In: Wolkersdorfer C, Freund A (Hrsg) Mine Water and Innovative Thinking – International Mine Water Association Symposium. Cape Breton University Press, Sydney, NS, S 93–97

Whillier A (1977) Recovery of energy from the water going down mine shafts. J S Afr Inst Min Metall 78:183–186

Whitehead PG, Hall G, Neal C, Prior H (2005) Chemical behaviour of the Wheal Jane bioremediation system. Sci Total Environ 338(1–2):41–51. https://doi.org/10.1016/j.scitotenv.2004.09.004

Wiberg N, Wiberg E, Holleman AF (2016) Anorganische Chemie, 1+2, 103. Aufl. De Gruyter, Berlin, S 2694

Wieber G, Pohl S (2008) Mine water: a source of geothermal energy – examples from the Rhenish Massif. Proceedings, 10th International Mine Water Association Congress, 113–116

Wiedemeier TH, Rifai HS, Newell CJ, Wilson JT (1999) Natural attenuation of fuels and chlorinated solvents in the subsurface. Wiley, New York, S 632. https://doi.org/10.1002/9780470172964

Wildeman T, Brodie GA, Gusek J (1993a) Wetland design for mining operations. BiTech, Richmond, S 408

Wildeman T, Gusek J, Dietz J, Morea S (1993b) Handbook for constructed wetlands receiving acid mine drainage, Report № CR 815325. Colorado School of Mines, Golden, S 233

Wilkin R (2007) Metal attenuation processes at mining sites. Ground Water Issue EPA/600/R-07/092:1–12

Wilkin RT (2008) Contaminant attenuation processes at mine sites. Mine Water Environ 27(4):251–258. https://doi.org/10.1007/s10230-008-0049-1

Wilmoth RC (1973) Applications of reverse osmosis to acid mine drainage treatment. U.S. Government Print. Office, Washington, S 159

Wilmoth RC (1977) Limestone and lime neutralization of ferrous iron acid mine drainage. Environmental Protection Technology Series EPA-600/2-77-101:95

Wilmoth RC, Scott RB, Harris EF (1977) Application of ion exchange to acid mine drainage treatment. Proceedings 32nd Industrial Waste Conference, Lafayette, S 820–829

Winner Global Energy, Environmental Services L. L. C. (2009) AMD value extraction process – liquid to liquid extraction final report, Report № GR# 410003675. Winner Global Energy & Environmental Services LLC, Sharon, S 169

Wisotzky F (2001) Prevention of acidic groundwater in lignite overburden dumps by the addition of alkaline substances: pilot-scale field experiments. Mine Water Environ 20(3):122–128. https://doi.org/10.1007/s10230-001-8093-0

Wisotzky F (2003) Saure Bergbauwässer (Acid Mine Drainage) und deren Qualitätsverbesserung durch Zugabe von alkalisch wirkenden Zuschlagstoffen zum Abraum – Untersuchungen im Rheinischen Braunkohlenrevier. Dtsch Gewässerkd Jb Bes Mitt 61:167

Wisotzky F, Lenk S (2006) Darstellung und Evaluierung der Minderungsmaßnahmen zur Kippenwasserversauerung im Tagebau Garzweiler der RWE Power AG (Rheinisches Braunkohlenrevier, Germany). Wiss Mitt Inst Geol 31:133–138

Wisotzky F, Cremer N, Lenk S (2018) Angewandte Grundwasserchemie, Hydrogeologie und hydrogeochemische Modellierung – Grundlagen, Anwendungen und Problemlösungen, 2. Aufl. Springer, Heidelberg, S 678. https://doi.org/10.1007/978-3-662-55558-3

Wissenschaftlich-Technische Werkstätten GmbH (1997) Leitfähigkeits-Fibel – Einführung in die Konduktometrie für Praktiker. Wissenschaftlich-Technische Werkstätten GmbH, Weilheim (unveröff.), S 58

Wohnlich S (2001) Natural Attenuation – Wiederkehr der natürlichen Selbstreinigung des Grundwassers? Grundwasser 6(1):1–1. https://doi.org/10.1007/pl00010385

Wolfers B, Ademmer C (2010) Grenzen der bergrechtlichen Nachsorgehaftung – Verhältnismäßigkeitsprüfung im Bergrecht nach dem Rammelsberg-Urteil. Dtsch Verwalt-Bl Abh 1:22–27

Wolkersdorfer C (1995) Die Flutung des ehemaligen Uranbergwerks Niederschlema/Alberoda der SDAG Wismut. Z geol Wiss 23(5/6):795–808

Wolkersdorfer C (1996) Hydrogeochemische Verhältnisse im Flutungswasser eines Uranbergwerks – Die Lagerstätte Niederschlema/Alberoda. Clausthaler Geowiss Diss 50:1–216

Wolkersdorfer C (2008) Water management at abandoned flooded underground mines – fundamentals, tracer tests, modelling, water treatment. Springer, Heidelberg, S 465. https://doi.org/10.1007/978-3-540-77331-3

Wolkersdorfer C (2011) Tracer test in a settling pond – the passive mine water treatment plant of the 1 B mine pool, Nova Scotia, Canada. Mine Water Environ 30(2):105–112. https://doi.org/10.1007/s10230-011-0147-3

Wolkersdorfer C (2013) Management von Grubenwasser 3.0 – Blick in die Zukunft. Wiss Mitt Inst Geol 44:105–113

Wolkersdorfer C, Baierer C (2013) Improving mine water quality by low density sludge storage in flooded underground workings. Mine Water Environ 32(1):3–15. https://doi.org/10.1007/s10230-012-0204-6

Wolkersdorfer C, Kubiak C (2008) Low density sludge storage in a flooded underground mine. In: Rapantova N, Hrkal Z (Hrsg) Mine water environ. VSB – Technical University of Ostrava, Ostrava, S 51–54

Wolkersdorfer C, Qonya B (2017) Passive mine water treatment with a full scale, containerized vertical flow reactor at the abandoned Metsämonttu mine site, Finland. In: Wolkersdorfer C, Sartz L, Sillanpää M, Häkkinen A (Hrsg) IMWA 2017 – Mine Water & Circular Economy. I. Lappeenranta University of Technology, Lappeenranta, S 109–116

Wolkersdorfer C, Wackwitz T (2004) Antimony anomalies around abandoned silver mines in Tyrol/Austria. In: Jarvis AP, Dudgeon BA, Younger PL (Hrsg) Mine water 2004 – Proceedings International Mine Water Association Symposium. 1. University of Newcastle, Newcastle upon Tyne, S 161–167

Wolkersdorfer C, Younger PL (2002) Passive Grubenwassereinigung als Alternative zu aktiven Systemen. Grundwasser 7(2):67–77. https://doi.org/10.1007/s007670200011

Wolkersdorfer C, Tamme S, Hasche A (2003) Natural attenuation of iron rich mine water by a surface brook. In: Nel PJL (Hrsg) Mine water environ. Proceedings 8th International Mine Water Association Congress, Johannesburg, S 433–439

Wolkersdorfer C, Göbel J, Blume C, Weber C (2004) Hydrogeologische Probenahmestellen in der Troianischen Landschaft. Stud Troica 14:169–200

Wolkersdorfer C, Lopes DV, Nariyan E (2015) Intelligent mine water treatment – recent international developments. In: Paul M (Hrsg) Sanierte Bergbaustandorte im Spannungsfeld zwischen Nachsorge und Nachnutzung – WISSYM 2015. Wismut GmbH, Chemnitz, S 63–68. https://doi.org/10.13140/RG.2.1.2441.5849

Wolkersdorfer C, Göbel J, Hasche-Berger A (2016) Assessing subsurface flow hydraulics of a coal mine water bioremediation system using a multi-tracer approach. Int J Coal Geol 164:58–68. https://doi.org/10.1016/j.coal.2016.03.010

Wolkersdorfer C, Nordstrom DK, Beckie R, Cicerone DS, Elliot T, Edraki M, Valente TM, França SCA, Kumar P, Oyarzún Lucero RA, Soler AIG (2020) Guidance for the Integrated Use of Hydrological, Geochemical, and Isotopic Tools in Mining Operations. Mine Water Environ 39(2):204–228. https://doi.org/10.1007/s10230-020-00666-x

World Water Assessment Programme (2012) Managing water under uncertainty and risk – The United Nations World Water Development Report 4. United Nations Educational Scientific and Cultural Organization, Paris, S 866

Yang JE, Skousen JG, Ok Y-S, Yoo K-Y, Kim H-J (2006) Reclamation of abandoned coal mine waste in Korea using lime cake by-products. Mine Water Environ 25(4):227–232. https://doi.org/10.1007/s10230-006-0137-z

Yeh S-J, Jenkins CR (1971) Disposal of sludge from acid mine water neutralization. J Water Pollut Control Fed 43(4):679–688

Yeheyis MB, Shang JQ, Yanful EK (2009) Long-term evaluation of coal fly ash and mine tailings co-placement – a site-specific study. J Environ Manage 91(1):237–244. https://doi.org/10.1016/j.jenvman.2009.08.010

Young EF, Steinman HE (1967) Coal mine drainage treatment. Purdue Univ, Eng Bull, Ext Ser 52(3):477–491

Younger PL (1995) Hydrogeochemistry of minewaters flowing from abandoned coal workings in County Durham. Q J Eng Geol 28(4):S101–S113. https://doi.org/10.1144/GSL.QJEGH.1995.028.S2.02

Younger PL (1997) The longevity of minewater pollution – a basis for decision-making. Sci Total Environ 194–195:457–466. https://doi.org/10.1016/S0048-9697(96)05383-1

Younger PL (1998) Design, construction and initial operation of full-scale compost-based passive systems for treatment of coal mine drainage and spoil leachate in the UK. Tagungsband Mine Water and Environmental Impacts, Johannesburg, 2:413–424

Younger PL (2000a) Holistic remedial strategies for short- and long-term water pollution from abandoned mines. Trans Inst Min Metall Sect A 109:A210–A218. https://doi.org/10.1179/mnt.2000.109.3.210

Younger PL (2000b) Predicting temporal changes in total iron concentrations in groundwaters flowing from abandoned deep mines: a first approximation. J Contam Hydrol 44:47–69. https://doi.org/10.1016/S0169-7722(00)00090-5

Younger PL (2002a) Deep mine hydrogeology after closure – insights from the UK. In: Merkel BJ, Planer-Friedrich B, Wolkersdorfer C (Hrsg) Uranium in the aquatic environment. Springer, Heidelberg, S 25–40. https://doi.org/10.1007/978-3-642-55668-5_3

Younger PL (2002b) Mine water pollution from Kernow to Kwazulu-Natal: geochemical remedial options and their selection in practice. Proceedings, Ussher Society 10:255–266

Younger PL (2007) Groundwater in the environment – an introduction. Blackwell, Oxford, S 318

Younger PL (2010) Where there is no pH meter: estimating the acidity of mine waters by visual inspection. In: Wolkersdorfer C, Freund A (Hrsg) Mine Water and Innovative Thinking – International Mine Water Association Symposium. Cape Breton University Press, Sydney, NS, S 407–411

Younger PL, Adams R (1999) Predicting mine water rebound. Environment Agency, Bristol, S 109. https://doi.org/10.13140/2.1.4805.5681

Younger PL, Banwart SA (2002) Time-scale issues in the remediation of pervasively contaminated groundwaters at abandoned mines sites. Groundwater quality: natural and enhanced restoration of groundwater pollution, IAHS Publication, 275. IAHS Press, Wallingford, S 585–591

Younger PL, Curtis TP, Jarvis A, Pennell R (1997) Effective passive treatment of aluminium-rich, acidic colliery spoil drainage using a compost wetland at quaking houses, County Durham. Water Environ Manage 11:200–208. https://doi.org/10.1111/j.1747-6593.1997.tb00116.x

Younger PL, Banwart SA, Hedin RS (2002) Mine water – hydrology, pollution, remediation. Kluwer, Dordrecht, S 464. https://doi.org/10.1007/978-94-010-0610-1

Younger PL, Jayaweera A, Elliot A, Wood R, Amos P, Daugherty AJ, Martin A, Bowden L, Aplin AC, Johnson DB (2003) Passive treatment of acidic mine waters in subsurface-flow systems –

exploring RAPS and permeable reactive barriers. Land Contam Reclam 11(2):127–135. https://doi.org/10.2462/09670513.806

Younger PL, Jenkins DA, Rees SB, Robinson J, Jarvis AP, Ralph J, Johnston DN, Coulton RH (2004) Mine waters in Wales – pollution, risk management and remediation. Geol Ser Natl Mus Art Galleries Wales 23:138–154

Younger PL, Coulton RH, Froggatt EC (2005) The contribution of science to risk-based decision-making: lessons from the development of full-scale treatment measures for acidic mine waters at Wheal Jane, UK. Sci Total Environ 338(1–2):137–154. https://doi.org/10.1016/j.scitotenv.2004.09.014

Zhang Y, Charlet L, Schindler PW (1992) Adsorption of protons, Fe(II) and Al(III) on lepidocrocite (γ-FeOOH). Colloids and Surfaces 63(3):259–268. https://doi.org/10.1016/0166-6622(92)80247-Y

Zhao S, Zou L, Tang CY, Mulcahy D (2012a) Recent developments in forward osmosis: opportunities and challenges. J Membr Sci 396:1–21. https://doi.org/10.1016/j.memsci.2011.12.023

Zhao X, Zhang B, Liu H, Chen F, Li A, Qu J (2012b) Transformation characteristics of refractory pollutants in plugboard wastewater by an optimal electrocoagulation and electro-Fenton process. Chemosphere 87(6):631–637. https://doi.org/10.1016/j.chemosphere.2012.01.054

Zhuang J-M (2009) Acidic rock drainage treatment – a review. Recent Pat Chem Eng 2(3):238–252. https://doi.org/10.2174/2211334710902030238

Žibret G, Žebre M (2018) Use of robotics and automation for mineral prospecting and extraction. In: Joint Conference of UNEXMIN, ¡VAMOS! and RTM Projects, Bled. Geological Survey of Slovenia, S 57. https://doi.org/10.5474/9789616498579

Ziegenbalg G (1999) In-situ remediation of heavy metal contaminated soil or rock formations and sealing of water inflows by directed and controlled crystallization of natural occurring mineral. In: Fernández Rubio R (Hrsg) Mine, water & environment. II. International Mine Water Association, Sevilla, S 667–672

Ziemkiewicz PF (2006) Groundwater effects of coal combustion by-product placement in coal mines. Flue Gas Desulfurization (FGD) by-products at coal mines and responses to the national academy of sciences final report "Managing Coal Combustion Residues in Mines" – a technical interactive forum (Proceedings). U.S. Department of the Interior, Alton, S 59–67

Ziemkiewicz PF, Ashby JC (2007) Wet FGD Placement at the Mettiki Mine in Maryland. Proceedings, West Virginia Surface Mine Drainage Task Force Symposium 28: elektronische Resource 7 S

Ziemkiewicz PF, Brant DL, Skousen JG (1996) Acid mine drainage treatment with open limestone channels. Proceedings, West Virginia Surface Mine Drainage Task Force Symposium 17 (Elektronisches Dokument). https://doi.org/10.21000/JASMR96010367

Ziemkiewicz PF, Skousen JG, Brant DL, Sterner PL, Lovett RJ (1997) Acid mine drainage treatment with armored limestone in open limestone channels. J Environ Qual 26(4):560–569. https://doi.org/10.2134/jeq1997.00472425002600040013x

Zinchenko D, Schauer PJ, Migchelbrink J, Liang HC, Tamburini JR, Nketia M, Rolston N, Hatley J, Lau T, Willis J (2013) Evaluation of high-rate clarification for water treatment at a Uranium mine – a case study. In: Brown A, Figueroa L, Wolkersdorfer C (Hrsg) Reliable mine water technology. International Mine Water Association, Golden, S 755–760

Zinck JMM (2005) Review of disposal, reprocessing and reuse options for acidic drainage treatment sludge, MEND Report 3.42.3. Mine Environment Neutral Drainage (MEND) Program, Ottawa, S 61

Zinck JMM (2006) Disposal, reprocessing and reuse options for acidic drainage treatment sludge. ICARD 2006, 7. Proceedings 7th International Conference on Acid Rock Drainage (ICARD), St. Louis, S 2602–2617. https://doi.org/10.21000/JASMR06022604

Zinck JMM, Aubé BC (2000) Optimization of lime treatment processes. CIM Bull 93(1043):98–105

Zinck JMM, Wilson JL, Chen TT, Griffith W, Mikhail S, Turcotte AM (1997) Characterization and stability of acid mine drainage sludge, MEND Report 3.42.2a. Mine Environment Neutral Drainage (MEND) Program, Ottawa, S 73

Zipper CE, Skousen JG (2010) Influent water quality affects performance of passive treatment systems for acid mine drainage. Mine Water Environ 29(2):135–143. https://doi.org/10.1007/s10230-010-0101-9

Zoumis T (2003) Entwicklung aktiver Barrieren für die Entfernung von Schwermetallen aus Grubenwässern am Beispiel der Freiberger Grube, Sachsen. VDI-Verl., Düsseldorf, S 159

Zoumis T, Calmano W, Förstner U (2000) Demobilization of heavy metals from mine waters. Acta Hydrochim Hydrobiol 28(4):212–218. https://doi.org/10/dstsff

Дуров CA (Durov SA) (1949) Треугольная форма графического выражения результатов водных анализов и применение ее к классификации природных вод [Dreiecksformen für die graphische Darstellungen von Wasseranalysen und ihre Anwendung auf die Klassifizierung natürlicher Gewässer]. Гидрохимические материалы 17:54–60

何绪文 (He Xu Wen), 贾建丽著 (Jia Jianli) (2009) 矿井水处理及资源化的理论与实践 [Theorie und Praxis der Aufbereitung und des Recyclings von Grubenwasser]. 煤炭工业出版社出版, 北京, S 234

梁天成 (Liang Tiancheng) (2004) 矿井水处理技术及标准规范实用手册 [Praktisches Handbuch der Technologie und Standards zur Grubenwasseraufbereitung]. 当代中国音像出版社, 北京

Stichwortverzeichnis

A

Abbauweise
  Abraummanagement, 227
  alkalisches Material, 227
  Änderung, 227
  Einfluss auf Wasserqualität, 227
Abdampfdrückstand s. Gesamtmineralisation
Abfallentsorgung, kommunale, 265
Abflusskurven, 87
Abraum, 50, 227, 249, 250
  Pyritoxidation, 241, 250
Absorption, 31–33, 164
Abwasser, 10, 11, 23, 67, 150, 159, 165, 182
  Behandlung, 10, 131, 162, 218
  kommunale Reinigung s. auch Pflanzenkläranlage
Acid Mine Drainage s. Grubenwasser, saures
Acid soils, 38
Acidität, 15, 16, 18, 19, 26, 45, 81, 100, 195
  Netto, 24–26, 30, 46, 93, 182, 190, 192, 195, 198, 201
Acidithiobacillus
  ferrivorans, 229
  ferrooxidans, 36
  thiooxidans, 35, 36, 159, 228
Adsorbat, 32
Adsorbens, 32
Adsorption s. auch Matrixsorption; Oberflächensorption, 31–33, 164, 166
Advanced Oxidation s. Reinigungstechnologie, erweiterte Oxidation
Agrobergbau, 228, 230
AK Grubenwasser, 8
Aktivität, 30, 65, 81, 93
  Koeffizient, 92
Alfalfa, 214
Alge, 272
Alkalinität, 26, 82, 100, 159, 184, 185, 187, 197, 200, 215, 266
  Netto, 24–26, 46, 192, 193, 195, 211
Altbergbau, 8
Aluminium, 9, 33, 45, 46, 62, 71, 96, 118, 119, 126, 153, 186, 194, 196, 198, 264
Alyssum sp., 271
AMD (*Acid Mine Drainage*) s. Grubenwasser, saures
Ammonium, 41, 99, 116, 138, 148, 160, 166
  Sulfatdünger, 138
Amphibien, verendete, 235
Analyse s. Wasseranalyse
Angelteich, Umwandlung zu Absetzbecken, 202
Anglo American Coal, 159, 173
Antimon, 226
Apatitstaub, 242, 255
Apple, 5
AQM PalPower M10, Sorbent, 166
Aquakultur, 259
  Flusskrebs *(Cherax tenuimanus)*, 259
  Umweltauswirkung, 259
Aquaminerals Finland Oy, 166
Aqua-Simon, 172
Arbeitsschutz s. unter Probenahme
Aronstab, 27
Arsen, 9, 12, 19, 63, 108, 152, 157, 158, 163, 164, 166, 265
Aufbereitungsabgang, 50, 266
Autosampler, 199

C. Wolkersdorfer, *Reinigungsverfahren für Grubenwasser*,
https://doi.org/10.1007/978-3-662-61721-2

B
Bakterien, 272
  anaerobe, 17, 253
  Biolaugung, 228
  Metalltoleranz, 228
  sulfatreduzierende, 158, 159, 195–197, 226, 232
Bakterizid, 241, 242
Basenkapazität, 14–16, 26, 30, 31, 44, 46, 77, 81, 82, 91, 186, 187, 198, 200, 226, 240, 241
  Berechnung, 81
  Titration, 82
BAT s. BATEA
BATEA (Best Available Technology Economically Achievable), 7, 49, 50, 118
  Dokumente, 50
Battelle-Institut, 170
Bayoxid E33, 268
Begriff
  Bergbau, 9
  Bergwerk, 16
  Grube, 9
  Zeche, 9
Belüftung, 14, 26, 115, 118, 120, 123, 124, 126, 129, 209, 211–213
  Belüfter, 126
  Belüftungsbecken, 156
Bergbauingenieur, 8
Bergschadensvermutung, 38
Bergwerk
  Nachnutzung, 257
  Tourismus, 257
Bergwerksflutung s. Grubenflutung
Bergwerkspool, 97, 248, 249, 266
Betriebsvorschriften, 60
BHP Billiton, 148
Binsen, 193
Biofouling s. Fouling
Biogeochemie, 230
Biolaugung, 228
Bioleaching, 228
Biologe, 8
Biometallurgie, XIII, 228
Biomimetik, 228
Biomining, 228
Biooxidation, 228
Bioreaktor, Insulinherstellung, 272
Bioremediation, 5, 27, 228
Biosorbent, 164, 271
BIOX™-Prozess, 230
Birtley-Henry-Verfahren, 116
Blei, 27, 71, 119, 131, 135, 161, 229
Boden, 27, 28, 37, 38, 266
Bohrunternehmen, 56
Boojum Research Ltd., 215
Botaniker, 8
Brachfelder, müde, 218
BTEX, 61, 168
Buchdruck, 1
Bundesberggesetz (BBergG), Forschungsproblem, 265

C
Cadmium, 57, 71, 135, 161, 168, 230, 266
Calciumcarbonat, 116
Calciumhydroxid, 101, 115, 116, 233, 240
Calciumoxid, 101, 116
Cape Breton University, 89
Carbokalk, 233
Carbonate, 37, 40, 51, 52, 250
Carbonatgerinne
  Carbonatfluter, 184
  Etymologie, 184
  Linguistik, 184
Chaos, 41
Checklisten, 56
Chemiker, 8
Chemisorption, 31
Chrom, 168, 247, 265
Circa instans, XI
Circular Economy, XIII, 12, 17, 255, 264
Circum neutral s. pH-Wert, zirkumneutraler
Cloaca Maxima, 218
Coltan, XIV
Contaminants of potential concern, 9
Copper Basin Project, 143
Coprecipitation/Co-precipitation s. Kopräzipitation
Coulomb-Abstoßung, 131

D
Damm, hydraulischer Druck, 253
Dampfkessel, 115
Dampfmaschine, 1
Datenlogger, 91, 199
De re metallica libris XII, 12

Denitrifikation, 99
Desulfovibrio
  desulfuricans, 234
  sp., 235
Deutsches Klimarechenzentrum, 74
Deutschkreolisch, 9
Dichte, 9, 63, 80, 187, 207
Dickschlammverfahren s. unter Reinigungstechnologie
Diluat, 137
Dioxin, 168
Disulfidschwefel, 36
Dokumentation, 69, 74
  Datenverarbeitung, 74
  elektronische, 74
Dreieckswehr s. V-Wehr
Dünnschlammverfahren s. Reinigungstechnologie
Durchfluss, 51, 60, 83–85, 89, 90, 113, 186, 187, 194, 198, 200, 208, 209
  kalibrierter, 87
  Messzelle, 75, 100
  Vertikalreaktor s. Vertikaldurchflussreaktor
Durchflussmessung, 51, 83, 84, 87
  Acoustic Doppler Current Profiler (ADCP), 88
  Eimer-und-Stoppuhr-Methode, 83, 85, 89
  Ein-Punkt-Lamellenmethode, 90
  elektromagnetische, 88
  Fehler, 85, 88, 89
  Flächen-Geschwindigkeits-Methode, 87
  Flügel-Methode, 87
  Gallonenfehler, 89
  Kalibrierung, 89
  Kindsvater-Shen-Gleichung, 85, 87
  Messwehr, 85
  Salzverdünnungsmethode, 83, 87, 88, 90
  Thomson-Wehr, 85
  Ultraschallmethode, 87
  Verletzungen, 91
  V-Wehr, 83, 85, 212
  Wehrgleichungen, 83
Durchflussreaktor, perfekt gemischter, 20
Durov-Diagramm, 42

E

Earthworks, 38
Edelmetall, 34
  Meerwasser, 269
  Rio Tinto, 38
Einbau, molekularer, 33
Einheiten
  elektrische Leitfähigkeit, 79
  Liter, 13
  mho, 79
  Präfix im Nenner, 79
  SI-Einheitenvorsätze (Präfixe), 13
  US-amerikanische, 104
Einleitgrenzwert, 103, 106
Eisen, 16, 19, 30, 34, 36, 40, 46, 63, 71, 79, 88, 94–96, 99, 105, 117–121, 123, 131, 132, 146, 152, 158, 163, 166, 167, 170, 172, 183, 184, 186, 187, 192, 194, 196, 198, 200, 202, 207, 208, 211, 215, 218, 220, 228, 233, 234, 245, 264, 266
  Konzentration, 19, 94, 95, 117, 126, 198, 200, 202, 212, 255
    Benennung, 94
    ferric, 94
    ferrous, 94, 206
    fotometrische, 94
    Gesamteisen, 71, 94–96
    Messfehler, 94
  nullwertiges, 247
  Oxihydrat, 95, 126, 214, 215, 218
  Spezies, 97
Elektrizitätswerke Reutte, 264
Elektrobiochemie, 234
  todbringende, 235
Elektrode, 55, 67, 75, 78, 80, 82, 91, 92, 97, 137, 234
  Biofilm, 68
  Clark-Elektrode, 68, 76, 100
  LDO, 68
  Luminiszenz, 68
  Messzellen, 78
  optische, 68
  optischer Sauerstoffsensor, 76
  Reinigung, 68
  Sauerstoff, 68
  Verockerung, 68
Elektronenakzeptor, 214, 233
Elektronendonator, 159, 196, 233
Element, potenziell toxisches, 9
Elementcocktail, 36
End-of-the-pipe-Methode, 218

Erbe, kulturelles s. Weltkulturerbe
Erdölgewinnung, 16
Erstspülung, 15, 18–21, 51, 222, 223
Erzaufbereitung
  Abwasser, 11
  Tailings, 266
Erzvorkommen, 33, 42, 222
Ethanol, 159, 233
Ettringit, 153–156, 164
  Beton, 153
Experiment
  akademisches, 233
  Kopie, 3
  reizvolles, 247
  verunglücktes, 4
  Wiederholung, 251
Expertensoftware, 129

F
Fakten, alternative, 3
Fallgrube, 8, 56
Fällung, 31
Farbenindustrie, 12
Farbstoffe, 168
Feed, 138
Fehlerbalken, 4
Feldspat, 40
Fenton-Prozess, 167
Ferrihydrite, 166
Ferrovum myxofaciens, 157, 159
Feuchtgebiet s. unter Reinigungstechnologie
Ficklin-Diagramm, 42–44, 93
Filtergröße, 61, 72
Filterpresse, 125
Filterrückstand, 61, 73
First Flush s. Erstspülung
Fischzucht, 129, 259
Fledermausschützer, unterstützend wirkende, 254
Flerovium, 36
Flockung, 118, 120
  Ausflockung, 25, 246
  Eisen, 118, 123, 201
  Elektroflockung, 131
  Flockungshilfsmittel, 25, 116, 117, 123, 126, 127
    Kartoffelstärke, 116
    Polymere, 126
    synthetisches, 117
Flugasche, 116, 163, 240, 241, 243, 245, 250, 251
  falsche Schlussfolgerungen, 251
  höherwertiges Produkt, 251
  nötige Klassifikation, 251
  potenzielle Toxizität, 243, 250
Flutung s. Grubenflutung
Forschung
  notwendige, 143
  Spielfeld, 231
Fotokatalyse, 167
Fotolyse, 167
Fouling, 131, 136, 137, 143, 150
  Biofouling, 68, 151, 160
Fracht, 46, 73, 83, 111, 177
Fracking, 16, 151, 170
Fundación Chile, 164

G
GARD-Guide, XIII, 2, 31, 40, 164
Garimpeiros, XIV
Gaswarngerät, 59
Geländeaufnahme, 52
Genese
  Grubenwasser, 11, 45, 108
  Lagerstätte, 44
Geobiotechnologie, XIII, 228
Geothermie, 260–262
  Ablagerungen, 263
  Bohrung, 16
  falsche Annahmen, 261, 262
  Historie, 260
  Probleme, 263
  Springhill, Kanada, 263
  Verockerung, 260
  Wärmetauscher, 260
Gesamtmineralisation, 41, 47, 80, 138, 142, 146, 163, 263, 267
  Berechnung, 80
  gravimetrische, 80
Gesteinsmatrix, 69
Glaskügelchen, 130
Glimmer, 37, 40
GMB GmbH, 239
Gold, XIV, XV, 34, 143, 229, 230, 269
  Nugget, 222
Gold Book, 33, 34

Gradient, hydraulischer, 198
Grubenflutung, XIV, 15, 18, 19, 21, 22, 237, 240, 244, 248, 264
  aktive, 21
  Eigenflutung, 21
  Flutungsexperiment, 69, 247
  Fremdflutung, 21
  gesteuerte, 21
  Monitoring, 21
  passive, 21
  ungesteuerte, 21
Grubengas, 59
Grubenschließung, 255
  Risiko, 256
  sächsischer Standpunkt, 256
  Standsicherheit, 256
  Studie, 255
Grubenwasser, 11, 23
  Akzeptanz, 257
  alkalisches, 11
  AMD/ML, 92
  Analyse s. Wasseranalyse
  Anstieg s. Grubenflutung
  Attraktivität, 257
  Bergbausickerwasser, 92
  Betonaggressivität, 254
  Bewässerung, 263
    Kontamination, 263
  Chemismus, 34, 44
  Definition, 22
  diffuse Zuflüsse, 246
  echtes, 95, 165, 174
  eisenhaltiges, 198, 206
  Elektrizitätsgewinnung, 263
  Entstehung, 34
  Erholung, 40
  Genese, 45, 108
  Geothermie s. dort
  gepuffertes, 51
  Heilwasser, 11, 40
  herrenloses, 24
  hochsalinares, 69
  Internet s. Internet of Mine Water
  Klassifikation, 11, 42
  Kühlwasser, 136, 171, 260
  Mining Influenced Water, 92
  netto-acidisches, 24
  netto-alkalisches, 24
  neutrales, 11
  Nutzung, 263
  Pigment, 268
  Pool s. Bergwerkspool
  positive Herangehensweise, 257
  Probe, 52, 60, 96
    fragwürdige, 51
    repräsentative, 68
  Prognose, 41
  Puffermechanismen, 34
  Qualitätsveränderung, 52
  Reise, 8, 274
  Rohstoff, 230
  salinares, 31
  saures, 7, 11, 12, 23, 30, 31, 37, 40, 42, 61, 65, 91–93, 115, 117, 135, 146, 163, 170, 198, 208, 233, 238, 241, 242, 246, 250, 251, 253, 255
  Sickerwasser, 12, 23, 24, 42, 246
  Sole, 31, 69
  Stichprobe, 51
  synthetisches, 95, 134, 160, 165, 166, 172, 229
  Tourismus, 259
  Trinkwasser, 40
  Turbinen, 264
  Variabilität, 51
  Versauerung, 51
  Wertstoff, 12, 174, 228, 264
  zirkumneutrales, 91
Grubenwasserreinigung, 31
  intelligente, 144, 270
Grubenwetter, 59, 69, 171, 173
Grundwasser, 24, 29, 37, 38, 51, 106, 201, 205, 218, 236, 240, 246, 247, 251
  Anreicherung, 258
  diffuser Zutritt, 246
  falsche Bezeichnung als Abwasser, 23
  kontaminiertes, 40
  Verordnung, 23, 24, 106
Grundwasserschaden, 223
Gütezahl (Rottmann), 47

H

Halbmetall, 9, 33, 163
Haldenlaugung, 228, 229
Hauptelemente, 44
Hauptionen, 60, 61
HDS s. Reinigungstechnologie, Dickschlammverfahren
Heavy metal s. Schwermetall

Hintergrundkonzentration, 106
Hintergrundwert, 106
Hochofenschlacke, 116
Hubbert-Kurve, 157
Hydrogeologe, 8
Hydrolyse, 16, 61, 62, 95, 118–121, 123, 190, 192, 200, 211

I
ICP-MS, 96
Impaktfaktor, 2
INAP (International Network of Acid Prevention), 104
Informationspolitik, XIII
Ingenieurbüro, Vorbildfunktion, 57
In-situ-Sanierung, 182, 231, 241, 247, 255
  Kalk, 245
  Kalkstein, 245
  luftdichter Verschluss, 231
Intelligente Grubenwasserreinigung, 144, 270
Internationale Raumstation ISS, 137
Internet
  der Dinge (IoT), 6, 58
  of Mine Water (IoMW), 6
Investitionskosten, 127
Ionenbilanz, 65, 66
IoT s. Internet der Dinge
IPPC-Büro, 50
Isotopenuntersuchung, 38, 63

J
Jahr, hydrologisches, 51, 194
Jones and Laughlin Steel Corporation, 117, 242
Juncus, 193

K
Kalk, 101
Kalkhydrat, 126
Kalkstein, 54, 101, 122, 184, 187, 197, 202, 233, 240, 250
Katalyse, mikrobielle, 35, 241
KCl-Lösung, 92
Keyplan, 270
Kinetik, 123
Kippensubstrat, 38, 250
Klärschlamm, 16, 158, 159, 233
Kleinbergbau, XIV
Koagulation, 25, 118, 120, 203
Kobalt, 161
Kochbuch, XI, 52
Kohlenstoffquelle, 158, 159, 196, 197, 233
Kolloid, 25, 33, 62, 73, 137, 139, 140, 270
  Aluminium, 96
Komplexierung, 31, 33
Kompost-Bioreaktor, 16
Konzentration, 30
  gelöste, 41, 48, 70–73, 94–96
  gesamte, 70
Kopräzipitation, 31–33, 72, 120, 124, 153, 165, 166, 193, 223
  s.l., 31, 33, 72, 246
  s.s., 31, 33, 153
Kraftwerksasche, 237, 250
Kreislaufwirtschaft s. Circular Economy
Kristallgitter, 31, 33, 153, 171
Krustenbildung, 248
Kupfer, XIII, 16, 34, 92, 126, 135, 161, 166, 228, 229, 265
Kupfergewinnung, ex-situ, 255

L
Lab-on-the-Chip, 92
Labormaßstab, 1
Laborversuch, 95
Lagerstätte, 42
LANXESS, 161, 268
Lauge, 103
Lawrence Livermore National Laboratory, 53, 136
LDS s. Reinigungstechnologie, Dünnschlamm-verfahren
LEAG (Vattenfall), 157
Leitfähigkeit
  elektrische, 75, 78, 220
    Berechnung, 78
    Einheit, 79
    TDS (Gesamtmineralisation), 80
    Temperaturabhängigkeit, 78
  hydraulische, 222, 248
  spezifische s. elektrische
Leitfähigkeitsbilanz, 65
Leitfähigkeitsmessgerät, 89
Leptospirillum, 229
Limnologe, 8

LMBV (Lausitzer und Mitteldeutsche Bergbau-Verwaltungsgesellschaft), 138, 201, 202, 234, 240, 259
Lokalitäten
1 B Mine Pool, Kanada, 86, 97
Aachen, 261
Abzucht, 41
Afon Goch, Vereinigtes Königreich, 255
Alamogordo, USA, 145
Alexisbad, 95
Alsdorf, 260, 262
American Tunnel, USA, 135
Animas River, USA, 135, 219, 220
Argentinien, 259
Auguste Victoria, 263
Australien, 12, 150, 237, 258
Bad Ems, 59
Bad Schlema, 152
Batán, Argentinien, 259
Beallsville, USA, 242
Bear Creek Tal, USA, 247
Beatrix Goldbergwerk, Südafrika, 138
Beerwalde, 263
Bell Island, Kanada, 259
Berkeley, USA, 163, 266
Berlin, 259
Bernsteinsee, 237, 238, 240, 259
Biberwier, Österreich, 264
Bochum, 58, 263
Bockwitz, 138
Bockwitzer See, 240
Bor, Serbien, 135
Bowden Close, Vereinigtes Königreich, 199–201
Brachmannsberg, 253
Brasilien, 189, 190, 214
Brixlegg, Österreich, 228
Brombachsee, 259
Buck Lilly, USA, 234, 235
Buckhannon, USA, 255
Budelco, Niederlande, 159
Burgfeyer Stollen, 164, 226
Butler County, USA, 170
Buttonwood Stollen, USA, 20
Calumet Mine, USA, 117
Cameco's McArthur River, Kanada, 153
Cape Town, Südafrika, 171
Carolina, Südafrika, 93, 208
Cement Creek, USA, 38
Chile, 148, 164, 228, 230
China, XIV, 112, 136, 254, 258
Clough Foot, Vereinigtes Königreich, 202
Codelco, Chile, 228, 230
Collie, Australien, 259
Colorado, USA, 38, 43, 72, 135, 165, 220, 248, 256
Copper Cliff, Kanada, 214
Cornwall, Vereinigtes Königreich, 177, 257, 258
Cunha Baixa, Portugal, 215
Cwm Rheidol, Vereinigtes Königreich, 207, 208
Dębieńsko, Polen, 138, 267
Delitzsch, XIII
Derbyshire, 58
Dillenburg, 40
Dominion № 11, Kanada, 188
Donezk, Ukraine, 134, 135
Drehnaer See, 238
Drei-Brüder-Schacht, 264
Dreiweiberner See, 259
Driscoll № 4 Mine, USA, 242
Drosen, 263
Dunlap, USA, 250
Durham, Vereinigtes Königreich, 121, 122, 127, 192, 198–201
Dyffryn Adda, Vereinigtes Königreich, 255
Ecton, 58
Eden, Vereinigtes Königreich, 257
Edsån, Schweden, 236
Eduard-Schacht, 262
Ehrenfriedersdorf, 262
Eichow, 202
Eifel, 153, 164, 226
Elbingerode, 244
eMalahleni, Südafrika, 140, 142, 143, 145, 147, 148, 150, 269–271
Enos, USA, 177
Erzgebirge, XIII, 157, 247, 254, 257
Essen, 261, 263
Ettringer Bellerberg, 153
Fawn Mine, USA, 170
Fife, Schottland, 121
Finnland, 50, 58, 79, 87, 98, 150, 178, 208, 210, 213, 230
Frances, Vereinigtes Königreich, 121
Franken, 259
Fünfkirchen, Ungarn, 247

Gary #2, USA, 258
Garzweiler, 37
Gauteng, Südafrika, 86, 140, 142, 145, 148, 269–271
Geierswalder See, 237, 240
Gera, 27
Gernrode, 19, 90, 189, 200, 219
Gessenhalde, 27
Gessental, 246
Ghana, 99, 229
Glasebach, 36
Glubokaya, Ukraine, 134, 135
Gold-King-Bergwerk, USA, 135, 256
Goslar, 41, 228, 257
Greenbrier, USA, 234
Großthiemig, 11
Grube Einheit, 244
Grube Ida-Bismarck, 182
Grube Wolf, 263
Grube Ypsilanta, 40
Hachener Teich, 177
Hagenbachtalstollen, 90
Harz, 16, 19, 26, 36, 88, 90, 95, 113, 182, 200, 202, 219, 244, 253, 257, 264, 266
Heerlen, Niederlande, 261, 262
Heiligkreuz, Polen, 272
Heiligkreuzgebirge, Polen, 272
Helmsdorf, 166
Helmstedter Revier, 250
Hohe Warte, 19, 200
Hope, 69
Horden, Vereinigtes Königreich, 121, 122, 127
Hotel InterContinental Shimao Shanghai Wonderland, China, 257, 258
Howe-Wilburton, USA, 245
Iberischer Pyritgürtel, Spanien und Portugal, 38
Idrija, Slowenien, 58
Ilse-See, 138
Inden, 16
Indiana, USA, 177
Iron Mountain, 28, 92
Italien, 223, 237
Jänschwalde, 260
Jarny, Frankreich, 145
Jinping I, China, 254
Kaatiala, 58
Kanada, 50, 57, 84, 86, 94, 97, 125, 128, 153, 178, 191, 193, 202–205, 211, 214, 232, 246, 261, 266
Kap-Breton-Insel, Neuschottland, Kanada, 57, 72, 84, 86, 89, 97, 128, 188, 191, 214, 246
Kasachstan, 9
Kennecott, USA, 159
Keno Hill, Kanada, 178
Kentucky-Utah-Tunnel, USA, 40
Kilianstollen, 229
Kingston, USA, 261
Kittilä, Finnland, 230
Knappensee, 223, 259
Königl. Verträglicher Gesellschaft Stolln, 254
Königsgrube, Schlesien, 115
Königshütte, Schlesien, 115
Königstein, 20, 163, 247, 248, 264
Kotalahti, Finnland, 178, 210
Kromdraai, Südafrika, 142, 143, 148, 269, 271
Lahngebiet, 18
Landusky Mine, USA, 235
Langban, Schweden, 259
Lausitz, XI, XIII, 8, 38, 46, 102, 124, 137, 138, 146, 157, 201, 206, 232, 236, 258–260, 264, 268
Lausitzer Seenland, 259
Lehesten, 54, 55, 182, 186
Lichtenauer See, 238
Liechtenstein, 9
Lohsa, 237, 259
  Speichersystem, 259
Lothringen, Frankreich, 145
Luxemburg, 9
Mansfeld, 229
Marianna, USA, 242
Marsberg, 229
Meggen, XI, 115, 177
Menzingteich, 189
Metsämonttu, Finnland, 85, 87, 98, 178, 208, 209, 214
Mettiki, USA, 243
Meurthe-et-Moselle, Frankreich, 145
Middleburg, Südafrika, 86
Mina de Campanema, Brasilien, 189, 190
Minas Gerais, Brasilien, 189, 190
Minera Escondida, Chile, 148

Minnesota, USA, 259
Mitterberg, Österreich, 18
Montana, USA, 163, 235, 266
Montevecchio, Italien, 223
Morrison Busty, Vereinigtes Königreich, 198
Mponeng, Südafrika, 173
Mpumalanga, Südafrika, 37, 93, 208
Neumexiko, USA, 145
Neuschottland, Kanada, 57, 84, 86, 94, 125, 128, 188, 191, 193, 202, 203, 211, 246, 261
Neville Street, Kanada, 191, 193, 202, 203, 211
New Vaal Colliery, Südafrika, 173
New Vaal, Südafrika, 140, 172, 173
Newcastle-upon-Tyne, Vereinigtes Königreich, 116
Nickel Rim, Kanada, 204, 205
Niederlande, 159
Niederschlema/Alberoda, 11, 37
№ 105 W Mine, USA, 255
Nöbdenitz, 263
Oberschlesien, 115
Ockersümpfe, 12
Ojamo, Finnland, 259
Oker, 41, 201
Oklahoma, USA, 245
Ontario, Kanada, 204, 205
Optimum Coal Mine, Südafrika, 148, 269
Österreich, 9
Othfresen, 182, 190
Paitzdorf, 182, 263
Parys Mountain, Vereinigtes Königreich, 251, 255
Pécs (Fünfkirchen), Ungarn, 163, 247, 264
Pennsylvanien, USA, 7, 20, 117, 163, 170, 191, 197, 198, 213, 219, 227, 241, 242, 250, 258, 261
Pike County, USA, 177
Plessa, 138
Plessaer See, 233
Poços de Caldas, Brasilien, 163
Pöhla, 20, 182
Polen, 115, 138, 144, 267, 272
Portugal, 58, 183, 205, 215
Prosper-Haniel, 263
Quaking Houses, Vereinigtes Königreich, 190, 192, 198
Rainitza, 138
Rammelsberg, XI, 12, 40, 201, 228, 257
Reiche Zeche, 16, 164, 262
Restsee 111, 233, 234
Restsee Borna Ost, 240
Restsee Koschen, 237, 240
Rheinisches Revier, 249, 250
Rio de Huelva, Spanien, 38
Rio Tinto, Spanien, 38, 39, 257
RL-107, 138
Robert Müser, 263
Robule, Serbien, 135
Ronneburg, 27, 246, 248, 250
Rothschönberger Stollen, 19
Russland, 163
Saizerais, Frankreich, 20
Sala, Schweden, 259
Šalektal, Slowenien, 245
Salem № 2, USA, 248
Sardinien, Italien, 223
Sarver, USA, 170
Saskatchewan, Kanada, 153
Schacht 371, 37
Scheibe-See, 237–239
Schlabendorf Nord, 211
Schlema, 20, 152, 182
Schlesien, 152
Schloss Freudenstein, 262
Schmölln, 263
Schönstein, Slowenien, 245
Schwartzwalder, USA, 248, 251
Schwarze Pumpe, 124, 258, 260
Schwaz, Österreich, 226
Schwefelstollen, 95, 218
Schweiz, 9
Sedlitz, 138
Sedlitzer See, 238
Selketal, 218
Selminco, Kanada, 214
Sequatchie, USA, 250
Shilbottle, Vereinigtes Königreich, 206, 246
Sibirien, 9
Siegerland, 263
Sierra de Cartagena-La Unión, Spanien, 189
Silverton, USA, 38
Skadodamm, 8, 206
Skandinavien, 10, 178, 232, 237
Slovan, USA, 163
Slowenien, 58, 59, 92

Smith Township, USA, 163
Soshanguve, Südafrika, 172
Šoštanj, Slowenien, 245
Spanien, 38, 39, 205, 257, 258
Spree, 246
Spreewald, 259, 264
Springhill, Kanada, 261
Sprotte, 263
St Aidan's, Vereinigtes Königreich, 259
St. Michael, USA, 170
Stanley Burn, Vereinigtes Königreich, 190
Steinbach, 189
Steinberger See, 223, 237, 259
Straßberg, 16, 26, 36, 113, 202, 244, 253, 266
Straž, Ungarn, 156
Südafrika, 12, 37, 79, 93, 137, 138, 140, 142, 145, 146, 148, 149, 154, 155, 159, 171–173, 208, 210, 224, 230, 269–271
Südtirol, 9
Swatara Creek Basin, USA, 188
Sykesville Mine, USA, 170
Taff Merthyr, Vereinigtes Königreich, 207, 208
Talvivaara, Finnland, 229, 230
Tellerhäuser, XIII
Tennessee, USA, 184, 247, 250
Tennessee Valley Authority, USA, 184
Terrafame, Finnland, 229, 230
Thüringen, 54, 166, 182, 186, 246, 250
Tschechische Republik, 163
Tuna Hästberg, Schweden, 259
Tzschelln, 138, 157
UdSSR, 137
Undensee, Schweden, 236
Ungarn, 146, 156, 163, 205, 247
Urgeiriça, Portugal, 58, 183, 215
Utah, USA, 40, 159, 205, 235
Velenje, Slowenien, 28, 92, 245
Velenjsko jezero (Velenjesee), Slowenien, 245
Vetschau, 202
Wackersdorf, 182, 223, 237, 259
Wales, Vereinigtes Königreich, 168, 198, 207, 226, 255
Wallsend Rising Sun, Vereinigtes Königreich, 116
Warndt, 253
Wasatch Berge, Utah, USA, 40
West Virginia, USA, 234, 250, 255, 259
Western Deep Levels, Südafrika, 173
Westmoreland County, USA, 117, 191, 197
Wheal Jane, Vereinigtes Königreich, 103, 104, 127, 177
Wilhelm Erbstollen, Österreich, 226
Wilkes-Barr, USA, 261
Will Scarlet, USA, 233
Wohlverwahrt Nammen, 10, 16
Wöllan, Slowenien, 245
Wüstenhain, 202
Wyoming Becken, USA, 20
Ynysarwed, Vereinigtes Königreich, 27, 168, 178
Yorkshire, Vereinigtes Königreich, 202, 227
Yukon Territory, Kanada, 178
Zeche Gottessegen, Löttringhausen, 116
Zeche Heinrich, 261
Zeche Vesta № 5, USA, 117, 242
Zeche Vesta № 6, USA, 118, 242
Zeche Zollverein, 263
Zement Creek, USA, 135
Zwickau, 262
Luzerne, 214

M

Magnesium, 229
Magnesiumhydroxid, 116
Magnesiumoxid, 116
Makrokosmos s. Reinigungstechnologie, Inlake-Verfahren, Umfassung
Makrophyten, 201, 214, 215
Mangan, 26, 27, 63, 79, 96, 118, 119, 135, 156, 166, 168, 193, 194, 196, 208, 265, 270
Markasit, 34, 51
Markasitoxidation, 35
Markierungsversuch s. Tracertest
Markscheider, 8
Matrixsorption, 31–33
Meerwasserentsalzung, 136, 141, 142, 148
Membran, 137
keramische, 145
selektive, 137, 143, 269
Zusammensetzung, 145

Membranfilter, 72
hydrophiler, 72
hydrophober, 72
Porenweite, 139
Trenngrenzen, 139
Memoryeffekt, 92
Memplex, 7
MEND (Mine Environment, Neutral Drainage), 50
Handbuch, 103
Messgeräte, 56, 67, 76, 97
Bluetooth, 77
Elektrode s. dort
Hersteller, 80
Kalibrierung, 68, 79, 91
MyronL Company, 77
Sondenlagerung, 92
Temperatur, 77
Messwehr, 83, 85–87, 209
Messwerte
Einheiten, 74
Temperatureinheiten, 75
Messwertgeber, 90
Metabolismus, 222, 232
Metalle
Erzbergbau, 63
potenziell toxische, 9, 250
selektive Fällung, 158, 269
unedle, 34, 42
Wiedergewinnung, 264
Metallophyt, 271
Metals of Concern, 9
Methanol, 249
Methylrot, 14, 15
MIBRAG, 227
Mikrokosmos s. Reinigungstechnologie, Inlake-Verfahren, Umfassung
Mikromilieu, 226
Mikroorganismus, 27, 35, 48, 62, 130, 139, 140, 158, 168, 178, 192, 193, 196, 206, 228, 232–234, 241
Nährstoffe, 158, 159
Mine Leachate, 11
Mine waste water, 23
Mine Water and the Environment (Zeitschrift), 11, 12, 34
Minerale, puffernde, 37
Mineralrohstoffgesetz (MinRoG), Unterstützung der Wissenschaft, 265
Mineralwasser, 23, 270
Mining Influenced Water, 11
Mining Waste Directive, 10, 12, 24
Mining water s. Grubenwasser
MINTEK, 155
Mischkristall, 31, 33
Mitfällung s. Kopräzipitation
Modell, konzeptionelles, 52, 225
Modellierung
chemisch-thermodynamische, 52, 99, 244, 266
hydrogeologische, 52
numerische, 238
Molasse, 249
Molybdän, 153, 164
Monitored natural attenuation s. Reinigungstechnologie, natürliche Selbstreinigung, kontrollierte
Monitoring, XII, 13, 14, 60, 99, 176, 219, 236, 238, 248, 250
Expertenwissen, 60
modellgestütztes, 60
Montanarchäologe, 254
Montanwerke Brixlegg, 162
Munsell-Skala, 48
Mut für Neues, 119
m-Wert s. Basenkapazität
Mykorrhizierung, 192
MyTREatmeNT, 2

N

Nanosorbent, 164
Natriumcarbonat, 116
Natriumhydroxid, 116
Natural attenuation s. Reinigungstechnologie, natürliche Selbstreinigung
Neologismen, 12
Netto-Acidität s. Acidität
Netto-Alkalinität s. Alkalinität
Neutralisationpotenzial, 46
Neutralisationsmittel, 116
NGO (*Non-Governmental Organization*), 38
Nichtmetall, 9
Nickel, 71, 161, 229, 230, 266
Niersverband, 116
Nitrifikation, 99
NP-SO_4-Darstellung, 44, 46

O

Oberflächenkomplexierung s. Kopräzipitation
Oberflächensorption, 31–33
Ockerablagerungen, 40
Ockergelb, 40
Osmose, 147
  Umkehrosmose, 147
  Vorwärtsosmose, 147, 150
OuEaMiPo, 2
Oxidation, mikrobakteriell katalysierte, 36
Oxidationsbecken, 126, 156
Ozon, 167, 168, 209
  Monitoring, 168
  Ozonierung, 134

P

PANGAEA (World Data Center), 74
Paques Bio-Systems, 159
Parameter, nicht gemessener, 54
Patente
  DE 60028806 T2, 172
  DE 69231983.2, 206
  EP 0250626, 153
  EP 2 796 188 B1, 129
  EP 2118020 A2, 170
  RU 2315007 C1, 134
  US 0176061 A1, 170
  US 1862265A, 116
  US 3738932, 111
  US 5547588, 153
  US 6355221 B1, 129
  US 7504030, 114, 128
PCB (polychlorierte Biphenyle), XII, 27, 61, 72, 73, 167
Periodensystem der Elemente, 36
Permeat, 138, 142, 151
Personen
  Agricola, Georgius, XIV, XV, 12, 271
  Cotta, Bernhard von, 260
  da Vinci, Leonardo, 209, 213
  Eliot, Thomas Stearns, 77
  Ernst, Wilfried, 28, 230
  Gutenberg, Johannes, 1
  Haber, Fritz, XIII, 269
  Henry, Rene Auguste, 116
  Jobs, Steve, 5
  Kostenbader, Paul, 3, 111
  Levy, Max, 3
  McBain, James, 32
  Moers, Walter, 207
  Pettenkofer, Max von, 217, 218, 221
  Pourbaix, Marcel, 107
  Röntgen, Wilhelm, 3
  Salk, Jonas, 3
  Schreckenfels, Lazarus Ercker von, 201
  Sørensen, Søren Peter Lauritz, 28
  Strachan, Robin, 257
  Watt, James, 1
  Younger, Paul, 76, 190
Pflanzenkläranlage, 24, 27, 182
Phasenstabilität, 108
Phenol, 168
Phenolphtalein, 15
Phragmites, 193
PHREEQC s. auch Modellierung; Software
pH-Wert, 28, 91
  Elektrode, 92
  hoher, 28
  Indikator, 92
  Kalibrierung, 91
  Messung, 91
  Mittelwertberechnung, 93
  negativer, 28, 29, 37, 92
  optische Bestimmung, 47, 92
  Skala, 28, 47, 91
  Teststreifen, 92
  zirkumneutraler, 30, 31, 37, 92, 134, 146, 207, 208, 223, 240
Physisorption, 31
Phytobergbau, 228, 230
Phytomining s. Phytobergbau
Phytoremediation s. Phytosanierung
Phytosanierung, 27, 28, 271, 272
Pigment, 194, 265, 268
  EnvironOxide™, 268
Pilotanlage, 1, 2
  Elektrobiochemie, 235
  F-LLX, 170
  Glubokaya, Ukraine, 134
  Hohe Warte (RAPS), 200
  HybridICE, 172
  IMPI Middleburg, 86
  Keno Hill, Kanada, 178
  Kohlenzeche USA, 235
  Kolloidfilterreinigungsmethode, 165
  Kriegsgebiet, 135
  Metsämonttu, Finnland, 208, 213

Mogale, Südafrika, 154, 155
Pöhla (passiv), 182
Quaking Houses, Vereinigtes Königreich (passiv), 190
Rigby Process, 135
SAVMIN, 155
Schwertmannit-Verfahren, 157
Sorption, 166
Sparro-Prozess, 150
Stillfontein, Südafrika, 154
Tzschelln, 157
Uran, Molybdän, 153
Wackersdorf (passiv), 182
Wheal Jane, Cornwall, 103, 177
Pilze, 35, 59, 62, 192, 272
Piper-Diagramm, 42
Planung
Grundlage, 52
Prozess
Grundsätze, 49
mehrstufiger, 49
Plutonium, 37
Polio (Erkrankung), 3
Polymerisierung, 31–33
Potentially dissolved metal, 72
Pourbaix-Diagramm, 107–109, 154
Prädominanzdiagram s. Pourbaix-Diagramm
Premier Coal, 259, 260
Pressure factor, 46
Probenahme, 51, 55–57, 59, 61, 67, 72, 73, 75, 81, 94, 95, 101, 197
Alligator, Bär, Berglöwe, 58
Analysenumfang, 64, 67
Ansäuerung, 61
Arbeitsschutz, 58
Blindprobe, 67
Chain of Custody, 69
Dokumentation, 74
Duplikat, 67
Elektrode s. dort
Ersatzprobenahmegeräte, 56
Explosionsschutz, 59
Feldbuch, 56, 74
Feststoffe, 69
Filter, 62
Filtergröße, 61
Filtration, 62, 71, 82
Gefäße, 62
Hubschrauber, 59
Isotope, 63
Kampagne, 100
Koordinaten, 74
Kühlung, 61
Luftsauerstoff, 60
Messgeräte s. dort
Müdigkeit, 59
Navigationssystem, 74
Organika, 61
Parameterliste, 63, 64
Probenahmestelle, 56, 57, 63
Probenbezeichnung, 69
Rauchen, 57
RFID, 69
Roboter, 57
Schwefelwasserstoff, 59
Sole, 69
Speziation, 63
Standard, 67
Stickstoffatmosphäre, 68
Tauchen, 57, 58, 259
Transport, 61
untertage, 74, 76
Verfahrensweise, 60
Verifikation, 70
Verwechslung, 69
Vorbehandlung, 60
Wassermenge, 60
Projekt
ARIDUA, 58
BioHeap, 230
BioMinE, 230
ERMITE, 63
Intelligentes Bergwerk der Zukunft, 144
MiMi, 178
minewater, 261
PIRAMID, 182
Re-Mining, 265
UNEXMIN, 57
Vision 2030 < 30 bis 2030, 144
VODAMIN, 138
Protonenaktivität, 65, 93
Protonendonator, 17
Proxa, 172, 173
Prozess, pedogener, 38
Prozessintensivierung, 1, 5, 150, 172, 174
Prozesskontrolle, 129
Prozesswasser, 23, 142, 166, 171, 173
Publizieren

Dopplungen, 2
Druck, 166
Ethik, 3
negative Versuchsergebnisse, 4
Science Citation Index, 141, 157, 165, 205
Selbstplagiate, 3
unerklärliche Ergebnisse, 105
Verzerrung, 3
Zurückhaltung, 255
Pufferkapazität, 97, 210
Puffermechanismus s. unter Grubenwasser
Pufferprozesse, 52
Pufferung, 18, 40, 188, 224, 242, 250
Pump-and-treat-Methode, 205, 218
p-Wert s. Säurekapazität
Pyrit, 34, 36, 37, 51, 52, 195, 196
Pyritoxidation, 35, 108
natürliche, 38
pH-Wert-Abhängigkeit, 120
Pyrrhotin, 34, 51

Q

Qualitätskontrolle, 65, 67
Qualitätssicherung, 65, 67
Quecksilber, 71, 98, 135, 161, 168, 247
Quellen, natürliche, 24, 176

R

Radiolyse, 167
Radium, 19, 152, 161, 183, 215
Reaktion, tropfenförmige katalytische, 128
Reaktionsgeschwindigkeit, 35
Redoxmessung, 98
Redoxpaar, 97
Redoxpotenzial s. Redoxspannung
Redoxreaktion, 108
Redoxsonde, 56
Redoxspannung, 96–99, 107, 108, 168, 186, 190, 215
E_h-Wert, 98
Fehlannahme, 98
Korrektur, 97
SHE (Standarwasserstoffelektrode), 97
Redoxspezies, 94
Redox-Standardwasserstoffelektrode, 97, 98
Umrechnungsfehler, 99
Reinigungstechnologie
Absetzbecken, 200
ARUM-Prozess, 203
Aufenthaltszeit, 201, 202
Erddamm, 202
hydraulischer Kurzschluss, 202
Leitfolie, 202
aerobes Feuchtgebiet, 24, 192
aktive, 12, 14, 27, 103, 111
alternative Methoden, 217
anaerobes Feuchtgebiet, 24, 25, 192, 195
Dolomit, 195
erstes in Europa, 198
Kalkstein, 195
mushroom compost, 196
Pferdemist, 102, 196, 201
Pflanzenauswahl, 197
Pilzkompost, 196
Substratwahl, 195, 196
Änderung der Abbaumethode, 227
anoxischer Carbonatkanal, 54, 184–186
Designparameter, 186
Kalkstein, 186
Lebensdauer, 184
Liner, 186
ARUM-Prozess, 27, 201, 214, 215
Ausfrieren s. Gefrierkristallisation
Bariumsulfat, 248
Basenkapazität, 105
Belüftung, 123, 208
Bioreaktor, 16, 17, 157–160, 183, 218, 228, 229, 272
BioSURE, 159
Carbonatgerinne, 184, 188
Kalksteinmenge, 189
Unterhaltung, 190
Verockerung, 190
Carbonatkanal, 184, 246
Carbonatlösungssystem, 184
CO_2, 236
Entfernung, 126, 213
Dead-End-Filtration, 146
DesEL-Verfahren, 136
Dickschlammverfahren, 3, 115, 125
Dünnschlammverfahren, 111, 113, 115, 123, 127
Anlagenoptimierung, 127
Durchfluss, 105
durchströmte Reinigungswand, 204
eierlegende Wollmilchsau, 156

Eindampfung, 138
Eisensulfatfällung s. Schwertmannit-Verfahren
elektrochemische und elektrobiochemische Seebehandlung, 233
elektrochemische Verfahren, 131
Elektrodialyse, 137–141, 267
Elektroflockung, 131
Elektrokoagulation, 131, 133–135, 167, 168, 246
  bipolare, 131
  Durchfluss, 131
  Elektrode, 131, 133, 135
  Kosten, 131, 133
  monopolare, 131
  Opferelektrode, 131, 132
  parallele, 131
  Rohstoffgewinnung, 133
  serielle, 131
Elektrosorption, 136
  Aerogel, 136
  Elektrode, 136
enclosures, 232
endlose, 106
Entscheidungshilfe, 111
erweiterte Oxidation, 167
  Plasmatechnologie, 167
  Radikale, 168
  UV-Behandlung, 168
  Wasserstoffperoxid, 168
Ettringit-Ausfällung, 153
  andere Verfahren, 156
  pH-Wert, 153
  verbessertes Ettringitverfahren, 153
  Walhalla-Kalk, 153
eutektische Gefrierkristallisation s. Gefrierkristallisation
Fällungsverfahren, 152
  Antimon, 152
  Arsen, 152
  Radium, 152
  Schlema-Alberoda, 152
  Selen, 152
Fehler, 105
Fermenter, 157
Feuchtgebiet
  Durchfluss, 194
  Flächenbedarf, 194
  Monitoring, 194
  Pflanzenauswahl, 193
  Schlammentsorgung, 193
Fließgewässersanierung, 246
F-LLX, 129, 169, 170, 264
  Endprodukte, 170
  Extraktionsmittel, 169
GaRD, 253
Gefrierkristallisation, 171, 269
  Energiekosten, 172
  HybridICE, 142, 172, 173
gestaffelte Neutralisation, 119, 127–129
HARDTAC-Verfahren, 128, 129
Hazelton-Eisenentfernung, 128
HiPRo-Prozess, 269
HybridICE s. Gefrierkristallisation
Hydro Flex Technology s. F-LLX
In-lake-Verfahren, 232, 236, 240
  Kalkung, 232
  Probleme, 240
  Schlamm, 240
  Soda, 240
  Sprühregner, 240
  Umfassung, 226, 232–234
Ionenaustausch, 160
  funktionelle Gruppe, 160
  GYP-CIX, 163
  Kunstharz, 160
  Regenerierung, 160
  Sul-biSul, 163
  Uran, 163
  Zeolite, 160, 163
  ZEOTREAT, 164
Kaskade, 126, 208, 212
Kompostfeuchtgebiet, 195
kondensatorische Deionisierung, 136
konstruiertes Feuchtgebiet, 24, 190
kontrollierte natürliche Selbstreinigung, 223
konventionelle s. Dünnschlammverfahren
Kosten
  Ewigkeitskosten, 106
  Investitionskosten, 103, 104
  Kostenvergleich, 103
  Lizenzkosten, 128
  Low-cost-Systeme, 103
  Neutralisationsmittel, 116
  SAVMIN, 155
  THIOPAQ, 159
  Umkehrosmose, 147
Kristallisation, 138

MAXI-STRIP, 128
Membranen, 160
Membranverfahren, 138, 270
  Antiskalant, 140
  Arbeitsdruck, 139, 144, 146
  Ausgleichslösung, 151
  Biofouling, 140
  Charakteristika, 139
  Cleaning in Place, 140
  Cross Flow Filtration, 142
  Diffusion, 138
  draw solution, 151
  Fouling, 140
  Größenausschluss, 138
  Hydrolyse, 149
  Lebensdauer, 140
  Membran, 138
  Membranbioreaktor, 160
  Membranelektrodialyse, 138
  Membranelektrolyse, 137
  Mikrofiltration, 138, 144, 150
  Nanofiltration, 138, 144–148
  Porengröße, 142
  Porenweiten, 139
  Publikationen, 141
  radioaktive Nuklide, 149
  Scaling, 140
  SPARRO-Prozess, 143, 148, 149
  Trenngrade, 138
  Ultrafiltration, 138, 141, 144, 145, 147, 148, 160
  Umkehrosmose, 138, 146
  Vorwärtsosmose, 150
mikrobiologischer Eisenabtrennungsprozess s. Schwertmannit-Verfahren
Modellierung, 122
natürliche Selbstreinigung, 10, 27, 40, 175, 176, 217, 218, 222, 224–226, 238
  kontrollierte, 223, 224
  unterstützte, 226
Neutralisation, 115
  Alkalimenge, 121
  Geschichte, 115, 117
  Schlammzusammensetzung, 115
  Verfahren, 113
Nichtstun, 217, 226
nullwertiges Eisen, 206, 247, 248
optimale, 270
Optimierung, 128
Oxidationsmittel, 123
oxischer Carbonatkanal, 184, 187
  Designkriterien, 188
  Durchflussgeschwindigkeit, 187
  Verockerung, 188
OxTube, 128–130, 213, 214
passive, 12, 26, 27, 50, 103, 122, 175, 176, 182, 215
  Anlagenzahl, 178
  Definition, 175, 179
  Durchflussmengen, 177
  Flussdiagramm, 180
  Funktionsweise, 179
  Klima, 178
  Mechanismus, 178
  Optionen und Kritik, 176
  Platzbedarf, 177, 178
  Vergleich, 183
  Vermeidung, 183
passives Oxidationssystem, 208
  Aufenthaltszeit, 212
  Belüftungsexperiment, 211
  Leitplatten, 212
  Sauerstoff, 209
  Turbulenz, 213
  Vergleich Effektivität, 212
Patentierung, 1, 3, 6, 112, 113, 119, 128, 129, 134, 136, 170, 206, 235
permeable reaktive Wand, 8, 204, 246, 248
  funnel-and-gate, 205
  Lebensdauer, 205
  Umläufigkeit, 205
  Verockerung, 206
pH-Wert, 119, 124
Pilotanlage, 103
RAPS, 16, 17, 99, 178, 192, 197–200
  Systemkombination, 199
reaktive Wand s. permeable reaktive Wand
Reducing and Alkalinity Producing System s. RAPS
reduzierende Alkalinitätssysteme, 198
RODOSAN-Verfahren, 137, 138
Rückspülung von Reststoffen, 242
  Funktionsweise, 245
  positive Auswirkungen, 244
  Probleme, 245
  Pufferung, 243
  rechtliche Probleme, 243
  Schlammausbreitung, 244

Umweltgefährdung, 244
Vermischung, 244
SAPS s. RAPS
Savmin, 153, 155
Schwertmannit-Verfahren, 156
SCOOFI, 206
Seebehandlung, 236
CO_2-Zugabe, 238
Windverhältnisse, 238
Selbstreinigung, 217
semipassive s. passive
settlement lagoon, 200
Software, 104
Sole, 171, 173
Sorbent, 164
Sorption, 164
Banane, 164
Methodenkritik, 167
Publikationslawine, 165
Radionuklide, 165
Titanosilikat, 164
Träger, 167
Vermikulit, 164
Zeolite, 164
Sparro-Prozess s. auch Membranverfahren, 150
Metallseparation, 150
stimulierte Eisen- und Sulfatreduktion, 232
Stollenverschluss s. Stollen, Verschluss
Successive Alkalinity Producing System s. RAPS
Sulfate Reducing Bioreactor s. RAPS
technischer Reaktor, 158
Thiopaq, 159
Trompe, 213
Umkehrosmose s. auch Membranverfahren, 269
integrierte Reinigung, 147
kristallisationskeimbasierte, 150
Lauge, 142
Reinigungsstufen, 147
Seeded Reverse Osmosis, 150
Untermischung alkalischen Materials, 249
uranhaltige Wässer, 247
Verdämmung von Stollen s. Stollen, Verschluss
Verdampfung s. Gefrierkristallisation
Vertical Flow Wetland s. RAPS
vertikal durchflossenes Feuchtgebiet s. RAPS
Vertikaldurchflussreaktor, 178, 206–209, 214
containerisierter, 208
Mechanismus, 207, 208
Vor-Ort-Maßnahmen, 241
Wasserstoffperoxid, 123
Zero-Discharge-Anlage, 269
zukunftsweisende, 130
Zusammenstellung, 50, 114
Ressourcenverwertung, 140
Retentat, 138–140, 143, 147
RFID (Radio Frequency Identification), 6, 69
Richtlinie 2006/21/EG s. Mining Waste Directive
Rispengras, 193
Roboter, autonome, 58
Rocky Flats Environmental Technology Standort, 165
Rohrkolben, 193
Roll-Front-Lagerstätte, 222

S

Salzverdünnungsmethode s. Durchflussmessung
Salzwasser, 80
SansOx Oy, 129, 130
Sauerstoff
Clark-Elektrode, 100
Konzentration, 54, 77, 209, 212
LDO (*luminiscent dissolved oxygen*), 100
Luminiszenz, 100
Messung, 76
Sättigung, 54, 77, 100, 129, 186, 213, 214
Sauerwasser s. Grubenwasser, saures
Säulenversuch
Abraum, 102
Erz, 102
GARD-Guide, 103
Neutralisation, 101
Sorption, 165
Vergleichbarkeit, 103
Säurekapazität, 14, 15, 26, 30, 31, 44, 46, 77, 82, 83, 91, 184, 187, 200, 243
Saurer Regen, 156, 236
Seekalkung, 236

Schachtelsätze, oulipotische, 2
Schlacke, 229
  Hochofenschlacke, 116, 206
Schlamm, 103, 123, 234, 268
  Entwässerung, 125, 126, 129, 207
  Feststoffkonzentration, 118, 125, 126, 135, 168, 242
  Geotube, 268
  Immobilisierung, 122
  Partikelgröße, 129
  Stabilität, 122
  Untertageverbringung, 115, 242–244, 266
  Vermarktung, 268
  Wertstoff, 122
  Wertstoffe, 265
Schwarzfahrer, 252
Schwefelstäbchenbakterium, säureliebendes eisenoxidierendes, 36
Schwefelwasserstoff, 46, 59, 158, 226
Schwermetall, 9, 34
  inhaltsloser Begriff, 34
  Pflanze, 271
Schwertmannit, 156, 157, 164, 268
  Verfahren, 156
Sekundärmineral, 15, 18, 19, 253
Seltenerdmetalle, XIII
Sensoren, 129
Sickerwasser s. auch Grubenwasser, 12
  Definition in der *Mining Waste Directive*, 24
Silber, 34, 247
Silikate, 37
Situation, hydraulische, 248
Software
  ABATES, 104
  AMDTreat, 94, 104, 105, 121
  ASPEN, 153
  Auflistung, 53
  chemisch-thermodynamische Codes, 53, 67
  FIDAP 7.5, 244
  Geochemist‘s Workbench, 65, 108
  Hydra/Medusa, 108
  hyd-RO-dose, 143
  PHREEQC, 65, 67, 78, 104, 121, 211, 238, 247, 249
  WAVE (Water Application Value Engine), 143
  Winflows, 143
Sole s. Grubenwasserreinigung
Sorbent, 271
Sorption, 5, 31–33, 50, 118, 120, 121, 124, 166, 193, 224
Spezies, 108
  Eisen, 45, 71, 97
  Speziierung, 45, 66, 67, 95
Spitzfindigkeit, linguistische, 13
Sprengstoffrückstände, 148
Spurenelemente, 44, 60, 61, 63, 187
Stabilitätsdiagram s. Pourbaix-Diagramm
Statistik
  Methoden, 52
  Multiparameterstatistik, 60
  multivariate, 106
Steinbruch, 9, 11
Steinkohlenbergbau, XIV
Steinzeitmensch, XIV
Stollen
  Artenschutz, 254
  Beräumen, 253
  Entwässerungsstollen, 17, 22, 226, 231, 253, 255, 264
  Erbstollen, 17, 18, 226
  Fledermäuse, 254
  Verdämmung, 251, 255
    negative Auswirkungen, 255
  Verschluss, 251
    nasser, 251
    trockener, 251
    Umläufigkeit, 251, 253
    Versagen, 253
  Versiegelung, 252
  Wasserlösungsstollen, 17
Stollentroll s. unter Personen, Moers, Walter
Strömung
  Messgerät, 84
  turbulente, 130
Sukzession, 201
Sulfat, 12, 17, 19, 30, 45, 47, 63, 115, 137, 144, 146, 153, 156, 158, 159, 163–165, 169–171, 198, 204, 220, 226, 232, 233, 250
Sulfatreduktion, 159, 195, 196, 223, 233, 234
Sulfit, 168

T

Tagebaurestsee, 46, 223, 226, 232, 233, 236, 241, 259, 264, 266

Flugasche, 240
Neutralisation, 236
numerisches Modell, 236
pH-Wert-Erhöhung, 238
Schlammzufuhr, 236
Schlammzugabe, 240
Wasserbehandlung, 232, 236, 242
TDS (*Total Dissolved Solids*) s. Gesamtmineralisation
Technetium, 247
Temperatursensor, 77
Tenside, 241
Thiobacillus
ferrooxidans s. Acidithiobacillus ferrooxidans
thiooxidans s. Acidithiobacillus thiooxidans
Thlaspi
caerulescens, 230
calaminare, 230
sp., 271
Thorium, 161
TIC (anorganische Gesamtkohlenstoffkonzentration), 83
Titration, 26
automatisierte, 46
Basentitration, 14, 16
Gelände, 82
Indikator, 14, 30, 77
Iodometrie, 100
kalte, 82
Kurven, 46
pH-Elektrode, 82
pH-Meter, 77
Puffer, 46
Säure, 30
Umkehrpunkte, 82
Tracertest, 38, 75, 211, 231, 244, 245
Natriumchlorid, 245
Rhodamin WT, 245
Uranin, 211
Trinkwasser, 2, 11, 23, 29, 47, 142, 153, 160, 164, 173
Grubenwasser, 153, 155, 163, 164, 171, 258, 267
Trockenheit, 148
Tshwane University of Technology, 172
Turing-Galaxis, 2
Typha, 193

U
Umweltschäden, 40, 92, 250
Unobtainium, 2
Unserdeutsch, 9
Untersuchung
geotechnische, 254
hydrogeologische, 244, 254
Unterwasserkamera, 58
Uran, 12, 16, 37, 108, 153, 157, 161, 163, 183, 215, 247, 249
Ureinwohner, 259
Utilitarismus, 2

V
Vattenfall (LEAG), 138, 157
Vegetationsmatte, 214
VEOLIA, 155
Verhältnisse, hydraulische, 231, 245
Verockerung, 41, 68, 79, 80, 85, 187–189, 201, 206, 246
Vertical Flow Reactor s. Reinigungstechnologie, Vertikaldurchflussreaktor
Verwitterung, 51
Rate, 18
Vesta-Shannopin Coal Division, 242
VFR s. Reinigungstechnologie, Vertikaldurchflussreaktor
Vorflut, 19, 22, 40, 41, 140, 190, 201, 218, 219, 222, 224, 248, 256, 270
Vor-Ort-Parameter, 60, 69, 75
Variabilität, 76
Vor-Ort-Sanierung, 231
Voruntersuchung, 49, 51, 60, 224

W
Wasser, bergbaubeeinflusstes, 11, 23
Wasseranalyse, 42, 51, 60, 65, 67, 81, 100, 245
Bilanzfehler, 65
Blindprobe, 70
Ladungsbilanz, 65, 67
Verfahren, 101
Vorschriften, 71, 100

Wasserrahmenrichtlinie, 23, 24, 106
Wassersicherstellungsgesetz, 47
Wasserstoffionen
  Aktivität, 28, 30, 93
  Exponent, 28
  Konzentration, 29
Wasserstoffperoxid, 167, 209
Waterloo University, 8, 206
Weltkulturerbe, 252, 257
Werksstandard, 101
Wetland s. Reinigungstechnologie, Feuchtgebiet
Wismut
  GmbH, 152, 163, 166, 247, 250, 264
  SDAG, 263
World Data System (WDS), 74
Wurzelraumverfahren, 182

Y

Younger-Rees-Diagramm, 44

Z

Zeigerpflanze, 271
Zementofenstaub, 116
Zentrifuge, 125
Zink, 32, 126, 135, 161, 163, 193, 228–230, 265, 266
Zuckerrohr, 214
Zyanid, 143, 168, 229

FSC
www.fsc.org
MIX
Papier aus verantwortungsvollen Quellen
Paper from responsible sources
FSC® C105338

If you have any concerns about our products, you can contact us on
ProductSafety@springernature.com

In case Publisher is established outside the EU, the EU authorized representative is:
Springer Nature Customer Service Center GmbH
Europaplatz 3, 69115 Heidelberg, Germany

Printed by Libri Plureos GmbH
in Hamburg, Germany